Das große Online Marketing Praxisbuch

Andre Alpar
Dominic Wojcik

DATA BECKER

Copyright	© by DATA BECKER GmbH & Co. KG
	Merowingerstr. 30
	40223 Düsseldorf
Produktmanagement und Lektorat	Peter Meisner
Umschlaggestaltung	David Haberkamp
Druck	Media-Print, Paderborn

ISBN 978-3-8158-2980-6

Folgen Sie uns auf Facebook und Twitter:

www.facebook.com/databecker
www.twitter.com/data_becker

Besuchen Sie unseren Internetauftritt:

www.databecker.de

Wichtiger Hinweis

Die in diesem Buch wiedergegebenen Verfahren und Programme werden ohne Rücksicht auf die Patentlage mitgeteilt. Sie sind für Amateur- und Lehrzwecke bestimmt.

Alle technischen Angaben und Programme in diesem Buch wurden von den Autoren mit größter Sorgfalt erarbeitet bzw. zusammengestellt und unter Einschaltung wirksamer Kontroll-maßnahmen reproduziert. Trotzdem sind Fehler nicht ganz auszuschließen. DATA BECKER sieht sich deshalb gezwungen, darauf hinzuweisen, dass weder eine Garantie noch die juristische Verantwortung oder irgendeine Haftung für Folgen, die auf fehlerhafte Angaben zurückgehen, übernommen werden kann. Für die Mitteilung eventueller Fehler sind die Autoren jederzeit dankbar.

Wir weisen darauf hin, dass die im Buch verwendeten Soft- und Hardwarebezeichnungen und Markennamen der jeweiligen Firmen im Allgemeinen warenzeichen-, marken- oder patent-rechtlichem Schutz unterliegen.

Inhalt

4. Display-Advertising: klassische Internet-anzeigenwerbung nutzen

5. E-Mail- und Newsletter-Marketing: Infobriefe automatisiert an beliebige Empfänger rundmailen

8. Guerilla Marketing: offensive Werbung zu minimalen Kosten

9. Crossmedia-Marketing: Warum Marketing nur auf das Internet beschränken?

10. Mobile Marketing: Onlinemarketing unabhängig von Geräten und Plattformen 256

13. Optimales Suchen und Finden im Web 3.0: Google, Bing & Co.

14. Search Engine Advertisement (SEA): optimale Suchmaschinenwerbung für mehr Reichweite der eigenen Webpräsenz

21. Conversion-Rate-Optimierung: Leiten Sie Ihre Website-Besucher aktiv und profitieren Sie!

22. Die verschiedenen Testmethoden optimal einsetzen 698

23. Customer-Relationship-Management (CRM): Pflegen Sie Ihre Kundendaten und -beziehungen systematisch 721

Die Autoren

Andre Alpar

Andre Alpar (Jahrgang 1976) ist seit über zehn Jahren leitend im Bereich Onlinemarketing tätig.

Er schloss sein Studium an der Technischen Universität Darmstadt mit einem sehr guten Diplom in Wirtschaftsinformatik und einem Vordiplom in Psychologie erfolgreich ab. Während seines Studiums absolvierte er Praktika bei renommierten Unternehmen wie Unilever, Rewe und Merck. Des Weiteren sammelte er erste Arbeitsauslandserfahrungen in Thailand und den USA.

Bereits begleitend zu seinem Studium gründete und führte Andre Alpar ein Unternehmen, das eines der größten Casual-Games-Portale Deutschlands betrieb. Das Portal veräußerte er im Jahr 2001.

Im Anschluss an sein Diplom widmete er sich dem Doktorandenstudium an der WHU Koblenz und der Universität Hamburg. Er sammelte weitere Berufserfahrungen als wissenschaftlicher Mitarbeiter und als Vorstandsassistent der WHU Alumni Organisation. Parallel gründete und betrieb er mehrere Jahre erfolgreich einen Hörbuchverlag, den er später verkaufte.

Im Jahr 2005 folgten Gründung und Aufbau der Hitflip Media Trading GmbH/Hitmeister GmbH. Das Unternehmen betreibt Marktplätze, war durchgehend reichlich im Fokus der Presse und wurde großzügig mit Risikokapital von renommierten Investoren finanziert.

Ende 2008 wechselte Andre Alpar als strategischer Onlinemarketingberater in leitender Funktion zur Rocket Internet GmbH. Die Rocket Internet investiert in innovative Internetunternehmen (wie eDarling, zalando und Groupon) und begleitet als Europas größter Inkubator über Jahre hinweg ihre Weiterentwicklung.

Parallel zu seiner beruflichen Karriere engagiert er sich als Business Angel bei Internet-Start-ups. Insgesamt verfügt er über 30 Beteiligungen in seinem

Portfolio, dazu zählen unter anderem Tausendkind, eDarling und Ladenzeile.

In den vergangenen Jahren hielt er europaweit über 50 Vorträge und Präsentationen auf Fachkonferenzen, Tagungen und Seminaren. Er publizierte mehr als 20 wissenschaftliche oder Fachveröffentlichungen in Zeitschriften und Magazinen. Von seinem Onlinemarketing-Podcast erscheinen unter *www.omreport.de* regelmäßig deutschsprachige Folgen und unter *www.omreport.com* sporadisch englischsprachige Folgen. Darüber hinaus ist er Herausgeber unterschiedlicher Open-Source-Software, beispielsweise Mozilla-Firefox-Add-ons, Google-Chrome-Erweiterungen und WordPress-Plug-ins. Aktuell bereitet er eine Vorlesungsreihe zum Thema Onlinemarketing an einer privaten Fachhochschule in Berlin vor, die er im Wintersemester 2012 erstmals halten wird.

Als Veranstalter rief er 2010 die Onlinemarketingkonferenz OMCap (*www.omcap.de*) ins Leben, die bereits im darauffolgenden Jahr über 500 Teilnehmer aus ganz Deutschland verzeichnen konnte.

Seit dem Frühjahr 2012 ist er Partner bei der Onlinemarketingagentur AKM3 GmbH, die unter anderem auf nachhaltige SEO und internationales Linkmarketing spezialisiert ist. Das Unternehmen mit Sitz in Berlin verfügt über ein internationales Team von über 30 festen Mitarbeitern. Seit der Gründung in 2010 konnte die Agentur eine Vielzahl renommierter Kunden kompetent beraten und pragmatisch unterstützen.

Dominik Wojcik

Dominik Wojcik (Jahrgang 1980) ist auch bekannt unter dem Pseudonym boeserseo.

Dominik Wojcik beendete das Wirtschaftsgymnasium im Jahr 2000 und wurde daraufhin von Energis Ision, einem zu der Zeit führenden Start-ups der Internetbranche, als Systementwickler eingestellt. Dort betreute er eine Mass-Hosting-Plattform mit Zeus-Loadbalancern und Zeus-Webservern. Dominik Wojcik entwickelte die erste funktionale Webhosting-Lösung, bei der der Kunde sowohl PHP als auch ASP nutzen konnte.

Danach wechselte Dominik Wojcik zu Kühne & Nagel, wo er Progress-Entwicklung und Programmierung für das Nortel-Projekt betrieb.

Im Anschluss daran wagte er den Sprung in die Selbstständigkeit und eröffnete eine Videothek mit Onlinevertrieb. Dort sammelte er erste Erfahrungen mit Affiliate, SEO und SEA. Der Onlineverleihservice „United Rent" wurde zum zweitgrößten DVD-Onlineverleihservice in Deutschland.

2005 drängte es Dominik Wojcik immer mehr in die technische Entwicklung zurück, und so wurde er IT-Consultant bei der Firma ITM Consulting Group. Dort entwickelte er eine vollständige, funktionierende Callcenterlösung, mit der bis zu 50 Leute gleichzeitig arbeiteten. Weiterhin bot er hier schon seine ersten SEO-Beratungsdienstleistungen für die unterschiedlichsten Kunden an.

Nach einen kurzen Zwischenstopp bei Arcor/D+S Europe AG, wo Dominik Wojcik als Second-Level-Supporter arbeitete, fing er 2006 bei guenstiger.de & Preissuchmaschine.de als Entwickler an und wurde durch seine Erfahrung im Onlinemarketing neuer Head of SEO bei der guenstiger.de GmbH-Gruppe.

2009 entschied sich Dominik Wojcik, den nächsten Schritt in seiner Karriere zu gehen, und wechselte zu Rocket Internet als Senior Consultant für Onlinemarketing. In dieser Zeit betreute er Unternehmen wie zum Beispiel Groupon, eDarling und zalando in den unterschiedlichsten internationalen Märkten in den verschiedensten Onlinemarketingkanälen.

So kommt Dominik Wojcik auf über zwölf Jahre Onlinemarketing mit Entwickler- und IT-Erfahrung.

2012 hat Dominik Wojcik mit zwei weiteren Kollegen die neue SEO-Agentur Trust Agents gegründet und hilft Unternehmen in der strategischen Ausrichtung von SEO, Affiliate und weiteren Onlinemarketingkanälen.

Außerdem ist er als Business Angel für eine Vielzahl von Unternehmen tätig und hilft ihnen durch seine Onlinemarketingerfahrung sowie sein IT-Wissen.

Vorwort (Marcus Tandler)

Das Internet ist das am schnellsten wachsende Massenmedium der Welt. Knapp drei Viertel der deutschen Bevölkerung sind mittlerweile online1 – kein anderes Massenmedium hat es bislang geschafft, so schnell eine derartig weitreichende Verbreitung innerhalb der Bevölkerung zu erreichen. Aber das Internet hat es nicht nur geschafft, in Windeseile Millionen von Menschen zu erreichen, sondern es hat sie auch miteinander verbunden, miteinander in Kontakt gebracht, und das weit über geografische Grenzen hinweg. Das Internet hat die Welt, in der wir leben, fundamental verändert – Nachrichten verbreiten sich mittlerweile quasi in Echtzeit, und jeder Netzbürger hat eine eigene Stimme, die auf der ganzen Welt gehört werden kann.

Für ambitionierte Marketer ist das Internet eine Offenbarung. Onlinemarketing ermöglicht eine nahezu exakte Messung der Werbewirksamkeit von Marketingaktionen. Jeder in Suchwortmarketing oder Bannerwerbung investierte Klick kann quasi eindeutig dem Onlineabverkauf des beworbenen Produkts zugeordnet werden, und auch Branding-Kampagnen werden beispielsweise durch Facebooks *Likes*, also das Anklicken des *Gefällt mir*-Buttons, endlich eindeutig quantifizierbar.

Dank Smartphones und Tablet-PCs sind viele Menschen „always on" und damit für gut gezieltes Onlinemarketing erreichbar. Ob zu Hause am heimischen PC oder direkt am Point-of-Sale mit dem iPhone – gerade diese Plattformunabhängigkeit macht Onlinemarketing so spannend.

Onlinemarketing erfindet das Rad nicht neu! So gelten die bewährten Rezepte und Jahrzehnte alten Weisheiten des traditionellem Marketings auch im Internet – E-Mail-Marketing braucht genauso wie postalisches Direktmarketing gute Texte und aussagekräftige Aussagen, um zu überzeugen. Auch Werbebanner brauchen genauso wie großformatige Plakatwerbung aufmerksamkeitsstarke Motive und eingängige Werbeslogans. Nur das Medium hat sich verändert, nicht das Handwerkszeug!

Onlinemarketing ist ein solides Handwerk. Gerade der Bereich der Suchmaschinenoptimierung, also die Verbesserung der Auffindbarkeit einer Seite in der Suchergebnisliste gängiger Suchmaschinen, wurde in den Anfangsjahren mit Voodoo verglichen – aber nur weil Spielregeln vielleicht

---

1   ARD/ZDF-Onlinestudie 2011, *http://www.ard-zdf-onlinestudie.de/index.php?id= onlinenutzung00*

etwas technisch und dadurch etwas komplexer erscheinen mögen, heißt das noch lange nicht, dass (schwarze) Magie im Spiel sein muss. Man muss die Spielregeln der Suchmaschinen verstehen lernen, konsequent umsetzen, stets genau messen und analysieren und die gewonnenen Erkenntnisse in die tägliche Arbeit mit einfließen lassen. Gerade bei der Suchmaschinenoptimierung darf man nie vergessen, dass es nicht darum geht, so schnell wie möglich auf die erste Position in der Suchergebnisliste zu kommen, sondern so lange wie möglich dort zu bleiben!

Onlinemarketing braucht Leidenschaft und den festen Willen, stets auf dem Laufenden bleiben zu wollen. Denn kein anderes Medium verändert sich so schnell wie das Internet. Allein Google nimmt eigenen Angaben zufolge jährlich über 500 Änderungen an seinem Suchalgorithmus vor. Facebook hat es innerhalb weniger Jahre geschafft, fast eine Milliarde Nutzer auf der ganzen Welt auf seiner Plattform zu vereinen, und hat damit das Internet um eine soziale Komponente erweitert, die wiederum ein Füllhorn neuer und spannender Onlinemarketinginstrumente und ungeahnte Möglichkeiten, vor allem hinsichtlich der maßgeschneiderten Zielgruppenansprache, hervorgebracht hat.

Onlinemarketing ist mehr als die Summe seiner Teile. Man muss nicht in jedem Bereich ein ausgewiesener Experte sein, um online erfolgreich zu sein, aber nur wer alle Werkzeuge im Onlinemarketing-Werkzeugkasten beherrscht, wird langfristig Erfolg im Internet haben.

Onlinemarketing ist aber vor allem auch ein junges, ein neues Thema – und Andre Alpar und Dominik Wojcik sind „alte" Hasen in diesem jungen Thema. Sie gehören nicht nur zu den besten Onlinemarketern Deutschlands, sondern haben diese Branche mit ihrer Innovationskraft und Experimentierfreudigkeit entscheidend mitgeprägt.

Vor Ihnen liegen über 750 Seiten geballtes Onlinemarketing-Grundlagenwissen und 26 weiterführende Interviews mit ausgewiesenen Experten dieser Branche, was dieses Buch zu einem der umfassendsten Werke und einem idealen Nachschlagewerk in diesem Bereich macht. Dieses Buch wird Ihnen alle Werkzeuge an die Hand zu geben, um langfristig und vor allem auch nachhaltig Erfolg im Internet zu haben.

Ich wünsche Ihnen diesen Erfolg sowie Freude und Leidenschaft für dieses spannende Thema und natürlich auch viel Spaß bei der Lektüre dieses Buchs.

Herzlichst, Ihr Marcus Tandler

Marcus Tandler – auch als Mediadonis bekannt – gehört unserer Meinung nach zu den erfolgreichsten Suchmaschinen-Marketeers im deutschsprachigen Raum. Daher war es für uns eine große Freude, ihm das Vorwort zu geben. Auf seiner Homesite – *www.mediadonis.net* – ist Folgendes über ihn zu lesen:

„Marcus Tandler, more commonly known as Mediadonis, started working in search engine marketing well over 13 years ago. He works as a consultant for large companies to improve their organic listings in all major search-engines. He's also a super affiliate for various affiliate programs."

Marcus Tandler.

1. Einleitung

Es ist noch kein Meister vom Himmel gefallen und alles andere als Zufall, weshalb manche Websites erfolgreich sind und andere nicht. Eine gute Idee reicht heute schon lange nicht mehr aus, um mit der Masse der anderen guten Ideen konkurrieren zu können: Marketing, Suchmaschinen, Kundenbindung, Usability, Testverfahren, Conversion-Tracking, Affiliate-Netzwerke, Crossmedia-Marketing, E-Mail-Marketing, Viral Marketing, Guerilla Marketing, Mobile Marketing, Social Media Marketing (SMM), Search Engine Marketing (SEM), Search Engine Optimization (SEO), Targeting, Customer-Relationship-Management (CRM) etc. sind Konzepte und Onlinemarketingkanäle, die zu jeder kommerziellen Website gehören, wenn sie heutzutage (kommerziell) erfolgreich sein will.

Wir liefern Ihnen hierzu Topstrategien und zeigen die wertvollsten Techniken und ausgewählte Werkzeuge, um Ihren Webauftritt bekannter und erfolgreicher zu machen – für Selbstständige sowie kleine und mittlere Unternehmen. Wir wenden uns an:

➢ Praktiker aus Kleinunternehmen, die ihr Business, ihre Webseite oder ihren Webshop ohne großes Marketingbudget bekannt machen wollen, um mehr Geschäftserfolg zu haben,

➢ Selbstständige, Freiberufler und kleine Firmen, die das Onlinemarketing-Instrumentarium besser nutzen möchten,

➢ den klassischen (lokalen) Handel – Apotheken, Reisebüros etc. – sowie an

➢ Start-ups, für die Marketing bisher nur Werbung war.

Wir bieten praktische und sofort umsetzbare Anleitungen für clevere Onlinemarketingmaßnahmen, die ressourcen- und aufwandsoptimiert den Bekanntheitsgrad des Selbstständigen bzw. eines Unternehmens messbar verbessern und so den Geschäftserfolg eindeutig steigern.

Eine gesunde Portion Mathematik

In erster Linie geht es um die Anwendung relativ einfacher mathematischer Gesetzmäßigkeiten im Umgang mit marketing- und vertriebsspezifischen Kennzahlen, die bei der Planung, Analyse, Durchführung, dem Test und der Optimierung von Onlinemarketingmaßnahmen essenziell sind. Zudem können einige wenige programmiertechnische Kniffs und Handgriffe im Quellcode Ihrer Website sehr effektiv sein, die wir Ihnen nicht vorenthalten werden. Somit bleiben Sie bei der Gestaltung Ihrer Kampagne und der Feinoptimierung Ihrer Präsenz – wahlweise – unabhängig von Programmierern, was eine hohe Zeit- und Geldersparnis bedeutet.

Zahlreiche Hilfstools für Sie – oft kostenlos

Zahlreiche – meist kostenlose – Hilfstools für alle Phasen des Onlinemarketings, die wir aus jahrelanger Praxis kennen, möchten wir Ihnen hier vorstellen. Sowohl die relevanten marketing- und vertriebsspezifischen Kennzahlen als auch die Auswahl und Nutzung der Hilfswerkzeuge werden anhand zahlreicher Praxisbeispiele erörtert, um Ihnen hier den Einstieg sowie den Ausbau Ihrer Kenntnisse so einfach wie möglich zu gestalten.

Emotionale Ebene

Neben diesem technischen Know-how steht – mindestens genauso essenziell für den Werbeerfolg – die emotionale Seite Ihrer Kampagne. Tauchen Sie in die Welt der Verführung mit Werbung ein und lassen Sie sich von den zahlreichen erfolgreichen Praxisbeispielen, die wir für Sie aus allen Bereichen des Onlinemarketings zusammengetragen haben, inspirieren. Die Magie eines Werbeerfolgs basiert immer auf einem Cocktail aus fein miteinander abgeschmeckten, technisch effektiven und emotional ansprechenden Zutaten.

Knöpfen Sie sich Ihren Webauftritt richtig vor

Stellen Sie also sicher, dass Ihr Auftritt im Web gefunden und wahrgenommen und an den richtigen Stellen beworben wird! Suchmaschinenoptimierung und Usability, gepaart mit allen effektiven Onlinemarketingkanälen, sind die drei großen Themenkomplexe, wenn es darum geht, mehr Besucher auf die eigene Website oder Firmenpräsenz zu locken und mehr Traffic bzw. Umsatz zu generieren. Das Buch gibt Antworten auf die großen Fragen der Verbesserung des eigenen Webauftritts: Wie nutze ich alle Kanäle im perfekten Einklang miteinander? Wie verbessere ich die Suchmaschinenpräsenz meiner Website? Wie gestalte ich die ideale Benutzerführung? Zahlreiche Praxisbeispiele und Checklisten zeigen Ihnen anschaulich den Weg zu einer besseren Webpräsenz.

Geringes Budget reicht oft aus

Gerade kleinere Unternehmen, Selbstständige und Verkäufer im Web verfügen nicht über millionenschwere Etats fürs Marketing. Vielmehr müssen sie durch Ideenreichtum und Kreativität die Kunden erobern – mit kleinen Budgets Großes erreichen. Wir helfen genau hierbei.

Klasse statt Masse

Mit „Werbung im Internet" kann man innovativ und nachhaltig eine große Zahl potenzieller Kunden erreichen. Doch auch hier zählt „Klasse statt Masse" und vor allem: „Gewusst wie!" Bei der Fülle an Webauftritten und Onlineshops wird es für den Kleinunternehmer schwer, sein Business bekannt und attraktiv zu machen. Erfolgreiche Onlinekampagnen zeigen, wie mit relativ wenig Aufwand ein hoher Werbefaktor erzielt und somit der Traffic und die Verkaufserlöse auf der eigenen Homepage enorm erhöht werden können. Wir bieten die Ideensammlung und Handlungsanweisungen für kostengünstiges und innovatives Werben im Internet, und zwar auf Grundlage unserer jahrelangen Erfahrung in diesem Segment.

Ihre Mitbewerber schlafen noch – der frühe Vogel fängt den Wurm

Die Praxis zeigt, dass nur sehr wenige Selbstständige und Unternehmer der Zielgruppe über die Möglichkeiten, durch gezielte Marketingmaßnahmen im Web den eigenen Bekanntheitsgrad zu verbessern und erfolgreich zu vermarkten, informiert sind. Meist fehlt das Wissen über die unterschiedlichen Kanäle und die erfolgversprechenden Ansätze – Ihr Vorteil also!

Was sind die Fragestellungen der Praxis?

Wir orientieren uns an den Fragestellungen der Praxis und präsentieren konkrete Lösungskonzepte und Erfolgsstrategien. Auf diese Weise wird den Unternehmen bewährtes „Handwerkszeug" präsentiert, um den zunehmenden Einsatz von Marketingbudgets im Onlinebereich durch nachweisbare Erfolge zu rechtfertigen:

➤ Welche sind die zielgruppenaffinsten Ansprache- und Werbeformen?

➤ Welche Erfolgsfaktoren liegen deren Ausgestaltung zugrunde?

➤ Welche Art von Werbung wird in den sozialen Netzwerken akzeptiert?

➤ Was müssen Sie für die seriöse Reputation im Web unbedingt beachten (Reputationsmanagement)?

➤ Für welche Unternehmen lohnt sich ein Engagement in Twitter?

> Welche Produkte und Services lassen sich durch Mobile Marketing erfolgreich vermarkten?

> Wie lässt sich das Potenzial des Suchmaschinenmarketings für ein Unternehmen erschließen?

> Wie können Nutzer in den Innovationsprozess des Unternehmens integriert werden?

> Wie kann ein Webmonitoring aussehen, um über relevante Informationen im Internet frühzeitig im Bilde zu sein?

> Wie können mehr und vor allem die richtigen Besucher auf die Homepage gelenkt werden?

> Was ist der aktuelle Wissensstand zu SEO, Affiliate Marketing, Mobile Marketing, E-Mail-Marketing, Targeting etc.?

> Was sind die neusten Softwarewerkzeuge? Wir stellen Ihnen sowohl zahlreiche kostenlose als auch die leistungsstärksten kommerziellen Tools vor.

> Wie lässt sich durch mehr Usability die Conversion-Rate verbessern? Kaufentscheidungen fallen nicht immer sofort auf der Homepage.

Was ist modernes und zukunftsfähiges Onlinemarketing?

Modernes Onlinemarketing ist weit mehr als Banner, Suchmaschine und Newsletter. Das Buch beschreibt den aktuellen Stand des Praxiswissens zum wichtigsten Marketingthema unserer Zeit.

Unsere Themen lauten somit wie folgt: SEO, SEM, Crossmedia- und Affiliate Marketing, Google AdWords, Web Analytics (inkl. Google Analytics), Social Media Marketing, E-Mail-, Newsletter- und Videomarketing, Mobile Marketing, Landing-Pages und Conversion-Optimierung, benutzerfreundliche Websites (Usability), virales und Guerilla Marketing, Kundenbindung (CRM), RP u. v. m.

Leicht nachvollziehbare, praxisbewährte Expertentipps

Onlinemarketing? „Ganz einfach!", denkt so mancher. Doch der irrt, denn es ist schwer, und man kann viel falsch machen. Es lohnt sich, einen Plan zu haben, bevor man beginnt. Wir bieten auf über 750 Seiten einen praktischen, übersichtlichen und verständlichen Rundumblick auf die Aufgaben, Möglichkeiten und Ziele eines wettbewerbsfähigen Onlinemarketings.

Das Buch ist gespickt mit leicht nachvollziehbaren, praxisbewährten Expertentipps aus jahrelanger persönlicher Erfahrung und weiterer Expertentipps aus unserem Bekanntenkreis und dem Internet, die wir für Sie zusammengetragen haben, ideal geeignet für Selbstständige und KMUs!

Unser Service für Sie: Die Webseite zum Buch + Weblink-Liste

Wir machen Onlinemarketing einfach und unkompliziert! Begleitend zum Buch bieten die Autoren eine Buch-Website an (*http://www.ombuch.de*) – mit viel Praxiswissen, den hilfreichen Dos und Don'ts, Checklisten, Interviews und vielen weiterführenden Infos, Tipps und die nach Kapitel sortierten Weblinks zu jedem vorgestellten Kanal.

Spezieller Fokus auf Ihre Belange

Viele Buchtitel im Onlinemarketingsegment sind zu breit angelegt, als dass sie die konkreten Bedürfnisse unserer Zielgruppe optimal treffen können. Wir konzentrieren uns auf das Thema „Wie machen Sie sich bekannter im Web, um Ihren Verkaufserfolg zu steigern?" und konzentrieren uns auf die Zielgruppe der Selbstständigen und KMUs.

Die Fachbücher zum Thema „Onlinemarketing" neben diesem Buch in den Regalen der Fachbuchhandlungen wenden sich vorwiegend an größere Unternehmen, setzen ein gewisses Maß an Fachkenntnissen voraus und beschreiben Maßnahmen mit relativ hohem finanziellem und/oder personellem Aufwand.

Wir fokussieren uns auf das Thema „Onlinemarketing 2.0", konzentrieren uns auf die Zielgruppe der Selbstständigen und KMUs und punkten mit jahrelang erworbenem Praxiswissen.

Kurzüberblick über die Herangehensweise im Buch

Schritt für Schritt führen wir Sie – Kapitel für Kapitel – in alle unterschiedlichen Kanäle und Werbeformen des Onlinemarketings ein. In einem ersten Schritt werden wir Ihnen überblickartig das Internet als ideale Plattform für Ihre Onlinemarketingkampagnen (siehe Kapitel 2) und im Anschluss dazu das wichtigste Grundlagen-Know-how zum Onlinemarketing (siehe Kapitel 3) vorstellen.

Am Ende eines jeden Kapitels haben wir Checklisten für Sie bereitgestellt, damit Sie Ihr angelerntes Wissen überprüfen und sich Anforderungen und Ziele für Ihre eigenen Onlinemarketingmaßnahmen vormerken können.

Weiterhin behandelt werden die unterschiedlichen Kanäle und Werbeformen: Display-Ads (siehe Kapitel 4), E-Mail-Marketing (siehe Kapitel 5), Affiliate Marketing (siehe Kapitel 6), virales Marketing (siehe Kapitel 7), Guerilla Marketing (siehe Kapitel 8), Crossmedia-Marketing (siehe Kapitel 9), Mobile Marketing (siehe Kapitel 10), Multimedia- bzw. Videomarketing (siehe Kapitel 11).

Danach werden die Bereiche Social Media Marketing (siehe Kapitel 12), Suchen und Finden im Web (siehe Kapitel 13), **S**earch **E**ngine **A**dvertisement (SEA, siehe Kapitel 14) und **S**earch **E**ngine **O**ptimization (SEO, siehe Kapitel 15, 16 und 17) vorgestellt. Aufgrund unseres persönlichen Schwerpunkts auf SEO – und der unserer Meinung nach hohen Relevanz von SEO im Onlinemarketing – wird dieser Kanal besonders umfassend dargestellt. Dabei stellen wir Ihnen zahlreiche kostenlose und proprietäre Werkzeuge vor.

Hierauf folgen Konzepte und Techniken, die Ihrer Onlinemarketingkampagne einen weiteren Schub geben werden, wenn sie mit den oben genannten Kanälen und Werbeformen verknüpft werden, wie z. B. Targeting (siehe Kapitel 18), Usability (siehe Kapitel 19), Web Analytics (siehe Kapitel 20), Conversion-Optimierung (siehe Kapitel 21), Tests (siehe Kapitel 22) und **C**ustomer-**R**elationship-**M**anagement (CRM, siehe Kapitel 23).

2. Onlinemarketing: die ideale Form des Marketings

Onlinemarketing ist längst wichtigstes Werbemedium

Das Internet ist längst das wichtigste Medium für Werbung geworden. Laut OVK-(**O**nline-**V**ermarkter-**K**reis-)Report wuchs der Onlinewerbemarkt 2011 auf 5,7 Milliarden Euro und liegt damit weit vor Zeitungen und nur knapp hinter dem jahrzehntelang dominierenden Fernsehen. Und diese Studie erfasst nicht einmal Werbung in sozialen Netzwerken, die ebenfalls ein enormes Wachstum erlebt. Nicht erfasst ist auch der riesige illegale Markt für Werbung per E-Mail-Spam. Wenn man dies alles zusammen-rechnet, übertrifft Onlinemarketing längst Fernsehwerbung in ihrer Durch-schlagskraft.

http://www.bvdw.org/presse/news/article/ovk-online-werbemarkt-waechst-2011-auf-57-milliarden-euro.html

Seien Sie First Mover auf einem jungen Markt

Besonders interessant ist, dass dieser wichtigste Werbemarkt – Online-marketing – gleichzeitig auch ein sehr junger Markt ist. Das bedeutet, dass enormes nicht ausgeschöpftes Wachstums- und Innovationspotenzial vor-handen ist und freigesetzt werden muss, wovon Sie als Kleinunternehmer profitieren, wenn sie jetzt als First Mover agieren. Als „First Mover" (engl. für „sich als Erster Bewegende") werden Menschen oder Unternehmen be-zeichnet, die besonders früh Innovationen und Trends erkennen, diese in ihren (Geschäfts-)Alltag integrieren und daraus Wettbewerbsvorteile sowie Gewinne generieren.

Wir stellen Ihnen in jahrelanger Praxis bewährte Konzepte und Werkzeuge vor, die Sie entlang eines Handlungsleitfadens erproben, anwenden und erhöhen werden – jedoch zunächst zu den Basics.

2.1 Die wichtigsten Basics fürs Online-marketing im Internet

Der Begriff „Onlinemarketing" impliziert, dass es dabei um online prakti-ziertes Marketing geht, doch auch Aspekte des Vertriebs fließen mit ein.

Daher sollen eingangs kurz die Grundkonzepte des Marketings und des Vertriebs benannt werden.

2.1.1 Marketing

Begriffsdefinition

Erklärtes Hauptziel des Marketings ist es, langfristig Gewinne durch einen geeigneten Ausbau und Erhalt von Beziehungen zwischen Unternehmungen und der Öffentlichkeit herzustellen. Ein deutlich zu erkennender Trend innerhalb des Marketings ist die zunehmende Orientierung an den Bedürfnissen und Vorstellungen des Kunden. Dieser Trend wird zunehmend forciert durch die Möglichkeiten des Webs, mit denen der User mehr und mehr in die Marketingprozesse von Unternehmen integriert wird. In diesem Kontext spricht man auch davon, dass der Konsument mehr und mehr zum „Prosumenten" wird. „Prosument" stellt eine Wortkreation aus den Begriffen „Produzent" bzw. „Produkt" und „Konsument" dar. Denn er wird immer mehr in die Marketingprozesse von Unternehmungen integriert bzw. darin instrumentalisiert. Das heißt, der Prosument wirbt für das Unternehmen bzw. die Marke, während er öffentlich diskutiert.

Das traditionelle Marketing lässt sich in die folgenden Unterbereiche unterteilen bzw. steht in Wechselwirkung mit diesen (siehe Abbildung 1).

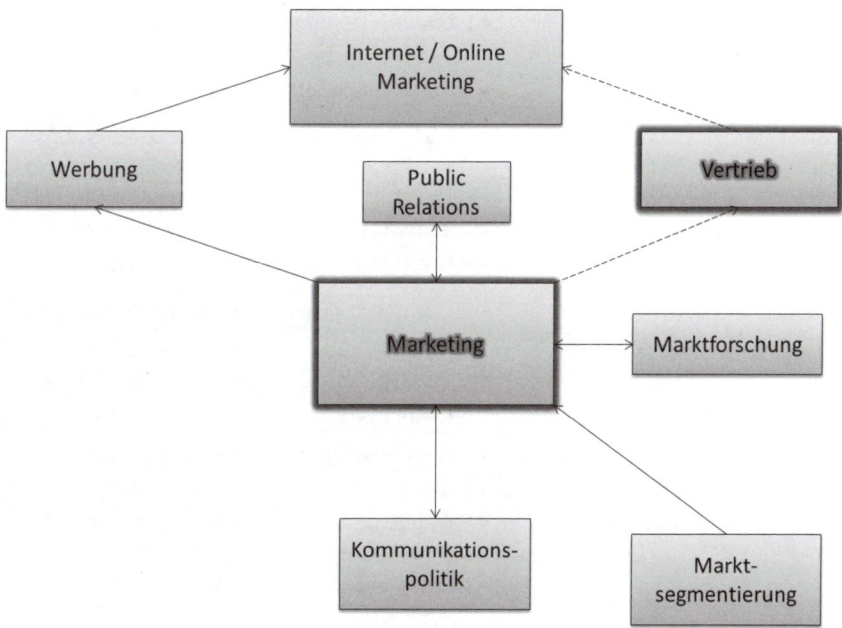

Abb. 1: Marketingprozesse und -komponenten.

Es ist naheliegend, dass diese Bereiche in der einen oder anderen Form im Kontext des Onlinemarketings in Erscheinung treten. An die einzelnen Punkte dieser Darstellung wird vielfach an späterer Stelle angeknüpft.

Die vier Ps und drei Rs des Marketings

Eine weitverbreitete Betrachtungsweise im Marketing stellen die vier Ps und drei Rs dar, die es erlauben, eine systematische Unterteilung der Aufgabenbereiche und Ziele des Marketings vorzunehmen. Diese lassen sich ebenso auf Prozesse und Methoden des Onlinemarketings übertragen. Die nachfolgende Tabelle kann als eine Art Matrix zur n:n-Verknüpfung der Ps und Rs betrachtet werden, wobei die Einbeziehung aller Aktivitäten bzw. Maßnahmen in den jeweiligen Tabellenzellen auf die vollständige Abdeckung der im Marketing notwendigen Prozesse und Ziele abzielt. Im Laufe des Buchs dient dieser Ansatz als Rahmen für die Entwicklung eines Handlungsleitfadens in den jeweiligen Onlinemarketing-Unterbereichen (siehe Kapitel 4 bis 17) zur Ableitung eines maßgeschneiderten Konzepts für Ihr Unternehmen (siehe Tabelle 1).

	Recruitment Kundenakquisition mit Fokus Kundendialog	Retention Kundenbindung mit Fokus Kundenzufriedenheit	Recovery Kundenrückgewinnung mit Fokus Wechselbarrieren
Product	• Verpackungsgestaltung • Produktzusatznutzen • Markierung • Produktverbesserung	• Produktdifferenzierung • Servicestandards • Sortimentsbreite • Garantien	• Produktinnovation • Value Added Services • Produktverbesserung • Individuelle Leistungen
Price	• Niedrigpreis • Sonderangebote • Boni/Skonti • Finanzierungsangebote	• Optimales Preis-Leistungs-Verhältnis • Preisgarantien • Preisbündelung	• Rabatte/Boni • Einmalige Zahlung bei Wiederaufnahme • Sonderkonditionen
Promotion	• Direct Mailing • Massenkommunikation mit Dialogfunktion • Verkaufsförderung	• Kundenzeitschriften • Direct Mail • Sponsoring • Kundenklubs	• Direct Mail • Telefonmarketing • Persönliches Gespräch • Einladung/Events
Place	• Produktsampling • Aktionen am POS • Direktvertrieb • Verkaufsgespräche	• Direct Marketing • Direktvertrieb • Regelmäßige Außendienstbesuche • Lieferservice	• Exklusivvertrieb • Außendiensteinsatz • Key-Account-Management • Onlinevertrieb

Tab. 1: Die vier Ps und drei Rs im Marketing (Quelle: aus Bruhn 2010, Marketing, Seite 32).

2.1.2 Vertrieb

Bei genauer Betrachtung des Onlinemarketings fließen zusätzlich zu den marketingseitigen Aspekten auch Konzepte, Vorgehensweisen, Techniken und Instrumente des Vertriebs in den Bereich des Onlinemanagement mit ein.

Wenn Sie mit Onlinemarketing Absatz generieren, werden Sie sich auch Gedanken über logistische Aspekte und die Distribution Ihrer Produkte und Services machen und entsprechende Strukturen und Prozesse haben. Auch Aspekte des Direktvertriebs (Telemarketing, E-Mail-Marketing, siehe Kapitel 5) und das Multi-Level-Marketing in Form von Affiliate Marketing (siehe Kapitel 6) fallen in den Bereich des Vertriebs. Die nachfolgende Darstellung stellt die Aufgabenbereiche des Vertriebs bzw. dessen Abhängigkeiten zu anderen Unternehmensprozessen dar (siehe Abbildung 2).

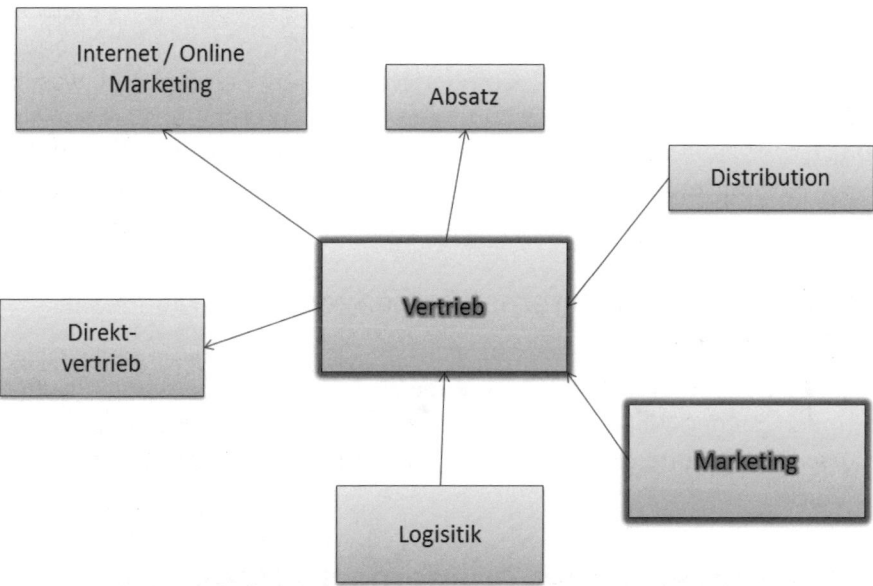

Abb. 2: Komponenten und Prozesse des Vertriebs.

2.2 Das Potenzial von Onlinemarketing

Nun möchten wir Ihnen das Potenzial des Onlinemarketings anhand der historischen Entwicklung des Webs darlegen, um Ihnen erst mal ein besseres Gefühl für den Gesamtkontext zu vermitteln, in den das Onlinemarketing der Gegenwart eingebunden ist.

2.2.1 Erste Werbeformen im Internet und ihre Entstehungsgeschichte

Erste großflächige kommerzielle Werbung im Internet

Die erste großflächige kommerzielle Werbung im Internet, eine Spam-Kampagne, wurde am 12. April 1994 von zwei US-amerikanischen Anwälten über die Bretter des Usenet verschickt, um für Unterstützung bei der Green-Card-Lotterie zu werben. Dafür wurden sie zwar von ihrem Internetprovider gekündigt – damals war es nicht nur verpönt, sondern auch per AGB verboten, das Internet für Werbung zu missbrauchen –, sie verdienten aber nach eigener Aussage 100.000 US-Dollar an den neu geworbenen Kunden.

Erste richtige Internetwerbekampagne

Die erste richtige Internetwerbekampagne wurde ab dem 26. Dezember 1996 von der Firma X-10, einem Kamerahersteller, durch die Platzierung von Werbebannern auf den Webseiten Dritter selbst durchgeführt, was ihr den „Hass" der nicht an Werbung gewöhnten Internetnutzerschaft einbrachte. 1998 erschien der Song „We must destroy X-10" von KOMPRESSOR, der im Internet weite Verbreitung fand und zu den ersten Werbekampagnen seiner Art zählte. 2003 musste X-10 Konkurs anmelden.

DoubleClick – erste Internetwerbeagentur

Die Firma DoubleClick, etwa zur gleichen Zeit in den Markt eingetreten, war die erste Internetwerbeagentur, die als Intermediär Werbung für seine Kunden auf den Webseiten Dritter schaltete. 1998 ging DoubleClick an die Börse, 2008 wurde die Firma von Google für 3,1 Milliarden US-Dollar geschluckt.

2.2.2 Potenzial des Onlinemarketings im Internet

State-of-the-Art und Cutting-Edge-Standards im Onlinemarketing

Das Ziel, das unter anderem in diesem Buch verfolgt wird, ist, über den State-of-the-Art hinaus auch das sogenannte Cutting-Edge (engl. für „topaktuell", „auf dem neusten Stand") im Onlinemarketing zu beleuchten und Ihnen anhand praktischer Handlungsleitfäden und To-do-Checklisten den Einstieg in diese komplexe Thematik so einfach wie möglich zu gestalten.

Traditionelle Marketing- und Vertriebsformen (wie z. B. Media-Werbung, Verkaufsförderung, Public Relations (PR) und Services) haben sich nach und nach ins Web verlagert. Diese Aspekte werden in unterschiedlichen Abschnitten des Buches noch weiter vertieft.

Vielfalt und Treiber der Kommunikationsformen im Web

Corporate Blogs, Foren, Messaging, Chats, E-Mail-Marketing, RSS-Feeds, Servicemails, Podcasts, Vodcasts, soziale Netzwerke etc. – als treibende Kanäle für diese Kommunikationsformen dienen insbesondere das Mobile Marketing (siehe Kapitel 10), Search-Engine-Optimization-(SEO-)Methoden und kontextorientierter Inhalt, z. B. Semantic Web (siehe Kapitel 2.4) etc.

Zahlreiche Sonderformen wie z. B. Werkzeuge, Unterhaltungsangebote bzw. Gimmicks etc. (wie z. B. Keyword-Tools, Spielewerbung, kontextbasierte Banner etc.) zeugen vom hohen Innovationspotenzial in der Branche und fungieren als Attraktion.

2.2.3 Web 2.0: das Internet der zweiten Generation effektiv fürs Onlinemarketing einsetzen

Web 2.0 hat sich als Trendwort durchgesetzt

Die Plattform, auf der Onlinemarketing betrieben wird, ist das Internet. Um sich der Bandbreite der Einsatzmöglichkeiten des Onlinemarketings bewusst zu werden, ist es hilfreich, sich im ersten Schritt ein Bild von der Vielfalt der Einsatzmöglichkeiten des Onlinemarketings im Web 2.0 zu machen. Der populäre Begriff „Web 2.0" geht auf den O'Reilly Verlag zurück.

http://www.oreillynet.com/pub/a/oreilly/tim/news/2005/09/30/what-is-web-20.html

Onlinecommunitys im Web 2.0

Mit der zunehmenden Beliebtheit von Blogs, Wikis und Onlinecommunitys erfuhr das griffige Schlagwort „Web 2.0" einen lebhaften Boom. Dieser Boom zeichnet sich vor allem durch User-generierten Content bzw. eine hohe Mitbeteiligung bzw. Partizipation der User aus. Der Begriff „Web 3.0" wiederum bezeichnet in „Nerd-Kreisen" die zukünftige Struktur des heutigen Web 2.0, die auf Basis Künstliche-Intelligenz-basierter Methoden im

Kontext eines „Semantic Web" eine weitere Automatisierung unter anderem auch von Onlinemarketingprozessen erlaubt.

2.3 Entwicklung vom Web 1.0 zum Web 2.0

Der Fachjargon im Onlinemarketing setzt voraus, dass Werbetreibende eine gute Allgemeinkenntnis von der begrifflichen Vielfalt im Web haben.

2.3.1 Web 2.0 Meme Map

Die sogenannte Web 2.0 Meme Map stellt dar, welche Konzepte und Technologien mit dem Begriff „Web 2.0" verwoben sind (mehr zu verwandten Konzepten und Technologien zum Begriff Web 2.0 finden Sie auch unter *http://www.oreillynet.com/oreilly/tim/news/2005/09/30/graphics/figure1.jpg*). Unter einem „Meme" wird eine Gedanken- bzw. Ideeneinheit verstanden, die im Kontext der kulturellen Evolution durch die Kommunikation der Träger Verbreitung findet. Im Kontext des Web 2.0 handelt es sich also um Ideen bei der Interaktion von Marktakteuren untereinander, die in einem Kontext zueinander stehen. Hier tauchen bereits viele Begriffe auf, die im Onlinemarketing im Mittelpunkt stehen. Daher ist einführend ein Überblick per Web 2.0 Meme Map hilfreich, um die unterschiedlichen Begriffe und Konzepte und ihren Bezug zueinander einordnen zu können (z. B. hier: *http://oreilly.com/web2/archive/what-is-web-20.html*).

2.3.2 Interview mit Dr. Holger Schmidt – Chefkorrespondent beim Focus mit den Schwerpunkten Internet, Netzwirtschaft und Social Media

Holger Schmidt hat über Klimapolitik promoviert, schreibt aber seit 15 Jahren als Journalist über Internetthemen. Bis Ende 2011 war er in der Wirtschaftsredaktion der Frankfurter Allgemeinen Zeitung und hat dort als „Netzökonom" über die Internetwirtschaft gebloggt. Seit Anfang 2012 ist Schmidt als Chefkorrespondent mit den Schwerpunkten Internet, Netzwirtschaft und Social Media für den Focus tätig. Zudem hat er das Twitter-Verzeichnis Tweetranking.com gegründet.

Alpar: Hallo Holger. Du bist ja Fachmann für das Web 2.0 bzw. Social Media. Wie wird das denn von Unternehmen heutzutage genutzt?

Schmidt: Viele Unternehmen suchen noch den Schlüssel für Social Media. Sie sehen, dass enorm viele Nutzer dort sind. Allein bei Facebook sind es jeden Tag 10 Millionen, insgesamt mehr als 20 Millionen in Deutschland. Das wirkt natürlich für die Unternehmen wie ein Magnet. Viele Unternehmen beginnen mit Kommunikation, mit PR und mit Werbung. Das ist noch relativ einfach. Viele gehen jetzt in Richtung Customer-Service, um ihre Kunden in den sozialen Medien anzusprechen – zum Beispiel um bei Problemen zu helfen, wie die Deutsche Bahn oder die Telekom es zeigen.

Abb. 3: Dr. Holger Schmidt – Chefkorrespondent beim Focus mit den Schwerpunkten Internet, Netzwirtschaft und Social Media.

Alpar: Also im Prinzip ist das ja schon was für alle Größen von Unternehmen. Oder ist das etwas, deinem Gefühl und deiner Beobachtung nach, für größere Unternehmen?

Schmidt: Das ist etwas für alle Unternehmen. Die größeren Unternehmen haben es natürlich am Anfang einfacher, wenn sie eine Marke haben, die jeder kennt. Für Adidas oder Coca Cola ist es leichter, mit ihren Fans in Kontakt zu treten. Aber auch kleine und mittlere Unternehmen können dort vergleichsweise einfach mit den Leuten in Kontakt kommen, die sich eben für sie oder ihre Produkte interessieren. Viele Unternehmen werden überrascht sein, dass die Zahl der Menschen, die sich für sie oder ihre Produkte interessieren, meistens viel größer ist, als sie gedacht haben.

Alpar: Meinst du, es kommt vielleicht auch von der Sprachwahl? Wenn man sich jetzt Facebook oder Google+ anguckt: Die sind schon übersetzt. Aber die Wortwahl ist bei uns – in Deutschland – nicht immer ganz so geschickt gewählt. Ich denke grad an Google+, bei denen es immer heißt: „Es wird was geteilt." Hier würde der Englisch Sprechende eher „Share" sagen, was auch sinnvoller wäre. Ist das etwas, was Unternehmen im Weg steht? Oder ist die Bezeichnung eher weniger ein Problem?

Schmidt: Vielleicht am Anfang, wenn man die ersten Schritte macht. Das wird sich aber relativ schnell auflösen. Daran wird es nicht scheitern. Das

Problem liegt eher in den Köpfen der Unternehmen, die vorher einfach ihre Botschaften in eine Richtung gesendet haben. So nach dem Motto: „Jetzt gucken wir mal, wie es ankommt." Wenn dann aber Feedback kommt, sind sie kaum in der Lage, mit diesem Feedback strukturiert umzugehen. Das ist die große Herausforderung für die Unternehmen. Sie stehen nun in einem Dialog. Das müssen viele Unternehmen erst lernen.

Alpar: Ist es denn irgendwie vergleichbar mit anderen Dingen, die im Unternehmen passieren? Oder ist das tatsächlich vergleichbar mit einer ganz neuen Fähigkeit, in die bisher niemand Erfahrungen einbringen kann? Gibt es in den PR, im Vertrieb oder im Kundenbindungsbereich irgendwas, das irgendwie ähnlich ist? Oder müssen sie sich tatsächlich auf neues, unbekanntes Terrain wagen?

Schmidt: Für die meisten ist es wirklich ein neues und unbekanntes Terrain, auf das sie sich begeben. Weil sie den direkten Austausch haben, und das sind sie in der Regel nicht gewohnt. Die Werbeabteilung hat immer ihre Botschaften gesendet, und auf einmal antwortet der „Rezipient" und will etwas wissen oder sieht das ganz anders. Viele Unternehmen sind doch immer wieder arg überrascht davon, was auf einmal zurückkommt. Das ist wirklich eine neue Qualität. Das merkt man ja auch an den Berührungsängsten und an den vielen Fehlern, die im Social Marketing begangen werden.

Alpar: Wer ist denn eigentlich der Zuständige, der auf eine vielleicht geäußerte Kritik oder Reaktion antworten muss? Die meisten würden sich vielleicht wünschen, dass das der Geschäftsführer selbst macht. Nun hat der wahrscheinlich auch ein paar andere Aufgaben. Vielleicht gibt es auch ein dediziertes Team, das irgendwie an der Presse angedockt ist. Wie ist da deine Beobachtung? Wer sind die richtigen Gesprächspartner für die Leute, die Fans meiner Unternehmenshomepage bei Facebook sind?

Schmidt: Im Prinzip gliedert sich das auf. Bisher war es so, dass die Kommunikationsabteilung das Monopol hatte, für das Unternehmen zu sprechen. Ich glaube, das sollte man überwinden. Dell – der amerikanische Computerhersteller – verfolgt einen sehr interessanten Ansatz. Dell schult alle Mitarbeiter, damit sie im Namen des Unternehmens sprechen können. Und wenn es irgendwie ein Thema ist, das ein Mitarbeiter aus der Forschungsabteilung am besten beantworten kann, dann soll er es beantworten. Wenn es ein Vertriebsthema ist, dann soll hier einer aus dem Vertrieb antworten. Im Prinzip geht es darum, den Fachmann zu finden, der in der

Lage ist, diese Antwort bestmöglich zu geben, und auch in der Lage ist, in den Dialog zu treten. Eben nicht nur die kleine Social-Media-Abteilung, die aus 2½ Leuten besteht, die aber im Endeffekt keine fachlich qualifizierte Antwort geben, sondern eben nur dokumentieren kann, dass man antwortet und dass man den Dialog will. Es gibt einen schönen Spruch: „Lieber 100 Mitarbeiter machen Social Media mit einem Prozent ihrer Zeit als ein Mitarbeiter mit 100 Prozent seiner Zeit."

Alpar: Das bringt mich zu meiner nächsten Frage. Denn das alles verursacht ja irgendwo auch Kosten. Letztendlich zählt dann die Frage nach dem Nutzen, wenn man als Geschäftsführer oder Verantwortlicher entscheiden muss, ob man hier Zeit investiert. Aktuell ist es wahrscheinlich noch ein „Draufzahlgeschäft", weil sich der Social-Media-Bereich erst zu entwickeln beginnt. Zwar steigt die Reichweite in Deutschland jetzt nicht mehr ganz so stark, aber natürlich steigt noch die Nutzungsintensität. Aber grundsätzlich ist es im Moment wohl schon noch das besagte „Draufzahlgeschäft" für Unternehmen. Oder kann man schon absehen, dass man sagt: „Mensch, es lohnt sich, dass 100 meiner Mitarbeiter ein Prozent ihrer Zeit auf Facebook verbringen."

Schmidt: Hier geht es um den berühmten Return-on-Investment eines Social-Media-Engagements. Es ist immer ganz lustig zu sehen, dass bei den klassischen Medien erst sehr spät, oder auch sehr leise, nach einem ROI gefragt wird. Im Internet wird das immer sehr laut und direkt am Anfang gefragt. Man stellt fest, dass viele Geschichten einfach Zeit brauchen. Denn Social Media beruht auf so etwas wie Vertrauen, das man aufbaut, zu Unternehmen und zu Marken. Das geht natürlich nicht im Handstreich und ist mehr, als nur eine Facebook-Seite einzurichten. Es gibt Studien aus Amerika, die sagen, dass der Erfolg umso größer ist, je mehr Zeit man sich dafür nimmt und je mehr man sich engagiert.

Alpar: Kannst du vielleicht noch ein paar gute Anwendungsbeispiele neben Dell nennen, bei denen du sagst: „Mensch, beeindruckend gemacht!"

Schmidt: Im B2B-Umfeld im Moment ganz spannend finde ich das amerikanische Unternehmen Indium. Die machen Blogs von Spezialisten für Spezialisten. Techniker im Unternehmen beschreiben im Blog sehr spezielle Anwendungsfälle, wenn ein Kunde ein Problem hatte, für alle aktuellen und potenziellen Kunden. Da bleiben Ingenieure unter ihresgleichen. Das tun sie dann öffentlich in einem Blog mit dem Ergebnis, dass alle die, die das Problem möglicherweise auch haben, darauf stoßen können. Und auf einmal kann man eine Community von Fachleuten aufbauen, die man vorher überhaupt nicht kannte. Auf einmal kommt ein Kunde aus den Emerging-Markets, den man vorher überhaupt noch nie gesehen hat, der aber genau dieses Problem hat. Die Idee ist: Man stellt Inhalte bereit, die für andere interessant sind. Insofern läuft in Social Media auch viel über interessante Inhalte und nicht über iPad-Gewinnspiele.

Alpar: Vielleicht hat es auch damit zu tun, dass der Fan aktuell etwas Binäres ist. Das heißt, ich bin entweder Fan, oder ich bin kein Fan. Aber es gibt durchaus viele Themen oder Firmen, für die ich mich interessiere, ich will aber nicht gleich Fan werden. Vielleicht gibt es da noch ein bisschen an Granularität und Ausgestaltungsmöglichkeiten, um unterschiedliche Grade von Interesse zu definieren, damit das eher natürlicher wachsen könnte.

Schmidt: Ein schneller Klick hat nicht wirklich einen großen Wert. Interessanter finde ich verschiedene Unternehmensaccounts. Einen für die Forschungsabteilung, einen fürs Produktdesign und so weiter. Damit man es besser aufteilen kann und sich eben die Leute abholt, die sich für die einzelnen Aspekte interessieren. Wenn ich zum Beispiel Maschinenbauer bin, dann interessiert mich nicht unbedingt das Design, sondern vielleicht eher die technischen Voraussetzungen für ein Produkt. So kann man die Zahl der Interessenten aufteilen und jeden gezielt mit Informationen versorgen. Das ist einfacher, als mit der großen Gießkanne alle Fans zu beglücken. Das sind ja oft nicht wirklich echte Fans. Wann oute ich mich, Fan eines Maschinenbauers oder einer Bank zu werden? Das ist auch schwierig.

Alpar: Wahrscheinlich ist dieser Fangedanke, der zum Unternehmen als Bezug herzustellen ist, dafür verantwortlich, dass es diese iPad-Phänomen-Gewinnspiele gibt. Dennoch: Gibt es denn auch sinnreiche Social-Media-Aktivitäten für den Friseur um die Ecke? Kann der auch sinnreich Social Media betreiben und Nutzen für sein Unternehmen generieren? Oder ist er mit seiner klassischen Unternehmenshomepage besser aufgehoben?

Schmidt: Bei dem Friseur um die Ecke könnte Social Media schwierig werden. Er kann natürlich versuchen, ein direkteres, intelligenteres Onlinemarketing zu betreiben. Wenn er zum Beispiel feststellt, dass er zwei Tage in der Woche noch überhaupt nicht ausgebucht sind, kann er seinen Kunden spezielle Angebote zuschicken. Hier ist das Onlinemarketing noch lange nicht ausgereizt.

Alpar: Was ist mit diesem Check-in-Bereich? Ist das etwas, das für lokale Kleinstunternehmen von Relevanz ist? Oder findet es auch wieder eher in ganz anderen Bereichen Anwendung? Also diese Check-in-Phänomene via Social Media von FourSquare über Facebook-Check-ins bis sonst was.

Schmidt: Bei Check-ins sehe ich den Nutzen noch nicht so wirklich. Natürlich gibt es Möglichkeiten, den Laden über Check-ins vollzukriegen. Aber man muss sich vorstellen, dass es im Moment nur sehr wenige Unternehmen machen. Dann ist es noch cool und sexy. Ich fürchte, wenn erst einmal alle damit anfangen, wird es auch sehr schnell zu einer Reizüberflutung bei den Konsumenten kommen. Diese können dann nicht mehr ungeschoren durch die Stadt laufen, ohne permanent aus den Geschäften angepiepst zu werden, um Werbung zu verschicken. Das ist ein Feld, das für sich den richtigen Weg suchen muss. Es hat viel Potenzial, aber ich glaube, dass auch ziemlich viel Hype dahinter ist.

Alpar: Wann, glaubst du, ist es so weit? Dass das Gros der Unternehmen relativ gut mit Social Media umgehen – eben so, wie es aktuell mit dem Internet ist? Wird da die Lernkurve schneller sein, so wie die Verbreitung auch schneller war?

Schmidt: Social Media hat sich ja bereits schneller entwickelt als das Internet vor zehn Jahren, selbst in Deutschland. Wenn man sieht, wie schnell Facebook gewachsen ist, war das schon ziemlich flott. Schaut man sich dann mal an, wie viele Unternehmen das nutzen, sind es doch deutlich geringere Prozentsätze. 20 bis 30 %, manchmal 40 % einer Branche sind mittlerweile in den sozialen Medien aktiv. Das heißt, der Großteil ist es immer noch nicht, und es wird auch noch dauern. Da sind die Internetleute meistens zu schnell. Insofern haben wir einen Horizont von fünf bis zehn Jahren, bis die Unternehmen ihren Weg in die sozialen Medien gefunden haben. Nach dem Hype, der ja nun gerade wieder abgeflaut ist, schauen die meisten Unternehmen genauer hin, um die wirklich sinnvollen Anwendungsfälle zu finden.

Alpar: Ist es eigentlich so, dass die Leute mutiger sind und über Social Media auch harsche Kritik äußern? Weil es ja schon ein anonymeres Medium ist. Ist das auch ein Grund? Und wie geht man damit um, dass die Leute über dieses Medium anders kommunizieren – nicht nur dass sie kommunizieren, sondern auch anders, als sie es mündlich oder schriftlich machen würden.

Schmidt: Ich glaube, sie kommunizieren schon härter, und die Kritik ist härter. Wenn man sieht, was bei Facebook an Kommentaren eingeht, dann ist das schon kernig. Es ist schwer, damit umzugehen. Das sehe ich ja auch an meiner Arbeit. Es gibt einfach ein paar Kommentare, die sind so, dass man überhaupt nicht darauf reagieren will. Weil es vielleicht bodenloser Blödsinn ist oder auch nur völlig am Thema vorbei. Oder jemand meint, er müsse jetzt auch dazu noch mal eine Meinung abgeben, die er in ähnlicher Form schon auf 20 anderen Seiten abgegeben hat. Man muss aber selbst härter werden, um so etwas zu schlucken und es nicht persönlich zu nehmen. Das ist ganz wichtig.

Alpar: Vielen Dank für das Interview.

Schmidt: Gern.

2.4 Semantic Web – Web 3.0

Erhöhung des Personalisierungsgrads durch Künstliche-Intelligenz-(KI-)basierte Methoden

Im Semantic Web – auch als Web 3.0 bezeichnet – ist der Grad der Personalisierung noch höher als im Web 2.0. Der Benutzer bekommt, unterstützt durch Künstliche-Intelligenz-basierte Konzepte, genau die Angebote präsentiert, nach denen er sucht, oder eben nur solche, die genau zu dem passen, was er sucht. Die Toleranz für unpassende Werbung wird dadurch niedriger. In Wissensbasen sind sämtliche Informationen zum Nutzerverhalten und auch Informationen zur Person abgespeichert und werden ständig weiter aufgebaut.

Semantic Web bzw. Web 3.0, das Internet der nächsten Generation – was steckt dahinter?

Der Begriff „Semantic Web" ist eine verkürzte Bezeichnung der nächsten Internetgeneration. In Anlehnung an das semiotische Dreieck von Charles S. Peirce, das jedem Zeichen das Bezeichnete (den Gegenstand) und einen Interpreten (den Referenten) zuordnet, kann nach John F. Sowa das Internet auch als „Semiotic Web" aufgefasst werden. In diesem Zusammenhang finden Diskussionen über Ontologien und Metadaten statt. Zur Erweiterung des Blickfelds und zur Aufarbeitung der vorhandenen Wissensbestände zu den Themen „Zeichen", „Bedeutung" und „Sinn" ist es daher wesentlich, neben technischen auch kulturelle bzw. geisteswissenschaftliche Perspektiven bei der Gestaltung eines künftigen „Semantic Web" mit zu berücksichtigen.

Es ist nur eine Frage der Zeit, bis diese Methoden im Onlinemarketing Wirkung zeigen und Künstliche-Intelligenz-basierte Werbeassistenten und -agenten Werbetreibenden unterstützend zur Seite stehen. HTML5 enthält bereits erste semantische Auszeichnungstags, die wir Ihnen noch vorstellen werden (siehe Kapitel 15.7).

2.4.1 Semantik

Was heißt „Semantik" im Kontext des Onlinemarketings?

Semantik bezeichnet nach einer Definition Neumüllers in seiner Dissertation (Neumüller, M. (2001): *Hypertext Semiotics in the Commercialized Internet*. Dissertation. Wirtschaftsuniversität Wien) denjenigen Teilbereich der Semiotik, der sich mit dem Verhältnis von Zeichen und den Objekten, auf die sie verweisen, beschäftigt. Allgemeiner gefasst, kann man Semantik auch als die sprachwissenschaftliche Lehre vom Sinn auffassen. Dabei wird Sinn (engl. Meaning) nochmals vom Bezug (engl. Reference) unterschieden. Während beispielsweise die Bedeutung von Morgenstern und Abendstern dieselbe ist – gemeint ist der Planet Venus –, sind mit diesen beiden Begriffen doch unterschiedliche Sinnzusammenhänge gemeint.

Im Rahmen des Onlinemarketings stellt die gesamte Symbolwelt, in der sich der Werbetreibende bewegt, ein semiotisches System dar, in dem jeder Werbedomäne ein für sie eigenes Zeichensystem bzw. grammatisches System zugrunde liegt, die die rechnergestützte Automatisierung dieser Prozesse erlaubt. Mehr zur Thematik erfahren Sie hier:

http://semanticweb.org/wiki/Main_Page

http://blog.plista.com/2010/08/die-zukunft-des-online-marketings-im-semantischen-web-einige-gedanken/

2.5 Drei Generationen des Onlinemarketings und Businessmodelle im Netz

Man kann die Entwicklung des Onlinemarketings in drei Generationen unterteilen. Jede Phase hatte ihre typischen Geschäftsmodelle. Diese Dynamik wird nun dargestellt.

2.5.1 Drei Generationen des Onlinemarketings

Im historischen Kontext kann man zwischen drei Generationen des Onlinemarketings unterscheiden:

➢ Die traditionelle Form des Onlinemarketings, die lediglich auf die Merkmale des Web 1.0 fokussiert ist (wie z. B. Banner und weitere statische Elemente).

➢ Das Onlinemarketing, das benutzerorientiert die gesellschaftliche und ökonomische Dynamik des Web 2.0 nutzt und Werbung auf Social-Media-Plattformen schaltet, beispielsweise durch Search Engine Marketing, Advertising und Optimization, mit neuen Möglichkeiten der Zielgruppenansprache (Targeting).

➢ Das Onlinemarketing der Zukunft, das Künstliche-Intelligenz-basierte Konzepte des Semantic Web und auch neuartige Benutzerschnittstellen wie z. B. Attentive und Perceptual User Interface (UI) effektiv einsetzt (siehe auch Kapitel 2.6).

2.5.2 Businessmodelle im Netz

1989 – Tim Bernes-Lee entwickelt das Internet im Kernforschungszentrum CERN. Seitdem sind viele Jahre vergangen, und wir können alte von neuen Geschäftsmodellen unterscheiden.

Nachfrage – Angebot: Verkauf oder Vermietung

Die Transaktion ist die Schlüsselhandlung im Verkauf.

Im Wesentlichen stehen drei Transaktionsobjekte zur Verfügung:

➢ **Physische Waren:** Zum Beispiel zalando (*www.zalando.de*) – Onlineversandhändler für Schuhe und Mode mit Sitz in Berlin, eine der meistbesuchten Mode-Websites im Internet im deutschsprachigen Raum. 2011 einer der umsatzstärksten deutschen Onlineshops, auch in Frankreich, Italien, den Niederlanden, Österreich und England aktiv. 1.500 Mitarbeiter, 100 Millionen Euro (geschätzter E-Commerce-Umsatz 2010).

➢ **Dienstleistungen:** Zum Beispiel Skype.com (*http://www.skype.com*) – Skype bietet kostenlose Internettelefonie an. Den Umsatz erzielt Skype über das sogenannte „skype out", den kostengünstigen Anruf zu Offline-Endgeräten wie Mobiltelefonen und Festnetzanschlüssen.

> ➢ **Virtuelle Waren/Informationen:** Zum Beispiel Salesforce.com (*http://www.salesforce.com*) – der stärkste Anbieter für **C**ustomer-**R**elationship-**M**anagement-(CRM-)Software, der SAP Konkurrenz macht. Großer Unterschied ist, dass die Software online funktioniert und nicht der Installation auf den Systemen des Kunden bedarf. Durch die hohe Skalierbarkeit und Erweiterbarkeit der Software kann Salesforce.com mit regelmäßigen Einnahmen rechnen und vertraut auch auf Cross- und Upselling.

Dominantes Modell im Netz: Werbung

Das dominante Geschäftsmodell im Internet ist direkte und indirekte Werbung. 2011 wurden insgesamt 5,7 Milliarden Euro allein in Deutschland ausgegeben.

1. Direkte Werbung zeichnet sich dadurch aus, dass der Benutzer sichtbare Werbemittel vorfindet: klassische Banner, Layer Ads, Textanzeigen, Advertorials etc. Werbetreiber erzielen hier durch den Verkauf und die Vermietung der Werbeflächen Erlöse.

2. Indirekte Werbung dient nur der Erhebung von Onlinedaten. Diese Daten werden dann an Kunden verkauft, die damit auf den Konsumenten zugeschnittene klassische Direct-Mailing- oder Online-Newsletter-Kampagnen machen.

Hybride Geschäftsmodelle

Beide Ansätze können natürlich in einem Geschäftsmodell miteinander kombiniert werden. So bietet zum Beispiel der Onlineableger der Fachzeitschrift maschinenmarkt.de (*http://www.maschinenmarkt.de*) des Vogel Business Medien Verlags die Möglichkeit, klassische Banner etc. zu schalten, aber auch Kundendaten zu kaufen. Diese Daten werden über Käufe, Webcasts und Whitepaper-Angebote gesammelt unter der Bedingung, dass sich der Nutzer registrieren muss, und dann an Firmen verkauft.

Interessant ist auch das Modell von wazao.com (*http://www.wazao.com*), eine Spielesuchmaschine, die klassische Werbeformate in einem Entertainment-Umfeld anbietet.

Premium-Geschäftsmodelle gegen Gebühr

Diese Internetplattformen bieten Basisleistungen ohne Bezahlung an. Wenn der Kunde dann aber Zusatzleistungen will, muss er entweder das Angebot abonnieren oder aktionsbezogen als Einzeleinkauf tätigen. So bietet die Businessplattform XING die Vernetzung mit weiteren Mitgliedern umsonst oder bei Premium-Kunden mit Zusatzoptionen gegen eine monatliche Gebühr an.

Ein weiteres Beispiel hierfür bietet glossybox.de (*http://www.glossybox. de/*).

Peer-to-Peer-Modelle

„Peer" bedeutet „Alters- oder Klassengenosse" auf Englisch und bezeichnet die Verknüpfung von Menschen oder Maschinen zueinander. So stellen einige Geschäftsmodelle eine Plattform zur Verfügung, auf der sich Menschen vernetzen und Waren, Dienstleistungen etc. tauschen können. Die Abrechnung erfolgt entweder volumenabhängig, umsatzbezogen oder aktionsabhängig sowie auch zeitbezogen.

http://www.zopa.com bietet Nutzern aus England die Möglichkeit, Privatkredite an andere zu vergeben. zopa.com erhält eine Provision dafür. Bei hitflip.de (*http://www.hitflip.de*) werden Medien ausgetauscht. Jeder Tausch kostet hier aktionsbezogen 99 Cent.

Modelle der kostenlosen Informationsbereitstellung

Einige Anbieter im Netz bieten kostenlose Leistungen an mit der Absicht, dass diese irgendwann von einem großen etablierten Anbieter aufgekauft werden. Für Unternehmen wie eBay, Google oder Microsoft können gewachsene Communitys von großer Bedeutung sein und als Investitionschance dienen. So wurde das Videoportal YouTube von Google für 1,65 Milliarden US-Dollar gekauft.

Auch Twitter ist als ein B2B-Geschäft zu sehen, denn der Dienst ermöglicht dem User, sofort zu verbreiten, was er gerade denkt oder tut. Für Unternehmen kann die große aktive Fangemeinde oder die Möglichkeit der Sofortkommunikation interessant sein.

Wikipedia hingegen konzentriert sich voll auf Spenden. Die Onlineenzyklopädie wächst mit freiwilligen Schreibern und Spenden. Das geplante Budget für das Jahr 2011 lag bei 20,4 Millionen Dollar laut Betreiber Wikimedia Foundation. Ergänzungen und die Weitergabe der Inhalte auch für kommerzielle Zwecke sind hier gestattet, da die Lizenz alle Angebote zur freien Verteilung zwingt. Dennoch ist dieser Ansatz mit viel Mühen verbunden, da man immer wieder proaktiv werben muss (*www.wiki-info.de/wiki pedia.rtf*).

Wie lässt sich also im Internet Geld verdienen?

Viele erfolgreiche Internetunternehmen sind durch Leidenschaft entstanden, die sich dann später monetarisiert hat. Man kann also ein Hobby zu einem beruflichen Standbein ausbauen und getrieben durch Leidenschaft, Produkte, Technik oder Trends Geld verdienen.

Es gibt auch die Möglichkeit, produktgetrieben zu arbeiten, indem ein Produkt oder eine Marke durch klassische Transaktionsmodelle oder Werbegeschäftsmodelle weiter ausgebaut wird.

Eine weitere Möglichkeit ist, technikgetrieben Profit zu machen. Technologien wie AJAX, JavaScript etc. gehen hier technisch relativ einfache Wege zur Erhöhung der Funktionalität und Usability.

Trendgetrieben können Unternehmen auch bereits vorhandene Systeme kopieren. So hat zalando eBay kopiert und ist dann von eBay aufgekauft worden, StudiVZ hat Facebook nachgeahmt und wurde nicht von Facebook aufgekauft etc.

Fragen zur Definition des passenden Geschäftsmodells

Folgende Fragen sind wichtig, um das individuell passende Geschäftsmodell zu finden:

➢ Was will ich anbieten?
  – Produkt/Ware, Dienstleistung, Information oder Support
➢ Wem will ich es anbieten?
  – Business-to-Business oder Business-to-Consumer
➢ Welche Zielgruppen will ich bedienen?
  – Technik-, Mode- oder Netzwerkinteressierte etc.
➢ Womit möchte ich Geld verdienen?
  – Werbung, Verkauf, Vermietung
➢ Welchen Nutzen bietet mein Angebot?
  – Zeitersparnis, Informationsmehrwert, Geldwertvorteile
➢ Wie will ich mein Angebot vertreiben?
  – online, offline, Multichannel

Risiken realistisch und offen ansprechen

Wichtig ist, zu bedenken, dass jede Onlinemarketingmaßnahme eigene Regeln und Anforderungen erfüllen muss, die erst auf den zweiten Blick größere Bedeutung erhalten. So muss jemand, der Produkte anbietet, auch Lagerhaltung, Retourenbearbeitung, Produkthaftung etc. bedenken.

Natürlich ist jede Unternehmung auch mit dem Risiko des Scheiterns verbunden. Die gründliche Diskussion mit Freunden und Partnern, die genaue Analyse des Markts und der eigenen Kapazitäten ist hier wichtig. Handelt es sich um einen bedeutenden Trend oder nur um ein Strohfeuer?

Man muss wissen, dass zwei Dinge im Internet limitiert sind: die Anzahl der Kunden und die Zeit, die diesen zur Verfügung steht. Das Angebot muss also so interessant oder mit Mehrwert besetzt sein, dass der Kunde immer wieder zurückkommt und mehr davon will.

Noch vor einigen Jahren war es relevant, der Erste zu sein. „First-Mover-Advantages" sind nicht mehr so hoch. Bedeutender ist das Angebot, das sich wie ein Lauffeuer durch Mundpropaganda und virales Marketing oder ein starkes Online- und Offlinemarketingbudget verbreitet (siehe die Kapitel 7 und 8).

Vor allem der aktionsbezogene Dialog mit Kunden und Partnern führt also zum Erfolg.

2.6 Der Wandel der Benutzerschnittstellen

Benutzerschnittstellen als Vermittler im Kontext der Mensch-Maschine-Interaktion sind ebenfalls im Wandel begriffen, neben der zunehmenden Mobilität fließen weitere zahlreiche Faktoren ein, die sich an der Wahrnehmung und dem Denken des Menschen orientieren. Nur so kann einem ganzheitlichen Anspruch der Benutzerorientierung gedient werden. Diese Ansätze werden im Kontext der Usability noch genauer vorgestellt (siehe Kapitel 19).

Orientierungs- und Zuwendungsreaktion des Nutzers geschickt steuern

Benutzerschnittstellen haben das Ziel, die Orientierungs- oder Zuwendungsreaktion des Nutzers geschickt zu steuern. Diese selektive Aufmerksamkeitssteuerung garantiert, dass alle wichtigen Signale wahrgenommen werden. Mit der Aufmerksamkeit des Benutzers muss ökonomisch gearbeitet werden, d. h., er muss möglichst in die Lage versetzt werden, mit minimalem Aufwand maximale Funktionalität abzurufen.

An dieser Stelle ist also ein Break-even-Point zwischen der Verarbeitungsintensität und der maximalen Interpretierbarkeit zu erzielen, dieser Vorgang wird als Normalisierung bezeichnet.

Adaptive User Interfaces (UI)

Adaptive UIs zeichnen aus, dass sie sich an den User und seine Vorlieben (auch Personalized UI) anpassen und einen situations- und umweltgegebenen Kontext (Context-Aware-UI) einbeziehen.

Ubiquitäre und pervasive Designansätze

Ubiquitäre (engl. ubiquitous – allgegenwärtig) und pervasive (engl. für durchdringend) Designansätze wirken dahin, die für uns bekannte Hardwarearchitektur von gängigen Systemen aufzulösen und sie in die Lebenswelt mehr und mehr zu integrieren. Die einseitige Reduktion der UI auf Maus, Tastatur und Bildschirm ist bereits jetzt schon ein Relikt aus der Vergangenheit.

Attentive und Perceptual User Interfaces (UI)

Sogenannte Attentive und Perceptual User Interfaces (UI) verfolgen beim Benutzerschnittstellendesign den Ansatz der Aufmerksamkeitsökonomie, indem sie die Wahrnehmung und Denkprozesse des Menschen zugrunde legen.

Natürlich befindet sich in diesem Bereich noch Einiges im Aufbaustadium, jedoch machen sich viele innovative Anbieter diese Ansätze bereits zunutze und heben sich damit erfolgreich von ihren Wettbewerbern ab. Es ist offensichtlich, dass sich das Onlinemarketing der Zukunft auch auf diese Plattformen verlagern und weniger gebunden sein wird an lediglich stationäre oder mobile Systeme im klassischen Sinne.

Hier finden Sie einige Beispiele: *http://www.search-internetmarketing.com/tag/ui/*.

2.7 Erfolgskriterien von Onlinemarketing im Web

Wer fällt am meisten auf?

Hauptsächliches Erfolgskriterium bei Werbung im Web 1.0 ist/war: Wer fällt am meisten auf? Welche Anzeige finden die meisten Menschen interessant? Die Werbung auf „herkömmlichen" Webseiten ist entweder gar nicht auf eine bestimmte Gruppe zugeschnitten – man spricht dann von Breitenwerbung, vergleichbar mit Postern an der Bushaltestelle –, oder sie wendet sich speziell an die Zielgruppe der Webseite, in der sie geschaltet wurde, wie Bandenwerbung im Fußballstadion, die vor allem von Leuten gesehen wird, die Fußballspiele anschauen. Sie kann auch auf einen zwar unbekannten, aber statistisch erfassten Benutzer angepasst sein. In beiden Fällen sind Streuverluste sehr hoch.

Im Onlinemarketing des Web 2.0 rückt der User weiter in den Mittelpunkt (siehe hierzu die Kapitel 12 und 19).

KI-basierte Methoden werden sich früher oder später durchsetzen

Im Web 3.0 bzw. im Kontext des Semantic Web werden im Rahmen der Erfolgsmessung von Werbekampagnen zunehmend mehr Faktoren eine Rolle spielen, die über das Controlling der Benutzer- bzw. Trackingdaten hinausgehen. Hier werden sich Mechanismen zur Zielgruppenspezifizierung etablieren, die die über den Benutzer gewonnenen Daten in Abgleich mit Wissensbasen und Künstliche-Intelligenz-basierten Softwarealgorithmen automatisiert optimieren, d. h. beispielsweise Controlling-Aufgaben des SEM-Betreibers nach und nach übernehmen werden. Hierzu sind schon erste Produkte auf dem Markt, auch auf kostenloser Basis, die später vorgestellt werden (siehe auch Kapitel 3.3.6).

2.8 Herausforderung mobiles Web annehmen: allgegenwärtig und erweitert – wie Ihre Onlinestrategie

Im Kontext des Onlinemarketings wird gerade dem Mobile Marketing mit das größte Wachstumspotenzial für die Zukunft vorausgesagt. Daher lohnt es sich, hier den aktuellen Stand in der Branche zu kennen. In Kapitel 10 geben wir Ihnen Einblick in die erfolgreichsten Konzepte und Praktiken, die derzeit zum Einsatz kommen. Mit diesem Kapitel möchten wir Ihnen überblickartig kurz den Mobile-Marketing-Markt vorstellen, um in Kapitel 10 in die Tiefen des Mobile Marketing einzutauchen und Anwendungsbeispiele sowie Tipps für Ihre Kampagne zu präsentieren.

Es führt kein Weg an Mobile Marketing vorbei. Ein Unternehmen, das ernsthaft die modernen Formen des Marketings nutzt und den Anschluss an die Entwicklungen im Web 3.0 nicht verpassen will, muss die Besonderheiten dieses Instruments gut kennen und für sich nutzen und erproben, um wettbewerbsfähig zu bleiben.

Mobile-Marketing-Angebote setzen sich aufgrund ihrer Omnipräsenz von den herkömmlichen Medien ab und können situationsspezifisch gezielt eingesetzt werden. Diese Einbindung ins alltägliche Leben kann den werbewirksamen Unterschied ausmachen.

Kunden, die das mobile Angebot nutzen und Kaufentscheidungen treffen, geben anhand ihres Verhaltens laufend Aufschluss darüber, was die Entscheidung beeinflusst haben könnte. Dieses Wissen über den Kunden bedeutet Marktmacht.

Die soziale Funktion des Internets und die neue Plattformunabhängigkeit durch mobile Technologien darf nicht unterschätzt werden. Die neuartigen Daseinsformen in Communitys und im Speziellen im Umgang mit digitalisierten Informationen hat gezeigt, dass auch in der digitalen Welt emotionales Erleben gefunden werden kann. An diese neuen Erlebensformen kann das Mobile Marketing zur Bildung und Erhaltung von Kundenbeziehungen sehr gut anknüpfen.

2.9 Praxiswissen kompakt, To-do-Checklisten und Webtipps

Eine gelungene Internetpräsenz ist seitens eines Unternehmens längst nicht mehr ausreichend. Im zentralen Mittelpunkt steht ohne Zweifel eine angemessene und zielgruppenspezifische Kommunikation.

2.9.1 Webtipps

Für den Einstieg ins Web 2.0 und ins Onlinemarketing eignen sich die folgenden Webtipps. Diese Foren sind erste Anlaufstellen, wenn es darum geht, Ihr Unternehmen im Web zu positionieren und Geschäftspartner und/oder Mitarbeiter zu akquirieren.

Allgemeine Webtipps zu Social Media generell

Die Top 10 der meistgenutzten Social-Media-Dienste für das Recruitment von Mitarbeitern in Deutschland, März 2010:

1. XING – *http://www.xing.com*
2. LinkedIn – *http://www.linkedin.com*
3. Facebook – *http://www.facebook.com*
4. Twitter – *http://www.twitter.com*
5. StudiVZ – *http://www.studivz.net*
6. MeinVZ – *http://www.meinvz.net*
7. kununu – *http://www.kununu.de*
8. Ning – *http://www.ning.com*
9. YouTube – *http://www.youtube.com*
10. Wer-kennt-wen – *http://www.wer-kennt-wen.de*

Quelle: http://www.huntedhead.com/index.php/2010/07/26/die-top-10-der-relevantesten-social-media-dienste-in-deutschland/

2.9.2 Praxisbeispiel – Präsenz der Autoren im Web

Nachfolgend können Sie über die Screenshots der Startseiten von

➢ Rocket Internet GmbH (siehe Abbildung 4) – wo wir zuvor als Geschäftsführer einer internen Onlinemarketingagentur tätig waren – und

➢ AKM3 (siehe Abbildung 5) bzw. Trust Agents (siehe Abbildung 6) – wo wir heute arbeiten –

unsere Präsenz einsehen, sich ein Bild von unseren Social-Media-Auftritten machen und sich dadurch Anregungen für Ihre persönliche Präsenz holen.

Persönliche Präsenzen dienen auch der leichteren Kontaktaufnahme mit potenziellen Kunden. Am professionellsten ist es – wie es auch bei Personen des öffentlichen Lebens Usus ist –, eine persönliche Homepage zu haben (siehe Abbildung 7 und 8).

Abb. 4: Screenshot der Website der Rocket Internet GmbH.

Abb. 5: Screenshot der Website der AKM3.de.

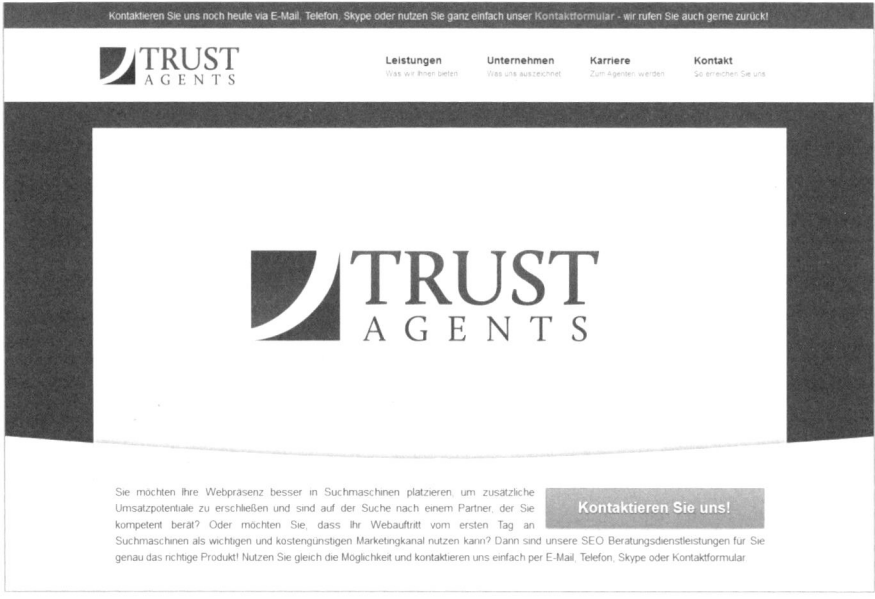

Abb. 6: Screenshot von Trust-Agents.de.

Abb. 7: Screenshot aus Andres Facebook-Account.

Abb. 8: Screenshot aus Wojcik.net.

Eine Media-Präsenz wie wojcik.net dient auch der persönlichen Außendarstellung im Web.

Auf OMreport.de interviewt Andre unter anderem bedeutende Persönlichkeiten aus dem Onlinemarketing. Er bietet somit ein Forum für die Bündelung von Know-how, Ressourcen und Interessen aus dem Fachbereich und erweitert dadurch ständig sein Netzwerk. Mit OMReport schafft man eine multimediale Präsenz im Podcast-Bereich, wo man Audio und Web miteinander kombiniert (siehe Abbildung 9).

Mit OMReport versucht Andre, die deutsche Podcast-Szene aufzumischen. Interviews mit den spannendsten Menschen des Onlinemarketings sind ein wahrer Aufmerksamkeitserreger.

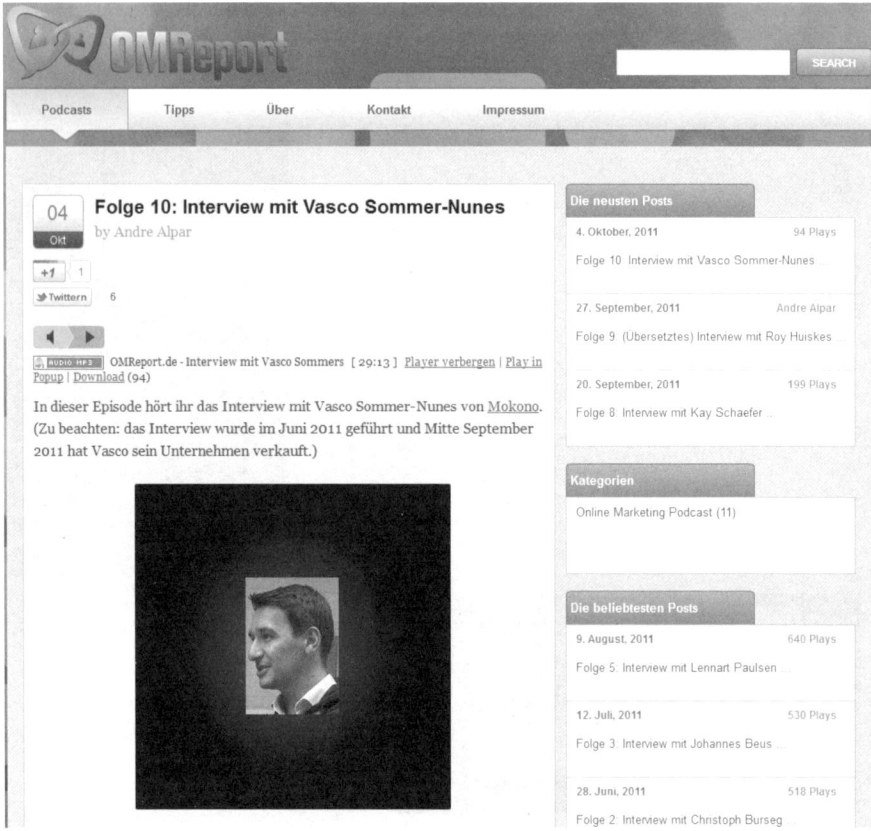

Abb. 9: Screenshot aus OMreport.de.

Auch die nächste Webpräsenz wird vom Verfasserteam geführt (siehe Abbildung 10).

Boeserseo.com ist ein SEO-Blog zum Thema Blackhat. Damit war Dominik Wojcik einer der ersten deutschen SEO-Blogger, die sich explizit auf Blackhat spezialisiert hatten. Durch dieses Alleinstellungsmerkmal konnte er relativ schnell eine sehr hohe Reichweite im Onlinemarketing erreichen.

Abb. 10: Suchmaschinenblog vom Bösen SEO.

Webseiten

Webseiten kommen beim Onlinemarketing mehrere Rollen zu. Sie dienen als Informations- und Kommunikationsträger, auf denen für Werbezwecke auch Ads oder Ad-Links platziert werden können.

Eine wichtige Frage aufseiten des Unternehmers, der eine Webpräsenz aufbauen möchte, ist die richtige Vorgehensweise bezüglich des Aufbaus und der Usability einer Webseite und ihrer Performance. Dazu zählt auch das Erzielen einer angemessenen Surfgeschwindigkeit. Diese spielt im Bereich der Kundenzufriedenheit eine erhebliche Rolle. Es gibt einige Faktoren, die zum Erreichen einer höheren Geschwindigkeit wesentlich und auch auf einfache Weise zu erreichen sind, die wir Ihnen an zahlreichen Stellen des Buchs noch vorstellen werden.

Wir haben unsere Expertise in die Suchmaschinenoptimierung bei Groupon einfließen lassen, hauptsächlich mit Know-how aus dem SEO-Bereich.

Abb. 11: Screenshot zur Groupon-Kampagne.

Auch bei der nächsten Kampagne beraten wir eDarling hinsichtlich der „nationalen" und „internationalen" SEO.

Die zalando-Kampagne basiert ebenfalls auf Beratungsdienstleistungen, die wir auf dem Gebiet der nationalen und internationalen SEO anbieten (siehe Abbildung 13).

Abb. 12: Screenshot zur eDarling-Kampagne.

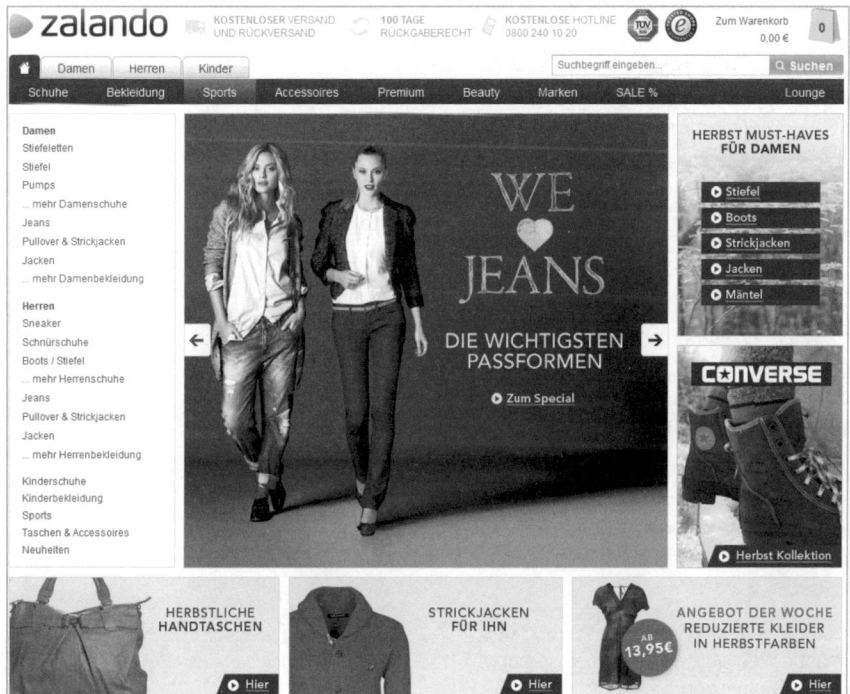

Abb. 13: Screenshot zur zalando-Kampagne.

Info zur Checkliste

Am Ende eines jeden Kapitels werden Checklisten mit Bezug zum Kapitelinhalt gebracht, die dazu dienen sollen, eine schrittweise Umsetzung der vorgestellten Möglichkeiten strukturiert zu begleiten.

Dabei wird von drei Arbeitsphasen ausgegangen, die jeweils eine Vertiefung der Maßnahmen verkörpern:

➢ Phase 1: Vergegenwärtigung

➢ Phase 2: Reflexion

➢ Phase 3: Potenzialerkennung und Umsetzung

2.9.3 Checkliste

Die folgende Tabelle enthält eine Checkliste, in der die bisher gesammelten Erkenntnisse zur eigenen Kontrolle aufgelistet sind (siehe Tabelle 2):

Fragestellung	1. Phase	2. Phase	3. Phase
Vergegenwärtigen Sie sich nochmals die Grundaspekte des Onlinemanagements. Was fällt alles in diesen Bereich? Womit haben Sie bereits Erfahrungen gesammelt, was interessiert Sie (bisher) am meisten?			
Welche Bereiche des Marketings und des Vertriebs sind für Sie besonders relevant? Wo sind Ihre To-dos angesiedelt?			
Wenden Sie die Matrix mit den 4 Ps und 3 Rs des Marketings auf Ihre Unternehmung an und halten Sie fest, an welchen Aspekten Sie wie, wann, wo, womit und warum arbeiten.			
Sind Sie bisher als Werbetreibender bereits tätig gewesen, setzen Sie Ihre Ausgaben und Einkünfte in der Aufwand-Nutzen-Ermittlungsformel des Marketings ein.			
Wo liegen die Unterschiede von Web 1.0, 2.0 und 3.0 aus Perspektive des Onlinemarketings? Wo kann Ihre Unternehmung beispielsweise im Webumfeld der Meme Map angesiedelt werden?			
Welche Anwendungsfelder im Kontext des Semantic Web würde Ihre Onlinemarketingstrategie weiter optimieren?			

Fragestellung	1. Phase	2. Phase	3. Phase
Möchten Sie eine persönliche Webpräsenz und/oder eine Präsenz auf den sozialen Netzwerken? Was möchten Sie in den Vordergrund stellen?			
Wie gut sind Ihre Kenntnisse in der Webprogrammierung? Möchten Sie diese weiter ausbauen? (Fortsetzung in Kapitel 15.4)			

Tab. 2: Wie möchten Sie das Internet im Kontext des Onlinemarketings nutzen (allgemeine einführende Überlegungen)?

In die Tabellenspalten können Sie Verweise auf eigene Dokumente, Webseiten, Teile dieses Buchs, Präsentationen, Geschäftsmodelle etc. schreiben und somit Ihre Checkliste vernetzen. Am Ende eines jeden Kapitels finden Sie eine Checkliste, in der die in den Kapiteln vorgestellten Kernaspekte wiederholt werden.

So können Sie Ihren Kenntnisstand prüfen und Ihre ersten Ideen, Assoziationen, Ziele, Anforderungen etc. in die jeweilige Spalte der 1. Phase eintragen.

In die Spalte der 2. Phase tragen Sie alle Maßnahmen und Arbeitsschritte ein, die zur Umsetzung Ihrer Ziele durchzuführen sind.

In der Spalte der 3. Phase erfolgt schließlich die testweise Optimierung bzw. Nutzung der implementierten Maßnahmen.

Wenden Sie dieses System am besten bei allen Checklisten am Ende der jeweiligen Kapitel an und beachten Sie gegebenenfalls unsere zusätzlichen Fragen und Hinweise in den einzelnen Checklisten.

3. Das wichtigste Grundlagen-Know-how zum Onlinemarketing

Eigenschaften und Nutzungsformen des Internets sind ideal als Plattform des Onlinemarketings

Zum wichtigsten Grundlagen-Know-how im Onlinemarketing gehören – allgemein – die Eigenschaften und Nutzungsformen des Internets als Plattform des Onlinemarketings. Je mehr Wissen man als Nutzer, Entwickler und Händler im Internet gesammelt hat bzw. sich aneignet, umso besser. Im Onlinemarketing existieren ferner diverse Geschäftsmodelle, die an mehreren Stellen des Buchs noch beleuchtet werden (siehe Kapitel 2.5.2).

Wichtig ist auch eine interdisziplinäre Sichtweise

Dazu zählen interdisziplinäre Methoden, insbesondere aus der Psychologie, zu den Grundlagen des Onlinemarketings, wie z. B. Schlüsselfaktoren der Überzeugung (siehe Kapitel 3.7). Auch muss man Kenntnis von den Stolperfallen, Gefahren und Risiken im Onlinemarketing haben, bevor man damit beginnt, eine Onlinewerbekampagne zu starten.

Verfolgen Sie State-of-the-Art- und Cutting-Edge-Formen im Onlinemarketing

Zudem beinhaltet Onlinemarketing State-of-the-Art- und Cutting-Edge-Formen, wie Display-Advertising (siehe Kapitel 4), E-Mail- und Newsletter-Marketing bzw. Infobriefe (siehe Kapitel 5), Affiliate Marketing – vertriebspartnerbasiertes Marketing (siehe Kapitel 6), virales Marketing zur explosionsartigen Verbreitung von Gerüchten um Ihre Produkte bzw. Ihre Marke (siehe Kapitel 7), Guerilla Marketing zur offensiven Werbung bei minimalen Kosten (siehe Kapitel 8), Crossmedia-Marketing zur Einbindung der Offlineplattformen (siehe Kapitel 9), Mobile Marketing (siehe Kapitel 10), Video- bzw. Multimedia-Marketing (siehe Kapitel 11), Social Media Marketing (SMM, siehe Kapitel 12), Aspekte des Suchens und Findens im Web 3.0 (siehe Kapitel 13), Search Engine Marketing (SEM) – Suchmaschinenwerbung (siehe Kapitel 14), Search Engine Optimization (SEO) – Suchmaschinenoptimierung (siehe die Kapitel 15–17), Targeting zur exakten Zielgruppenansprache (siehe Kapitel 18), Usability – Benutzerfreundlichkeit (siehe Kapitel 19), Web Analytics zur Erfolgsmessung (siehe Kapitel 20) und Conversion-Rate-Optimierung (siehe Kapitel 21), Testmethoden (siehe Kapitel 22), Customer-Relationship-Management (CRM, siehe Kapitel 23).

3.1 Grundlagen-Know-how und Unterbereiche des Onlinemarketings

Zum Onlinemarketing werden weitläufig und uneinheitlich verschiedene Formen der Werbung im WWW gezählt, die Ads genannt werden. Im weiteren Sinne zählen auch E-Mails, Newsletter oder Onlinespiele sowie Videos mit Werbebotschaften dazu. Pop-up-Windows, Bannerwerbung und Ad-Traps zählen zu den häufigsten – als solche wahrgenommenen – Arten von Ads.

Kür und Pflicht im Onlinemarketing

Die unterschiedlichen Aufgabenbereiche des Onlinemarketings können nach den Prioritäten „Kür" und Pflicht" gegliedert werden, d. h., Prozesse und Komponenten des Onlinemarketings können danach sortiert werden, wie zentral die Rolle ist, die sie im Onlinemarketing spielen. Die Abbildung verdeutlicht, welchen Aspekten des Onlinemarketings welche Bedeutung zukommt (siehe Abbildung 14).

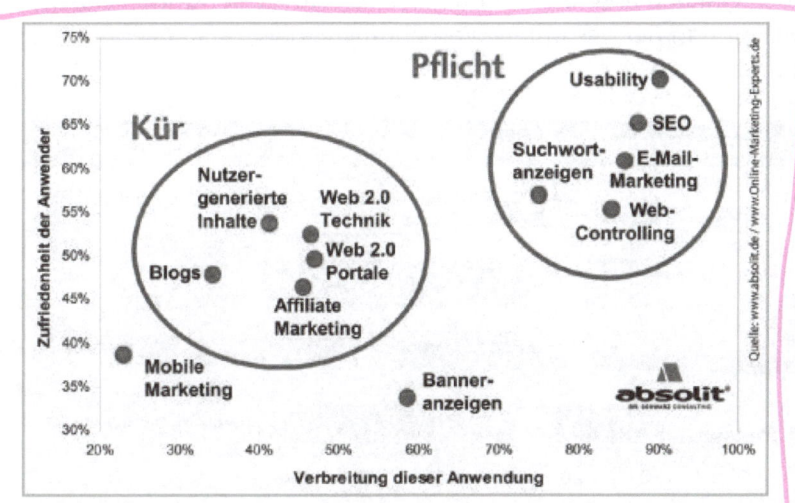

Abb. 14: Kür und Pflicht im Onlinemarketing; Bildquelle: http:www.absolit.de / http:www.Online-Marketing-Experts.de.

3.2 Entwicklung des Onlinemarketings und der verschiedenen Marktvolumina

Um die Entwicklung des Onlinemarketings zu veranschaulichen, werden nun der historische Verlauf, der aktuelle Stand, die Trends auf sozialen Netzwerken und die Bedeutung der Mobilität dargestellt.

3.2.1 Aufstieg des Onlinemarketings

Wie konnte Onlinemarketing in so kurzer Zeit von einem nicht existenten zum größten Werbekanal aufsteigen? Das hängt mit Sicherheit damit zusammen, dass die Verbreitung des Internets selbst in dieser Zeit massiv stieg. Hatten 1995 in Deutschland gerade einmal 1,5 Millionen Menschen Zugang zum weltweiten Datennetz, waren es 2010 mit 65,1 Millionen mehr als drei Viertel aller Bürger, also weit mehr als diejenigen, die einen Fernseher besitzen. Außerdem bietet das Internet als interaktives Medium die Möglichkeit, Werbung wesentlich zielgruppenspezifischer einzusetzen, da Webseiten fast immer eine wesentlich klarer definierbare Personengruppe ansprechen als Fernsehsendungen, die darauf ausgerichtet sind, einem möglichst breiten Publikum zu gefallen. Man spricht hier vom Long-Tail-Effekt des Internets, das mit geringen Streuverlusten einhergeht. Der Aufstieg des Onlinemarketings in den USA ist nachfolgend im Vergleich zur Entwicklung in der gesamten Werbebranche dargestellt (siehe Abbildung 15).

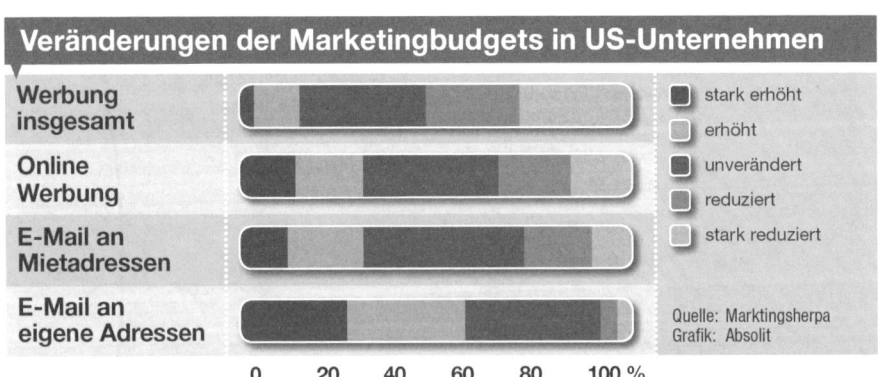

Abb. 15: Veränderungen der Marketingbudgets in US-Unternehmen;
Bildquelle: http://www.absolit.de/IMG2/US-Budgets_Online-Marketing.jpg.

Wesentlich schnellere Überprüfbarkeit des Onlinemarketings

Ein weiterer Vorteil, den kaum ein anderes Medium bieten kann, ist die Tatsache, dass Onlinemarketing wesentlich schneller und besser auf ihre Wirksamkeit überprüft werden kann. Wie viel Prozent der Benutzer, die eine bestimmte Werbung gesehen haben, haben auch mit ihr interagiert und wie? Kampagnen können aufgrund dieser Information in Echtzeit verändert werden. Oftmals ist sogar die Anzahl der Klicks auf eine Werbung die Grundlage für die Preisberechnung, nicht die Anzahl der Darstellungen. Dies hat für Internetbenutzer den Vorteil, dass Internetwerbung oft wesentlich kreativer ist als solche in TV-Werbung, Radio und Print, aber auch den Nachteil, dass sie oft als wesentlich „nerviger" empfunden wird, wenn Werbetreibende aggressiv vorgehen und nur Klicks zu generieren versuchen.

Der entscheidende Vorteil des Onlinemarketings liegt in der besseren Abrechnungsmöglichkeit per Klick.

3.2.2 Aktuelle Situation der traditionellen Werbeformen und -kanäle

Kometenhafter Anstieg der Internetwerbung

Laut einer Studie des Zentrums für Europäische Wirtschaftsforschung (ZEW) haben über 30 % der Unternehmen im Jahr 2008 mindestens über eine soziale Plattform in Diskussionsforen, Onlinecommunitys oder Wikis Präsenz gezeigt. Dieser Anteil hat weiter zugenommen und lag 2010 bei knapp 40 %. 2011 gaben bereits 66 % der befragten Unternehmen an, in den sozialen Medien präsent zu sein, was ein Beleg für den rasanten Anstieg ist (*http://faz-community.faz.net/blogs/netzkonom/archive/2011/08/23/70-prozent-der-unternehmen-nutzen-social-media.aspx*).

Der kometenhafte Aufstieg der Internetwerbung ging natürlich zulasten der traditionellen Werbeformen, die die Vorteile des Internets nicht bieten können. Dies wiederum gefährdet die Medien selbst, die von den Werbeeinnahmen abhängig sind, sodass zwangsläufig ihre Qualität sinkt und mehr Menschen ihren Medienkonsum ins Internet verlagern, wodurch dieses noch interessanter für Werbetreibende wird. Ein Teufelskreis, der über kurz oder lang herkömmliche Medien wie Zeitungen, Zeitschriften, Radio, Fernsehen und Kino vor die Wahl stellt, entweder ebenfalls ins Internet zu emigrieren oder sich auf lange Sicht eben mit ihrer Zweitrangigkeit abzufinden.

Gründe genug, sich vorzeitig mit Onlinemarketing zu beschäftigen

Die Vorzüge und die Effizienz des Onlinemarketings sind daher Grund genug, sich als Unternehmer mit Gespür für den Zeitgeist frühzeitig mit dem Potenzial des Onlinemarketings auseinanderzusetzen. So schaffen Sie es, der Konkurrenz zuvorzukommen, um sich nicht blind auf etwaige „Experten" von außen verlassen zu müssen, da der Onlinemarketingmarkt aufgrund seiner Lebendigkeit und Unübersichtlichkeit auch eine ideale Plattform für Trittbrettfahrer, Blender und Betrüger bietet. Hier ist Vorsicht die Mutter der Porzellankiste, und nur wer das ABC des Onlinemarketings kennt, ist gefeit vor vollmundigen, unrealistischen Versprechung selbst ernannter Onlinemarketingagenturen. Unwissen schützt vor Strafe nicht.

Eignen Sie sich Expertenwissen an

Wir können Ihnen nur empfehlen, Ihr Wissen über alle für Sie relevanten Kanäle nach und nach auszuweiten, beispielsweise durch die Nutzung der vorgestellten Konzepte, Praktiken, Werkzeuge, Links zu weiteren Quellen, Onlinemarketingplattformen etc., sodass Sie sich nach Belieben Experten- und Praxiswissen aneignen können.

3.2.3 Onlinemarketingtrends in Social Media

Sharing als zentraler Trend im User-generated Content-Bereich

Social-Media-Anwendungen, die das „Sharing" (das Austauschen von Multimedia-Inhalten) unterstützen, machen die Onlinewelt auch auf Basis von mobilen Endgeräten immer mehr zum selbstverständlichen Teil unseres Alltags, was auf die Relevanz von Multimedia-Inhalten im Onlinemarketing hinweist. Die Verlagerung der Social-Media-Interaktivität auf mobile Geräte, wie z. B. Tablet-PCs, Smartphones etc., bläst ebenfalls kräftigen Wind in die Segel des Onlinemarketings im Allgemeinen und des Mobile Marketing im Speziellen.

Ziel: Erhöhung der Akzeptanz für Onlinewerbung

Die Akzeptanz der Werbung erhöht sich ganz einfach dadurch, dass der Benutzer häufiger Anzeigen eingeblendet bekommt, die ihn interessieren. Er nimmt die Anzeigen auch stärker als Teil des Angebots selbst wahr, speziell dann, wenn tatsächlich Verbindungen zu seinem sonstigen Nutzerverhalten hergestellt werden. Beispiele für Werbung, die sich gut in den Kontext des Social Network einfügt, wären Formulierungen wie

➢ „8 deiner Freunde haben sich dieses Video bereits angesehen."

➢ „Die beliebteste Kneipe bei unseren Benutzern aus deiner Stadt!"

➢ „Wir haben festgestellt, dass du mit dieser Kamera im Vergleich zu deinen letzten Uploads viel rauschfreiere Videos aufnehmen kannst."

Nutzen Sie die Follower Ihrer User

Auch kann der Benutzer eingeladen werden, die Werbung mit seinen Followern und Freunden zu teilen. Dadurch entstehen Aussagenverknüpfungen wie z. B., dass Benutzer X davon ausgeht, dass Benutzer Y, den er kennt, sich für ein bestimmtes Produkt interessieren könnte etc. Diese Aussage über Benutzerpräferenzen ist wesentlich stichhaltiger, als es rein statistische Ergebnisse sein könnten. Andererseits könnte aber auch Panik entstehen, wenn der Benutzer den Eindruck hat, dass die werbende Firma alles über ihn weiß. Es gilt hier also, die verfügbaren Daten sinnvoll einzusetzen, jedoch ohne den Kunden abzuschrecken. An dieser Stelle sei auch auf die Datenschutzproblematik auf sozialen Netzwerken hingewiesen, auf die an anderer Stelle eingegangen wird (siehe unter anderem Kapitel 17.2).

Die wichtigsten Erfolgskriterien bei Werbung

➢ Wer hat tatsächlich das attraktivste Angebot?

➢ Wer stellt seine Daten vollständig, korrekt und auch maschinenlesbar zur Verfügung?

Diese Anforderungen erhöhen wiederum den Bedarf an IT- und Designkenntnissen bei der Entwicklung von Webplattformen, um diese onlinemarketingtauglich zu machen.

3.2.4 Social Marketing und Mobile Marketing als Wachstumsmotoren des Onlinemarketings

Die nachfolgende Darstellung zeigt, wie stark Social Marketing und Mobile Marketing als Wachstumsmotoren des Onlinemarketings 2011 in den USA fungierten. So ist zu erkennen, dass alle Kanäle – relativ zu ihrem Vorjahresniveau – gleich stark angewachsen sind. Search Marketing macht vom Marktvolumen her mehr als ein Drittel aus, Display-Advertising über ein Viertel, gefolgt von Mobile Marketing, E-Mail-Marketing und Social Media.

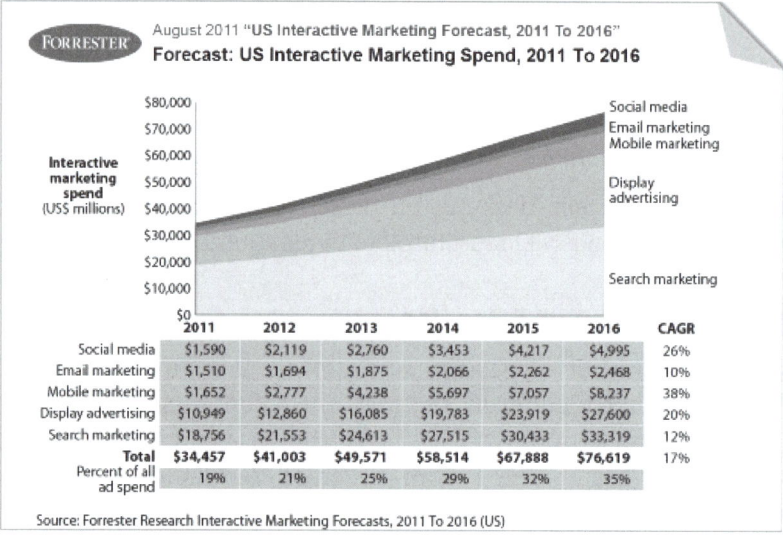

Abb. 16: Social-Media-Marketing-Wachstum; Bildquelle: http://blog.hi-media.com/wp-content/uploads/2011/08/US-forrester-august-2011-interactive-ad-spending-v21.png.

Zunehmende Popularität von sozialen Netzwerken

Die stetig zunehmende Popularität von sozialen Netzwerken im letzten Jahrzehnt hatte Unternehmen hoffen lassen, durch Online-Advertising im Nu Verkaufserfolge zu generieren. Der Erfolg stellte sich jedoch zunächst vielfach nicht in der gewünschten Form ein. So wurden die Internetuser durch Bannerwerbung nicht wie erhofft erreicht, die Klickzahlen sind bei Bannerwerbung auf niedrigem Level seit Jahren rückläufig. Banner werden zunehmend geblockt, ausgeblendet, ignoriert und entziehen sich so meist der Aufmerksamkeit des Benutzers (siehe Kapitel 12).

Nichtsdestotrotz – Bannerwerbung ist nicht wegzudenken

Der User nimmt die meisten Seiten mit Bannern als überladen wahr, dennoch ist Bannerwerbung als „traditionelle" Onlinewerbung im Onlinemarketing immer noch nicht wegzudenken. Die Kunst besteht auch bei der Bannerwerbung darin, den Internetuser zu verstehen und aus seinen Verhaltensweisen die effizientesten bzw. bewährtesten Onlinemarketingtechniken abzuleiten und anzuwenden (siehe auch Kapitel 4.2.2).

Nutzen Sie positive Mundpropaganda

Bei geschickter Anwendung von Marketingstrategien können Unternehmen durch positive Mundpropaganda (virales Marketing) ein kostenloses Marketinginstrument nutzen. Ein unterhaltsamer Werbespot wird weiterempfohlen und nicht als unerwünschte Belästigung empfunden. Die Aufmerksamkeit der Nutzer im Web ist das Ziel von Onlinewerbung. Diese Aufmerksamkeit steht als ökonomisch knappe Ressource dem schier endlosen Angebot im Internet gegenüber. Hier gilt es, die dahinterliegenden Gesetzmäßigkeiten zu beherrschen und mithilfe der richtigen Werkzeuge die Aufmerksamkeit auf seine Unternehmung zu ziehen (siehe Kapitel 7 und 8).

Mit Onlinemarketing wird hauptsächlich jüngeres Publikum angesprochen

Der große Vorteil des Onlinemarketings ist, dass potenziell konsumfreudige, junge, aktive, gebildete und kaufkräftige Zielgruppen angesprochen werden, da diese das Internet nachweislich häufiger nutzen. Dies birgt jedoch auch das Risiko, dass gerade dieses aufmerksame Publikum ein werbekritisches Weltbild pflegt und Werbekampagnen auch schnell „kippen" können, wie dies bei MySpace zu beobachten war. Nach anfänglicher Euphorie um das Portal kippte die Stimmung in den letzten fünf Jahren. Beispielsweise liegen die Response-Raten bei MySpace mittlerweile zwischen 0,04 % und 0,1 %. MySpace verliert zunehmend an Popularität, da User hauptsächlich über zu viel Werbung, schlechte Usability und mangelnde Funktionalität, z. B. das Anbieten von lediglich zehn Stücken gleichzeitig, klagen. Von Januar 2010 bis 2011 hat MySpace fast ein Drittel ihrer Unique Besucher eingebüßt (*http://www.businessinsider.com/charts-of-the-week-the-utter-collapse-of-myspace-2011-2*).

3.2.5 Interview mit Kai Rieke – Mitgründer und Geschäftsführer von eDarling

Kai Rieke ist Mitgründer und Geschäftsführer der europaweit tätigen Partnervermittlung eDarling und ist dort für das internationale Onlinemarketing verantwortlich. Bereits seit 1997 arbeitet der Onlinemarketingexperte in der „Internetindustrie" und hat so schon früh die Entwicklung des Internets in Deutschland und Europa mitgeprägt. Außerdem war Kai Rieke jahrelang Top-Affiliate bei diversen Webseiten und ist auch als Referent bei Onlinemarketingkonferenzen bekannt.

Alpar: Kai, warum ist denn Internetmarketing oder Onlinemarketing so populär geworden in den letzten zehn Jahren?

Rieke: Also ich glaube, ein Hauptgrund dafür, dass es sehr populär geworden ist, ist einfach die Messbarkeit des eingesetzten Budgets und auch die Messbarkeit der Interaktionen zwischen einzelnen Kanälen. Und die Gewissheit der Ableitung, die man daraus zieht. Also unter dem Strich: Man ist sich sicher, dass das, was man kauft, funktioniert. Man kauft nicht das Onlinemarketing ins Blaue hinein, sondern man erkauft sich Wissen, vielleicht durch einen Test, wenn man sich nicht sicher ist, was

Abb. 17: Kai Rieke – Mitgründer und Geschäftsführer von eDarling

funktioniert. Guckt sich das Ergebnis von dem Test an und handelt aufgrund der Zahlen, die der Test dann liefert.

Alpar: Wie ist das eigentlich, wenn man nicht immer Güter hat, die man online vertreiben kann. Es kann ja auch sein, dass ich Tiefkühlspinat verkaufe. Dann ist Onlinemarketing nicht wirklich möglich.

Rieke: Ja und nein. Also natürlich ist Onlinemarketing möglich. Es kommt darauf an, was man damit erreichen möchte. Es muss nicht immer das klassische „Bei Amazon eine CD verkaufen"-Beispiel sein. Stattdessen kann es zum Beispiel auch ein neuer Fan auf Facebook sein, eine Anmeldung in einem Newsletter oder dass ein Kunde eine bestimmte Seite auf dem Portal oder auf der Pizzaseite besuchen soll.

Alpar: Aber es wird trotzdem ja irgendwo Grenzen haben. Und die Frage ist: Sind die schon erreicht? Oder ist da noch eine ganze Menge mehr Puffer? Das heißt, sind wir eigentlich irgendwie eher am Anfang der Entwicklung, oder ist das Thema quasi schon ausgereizt?

Rieke: Na ja, ausgereizt ist das Onlinemarketing auf keinen Fall. Der Punkt, der immer ein bisschen knifflig ist, ist erreicht, wenn Onlinekanäle miteinander interagieren. Das heißt, ein Kunde gibt bei Google einen Begriff ein, klickt dann auf einen Banner und löst danach die Conversion aus. Hier ist es natürlich eine Herausforderung, die entsprechende Zurechnung zu machen. Wenn dann noch Offlinekanäle wie Fernsehen, Print, Outdoor dazukommen, wird es natürlich erheblich schwieriger, eine Zuordnung der Conversion zu machen.

Alpar: Also das heißt, es ist innerhalb der unterschiedlichen Onlinemarketingkanäle nicht trivial, das kanalübergreifend zu bewerten, und die Komplexität wird höher, wenn Offlinekanäle dazukommen?

Rieke: Genau, ja.

Alpar: Wie ist es denn überhaupt: Wenn man von dieser Zurechenbarkeit der Onlinemarketingkanäle verwöhnt ist, traut man sich jetzt eigentlich noch, Offlinewerbung zu machen?

Rieke: Es kommt darauf an, was man mit der Offlinewerbung erreichen will. Durch zum Beispiel Printanzeigen kann man immer noch den Brand stärken und auch eine gewisse Größe der Firma darstellen. Also da kann jeder einfach mal selbst überlegen: Man sieht eine Printanzeige und sagt: „Mensch, das muss ja schon ein ordentlich großes Unternehmen sein, wenn sich das eine Printanzeige leisten kann!" Also das nutzt sicherlich dem Aufbau von Vertrauen in das Unternehmen oder zeigt einfach Präsenz. Natürlich kann man das auch, ich sage mal, sehr extrem machen. Als zum Beispiel die Marke Alice eingeführt wurde, war halb Deutschland mit dem Alice-Mädchen zuplakatiert. Auf den Plakaten stand: „Alice kommt!", und keiner wusste eigentlich, um was es ging. Nachher wurde das dann aufgelöst. Und ich sage mal, das ist natürlich ein Bereich, in dem auch Offlinemarketing sehr, sehr funktioniert. Allerdings stellt sich immer die Frage der Messbarkeit, und das ist natürlich bei Offlinemarketing sehr schwierig.

Alpar: Das heißt, derjenige, der Onlinemarketing macht, würde sich schwer zu einer Plakatkampagne überreden lassen?

Rieke: Vielleicht ja. Jeder Onlinemarketingmanager ist von den Kennzahlen seiner Kampagnen verwöhnt.

Alpar: Ich frage mich, wie das denn mit TV ist. TV scheint so ein bisschen die Ausnahme bei den Offlinemarketingkanälen zu sein. Rein online tätige Firmen scheinen oft noch ganz gut zurechtzukommen mit TV. Woran liegt das?

Rieke: Das liegt daran, dass man TV im Grunde genommen auch sehr gut messen kann. Der einfachste Weg, das zu messen, ist zum Beispiel, eine andere URL für das Fernsehen zu benutzen, beispielsweise *marke.de/tv* oder *marke.tv*, dann einfach den Traffic, der über die URL aufschlägt, entsprechend als TV-Traffic zu markieren und ihn mit in die gesamte Online-marketing-Journey des Kunden einzuplanen.

Alpar: Wobei – diese Art des Trackings wäre ja für jeden Offlinemarke-tingkanal möglich. Ich könnte ja auch auf marke.de/p wie Plakat linken.

Rieke: Genau, wird ja auch gemacht. Seit Kurzem fällt immer mehr auf, dass auf Plakaten 3-D-Barcodes sind, die man mit seinem Smartphone einscannen kann. Ich weiß nicht, ob die dann zum Beispiel auch daran denken, dass man sogar ein Plakattracking auf Standortebene machen könnte.

Alpar: Deine Sicht der Dinge wird wahrscheinlich die von den Unter-nehmen sein, die hauptsächlich Onlinemarketing machen. Wie ist das aber im Fall der Tiefkühlpizza? Ich meine, die können ja letztendlich nicht 100 % ihres Budgets online nutzen.

Rieke: Nein.

Alpar: Oder sehe ich das falsch?

Rieke: Du siehst das genau richtig. Derjenige, der eine Tiefkühlpizza will, trifft die Entscheidung eigentlich am Point-of-Sale, nämlich im Super-markt, wenn er vor dem Tiefkühlregal steht. Dann fragt er sich: „Will ich jetzt A, B oder C haben?" Und da geht es im Prinzip darum, diese Entschei-dung durch Offlinemarketing vorher zu beeinflussen, sprich, er hat die Marke schon drei, vier Mal im Fernsehen gesehen, er hat sie vielleicht mal in seiner Zeitung als Printanzeige gesehen und überlegt dann, ob er eher die No-Name-Marke kaufen sollte oder die Marke, die er aus Printmedien kennt. Die dort vielleicht suggeriert hat, dass sie besonders toll und lecker ist. Wahrscheinlich wird der potenzielle Kunde dann eher das nehmen, was er schon einmal in einer Offlineanzeige gesehen hat.

Alpar: Wir groß sind denn die unterschiedlichen Onlinemarketing-kanäle? Das heißt, wie hoch ist deren Relevanz, über alle Unternehmen hinweg gesprochen?

Rieke: Meinst du damit den Unterschied zwischen SEM, SEO, Display, Affiliate, Facebook, Social Media?

Alpar: Ja.

Rieke: Das hängt von dem Unternehmen ab, ganz klar. Eine allgemeine Aussage ist da sehr schwer zu treffen. Man könnte sagen, an SEM, dem

Suchmaschinenmarketing, kommt man als Onlineunternehmen nicht vorbei. Das ist der Kanal, der durch Gebotsteuerung, Aussteuerung, Optimierung am transparentesten ist. Da ist das Durchmessen, ich sage mal, auch für Onlinemarketinglaien machbar. SEO ist ein wichtiger Kanal, der allerdings mit sehr, sehr viel Konsistenz und auch entsprechend Tiefgang zu betreiben ist. Wenn man das Rad überdreht, wird Google das nicht vergessen. Und wenn eine Marke wegen schlechter SEO aus dem Google-Index verschwindet, wird das keinen Markeninhaber erfreuen. Display-Marketing ist wahrscheinlich noch am ehesten vergleichbar mit dem klassischen Offlinemarketing. Es gibt viele Firmen, die über Display-Marketing klassisches Branding machen und kein Performance-orientiertes Onlinemarketing. Das heißt, diese Firmen wollen mit ihrer Marke bei den Kunden im Gedächtnis bleiben, wenn es darum geht: „Welches Auto finde ich denn jetzt interessant?" oder „Welche Tiefkühlpizza finde ich interessant?", um mal bei dem Beispiel zu bleiben. Auf der anderen Seite das Performance-Display-Marketing. Dort geht es um das stetige Optimieren von Verkaufszahlen, Kennzahlen, von Conversion-Rates sowie von Preisen und Klickraten.

Alpar: Wie ist dein Gefühl, wenn es um die Entwicklung dieser beiden Strömungen Display- und Performance-Marketing geht, was steigt und was sinkt, oder wächst beides?

Rieke: Also es kommt, glaube ich, auf die Branche an, die man sich schaut. Es gibt die Firmen, die kein klassisches Onlineprodukt haben. Die können sich dann entscheiden, ob sie eine Performance-Kampagne machen, um Facebook-Fans oder um Newsletter-Abonnenten zu gewinnen oder um am Ende z. B. ein Auto in ihrem Car-Konfigurator zusammengestellt zu haben. Oder im Prinzip, ob sie einfach möglichst viele Kunden in einer möglichst kurzen Zeit erreichen wollen. Ob das eine mehr oder das andere weniger wird, hängt von der Branche ab. Ich glaube, tendenziell werden die Leute immer fortschrittlicher, wenn es darum geht, ihre Onlinemarketingkampagnen auszusteuern, sodass immer mehr Firmen auch den Schritt in das Performance-Marketing wagen.

Alpar: Wir hatten das Affiliate Marketing noch gar nicht. Gibt es da irgendwelche Einschränkungen? Für wen taugt das und für wen nicht? Aus so einer Helikopterperspektive?

Rieke: Wenn man ein Produkt hat, das man online verkaufen kann, sollte man auch Affiliate Marketing machen. Aber Affiliate Marketing sollte man nur machen, wenn man auch jemanden hat, der sich um das Thema kümmert. Ganz klare Aussage. Allerdings sollte man diesen Kanal nicht unbeobachtet lassen. Ich glaube, je besser die Firma im Onlinemarketing ist, desto geringer wird der Anteil des Umsatzes sein, der bei Affiliate Marketing läuft. Wenn bei Affiliate Marketing viel Traffic ist, muss man selbst großen Aufwand betreiben, um die Qualität des Traffics zu checken oder auch die Qualität der Sales zu überprüfen. Was man sonst, ich sage mal, kampagnenweise für seine Display-Kampagne auch machen würde.

Alpar: Man sagt ja immer, die beiden großen Kanäle sind eigentlich SEM und Display. Also groß in Bezug auf die Menge der Kunden, die herbeikommen. Und die beiden, bei denen man eher niedrige Kundenakquisitionskosten hat, sind SEO und Affiliate. Entspricht das so deiner Erfahrung, oder ist das irgendwie auch wieder vom Geschäftsmodell abhängig oder davon, ob man überhaupt Display gerechnet bekommt?

Rieke: Also es hängt davon ab, wie man das Marketing angeht und wie das Contribution-Modell ist, wie man also die Werte für Conversions den unterschiedlichen beteiligten Kanälen zuweist. Wenn man jetzt dem letzten Klick alles an Wert zuweist und dem ersten Klick gar nichts, glaube ich, ist es schwer, dass Display-Marketing funktioniert. Beispiel: Ich klicke auf einen Banner und gucke mir die Seite an. Drei Tage später fällt mir ein: „Oh Mensch, wie hieß denn noch mal die Marke?" Ich suche die Marke dann bei Google. In dem Fall würde nur der SEM-Kanal profitieren.

Es gibt sowohl im Display-Marketing als auch in SEM geringe Kundenakquisitionskosten. Genauso wie in Affiliate und in SEO. Also hängt es maßgeblich davon ab, wie man es betreibt. Wenn man Marketingmanager hat, die etwas von ihrer Arbeit verstehen und die nötigen Werkzeuge an der Hand haben, sind die Kundenakquisitionskosten in Display, SEM, Affiliate und SEO niedrig, wenn die Leute keine Ahnung haben oder die entsprechenden Trackingmöglichkeiten nicht zur Verfügung stehen, sind die Kosten pro Kunde natürlich eher hoch.

Alpar: Das heißt, im Prinzip hängt sehr viel von meinem Attributionsmodell ab, also davon, wie ich die Werbewirkung einzelnen Kanälen zurechne. Und daraus bestimmt sich eigentlich erst, welches Volumen die einzelnen für mich bringen können?

Rieke: Genau so ist es.

Alpar: Vielen Dank für das Interview.

Rieke: Sehr gern.

3.3 Nutzung von kollektiven Hardware-, Software- und Know-how-Ressourcen im Onlinemarketing (Cloud Computing)

Die webbasierte Nutzung von kollektiven Hardware-, Software- und Know-how-Ressourcen wird oft auch unter dem Begriff „Cloud Computing" zusammengefasst. So sind auch im Onlinemarketingkontext Begriffe wie „Cloud Marketing" etc. in Umlauf, worüber wir Sie in Kenntnis setzen möchten, jedoch stufen wir diesen Begriff mehr als ein Modewort ein. Daher möchten wir ein wenig Licht in diese Begrifflichkeit bringen.

3.3.1 Was ist Cloud Marketing?

Cloud Marketing hat sich begrifflich ans Cloud Computing angelehnt

Cloud Marketing umfasst nach einem etwas schwammigen Definitionsansatz alle Marketingaktivitäten, die über das Internet abgewickelt werden, und nimmt für sich in Anspruch, die Bereiche Online-/Offlinemarketing, Onlinereporting und -interaktion sowie professionelle Marketingempfehlungen abzudecken. Dabei können sogenannte Software-as-a-Services (SaaS) zum Einsatz kommen, die online nutzbare Applikationen bzw. Services darstellen.

Hier wird die Cloud als Wolke im Internet über miteinander vernetzte Server diverser Anbieter mit diversen Dienstleistungen verstanden. „Cloud" bedeutet damit vor allem, dass Inhalte und Anwendungen ebenso wie Speicherplatz und Dienstleistungen durch virtualisierte Onlinespeicher unabhängig von einzelnen, lokal gebundenen Rechnern benutzbar werden. Jedes internetfähige Endgerät, unabhängig davon, ob es sich um ein Notebook, ein Smartphone oder ein Tablet-PC handelt, und unabhängig davon, wie groß der verfügbare Festplattenspeicher ist, kann jederzeit und ortsunabhängig auf Dienste und Angebote der Cloud zugreifen. Dies ist zumindest die Vision.

3.3.2 Was ist Cloud Computing?

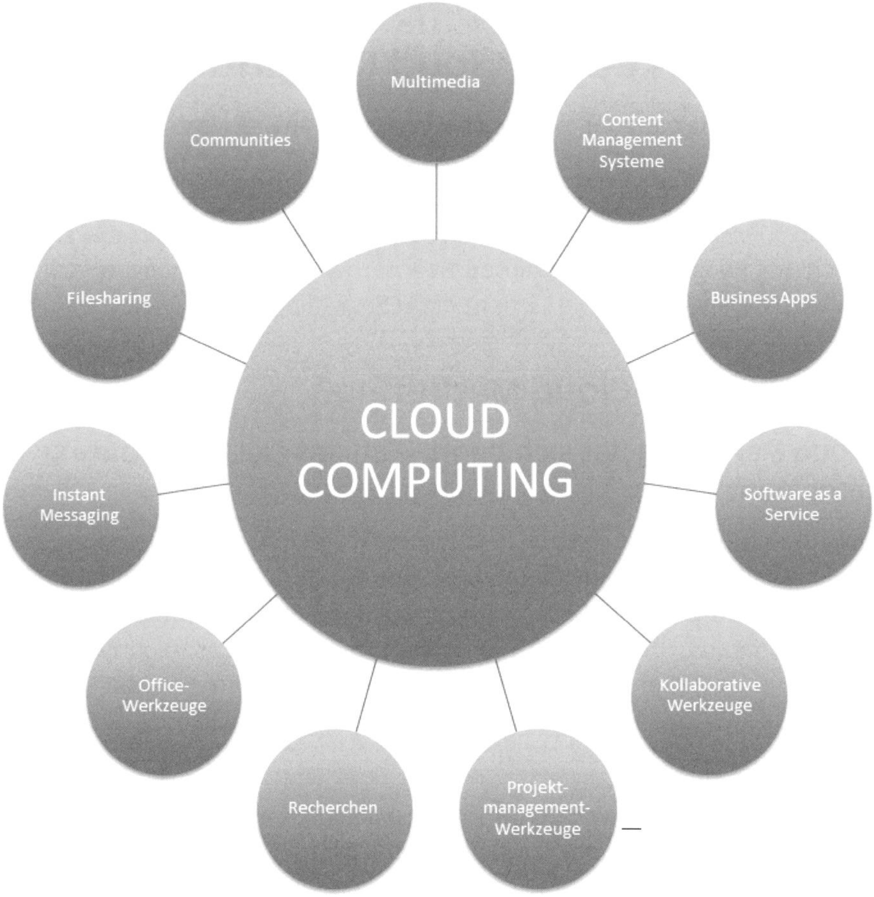

Abb. 18: Cloud Computing.

Cloud Computing lässt sich thematisch aus den oben genannten Komponenten zusammensetzen.

3.3.3 Cloud-Computing-Geschäftsmodelle

Infrastructure-as-a-Service (IaaS) stellt neben Platform-as-a-Service (PaaS) und Software-as-a-Service (SaaS) eine Kategorie des Cloud Computing dar und wird zuweilen auch als Hardware-as-a-Service bezeichnet. Dahinter verbirgt sich ein Bereitstellungsmodell, bei dem ein Unternehmen seine Hardwareausrüstung zum Betreiben von Unterstützungsdiensten wie Datenspeicherung oder Serverbereitstellung an externe Dienstleister auslagert. Dieser Dienstleister ist und bleibt dabei der Eigner der Ausrüstung und ist für alle damit verbundenen Aufgaben wie Unterkunft und Miete, Betrieb und Reparaturen zuständig.

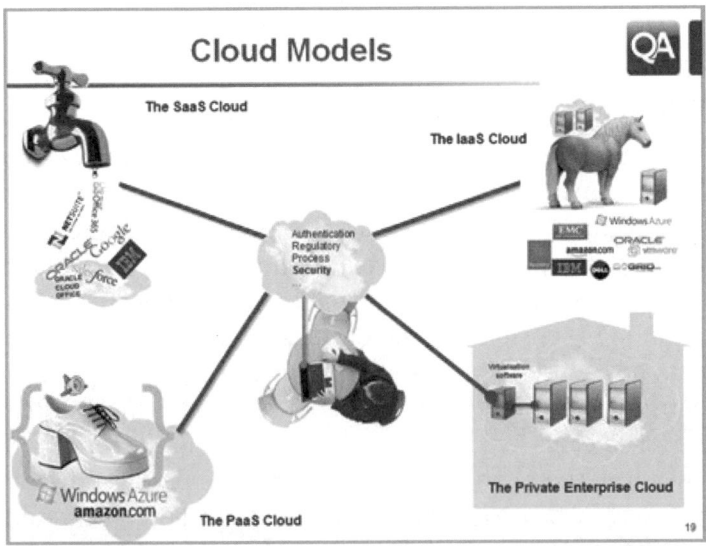

Abb. 19: Cloud-Modelle; Bildquelle: http://www.qa.com/media/1373234/14-06-2011 11-04-55_446x332.jpg.

Software-as-a-Service

Der Anstieg bei den Saas-Diensten in den Jahren 2009 und 2010 betrug 14,1 %, in absoluten Zahlen ist der Umsatz weltweiter Saas-Geschäfte von 7,5 Milliarden Dollar auf 8,9 Milliarden Dollar gewachsen. Gleichzeitig ist der Anteil von SaaS an den gesamten Softwareverkäufen weiter angestiegen. Insgesamt wird dieser Anteil nach der Prognose Gartners von 10 % im Jahr 2009 auf 16 % im Jahr 2014 ansteigen. Der Großteil der SaaS-Anwendungen besteht momentan aus sogenannten horizontalen Applikationen mit gemeinsam geteilten Diensten bei räumlich verteilten virtuellen Arbeitsgruppen und aus diversen Web-2.0-Initiativen. Nach Gartners Schätzung sind gegenwärtig 75 % der SaaS-Anwendungen als Cloud-Services zu kategorisieren. Dieser Anteil soll bis 2014 sogar auf 90 % ansteigen.

Der ersten Welle der SaaS-Anbieter, wie Salesforce und NetSuite, sind in den letzten Jahren die traditionellen Softwaregrößen wie Oracle, Microsoft, IBM und SAP gefolgt. Ein besonders großer Unterbereich von SaaS ist dem Customer-Relationship-Management (CRM, siehe Kapitel 23) zuzuordnen. Während nach Gartner dieser Teilbereich im Jahr 2009 einen Anteil von 24 % am Gesamtumsatz von SaaS innehatte, waren es 2010 bereits 26 %.

Insgesamt wird dem SaaS-Markt eine weitere Reifung prognostiziert, die Nutzung von SaaS soll sich weiter ausbreiten und zu einem stärkeren Wettbewerb in diesem zunehmend zur Norm werdenden Teilbereich führen.

Infrastucture-as-a-Service (IaaS)

Das IT-Beratungsunternehmen Gartner (*http://www.gartner.com/techno logy/home.jsp*) hat in seinem Bericht von 2010 ein weiteres Wachstum in den Sparten Cloud Computing bzw. **S**oftware-**a**s-**S**ervice (SaaS) prognostiziert. Dabei ist nicht nur die Nachfrage seitens der Unternehmen nach On-demand-Softwareanwendungen ungebrochen, das Angebot an serviceorientierten Computing-Diensten soll mindestens in den folgenden vier Jahren weiter stark anwachsen. Dabei stellt die zunehmende Vertrautheit der Unternehmen mit dieser bereits seit einem Jahrzehnt eingeführten Branchensparte ebenso einen Wachstumsgrund dar wie die Kürzungen in den IT-Budgets der Unternehmen, die bei diesen permanente Hardwareneuanschaffungen verhindern. Nicht zuletzt ist SaaS über diesen Zeitraum gereift und hat viele Sicherheits-, Adaptions- und Akzeptanzprobleme der Anfangstage überwinden können. Zu IaaS werden folgende Komponenten und Aufgaben gezählt:

> - Ein Modell zur Bereitstellung von Utility-Computing-Services und der zugehörigen Abrechnung.
> - Die Automatisierung von administrativen Aufgaben.
> - Dynamische Skalierung.
> - Desktopvirtualisierung.
> - Die Internetanbindung.

Der Kunde zahlt für diese Dienste üblicherweise auf Grundlage der tatsächlich erfolgten Nutzung.

Platform-as-a-Service (PaaS)

Eine der drei Cloud-Computing-Kategorien ist die **P**latform-**a**s-**a**-**S**ervice (PaaS), die auch als Bereitstellung von webbasierten oder On-demand-Services bekannt ist. Das traditionelle Modell zum Betrieb einer Plattform erforderte große Investitionen und viel Inhouse-Expertise seitens der Unternehmer. Die Hardwarekomponenten mussten besorgt, eingerichtet und unter viel Energieaufwand am Laufen und dabei kühl gehalten werden. Das neue Modell beruht zumeist auf der Subskription bei einem PaaS-Vertrieb, wobei lediglich für die PaaS-Dienste bezahlt wird, die auch wirklich in Anspruch genommen werden. Dies ermöglicht Entwicklern, die Bereitstellung ihrer innovativen Services auch dann weltweit über das Internet anzubieten, wenn sie weder die nötigen Investitionen für den Kauf von Hardware noch die nötigen Fachkenntnisse für die Beherrschung der Komplexität einer Plattform mitbringen. Bei PaaS haben Sie also die Möglichkeit, Know-how „outzusourcen" und sich auf Ihre Kernkompetenzen zu konzentrieren.

3.3.4 Anforderungen an das Cloud Marketing

Steigende Ansprüche der User

Die Werbebranche hat es mit steigenden Ansprüchen ihres Publikums in Bezug auf die Qualität und den Unterhaltungswert ihrer Werbebotschaften zu tun. Die

➢ rasant angestiegene Anzahl an Werbebotschaften, denen der Einzelne heutzutage ausgesetzt ist,

➢ die verkürzten Kommunikationsformen wie E-Mail, SMS oder Twitter sowie

➢ der Trend zum Multitasking

verkürzen die Aufmerksamkeitsspanne und erhöhen damit die Messlatte für akzeptierte Werbeformen. Dies kann zum einen durch kreative und innovative Formen der Werbung geschehen, was die oben angesprochene Qualitätssteigerung anspricht. Zum anderen dienen die Segmentierung des Werbepublikums in homogene Gruppencluster und das darauffolgende Targeting (siehe Kapitel 18) der für eine Marke, Werbung oder Kampagne besonders geeigneten Zielgruppen ebenfalls der Steigerung der Relevanz.

Dafür ist jedoch, ebenso wie für die Realisierung abgestimmter Multi-Channel-Kampagnen, die Zentralisierung der Kundendaten sowie der ausführenden Kompetenzen bei den Marketern vonnöten.

Connected-Marketing-Databases

Die Relevancy Group hat in ihrer 2010 durchgeführten Umfrage[1] feststellen können, dass eine Connected-Marketing-Database bei 44 % aller Marketer die Produktivität und Effizienz gesteigert hat. Bei 31 % der Befragten hat sie für eine Senkung der Marketingpersonalkosten geführt, und 30 %

---

1 The Relevancy Group Executive Survey (2010): The Relevancy Group Executive Survey, 674 Marketers in the US and UK, 4/2010.

konnten dadurch ihre Fähigkeiten zur Kundensegmentierung sowie zum Targeting bzw. zur Personalisierung von Werbebotschaften verbessern.

Viele Marketer haben bislang den Aufbau einer solchen Connected-Marketing-Database jedoch gemieden, da dies zeit- und kostenaufwendig und auch etwas Neues ist. Eine Alternative zum Inhouse-Aufbau einer solchen Datenbank stellt die Nutzung von sogenannten Cloud-basierten Marketing-lösungen dar. Zwar ist die Technologie noch nicht ausgereift und der Gebrauch des Begriffs inflationär, aber einige Ideen gehen in die richtige Richtung und suchen nach Möglichkeiten, den Organisations-Overhead, der durch die Planung auf unterschiedlichen Plattformen/Medien und Kanälen erfolgt, zu bündeln und zu straffen, indem häufig sogenannte **S**oft-ware-**a**s-**a**-**S**ervices (SaaS) eingesetzt werden.

Diese Konzepte und Techniken können Ihnen dabei helfen, die Ressourcenplanung Ihrer Onlinemarketingkampagnen zu optimieren – beispielsweise dann, wenn Sie Anwendungen, Datenbankfunktionen, Infrastrukturen etc. als Fremddienst nutzen, anstatt diese einzukaufen bzw. selbst zu installieren.

3.3.5 Cloud Marketing auf sozialen Medien

Cloud-Marketing-Phasen

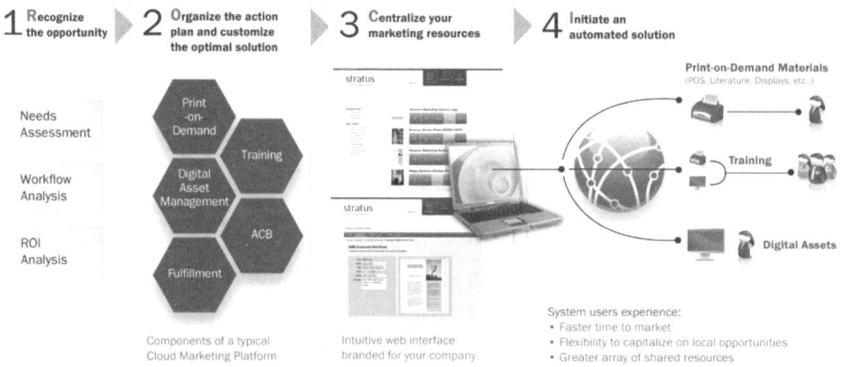

Abb. 20: Cloud-Marketing-Phasen; Bildquelle: Dynamic Marketing Systems (www.dymasys.com).

Cloud-Marketing-Geschäftsprozesse

Cloud Computing stellt ein neues Geschäftsmodell zum Hosting von Serverdienstleistungen dar, das sich allerdings aufgrund inhärenter Konnektivitäts- und Sicherheitsprobleme noch nicht als durchgängiger Unternehmensstandard durchsetzen konnte. Insbesondere kleine und mittlere Unternehmen können jedoch von den niedrigen Investitionskosten und der finanziellen Flexibilität dieser Technik profitieren. Denn beim Cloud Computing zahlt ein Unternehmen nur für die tatsächlich in Anspruch genommenen Services, Bandbreiten und Datentransfers. Die Anschaffung teurer Computerinfrastruktur sowie der zugehörigen Software ist bis auf einzelne Internetzugangsgeräte nicht mehr nötig. Wächst das Unternehmen jedoch, kann das entsprechende Wachstum an Datenaufkommen und Bandbreiten schnell sehr teuer werden. Hier hilft die Inanspruchnahme von „Dedicated-Servern", die bei einer stabilen Monatsrate ein stufenloses Wachstum an Servern und Bandbreiten zur Verfügung stellen. Zudem ist hier, im Gegensatz zum standardmäßigen Cloud Computing, SLA (**S**ervice **L**evel **A**greement) inbegriffen, was eine ständige Serververfügbarkeit garantiert. Hier können Sie mehr dazu erfahren: *http://www.colocation america.com/dedicated_servers/advantages-and-disadvantages-of-cloud-com puting.htm.*

3.3.6 Virtual-Marketing-Manager einsetzen

Ein Virtual-Marketing-Manager ist ein professionelles Unternehmen, das am besten in Kürze vom eigenen Büro aus mit dem Auto erreichbar sein sollte und das einzelne, gestückelte Marketingdienstleistungen von kleinen und mittleren Unternehmen übernimmt. Diese müssen somit keinen eigenen Marketingmanager anstellen, der für viele der anstehenden Aufgaben möglicherweise nicht genügend qualifiziert ist, sondern können Marketingdienstleistungen outsourcen. Dazu zählen neben spezifischen Spezialbereichen wie dem Internetmarketing anliegende Services zu Grafikdesign oder Webentwicklung. Der Vorteil bei diesem Modell liegt darin, dass man nur für konkrete Lösungen bzw. Aktivitäten bezahlt und Spezialisten Aufgaben in jedem der genannten Unterbereiche übernehmen können.

Hier können Sie die folgenden Dienste nutzen:

Bundesweit:

➢ *http://www.free-days.de*

➢ *http://www.fernarbeit.net*

➢ *http://www.mein-virtuellerassistent.com*

➢ *http://www.virtuelle-helfer.de*

➢ *http://www.strandschicht.de*

International:

➢ *http://www.asksunday.com*

➢ *http://www.bpovia.com*

> ➤ *http://www.catchfriday.com*
> ➤ *http://www.taskeveryday.com*

3.3.7 Vorteile und Chancen im Cloud Marketing

Vorteile der Cloud

Die Vorteile des Cloud-Prinzips sehen ihre Verfechter

➤ in der prinzipiell unbegrenzten Skalierbarkeit der Anwendungen,

➤ dem Einsparen von Softwarelizenzkosten und

➤ der Gewährleistung von Anwendungen, die auf dem neusten Stand der Technik sind.

Da jedoch bislang für viele die Unübersichtlichkeit des Markts und die Unsicherheit der permanenten Verfügbarkeit der Onlinedienste eine Hürde für den Einstieg in die Denkweise der Cloud darstellt, hat der Verband der Cloud-Services-Industrie in Deutschland, EuroCloud Deutschland_eco, auf der CeBIT 2011 das Security-Zertifikat „EuroCloud Star Audit SaaS" (**S**oftware **a**s **a** **S**ervice) eingeführt. Erste Anbieter mit diesem die Sicherheit und Zuverlässigkeit bestätigenden Zertifikat sind der E-Mail-Marketing-Dienstleister optivo und die Pironet NDH Datacenter GmbH (*http://www.euro cloud.de/2011/02/24/cebit-2011-das-guetesiegel-fuer-die-cloud-das-eurocloud-star-audit-saas/*).

Die Nutzung einer Cloud-basierten Marketinglösung bringt noch viele weitere Vorteile: Erstens verkürzt sich so die Deployment-Time und die Aggregationszeit bei der Zusammenführung verteilter Datenquellen, aber auch die Zeitspanne zum Launch einer integrierten Multi-Channel-Kampagne schrumpft dank einer integrierten sogenannten Campaign-Management-Applikation im Vergleich zu den traditionellen CRM-Anwendungen erheblich. Weiterhin steigt die Flexibilität bei der Auswahl, da einzelne Marketingservices und -anwendungen on demand ausgewählt werden können. So können vom Marketer insbesondere bei Anbietern mit einem Fokus auf Insights bei Bedarf schnell und unkompliziert zusätzliche Features hinzugekauft werden. Und je nach Kunden- oder Kampagnenanforderungen kann man sich einen Cloud-Marketing-Anbieter aussuchen, der genau diejenigen Insights bietet, die benötigt werden. So können Kunden mithilfe von Scoring-Werten als für die gewünschte Zielgruppe mehr oder weniger geeignet eingestuft bzw. Vorhersagemodelle für die Akzeptanz von Kampagnen erstellt werden. Und man kann in einem begrenzten Probezeitraum herausfinden, inwiefern ein bestimmter Anbieter tatsächlich fähig ist, Daten aus heterogenen Quellen in einer strukturierten Multi-Channel-Database zusammenzuführen.

Nutzen Sie externe Dienstleister

Ein weiterer Vorteil der Inanspruchnahme externer Dienstleister liegt darin, dass beim Marketer keine Zeit für Installation und Updates aufgewendet werden muss, da (im Idealfall) alle relevanten Anwendungen beim Anbieter der Cloud-Dienstleistungen aufgespielt werden und lediglich über das Netz aufgerufen werden müssen. Entscheidend für die Umwandlung der gesammelten Informationen in handlungsleitende Customer-Insights und damit den Erfolg des Cloud Marketing ist allerdings die Fähigkeit der beteiligten Dienstleister, schnell und reibungslos miteinander zu kollaborieren. Nur dann lässt sich die individuelle Anpassung der Anwendungskonfigurationen an die Anforderungen des Marketers umsetzen, und Kosten können somit eingespart werden. Während das Deployment (engl. für hier „Verteilung der IT-Komponenten") bei traditionellen CRM-Anwendungen bis zu neun Monate einnehmen kann, werben manche Cloud-Anbieter mit einer lediglich 90-tägigen Deployment-Phase. Auch die Beschleunigung des Speed-to-Market beim permanenten Betrieb einer Cloud-Marketing-Lösung verspricht Zeiteinsparungen beim Marketer, die sich in höherer Arbeitseffizienz niederschlagen. Und nicht zuletzt sollen davon die Kunden des Marketers profitieren, die gezielt angesprochen werden und damit relevantere Werbung präsentiert bekommen. Dies würde in der Werbebranche ein höheres Engagement seitens des Publikums bedeuten, was den Erfolg der Werbemaßnahmen steigert.

3.4 Weitere Geschäftsmodelle und Strategien

Realisieren Sie Schneeballeffekte

Der schnelle Wandel im Web bringt laufend neue Werbeformen mit sich, die immer besser auf die Bedürfnisse der User maßgeschneidert sind. Dabei geht es vornehmlich darum, die Besonderheiten sozialer Netzwerke zu kennen und diese intelligenter an der eigenen Onlinemarketingstrategie auszurichten mit dem Ziel, die User-Akzeptanz zu steigern. In diesem Kontext spricht man auch vom Empowerment des Konsumenten. Empfehlungen von Marken oder Warnungen vor schwachen Produkten verteilen sich über Schneeballeffekte, Beispiele hierfür werden noch vorgestellt (siehe z. B. Kapitel 7 und 8).

Sprechen Sie Ihre potenziellen Kunden zielgenau an

Über das Targeting wird der potenzielle Kunde aus mehreren Perspektiven anvisiert und kann so wesentlich effizienter angesprochen werden als durch klassisches Marketing (siehe Kapitel 18).

Vor der Popularität von sozialen Netzwerken

Bevor Onlinemarketing in sozialen Netzwerken so populär geworden ist (seit 2005), mussten Werbetreibende jedem Besucher dieselbe Seite mit demselben Banner zeigen. User-Gruppen konnten nicht gefiltert werden, sodass ein großer Teil des Werbebudgets in die falsche Richtung ausgegeben wurde. Mittels personalisierter Werbung haben Werbetreibende die Möglichkeit, Nutzergruppen in ihre Kampagne einzuschließen oder aus dieser auszuschließen (siehe Kapitel 12).

3.5 Die Marktführer im Onlinemarketing

An dieser Stelle sei nur kurz auf die Marktführer im Onlinemarketing verwiesen, die sich in allen oder speziellen Sparten und Kanälen des Onlinemarketings betätigen, zu denen Google, Facebook, Twitter, XING, LinkedIn etc. gehören. Die Marktführer werden an späterer Stelle umfassend vorgestellt (siehe Kapitel 12.4). Kleinere Anbieter mit besonders erfolgreichen oder pfiffigen Ideen aus dem Onlinemarketing werden gestreut im Text zahlreich empfohlen.

3.6 Abrechnungs- und Vergütungsmodelle

Abrechnungs- und Vergütungsmodelle im Onlinemarketing erlauben es, die vielfältigen Onlinemarketingmaßnahmen auf den unterschiedlichen Plattformen transparent und im Kontext eines individuellen Geschäftsmodells eines Werbeträgers entgeltlich abzurechnen.

3.6.1 Die gängigsten Abrechnungsverfahren beim Onlinemarketing

Es existiert eine große Menge an Abrechnungsverfahren im Onlinemarketing. Zu den traditionellen Modellen zählen der

➢ **T**ausender-**K**ontakt-**P**reis (TKP) sowie

➢ CPC (**C**ost-**p**er-**C**lick) oder (synonym) PPC (**P**ay-**p**er-**C**lick).

Daneben existieren zahlreiche andere Verfahren, wie z. B.:

➢ Pay-per-View (PPV),

➢ Pay-per-Order (PPO),

➢ Pay-per-Sale (PPS),

➢ Pay-per-Lead (PPL) und

➢ Pay-per-Action (PPA).

Tausender-Kontakt-Preis (TKP)

Die Abrechnungsform mit der größten Verbreitung ist das TKP-Abrechnungsverfahren. Der TKP ermittelt sich aus der Anzahl der Sichtkontakte, also der Einblendungen der Ads, wobei je 1.000 Einblendungen (engl. Impressions) eines Banner-Ads der Werbetreibende eine vereinbarte Fixsumme zahlen muss. Dabei fällt also kostenseitig nicht ins Gewicht, wie häufig der Banner angeklickt wurde bzw. wie oft eine Conversion erfolgt ist.

Der TKP ist für den Werbetreibenden besonders dann effizient, wenn es darum geht, die Bekanntheit einer Produktmarke zu steigern, weil relativ viele User das Ad geschaltet bekommen.

Der TKP bietet sich als Werbeform insbesondere für solche Werbetreibende an, die eine hohe Reichweite und somit Brand-Building-Maßnahmen anstreben.

Cost-per-Click-(CPC-)Abrechnungsverfahren

Beim CPC-Verfahren entstehen für den Werbetreibenden erst dann Kosten, wenn seitens der Webseitenbesucher auf das Ad geklickt wird. Dabei wird ein Festbetrag zwischen Werbetreibendem und Werbeträger vereinbart oder per Auktion vergeben. Letzteres wird beispielsweise bei Google AdWords praktiziert.

Bezahlung bei Google AdWords[1]

➢ Aktivierungsgebühr von 5 Euro.

➢ Kein Mindestumsatz und keine zeitliche Verpflichtung.

➢ Von Ihnen festgelegtes Tagesbudget und maximales Cost-per-Click (CPC) (von 0,05 bis 50 Euro), sodass Sie nie mehr ausgeben, als Sie möchten.

---

1 *https://www.google.com/intl/de_de/adwords/select/pricing.html*

Vergütungsmodell bei Facebook-Ads

Bei Facebook-Anzeigen besteht nur die Wahlmöglichkeit zwischen TKP und CPC.

Das CPC-Modell ist für Facebook-Anzeigen am geeignetsten. Erst der Klick belegt, dass der Benutzer das Ad gesehen hat und interessiert ist. Der Klickpreis sollte im Vergleich zur Konkurrenz nicht zu niedrig gewählt werden, da sonst das Ad zu selten geschaltet wird. Dadurch sinkt auch die Anzahl der Impressions.

Risiken

Werbetreibende sehen – zu Recht – oft das Risiko, dass von Spammern absichtlich Klicks auf die Banner getätigt werden, sodass die Kosten für den Werbetreibenden in die Höhe schnellen. Diesem Umstand wird seitens der Werbeträger durch Ermittlung der IP-Adressen derjenigen, die auf das Banner klicken, entgegengewirkt. Dieses Abrechnungsverfahren eignet sich vor allem zur Generierung von Traffic.

Das Risiko für den Werbetreibenden steigt, je häufiger das Ad angeklickt wird, da dadurch die Klickkosten umso höher ausfallen. Um die entstandenen Kosten wieder reinzuholen, müsste in letzterem Fall die Conversion hoch genug sein, damit sich die Werbemaßnahme lohnt. Eine weitere Möglichkeit besteht darin, nicht für die Klicks, sondern für die Conversions (bzw. Käufe) zu zahlen.

3.7 Die sechs Schlüsselfaktoren der Überzeugung nach Cialdini

Die zentrale Komponente bei der erfolgreichen Praxis von Onlinemarketing ist die hohe Kunst und die Fähigkeit, durch Nutzung effektiver Methoden Einfluss auf potenzielle Kunden zu üben und sie zu überzeugen.

Ein Marketingexperte, der sich seit Jahrzehnten mit dieser nach wie vor aktuellen Fragestellung befasst, ist Robert Cialdini. Er unterscheidet die sechs Schlüsselfaktoren der Überzeugung:

➢ Reciprocation (engl. für Anbindung, Beziehung, Wechselwirkung)

➢ Social Proof (engl. für Reputation)

➢ Commitment and Consistency (engl. für Verbindlichkeit und Beständigkeit)

> ➤ Liking (engl. für Sympathie)
> ➤ Authority (engl. für Autorität)
> ➤ Scarcity (engl. für Mangel/Nachfrage)

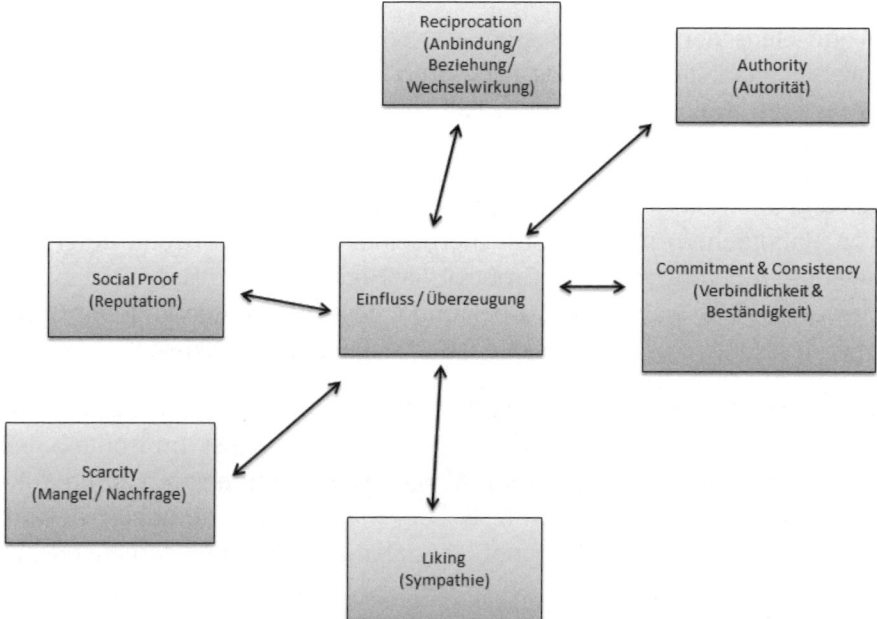

Abb. 21: Einfluss/Überzeugung (in Anlehnung an Cialdini).

3.7.1 Reciprocation

Was bedeutet Reciprocation (Anbindung)?

Das Prinzip „Reciprocation" (Anbindung, Erwiderung, Wechselwirkung) besagt, dass der Mensch sich verpflichtet fühlt gegenüber denen, die einem etwas Gutes tun oder von denen man beschenkt wird. Nach Cialdini ist es für Vermarkter folglich von Bedeutung, zu wissen, dass sie immer den ersten Schritt machen sollten, indem sie den Kunden z. B. mit Informationen oder Gratisproben versorgen oder ihn mit anderen positiven Erfahrungen konfrontieren. Daraufhin wird der Kunde mit großer Wahrscheinlichkeit etwas „zurückgeben" wollen, da er sich sonst schuldig fühlt.

Machen Sie Geschenke, aber nicht zu viele :-)

Menschen, die unerwartete Geschenke erhalten, erklären sich eher bereit, sich Produkteigenschaften anzuhören etc. Hierbei müssen die Geschenke nicht einmal kostspielig oder überhaupt materiell sein. Bloße Information und Wohlwollen reichen völlig aus.

3.7.2 Social Proof

Wenn Menschen unentschlossen sind bei Entscheidungen, tendieren sie dazu, sich jene ihres Umfelds anzuhören und danach zu handeln. Sie wollen wissen, was andere in dem Fall tun würden, besonders ihre Altersgenossen.

Cialdini und Kollegen führten ein Experiment über die Wiederverwendung von Handtüchern mit den Besuchern eines Hotels in Arizona durch. Es stellte sich heraus, dass der Großteil der Hotelgäste ihre Handtücher wiederverwendete, weil sie herausbekamen, dass die meisten anderen Besucher des Hotels dies ebenfalls taten, und sich ihnen anschlossen.

Das heißt, Menschen vertrauen auf die Meinungen anderer Menschen, die in einer ähnlichen Ausgangssituation sind wie sie selbst. Im Kontext des Onlinemarketings bedeutet das z. B., dass Leserkommentaren zu Produkten und Bewertungssystemen (z. B. bei Amazon etc.) eine hohe Relevanz zukommt und den „Social Proof" (sozialen Nachweis) entsprechend bestärken kann.

3.7.3 Commitment and Consistency

Menschen folgen Vereinbarungen – Commitments

Menschen treten ungern von ihren Abmachungen zurück. Nach Cialdini handelt der Mensch eher, wenn er es vorher mündlich oder schriftlich vereinbart hat, weil er immer nach Widerspruchsfreiheit in seinen Verpflichtungen strebt. Ebenso folgt der Mensch gern bereits bestehenden Einstellungen, Werten und Handlungen.

Dies bestätigt sich in dem Experiment des Sozialwissenschaftlers Anthony Greenwald aus dem Jahr 1987, in dem er potenzielle Wähler befragte, ob und warum sie am Wahltag wählen würden. 100 % der Befragten sagten aus, dass sie am Wahltag wählen würden, es sind aber 86,7 % wählen gegangen. Nur 61,5 % der Nichtbefragten hingegen gingen wählen. Jene, die am Tag davor bestätigten, dass sie wählen werden, sind ihren Verpflichtungen eher nachgekommen als die, die es nicht taten.

Hierbei spielt das Alter eine große Rolle. Je älter man wird, desto größeren Wert legt man auf Beständigkeit. Aufgrund dessen fällt es älteren Menschen schwerer, sich selbst umzustimmen. Dies weist unter anderem auf die hohe Bedeutung einer intelligenten Zielgruppenansprache (engl. Targeting, siehe Kapitel 18) hin.

3.7.4 Liking

Nach Cialdini bevorzugen es Menschen, „Ja" zu sagen zu dem, was ihnen vertraut ist und was sie mögen. Sie favorisieren auch eher jene, die äußerlich attraktiv und ihnen ähnlich sind oder ihnen Komplimente machen. Sogar sehr nebensächliche Dinge, wie zum Beispiel den gleichen Namen wie der potenzielle Neukunde zu tragen, erhöhen die Wahrscheinlichkeit wesentlich, einen Verkauf zu realisieren. Auch das „Liking" kann durch eine ausgeklügelte Zielgruppenansprache optimiert werden.

Suchen Sie Gemeinsamkeiten mit dem Kunden und nutzen Sie diese in der Ansprache

Dies lässt sich aus dem Experiment von Randy Garner aus dem Jahr 2005 ersehen, der Umfragen an Fremde versandte mit der Bitte, diese auszufüllen und zurückzuschicken. Dazu verwendete er zum einen Namen, die fast mit dem des Empfängers übereinstimmten, und zum anderen unterschiedliche Namen. Man stellte fest, dass von denen, die einen ähnlich lautenden Namen besaßen wie der Absender, fast doppelt so viele willig waren, diese auszufüllen und zurückschicken, als jene, bei denen der Absender einen völlig anderen Namen hatte.

Nach Caldini können die Verkaufschancen deutlich verbessert werden, wenn jene, die die Ware oder Dienstleistung bereitstellen, Ähnlichkeiten zum Publikum aufweisen und ihre Herausforderungen und Vorlieben etc. kennen. Dies könnten Sie beispielsweise durch das Einfügen von Teambildern aus Ihrem Unternehmen erreichen.

3.7.5 Authority

Stellen Sie eine Autorität in dem dar, was Sie anbieten?

Menschen respektieren Autoritäten. Businesstitel, ansehnliche Kleidung und sogar das Fahren eines teuren Automobils sind bestätigte Faktoren bezüglich der Glaubwürdigkeit eines Individuums.

Das Ausstrahlen einer Autorität erhöht tatsächlich die Wahrscheinlichkeit, dass man Anfragen von außen bekommt.

Autoritäten veranlassen zur Überschreitung von Grenzen

Dies lässt sich aus dem Experiment des Psychologen Stanley Milgram von 1974 ersehen. In diesem Experiment wurden einfache Personen dafür angefragt, dass sie „Opfer" schocken sollen, wenn sie falsche Antworten auf gestellte Fragen geben. Diese „Opfer" waren mit weißen Kitteln bekleidet, um den Probanden die Erscheinung einer hohen Autorität zu kommunizieren. Die Probanden wurden darüber aufgeklärt, dass die Elektroschocks, die sie bei den Opfern auslösen, eine Stärke von 15 Volt haben. Das Ganze wurde von den Opfern gespielt. Trotz des lauten Geschreis und der Forderungen der Opfer, freigelassen zu werden, haben die Probanden die Schreie und Schmerzen der Antwortenden ignoriert und fügten die volle Dosis von 450 Volt zu – natürlich wurde dies im Versuch mit schauspielerischen Mitteln erreicht.

Nach Milgram war die Hauptursache für diesen Umstand die Unfähigkeit der Teilnehmer, den Laborbedingungen bzw. der Autorität zu widersprechen. Dies liegt daran, dass Menschen bei Unsicherheit dazu neigen, von außen Informationen zu holen.

3.7.6 Scarcity

Bedienen Sie Knappheiten?

In grundlegenden ökonomischen Theorien ist Knappheit ein wesentlicher Begriff im Angebots- und Nachfrageprinzip. Je weniger da ist und je ungewöhnlicher das Produkt ist, desto größer ist die Nachfrage. Bekannte Beispiele sind das Warten über Nacht auf ungewöhnliche Produkte wie z. B. das iPhone.

Die Tendenz, empfindlicher zu reagieren auf mögliche Verluste als auf Gewinne, ist eine der bestunterstützten Erkenntnisse in den Sozialwissenschaften. Daher kann es sinnvoll sein, in einer Werbekampagne die Vorteile des Produkts zu betonen und das Potenzial für eine vertane Chance zu unterstreichen, zum Beispiel mit den Worten: „Verpassen Sie diese Chance nicht!"

In jedem Fall sollten die einmaligen Qualitäten des Produkts betont werden, um die Wahrnehmung für die Knappheit des Produkts zu erhöhen.

3.7.7 Fazit

Die Kunst besteht darin, diese Überzeugungsfaktoren zu kennen und sie kreativ in die Kampagnengestaltung einzubeziehen, ohne dabei zu offensichtlich zu sein. Die zahlreichen Praxisstudien, die in diesem Buch an unterschiedlichen Stellen aufgezeigt werden, sollen Ihnen helfen, sich Anregungen zu holen und sich inspirieren zu lassen.

3.8 Stolperfallen vermeiden – Gefahren und Risiken im Onlinemarketing

An sehr vielen unterschiedlichen Stellen dieses Buchs werden wir themenbezogen auf Fallen, Betrügereien, Spam, unseriöse Tricks, rechtliche Vorgaben etc. eingehen, damit Sie unnötigen Zeit- und Mittelverlusten frühzeitig aus dem Weg gehen können. Wir möchten Sie jetzt schon auf den hohen Stellenwert dieser Herausforderungen hinweisen.

3.9 Chancen und Risiken im Onlinemarketing für kleine und mittlere Unternehmen (KMU)

Als Kleinunternehmer haben Sie in Bezug auf Geld und Zeit begrenzte Kapazitäten für Onlinemarketingkampagnen.

Sie können sich keine kostenintensiven Streuverluste, keine dauerhaften Einsätze teurer Experten etc. leisten. Hier gilt: Es muss so wenig wie möglich kosten und so effizient wie möglich sein. Oft kann auch ein Austausch von Leistungen statt von Geld angedacht werden.

3.9.1 Grundaspekte des Webdesigns

Content-Management-Systeme (CMS)

Ein Unternehmen kann bereits für wenige Hundert Euro ein repräsentatives und nutzerfreundliches Webdesign inklusive Managementsystem (CMS) erwerben. Auch WordPress, eigentlich eine Blogsoftware, eignet sich als kostenloses CMS. Wichtig ist es, den Webauftritt schlank und übersichtlich zu halten. Die Menüführung sollte intuitiv und gut zu benutzen sein. Im Kontext von Informationsarchitekturen bei SEO werden wir nochmals auf CMS zurückkommen (siehe Kapitel 15.2).

Heben Sie die Inhaltsdimension Ihrer Website hervor

Das Wichtigste auch in Bezug auf die Suchmaschinenoptimierung ist die inhaltliche Dimension der Website. Die Texte sollten eher den Kundennutzen und den Mehrwert in den Vordergrund stellen. Wichtige Fragen sind: „Welche Probleme des Kunden löse ich?" oder „Wie kann ich helfen und Mehrwerte bieten?". Websites sollten also Kundenanfragen beantworten.

Weitere Must-haves einer Website

Zur Rechtssicherheit ist es wichtig, ein Impressum zu einzurichten. Das kann ohne Expertenrat zum Beispiel über *http://www.certiorina.de* erfolgen.

Empfehlenswert ist die Einrichtung einer Serviceseite mit Mehrwert und Wissen in Form von Whitepapers, Videos, Podcasts oder kleinen E-Books, falls Sie hier Möglichkeiten sehen.

Nutzen Sie ansprechende Bilder

Durch ansprechende Bilder kann vieles besser kommuniziert und die Präsenz aufgelockert werden. Bilddatenbanken sind z. B.:

➢ *www.flickr.com*

➢ *www.pixelio.de*

➢ *www.aboutpixel.de*

➢ *www.sxc.hu*

➢ *www.lorelure.com*

➢ *www.fotolia.de*

➢ *www.wikipedia.org*

➢ *www.gettyimages.com*

Alle Bilder und Texte müssen mit ausdrücklicher Erlaubnis genutzt werden können.

Eine detaillierte Darstellung der Aspekte, die Sie bei der Optimierung Ihrer Webseiten beachten sollten, folgen in den weiteren Kapiteln (u. a. Kapitel 15–17).

3.9.2 Onlinewerbung ist oft unnötig teuer

Häufig ist Onlinewerbung für Kleinunternehmen zu teuer und hat viele Streuverluste. Google AdWords (siehe Kapitel 14.3) empfiehlt, temporär und zielgerichtet AdWords-Experten zurate zu ziehen. Diese sind zwar oft teuer, aber man braucht sie, wenn man in großem Format effizient werben will.

Am sinnvollsten ist der Austausch von Links mit anderen Websites und Blogs. Die Links sollten inhaltlich passen, die Partner sollten seriös sein, und die Links sollten gut und optisch passend verteilt sein. In diesem Kontext sei bereits angemerkt, dass SEO einen relativ günstigen Kanal darstellt.

Suchmaschinenmarketing

Der wichtigste Aspekt des Suchmaschinenmarketings ist die Suchmaschinenoptimierung (SEO). Wenn Kleinunternehmen bestimmte Regeln einhalten, brauchen sie keine teuren SEO-Anbieter.

Wichtig ist, dass Sie Flash möglichst vermeiden und keine Frames und keine Tabellen zum Layouten verwenden, sondern nur HTML, PHP und für das Layout Cascading Style Sheets (CSS). Die Suchmaschinen von Google crawlen die Texte von Websites auf relevante Inhalte und können die Inhalte so besser erkennen und anzeigen.

Planen Sie möglichst viele interne Links ein

Planen Sie ein, möglichst viele interne Links innerhalb des eigenen Auftritts zu setzen. Für interne Links eignen sich Verlinkungen im Fließtext. Der Text sollte hierbei relevante Inhalte widerspiegeln, statt nur Platzhalterwörter, da die Suchmaschinen auch Inhalte der Links durchsuchen.

E-Mail-Marketing optimieren

Personalisierte Anschreiben sind sinnvoll, vor allem wenn der Empfänger auch wirklich wertvolle Informationen erhält.

Massenmails sind ungeeignet, weil sie die Gefahr von Abmahnungen und rechtlichen Konsequenzen nach sich ziehen können.

Kommunikation/PR

In Kommunikation und PR können Kleinunternehmen bereits für wenig Investition viel erreichen, wenn sie die Klaviatur beherrschen (siehe hierzu Kapitel 16.3).

Pressemitteilungen

Pressetexte können über kostenfreie oder günstige Onlinepressedienste gestreut werden:

➢ *www.openpr.de*

➢ *www.businessportal24.com*

➢ *www.firmenpresse.de*

➢ *www.pressemitteilungen.ws*

➢ *www.news4press.com*

➢ *www.pr-inside.de*

Bauen Sie einen eigenen Presseverteiler auf. Unter *http://www.krolleselect. de/index.php?id=059* werden E-Books zum Download zur Verfügung gestellt, in denen Wirtschafts- und Publikumsmagazine und weitere Medienkontakte gut sortiert gelistet sind. Verschicken Sie Pressemitteilungen nicht im Anhang, sondern kopieren Sie sie in den E-Mail-Body.

Ebenso können Sie Blogs nutzen, in denen Sie sich mehr und mehr in Ihrem Segment als Experte positionieren und sich nach und nach einen Namen machen (siehe hierzu Kapitel 12).

3.9.3 Trends im Onlinemarketing

Das Dreiecksverhältnis Kunde/Media/Agentur

Der aktuelle Werbemarkt ist geprägt von einem hohen Grad der Verzahnung. Media-Agenturen und Werbeagenturen haben noch nicht den notwendigen hohen Grad im Bereich Effizienzmessung und Erfolgskontrolle erreicht. So hat Google durch den Erwerb von Doubleclick ein gutes Forschungs-Know-how an Onlinewerbungsmessbarkeit erworben. Bezeichnend waren auch die Käufe von Levy von Digitas und Sorrell von 24/7 Real Media. Das Schlachtfeld darf nicht den Medien allein überlassen werden.

Klare und kreative Ausdrucksformen für Onlinewerbung müssen gefunden werden

Von größter Bedeutung ist, dass klare und kreative Ausdrucksformen für Onlinewerbung gefunden werden müssen, die die Mentalität der Onlineuser trifft. Es geht darum, effizient zu werben und strategisch zu agieren. Durch verschiedene Messmethoden und Kooperation mit Spezialisten ist es möglich, Onlinewerbung wie ein Schachspiel zu betreiben und nicht wie ein Mensch-ärgere-dich-nicht-Spiel. Noch ist der Onlinebereich zu jung, um dem strengen Blick der Marketingcontroller voll standzuhalten.

Bob Garfield hat unter dem Titel „The Chaos Scenario" zehn Trends erarbeitet, die er in Advertising Age veröffentlichte (*http://adage.com/article/ news/bob-garfield-s-chaos-scenario-2-0/115712/*):

Trend 1 – Brand Communities

Communitybildung ist einer der effektivsten Wege, um Kundenbindung zu erreichen. Laut Marktforschungen liegt der Loyalitätswert bei Communitysites bei 56 %.

Trend 2 – Web 2.0

Web 2.0 ist ein Trend, der bereits sehr lange diskutiert wird. YouTube, Wikipedia, Facebook, Twitter etc. sind interaktive Webplattformen, die zwischen 2006 und 2007 „Unique Audience"-Zuwächse von 32 % hinzugewonnen haben. „Page-Views" wuchsen im selben Zeitraum um 77 %. Ebenso nahm die dort verbrachte Zeit immens zu. Mittlerweile wird bereits das Web 3.0 mit mehr mobilen Elementen diskutiert.

Trend 3 – User generated content

„User Generated Content" wird als Möglichkeit gesehen, Inhalte massiv, leicht und kostenlos zu generieren. Vor allem ist es wichtig, Meinungsbildner und Experten zur Teilnahme zu ermutigen, damit das Material hochwertig und von Bestand ist.

Trend 4 – Pareto Prinzip

Das Pareto-Prinzip besagt, dass 80 % der Ergebnisse in 20 % der Zeit erledigt werden oder das 20 % einer Volkswirtschaft 80 % des Gesamtbudgets besitzen und ausmachen. Das Prinzip wird von einigen Beobachtern als universell angesehen. Doch wie kann man die 20 % der Topsites von den übrigen 80 % trennen? Vor allem Akquisitionen großer Internetunternehmen von Onlineanalyseunternehmen (Doubleclick, Aquantive, 24/7 Real Media und Adtech) zeigt, dass hier ein sehr bedeutender Bereich anwächst.

Trend 5 – Mobiles Internet

Das Internet wird durch „Multichannel Computer" wie das iPhone zu einem mobileren Internet. Mobile Endgeräte sind oft die persönlichsten und emotionalsten Geräte der Nutzer. Hier wird inhaltlich und werblich viel passieren, was uns zu neuen Wegen führen wird.

Trend 6 – Generation 50 plus

Die Generation der älteren Menschen holt immer mehr auf. Die Jungen treiben die Alten zur Teilnahme an bahnbrechenden gesellschaftlichen Ereignissen. Wichtig zu erkennen ist, dass Wertesysteme, Kaufmotive und Lerngeschwindigkeiten unterschiedlich sind, sodass auch hier ein zielgruppenspezifisches Targeting stattfinden muss. In dieser Altersklasse ist mehr Zeit und mehr Geld vorhanden. Daher wird auf diese Zielgruppe im Kontext des Targeting umfassend eingegangen (siehe Kapitel 18.1).

Trend 7 – Konvergenz

Der höchste Effizienzgewinn in Kommunikation und Verkauf wird dann erzielt, wenn man Off- und Onlinevernetzung vermischt – Crossmedia-Marketing (siehe Kapitel 9). Die zentrale Aufgabe des Media-Mix ist es, zu ermitteln, wie man welches Geld bei welcher Zielgruppe wo am effektivsten einsetzt. Wir müssen uns hier an „relative Effizienzen" gewöhnen. Eine besondere Rolle kommt den Media-Agenturen und Spezialisten zu.

Trend 8 – Psychografie und Demografie

Wichtiger als die demografische Kenntnis der Nutzer wird immer mehr die Kenntnis über die Psychografie. Oft gilt noch das Prinzip der „kalkulierten Ungenauigkeit", doch die Analysemethoden im Internet nehmen stetig zu.

Trend 9 – Die neue Welt

Asiatische Märkte sind groß und interessant. Die Möglichkeit, Produkte und Services zum Beispiel in China anzubieten, ist realistisch. Wichtig ist es allerdings, politische, technische und kulturelle Besonderheiten genau zu kennen und entsprechend einzubeziehen.

Trend 10 – Primat der Marketingcontroller

Media-Fachleute werden immer mehr zu Investitionsberatern. Die Marketingcontroller erhalten immer mehr das letzte Wort. Die Agenturbranche tut gut daran, in Systeme zu investieren, die den Wert von Online- und Offlinewerbung messen.

New Media ist ein Spiel- und Schauplatz der Ungenauigkeit, der den Mutigen und Intelligenten große Chancen eröffnet. Die Zukunft wird in der

Vernetzung aller Medien liegen. Es gibt kein „entweder oder", sondern ein „sowohl als auch". Es gilt immer stärker „Content is King". Wer den besten Content anbieten kann, der bietet auch den effizientesten Werbeplatz an. Immer mehr gilt vor allem für die junge Generation: „Was nicht im Internet zu finden ist, existiert gar nicht."

3.9.4 Performance-Marketing

Was ist Performance-Marketing?

Beim Performance-Marketing steht die erfolgsbasierte Abrechnung im Vordergrund. Das heißt, nicht die Impressions oder der TKP stehen im Fokus, sondern, ob das Werbemittel wirkliche ein Werbeleistung, z. B. Klick oder Kauf oder andere wertschaffende Effekte, erzielt hat. Der Begriff wird jedoch uneinheitlich gebraucht und soll für dieses Buch aus diesem Grund weniger genutzt werden.

Affiliate Marketing ist zu 100 % Performance-orientiert

Der Kanal, der zu 100 % einen Performance-Kanal darstellt, ist das Affiliate Marketing, da hier typischerweise nur Provisionen gezahlt werden, wenn mindestens ein Klick seitens des Beworbenen getätigt wurde, der z. B. zu einem Lead, einem Sale oder auch nur zu einem Besuch der Seite des Merchants geführt hat.

3.9.5 Interview mit Dr. Florian Heinemann – Geschäftsführer der Rocket Internet GmbH

Als Geschäftsführer der Rocket Internet GmbH ist Florian Heinemann für die Bereiche Marketing, CRM und Business Intelligence verantwortlich. Während seiner Zeit bei Rocket hat er insbesondere die Beteiligungen TopTarif, eDarling und zalando mit begleitet. Vor Rocket war er Mitgründer und Geschäftsführer von AbeBooks Europe (Exit an Amazon), hat bei Jamba!/iLove (Exit an Verisign) den Aufbau des Onlinemarketings mit verantwortet und als Mitgründer antibodies-online.com mit aufgebaut. Darüber hinaus ist er Business Angel bei zahlreichen Start-ups im Internetbereich, unter anderem bei AdScale, Netmoms, Trivago und Tradoria. Florian Heinemann hat BWL an der WHU Koblenz, in Stellenbosch und Nizza studiert (gefördert durch die Studienstiftung des deutschen Volks). Neben seiner praktischen Tätigkeit hat er an der RWTH Aachen promoviert und war Visiting Scholar an der Wharton School. Seine Forschungsergebnisse wurden in führenden internationalen Zeitschriften publiziert, unter anderem im Strategic Management Journal (SMJ), im Journal of Product Innovation Management (JPIM), im Journal of International Marketing (JIM) und in der Zeitschrift für Betriebswirtschaft (ZfB).

Abb. 22: Dr. Florian Heinemann – Geschäftsführer der Rocket Internet GmbH.

Alpar: Hallo Florian. Wie kommt es denn, dass sich Onlinemarketing so dynamisch entwickelt? Dass es quasi so aktiv betrieben wird und dass sich das Wachstum in dem Bereich von Jahr zu Jahr so dynamisch gestaltet?

Heinemann: Es gibt, glaube ich, zwei wesentliche Aspekte dabei. Der eine ist, dass die Zeit, die Leute online verbringen, immer mehr zunimmt. Und dementsprechend nehmen die potenziellen Werbekontakte, aus denen man schöpfen kann, um Onlinemarketing zu betreiben, immer weiter zu. Das zweite sind natürlich die zunehmenden technischen Möglichkeiten, die man hat, um Onlinemarketing zu betreiben und das zu messen, was da passiert. Beide Faktoren zusammen treiben ganz natürlich die Bedeutung des Onlinemarketings.

Alpar: Wobei es ja in den vergangenen Jahren schon eher so war, dass sehr viel Zeit online verbracht worden ist. Aber die Werbeaktivität ist nicht ganz so schnell nachgezogen. Das Internet entwickelt sich dynamisch seit 15 Jahren und Onlinemarketing vielleicht zunehmend seit 5 Jahren.

Heinemann: Ein wesentlicher Aspekt dabei ist, dass man auch betrachten muss, wer die Entscheider darüber sind, wo Werbegelder hinfließen. Traditionell liegt dies sehr stark in der Hand von Agenturen. Gerade die großen Budgets werden häufig ganz wesentlich von Agenturen beeinflusst – Media-Agenturen, die Werbespendings über Medien wie TV, Print oder eben online verteilen. Diese Agenturen haben über einen recht langen Zeitraum von einer gewissen Intransparenz und begrenzten Messbarkeit profitiert, die es im traditionellen Medienbereich gibt. Und ich glaube schon, dass der Druck von der Advertiser-Seite, also den eigentlichen Werbetreibenden, erst aufgebaut werden musste, damit Budgets von der stark intransparenten Offlinewelt in die besser und direkter messbare Onlinewelt verschoben wurden. Advertiser, die nur in geringem Umfang mit Intermediären, also beispielsweise Agenturen, gearbeitet haben, sind nach meiner Einschätzung sehr viel schneller in den Onlinebereich gedrängt als traditionell aufgestellte Werbespender. Und dadurch, dass das kumulierte Budget der Direct Advertiser deutlich geringer ist als das der traditionell agierenden Werbetreibenden, wie etwa Procter&Gamble oder Coca Cola etc., gab es da eine zeitverzögerte Entwicklung. Gerade wenn man sich aber die USA anschaut, wo sich die Entwicklung tendenziell zwei bis drei Jahre schneller vollzieht, ist dort der Anteil der Online-Werbespendings noch mal deutlich höher als beispielsweise in Europa. Im Zeitverlauf kann man aber eigentlich immer ein Angleichen der prozentualen Verteilung der Werbespendings an die prozentualen Anteile der Mediennutzung beobachten. Das ist einfach eine zeitverzögerte Entwicklung, und die ist jetzt gerade im vollen Gange.

Alpar: Und wie ist das mit der technischen Machbarkeit und Messbarkeit? Was ist denn da der Treiber, durch den Onlinemarketing so einen kontinuierlichen Aufschwung erlebt und bei dem sich auch nicht abzeichnet, dass er sich in nächster Zeit legen wird?

Heinemann: Ein Quantensprung hinsichtlich der Messbarkeit war sicherlich die Einführung von Google Analytics im Jahr 2005. Google hat damit ein Analysetool zur Verfügung gestellt, das für die meisten Nutzer komplett ausreichend ist – und das kostenlos. Zudem ist es sehr einfach implementierbar – zumindest in der einfachsten Form – und mit dem für viele kleinere, aber auch die meisten großen Werbespender wichtigsten Werbekanal, nämlich Google AdWords, direkt verknüpfbar. Google Analytics entwickelt sich immer weiter, wird immer besser, und Google ist einer der absoluten Vorreiter darin, kostenlose und sehr leistungsfähige Tools zur Verfügung zu stellen. Diese Tools versetzen wiederum Advertiser in die Lage, mehr Geld sinnvoll auszugeben. Ein anderes Beispiel dafür ist der Google Website Optimizer zum Testen von Landing-Pages. Aus Googles Perspektive ergibt es natürlich extrem viel Sinn, diese Entwicklung voranzutreiben. Darüber hinaus gibt es natürlich noch eine Reihe von Premium-Anbietern. Ob das jetzt Adobe SiteCatalyst, der ehemalige Omniture SiteCatalyst oder WebTrekk ist, die dann für die anspruchsvolleren Advertiser diese Entwicklung unterstützen. Je besser man Werbeaktivitäten versteht und je granularer man Kampagnen aussteuern kann, desto mehr Geld kann man sinnvoll ausgeben. Ein weiterer Faktor, der das Ganze nochmals voran-treibt, ist, dass die Gesamt-Conversion-Rates im Netz immer noch konti-nuierlich weiter zunehmen. Zum einen, weil die Websites bzw. die Appli-kationen besser werden, zum anderen auch, weil immer mehr Menschen es gewohnt sind, online etwas zu kaufen und zu bezahlen.

Alpar: Du hattest eben Google Analytics gesagt. Das ist kostenlos, und deswegen bietet es auch für viele kleine und mittelständische Unter-nehmen eine sehr niedrige Eintrittsschwelle. Man braucht eben einfach ein bisschen Zeit oder jemanden, der einem hilft. Aber es ist insgesamt, auch und gerade beim Onlinemarketing, eine niedrigere Eintritts-schwelle, um mal verschiedene Sachen zu testen ... was bei einer Wer-bung in der lokalen Zeitung immer noch ein paar Tausend Euro im Ver-gleich zu 50 Euro sind, mit denen ich bei AdWords oder SEO-Maß-nahmen schon was anfangen kann. Das ist da sicher auch ein Element des Ganzen.

Heinemann: Genau. Dies ist auch ganz klar ein Bereich, den Google in letz-ter Zeit noch mal verstärkt angegangen ist. Nämlich kleinen und mittel-ständische Unternehmen Zugang bzw. den Einstieg zu Google AdWords oder dem Google Content Netzwerk zu ermöglichen bzw. zu erleichtern. Das scheint ja auch vielen Leuten noch nicht in dem Maße bewusst zu sein: Mittlerweile ist das Google-Content-Netzwerk eigentlich in den meis-ten relevanten Märkten inklusive Deutschland der wesentlichste und reichweitenstärkste Publisher. Die Einstiegsbarriere zum Search-Bereich wie auch in den Content-Bereich ist schon sehr überschaubar. Das macht Google einerseits schon sehr geschickt. Andererseits liegt hier sicherlich noch eine der größten Schwächen von Google, nämlich kleineren, nicht in dem Maße onlineaffinen Advertisern den Einstieg zu erleichtern. Je besser Google das gelingt, desto stärker müssen sich die Zeitungsverlage im loka-len Bereich anstrengen, wenn sie dagegen bestehen wollen. Auch Groupon ist hier sicherlich eine sinnvolle Maßnahme. Es ist ja letztendlich nichts an-deres als eine lokale Werbemaßnahme. Es gibt aus meiner Sicht eine Reihe von Initiativen in dem Bereich Local Advertising, die sehr sinnvoll sind, über eine sehr niedrige Einstiegshürde verfügen und es mit einer guten Messbarkeit verbinden. Das wird die Entwicklung des Onlinemarke-tings weiter vorantreiben.

Alpar: Im mobilen Bereich wird ja Jahr für Jahr das „Mobile Jahr" ausge-rufen. Wie kommt es, dass dieser Bereich so langsam nachzieht im Ver-gleich zum stationären Internet?

Heinemann: Auch hier ist die Entwicklung ähnlich: Die Nutzung schreitet schneller voran als die Werbespendings – aber die Werbespendings werden nachziehen. Wenn man sich die Nutzungszahlen anschaut, auch im E-Commerce-Bereich, ist die Nutzung dort erheblich, und die Leute kaufen auch in immer nennenswerterem Umfang über Mobile Devices. Viele Advertiser bekommen erst langsam auf dem Schirm, dass dies ein relevanter Bereich ist, bei dem es sich lohnt, ihn dediziert zu bedienen. Und auch an dieser Stelle ist Google wieder ganz weit vorn und bietet über bestehende Accountstrukturen Zugang zu mobiler Werbung an. Und es gibt diverse andere Netzwerke, die sich in dem Bereich Mobile Advertising tummeln. Das wird vermutlich noch ein bisschen länger dauern, weil selbst die professionellen Advertiser gerade erst anfangen, gezielt Werbespendings auszusteuern. Aber noch mal – die Entwicklung wiederholt sich: Werbespendings verlagern sich von Offlinemedien in Richtung Onlinemedien. Und auch ein Teil der Onlinespendings wird in Richtung Mobile wandern oder direkt von offline zu mobile. Gleichzeitig verschwimmen die Grenzen zwischen Mobile und „traditionellem" Online-Advertising. Bei Devices wie einem iPad ist die Unterscheidung zwischen Mobile und Online-Advertising schon sehr spitzfindig.

Alpar: Jetzt bis du ja berühmt-berüchtigt dafür, der große Kopf hinter Onlinemarketingkampagnen zu sein, die fast alle Kanäle bedienen, wenn nicht sogar wirklich alle. Was kannst du mitteilen: Was macht den Leuten das Zusammenspiel zwischen den unterschiedlichen Onlinemarketingkanälen ein bisschen zugänglicher? Oder was sind Kanäle, die für viele Geschäftsmodelle funktionieren? Und was sind Kanäle, die für wenige Geschäftsmodelle funktionieren? Wie sind da die Verteilungen der möglichen Neukundengewinne, die man sich vorstellen kann?

Heinemann: Ein Kanal, der für alles funktioniert, was ein halbwegs erkanntes Bedürfnis von Nutzern bedient, ist Search. Dabei ist es egal, ob es sich um den bezahlten Search-Bereich handelt (SEA oder SEM) oder den unbezahlten (SEO). Beides sind, denke ich, für das Gros des Business relevante Kanäle. Dementsprechend sind dann auch entsprechende Intermediäre relevant, also Spieler, die Search Traffic abgreifen und diesen Traffic dann nochmals vorqualifizieren. Im Shoppingbereich sind das Preisvergleicher oder Dienste, die ähnliche Produkte miteinander verbinden etc. Das sollte in der Regel für jedes Angebot funktionieren, das ein halbwegs klares Bedürfnis bedient. Eine wesentliche Wechselwirkung zwischen Kanälen entsteht aus meiner Sicht dann, wenn in nennenswertem Umfang Display- oder Kooperationswerbung eingesetzt wird. Damit lässt sich nach unserer Einschätzung durchaus eine indirekte Werbewirkung erzielen, die sich nicht nur auf die tatsächlichen Klicks runterbrechen lässt, die Leute dann auf dieses Werbemittel tätigen. Es gibt ganz eindeutige Effekte in Richtung Search und auf Direct-Type-ins. Das ist vermutlich einer der Bereiche, die am wenigsten verstanden bzw. durchdrungen worden sind. Darin liegt dementsprechend für viele Advertiser eine klare Differenzierungsmöglichkeit. Das isolierte Betrachten und Vorantreiben von Search wird dann immer stärker zum Commodity (Dienstleistung), gerade auch weil die Tools immer besser werden, nicht zuletzt dank Google.

Alpar: Du meintest jetzt vor allem SEM.

Heinemann: Ja, SEM. Aber auch im SEO-Bereich wird die Wissensasymmetrie tendenziell geringer. Diese nimmt aus meiner Sicht sowohl im SEO-Bereich als auch im SEA-Bereich ab. Im SEO-Bereich geht das sicherlich langsamer vonstatten als im SEA-Bereich. Aber dadurch, dass Google immer besser darin wird, unnatürliche Aktivitäten zu erkennen, nimmt der natürlich anmutende Linkaufbau an Bedeutung zu. Und das sollte tendenziell den Einstieg für einen größeren Personenkreis erleichtern. Im SEA-Bereich ist das sicherlich noch mal extremer, weil eben die Tools, die Google und andere herausgeben, das Ganze fördern. Ein Bereich, in dem dies noch sehr wenig der Fall ist, ist der Display-Bereich. Diesen lassen viele Leute bisher komplett außen vor. Gleiches gilt in gewissem Maße sicherlich auch für den Social-Media-Bereich.

Alpar: Ganz kurz zum Display. Du beziehst dich da schon eher auf großflächige Werbemittel und nicht auf Werbemittel, bei denen in einem Werbemittel mehrere Banner von mehreren Marken drin sind, oder?

Heinemann: Nein. Ich bin kein großer Fan von PostView in irgendeiner Form. Ich glaube ganz klar, dass es eine indirekte Werbewirkung von Bannerwerbung gibt. Diese aber sauber über PostView-Cookies zu ermitteln, ist schon sehr problematisch, da eben auch die bekannten Fehlanreize für Publisher bestehen. Gerade wenn man eine gewisse Größenordnung im Display-Bereich oder auch beim Gesamt-Traffic erreicht, ergibt eine pauschale PostView-Zurechnung einfach keinen Sinn mehr. Den Aufwand, den man betreiben müsste, um das sauber zu machen, ist schon sehr erheblich. Einige Toolanbieter versuchen sich in dem Bereich, möglicherweise kommen sie ja auf einen grünen Zweig. Solange das noch nicht gelöst wurde, würde ich gerade als unerfahrener Advertiser von PostView die Finger lassen. Ein anderer interessanter Kanal, der immer systematischer bearbeitet wird, ist Social Media. Das betrifft insbesondere Advertising und Social-Aktivitäten auf Facebook, wo man sowohl in der Neukundenakquise als auch in der Bestandskundenreaktivierung eine Vielzahl von Möglichkeiten hat. Nutzer verbringen mittlerweile einen nicht unwesentlichen Teil ihrer Onlinezeit auf Facebook. Das kann man sowohl werbetechnisch als auch durch das Befördern der Präsenz der eigenen Marke in den ganz natürlichen Facebook-Kosmos entsprechend abgreifen. Die allermeisten Advertiser vernachlässigen das noch und arbeiten auch nicht daran, ein systematisches Verständnis der Abläufe und Funktionsweisen in diesem Kosmos aufzubauen. Hier bildet sich noch mal ein völliger neuer Kanal, der an Bedeutung zunimmt.

Alpar: Super. Dann vielen Dank für das Interview.

Heinemann: Gern.

3.10 **To-do-Checkliste**

Die folgende Tabelle enthält eine Checkliste, in der die bisher gesammelten Erkenntnisse zur eigenen Kontrolle aufgelistet sind. Dabei wird – wie bei jeder Checkliste am Ende des Kapitels – von drei Arbeitsphasen ausgegangen, die jeweils eine Vertiefung der Maßnahmen verkörpern:

➢ Phase 1: Vergegenwärtigung

➢ Phase 2: Reflexion

➢ Phase 3: Potenzialerkennung und Umsetzung

Format	1. Phase	2. Phase	3. Phase
Auswertung von Cloud-Computing-Methoden für die eigene Marketingkampagne			
Auswahl von SaaS			
Auswahl von IaaS			
Auswahl von PaaS			
Facebook Twitter XING LinkedIn Google+ Google-Ads Facebook-Ads			

Format	1. Phase	2. Phase	3. Phase
Webtechnologien/Programmierkenntnisse: HTML(5) XML JavaScript PHP AJAX			
Schlüsselfaktoren der Überzeugung			
APIs			

Praktische API

APIs sind relativ nützlich. Fast jede Ad-Form bietet eine API, die meistens in PHP angesprochen wird. Fast alle APIs bilden unterschiedliche Kommunikationswege zu JSON, Java, PHP, Perl, Ruby on Rails, Phython, XML etc.

4. Display-Advertising: klassische Internetanzeigenwerbung nutzen

Display-Ads können entweder in Form von Inpage-Ads oder als In-Stream-Video-Ads in Erscheinung treten. Diese teilen sich wiederum in verschiedene Gruppen auf. Inpage-Ads kommen in Standardform, als Sonderwerbeformen, als sogenannte Premium-Ad-Packages und via In-Texts zum Einsatz. Die Standardwerbeformen können dabei als Full Banner, Super Banner, Expandable Super Banner, Rectangle (Standard/Wide/Expandable), Skyscraper und Flash Layer vorliegen. „Sonderwerbeformen" stehen per DHTML, Streaming-Ads, Wallpaper, Interstitial, Microsite oder Sponsoring zur Verfügung. Premium-Ad-Packages stellen einen Sammelbegriff für Pushdown-Ads, Maxi-Ads, Banderole-Ads und Halfpape-Ads dar, während In-Text-Ads aus In-Text-MPU-, In-Text-Billiboard-, In-Text-Logo- und In-Text-Videoelementen bestehen können.

In-Stream-Video-Ads sind in zwei Gruppen gefasst: Linear-Video-Ads als Pre-Roll-, Mid-Roll-, Post-Roll- und Interactive-Video- und Non-Linear-Video-Ads mit Overlay-Ads und Branded-Playern. In diesem Kapitel werden diese Formen von Display-Ads betrachtet und erörtert, wie Sie diese gewinnbringend in Ihrem Unternehmen einsetzen können.

4.1 Umfang und Eigenschaften von Display-Ads

In einem ersten Schritt werden überblickartig Funktionsweise, Formate und Eigenschaften von Display-Ads sowie Marktzahlen genannt.

4.1.1 Was sind Display-Ads?

Mit Display-Ads bezeichnet man allgemein Werbeanzeigen auf Websites. Mittels eines „Click-Through" findet über den im Display-Ad eingebundenen Hyperlink die Weiterleitung zum beworbenen Produkt bzw. zur Dienstleistung statt. Am Ende des Kapitels sind einfache Banner dargestellt, die bei einer Werbekampagne von zalando, die wir durchgeführt haben, zum Einsatz kamen (siehe Kapitel 4.7.2).

Display-Ads sind relativ teuer. Die Größe der Ads wird dabei als Hauptmerkmal genutzt, um die Konkurrenten zu übertrumpfen.

Display- oder Banner-Ads können – trotz animierter Bilder – als statische Werbeform bezeichnet werden und stellen die verbreitetste Form der Internetwerbung dar. Dennoch liegt ihre durchschnittliche Click-Through-Rate CTR = Klickrate) knapp unter 0,3 %, d. h., es wird nur eine von 300 Display-Ads angeklickt.

Wenn Display-Ads bekannter Marken in hohem Umfang geschaltet werden, ist ihre relative CTR niedrig. Dies ist bei unbekannteren Marken nicht der Fall, sodass bei steigendem Umfang bei diesen die CTR relativ zu den „Großen" steiler steigt, was also an dieser Stelle einen Wettbewerbsvorteil der „Kleinen" gegenüber den etablierten Marken darstellt.

4.1.2 Ausgaben (weltweit) für Display-Ads im Vergleich

Die folgende Darstellung zeigt den Wandel der weltweiten Ausgaben für Display-Ads (siehe Abbildung 23). Aus dieser wird ersichtlich, dass seit 2005 der Markt besonders rasant angewachsen ist. Weltweit konnte ein Wachstum um fast das 4-Fache verzeichnet werden. Der amerikanische Markt wuchs dabei um ca. das 2,5-Fache, der europäische Markt um mehr als das 5-Fache.

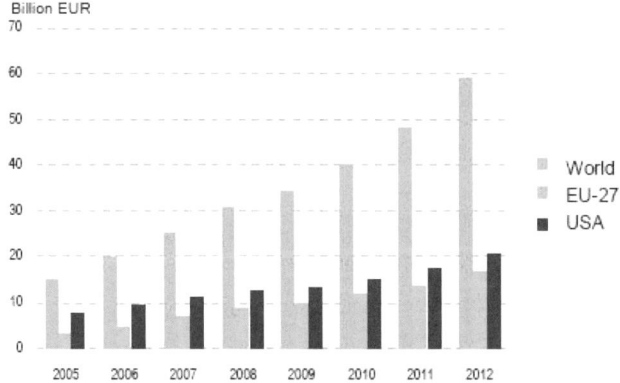

Abb. 23: Wandel der weltweiten Ausgaben für Display-Ads; Bildquelle:
http://www.international-television.org/charts/online-advertising-world-usa-europe_2005-
2012.jpg.

Display-Advertiser und -Publisher

Nachfolgend sind die Top-Ten-Online-Display-Advertiser und -Publisher benannt (siehe Abbildung 24).

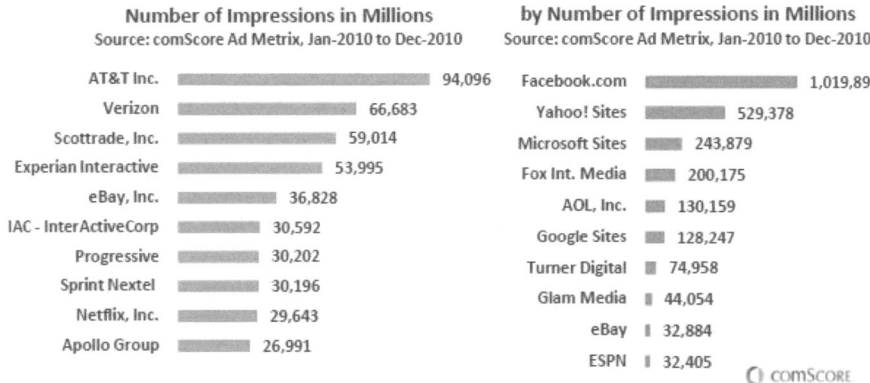

Abb. 24: Top-Ten-US-Online-Display-Advertiser und -Publisher; Bildquelle:
http://www.dreamgrow.com/wp-content/uploads/2011/02/us-display-ads-2010.jpg.

Einblendungen von Display-Ads der Big Player

Die jeweiligen Impressions (Einblendungen von Display-Ads) der Big Player aus der amerikanischen Medienlandschaft gehen aus der nachfolgenden Tabelle hervor – absolute Zahlen und relativer Anteil am Markt.

Top-Ten-US-Online-Display-Ad-Publishers – 1. Quartal 2011	Anzahl Display-AdImpressions (absolut)	Anteil Display-AdImpressions (relative)
Total Internet: Total Audience	1.110.448	100,0 %
Facebook.com	346.455	31,2 %
Yahoo! Sites	112.511	10,1 %
Microsoft Sites	53.592	4,8 %
AOL, Inc.	33.454	3,0 %
Google Sites	27.993	2,5 %
Turner Digital	18.050	1,6 %
Fox Interactive Media	11.697	1,1 %
Glam Media	10.207	0,9 %
CBS Interactive	9.208	0,8 %
Viacom Digital	9.051	0,8 %

Tab. 3: Top-Ten-US-Display-Ad-Publishers; Datenquelle:
http://www.facebookbiz.de/artikel/werberiese-facebook-mehr-anzeigen-und-bessere-ctr.

111

Display-Ad-Ausgaben und Return-on-Investment (ROI)

Nachfolgend ist dargestellt, welche Maßnahmen im Onlinemarketing welches ROI-Niveau (2011) erzielten (siehe Abbildung 25). Das heißt, je höher das Niveau (in Prozent), desto niedriger sind die Kosten, um durch diese einen monetär gleichwertigen Werbeerfolg zu erzielen. Somit sollte man bei der Konzeption einer wirksamen Display-Ad-Strategie diese Punkte von oben nach unten abarbeiten.

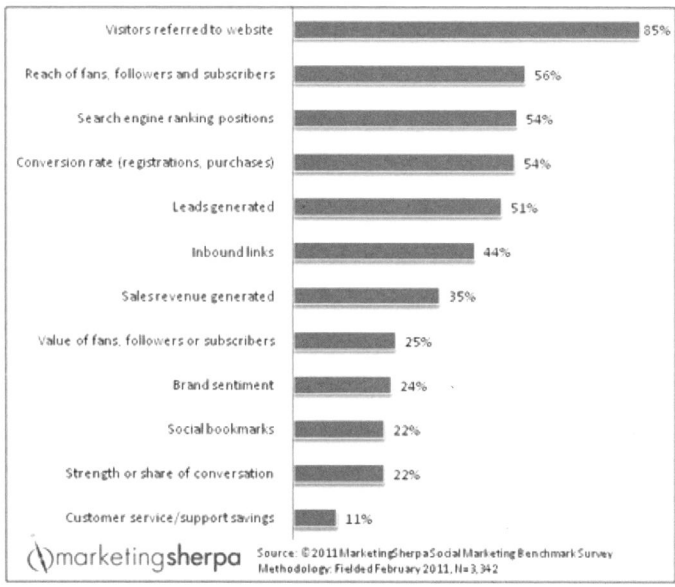

Abb. 25: ROI durch Onlinemarketingmaßnahmen; Bildquelle: http://1.bp.blogspot.com/-RCDZyPv9thA/TdZscLqEpiI/AAAAAAAAAjo/xSaV9O-h4CY/s1600/MarketingSherpa+2011 +ROI+Measures.png.

Und hier finden Sie die absoluten Ausgaben für Display-Ads, hochgerechnet bis 2016, sortiert nach unterschiedlichen Ad-Arten (siehe Abbildung 26).

Display-Advertising liegt 2010 und 2011 in Europa voll im Trend und hat, laut des europäischen Branchenverbands IABEurope (Interactive Advertising Bureau; *http://www.iabeurope.eu/*), ein Wachstum (2010 auf 2011) von 21.3 % erlebt. Damit hat Display-Advertising das Search-Advertising (15,1 %) im Wachstum überholt. Video, Mobile und Social Media haben dem Display-Advertising zu neuer Relevanz und Effizienz verholfen. Im Vergleich hierzu wuchs der gesamte Onlinemarketingmarkt in Europa um 15,3 %.

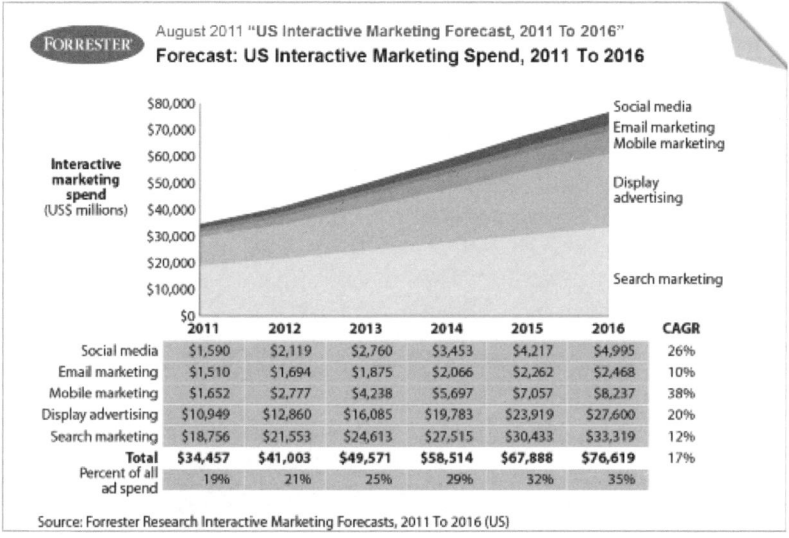

Abb. 26: Prognose zum Display-Ads-Markt im Vergleich zum Gesamt-Onlinemarketing (bis 2016); Bildquelle: http://blog.hi-media.com/wp-content/uploads/2011/08/US-forrester-august-2011-interactive-ad-spending-v21.png.

Das sind traumhafte Wachstumsraten, die zeigen, dass die Entwicklung auf diesem Segment noch sehr jung ist und jeder, der rechtzeitig einsteigt, einen Know-how- und Wettbewerbsvorteil für sein Unternehmen realisieren kann. Die Länder, die in Europa den meisten Umsatz mit Display-Ads machen, sind – in der Reihenfolge – Großbritannien, Deutschland, Frankreich, Niederlande, Italien und Spanien.

http://www.iabeurope.eu/news/online-display-advertising-bounces-back.aspx

4.1.3 Display-Ad-Sektoren

Nachfolgend sind die Ausgaben für Ad-Werbung nach unterschiedlichen Sektoren gegliedert (siehe Abbildung 27).

Laut der Mobil-Werbespezialisten und Marktforscher Smaato & MobileSquared wird von einer Verzehnfachung der Werbeausgaben im mobilen Advertising-Segment von 2010 bis 2015 in Europa (von 120 Millionen auf 1,2 Milliarden Dollar) ausgegangen. Wenn man sich die oben genannten Display-Ad-Sektoren anschaut, stellt man fest, dass das mobile Advertising Werbeoptionen für alle diese Bereiche zu bieten hat.

http://www.thinkbigbebigentrepreneurs.com/2010/12/mobile-display-ad-spending-to-rise-2011-trends/

(Datenquelle: Smaato & MobileSquared)

113

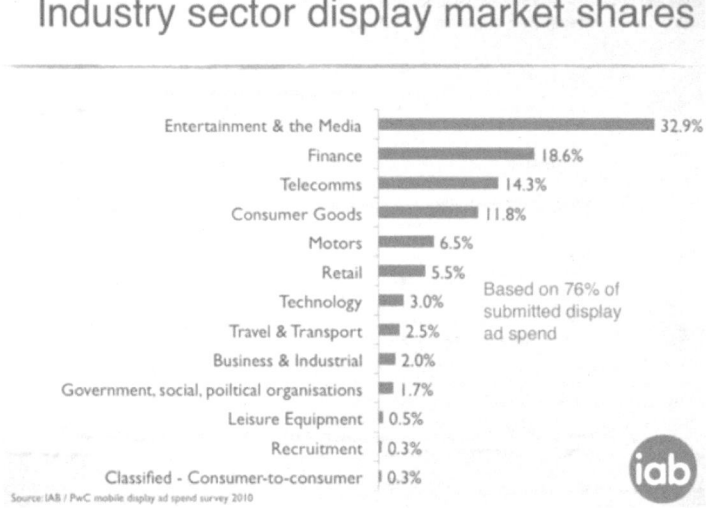

Abb. 27: Ausgaben für Display-Ads der verschiedenen Sektoren; Bildquelle: http://brand-e.biz/wp-content/uploads/2011/03/IAB_mobile.png.

Die nächste Darstellung vermittelt eine Idee davon, in welchen Sektoren die durch Verwendung von Display-Ads gesuchten Inhalte in welchem Umfang zugenommen haben.

Advertiser Category	Search (Brand & Segment)
Automotive	144 %
CPG	22 %
Health	260 %
News & Media	144 %
Personal Finance	206 %
Property & Real Estate	125 %
Retail	69 %
Travel & Tourism	274 %
Average Lift	**155 %**

Tab. 4: Zunahme des Display-Advertising im Kontext der Suchaktivität. Durchschnittswerte auf Basis von comScore; Datenquelle: http://www.marketingcharts.com/wp/wp-content/uploads/2008/12/specific-media-display-advertising-life-search-category-august-2008.jpg.

4.1.4 Display-Ads und Google

Google prophezeit hervorragende Zukunftsaussichten in Display-Ads

Auf der letztjährigen IAB-Advertising-Conference hat Google seinen späten Einstieg in das Display-Advertising mit den hervorragenden Zukunftsaussichten dieser Nische sowie der Nutzung von Innovationen begründet. Google geht davon aus, dass sich die jährlichen Umsätze in dieser Sparte von 8,6 Milliarden Dollar im Jahr 2010 auf 50 Milliarden Dollar bis zum Jahr 2015 steigern werden.

Entwicklung bei Display-Ads hin zu interaktiven und videogetriebenen Formen

Weiterhin sieht man bei Google eine Entwicklung weg von den bislang vorwiegend textbasierten Werbeformen hin zu interaktiven und videogetriebenen. So sollen nach Googles Prognose in fünf Jahren bis zu 75 % aller Display-Werbung „social" sein, also mit sozialen Netzwerken wie Facebook, Google+ oder Twitter verbunden und dadurch in vielfältiger Weise interaktiv beeinflussbar sein. Man kann dann ein „Like" oder „Retweet" ausführen, aber ebenso eine Subscription. Weiterhin soll nach dieser Prognose in fünf Jahren jede zweite Werbung den Videokanal nutzen, wobei Werbende nur bei Anklicken des Clips für die angeschaute Werbung zahlen werden. Ebenfalls bis zu 50 % der Werbung soll in fünf Jahren die „Real-Time-Bidding-Technology" einsetzen (siehe hierzu auch Kapitel 14.4).

Neues Format bei YouTube – TrueView

In diesem Zusammenhang hat Google auch sein neues Videoformat für YouTube vorgestellt, TrueView. Dieses Format ermöglicht den Nutzern, Werbeeinblendungen zu überspringen und sich aus einer Auswahl diejenige Werbung anzuschauen, die sie tatsächlich interessieren. Entsprechend wird von den Werbenden auch nur für die tatsächlich ausgewählte und angeschaute Werbung gezahlt.

Display-Werbung wird zunehmend lokalisiert

Display-Werbung wird nach Googles Auffassung zunehmend lokalisiert angegeben. Sie wird sich also je nach Aufenthaltsort des Nutzers ändern. Zusammenfassend kann man sagen, dass Google auf ein stärker personalisiertes Werbeerlebnis setzt, das dem Zuschauer mehr Kontrolle über die angezeigte Werbung in die Hand gibt und diese stärker an den individuellen Vorlieben wie auch an der aktuellen Position ausrichtet.

4.2 Inpage-Ads

Klassische Display-Ads werden auch als Inpage-Ads bezeichnet. Durch die zunehmende Verbreitung von Videosharing-Angeboten wurde ein neuer Markt entdeckt, in dem Videos mit Werbeeinblendungen versehen werden. Hier gibt es mehrere Möglichkeiten, auf die an späterer Stelle noch detailliert eingegangen wird und die als In-Stream-Video-Ads in Erscheinung treten (siehe Kapitel 11).

4.2.1 Formen von Inpage-Ads

Inpage-Ads kommen in Standardform, als Sonderwerbeformen, als sogenannte Premium-Ad-Packages und via In-Texts zum Einsatz. Die Standardwerbeformen können dabei als

> ➤ Full Banner,
> ➤ Super Banner,
> ➤ Expandable Super Banner,
> ➤ Rectangle (Standard/Wide/Expandable),
> ➤ Skyscraper und
> ➤ Flash Layer

vorliegen.

Abb. 28: Bezeichnungen für Banner; Bildquelle: http://mos.futurenet.com/techradar/Review images/Net features/204/NET204.f_ad.iab_formats-420-90.jpg.

Sonderwerbeformen

Sonderwerbeformen stehen per

- ➢ XHTML,
- ➢ Streaming-Ads,
- ➢ Wallpaper,
- ➢ Interstitials,
- ➢ Microsites oder Sponsorings

zur Verfügung.

Premium-Ad-Packages

Premium-Ad-Packages beinhalten eine Produktpalette der United Internet Media *http://mediaplace.united-internet-media.de/de/produkte/display-werbung/neu-premium-ad-package/pushdown-ad/pushdown-ad.html*

für

- ➢ Pushdown-Ads,
- ➢ Maxi-Ads,
- ➢ Banderole-Ads und
- ➢ Halfpape-Ads.

In-Text-Ads

In-Text-Ads können aus

- ➢ In-Text-MPU-,
- ➢ In-Text-Billiboard-,
- ➢ In-Text-Logo- und
- ➢ In-Text-Videoelementen

bestehen. Hier finden Sie jede Menge Beispiele für diese unterschiedlichen Ad-Formen: *http://mediaplace.united-internet-media.de/de/produkte/display-werbung/neu-premium-ad-package/pushdown-ad/pushdown-ad.html*

4.2.2 Banner-Ads

Banner-Ads werden zur Gattung der Display-Ads gezählt

Banner-Ads nehmen in der Regel wenig Platz ein und sind meist kostenpflichtig auf einer beliebigen Website geschaltet. Format und Größe schwanken nach dem zur Verfügung stehenden Banner-Space. Wegen der gerin-

gen Fläche ist der Informationsgehalt eines Banner-Ads relativ knapp bemessen. Daher kommt einer attraktiven Gestaltung eine hohe Bedeutung
zu. Lockangebote wie Discounts, Gratisangebote oder -dienstleistungen
sind auf Bannern aufgrund der der hohen Anziehungskraft besonders zu
empfehlen.

Animierte Werbebanner

Banner-Ads können animiert sein, müssen es aber nicht. Sie können sich
auch über den Bildschirm bewegen und liegen meist im GIF-Format
(Graphical Interchange Format). Auch können Banner-Ads rotieren, in zeitlichen Abständen aufklappen, Anzeigen wechseln, scrollen etc.

Da sich das Verhalten von Bannern browserabhängig unterscheiden kann,
ist es erforderlich, geschaltete Banneranzeigen auf den unterschiedlichen
Browsern zu testen, da die Darstellung unabhängig von der genutzten Plattform bleiben sollte.

Bannerklickraten

Zwar hat man den Eindruck, es gäbe keine Websites ohne Banner, aber die
Umsätze mit Bannerwerbung sind rückläufig (siehe Abbildung 29).

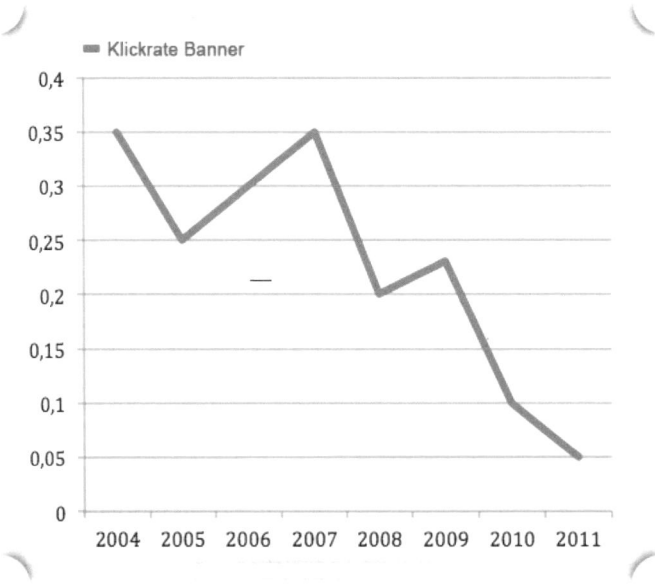

*Abb. 29: Abnehmende Bannerklickraten; Bildquelle: http://www.personology.de/wp-content/
uploads/2011/08/klickrate_banner.png.*

Nach diversen Studien ignorieren internetaffine Benutzer Werbebanner wesentlich mehr als unerfahrene Nutzer. Das unattraktive Design und monotone, penetrante Inhalte sowie eine benutzerunfreundliche Präsentation sorgen schnell für einen Aufmerksamkeitssättigungseffekt beim Benutzer. Auch haben User meist das Gefühl, von Banner-Ads irregeleitet zu werden, wodurch sich die Bannerfrust oder Bannerblindness noch weiter erhöht. Dennoch hinterlässt das Logo, der Werbeslogan oder das Brand Eindrücke beim Benutzer, was zumindest den Wiedererkennungswert einer Marke in jedem Fall steigert.

Durchführung einer optimalen Bannerwerbung

Zur Durchführung einer optimalen Bannerwerbung empfiehlt es sich, unterschiedliche Ads mit gleichem Bild und verschiedenem Textinhalt sowie diversen Targeting-Strategien auf User-Reaktionen zu testen. Mittels des Ad-Reporting im Kontext der Web Analytics (siehe Kapitel 20) können so schlecht performende Ads ausgetauscht und die am besten performenden Ads geschaltet werden, und an den Filtereinstellungen kann bis zum Optimum weiter justiert werden. Standardmäßig werden hier A/B-Tests durchgeführt (siehe Kapitel 22.8).

Erreichen Sie Key-Performance-Indicators-(KPI-)Kennzahlen mit Ihrer Bannerwerbung

Traditionelle Banner-Display-Kampagnen sollten so geplant werden, dass sie darauf abzielen, verschiedene KPI-Ziele zu erreichen. Spezielle Kennzahlen, beispielsweise für „Click-Through", „Conversion" und „Revenue per Conversion", müssen hierzu effizient verwaltet werden, um sicherstellen zu können, ob die Performance-Marketing-Ziele tatsächlich konsequent eingehalten und verwirklicht werden. Es ist ebenfalls möglich, gezielte Display-Ads gegen das „Einnahme pro Conversion"-Prinzip, Lead oder Sale, zu erwerben. Bei diesem Modell jedoch liegt das Risiko bei dem Herausgeber der Webseite, der die gewünschte Leistung aufrechterhalten muss. Dazu ist es unerlässlich, dass der Werbetreibende an der Kampagne dranbleibt, um sicherzustellen, dass die Performance-Ziele konsequent erfüllt werden.

In diesem Kontext nutzen wir eine KPI namens Customer-Acquisation-Costs (CAC). Diese dient dazu, die Kosten für die Akquise der Kunden gegen die Kampagneneinnahmen gegenzurechnen.

4.3 InStream-Ads

InStream-Anzeigen auf YouTube

YouTube stellt beispielsweise im Rahmen des Online-Video-Advertising die Möglichkeit bereit, sogenannte InStream-Anzeigen auf den Wiedergabeseiten von Partnern zu schalten. Dabei wird

➢ vor (Pre-Roll),

➢ während (Mid-Roll) oder

➢ nach (Post-Roll)

dem Anschauen eines Onlinevideos automatisch die InStream-Anzeige angezeigt, die für kurze Videos unter 10 Minuten maximal 15 Sekunden, für lange Videos über 10 Minuten maximal 30 Sekunden lang sein darf. Dazu muss das Werbevideo mit unterstützter Einbettungsfunktion zuvor bei YouTube hochgeladen werden.

Die Anzeige muss in beiden Fällen spätestens vier Werktage vor dem Anzeigenstart über den Account-Manager vorliegen. Die Möglichkeit zu nachträglichen Änderungen ist vorhanden, aber begrenzt: „Für aktive Kampagnen sind pro Sechswochenzeitraum maximal zwei Änderungen an auf der Website geschalteten Anzeigen möglich."

http://www.google.com/support/youtube/bin/static.py?page=guide.cs&guid e=30071&topic=30072&answer=187096

Genutzte Videoformate bei InStream-Anzeigen

Als Videoformate werden Flash Video (FLV) und H.264 (MP4) akzeptiert, die Auflösung sollte 480 x 360 Pixel bei einem Seitenverhältnis 4:3 betragen. Bei den Audioformaten werden MP3 oder AAC bevorzugt. Bei der Erstellung des Videos ist zu beachten, dass über die unteren 22 Pixel jedes Videos eine semitransparente Zeitleiste gelegt wird, die dort angezeigte Inhalte überdecken kann.

Daten der Erfolgsmessung für InStream-Anzeigen

Folgende Messdaten werden erhoben:

➢ Videoimpressionen

➢ Videoklickrate

➢ Videowiedergaben

➢ Midpoint-Wiedergaben (50 %)

➢ vollständige Wiedergaben (100 %), siehe Kapitel 11.7

Bei Drittanbietern können zudem Viertelwertwiedergaben, Videopausen, Codelieferungen und VAST-Weiterleitungsfehler angegeben werden. Zusätzliche Drittanbieterfunktionen für zertifizierte Ad-Serving-Anbieter umfassen 1-x-1-Pixel-Tracking für vollständige und Midpoint-Wiedergaben, Klick zur Weiterleitung oder Klickbefehle und Drittanbieter-Tracking.

Companion-Anzeigen als InStream-Ad

Optional können zudem Companion-Anzeigen geschaltet werden. Diese dürfen 30 Sekunden nicht überschreiten, dürfen kein Audiosignal aufweisen, sollten eine Auflösung von 300 x 60 aufweisen und sollten in den Formaten statisches GIF, JPG oder SWF eingereicht werden. Für sie werden die Anzeigenimpressionen, Klicks und Klickraten erhoben. Nur Klick-Tracker von Drittanbietern werden akzeptiert, jedoch kein Impression-Tracking (1 x 1). Und schließlich fordert die Mouseover-Richtlinie, dass Effekte vom Nutzer durch Rollover oder Klick initiiert werden müssen.

4.4 Die Wirkung von Display-Ads

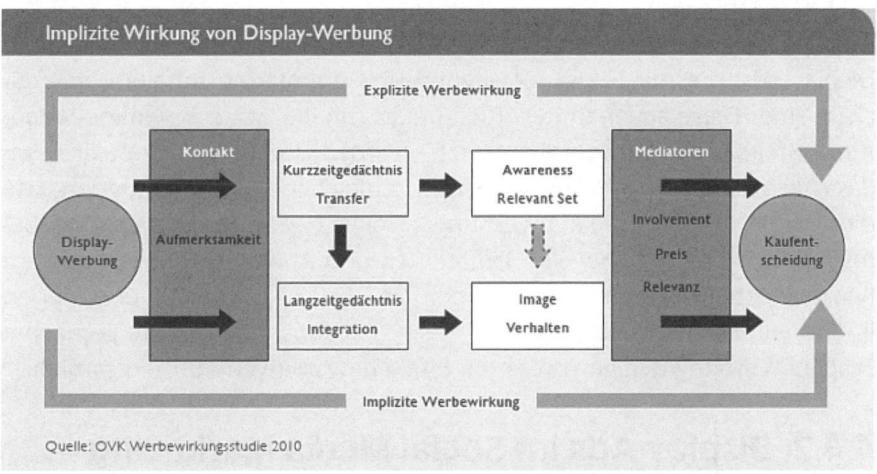

Abb. 30: Implizite Wirkung von Display-Werbung; Bildquelle: Online-Vermarkterkreis (OVK) im Bundesverband Digitale Wirtschaft (BVDW) e.V./OVK Werbewirkungsstudie 2010.

Die Wirkung von Display-Ads kann sich auf verschiedene Arten entfalten:

➢ Zum einen ist da die Multimodalität bzw. -medialität, die den Benutzer kognitiv vielseitiger fordert und fördert.

➢ Ferner entfalten Display-Ads durch die Personalisierung der Ads auf den Profilen der Benutzer auf Social-Media-Plattformen ihre Wirkung.

> ➤ Ebenso ist die Dominanz bzw. Größe oder Dauer der Einblendung von Display-Ads maßgebend für ihre Wirkung.

4.4.1 Effekte von multimedialen und multimodalen Inhalten

Multimodale Inhalte liegen in unterschiedlichen Modalitäten vor. Das heißt, Informationen können per Text, Bild, Animation, Klang oder Sprache vorliegen. Während der Begriff „Multimedia" auf Dateitypen und -formate abzielt, orientiert sich der Begriff „Multimodalität" an der Wahrnehmung und den Sinnesorganen des Menschen. Es ist erwiesen, dass die Informationsaufnahme umso besser funktioniert, je mehr Modalitäten bei der Informationsvermittlung im Einsatz sind. Im Kontext des Onlinemarketings ist dies eine Erkenntnis, die aus dem Blickwinkel der Aufmerksamkeitsökonomie hilfreich ist. Auch im Rahmen der Usability (siehe Kapitel 19) wird der Begriff der Modalitäten noch einmal aufgegriffen.

Die CTR steigt bei multimedialen/multimodalen Formen von Display-Ads

Die CTR steigt deutlich bei multimedialen oder multimodalen Formen von Display-Ads, die mit Klang, Bewegung und animierten Inhalten angereichert sind. Diese sogenannten Rich-Media-Inhalte wie z. B. Online-Video-Ads – Breitbandzugang vorausgesetzt – werden zunehmend populärer, sodass klassische Fernsehwerbung längst schleichend ins Netz migriert, wie dies zuvor mit Printmedienwerbung erfolgte. Zwar lösen diese Werbeformen beim Nutzer zuweilen Irritationen und Abwehrreaktionen aus, im Speziellen bei sogenannten Superstitials, die sogar Inhalte überlappen können und schwer „wegzudrängen" sind, dennoch erzeugt gut gemachte Display-Werbung den gewünschten Effekt der positiven Aufmerksamkeit.

4.4.2 Display-Ads im Social Media Marketing

Facebook-Ads können als Sonderform von Display-Ads aufgefasst werden und erfreuen sich einer hohen Popularität bei Werbetreibenden.

Facebook ist vor Yahoo! größter Display-Advertiser

Facebook ist mit bisher insgesamt 176 Milliarden Werbeeinblendungen der größte Display-Advertiser vor Yahoo! (Stand 2010). Diese Plattform zeichnet sich insbesondere durch die Möglichkeit aus, dass der Benutzer personalisiert und zielgerichtet angesprochen werden kann, und bietet so

Unternehmen mit seinen Facebook-Ads attraktive Konditionen für Werbe-kampagnen. Werbetreibenden werden so zahlreiche authentische Daten und Informationen zugespielt, die auf authentischen Informationen beru-hen. Die nachfolgende Darstellung zeigt, zu welchen Phasen Display-Ads in welchem Ausmaß ihre Wirkung im Sinne des Werbeerfolgs entfalten (siehe Abbildung 31).

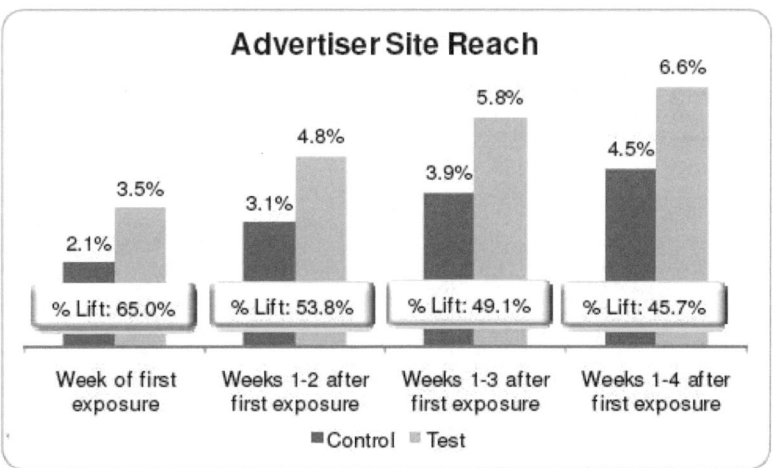

Abb. 31: Advertiser Site Reach; Bildquelle: http://www.broadstuff.com/uploads/DisplayAds.JPG.

4.4.3 Display-Ad-Formate und -Größen

Und schließlich können Display-Ads nach den jeweils verwendeten Forma-ten unterschieden (siehe Tabelle 5) werden.

	Total Display Ad Impressions (000)	Share of Publisher Ad Impressions
Total Internet	408.621.155	100,0
Standard GIF/JPEG	243.560.459	59,6
JPEG	173.318.428	42,4
GIF/Animated GIF	57.729.402	14,1
PNG	12.512.629	3,1
Flash + Rich Media	164.546.498	40,3
Other Types	4.364.312	0,1

Tab. 5: Gesamte Display-Impressionen nach Formaten 2010 (Total U.S. – Home & Work Locations); Display Advertising Creative by Format (May 2010 – Total U.S. – Home & Work Locations Source: comScore Ad Metrix); Datenqelle: http://www.adwords-optimieren.de/wp-content/uploads/2010/07/comscore-display-ads-flash.gif).

Display-Ad-Größen

Während einerseits durch die zunehmende Verbreitung von mobilen Endgeräten Bestrebungen für die Optimierung der Darstellungsformen für
Miniformate im Gang sind, ist parallel dazu auf Desktopebene die Tendenz
der Nutzer zu immer größeren Bildschirmen zu verzeichnen, dies geht aus
der nächsten Abbildung hervor (siehe Abbildung 32).

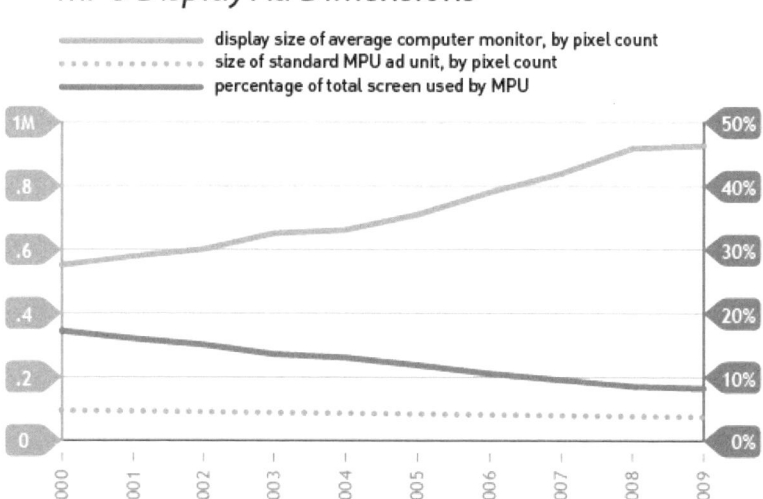

Abb. 32: MPU Display Ad Dimension; Bildquelle:
http://www.gigantico.net/images/online_display_ads_chart_1.png.

Dies wirkt sich natürlich auf die Größe der Display-Ads aus, die ebenfalls
wächst. In Bezug hierzu stehen die Größen der angeklickten Display-Ads
(siehe Tabelle 6).

	Total Display Ad Impressions (000)	Share of Publisher Ad Impressions
Total Internet	*408.621.155*	*100.0*
Banners	94.296.399	23,1
Rectangles	92.646.426	22,7
Non-Standard	90.466.905	22,1
Buttons	84.667.578	20,7
Skyscrapers	43.475.848	10,6

	Total Display Ad Impressions (000)	Share of Publisher Ad Impressions
Pop-Ups and Pop-Unders	2.810.584	0,7
OPA Ad Formats	257.415	0,1

Tab. 6: Gesamte Display-Impressionen nach Größen 2010 (Total U.S. – Home & Work Locations); Datenquelle: http://www.marketingprofs.com/assets/images/daily-data-point/display-ads-by-creative-size-comscore.jpg.

4.5 Die unterschiedlichen Abrechnungs-modelle

Laut einer Umfrage von Affilinet gewinnt Performance-Marketing mehr und mehr an Bedeutung im klassischen Display-Marketing und löst TKP-basierte Vergütungssysteme ab. Laut Affilinet liegt auch im Display-Ad-Performance-Marketing die Zukunft des Onlinemarketings. Affilinet befragte hierzu 1.600 Advertiser.

In Deutschland geben 95 % von ca. 120 deutschen Advertisern an, ihre Display-Marketing-Aktivitäten am Vertriebserfolg zu orientieren. 64 % bewerteten die Kosten für Affiliate Marketing mit „gering", bei Display-Marketing bestätigten dies nur 19 %. 54 % schätzen den Vertriebserfolg des Affiliate Marketing hoch ein, denjenigen von Display-Marketing jedoch nur 37 %. 56 % der Werbenden werden laut eigenen Angaben in den nächsten drei Jahren mehr für Affiliate Marketing ausgeben.

http://www.affili.net

http://www.visavis.de/modules.php?name=News&file=article&sid=17120

4.6 Was ist das? – AdServer und AdBlocker einsetzen

In diesem Abschnitt wird der Zusammenhang zwischen AdServern und der Wissensbasis der Zielgruppe innerhalb eines lernenden Systems aufgezeigt. Auch wird der Daten- und Kontrollfluss zwischen dem AdServer, dem Browser und dem Publisher sowie der vorausplanende gewinnbringende Umgang mit AdBlockern sowie AdBlocker-Browser-Plug-ins beleuchtet.

4.6.1 AdServer

Nachfolgend ist das Zusammenspiel zwischen

➤ User bzw. Browser,

➤ der Webseite, auf der geworben wird, und dem

➤ AdServer, auf dem beispielsweise die AdImpressions gezählt werden,

dargestellt (siehe Abbildung 33).

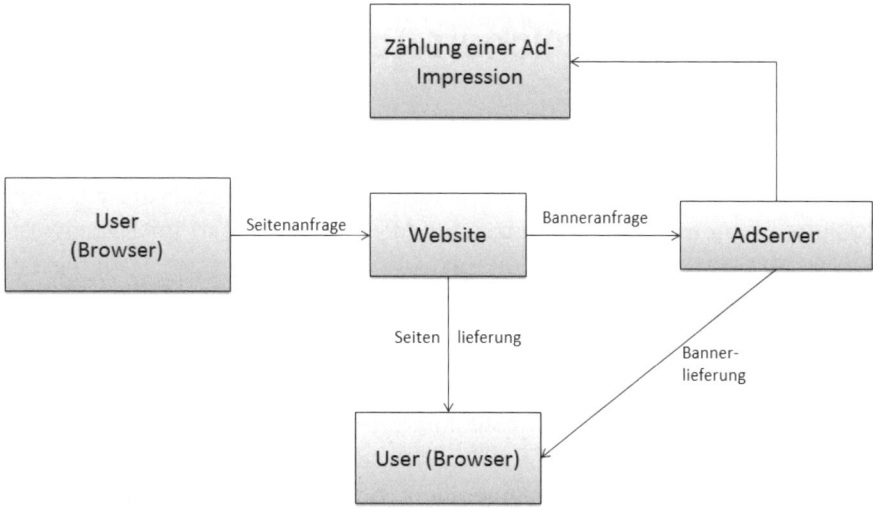

Abb. 33: User, Website und AdServer im Zusammenspiel.

Wissensbasis der Zielgruppe via AdServer und einem lernenden System

Dabei baut der Werbetreibende in einem ersten Schritt eine Wissensbasis zu seiner Zielgruppe auf, worauf die Werbekampagne basiert. In dieser werden

➤ Informationen und Daten zur Auswahl der Zielgruppe und

➤ Performance-Daten

zusammengetragen.

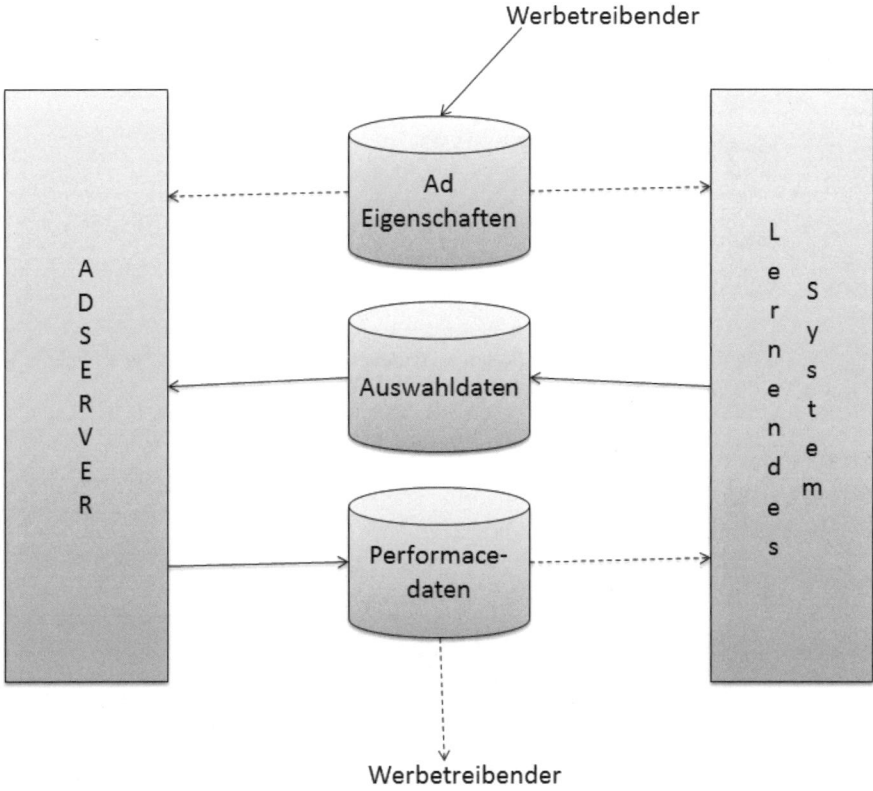

Abb. 34: Wissensbasis des Werbetreibenden.

4.6.2 Der Einsatz von AdBlockern

AdBlocker-Browser-Plug-ins

AdBlocker blocken – wie der Name schon sagt – Ads. Diese stehen als Browser-Plug-ins zur Verfügung. Werbetreibende sollten vertraut mit der Funktionalität von AdBlockern sein, um ihre Werbestrategie hieran zu orientieren, denn der Einsatz von AdBlockern nimmt stetig zu. Nachfolgend ist nach Browsern der prozentuale Anteil der installierten Ad-Blocker-Plug-ins dargestellt (siehe Abbildung 35).

Deutschland belegt beim Einsatz von AdBlockern im weltweiten Vergleich eine Spitzenposition (2010) (siehe Abbildung 36).

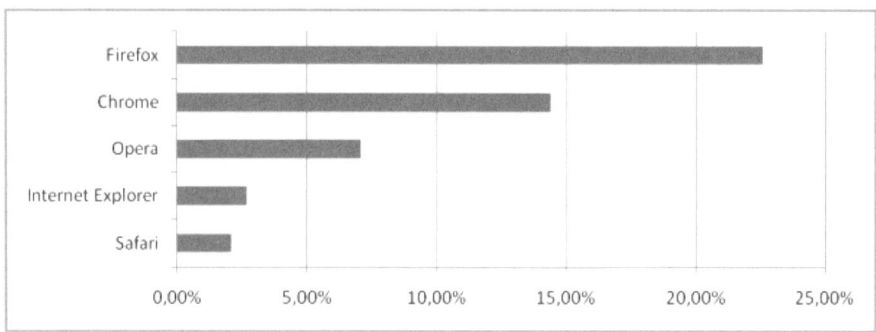

Abb. 35: Einsatz von AdBlockern nach Browsern; Bildquelle:http://t3n.de/news/wp-content/uploads/2010/09/adblocker-1-595x214.png.

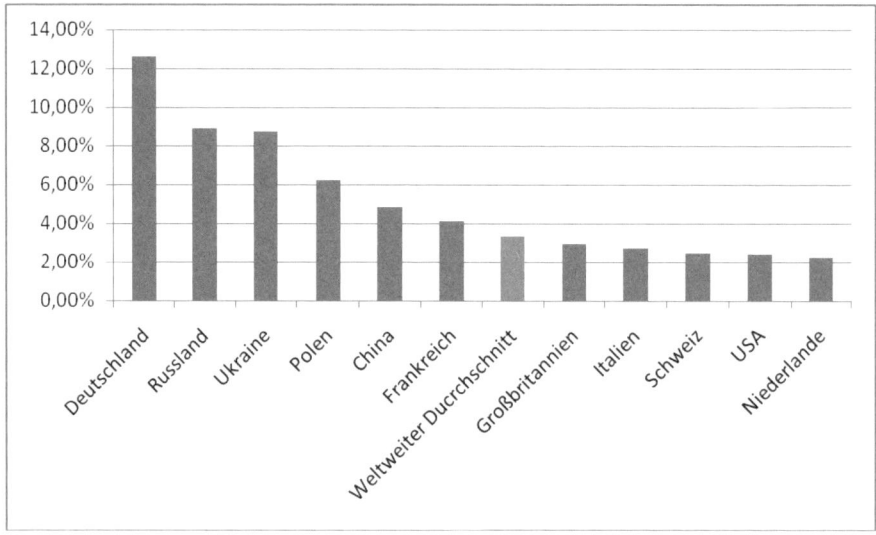

Abb. 36: Einsatz von AdBlockern nach Ländern; Bildquelle: http://t3n.de/news/wp-content/uploads/2010/09/adblocker-2.png.

Die Benutzeroberfläche zur Darstellung der Block-Statistiken unter Adblock Plus, das von den Verfassern genutzt wird, steht ebenfalls zur Verfügung. Im Folgenden sehen Sie einen Screenshot aus Adblock Plus, in dem in einer Liste unterschiedliche Filter bestimmen, welche Adressen von Adblock Plus geblockt werden (siehe Abbildung 37).

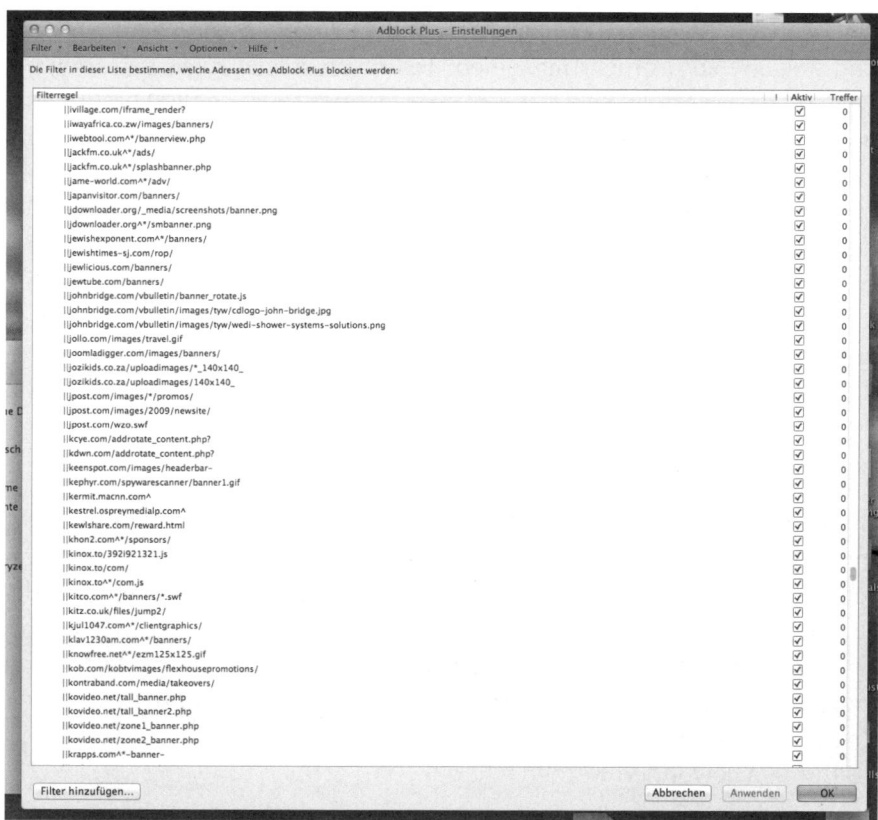

Abb. 37: Liste der zu blockenden Adressen bei Adblock Plus.

4.7 Praxisbeispiele, To-do- und Checklisten

Nachdem Sie nun einiges über die Strategien und Konzepte im Display-Ad-Marketing erfahren haben, geben wir Ihnen einige Beispiele aus der Praxis und im Anschluss daran Tipps, wie Sie selbst vorgehen können, um sich mit diesem Kanal optimal zu positionieren.

4.7.1 Interview mit Karsten Giernalczyk – Mitgründer der ADsonic GmbH

Karsten Giernalczyk ist Geschäftsführer der ADsonic GmbH. Der Diplom-Wirtschaftsinformatiker war nach seinem Studium vier Jahre im Projektmanagement für Onlineprojekte von Banken und Versicherungen tätig, bevor er sich 2003 mit dem Aufbau von StayFriends ganz dem Thema Onlinemarketing verschrieben hat. In den folgenden acht Jahren baute er dort die Bereiche Business-Development und Onlinemarketing von null auf und steigerte zusammen mit seinem Team von zuletzt zwölf Personen die Zahl der registrierten Nutzer von damals einigen Tausend (2003) auf heute über 12 Millionen in Deutschland und über 25 Millionen in Europa. Eingangs nur in Deutschland vertreten, ist StayFriends über die letzten Jahre auch in Schweden, Frankreich, Österreich und der Schweiz vertreten. Genutzt wurde die komplette Bandbreite von Onlinemarketingmaßnahmen, von Affiliate Marketing über jede Art von Display-Kampagnen bis E-Mail-Marketing, SEM und SEO. Weit über 200 Milliarden Werbemittelkontakte an eine Zielgruppe von gut 170 Millionen Einwohner haben dafür gesorgt, dass StayFriends heute in Deutschland mit einem Bekanntheitsgrad von 27 % hinter Facebook das zweitbekannteste Social Network ist.

Im Oktober 2011 gründete er zusammen mit zwei Exkollegen die ADsonic GmbH, die ihre Kunden methodisch beim Aufbau und der Optimierung ihrer Online-Performance-Kampagnen unterstützt. Das geht von der Beratung für Performance-orientierte und zielgerichtete Reichweitengenerierung über die komplette Steuerung und Optimierung von Kampagnen bis hin zur Analyse und Verbesserung von Werbemitteln, Landing-Pages und Trackingsystemen. Seit dem Start in 10/2011 konnten innerhalb kürzester Zeit einige sehr bekannte Player aus dem Performance-Marketing-Segment als Kunden gewonnen werden.

Abb. 38: Karsten Giernalczyk – Mitgründer der AdSonic GmbH.

Alpar: Karsten, wie kann man sich denn Display-Marketing vorstellen? Was sind da die verschiedenen Herangehensweisen, wenn man sich an das Display-Marketing wagt?

Giernalczyk: Zunächst ist es wichtig eine klare Zielvorstellung zu haben. Dieser Ratschlag klingt erst mal trivial, trotzdem ist es absolut notwendig, sich intensiv damit auseinanderzusetzen und zu klären, was ich erreichen will. Das fängt bei den ganz allgemeinen Zielen an: Möchte ich meine Marke bekannter machen? Möchte ich mehr Sales generieren? Möchte ich eine neue Zielgruppe gewinnen? Man geht dann etwas tiefer: Wie kann man diese genau quantifizieren? Und wo liegen die qualitativen Ziele, so es sie gibt?

Alpar: Das heißt, die Marke bekannt zu machen, wäre mehr ein Ansatz aus einem Offlinemarketing. Beispielsweise will ein Konsumgüterartikler, der Waren im Supermarkt verkauft, tendenziell eher eine Marke bekannt machen. Du bist aber, glaube ich, eher ein Vertreter der Performance-orientierten Display-Marketing-Fraktion.

Giernalczyk: Korrekt. Grundsätzlich ist es hilfreich, wenn meine Marke bekannter ist. Das hilft mir im SEO-Bereich. Es hilft mir auch bei SEM. SEO, um das noch mal aufzuführen, ist die natürliche Suche – „Werde ich gefunden?" Wenn meine Marke bekannter ist, wird diese natürlich auch häufiger gesucht, und ich habe deutlich bessere Chancen, auf Position 1 gefunden zu werden, als wenn ein Nutzer nur nach generischen Begriffen sucht. Bei SEM – bezahlter Suchmaschinenwerbung – hilft mir das höhere Suchvolumen nach meiner Marke ebenfalls. Und zu guter Letzt hilft es mir auch im Display-Bereich, wenn meine Marke bekannt ist, das erhöht allgemein das Vertrauen der Nutzer, führt zu höheren Klickraten und auch höheren Conversion-Rates auf meiner Seite.

Es ist aber ein Unterschied, ob ich primär Sales generieren oder meine Marke aufbauen oder stärken möchte. Performance-Kampagnen, die primär der Generierung von Sales und Leads dienen, bringen automatisch auch einen dezenten Branding-Effekt mit sich – meine Marke wird häufig gesehen. Aber man sollte sich Branding oder Sales als klares Ziel setzen – eine völlig willkürliche Vermischung davon, Branding zu stärken und Sales zu generieren, führt oft zu ganz miserablen Ergebnissen für beide Ziele.

Alpar: Also, im Prinzip ist das dieser Überlappeffekt, den aber letztendlich alle Onlinemarketingkanäle irgendwo haben, nämlich dass quasi jeder gut geführte und gesteuerte Onlinemarketingkanal auch bei den anderen Onlinemarketingkanälen Gutes tut.

Giernalczyk: Absolut. Es gibt auf jeden Fall Nebeneffekte. Und das nicht nur für die Bekanntheit meines Brand. Wenn ich mehr Display-Marketing mache, wird normalerweise auch mein Erfolg im Suchmaschinenmarketing nach oben gehen. Grundsätzlich glaube ich, es ist fast unmöglich, Performance-Display-Marketing zu betreiben, ohne dass die Marke davon profitiert.

131

Alpar: Ja.

Giernalczyk: Aber wenn ich auf einem Werbemittel die Marke sehr groß darstelle, stark in Szene setze, tue ich natürlich mehr für den Brand-Aufbau, wenn ich aber mehr verkaufen will, fokussiere ich mich auf den Mehrwert, die Leistung, das Produkt, das ich anbiete, das ich verkaufen will. Warum soll jetzt der User dieser Aktion folgen und am Ende mich mit einer Aktion/Sales belohnen? „Aktion" kann natürlich einfach nur eine Registrierung sein oder ein „Schicke mir bitte einen Newsletter oder euren Katalog als PDF". Dann gehe ich natürlich ein bisschen anders ran. Oder möchte ich wirklich erst mal die Marke etablieren und sagen, wer man überhaupt ist – das Primärziel sollte klar und nicht schwammig sein.

Man bekommt immer mit, wenn ich viele, viele Banner schalte. Aber es ist eine andere Herangehensweise. Möchte ich stark auf Sales fokussieren, oder möchte ich erst mal ein halbes oder ein Jahr in den Marktaufbau investieren, was sich viele so gar nicht leisten können oder wollen. Ist auch ein teures Vergnügen, eher etwas für Großkonzerne, die sagen: „Wir haben eine neue Marke aufgelegt, und wir stecken erst mal einen siebenstelligen Betrag in den Markenaufbau rein, verkauft wird danach!" Es gibt wenige, die das so angehen können und möchten.

Alpar: Du hast gerade ein schönes Thema angesprochen, und zwar den Preis. Man verbindet ja Display in der Regel mit der Zahlungsform des Tausender-Kontakt-Preises, dem TKP. Dein Gefühl: Wie ist das im Markt? Ist immer noch das meiste, das im Display-Bereich ist, TKP, oder bröckelt das? Oder ist das schon mittlerweile gar nicht mehr die Hauptsache, die da stattfindet? Oder wie muss man vielleicht diese ganzen Bezahlformen oder Bezahlniveaus unterscheiden im Display-Marketing?

Giernalczyk: Ja, finde ich sehr interessant, dass du das ansprichst. Wir betrachten im Zusammenhang mit den Konditionen vier Aspekte:

A) Was sieht der User: Ist das ein Display-Banner, ein Textlink oder eine E-Mail?

B) Über welche Wege belege/buche ich diese Werbung: über Google, über einen Vermarkter, ein Ad-Network?

C) Wie ist das Konditionsmodell: TKP, CPC oder CPX?

D) Wie sind die konkreten Preise? Oft höre ich: „Wir machen nur Google, kein Display." Das ist aber eine Vermischung von A und B. Ich kann über Google neben Textsuchanzeigen auch Display-Anzeigen im Netzwerk buchen.

Noch mal zu den Konditionsmodellen: Bei einem Basismodell, wie aus dem Printbereich bekannt, bezahle ich für die Schaltung der Werbung per TKP – also einen festen Preis je 1.000 Einblendungen meiner Werbung? Oder zahle ich CPC – **C**ost-**p**er-**C**lick –, also einen festen Preis je Klick auf meine Werbung? Oder zahle ich je Action eine frei zu definierende Einheit nach dem Klick? Das kann der Abschluss einer Registrierung sein, der erfolgreiche Sale. Bei dieser CPA-(**C**ost-**p**er-**A**ction-)Variante spricht man alternativ auch oft von CPX (X als frei zu definierende Einheit) oder CPO (**C**ost-**p**er-**O**rder). Neben einer fixen Vergütung je Action/X ist auch durchaus ein Revshare – eine Umsatzbeteiligung von beispielsweise 10 % auf den Warenkorb einer Bestellung – möglich.

Und nach dem Modell natürlich die Frage: Wie viel zahle ich? Zahle ich einen hohen, einen mittleren oder einen niedrigen TKP? Was bedeutet das? Welche Vor- und Nachteile hat das?

Zu deinen konkreten Fragen: „Ist Display automatisch primär TKP?" Nein. „Bröckelt das?" Ja, es ist flexibler geworden. Die Betreiber von Websites und deren Vermarkter sind in den letzten Jahren deutlich stärker geworden im Yield-Management, d. h., sie managen besser Angebot und Nachfrage der Werbeflächen. Politische Preisvorgaben oder Aussagen wie „Homepage gibt's nur für Premium-TKP" sind seltener. Durch den Einsatz von Realtime-Bidding und Retargeting werden freie Flächen nicht mehr mit einem statischen Auffüller wie beispielsweise Google-Text-Ads belegt, sondern an den Werber vergeben, der jeweils den besten Preis bietet. Das führt optisch zu deutlich mehr günstigen Buchungen, bringt am Ende aber netto mehr Geld.

Brand-Advertiser sind deutlich preissensitiver geworden, es werden nicht mehr 20 bis 40 Euro TKP abzüglich kleiner Rabatte für Standardwerbeplatzierungen gezahlt. Die Toppreise sind also runtergegangen. Das bedeutet bei gleichem oder eher steigendem Budget der Brand-Advertiser, dass von diesen deutlich mehr AI-Volumen belegt wird.

Auf der anderen Seite wird der Wettbewerb im eher günstig angesiedelten reinen Performance-Marketing immer größer. Die Anzahl der hier aktiven Player ist enorm gestiegen in den letzten Jahren. Große Player optimieren sehr viel und investieren jeden Cent, den sie mehr einnehmen, in den weiteren Aufbau der Kampagne – mit dem Ziel, möglichst große Marktanteile zu gewinnen und Wettbewerber zu verdrängen. Die Preise am unteren Ende der Preisskala sind eher gestiegen.

Die Toppreise und die Low-Cost-Preise bewegen sich also mehr und mehr aufeinander zu. Das macht es für Neueinsteiger ganz generell zu einer enormen Herausforderung, ROI-positives Performance-Marketing zu betreiben, aber besonders im Display-Marketing. Genau das verbietet auch die scheinbar einfache Lösung, nämlich zu sagen: „Ich biete nur CPC" oder gar „Ich biete nur per Action" – mit dem schönen Effekt, nur ein geringeres Risiko zu haben.

Alpar: Aber wird das denn dann nicht dazu führen, dass ich noch weniger Inventar bekomme? Weil ich das Risiko ein bisschen, nicht komplett, übernehme, sondern einen Teil auch noch zur Werbefläche schiebe? Oder meinst du eher, dass das Motto lautet: „Mensch, ich mache da einen Performance-orientierten Deal, weil ich glaube, da hole ich einen besseren TKP raus."?

Giernalczyk: Egal, was ich mit einem Werbe-Publisher/-Vermarkter etc. verhandle – wenn mein Gebot am Ende des Tages effektiv nicht wettbewerbsfähig ist, komme ich mit meiner Werbung entweder sehr wenig oder gar nicht zum Zuge. Die Systeme der Publisher sind so ausgelegt, dass sie auf eTKP optimieren, sie sollten die maximal möglichen Erträge für das vorhandene Inventar erzielen.

Wenn meine Marke und mein Produkt völlig unbekannt sind, werden sich die meisten Publisher zum Start nicht auf einen CPA/CPX-Deal einlassen. Sie wissen nicht, wie gut die Performance sein wird, es gibt unendlich viele Anbieter, die auf diesem Konditionsmodell gern Flächen belegen wollen. Eher möglich für einen Newcomer ist CPC – aber auch dort nur zu etwas höheren Preisen. Die Publisher sichern sich damit ab, dass die Werbemittel von einem Neueinsteiger oft noch nicht gut genug optimiert sind, was zu schlechteren Klickraten führt, mit denen der Publisher bei einem CPC-Deal dann weniger verdient.

Wenn ein Werber selbst sagt, er stehe noch ganz am Anfang – sein Produkt sei noch nicht komplett ausgereift – beispielsweise ein ganz neuer E-Service –, die Werbemittel seien auch noch ungetestet, die Landing-Page ebenso, dann raten wir dem Werber, mit TKP-Buchungen zu starten. Wenn der TKP gut verhandelt ist und man weiß, wie man zu günstigen Preisen auf ordentliche Spots auch ausgeliefert wird, ist das absolut der richtige Weg für den Einstieg. Mit fortschreitender Optimierung kann man dann CPC und CPX-Werbeschaltungen ergänzen bzw. darauf umsteigen.

Es ist also ein sehr fraglicher Erfolg, wenn ich – durch welches Glück auch immer – es zum Start schaffe, überall CPX/CPO-Deals auszuhandeln, wenn mein Dienst/Produkt dann keine gute Performance abliefert. Oft liefern die Systeme zum Testen nur sehr wenig Inventar aus, und auch wenn man etwas mehr läuft, regeln die Systeme bei schlechter Performance enorm schnell runter.

Alpar: Das heißt, dann wäre auch nicht das Ziel erreicht, dass man die Leads oder Sales generiert, die man eben eigentlich haben möchte?

Giernalczyk: Korrekt. Ein weiterer Aspekt, den wir immer wieder beobachten, ist, dass man tunlichst nicht nur „der Letzte" sein sollte, dessen Werbung ausgespielt wird. Eine Session eines Users ist unterschiedlich lang. Wenn ich durch die AdServer-Priorisierung immer nahezu als Letzter drankomme, erreiche ich fast nur noch die sehr spitze Gruppe an Powerusern. Und diese an vielen Tagen aufeinander immer wieder. Es fehlt die Homogenität meiner Werbeauslieferung, und meine Reichweite netto pro Monat ist deutlich geringer als möglich. Wenn ich Pech habe, kommt meine Werbung primär nur noch nachts zwischen 0 und 6 Uhr.

Poweruser sind für einige wenige Angebote und Dienste sehr gut, für die meisten Produkte jedoch eher schlecht. Sie haben eine eher ungünstige Bannerklickrate, weil sie natürlich in einer fünfmal so langen Sitzung nicht fünfmal öfter auf Banner klicken als Gelegenheitsnutzer. Natürlich kann man mit verschiedenen Maßnahmen wie Uhrzeit-Targeting, Frequency-Cap etc. diesen Effekten entgegenwirken. Diese kosten aber oft auch extra Geld, Zuschläge bei den TKPs. Man muss einen gesunden Mittelweg finden mit günstigen, aber auch effektiven Geboten, eine möglichst große und für mich passende Zielgruppe zu erreichen.

Alpar: Einkaufsvolumen scheinen ja ein sehr, sehr großes Thema zu sein. Dazu hätte ich die Frage: Ab welchem Budget pro Monat kann man denn überhaupt sinnreich darüber nachdenken, Display-Marketing zu machen? Das scheint ja jetzt nicht so, als würde das der Friseur aus Berlin-Mitte sinnreich betreiben können, zumindest nicht in den Formaten, die du jetzt ansprichst. Gibt es da irgendwie so eine Daumenregel oder eine Empfehlung von dir, ab wann das überhaupt Sinn machen kann?

Giernalczyk: Ganz pauschal lässt sich das nicht beantworten. Auf jeden Fall hat sich die Grenze in den letzten Jahren nach unten verschoben. Ich kann mich noch gut an 2004 bis 2006 erinnern, als ordentliche sechsstellige Beträge nötig waren, um allein auf einen Top-20-AGOF-Publisher platziert zu werden, um dort endlich Spitzenkonditionen zu bekommen.

Heute sind die Publisher flexibler geworden, und auch für mittlere fünf-stellige Beträge bekommt man schon gute Preise. Noch besser geht es mit einem Helfer, einmal sofort die Topkonditionen zu bekommen, aber vor allem mit überschaubarem Budget auch möglichst breit, also bei vielen Publishern, testen zu können.

Zu deiner Frage: „Wie viel muss man ausgeben, damit man in diesem Markt mitschwimmen kann?" Trotz aller Erleichterungen sind 300.000 Euro Jahresbudget eine gesunde Mindestsumme, um im Performance-Display-Bereich erfolgreich sein zu können. Mehr Budget hilft natürlich immer. Hat man weniger als 300.000 zur Verfügung, sollte man seine Ziele anders stecken, beispielsweise: Display ja, aber nur vereinzelt und viel-leicht mehr Google-SEM und ein bisschen was über Affiliate probieren.

Nicht vergessen darf man den nötigen Ressourcen-Aufwand an internen Mitarbeitern oder auch Dienstleistern. Kampagnen müssen geplant, ver-handelt, aufgesetzt und optimiert werden. Wenn man anfängt, ist der Auf-wand eher höher. Das sieht nicht schön aus, ist aber notwendig. Einfach mehr Geld in Media zu pumpen, damit der Anteil an Betreuungskosten günstiger aussieht, halte ich für einen Fehler. Für den Start kann man 30 bis 50 % Aufwand für den Aufbau neben den Media-Kosten einrechnen. Später müssen diese Kosten auf max. 25 %, besser noch darunter. Spitzen-player schaffen es, bei hohen Media-Budgets die Kosten für das Handling bei 10 bis 12 % zu halten. Für gefährlich halte ich Dienstleisterangebote, die generell und pauschal anbieten, für 15 % oder 20 % die Leistung zu erbringen, egal wie hoch das Budget ist. Entweder taugt die Leistung nichts, weil man nicht erwarten kann, dass sich für ein paar Hundert Euro Spit-zenleute um die Herausforderung kümmern, oder es wird dauernd ver-sucht, das Media-Budget in die Höhe zu treiben. Das ist aber nicht ziel-führend für einen Start im Performance-Display-Marketing. Eingangs muss man mehr Geld in Planung, Organisation, Optimierung – schlicht in Nach-denken – investieren, später kann man bei Erfolgen dann das Media-Budget deutlich nach oben aufdrehen.

Alpar: Ich habe noch mal eine Überlegung. In der Brand-Advertising-Welt, egal ob online oder offline, da gibt es ja immer diese Media-Agenturen, die letztendlich so was wie eine Intermediär darstellen und oft eigentlich eine Art Einkaufsgemeinschaft sind und dann versuchen, Nachfrage zu bündeln, um bei den Werbeflächen auf bessere Konditio-nen zu kommen. Gibt es denn eigentlich auch ein Pendant online, und wie entwickeln sich diese, oder gibt es vielleicht sogar mehrere ver-schiedene Pendants, und wie entwickeln die sich?

Giernalczyk: Ja, die gibt es. Ich kenne mich in der Offlinewerbewelt nicht perfekt aus, aber von den großen Agenturen, die die Top-500-Marken betreuen, haben wir alle schon mal gehört. Einige von ihnen bieten ihre Unterstützung auch in der Onlinewelt an. Wobei hier Spezialisten entstanden sind, die die besonderen Anforderungen an Onlinewerbung besser bedienen. Die großen Offline-Media-Agenturen haben teilweise entsprechende Tochterfirmen aufgebaut oder vergeben allgemein spezielle Onlineaufträge an diese Spezialfirmen. Dort gibt es unterschiedliche Ausrichtungen, worauf sich diese Anbieter konzentrieren. Manche bedienen nur einen ganz konkreten Aspekt wie SEO, andere leisten die Integration der verschiedenen Disziplinen.

Und natürlich kommt auch der Vorteil von gebündelten Budgets zur Senkung der Einkaufspreise zum Tragen. Ich hatte vorher erwähnt, dass es vor Jahren teilweise nötig war mindestens ein sechsstelliges Budget bei einem einzigen Anbieter zu platzieren, um überhaupt günstige Konditionen zu bekommen. Heute genügen da durchaus auch Beträge im mittleren fünfstelligen Bereich. Nutzt man jedoch einen Vermittler und Helfer, der gute Verbindungen im Markt hat und auch für verschiedene Player Kampagnen organisiert, kann man mit kleineren Budgets günstig einsteigen, vor allem aber das Geld zum Testen auf viel mehr verschiedene Spots streuen, anstatt alles nur auf ein bis zwei Karten zu setzen. Den Weg über Performance-Marketing-Berater und -Vermittler zu gehen, gab es vor fünf bis acht Jahren so noch nicht, damals haben sich die Werbenden den Weg zu günstigen Konditionen jeweils selbst erkämpfen müssen. Möglich waren nur Buchungen über Agenturen zu damals deutlich zu hohen Preisen. Das alles hat auch Zeit gekostet. Mit dem richtigen Helfer, konkreten Zielen und einem nicht zu kleinen Budget kann man heute in 6 Monaten erreichen, was früher eher 18 Monate gedauert hat. Und vielen geht es natürlich beim Aufbau auch um schnelle Fortschritte und Geschwindigkeit – um den Wettbewerbern einen Schritt voraus zu sein.

Die größten Vorteile bei diesem unterstützten Eintritt ins Display-Marketing sehe ich aber nicht allein im Preis. Wenn mein Budget sehr klein ist, sind beim Preis über einen Volumen-Bündler schon deutliche Vorteile möglich, kaufe ich selbst schon größere Mengen ein, ist rein beim Preis gar nicht mehr so viel drin. Wichtige Vorteile ziehe ich aber aus den sonstigen Bedingungen. Bekomme ich auch ordentlichen Traffic? Kann ich bei schlechter Performance zu für mich als Advertiser günstigen Konditionen stornieren oder umbuchen? Erhalte ich Zusatzfeatures wie Frequency-Cap, Targeting etc. ohne Zuschläge oder zumindest für sehr faire Preise? So trivial eine einfache Display-Buchung klingt, man kann da eine Menge falsch machen – nicht allein bei den Preisen, sondern auch bei den anderen Parametern. Sogar in der Analyse der Kampagnenergebnisse, der Schlüsse, die ich daraus ziehe, und wie ich die Optimierung angehe. Erfahrung ist dort eine Menge wert, es kostet sehr viel Lehrgeld, diese Erfahrung komplett allein aufzubauen.

Alpar: Wie muss man sich das im Verwaltungsbereich vorstellen? Welchen Anteil der auch immer vom Budget ausmacht, die Aufgabenteilung innerhalb der Verwaltung wird ja relativ ähnlich sein. Das heißt, welche Aufgabenbereiche gibt es, und wie viel Zeit verwendet man ungefähr anteilig worauf? Das heißt, verbringt man die meiste Zeit mit dem Optimieren von grafischen Werbemitteln oder mit dem Verhandeln, oder sucht man die meiste Zeit nach neuen möglichen Werbeflächen, oder womit verbringt man sonst so die Zeit in dem Bereich des Managements?

Giernalczyk: Pauschal eine allgemeingültige und richtige Zeitverteilung für die anstehenden Aufgaben kann ich nicht nennen. Bei den Kampagnen und Projekten, die ich betreut habe, verschiebt sich der Aufwand teilweise sehr deutlich. Das hängt von der Saison ab, ob ich mein Tempo erhöhen möchte oder mehr im Detail optimiere etc. Da muss jeder fallweise abwägen, auf welche Teile er wie viel Zeit verwenden möchte. Aber ich würde einmal durchgehen, welche Aufgabenfelder es gibt.

Alpar: Gern.

Giernalczyk: Wenn ich frisch starte, fallen ein paar Themen an, die später nur noch eine geringe Rolle spielen. Dazu gehört, sich genau zu überlegen, wer meine Zielgruppe ist. Dabei sollte man möglichst ehrlich sein und sich nicht davon lenken lassen, wen man gern als Kunde hätte, sondern wer wirklich meine Produkte kauft. Wenn ich das mangels Erfahrungsdaten noch nicht weiß, muss ich natürlich mit Thesen arbeiten.

Wenn ich eine Vorstellung davon habe, wen ich erreichen möchte, geht es los mit der Scouting-Arbeit – übliche Quellen: AGOF, IVW, Alexa & Co. Dort ermittle ich beispielsweise, wo ich meine Wunschzielgruppe finde. Parallel intensiv über Suchmaschinen zu suchen und im Web allgemein zu beobachten, wo Wettbewerber von mir verstärkt sind, ist auch immer hilfreich. Das Ganze sortiere ich nach für mich wichtigen Kriterien, wie Netto-Reichweite, gegebenenfalls Einkommen der Nutzer und anderen Faktoren, die bestimmend sind.

Wenn ich weiß, wo ich werben möchte, geht es an die Auswertung, wie ich diese Werbeflächen buchen kann. Über den Primärvermarkter? Über Ad-Networks? Über Google? Das Ganze sollte Teil der Gesamt-Marketing-Planung sein und hat auch damit zu tun, wie viel Budget ich zur Verfügung habe, wie schnell ich wachsen will und wo meine Ziele allgemein liegen. Und ob ich das Ganze allein angehe oder einen Dienstleister nutze.

Nicht vergessen darf ich natürlich die Werbemittel, die ich für meine (Performance-)Werbung einsetze. Hier werden am häufigsten Fehler gemacht. Einmal dominiert bei vielen Werbern der Wunsch danach, schöne Werbemittel zu bauen oder allgemein den persönlichen Geschmack des Geschäftsführers oder Marketingleiters entscheiden zu lassen. Ich bin kein Branding-Experte – in dem Bereich lasse ich es einfach mal durchgehen, dass Werbefachleute definieren, wie alles auszusehen hat. Wer Performance-Marketing verstanden hat, weiß, dort gibt es nur eine korrekte Meinung: die des Users/Verbrauchers. Performance-Reports sagen sehr genau, was gut bzw. was besser ist. Daran sollte man sich orientieren.

Der nächste Fehler bei den Werbemittel ist, dass zu wenig getestet wird, die Tests nicht systematisch ausgewertet werden und generell zu wenig und zu unprofessionell das Thema behandelt wird. Es gibt durchaus einige Top-Performance-Werber, die hier sehr gut sind und alles richtig machen. Die Mehrheit behandelt das Thema aber stiefmütterlich, es fehlt an einem klaren Plan. Wir empfehlen dringend, mindestens 5 % des Budgets fortlaufend in die Weiterentwicklung der Werbemittel zu investieren. Für das ganze Thema Conversion-Optimierung, Werbemitteloptimierung und Tracking dürfen es eher 15 % sein – mit weniger wird man durch ineffektive Kampagnen nur Geld vergeuden. Das Ganze hat viel mit Versuchen und Testen zu tun und dann die richtigen Schlüsse zu ziehen. Natürlich kann man mit Erfahrung diesen Weg schneller gehen, aber ich kenne niemanden, der aus der Hand permanent und vor allem für jeden beliebigen Dienst mit dem ersten Wurf die besten Banner und die beste Landing-Page aus dem Ärmel schüttelt. Direkte Wettbewerber, aber auch generell Top-Performance-Werber zu beobachten und zu verstehen, was diese machen, ist immer eine gute Empfehlung. Wenn ich verstehe, was dort gut funktioniert und wie sich die Werbemittel über die Zeit verändern, kann ich das auch oft auf mein Thema und meinen Dienst übertragen.

Wenn das Thema Optimierung im direkten Anschluss an den Kampagnenstart eine so wichtige Rolle spielt, muss ich natürlich auch geeignete Tools einsetzen, bei eigenen System diese fortlaufend verbessern und mich ständig mit dem Markt weiterentwickeln. Ganz schlimm ist, wenn Werbetreibende ihre eigenen Zahlen nicht wirklich kennen. Wenn Sales stark manuell nachbearbeitet und storniert werden müssen und auch sonst das Tracking wenig vertrauenerweckend ist. Hierauf sollte man sehr genau sein Augenmerk legen, denn nach fehlerhaften Zahlen Schlüsse zu ziehen und zu optimieren, ist fatal. Auch profitiere ich enorm, wenn meine Systeme nicht nur korrekt und zuverlässig arbeiten, sondern in Echtzeit. Je eher ich an einen Publisher signalisieren kann, „das war ein Sale", desto mehr Steuerungswirkung habe ich. Dieser kann dann auf verschiedene Traffic-Situationen mit seinen Systemen vollautomatisch reagieren. Biete ich immer erst Wochen später Daten und eine Abrechnung an, haben meine Daten keinerlei Steuerungswirkung mehr. Der Publisher schaut sich solche Reports dann auch nicht an – wozu auch? Es zählt nur noch die Euro-Summe an Provision. Um aktiv meine Kampagne verbessern zu können, braucht der Publisher die Daten parallel zur Kampagne – automatisiert per Action-Pixel-Call.

Einen kleinen Teil meiner Ressourcen muss ich für die Endkontrolle und die Abrechnung reservieren. Das ist lästig, und keiner macht das gern, weil daraus kein Wachstum entsteht. Leider gibt es in vielen Abrechnungen immer wieder Fehler. Und eigentlich jeder hat Budgetvorgaben und ist gehalten, fortlaufend zu prüfen, ob man noch im Rahmen ist. Dynamische Abrechnungsmodelle wie Revshare sichern keine fixen Auftragssummen, wie wenn man 10.000 Schrauben verbindlich bestellt. Eine gut gemachte Endkontrolle der Zahlen liefert mir auch rechtzeitig Signale, dass ich beispielsweise wieder verstärkt neue Quellen finden muss und welche anderen Probleme bestehen.

Zusammengefasst, besteht Performance-Onlinemarketing beim Start aus einem großen Teil Planung. Später dominieren das Auffinden immer neuer Quellen, teilweise Einkauf und Nachverhandlung von Konditionen, der größte Teil geht aber ins Monitoring und die Optimierung von Kampagnen. Dazu gehören implizit auch die Werbemitteloptimierung und Verbesserung meiner Conversions/Landing-Pages. Und es gibt kein „Fertig"" – man rotiert diese Themen ständig wieder durch. Wenn man nichts tut, verschlechtern sich alle Werte eher. Mit dem Wachstum wird es immer schwieriger, Neukunden zu gewinnen. Deswegen ist es sehr wichtig, extrem konstant am Ball zu bleiben, um die Performance, die man sich einmal erarbeitet hat, zu halten, gegenüber dem Wettbewerb zu verteidigen und weiter zu wachsen.

Alpar: Super.

4.7.2 Praxisbeispiele aus dem Display-Marketing

Nachfolgend sind einfache Banner dargestellt, die bei einer Werbekampagne von zalando zum Einsatz kamen.

Abb. 39: zalando-Display-Ad (160 x 600).

Abb. 40: zalando-Display-Ad (300 x 250).

Abb. 41: zalando-Display-Ad (728 x 90).

Alle von zalando genutzten Banner-Ads nutzen die neben-stehenden Größenformate.

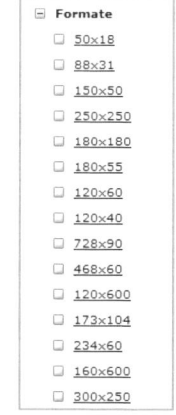

Abb. 42: zalando-Display-Ad-Formate.

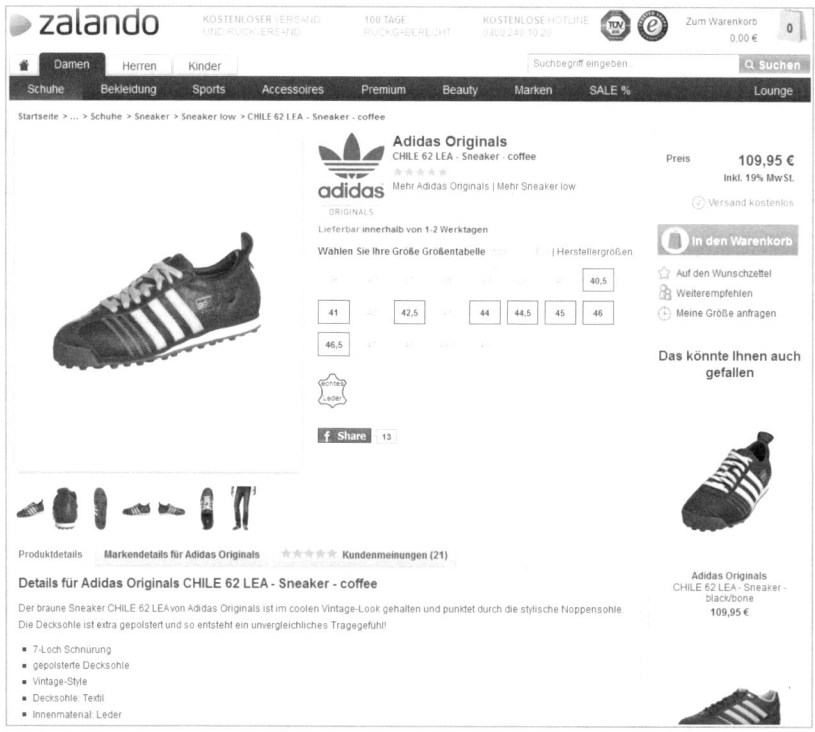

Abb. 43: zalando-Produkt-Detailseite.

Nutzen Sie Standardgrößen

Wichtig ist hier, dass man möglichst viele Standardgrößen bedient. Viele Webseiten nutzen Templates als Grundlage, und deren Templates sind auf solche Standardbanner ausgerichtet. Typisch sind 728 x 90, 300 x 250 und 160 x 600. Je mehr unterschiedliche Bannerformate man anbieten kann, umso mehr Chancen hat man, dass diese auch von Advertisern eingebunden werden.

4.7.3 Display-Ad-Tipps für Ihre Webpräsenz

Werbeausgaben im klassischen Segment des Display-Advertising sind nach wie vor hoch – gehen Sie mit!

Trotz der zunehmenden Verlagerung von Werbeaktivitäten in den Bereich der Social Media wachsen die Werbeausgaben im klassischen Segment des Display-Advertising nach wie vor. Man kann verschiedene Wege zur Verbesserung des Erfolgs von Display-Ads gehen. Der erste besteht darin, die eigenen Display-Ads nicht auf Webseiten zu platzieren, die bereits viele verschiedene Werbeformen anzeigen. Denn entweder werden solche Seiten von Besuchern eher gemieden oder aufgrund ihrer Unübersichtlichkeit schnell weggeklickt, oder die einzelne Werbung findet wegen der vielen Konkurrenten nicht genügend Beachtung. Nutzen Sie die vielfältigen Formen des SMM (siehe Kapitel 12) und SEM (siehe Kapitel 14), die wir Ihnen vorstellen werden.

Setzen Sie wie immer auf Kreativität

Weiteres Optimierungspotenzial steckt in der Verbesserung der kreativen Qualität der Werbung selbst (siehe z. B. die Kapitel 7 und 8), sodass sie für ein potenzielles Publikum interessanter wird und mehr Zuspruch findet.

Weiterhin sollte das Targeting (siehe Kapitel 18) optimiert werden. Zu viele Display-Ads werden undifferenziert allen Webseitenbesuchern angezeigt, anstatt sich wie bei Facebook auf die Zielgruppen zu konzentrieren, die das höchste Interesse für die jeweilige Werbebotschaft aufbringen werden.

Und schließlich sollte man sich über die geeigneten Maße zur Feststellung des Werbeerfolgs eingehender Gedanken machen. Anstatt die insbesondere bei Branding-Kampagnen nicht unbedingt signifikante Click-Through-Rate heranzuziehen, können im Einzelfall Impressions oder Lead-Sales wesentlich aussagekräftigere Messgrößen für den Erfolg einer Werbekampagne abgeben. Oder man entscheidet sich für einen entsprechenden

Dienstleister wie s-media oder comScore und lässt die Werbeerfolgsmessung extern von Profis ausführen. Das heißt, nicht die Attention, sondern die Performance zählt (siehe auch Kapitel 6 zum Affiliate Marketing).

4.7.4 To-do- und Checkliste

Nachfolgend wird – wie bei jeder Checkliste am Ende des Kapitels – von drei Arbeitsphasen ausgegangen, die jeweils eine Vertiefung der Maßnahmen verkörpern:

➢ Phase 1: Vergegenwärtigung

➢ Phase 2: Reflexion

➢ Phase 3: Potenzialerkennung und Umsetzung

Display-Ads-Checkliste	1. Phase	2. Phase	3. Phase
Welche Inhalte möchten Sie mit Display-Ads kommunizieren?			
Banner			
InStream-Ads			
Abrechnungsmodelle			
Wirkung			

5. E-Mail- und Newsletter-Marketing: Infobriefe automatisiert an beliebige Empfänger rundmailen

Marketingprofis setzen auf E-Mail-Marketing. Dies geht aus aktuellen Studien hervor. Bis 2012 wird eine Verdopplung der E-Mail-Marketing-Budgets – im Vergleich zu 2009 – angenommen.

Als Instrument des CRM (**C**ustomer-**R**elationship-**M**anagement, siehe Kapitel 23) ist E-Mail-Marketing durch seine direkte Datenverarbeitung effizient und günstig.

5.1 Potenzial des E-Mail-Marketings

Die E-Mail ist das verbreitungsstärkste Onlinemedium

Die E-Mail ist das am meisten verbreitete Onlinemedium. 90 % aller Interaktionen im Netz beziehen sich auf die Versendung oder den Empfang von Mails.

E-Mail-Marketing wird nach wie vor eine große Zukunft vorausgesagt. Kunden, mit denen der E-Mail-Kontakt hergestellt ist, können eine langfristige Beziehung mit dem Unternehmen halten, indem das Potenzial des Kunden voll ausgeschöpft werden kann (Customer Lifetime Value).

E-Mail-Nutzung wird von sozialen Netzwerken befeuert

Untersuchungen zeigen, dass Nutzer sozialer Netzwerke mehr E-Mails nutzen als Nicht-Community-Mitglieder. Daneben nutzen die User auch Produkt-Newsletter (AGOF internet facts 2010-III, United Internet Media Research 2010).

5.1.1 Marktsituation im E-Mail-Marketing

Die neue Absolit-Studie[1] zeigt, dass im deutschen E-Mail-Marketing enormer Nachholbedarf besteht. Die wichtigsten Themen lauten:

➢ Begrüßungsmail,

---

1 *http://absolit.de/EmailTrends*

- ➢ Testen und
- ➢ Adressgewinnung.

Demnach nutzen US-E-Mail-Marketer Twitter intensiv, während Deutschland bei der Verknüpfung von E-Mail mit Mobile Marketing und Social Web deutlich zurückliegt. Insgesamt 88 % der deutschen Unternehmen nutzen E-Mail als Marketingmaßnahme (USA 94 %).

5.1.2 Vorteile des E-Mail-Marketings

E-Mails sind wichtigster Kanal im digitalen Dialog mit dem Kunden

E-Mail-Kommunikation ist der wichtigste Kanal im digitalen Dialog mit dem Kunden für alle Unternehmen. Das gilt gleichzeitig für die Pull- und Push-Kommunikation. Dieser Kreis schaukelt sich hoch durch mehr Nutzer im Netz, mehr digitale Personenprofile, die sich in Communitys organisieren, und somit auch mehr Möglichkeiten, aber auch durch mehr Bedarf auf der Unternehmerseite, eine hervorragende One-to-one-Kommunikation aufzubauen. Somit können starke Kundenbeziehungen etabliert werden.

Involvement, Markenidentifikation und virale Effekte im E-Mail-Marketing

Involvement, Markenidentifikation und virale Effekte erfordern gleichzeitig auch den Einsatz von E-Mail-Marketing. Mit personalisierten Informationen kann das, angepasst an den Lifestyle-Zyklus des Customers, erfolgreicher genutzt werden. Die Messbarkeit des Instruments macht deutlich, dass hier noch viel Potenzial ungenutzt bleibt. Digitaler Markendialog, der effektiv und erfolgreich sein will, braucht perfektes digitales CRM und vor allem Aufmerksamkeit, Vertrauen und Relevanz.

Vorteile des E-Mail-Marketings

Die Vorteile, die E-Mail-Marketing in der Beziehung zum Kunden aufweist, lauten wie folgt:

- ➢ Neukundengewinnung durch günstige Informationsverbreitung an Interessenten.
- ➢ Regelmäßige Käufer als „Stammkunden" können gezielt personalisiert angesprochen werden. Diese Form der Kommunikation kann die Kundenbindung verbessern und durch Rückmeldung der Kunden auch inhaltlich positive Effekte haben.

> ➢ Die Möglichkeit, über zusätzliche Support- oder Servicemitteilungen den Kunden nach dem Kauf automatisiert und sehr günstig zu informieren, ist ebenfalls sehr wertvoll. Auch Folgeangebote oder Neuentwicklungen können direkt zeitnah platziert werden.

> ➢ Die Wahrnehmung des Kunden, was das Image des Unternehmens betrifft, wird durch E-Mail-Marketing gepflegt und aktualisiert, wie z. B. durch Newsletter und zusätzliche Angebote.

5.2 Die Erwartungshaltung Werbetreibender und Nutzer an das E-Mail-Marketing

Durch Umfragen können die Erwartungen sowohl Werbetreibender wie auch Nutzer bzw. Kunden an das E-Mail-Marketing untersucht werden. Dadurch kann eine Annäherung erreicht werden, wodurch die Akzeptanz aufseiten der Kunden weiter erhöht werden kann.

5.2.1 Verbesserungsbedarf im E-Mail-Marketing

Auf die Frage, welche Verbesserungen man sich im Kontext des E-Mail-Marketings vorstellt, erhielt man die folgenden Antworten (siehe Abbildung 44).

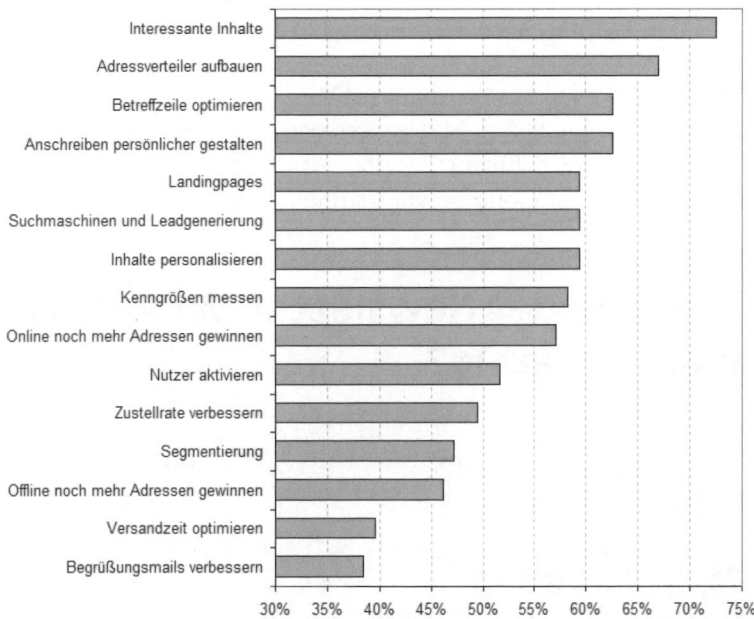

Abb. 44: Welche Verbesserungen sind im Kontext des E-Mail-Marketing vorstellbar?
Bildquelle: http://www.absolit-blog.de/wp-content/uploads/2009/05/e-mail-themen.jpg.

Um sich in der Masse der (Spam-)E-Mails durchzusetzen, ist es ratsam, alle Präferenzen und Abneigungen der User zu kennen. Aufschluss hierüber geben diverse Umfragen und Studien.

5.2.2 Was machen Nutzer mit Werbe-E-Mails?

Bestellte Werbe-Mails werden gelesen, unerwünschte gelöscht
Wie Nutzer mit Werbe-E-Mails und -Newslettern umgehen

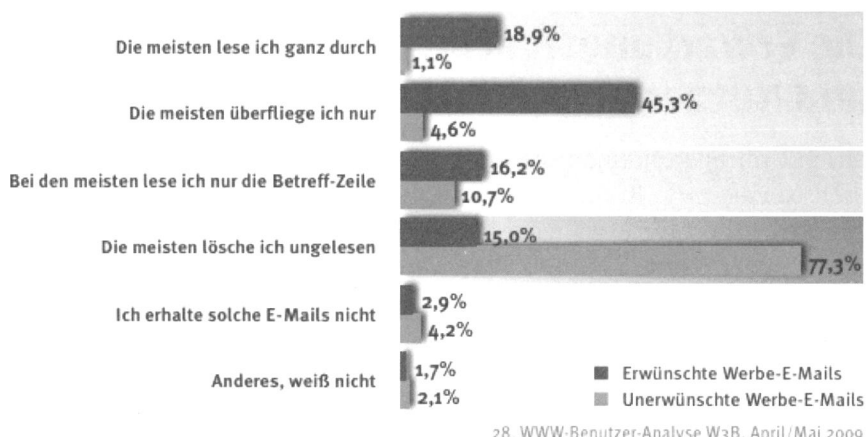

© 2009 www.fittkaumaass.de

28. WWW-Benutzer-Analyse W3B, April/Mai 2009
Basis: Internet-Gesamtnutzerschaft

Abb. 45: Wie Nutzer mit Werbe-E-Mails umgehen;
Bildquelle: http://www.w3b.org/charts/w3b28_email_vergleich.jpg.

Wenn man sich das E-Mail-Leseverhalten der Nutzer genauer anschaut, stellt man fest, dass die meisten E-Mails, wenn sie überhaupt gelesen werden, nur überflogen werden. Entsprechend müssen die inhaltlichen, optischen und emotionalen Komponenten aufbereitet sein.

5.3 Was unterscheidet Newsletter-Marketing von E-Mail-Marketing?

Zur Unterscheidung der diversen E-Mail-Marketing-Typen werden im Folgenden die Begriffe E-Mail-Marketing, Newsletter, Serienmail, Trigger-Mail etc. kurz vorgestellt.

5.3.1 E-Mail-Marketing

Unter dem Begriff E-Mail-Marketing werden alle umsatzorientierten Aktivitäten zur Schaffung, Versorgung und Expansion eines Markts verstanden.

Alle Einzelformen des E-Mail-Marketings können sich stark überschneiden. Am ehesten finden sich die Unterschiede in der Zielsetzung der jeweiligen E-Mail-Formen.

Für die bestehenden Kunden gelten folgende Aspekte:

Die Einzelmail ist der persönlichste Kontakt mit dem Kunden. Durch die mögliche Personalisierung ist diese Mailform das beste Instrument des E-Mail-Marketings, weil es vom Empfänger als direkter Kontakt gewertet wird.

5.3.2 Newsletter

Was sind Newsletter?

Newsletter sind Abonnementdienste, um auf Basis von Benutzerdaten die Informationsversorgung der User/Abonnenten über Neuigkeiten und Entwicklungen der eigenen Unternehmung zu gewährleisten, um gegenüber den Kunden einen Vertrauensvorschuss zu signalisieren und so eine schnellere Reaktion auf Veränderungen bzw. Lösungswege zu bieten.

Der Newsletter wird regelmäßig veröffentlicht und ist redaktionell allgemeiner gehalten. Formell – mit Logo, einer Widerrufsmöglichkeit sowie einer Kopf- und einer Fußzeile – ist er an Standards gebunden, die den Wiedererkennungswert ausmachen. Der Empfänger kann persönlich angesprochen werden und wird periodisch mit Informationen zum Unternehmen versorgt.

Wo im Netz halten sich potenzielle Kunden für Ihre Newsletter auf?

Wenn man eine passende Zielgruppe gefunden hat, sollte man schauen, wo sich diese Zielgruppe sonst noch im Netz aufhält. Wenn jemand kostenfreie Bilder sucht, kann davon auch ein bestimmter Prozentansatz bereit sein, für Bilderrechte zu bezahlen. Somit ist die Conversion-Wahrscheinlichkeit sehr groß, dass Kunden konvertieren. Nachfolgend ein Beispiel für einen Newsletter von Pixelio mit Clipdealer-Werbung (siehe Abbildung 46).

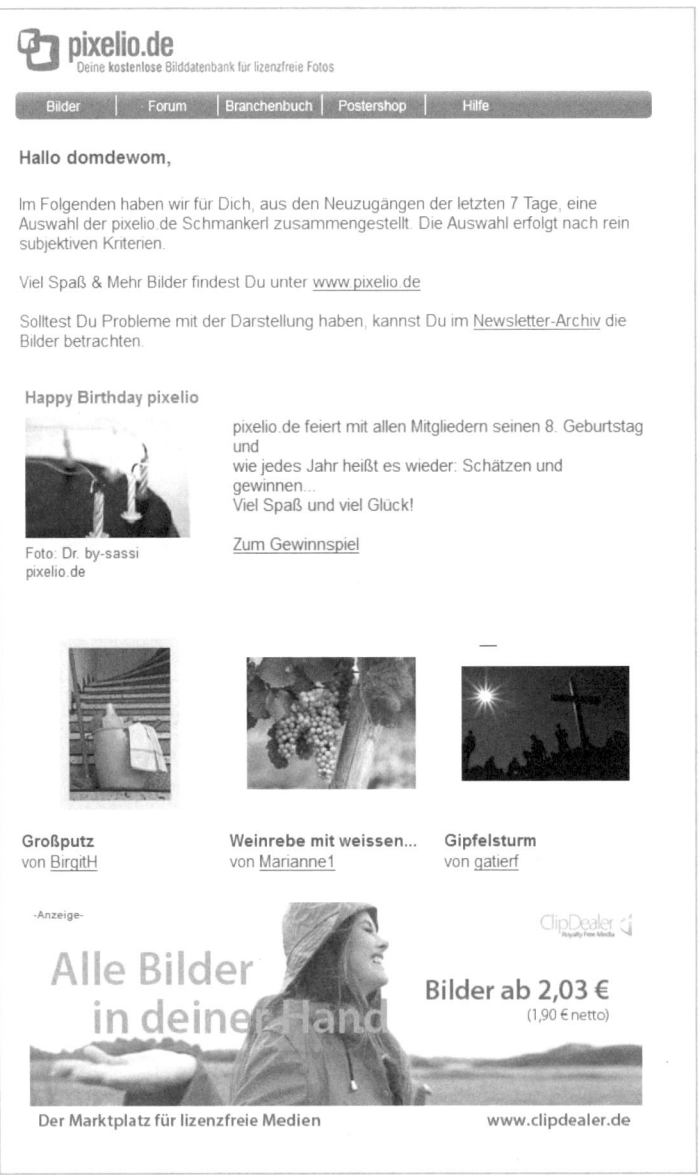

Abb. 46: Clipdealer-Werbung im Newsletter von Pixelio (themenspezifisches Marketing).

5.3.3 Die Serienmail

Die Serienmail ist wiederum weniger redaktionell angelegt und auch in formeller Hinsicht ungebunden. Sie kann z. B. nur auf Einzelereignisse oder spezielle Angebote aufmerksam machen.

E-Mail-Sequenz

Eine Variante der Serienmail ist die E-Mail-Sequenz, die durch die Teilinformation jeder einzelnen Mail in verzögerten Schritten zum Hauptanliegen führt. Aktuelle Aktionen oder Incentivierung (Anreizerzeugung) über einen Gutschein versuchen, den Kunden zum erneuten Kauf zu animieren. Wenn man dem Kunden einen Bonus anbietet, fällt es ihm leichter, einen Kauf auszuführen.

Abb. 47: zalando-E-Mail-Newsletter-Bonuscode.

5.3.4 Trigger-Mails

Die Vorteile von Trigger-Mails lauten wie folgt:

➢ Sie sind automatisiert ausführbar.

➢ Sie sprechen den Empfänger unmittelbar an.

➢ Sie sind breit einsetzbar.

Beispiele für Trigger-Mails sind:

➢ Bestellbestätigung

➢ Versandbestätigung

➢ Willkommens-E-Mail

➢ Geburtstags-E-Mail

➢ „Vielen Dank für Ihre-E-Mail"-Mail

➢ Abwesenheitsnotizen

➢ u. v. m.

5.3.5 Newsletter-Anzeigen zur Kundenneugewinnung

Die Newsletter-Anzeige nutzt den Kundenkontakt des Newsletters eines anderen Unternehmens für eigene Werbezwecke via Verlinkung. Die komplette Information befindet sich auf der verlinkten Webseite.

Die Stand-alone-Mail ist ähnlich der Werbesendung als einmalige Verkaufsmail vorgesehen, die den Adressverteiler von möglichen Interessenten nutzt.

Newsletter-Werbung in populären Verteilern mit 100.000 Usern helfen dabei, Neukunden zu akquirieren. Wenn man das auch noch mit Rabatt oder Gutscheinen kombiniert, kann man wirklich hervorragend Neukunden gewinnen.

Abb. 48: Screenshot aus dem PayPal-Newsletter.

5.3.6 Die optimale E-Mail-Empfängerliste

Mailing-List-Hosting-Service

Der Mailing-List-Hosting-Service befragt die Mitglieder Ihrer Seite erst, bevor sie zu der Mailingliste hinzugefügt werden, dadurch einem wird unnötiger Ärger erspart, und Sie werden nicht wegen Spamming angeklagt. Manche Mailing-List-Hosts veröffentlichen Listen mit E-Zines oder Newslettern, die fremde User sehen und Ihren Newsletter abonnieren können, ohne vorher auf Ihrer Webseite registriert gewesen zu sein. Zudem benötigen

Sie keine zusätzliche Software wie Smartlist, Majordomo, Listserv oder PHP/Perl CGI-Access.

Kostenlose und kostenpflichtige Mailing-List-Hosting-Services

Es sollte jedoch beachtet werden, dass die gewerblichen Mailing-List-Hosts monatliche/jährliche Gebühren berechnen oder diese nach der Anzahl der Nachrichten oder der Abonnenten berechnet werden. Bei kostenlosen Mailing-List-Hosting-Providern werden die Abonnenten mit Werbung Dritter bestrahlt, die automatisch in die Anzeigen eingeblendet wird. Ebenso muss beachtet werden, dass Sie nicht die totale Kontrolle über Ihre Mailingliste haben und abhängig sind von der Zuverlässigkeit der Mailing-List-Hosts, wenn Sie sich auf den Fremdservice verlassen. Das gilt besonders für die kostenlosen Services.

Hinzuziehen von nützlichen Diensten des eigenen Webhosts

Es gibt noch die Möglichkeit, die Dienste von Ihrem Webhost in Anspruch zu nehmen, die Ihnen erlauben, eine eigene Mailingliste zu führen. Einige liefern relativ hochautomatisierte Systeme, die vergangene Ausgaben von E-Zines archivieren, Anfragen für Bestätigungen versenden und sich um Abonnements und Abmeldungen kümmern, ohne dass Sie eingreifen müssen. Für diesen Dienst müssen Sie nicht zusätzlich aufkommen, und sie enthalten keine Werbung. Zudem hat man eine relativ gute Kontrolle über die Mailingliste. Der einzige Nachteil hierbei ist, dass viele Webhosts ein Limit setzen bei der Anzahl der Abonnenten, damit ihre Server nicht überlastet werden.

Eigene Mailing-List-Skripten erstellen

Sie können auch Ihre eigenen Mailing-List-Skripten ausführen, beispielsweise PHP-Skripten, in Form einer Mailingliste von der eigenen Webseite. Diese Skripten erfordern jedoch von den Benutzern das An- und Abmelden über das Webinterface.

Manuelle Erstellung kürzerer Mailinglisten

Wenn Ihre Mailingliste nicht allzu lang ist, können Sie die Mails auch von Ihrer E-Mail-Software versenden. Einige E-Mail-Softwareprodukte verfügen über hochmoderne Mailinglisten-Verwaltungsfunktionen, andere sind mit Mailinglisten entworfen. Sie müssen jedoch beachten, dass Sie sich häufig mit dem Internet verbinden müssen, um alle Abonnementanfragen und

-abmeldungen innerhalb von wenigen Stunden zu bearbeiten, denn man vergisst ab einem bestimmten Zeitpunkt schnell, ob Anfragen an einen Abonnenten versendet wurden oder nicht. Zudem müssen Sie alles manuell betreiben. Es könnte stundenlang dauern, bis Sie lediglich ein Thema an alle Interessenten verschickt haben.

5.3.7 Die eindeutige Bestimmung der Zielgruppe

In Kapitel 18 werden wir auf die Einzelheiten des Targeting eingehen, sodass Sie Techniken kennenlernen werden, neue E-Mail-Adressen genau aus dem Segment zu generieren, das Sie anpeilen. An dieser Stelle nennen wir Ihnen E-Mail-Marketing-spezifische Aspekte der Zielgruppenbestimmung:

Umfragen wirkungsvoll einsetzen

Umfragen sind ein wirkungsvoller Weg, um eine Affinität oder ein Interesse an einem Produkt bei einem Konsumenten zu identifizieren. So kann man durch clevere Fragen und Ansprachen die gewünschte Zielgruppe herausfiltern. Onlineumfragen sind ein guter Weg, um schnell und kostengünstig neue Interessenten zu generieren.

Schlüsselfragen zum Themengebiet und zur Zielgruppe

Der primäre und entscheidende Schritt besteht darin, die Schlüsselfrage zu finden, die für das Themengebiet und die Zielgruppe passend ist. Tests zeigen, dass Reaktionen auf Fragen mit einem starken, pauschalen Umfragecharakter oft schneller angenommen werden und wesentlich positiver ausfallen. Fragen mit sehr werblichen Formulierungen sind in unserer Zeit der Werbeüberflutung oft nicht geeignet und werden ignoriert. Es gibt Best-Practice-Vergleiche, in denen im selben Zeitraum Formulierungen, Umfragen, die sehr neutral und umfragetypisch waren, mehr als drei Mal so viele qualifizierte Leads generiert haben als ganz konkrete und verkomplizierende Umfrageansätze.

5.4 So läuft der Newsletter-Versand problemlos

Nun möchten wir Ihnen Einblick in die Prozesse der Akquise und Kundenbindung im E-Mail-Marketing geben sowie Informationen über Fremdservices für die Zustellung der Newsletter, den Inhalt von Newslettern, das Format, die Zeilenlänge, Textformatierungen etc. bereitstellen.

Prozesse der Akquise und Kundenbindung über Newsletter

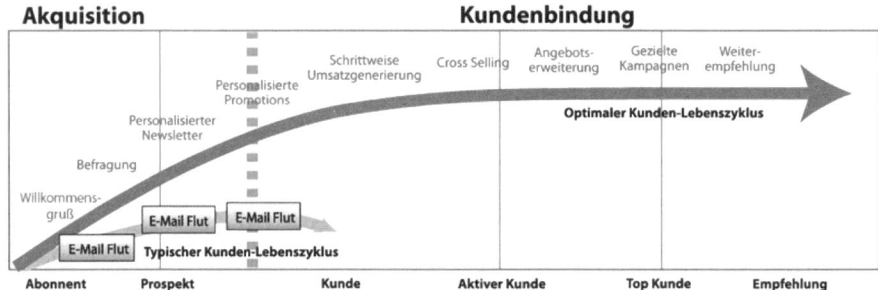

Abb. 49: Prozesse der Akquise und Kundenbindung über Newsletter;
Bildquelle: http://www.adrom.net/images/newsletter_akquisition_big.gif.

Newsletter mit der Website verlinken

Wenn Sie über eine eigene Website verfügen, erreichen Sie Ihr Zielpublikum mithilfe von Newslettern viel besser. Der Kontakt zu den Käufern wird aufrechterhalten, Produktinformationen besser verbreitet und neue Produkte und Updates zur Webseite angekündigt. Somit erhalten die Interessenten Ihrer Webseite direkt die gewünschten Informationen über Ihre Produkte und Ihren Service. Durch die Newsletter wird Ihre Website aufgrund der neuen Angebote, auf die die Interessenten neugierig sind, automatisch öfter angeklickt. Beim Einführen von Newslettern sollte daher beachtet werden, dass in der E-Mail ein Link verfügbar ist, über den die Newsletter-Abonnenten auf Ihre Seite weitergeleitet werden.

Fremdservices für die Zustellung der Newsletter

Verwenden Sie im besten Fall einen Fremdservice, der sich um das Verschicken der Mails kümmert, damit Sie sich ausschließlich auf den Inhalt konzentrieren können. Dinge wie unzustellbare E-Mails, Abonnements und Abmeldungen werden von diesem Service erledigt, alte Newsletter werden zudem archiviert. In diesem Kontext ist auch das IP-Whitelisting zu erwähnen, das eine hohe Gewährleistung einer Zustellung bietet.

Inhalt des Newsletters

Der Inhalt eines Newsletters kann wie folgt aussehen: Es können Diskussionsrunden gestartet werden, zu denen sich die User hinzufügen können, oder Sie verwenden Newsletter für Produktankündigungen. Der Newsletter sollte nicht nur eine lange Reihe von Werbeanzeigen beinhalten, sondern lieber eine einzige, aber dafür eine, in der das Produkt, der Service oder der Brand sehr detailliert beschrieben ist.

Format des Newsletters

Die Newsletter können in HTML-Format oder als Text versendet werden. Bei dem HTML-Format gibt es die Möglichkeit, die Schriftart und die Farben zu bestimmen und Bilder einzubetten. HTML-Nachrichten nehmen jedoch einen größeren Speicherplatz in Anspruch als ausgeschriebene Texte. Deswegen stellt sich hierbei auch die Kostenfrage, wenn Sie einen Fremdservice beauftragen. Manche User filtern HTML-Mails sogar komplett heraus, da HTML-Mails von vielen als Spam eingestuft werden.

Zeilenlänge und Textformatierungen im Newsletter-Text

Verschicken Sie Ihre Newsletter am besten in Form von HTML-Text und beachten Sie, dass eine Zeile maximal 65 Buchstaben enthalten und zwischen den verschiedenen Abschnitten regelmäßige Abstände gelassen werden sollten. Beim Einfügen von Links sollte darauf geachtet werden, dass diese anklickbar sind. E-Mail-Adressen, die Sie angeben, sollten mit einem *mailto* versehen werden, beispielsweise *mailto:subscribe@example. com*.

5.5 Möglichkeiten der Adressgenerierung

Sichtbarkeit entscheidet

Erste Regel für die Generierung von Mailadressen ist, dass jeder Besucher der Website deutlich sichtbar darauf hingewiesen werden sollte, dass es einen Newsletter und somit einen Mehrwert gibt. Eine lange Suche oder Stichwörter wie „Infodienst" oder „Trendbrief" schmälern die Anmelderaten. Zielt dagegen die Blickführung professionell auf ein Eingabefenster, ist die Teilnahmewahrscheinlichkeit höher.

Interne und externe Möglichkeiten bei der Adressgenerierung

Man unterscheidet bei der Adressgenerierung zwischen internen und externen Möglichkeiten. Externe Möglichkeiten beziehen sich auf Optionen über Webseiten und Internetportale dritter Anbieter, und interne Maßnahmen beziehen sich eher auf Aktionen, die über die eigene Webseite anvisiert werden.

Incentivierte Anmeldungen bei Newslettern

Falls eine Anmeldung zum Newsletter durch einen zusätzlichen Anreiz erfolgt, nennt man das eine „incentivierte Anmeldung". Dazu zählen zum Beispiel Gutscheine, Warenprobeexemplare oder Zugänge zu exklusiven Inhalten, mit deren Hilfe Abonnenten „animiert" bzw. „belohnt" werden.

Neue Adressen mithilfe von Gewinnspielen generieren

Hinzu kommen Möglichkeiten, neue Adressen mithilfe von Gewinnspielen zu generieren. Derartige Aktionen kann man zum einen auf die eigene Website beschränken, sodass das Gewinnspiel nur entsprechend qualifizierten Besuchern präsentiert wird, oder man kann ein Gewinnspiel über externe Partner bewerben und sich somit einer breiteren Interessentengruppe präsentieren. Es ist eine marketingstrategische Frage, wie breit gefächert man seine Abonnenten gewinnen will und welche Ziele man damit verfolgen möchte. Mit externen Möglichkeiten ist oft die Gewinnung neuer Newsletter-Abonnenten durch Maßnahmen auf Webseiten Dritter gemeint.

Co-Registrierung

In diesem Bereich gibt es viele Möglichkeiten, zu denen zum Beispiel die Co-Registrierung zählt. Hierbei wird der Newsletter mit einem Logo und einem kurzen, werblichen Text während eines Anmeldeprozesses auf einer „dritten" Website beworben. Mit dem aktiven Klick auf eine Checkbox kann der Nutzer zusätzlich die Bestellung von Newslettern tätigen, und die zuvor eingegebenen Nutzerdaten werden somit an die jeweiligen Newsletter-Anbieter übergeben.

Danach sollte ein separater Opt-in-Prozess als Confirmed- oder Double-Opt-in erfolgen, um den Nutzer über das erfolgreiche Abonnement und das zukünftige Abonnement des Newsletters zu informieren.

Co-Sponsoring als kostengünstige Maßnahme der Adressgenerierung

Neben der Co-Registrierung ist das sogenannte Co-Sponsoring eine attraktive externe Maßnahme. Damit haben Anbieter die Möglichkeit, viele neue Datensätze in sehr kurzer Zeit zu gewinnen.

So kann sich ein Unternehmen exklusiv mit weiteren Anbietern an einem externen Gewinnspiel zum Beispiel als Sponsor beteiligen. Durch die Gewinnspielkommunikation werden die jeweiligen Sponsoren mit ihren

Logos dargestellt. Teilnehmer des Gewinnspiels stimmen somit dem Erhalt des Newsletters der Sponsoren zu.

Oft sind Adressen, die über das Co-Sponsoring gewonnen werden, im Verhältnis zu Daten, die aus anderen Aktionen generiert werden, deutlich kostengünstiger. Dadurch kann innerhalb eines sehr kurzen Zeitraums ein durchaus hohes Volumen erreicht werden, womit ein Unternehmen in geringer Zeit relevante Datenvolumina aufbauen kann. So kann ein Unternehmen auch entsprechend schnell Refinanzierungsstrategien einleiten.

Alternative Stand-alone-Kampagnen

Die Adressgewinnung durch Stand-alone-Kampagnen bezieht sich auf eine Anzeige in Adressbeständen Dritter. Diese Maßnahme verspricht Erfolg, um gezielt an neue Abonnenten zu gelangen, wenn man sich bereits durch die Auswahl der Fremdliste oder anderer Nutzermerkmale vorqualifiziert hat. Stand-alone-Kampagnen können auf das Geschlecht des Empfängers oder bestimmte Alterssegmente ausgerichtet werden.

Überhaupt sollte man auch bei Stand-alone-Kampagnen zur Adressgewinnung zusätzlich zum reinen Newsletter-Angebot noch weitere Mehrwertoptionen für den Nutzer anbieten. Das Newsletter-Abonnement ohne zusätzliche Gewinne, Gutscheine, Rabatte oder Warenproben anzubieten, führt dazu, dass man in der Masse anderer attraktiver Angebote untergeht.

5.6 Erfolgsmessung im E-Mail-Marketing

Zur Erfolgsmessung von E-Mail-Marketing-Kampagnen mit dem Ziel der Conversion-Optimierung gilt es, strategisch und taktisch wichtige Überlegungen anzustellen und beispielsweise Strategien zur Newsletter-Anmeldung auszuarbeiten.

5.6.1 Conversion-Optimierung mit E-Mail-Marketing

E-Mail-Marketing ist die kostengünstigste Onlinedistributionsstrategie. 25 % aller Onlineumsätze im Retail-Bereich werden durch E-Mails angetriggert.

Hierbei sind zahlreiche Maßnahmen zu ergreifen, denn ohne die richtigen Tools und To-do-Listen sind die Bemühungen praktisch wertlos. In Kapitel 21 finden Sie ausführliche Diskussionen und Anwendungen der Conversion-Optimierung.

5.6.2 Wichtige Überlegungen zu Strategie und Taktik

Strategisch und taktisch wichtige Überlegungen drehen sich z. B. um:

➢ Aufbau des Verteilers,

➢ Wahl und Aufbau der Tools,

➢ zielgruppengerechtes Marketing,

➢ mehrstufige und variable E-Mail-Strecken,

➢ Versandfrequenz- und -timing,

➢ optimale und benutzerfreundliche grafische Gestaltung,

➢ Betreffzeilentests und Optimierung,

➢ Versandzeitpunkt innerhalb einer Zielgruppe und

➢ Mix der Angebote und Artikel.

Statistisch gesehen eine hohe Effizienz von E-Mail-Marketing-Kampagnen

Allein mathematisch gesehen, zeigt die massive Maximierung von E-Mail-Kampagnen eine erhöhte direkte Effizienz. Aber auch in den Handlungsschritten ist zu bedenken, dass Maßnahmen zum Teil mit hohen Fixkosten und geringeren variablen Kosten verbunden sind.

Beim Verteileraufbau sollte bedacht werden, dass die Mailadressen strategisch langfristig gedacht generiert werden. Man kann Mietadressen und Co-Generierungen andenken, sinnvoller ist aber die Sammlung eigener Adressen.

Strategien zur Newsletter-Anmeldung

Strategien zur Newsletter-Anmeldung umfassen

1. die Möglichkeit der Anmeldung an vielen Stellen der Website,

2. ein Mehrwert- und Nutzenversprechen für den Abonnenten,

3. die Möglichkeit, bei der Anmeldung gering einzusteigen und später die Datenerfragung zu intensivieren, und

4. Overlays auf der Website mit einfachen Möglichkeiten, Wegschaltung, aber auch Anmeldung zu gewährleisten.

5.7 Herangehensweise zur Durchführung von E-Mail-Marketing-Kampagnen

Die Herangehensweise zur Durchführung von E-Mail-Marketing-Kampagnen geht in aufeinanderfolgenden Phasen vonstatten. Hierbei sind Aspekte des Dialogmarketings und Arbeitsschritte, wie E-Mail-Stufen und -Strecken, die Versandfrequentierung und die Wirkung von Messmethoden, in die Konzeption einzubeziehen. In Kapitel 5.11 finden Sie Beispiele für erfolgreiche E-Mail-Kampagnen.

5.7.1 Phasen von E-Mail-Marketing-Kampagnen

Die wichtigsten Phasen

Die wichtigsten Phasen in Ihrer E-Mail-Marketing-Kampagne sind:

> ➢ Eine Kampagne zum Opt-in als Genehmigungsprozess zur E-Mail-Adressen-Nutzung.

> ➢ Personalisierte Trigger-Mailings, passend zu den aktuellen Lebensumständen des Kunden.

Personalisierung der E-Mails

Wichtig sind also personalisierte Begrüßungs-, Jubiläums- und Motivationskampagnen. Außerdem ist der Zeitpunkt von Bedeutung, denn ein Kunde hat beispielsweise gerade zu bestimmten Zeitpunkt Interesse an dem Produkt. Eine zeitliche Abholung bringt die bestmögliche Effizienz. Ebenso ist zu bedenken, dass der Kunde nur zu bestimmten Zeiten online und aufnahmewillig bzw. -fähig ist. Personalisierte E-Mail-Kampagnen werden rund 30 % häufiger angeklickt.

Conversion-Orientierung in Ihrer E-Mail-Marketing-Marketing-Kampagne

Unter Conversion-Marketing-Gesichtspunkten ist der erste Kauf mit der ersten Begrüßung natürlich ideal, das Angebot von wirklich nutzergerechten Informationen, Tools und Services ist stark kundenbindend. Viel Erfolg versprechen dabei

> ➢ Geburtstagsangebote,

> ➢ eine mehrmonatige Bestellungsabwesenheit,

> ➢ eine Bonusstufe im Kundenbindungsprogramm und

> ➢ persönlich interessant herausgefilterte Extraangebote.

Nicht zu unterschätzen sind Kampagnen zur Wiedergewinnung von ehemaligen Kunden.

Dialogmarketing mittels E-Mail-Marketing

Wie immer gilt: „Je näher am User, umso besser!" Dieser Satz muss erweitert werden zu: „Je näher am User mit persönlich sinnvollen und motivierenden Angeboten, umso besser!"

Ein bloßes „Catch-all-Marketing" verschreckt und verärgert die User. Wichtig ist die Entwicklung eines unternehmensgerechten personalisierten Catch-all-Marketings.

Was seit Jahrzehnten im Dialogmarketing als Standardtechnik anerkannt ist, sollte genau so im Detail auch für E-Mail-Marketing angewendet werden.

E-Mail-Kommunikation ist der wichtigste Kanal im digitalen Dialog mit dem Kunden für alle Unternehmen. Das gilt gleichzeitig für die Pull- und Push-Kommunikation. Dieser Kreis schaukelt sich hoch durch mehr Nutzer im Netz, mehr digitale Personenprofile, die sich in Communitys organisieren, und somit auch mehr Möglichkeiten, aber auch durch mehr Bedarf auf der Unternehmerseite, eine hervorragende One-to-one-Kommunikation aufzubauen. Somit können starke Kundenbeziehungen etabliert werden.

Je persönlicher Ihre Botschaft verfasst ist, desto größer der Erfolg

Der Sozialwissenschaftler Randy Garner veröffentlichte 2005 ein Experiment, das untersuchte, inwiefern Haftnotizen die Menschen überzeugen können, an einer Marketingumfrage teilzunehmen. Dabei versandte er ein Drittel der Umfragen mit einer handgeschriebenen Notiz, die um Teilnahme bat, ein Drittel mit einem unbeschrifteten Notizzettel und ein Drittel ohne jegliche Notiz. Daraus ergab sich das Resultat, dass 69 % der Angefragten, die eine handgeschriebene Notiz erhielten, 43 % von denen, die einen unbeschriebenen Notizzettel bekamen, und lediglich 34 % derer, die keinen Haftnotizzettel erhalten haben, an der Umfrage teilgenommen haben. Somit nahmen aus der Gruppe mit der handgeschriebenen Notiz doppelt so viele Menschen an der Umfrage teil wie aus der Gruppe, die keinen erhalten haben, zudem waren die Antworten, die sie gaben, qualitativ viel besser. Personalisiert verschickte Notizen stellen eine Handlungsanregung dar.

5.7.2 E-Mail-Stufen und -Strecken

Versandfrequentierung

Die Frequenz der E-Mails leitet sich vom Nutzen für den User ab. Kann der User die Informationen oder Services gut nutzen, kann man bedarfsgerecht häufig versenden. Alles andere ist purer Spam und kann eher schaden als nützen.

Klar ist aber auch die einfache mathematische Erkenntnis, dass eine massivere Aussendung mehr Klickraten erzielt. Doch auch hier gilt: Klasse siegt über Masse.

Statistiken als Landkarten

Voraussetzung für die Optimierung der E-Mail-Marketing-Maßnahmen ist die Auswertung und der Vergleich von Statistiken. Man muss immer mehr und relevante Daten über den User gewinnen. Entscheidende Kernwerte, neben soziokulturellen und soziodemografischen Details, sind

> Öffnungsraten,
> Click-Through-Raten und
> Abmelderaten.

Wirkung von Messmethoden

Auch kann man den Messmethoden nicht immer vollständig vertrauen. So können technische Spezialfälle, wie die Unterdrückung von Bildern im E-Mail-Programm des Users, Informationen verfälschen. Generell lassen sich durch eingehende Beschäftigung mit der Zielgruppe Aktions- und Reaktionsmerkmale bestimmen.

5.8 Tipps zur Sicherheit: neue Ökosysteme im Trusted-E-Mail-Marketing

Immer wichtiger werden Nutzungs- und Rechtssicherheit, eine immer positive Erfahrung und vor allem effektive Effizienz.

5.8.1 Störfaktoren im E-Mail-Marketing und geeignete Maßnahmen zur Vermeidung

Spam und Phishing im E-Mail-Marketing

Aufgrund von Störfaktoren wie Spam und Phishing sowie schwach ausgeprägten Ansteuerungsmechanismen ist die anforderungsgerechte Gestaltung des E-Mail-Kanals großen Herausforderungen ausgesetzt. So sind neue Schutz- und Vertrauensdienste in einem neuen Ökosystem aufgetaucht. trustedMail Solutions, trustedDialog, E-Postbrief und De-Mail bauen diese Nische auf. Damit werden neue Leistungs- und Wirkungsdimensionen im Dialogmarketing erschlossen. Die klassischen Attribute des Briefs, wie Vertrauen, Verlässlichkeit und Verbindlichkeit, sind somit digital transferiert und gültig.

Die Brancheninitiative trustedDialog zur Erhöhung des Vertrauens

Es existiert eine Brancheninitiative zur Erhöhung des Vertrauens im Dialog mit den Kunden, der sogenannte trustedDialog (*http://www.crn.de/ security/artikel-86181.html*).

Absenderauthentifizierung und Integritätsprüfung der Kommunikationsinhalte

Durch Absenderauthentifizierung und Integritätsprüfung der Kommunikationsinhalte ist trustedDialog ein Dienst, der diese Kernelemente bedient. Mit dem E-Mail-Siegel als Prüfzertifikat und dem Markenlogo als Sendekennung schafft diese Dialogmarketinglösung Sicherheit. Die akute Prozesssicherheit wird damit erhöht. Dieses Dialogprodukt wird bereits von namhaften Unternehmen, wie eBay, Otto, Weltbild, Postbank, Allianz, für verschiedene Szenarien wie Newsletter, Mailings, Bestell- und Versandbestätigungen sowie Loyality-Programme genutzt. Das System verfügt über eine Inbox-Reichweite von 70 % bei den privaten E-Mail-Accounts in Deutschland.

Emotionale Maßnahmen zur Erhöhung des Vertrauens

Mit der trustedDialog VideoMail, bei der der Spot direkt im Postfach startet, ermöglicht trustedDialog den sofortigen Einsatz von emotionsreichen Videobotschaften im digitalen Kundendialog.

Rechtssicherheit und Rechtsverbindlichkeit per D-Mail

Mit der D-Mail steht der privaten und kommerziellen Kommunikation ein Instrument zur Verfügung, das durch Rechtssicherheit und Rechtsverbindlichkeit das digitale Äquivalent zum Einschreibebrief ist. Die größten Vorteile sind hier die 24-Stunden-Verfügbarkeit, Zeitgewinn und der Wegfall von Prozess-, Druck- und Portokosten.

5.9 Gesetzliche Vorgaben zum E-Mail-Versand

Rechtssicherheit gewährleisten

Seriös ist E-Mail-Marketing nur dann, wenn dem Verbraucher zweifelsfrei klar ist, dass er der Nutzung seiner Daten für das Marketing zustimmt. Hier gibt es neue Regelungen: Die Einwilligung darf nicht mehr generell formuliert sein, vielmehr müssen die konkrete Verwendung und alle möglichen Verwender des Datensatzes genannt werden.

Es ist somit nicht mehr erlaubt, folgende Form anzuwenden: „Ja, ich bin damit einverstanden, dass ich telefonisch/per E-Mail/per Post über interessante Angebote – auch durch Dritte und Partnerunternehmen – informiert werde. Ich kann mein Einverständnis jederzeit widerrufen."

Vielmehr muss die rechtskonforme Formulierung detaillierter lauten: „Ja, ich bin damit einverstanden, dass meine Angaben vom Gewinnspielveranstalter B sowie von den Sponsoren des Gewinnspiels, namentlich A.de (Sponsorfirmierung GmbH, Firmensitz), für Werbezwecke (Telefonmarketing, E-Mail-Werbung und schriftliche Werbung) verarbeitet und genutzt werden."

Opt-in- und Opt-out-Regelung im E-Mail-Marketing

Es ist gesetzlich vorgegeben, dass E-Mails lediglich an diejenigen versendet werden, die per Opt-in entschieden haben, eine zu empfangen. Die E-Mail sollte inhaltlich auch nur das beinhalten, was der Empfänger vorher angefragt hat. Es sollte darauf geachtet werden, dass die E-Mail regelmäßig versendet wird. Dies geschieht bestenfalls mit einem Zeitplan, in dem notiert ist, ob die E-Mail wöchentlich, alle zwei Wochen oder monatlich herausgeschickt wird. In den meisten Fällen ist es am besten, B2B-E-Mails von dienstags bis donnerstags zu versenden. Die besten Uhrzeiten, um E-Mails rauszuschicken, liegen entweder zwischen 0 und 9.30 Uhr oder gleich nach dem Mittagessen um 13.30. Ab 16 Uhr und an Wochenenden sollte es vermieden werden, B2B-Mails zu verschicken. B2C-Mails sollten dagegen entweder zwischen 17 und 20 Uhr von Dienstag bis Donnerstag oder an Sonntagen und Montagen versendet werden.

Die Achtung der Privatsphäre muss immer im Vordergrund stehen, und den Nutzern müssen sogenannte Opt-in- und Opt-out-Möglichkeiten zur Verfügung gestellt werden. Opt-in- und Opt-out-Strategien bieten dem E-Mail-Empfänger die Option, entweder vor Erhalt von E-Mails seine Zusage hierfür zu erteilen (Opt-in) oder nach Erhalt einer Werbebotschaft aus dem „Beworbenwerden" auszusteigen (Opt-out). Gerade durch die Personalisierung des Internets entsteht auch eine virtuelle Privatsphäre, in die nicht ohne negative Effekte eingedrungen werden kann. Die Problematik des Schutzes der Privatsphäre muss in jedem Fall berücksichtigt werden, um Vertrauen zu schaffen und aufrechtzuerhalten. Eine Sensibilität in dieser Thematik wird auf lange Sicht von den Nutzern belohnt.

Drei Punkte im Datenschutzgesetz

Wichtig ist, dass derjenige, der personenbezogene Daten automatisiert verarbeitet, einen Datenschutzbeauftragten benennen muss, der nicht Mitglied der Geschäftsführung sein darf. So müssen Adressunternehmen ihre Datenverarbeitungsverfahren bei der Datenschutzaufsichtsbehörde anmelden und ein Verfahrensverzeichnis führen sowie veröffentlichen (Quelle: *http://www.absolit-blog.de/adressen/e-mail-adressen-rechtssicher-gewinnen.html=)*).

5.10 E-Mail-Marketing-Tools

Wir möchten Ihnen aufgrund eigener Erfahrung CleverReach, ein leistungsfähiges E-Mail-Marketing-Tool, empfehlen.

Laut eigenen Angaben bietet CleverReach die folgenden Services an:

➢ E-Mails online erstellen und versenden.

➢ Anmeldeformulare für Ihre Webseite.

➢ Verwaltung Ihrer Empfänger.

➢ Reports und Analysen des Nutzerverhaltens.

➢ Automatische E-Mails per Autoresponder.

➢ Design- und Spam-Tests.

➢ A/B-Splittests.

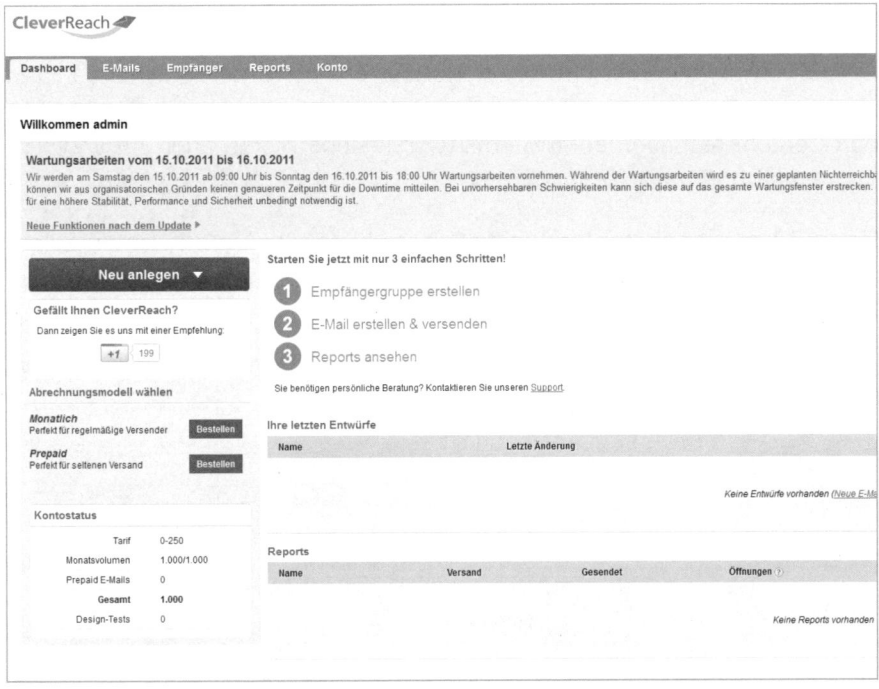

Abb. 50: Screenshot I aus CleverReach; Bildquelle: http://www.cleverreach.de/frontend/index.php?flang=de.

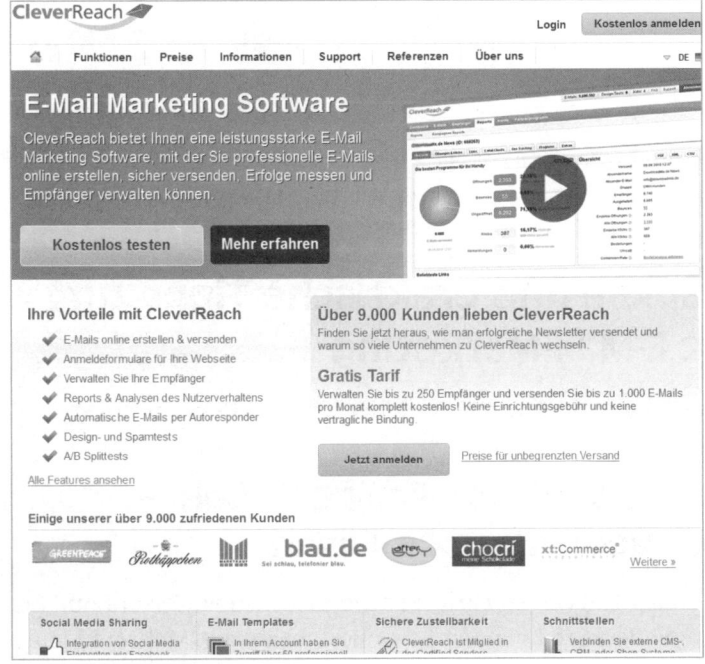

Abb. 51: Screenshot II aus CleverReach.

Weitere Praxisbeispiele

Der eZ-Newsletter stellt ein Newsletter-System für Unternehmen dar und unterstützt die Arbeitsabläufe des Redaktionsprozesses innerhalb des eigenen Content-Management-Systems (CMS) (siehe hierzu auch *http://www. ez-llc.com/studio/site/eznewsletter/*).

Einen E-Mail-Newsletter-Marketing-Service bietet das Unternehmen Eclore an, der den Newsletter-Versand von den firmeneigenen Servern ermöglicht, der wie folgt abläuft (siehe Abbildung 52).

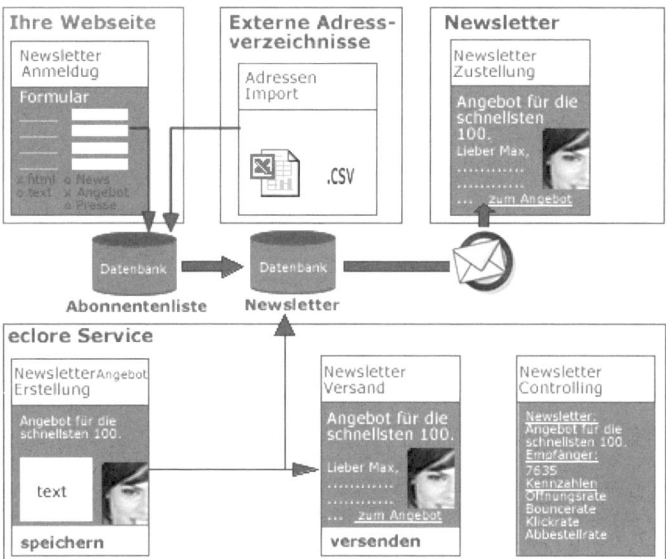

Abb. 52: Eclore-Newsletter-Service; Bildquelle: http://www.eclore.de/uploads/pics/ onlinemarketing-newsletter_01.png.

5.11 Praxisbeispiele und praktische Tipps zum Erfolg mit E-Mail-Marketing

Zum Kapitelende geben wir Ihnen nun wieder ein paar Praxisbeispiele.

5.11.1 Interview mit Jan-Philipp Ziebold – Gründer der Mediengruppe Trivari

Die BuchMarkt Verlag K. Werner GmbH sowie die Ansons Herrenhaus KG waren meine prägenden Erfahrungen beim Berufseinstieg. Mehrere kleine eigene Projekte setzte ich in dieser Zeit um, bis ich im Jahr 1998 in die komplette Selbstständigkeit wechselte und mein erstes Unternehmen gründete. Nebenbei studierte ich Kommunikationswissenschaft an der FOM (**F**achhochschule für **O**ekonomie & **M**anagement – University of Applied Sciences) in Essen. Bis heute bin ich selbstständiger Unternehmer mit mehreren Gesellschaften im Bereich Werbung, seit 1998 mit der DZ-Media Verlag GmbH (Werbe-/Media-Agentur für Direktmarketing) und seit 2006 auch mit der Octopodo GmbH (Telemarketingdienstleister für Direktmarketingunternehmen). Im Jahr 2010 haben wir die Mediengruppe Trivari ins Leben gerufen. Unter dieser Dachmarke haben sich die Partnerunternehmen conyx consulting GmbH, DZ-Media Verlag GmbH und Octopodo GmbH für zukünftige Synergien zusammengeschlossen.

Abb. 53: Jan-Philipp Ziebold, Mitgründer der Mediengruppe Trivari.

Alpar: So, hallo Jan, erzähl mal, was verstehen die Leute unter E-Mail-Marketing? Das ist ja so ein ganz kunterbunter Bereich, in dem es viele verschiedene Unterbereiche gibt.

Ziebold: Ja, das ist ein spannendes Thema. Darüber haben wir schon persönlich öfter gesprochen. Da ist von Kraut bis Rüben alles dabei. Es ist auch ein lustiges Unterfangen, erst mal ein Grundrauschen in die Köpfe der Leute zu bringen, was so die einzelnen Bereiche des E-Mail-Marketings bedeuten und was es überhaupt für Möglichkeiten gibt: also den eigenen Kunden zu sagen, dass man erst mal einen vernünftigen Dialog aufsetzen muss, dass man regelmäßig einen Newsletter rausschickt, einheitliche Kommunikation, einheitlicher Absender, Aufbau, Struktur etc. Man muss teilweise bei null anfangen, bis man überhaupt zu den schon erweiterten Maßnahmen kommen kann, beispielsweise dass man auch Fremdlisten für sich selbst im E-Mail-Marketing einbuchen kann (was viele dann auch wieder mit den eigenen Listen verwechseln), und da gibt es noch mal die Unterscheidung zwischen simplen Anzeigen im Newsletter und eigenen Stand-alone-Mails (sprich, nur eine E-Mail mit einer Einzelwerbebotschaft). Da gibt es nahezu unendlich viele spannende Sachen, über die man nachdenken könnte, meist kratzen die meisten nur an der Oberfläche der Möglichkeiten und betreiben Gießkannen-E-Mail-Marketing. Und wenn man dann noch tiefer in die Materie einsteigt und ein paar Fachbegriffe raussucht wie Trigger-Marketing, also eventbezogenes E-Mailing, dann hört es bei den meisten komplett auf. Aber da fangen dann die ganzen spannenden Sachen leider meist erst an. Und daher lange Rede, kurzer Sinn: E-Mail-Marketing ist extrem facettenreich, macht viel Spaß, und wenn man sich ein bisschen die Zeit nimmt, dort mal reinzuarbeiten, steckt ein enormes Potenzial drin, für jeden Marktplayer. Egal ob Mittelstand, Großkonzern oder, sagen wir mal, nur Hobby-Shopbetreiber, wie der nette Fahrradladen von nebenan ...

Alpar: Dein Steckenpferd ist also hauptsächlich schon dieser Bereich, wenn es darum geht, Neukunden zu akquirieren. Ist das richtig?

Ziebold: Ja, kann man so sagen. Neukundenakquise ist ein ganz wichtiger Part. Aber eigentlich sehen wir uns primär nicht dort, sondern als Berater der Marketings verzahnt, sprich ganzeinheitlich. Es gibt halt wahnsinnig viele Agenturen am Markt, die sich auf irgendwas spezialisiert haben, alle sicher in ihrem Bereich super, aber, sagen wir mal so, oft hat eine Firma fünf Agenturen, alle gut, aber alle schießen ihre tollen Marketingtorpedos auf unterschiedliche Ziele ab, nicht auf ein gemeinsam ausgerichtetes Ziel, und verstehen oft nicht mal, was die anderen überhaupt machen in ihrem Sektor, das heißt, das Ganze ist kein bisschen verzahnt und stört sich teilweise (nicht zu knapp) gegenseitig. Nicht nur Neukundenakquise zu betreiben, sondern halt auch diese vernünftig anzusprechen und dann mit diesen eine nachhaltige Kundendialogkette zu schaffen, ist der Schlüssel zum Erfolg. Das ist unser Thema. Also nicht den Einzelpunkt der Neukundenakquise losgelöst zu sehen, sondern das Ganze zumindest ein „bisschen" verzahnt zu betrachten.

Alpar: Verzahnt im Sinne von einer Landing-Page oder verzahnt im Sinne von „Ihr bekommt einen neuen potenziellen Kunden in Form von einer E-Mail-Adresse und mailt ihn dann an."?

Ziebold: Ja und nein. Also, Landing-Page ist natürlich auch eine der Facetten. Es fängt ja teilweise noch viel früher an. Wenn ich jetzt mal eine klassische Mailingaktion sehe, muss ich ja erst mal schauen, wo ich diese E-Mail überhaupt hinpacke. Wo soll/darf/muss ich überhaupt werben, damit ich die Kunden auch bekomme, die ich will? Den Neukunden auf irgendeinem Portal mittels Gewinnspiel oder sonst einer Neukundenmaßnahme zu generieren, ist nicht die große Kunst. Die Kunst besteht eher darin, die Kundschaft zu kriegen, die ich auch für mein Produkt brauche, sprich, die es nachher kaufen. Es ist nicht sinnvoll, den eigenen Verteiler immer nur nach dem Gießkannenprinzip zu füllen ... das Motto „Weniger ist mehr!" sollte man auch hier beachten. Zurück zur Landing-Page, da diese sehr wichtig ist und hier der Kunde gezielt aufgefangen wird. Denn viele machen hier den Fehler, in E-Mails Werbung für ein besonderes Angebot X zu machen, verlinken aber die normale Shopstartseite, und der Kunde muss das Angebot/den Artikel/die Aktion/etc. erst mal suchen ... hier muss ein Kunde eigentlich gezielt aufgefangen werden. Einen interessierten Kunden kann man ganz schnell verlieren, denn der Weg bis zum Kauf ist lang. Ist der Kundendialog hier nicht optimal durchdacht, verliert man viele potenzielle Käufer. Hinzu kommt dann noch die Facette der Nachhaltigkeit, die viele sehr oft überhaupt nicht pflegen und keine Kundenfreundlichkeit oder Absatzförderung nutzen. Denn wenn der Kunde geklickt und auch im besten Fall gekauft hat, muss er auch weiter angesprochen werden. Dann kommen Mails mit Bestellbestätigungen, Versandbestätigungen etc. Eine ganz lange Dialogkette, die von vorn bis hinten stimmig sein muss, damit der Kunde möglichst an die Hand genommen und durchgeführt wird, ohne dass er viel nachdenken muss. Es gibt auch ein schönes Buch zum Thema „Don't make me Think". Ist schon ewig alt, aber dieser Spruch passt, finde ich, auch genau in dieses Thema. „Don't make me Think", das ist die Grundfacette, die wir immer umzusetzen versuchen.

Alpar: Nehmen wir an, ich bin ein Onlineversandhändler und möchte jetzt eine Mailingkampagne machen, um neue Kunden zu gewinnen. Was sind dann so die Themenblöcke, auf die große Mengen an Zeit und Aufmerksamkeit verwendet werden und entsprechend auch Kosten? Was sind die Kostenkategorien, wie stehen sie in Relation zueinander? Es ist sicherlich schwer, das absolut zu sagen, weil man ja die Größe der Kampagne nicht so ganz festlegen kann, aber wie muss man sich das vorstellen? Wo fallen in welchem Umfang Kosten an? Und in welchem Umfang fällt wo Aufwand im Sinne von Zeit an?

Ziebold: Ja, also, es steht und fällt so ein bisschen damit, wie der Marktplayer bzw. der Shopbetreiber aufgestellt ist. In einem Großkonzern hat man ja meistens einen fest angestellten Grafiker und einen Techniker, die in den laufenden Kosten enthalten und nicht in die Mailingaktion einzuplanen sind. Ein kleiner Gewerbetreibender, das schöne Beispiel des Fahrradladens von nebenan, der hat ja meistens keinen Grafiker oder IT-ler. Da fallen natürlich eher höhere Kosten an, was auch, um einen kleinen Mini-Exkurs zu machen, bei den meisten das große Problem ist. Die wollen dieses Geld nicht investieren und haben dann teilweise in Word irgendeine E-Mail vorher designt, schicken das dem Versender und wundern sich, warum ihre Mails nicht richtig funktionieren, weil sie irgendwelche Word-Dokumente verschicken. Das heißt, da ist ein großer Kostenpunkt, der oft gemieden wird. Bei größeren Konzernen ist da in der Regel eine Struktur vorhanden.

Alpar: Kann man das als „Werbemittelerstellung" bezeichnen? Wäre das so ein Stichpunkt, das das umfasst?

Ziebold: Ja, genau.

Alpar: Denn es ist ja letztendlich genau das!?

Ziebold: Einfach Kampagnenkreation, das ist ein guter Part. Es fängt damit an, erst mal die Idee dazu zu schaffen. Da braucht man ein bisschen PR- bzw. Marketingkenntnisse, dann hat man die Designer, die das Ganze schön verpacken müssen, und dann brauchen wir noch einen Techniker dabei, der das Ganze auch noch so gestaltet, dass es versandtauglich ist. Viele machen oft den Fehler, haben eine wunderschön gestaltete Kampagne, aber packen in die E-Mail nur eine große Grafik rein, das war es. Was natürlich nachher auch nichts bringt, weil die meisten Empfänger Bilder ohnehin nicht direkt angezeigt bekommen und somit dann bei nur einem Bild erst mal nichts sehen in der Mail. Das heißt, Mailing muss auch ohne Bilder funktionieren können. Es muss so gestaltet sein, dass es nicht im Spam landet etc. Zu diesem Thema gibt es eine Menge zu erzählen, aber das würde hier wohl den Rahmen sprengen. Trotzdem ist dieser Part, nennen wir es wirklich Media-Kreation, schon sehr umfassend und auch wichtig. Denn damit steht und fällt nachher auch ein großer Teil des Erfolgs. Und er wird von den meisten am Markt absolut unterschätzt.

Alpar: Verstanden.

Ziebold: Ja, zweiter Part, ganz simpel, der Versand. Das heißt, da entstehen verschiedenste Kosten. Wenn du es aus einem eigenen Verteiler schickst, entstehen die Kosten des eigenen Versandsystems. Wenn man es bei Fremdlisten platziert, kann man sich das ähnlich vorstellen wie bei einer Printanzeige, es sind schlichtweg die Buchungskosten, die derjenige, bei dem man dann diese Anzeige schalten will, dafür veranschlagt. Das wird im Onlinemarketing, ähnlich wie auch im klassischen Printmarketing, sehr oft in Form eines TKP, also eines **T**ausender-**K**ontakt-**P**reises, abgerechnet. Unterscheiden muss man natürlich in B2B und B2C, und das kann von „gut" bis „böse" sehr viel kosten. Wobei auch die Tendenz immer mehr zum Performance-Marketing geht, sprich, dass Werbetreibende gar nicht mehr pauschal zahlen wollen. Weil sie auch ein bisschen Angst haben, dass man einfach viel Geld verbrennt und das Ergebnis ja unklar ist. Sie möchten lieber Performance-orientiert zahlen, im Sinne von pro Lead, pro Abschluss, pro Verkauf.

Der dritte Part sind dann natürlich die Werbekosten. Gerade wenn man dann intensivierte Mailings rausschickt mit Gutscheinen, mit Neukunden-rabatten, entsteht natürlich auch ein Kostenfaktor, der übrigens von den meisten ebenfalls sehr stark unterschätzt wird, denn wenn das Mailing erfolgreich ist und man wirklich was Gutes gestaltet hat und plötzlich überrannt wird mit mehr Anfragen, als man verkraften kann, hat man natürlich einen hohen Kostenfaktor – gerade wenn man das intensiviert hat mit Neukundenboni. Es ist in der Vergangenheit auch gerade bei den mittelständischen Konzernen nicht selten passiert, dass man sich da komplett verkalkuliert und diesem Medium schlichtweg nicht so hohe Erfolgschancen eingerechnet hat.

Alpar: Ess ist natürlich schwierig, das über das Knie zu brechen, aber wie kann man das denn in Relation sehen? Sind die Versandkosten, die ich an TKP zahle, schon der größte Teil so einer Kampagne, oder ist es, zwischen diesen drei Kostenblöcken oft gleich verteilt? Oder gibt es da irgendwelche Richtwerte, an denen man sich festhalten kann?

Ziebold: Ja, jetzt muss ich wieder schwammig antworten, und zwar mit Ja und Nein. Es steht und fällt mit der Strategie, nach der du handelst. Also, es gibt die einen am Markt (gerade viele Großkonzerne machen es so), die sagen: „Masse." Das heißt, ich will einfach viele Leute mit meiner Werbebotschaft beglücken, sprich Gießkannenprinzip, und einfach auch ein bisschen Branding-/Imageeffekt dabei haben. Da du hier meist Millionen von Mails verschickst, kann man natürlich die TKPs auch runterhandeln, mit 10 bis 15 Euro bei Massenwerbung hat man sicher eine gute Preis-Leistungs-Basis (wenn ich auch eher vom Gießkannenprinzip abrate). Die anderen am Markt, die ein bisschen mehr den Direktmarketing-Aspekt sehen (den wir zudem klar empfehlen), versuchen, streuverlustfreie Werbung mit einer gezielten Selektion zu ermöglichen. Sie zahlen für die Kampagne natürlich weniger, weil man gar nicht so viele Leute anschreibt, dafür aber sehr zielgenau. Und hier sind es eher die Kosten, die man vorher hatte, sprich bei der Stellung der Kampagne, bei der Suche, wen du anschreibst, womit du ihn anschreibst und wie du ihn ansprichst. Gerade bei B2B-Mailing ist es so, dass Part eins meistens deutlich größer als Part zwei ist.

Alpar: Quasi das Herausfinden der richtigen Leute, die man ansprechen möchte?

Ziebold: Ja.

Alpar: Gibt es für den klassischen Versandhändler ein Beispiel, das sich irgendwie relativ viele Leute gut vorstellen können? Also gibt es so eine Größenordnung, von der man sagt: „Mensch, in der Größenordnung ist es irgendwie nicht sinnvoll, eine E-Mail-Kampagne für 1.000 Euro zu starten, stattdessen müsste man eher zum Beispiel 20.000 Euro einsetzen." Gibt es denn da eine Größenordnung, an der man sich ein bisschen festhalten kann? Ab welchem Volumen kann man eigentlich gute Kampagnen starten? Gerade auch bezogen auf diesen Kreationsaufwand, den du angesprochen hast. Je mehr Leute man anspricht, desto weniger muss die einzelne E-Mail von den Kosten übernehmen. Das heißt, ich denke mal, es gibt schon irgendwo Kampagnengrößen, von denen man sagt, dass es ab da irgendwie effizient wird. Gibt es irgendwas, das du so zum Festhalten an die Hand geben kannst?

Ziebold: Klar. Also, wenn man es wieder auf die drei Parts bezieht, würde ich sagen, dass man für den ersten Part mindestens 1.000 bis 2.000 Euro veranschlagen sollte, um sich wirklich eine gute Kampagne mit einer guten Technik und ein gutes Template mit gutem Design aufsetzen zu lassen, das nachher wirklich beim Endverbraucher ankommt, das hohe Öffnungsklickraten garantiert und schlichtweg nicht irgendwie im Spam-Ordner landet oder so als ganz billiger Werbeflyer weggeschmissen wird. Was viele dabei vergessen: Diese Kosten kann man ja teilweise auf das Jahr verteilt umlegen. Wenn man ein gutes Mailing hat, kann man es ja auch zwei-, dreimal oder noch öfter verschicken. Nicht wie ein Plakat, das man druckt, oder Flyer, die man einmal verteilt und dann weg damit. Man muss neue drucken oder neu gestalten, weil man irgendein bestimmtes Datum darauf hatte etc. Nein, ein einmal gut angelegtes Template kann man mehrfach verwenden und zum Beispiel eventbezogene Daten wie „Gültig bis 04.06." ganz simpel ändern, ohne dass man alles neu gestalten muss. Richtig gut gestaltete Templates sind natürlich deutlich teurer. Aber alles unter 1.000 bis 2.000 Euro lohnt sich meiner Meinung nach meistens nicht zu investieren. Bezogen auf Part zwei, Versandkosten, ist es natürlich sehr schwierig zu sagen. Wenn wir mal im B2C-Bereich bleiben, also dem klassischen Shopbetreiber, sollte man auch wieder unter 1.000 bis 2.000 Euro nicht anfangen. Weil man da einfach keine repräsentative Menge anschreiben kann am Markt, die in irgendeiner Form dann auch noch ein Ergebnis bringt, das man für eine Entscheidungsgrundlage braucht, um zu bewerten, ob man mehr macht oder weniger. Hier ist eine breite Streuung wichtig, damit man nachher wirklich sicher ist, dass man nicht einfach nur die falsche Liste getroffen hat. Viele testen hier einfach falsch und verbrennen sich dabei, ich bekomme dann oft zu hören: „E-Mail-Marketing funktioniert nicht, ich mache nichts mehr!" Das heißt, da sollte man Geld in die Hand nehmen und nicht zwingend die billigste Liste als Erstes nehmen, wenn man es erst mal ausprobiert. Am besten man holt sich zudem eine neutrale Agentur dazu, setzt sich zusammen, denn die können einem meist am besten sagen, welche Liste am besten passen könnte. Damit das Geld halt gerade nicht verbrannt wird.

Alpar: Wie viele Leute sind auf so einer Liste? Das heißt, wie groß sollte man den Empfängerkreis wählen, damit man da sagen kann: „Mensch, das war halbwegs repräsentativ jetzt, zumindest für diese Liste."

Ziebold: Also, wenn man jetzt beispielsweise 1.000 Euro einfach mal nimmt und das in Form von 10 Euro TKP umrechnet, sprich, 1.000 Euro geteilt durch 10, hätten wir eine Verteilergröße von ungefähr 10.000. Und zwischen 10.000 und 100.000 ist die Verteilergröße, die man eigentlich immer mindestens anschreiben sollte. Wie gesagt, relativ. Wenn man jetzt ein kleiner regionaler Anbieter ist, ist das natürlich vielleicht wieder ein ganz anderes Wertungskriterium. Ich gehe jetzt in dieser Annahme erst mal davon aus, dass du ein Onlineshopbetreiber bist, der bundesweit ausliefert und ein massentaugliches Produkt hat und nicht gerade vielleicht nur Strickgeschirr verkauft oder sonst irgendwas. Da braucht man dann schon ein paar 10.000 Kontakte, um nachher auf eine nennenswerte Größe zu kommen. Man darf nicht vergessen, 10.000 Menschen, die ich anschreibe, heißt nicht, dass 10.000 meine Werbung sehen, sondern nur, dass sie diese bekommen. Davon öffnen nicht alle, davon sehen ja manche sie noch nicht mal an ... Manche landen im Spam-Ordner, manche E-Mail-Adressen sind kaputt, Mails werden gar nicht erst zugestellt. Das heißt, von den 10.000 bis 100.000 Angeschriebenen öffnen im Schnitt, wenn man jetzt mal kleine Öffnungsraten veranschlagt für ein noch unbekanntes Label, 10 bis 15 % so ein Mailing. Das heißt, von 100.000 Angeschriebenen sehen 10.000 bis 15.000 Menschen die Werbung. Dann hat man eine gute Menge, der man seine Anzeige präsentieren kann, und von denen, die sie angeschaut haben, klicken ja nicht alle die Werbung an. Wenn man also 2, 3, 4 % Klickrate hat, was schon gut ist bei einem Werbemailing, liegt man im Bereich von ein paar Hundert, vielleicht ein paar Tausend Leuten, die sich zu deiner Webseite oder Landing-Page durchklicken und dann erst dein Produkt überhaupt anschauen. Und davon kaufen dann wiederum auch nicht alle. Et cetera pp. Du siehst, darüber könnte man noch lange reden. Die Kette ist sehr lang, in der man Leute verliert. Das heißt, am Anfang muss erst mal eine größere Menge angeschriebener Kontakte stehen, damit am Ende irgendwas rauskommt, was man auswerten kann.

Alpar: Sag mal, bei den Beispielen, die du gebracht hast, hast du dich oft eigentlich mehr auf Poster, Kataloge und offline bezogen. Es ist ja trotzdem noch ein Onlinemarketingkanal. Gibt es einen Grund, warum du dich oft eher im Vergleich dazu siehst oder beim Erklären eher auf die Offlinekanäle konzentrierst?

Ziebold: Ja, ganz simpel, das ist ein Bereich, mit dem die Menschen vertraut sind. Gerade wenn man mit größeren Konzernen spricht oder auch mit Mittelständlern, die einfach schon länger auf dem Markt sind als zwei, drei Jahre. Die kennen diese Sprache eher und können das schneller zuordnen. Wie wir ja auch schon am Anfang unseres Interviews festgestellt haben, ist der Bereich oft Kraut und Rüben, sprich, da wird alles durcheinandergeworfen, und wenn ich mit den ganzen Fachbegriffen komme, nicken vielleicht viele und sagen ja, ja, aber in Wirklichkeit versteht die Hälfte überhaupt nicht mehr, worum es geht. Dann werden Entscheidungen getroffen aufgrund völlig falscher Annahmen, und das bringt nichts. Das heißt, man muss versuchen, pragmatisch zu erklären bzw. zu vereinfachen, und Beispiele bringen, die zumindest jeder kennt oder auch schon als Privatperson gesehen hat. Eine Zeitungsanzeige, damit hat sich wahrscheinlich jeder Werbetreibende in Deutschland schon mal auseinandergesetzt.

Alpar: Wie ist das eigentlich mit dem TKP? Gibt es denn eigentlich Kennzahlen für diese Zwischenstufen, die du beschrieben hast? Also der TKP, den ich zahle, diese 1.000 Euro, die sind ja quasi für 100.000 Versendungen in dem Beispiel. Wie würde man diese Menge von Personen nennen, die meine Werbemittel sieht, die die E-Mail tatsächlich zugestellt bekommen haben, die sie tatsächlich geöffnet haben? Ist das ein effektiver TKP, denn das sind ja die Leute, für die ich gezahlt habe, oder wie nennt man dann so was?

Ziebold: Wenn du jetzt 10 Leute am Markt fragst, wirst du wohl 20 Meinungen hören. Das ist immer lustig. Verschiedene Firmenbereiche etc.

finden alle eigene Namen dafür. Und wenn du dann über den großen Teich in die USA schaust, gibt es auch wieder andere Kennzahlen für vieles. Ich würde es absolut nicht wagen, jetzt einen Begriff dafür zu nennen. Es gibt selten einen Bereich, der so stark mit so vielen verschiedenen Fachbegriffen arbeitet wie das E-Mail-Marketing. Somit ist es schwierig, aber ich versuche, mit meinen Kunden das immer so zu handhaben, wie du es auch gerade ausgedrückt hast: simple Wörter, die man versteht. Das heißt, effektiver TKP ist eine Sache, die jeder so ungefähr auch vom effektiven Jahreszins oder anderen vertrauten Werten kennt und etwas daraus schließen kann – nach dem Motto: „Ah, okay, ich zahle zwar 10 Euro TKP, aber der effektive TKP liegt bei 15." So was kann man noch irgendwie verstehen. Und so versuchen wir, mit unseren Kunden ganz normal zu sprechen und möglichst wenige englische und generelle Fachbegriffe zu nutzen. Aber eine Empfehlung gebe ich hier gern: Fragt nach dem effektiven TKP, oder, wenn ihr gerade mit einer Agentur arbeitet, fragt nach einer effektiven TKP-Einschätzung, und eine gute Agentur gibt dir zumindest eine Einschätzung, welche Öffnungs- und Klickraten und nachher vielleicht auch welche Lead-Menge dabei herauskommt. Das wird zwar fast nie genau eintreffen, aber eine gute Agentur, die Erfahrungswerte hat, kann grob sagen, wie ein Mailing ankommt. Weil man die Standardgestaltungsmethoden kennt, die gut funktionieren, und die, die weniger gut funktionieren, Betreffs, die besser oder weniger gut ankommen etc. Das heißt, aktiv nachfragen, nachhaken und sich beraten lassen.

Alpar: Super, danke!

5.11.2 Praxisbeispiele aus dem E-Mail-Marketing

Erfolgreiches Praxisbeispiel der Firma Pampers

Die Firma Pampers macht vor, wie man E-Mail-Strecken richtig nutzt. Aufbauend auf dem Geburtstag des Kindes, versendet der Babywindelhersteller in regelmäßigen Abständen nützliche und altersgerechte Tipps und Tricks zur Erziehung und Pflege des Kindes und gibt dabei natürlich Empfehlungen zur Windelgröße etc.

Eine ähnliche Strategie sollte ein Unternehmen auch für Produkte fahren, die man entweder für Anfangsnutzer oder erfahrene Nutzer zusammenstellt. Tricks und Kniffe, die dem User weiterhelfen, sind Gold wert und steigern die Kundenbindung und das Vertrauen enorm.

Abb. 54: Pampers-Homepage.

Man kann die Mailkommunikation optimieren und per Cookies dafür sorgen, dass sich jeder individuell behandelt fühlt, denn das ist der Königsweg der Conversion-Optimierung im E-Mail-Marketing.

Praxisbeispiel – Best-Practice-Modell Foto Walser

Foto Walser hat 2009 rund 8,1 Millionen Euro Umsatz gemacht mit nur 24 Mitarbeitern und 70.000 versandten Paketen. Foto Walser, ein Unternehmen, das 1998 gegründet wurde, gehört zu den renommiertesten Onlineanbietern von Foto- und Fotostudiozubehör.

Foto Walser hat sich die Onlineverkaufsplattform langsam aufgebaut – mit ersten Versuchen über eBay zu einer Onlineplattform, die wieder erneuert und modernisiert wurde. Vor allem der Aufbau sowie die Bereinigung der Adressdatenbank und die Übernahme einer professionellen E-Mail-Marketingsoftware macht große Teile des Onlineerfolgs aus. Sowohl Kunden als auch Händler werden immer persönlicher und zeitgenauer angesprochen und betreut.

Newsletter und Systemoptimierung

Der wöchentliche Newsletter wird an etwa 130.000 Endkunden und 2.000 Händler verschickt. Entscheidend ist hierbei, schnell, kontinuierlich und in hoher Qualität zu informieren. Bis diese Prozesse optimiert werden konnten, mussten viele Hindernisse überwunden werden. Schließlich sollte die Ware innerhalb von höchstens zwei Tagen verschickt werden, und der

Support musste stimmen. Eines der größten Probleme waren „Hard Bounces", also E-Mails, die vom Server abgewiesen wurden, weil die Empfängeradressen durch unbereinigtes Adressmaterial falsch oder ungültig waren. Bei der Suche nach der richtigen Software waren Tracking- und effiziente Analysemöglichkeiten von großer Bedeutung. Entscheidend waren auch einfache Bedienung, individualisierte Mailings, perfekte Reportings und der Preis.

Abb. 55: Homepage von Foto Walser.

Seit der Implementierung der neuen Software hat Foto Walser bereinigte 103.000 Endkundenadressen, darunter 200 Händler, überarbeitete E-Mail-Templates mit der Möglichkeit der fotografischen Layoutänderung und der zielgruppengerechten Personalisierung. Datensynchronisation, Reporting und Kennzahlenermittlung werden jetzt auch effizienter durchgeführt.

20 % mehr Umsatz mit E-Mailing

Mit der Einführung des optimierten Mailingsystems konnte Foto Walser eine Steigerung der Umsätze um 20 % verbuchen. Das E-Mail-Marketing kann zeitlich perfekt angepasst werden, und das Reporting hat das Ziel, den Kunden individueller anzuvisieren und sich den Marktbedürfnissen besser anzupassen.

Wichtig war es für Foto Walser, „Reflexkampagnen" fahren zu können. Das System dahinter ist, dass ein Tool ansprechende und automatisierte

E-Mail-Serien für einen Foto-Walser-Kunden im Verlauf seines gesamten Lebenszyklus erstellen kann. So kann man das Tool so einstellen, dass zuerst eine Welcome-Mail verschickt wird und danach ein Fragebogen. Mit diesen Informationen können gleich individuelle Angebote verschickt werden. Zusatzverkäufe und Cross-Sellings werden somit verstärkt. So möchte Foto Walser in Zukunft auch einen monatlichen Info-Letter starten sowie eine Send-a-Friend-Funktion, womit die 40 % der „stillen" Kunden weiter angesprochen werden sollen.

5.11.3 Weitere praktische Tipps für Sie

Incentivierungen erhöhen die Adressqualität

Die Erfahrung zeigt, dass kleine Belohnungen, sogenannte „Incentivierungen", die Adressqualität erhöhen.

Die Qualität der Adressen ist oft überdurchschnittlich hoch, wenn beim Erstkontakt direkt auf die Umfrage Bezug genommen wird. Hier werden erfahrungsgemäß überdurchschnittliche Abschlussquoten erzielt. Positive Ergebnisse erzielen auch Unternehmen, die als „Dankeschön" einen Sonderpreis für ihr Produkt ausgeben, einen Gutschein oder einen anderen Mehrwert kommunizieren.

Richtiges Versand-Timing

Es ist wichtig, zu wissen, wann die Zielgruppe liest und Produkte oder Services erhalten will. Eine jüngere Zielgruppe ist später anzutreffen als eine ältere. Eine Daumenregel ist, dass der Versand am späten Vormittag eine gute Zeit ist. Business-to-Consumer-(B2C-)Mailings können gern am Wochenende verschickt werden. Business-to-Business-(B2B-)Mailings sind besser am Wochenanfang aufgehoben, aber auch das ist eine Frage des eigenen Produkts und der Kunden.

Tipps zur Erhöhung der Aussagekraft der E-Mails

Um die Zustellbarkeit zu verbessern, fügen Sie am besten an den Anfang Ihrer Mail eine Notiz hinzu wie z. B.: „Um den Erhalt unserer E-Mails zu sichern, fügen Sie bitte *name@WerbendesUnternehmen.de* Ihrer Kontaktliste hinzu."

Der Absendername sollte entweder den Namen Ihres Unternehmens oder den Namen einer Person in Ihrem Unternehmen enthalten. Wenn ein Absendername bereits verwendet wurde, sollte dieser durchgängig beibehalten werden. Denn bevor ein möglicherweise potenzieller Abonnent die

E-Mail zum Öffnen anklickt, überlegt er erst, ob der Name ihm vertraut vorkommt oder nicht. Dieser Moment kann sehr entscheidend sein.

Man sollte dich zudem darüber vergewissern, dass die E-Mail eine Text- und eine HTML-Version enthält, denn nicht jeder Empfänger kann die E-Mails in der HTML-Version lesen. Etwa 5 % der Empfänger würden lediglich eine leere E-Mail vorliegen haben.

Es sollte außerdem darauf geachtet werden, dass sich in der Betreffzeile oder im Text keine aufeinanderfolgenden Großbuchstaben oder mehrere Ausrufezeichen befinden. Das könnte dazu führen, dass die Mail als Spam eingestuft wird und nicht beim Empfänger ankommt.

Grafische Gestaltung

Die visuelle Gestaltung der Mail ist von besonderer Bedeutung. Sie muss authentisch und stimmig sein. Der Mensch achtet unbewusst auf Bilder und Textanordnung. Er achtet sogar in erster Linie auf Bilder. Tests ergeben, dass diese immer zuerst und verstärkt wahrgenommen werden. Bewusst achtet der Subscriber auf Inhalte, Versprechen, Angebote, Chancen und Risiken. Diese genannten Punkte müssen demnach in die inhaltliche und grafische Gestaltung eingehen. Bloße schöne Bilder oder Logos helfen da aber immer nur unterstützend und sind nie als Hauptfaktoren anzusehen. Wichtig ist die abgerundete grafische und inhaltliche Botschaft, die den Nutzer packt und bindet.

Je weniger Klicks man dem User abverlangt, umso mehr Erfolg

Langes Durchklicken und lange Eingabeformulare verschrecken den User. Durch jeden zusätzlich notwendigen Klick verliert man aus Erfahrung mehr als die Hälfte der möglichen Interessenten. Die erfolgreichsten Anbieter sorgen dafür, dass man mit einem Klick zum Eingabefenster gelangt, in dem man die Mailadresse findet. Richtige Profis platzieren das Fenster sofort auf der Startseite, wie z. B. Groupon (*http://www.groupon.de*).

Bedeutende Betreffzeilen

In den meisten gängigen Mailprogrammen kann man durch die Betreffzeile viel Aufmerksamkeit gewinnen. Das zeigt, wie wichtig die Auswahl der Worte und Inhalte ist. Es bietet sich an, selbst Tests darüber durchzuführen, welche Betreffzeile am ehesten geöffnet wird. Viele E-Mail-Marketing-Systeme bieten Tests auch automatisiert an.

Individualisiertes, zeitversetztes Versenden

Durch das Tracking der Zeit lassen sich Zeitkorridore finden, in denen E-Mails effektiver versendet werden können und die Lesequote steigt.

Artikelmix

Die Betreffzeile sollte mit dem Inhalt des ersten Newsletter-Artikels übereinstimmen. Das Versprechen muss also eingehalten werden, da sonst die Kunden abspringen. Oft gilt, dass weniger mehr ist und so die Nutzerfreundlichkeit siegt. Die perfekte Abstimmung von Inhalt, Bild und Botschaft macht Gewinnermailings aus.

Die Mailadresse als Input vom User ist ausreichend

Apples und Aldis Erfolge beruhen auf der Macht der Einfachheit. In unserer mit Informationen überfluteten Gesellschaft und der überbordenden Internetwelt gilt immer mehr die Devise: „Simplify your Life!" Machen Sie es dem User so einfach wie möglich und geben Sie sich mit der Eingabe der Mailadresse zufrieden. In Folgeschritten können Sie immer mehr Daten von dem User verlangen. Wichtig ist, dass es Schritt für Schritt geht. Mehr Vertrauen und Zeit geben mehr Informationen her. Eingabeformulare mit vielen Feldern schrecken den User unnötig ab.

Transparenz schafft Vertrauen

Formulieren Sie deutlich, was den Nutzer erwartet. „Unser monatlicher Newsletter informiert Sie über ..." – je klarer Sie sagen, welche Inhalte den Nutzer erwarten und mit welcher Frequenz er rechnen kann, umso mehr gewinnen Sie ihn für sich. User, die hier schon abspringen, sind definitiv nicht diejenigen gewesen, mit denen Sie weiter hätten arbeiten können.

http://www.absolit.de/newsletter/Wie-Sie-mehr-E-Mail-Adressen-gewinnen.html

5.11.4 Praxistipps zur Kombination von E-Mail-Marketing-Kampagnen mit weiteren Formen des Onlinemarketings

Ganzheitlichkeit in der Kundenorientierung ist entscheidend

Man darf nicht vergessen, dass das Internet für eine Mehrzahl der Unternehmen nur ein Kanal unter vielen ist. Ganzheitlichkeit in Kundenorientierung und Zielführung ist entscheidend. Die generelle Schaffung von Insellösungen im Onlinemarketing ist deshalb unter Konvergenzaspekten nicht überzeugend. Vielmehr geht es darum, Brücken zu bauen und Verbindungen zu schaffen. So entwickeln Unternehmen wie zum Beispiel AT Internet und dialog-Mail Lösungen, um E-Mail-Marketing und Webcontrolling als reine Inselansätze abzuschaffen. Ihr Connector ermöglicht es, alle wichtigen Kennzahlen aus dem E-Mail-Marketing-System von dialog-Mail direkt und automatisch an die Webcontrolling-Software von AT Internet zu übergeben. So können die Kennzahlen der beiden Systeme erstmalig verknüpft werden, und den Kunden stehen auf Knopfdruck völlig neue Analysemöglichkeiten zur Verfügung.

http://newsfox.pressetext.com/pte.mc?pte=110709007

Resultierende virale Effekte

Der hieraus entstehende virale Effekt ermöglicht es dem Veranstalter, auch weitere kostenlose Adressen über „Mund-zu-Mund-Propaganda" und Netzwerke zu generieren. Bei animierten Onlinespielen muss man im Vergleich zu einfachen Eintragsvarianten jedoch mit hohen Initialkosten rechnen, da Konzeption, Layout und Programmierung zeit- und kostenintensiv sind.

Generell bedarf es immer mehr innovativer Umsetzungsansätze und eines sehr guten Gespürs für aktuelle Trends. Nur so kann man einen Zugang zu attraktiven Bestandsadressen und einer hohen Adressmenge schaffen.

Gewinnspiele im Netz

Zugänge und Aufbau von Onlinegewinnspielen können vielfältig gestaltet werden. Es gibt die Möglichkeit von simplen „Eintragsgewinnspielen", aber auch von ausgefeilten „unternehmens- oder produktbezogenen Preisfragegewinnspielen". So kann der Anbieter die Teilnehmer auch inhaltlich informieren oder gewisse Interessen deutlicher erfragen.

Onlinespiele

Eine andere Option sind animierte Onlinespiele, die sich innerhalb gewisser Zielgruppen großer Beliebtheit erfreuen. So gibt es zum Beispiel die Form virtueller Wettkämpfe. Diese Art kann man optional durch die Möglichkeit erweitern, auch andere User im direkten Vergleich herauszufordern. Damit eröffnet man sich die Möglichkeit, auch das persönliche Netzwerk der User für sich zu gewinnen: Freunde und Kollegen können zum Beispiel eingeladen werden.

5.11.5 Zusammenfassung

E-Mail-Marketing ist mit die effizienteste Form des Onlinemarketings, wenn sie professionell gemacht ist und Mehrwert für den Nutzer bringt. Es sollte von Profis betrieben und ausgebaut werden. Die Tatsache, dass 25 % der Webshopbenutzer via E-Mail in den Verkaufsbereich kommen, ist ein deutliches Indiz für die enorme Bedeutung des E-Mail-Marketings und ihrer Missionierungsaufgabe.

5.11.6 To-do- und Checkliste

Nachfolgend wird – wie bei jeder Checkliste am Ende des Kapitels – von drei Arbeitsphasen ausgegangen, die jeweils eine Vertiefung der Maßnahmen verkörpern:

➢ Phase 1: Vergegenwärtigung

➢ Phase 2: Reflexion

➢ Phase 3: Potenzialerkennung und Umsetzung

E-Mail-Marketing-Checkliste	1. Phase	2. Phase	3. Phase
Verbesserungswünsche der Nutzer einbinden			
Werbe-E-Mails planen, Zielgruppenbestimmung			
Newsletter, Serien- und Trigger-Mails			
Abrechnungsmodelle			
E-Mail-Empfängerlisten Eigene Lösung oder Drittanbieterlösung (Inhouse- vs. Outsourcing des E-Mail-Marketings)			

6. Affiliate Marketing – vertriebspartnerbasiertes Marketing: Bündeln Sie Know-how, Ressourcen und Ziele

Affiliate-Marketing-Netzwerke sind internetbasierte Vertriebssysteme für Onlinewerbetreibende. Dabei bewerben Händler (engl. Merchants) ihr Angebot auf den Seiten von Kooperationspartnern, sogenannten Affiliates (engl. to affiliate – angliedern), wo Kanäle wie Keyword-Advertising, E-Mail-Marketing etc. seitens des Anbieters zum Einsatz kommen. Dieser generiert für seine Vertriebspartner Verkaufserfolge und erhebt eine Provision für seine Dienste. Dieser Zusammenhang wird nachfolgend untersucht.

6.1 Wichtige Prinzipien des Affiliate Marketing

Um einen Einblick in die Prinzipien des Affiliate Marketing zu geben, wird zunächst die Entstehungsgeschichte und die Funktionsweise des Affiliate Marketing erörtert. Anschließend werden die Ausgaben und Vergütungsmodelle im Affiliate Marketing vorgestellt.

6.1.1 Affiliate Marketing: effektive Kooperationen im Web Affiliate Marketing

Genesis – Entstehungsgeschichte

Als antreibender Faktor wird Amazon-Gründer Jeff Bezos zitiert, der auf einer Cocktailparty von einer Frau angesprochen wurde, die ihre eigene Website zum Thema Scheidung betrieb und thematisch bezogene Bücher einbinden wollte. Hierbei ist also vor allem die Kombination aus sozialer Interaktion und Erweiterung der Beziehungen auf das Netz erfolgversprechend.

Was ist Affiliate Marketing?

Als Affiliate Marketing werden Formen der vermittelten Werbung bezeichnet, die ein Website-Betreiber auf seiner Plattform Händlern einräumt.

Dabei wird vom Betreiber Werbeplatz auf der Website zur Verfügung gestellt, auf dem beispielsweise Links oder Banner eines Anbieters untergebracht werden können. Klickt ein Besucher auf diese Werbung, gelangt er zum Internetauftritt des Werbepartners, der auch als Advertiser oder Merchant bezeichnet wird. Dabei werden die jeweils konkret angezeigten Werbepartner individuell nach dem Seiteninhalt ausgewählt und angezeigt. Für diese Vermittlungsleistung, die ihrem Partner neue Kunden bringt, bekommt der Betreiber Provisionen in Höhe eines zuvor festgelegten Prozentsatzes des Verkaufserlöses gutgeschrieben, ohne dass er weiter etwas aktiv tun müsste. Die Vermittlungsgebühr kann aber alternativ auch schon pro Klick auf die Werbeanzeige erfolgen, ohne dass ein Kauf getätigt werden muss.

„Ich verkaufe bei dir und du bei mir" – erfolgreiche Symbiosen im Onlinehandel

Das Werbekonzept „Affiliate Marketing" beinhaltet primär ein Co-Verkaufsmodell. Man kann – als Merchant – sein eigenes Produkt auf den Partnerwebseiten der Affiliates verkaufen oder selbst eine Verkaufspräsenz für einen Partner auf der eigenen Website schaffen. Man wird dabei zum Publisher von Werbung eines Merchants aus dem jeweils genutzten Affiliate-Programm. Webseiten, Portale und Blogs jeder Größe bieten hierfür Verkaufs- und Informationsflächen. Viele nationale und internationale Medienhäuser wie bild.de, spiegel.de oder time.com nutzen dieses Kooperationsmodell.

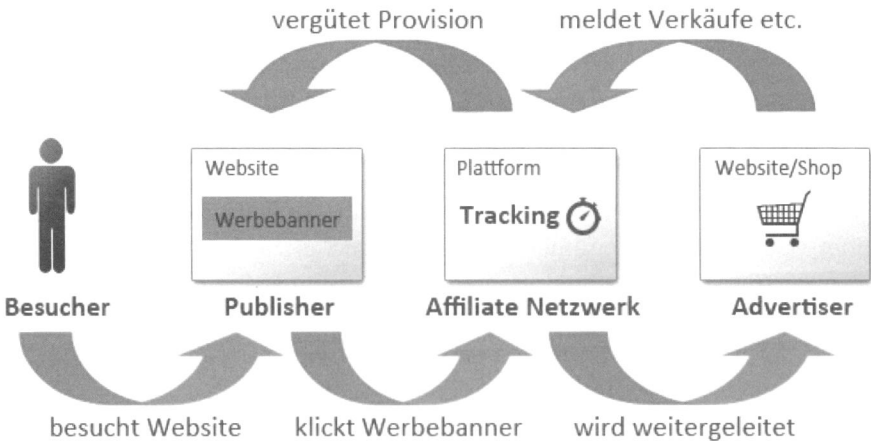

Abb. 56: Affiliate-Netzwerke, Verkäufe und Provision; Bildquelle:Thomas Gareis;
http://www.freelancerwissen.de/wp-content/uploads/2010/07/affiliatesystem.png.

Der Klick des Benutzers auf den Werbebanner verschafft dem Publisher bereits eine Provision, die vom Affiliate-Netzwerk-Betreiber ausgezahlt wird, wenn nach CPC abgerechnet wird. Durch einen weiteren Klick auf den Banner eines Affiliates gelangt er schließlich zum Shop des Affiliate-Advertisers, wo ebenfalls durch das Tracking die Wege, die der Benutzer gegangen ist, nachverfolgt (getrackt) werden können (siehe hierzu auch Kapitel 21 – Conversion-Tracking). Basierend auf diesen Informationen erfolgt die Vergütung der Dienste des Affiliate-Netzwerkbetreibers durch den Werbetreibenden.

Affiliate-Advertising

Eine Möglichkeit, um mit dem Traffic, der auf der eigenen Website landet, zusätzlich etwas Geld zu verdienen, bietet das Affiliate-Advertising. Man kann so Besuchern thematisch verwandte Werbung anbieten, mit der man sich etwas dazuverdienen kann.

Hunderte von Affiliate-Advertising-Programmen

Es gibt im Web bestimmt Hunderte von Affiliate-Advertising-Programmen zur Auswahl, unter denen man das lukrativste und inhaltlich passendste finden sollte. Zur Anmeldung muss man sich lediglich als Affiliate identifizieren, um dann die Werbung des Affiliates in Banner- oder Textform mit dem URL-Link des eigenen Affiliate-Codes in die eigene Website zu integrieren. Bei den meisten Anbietern verdient man an jedem getätigten Verkauf mit.

6.1.2 Ausgaben im Affiliate Marketing

Aus der Werbestatistik (siehe Abbildung 57) ist zu entnehmen, wie Affiliate-Netzwerke, Suchwortvermarktung (engl. Keyword Marketing) und klassische Onlinewerbung anteilig an den Gesamt-Onlinewerbeausgaben beteiligt gewesen sind. Es zeigen sich klare Schwerpunkte im Affiliate Marketing in den unten genannten Bereichen (siehe Tabelle 8).

DSL	T-Home, O2, Strato, Kabel D., Alice
Mobilfunk	Vodafone, T-Mobile, Congstar, Debitel, Base
Konto & Kredit	Creditplus, Santander, Comdirect, Credit Europe, VW Bank, 1822 Direct, Fortis
Versandhandel	Esprit, Neckermann, Otto, Bonprix, Ernstings-Family, zalando, 7trends, Enamora

Reise	Airberlin, Opodo, Expedia, Condor, Ltur, Tuifly
Sonstiges	Conrad, iLove, Discount24, ILS, Tchibo, Immoscout, Groupon, eDarling

Tab. 7: Starke Bereiche im Affiliate Marketing.

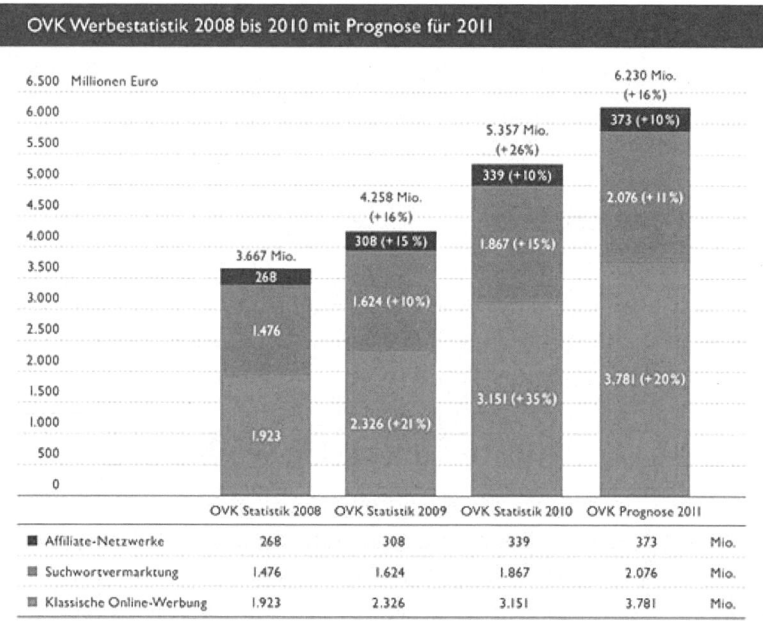

Abb. 57: OVK-Werbestatistik 2008 bis 2010 mit Prognose für 2011;
Bildquelle:http://www.affiliateboy.de/wp-content/uploads/2011/02/affiliate-umsatz1.jpg.

6.2 Optimales Zusammenspiel von Vermarktern, Vertriebspartnern und Kunden

Um ein optimales Zusammenspiel von Vermarktern, Vertriebspartnern und Kunden zu erreichen, soll nun das Beziehungsgeflecht zwischen Affiliates und Merchants im Affiliate Marketing dargestellt werden.

6.2.1 Affiliates

„Affiliates" sind die Betreiber der Websites, die Werbeflächen auf ihrer Seite bereitstellen. Weitere Begriffe, die hier verwendet werden, sind:

> Vertriebspartner,
> Associate Partner und
> Publisher.

Als

> Merchants,
> Advertiser oder
> Seller

werden die Händler der Produkte und Dienstleister bezeichnet. Wichtig ist, dass Affiliates und Merchants themenrelevante Werbungskooperationen eingehen sollten. Dann können beide eine Win-Win-Situation eingehen. Die Interaktion im Affiliate-Management zwischen diesen Beteiligten stellt sich dar, wie in Abbildung 69 gezeigt.

Affiliates leben mit Merchants

Affiliate Marketing beschreibt die mehr oder weniger erfolgreiche Kooperationsperformance meist zweier Onlinebetreiber im Netz. Diese Onlinepartnerschaften werden oft auf Plattformen von Affiliate-Netzwerken geschlossen.

6.2.2 Systeme des Affiliate Marketing

Damit die Suche nach geeigneten Partnern leichter gestaltet werden kann, gibt es Affiliate-Netzwerke, die auch Affiliate Service Provider (ASP) genannt werden. Diese nehmen die operative Abwicklung der Partnerprogramme auf sich. Beispiele sind Google (AdSense), Amazon, Zanox, Affilinet und andere.

How to get started?

Der Affiliate erhält vom Merchant einen spezifischen HTML-Code, der in die Website des Affiliates als Link eingebaut wird. Klickt ein Besucher auf diesen Link, wird er auf die entsprechende Seite weitergeleitet, und durch den Code erkennt der Merchant, woher der User kommt. So kann er später die Provisionszahlung gezielt vornehmen. Auf einer Seite können auch mehrere Affiliate-Systeme integriert werden, das heißt, dass mehrere Merchants erscheinen können.

6.2.3 Interview mit Markus Kellermann – Head of Affiliate Marketing bei explido

Bereits seit 1999 beschäftigt sich Markus Kellermann intensiv mit dem Thema SEO (Search Engine Optimization) und kam darüber auch zum Affiliate Marketing.

Von 2000 bis 2005 baute er bei der Erwin Müller Versandhaus GmbH eigenverantwortlich den Bereich SEO und Affiliate Marketing auf. Zeitgleich eignete er sich als Premium-Partner bei den großen Affiliate-Netzwerken Wissen über die Synergieeffekte der Affiliates im Zusammenhang mit SEO an und entwickelte dabei auch Strategien für Programmbetreiber. Seit Oktober 2005 leitet er das Affiliate Marketing bei der Performance-Marketing-Agentur explido und ist dort für die Planung und Durchführung der Affiliate-Marketing-Maßnahmen zuständig. In dieser Aufgabe betreute er unter anderem Partnerprogramme wie Tommy Hilfiger, Bogner, Fortis, Immowelt, D&W, Beate Uhse und viele weitere namhafte Advertiser in Deutschland, Österreich, der Schweiz, England, in den Niederlanden und den USA.

Seit 2006 organisiert er mit der Affiliate NetworkxX das größte Branchenevent im Affiliate Marketing. Zusammen mit explido organisiert Kellermann seit 2006 jährlich die Affiliate-Marketing-Konferenz Affiliate TactixX in München. Mit über 500 Teilnehmern pro Veranstaltung gehört diese Konferenz zu den Highlights der Affiliate-Branche.

Im Oktober 2008 startete Markus Kellermann AffilixX.com. Dabei handelt es sich um eine in Deutschland einzigartige Partnerprogramm-Suchmaschine mit integriertem Verdienstrechner für Affiliates. Zudem betreibt er neben dem Affiliate-Portal affiliateboy.de auch den Podcast Affiliate MusixX.

Alpar: Für wen eignet sich eigentlich Affiliate Marketing?

Kellermann: Affiliate Marketing eignet sich sowohl für Advertiser, die mit Affiliate Marketing einen eigenen Onlineshop betreiben und darüber Abverkäufe oder neue Kontakte generieren wollen, als auch für Affiliates, das heißt für Menschen, die eine eigene Webseite haben und darüber Geld verdienen wollen.

Abb. 58: Markus Kellermann – Head of Affiliate Marketing bei explido.

Alpar: Vielleicht noch mal zu den Werbetreibenden. Gibt es denn irgendwelche Bedingungen, die die Dienstleistung oder die Produkte erfüllen müssen, damit sie für Affiliate Marketing taugen?

Kellermann: Am besten sollte es sich um Produkte handeln, die auch zum Spontankauf anregen. Affiliate Marketing ist vor allem dann sehr erfolgreich, wenn ich als Internetnutzer im Internet surfe oder auf einer Affiliate-Seite lande und dann ein Produkt sehe, von dem ich sage: „Genau das wäre es, das möchte ich jetzt kaufen." Natürlich funktioniert Affiliate Marketing auch für vergleichende Produkte oder Dienstleistungen über Vergleichsseiten oder Shoppingportale sehr gut. Generell gibt es für Advertiser keine grundlegenden Bedingungen. Das heißt also, es kann eigentlich jeder Shopbetreiber ein Affiliate-Programm starten.

Alpar: Wer sind denn die Affiliates? Wie muss man sich diese Leute vorstellen? Dieses Thema ist ja für den Gewerbetreibenden vielleicht nicht so direkt zugänglich.

Kellermann: Affiliates sind sehr vielschichtig. Es gibt zum einen natürlich den Schüler oder Berufstätigen, der ein eigenes Blog hat oder eine eigene Webseite betreibt, der sich mit Affiliate Marketing einen kleinen Nebenverdienst verschafft. Es gibt die Hausfrau, die vielleicht Kochrezepte auf ihrer Webseite publiziert und sich darüber nebenbei ein bisschen Geld verdient, und es gibt den Affiliate, der das Ganze als Vollzeitjob betreibt und damit seinen Lebensunterhalt bestreitet. Das reicht bis hin sogar zu großen Unternehmen mit eigenen Mitarbeitern wie Payback, Deutschland-

Card oder große Gutscheinseiten. Also das heißt, es gibt eigentlich in jeder Größenordnung Affiliates und auch für jedes Thema.

Alpar: Wo fängt denn ein Unternehmen eigentlich an? Sucht man sich eher, ich sage mal, diese Taschengeld-Affiliates, die das mehr als Hobby betreiben, oder sollte man direkt versuchen, sich große Affiliates im eigenen Themenbereich zu angeln? Womit fängt man an? Das ist ja ein relativ breites Spektrum da.

Kellermann: Ich würde sagen, die Mischung macht's. Außerdem kommt es natürlich darauf an, welche Ziele man als Advertiser verfolgt. Wenn ich als Advertiser das Ziel habe, mehrere Millionen Umsatz über Affiliate Marketing zu generieren, arbeite ich natürlich mit den großen Affiliate-Unternehmen zusammen, aber auch mit den thematischen Affiliates. Wenn ich allerdings als Advertiser eher einen kleinen Onlineshop betreibe, reichen mir vielleicht auch nur ein paar Tausend Sales im Monat aus, und dann würde es auch ausreichen, mit weniger Affiliates zusammenzuarbeiten und sich auf bestimmte thematische Publisher zu fokussieren. Es hängt also immer von der Zielrichtung ab.

Alpar: Wie ist es denn eigentlich bei den großen Affiliates? Über welche Onlinemarketingkanäle erhalten die wiederum ihre Besucher, die sie dann gegebenenfalls zu dem Advertiser weiterleiten?

Kellermann: Da gibt es verschiedene Möglichkeiten der Monetarisierung. Sehr erfolgreich ist zurzeit das Thema Gutscheine und Couponing – momentan ein Trend, weil immer mehr User auch den Rabattgedanken haben und bei Google ebenfalls nach Rabatten oder Sales-Aktionen suchen. Dann gibt es die E-Mail-Publisher, die einen eigenen E-Mail-Verteiler haben und dann eben Newsletter versenden, um darüber ihre Sales zu generieren. Es gibt die Vergleichsseiten zu Themen aus dem Finanzbereich, dem Versicherungsbereich oder dem Mobilfunkbereich. Es gibt die thematischen Seiten, die sich auf ein spezielles Thema fokussiert haben, zum Beispiel Mode, Reisen oder Ähnliches. Produkt- und Preisportale sind ebenfalls ein wichtiger Bestandteil im Affiliate Marketing. Dann gibt es SEA-Publisher und Publisher, die Traffic einkaufen, wie die sogenannten Post-View-Affiliates oder auch Display-Affiliates. Das heißt, diese kaufen ihr Inventar von großen Vermarktern. Also es gibt eigentlich für jedes Segment auch erfolgreiche Affiliate-Partner.

Alpar: Wie ist es denn, wenn ein eher größerer Onlineshop, der betreibt ja wahrscheinlich fast alle Marketingkanäle, das heißt, würde der auch alle Marketingkanäle selbst betreiben. Wie stellt sich denn in so einem

Fall am Affiliate Marketing in der Mischung dar? Das heißt, welche Anteile von Traffic kann es ausmachen, und wie stehen die Kundenakquisitionskosten im Affiliate Marketing im Vergleich zu anderen Kanälen da?

Kellermann: Wir wissen von vielen Kunden, die verschiedene Kanäle betreiben, dass der Anteil im Affiliate Marketing in der Regel zwischen 20 und 50 % liegt im Vergleich zu anderen Kanälen. Wenn der Kunde zum Beispiel noch eine SEA- und Display-Kampagne fährt, liegt der Umsatz eher bei 20 %. Wenn er mehr Bereiche an Affiliates auslagert, liegt der Anteil am Affiliate Marketing natürlich wesentlich höher, denn als Advertiser hat man ja auch die Möglichkeit, die SEA-Kampagne komplett an Affiliates auszulagern oder die Display-Kampagne über Post-View durchführen zu lassen. Deswegen würde ich empfehlen, dass man auf jeden Fall ein Customer-Journey-Tracking aufsetzen sollte. Das heißt, ich sollte als Advertiser alle Stationen der Kaufentscheidung messen. Und diese Erfahrungen und Analysen kann ich dann letztendlich auch heranziehen, um einzelne Kanäle weiter zu pushen. Wenn ich sehe, dass über Post-View oder eine Display-Kampagne, ganz am Anfang der Kette, mehr Sales kommen, kann ich diese Erkenntnis dazu nutzen, hier mehr Geld zu investieren, um dadurch vielleicht auch die SEA-Kampagne weiter zu pushen, weil anschließend mehr User bei Google nach dem Brand suchen.

Alpar: Gibt es denn irgendwelche Dinge im Affiliate Marketing, bei denen man aufpassen sollte? Also wo wird es kritisch, wo sollte man, wenn man quasi unbescholten ist, eher mal ein Auge darauf werfen?

Kellermann: Also es gibt sehr viele Dinge, auf die man aufpassen sollte. Es gibt natürlich auch im Affiliate Marketing, wie in allen anderen Branchen, die Möglichkeit des Frauds. Ob es Brandhijacking ist, Klickbetrug oder Cookie-Dropping. Deswegen ist es auf jeden Fall das A und O, dass man täglich die Statistiken kontrolliert. Das heißt, ich sollte regelmäßig kontrollieren, wie sich die Klickraten und Conversion-Rates über einzelne Affiliates entwickeln. Ein wichtiger Punkt dabei ist: Wenn mir auffällt, dass die Klickraten und die Conversion-Rates bei bestimmten Partnern im Verhältnis zum Durchschnitt wesentlich höher sind, dann kann das schon mal ein Warnhinweis dafür sein, dass man sich diesen Partner genau anschauen sollte. Dafür gibt es bestimmte Tools, die man zur Unterstützung verwenden kann, also Tools, um Brandhijacker zu finden, Tools, um Cookie-Dropper zu finden. Also solche Tools, sollte man heranziehen kann, um Fraud aus dem Partnerprogramm fernzuhalten und solche Partner auch zu definieren. Ansonsten hängt es wieder von der Strategie ab. Wenn ich anfänglich eine Gutscheinkampagne durchführe, gibt es ja oftmals auch abhängig von der Strategie den Vorwurf, der Sale wäre nur ein Mitnahme-effekt. Und das sollte man natürlich genauer analysieren. Das heißt, ich kann natürlich sagen: Ist dieser Gutscheincode auch offline verfügbar, oder wird er nur online eingesetzt? Wie oft wird dieser Gutschein eingesetzt und von welchen Partnern? Gibt es dadurch vielleicht irgendwelche Einbrüche in anderen Kanälen? All diese Faktoren sollte ich natürlich beachten und auch regelmäßig kontrollieren.

Alpar: Das klingt technisch relativ anspruchsvoll. Ist es vielleicht so, dass durch den, sagen wir mal, technischen Anspruch im Affiliate Marketing manchmal auch Unternehmen davon abgehalten werden, die sich sagen: „Mensch, AdSense ist so einfach, das scheint mir irgendwie leichter, klarer und transparenter, und Affiliate Marketing scheint so kompliziert und unnahbar", und sich abschrecken lassen?

Kellermann: Man kann natürlich mit Affiliate Marketing eine wesentlich höhere Brandingwirkung erzielen als mit Google AdSense, weil man auch mit Bannern und Logos arbeiten und auch gezielt Webseiten ansprechen kann. Aber es ist natürlich technisch schon sehr anspruchsvoll, und deswegen gibt es ja letztendlich die Agenturen, die dadurch ihre Daseinsberechtigung haben, dass sie hier Erfahrung aufgebaut und Tools zur Verfügung haben, mit denen man sehr viele Dinge, gerade Fraud-Protection, automatisieren kann. Natürlich kann der Advertiser das auch inhouse lösen, er braucht dann aber ebenfalls die nötige Erfahrung, das Ganze umzusetzen, das heißt, er braucht den Affiliate-Manager inhouse, um so ein Partnerprogramm zu betreuen. Und man sollte nicht außer Acht lassen, dass Affiliate Marketing ein Thema ist, das auch sehr viel Zeit benötigt. Man sollte nicht meinen, man setzt einfach mal ein Partnerprogramm auf, und es läuft dann von selbst, und man generiert darüber Umsätze, weil genau dann die Gefahr besteht, dass man vielleicht die Betrüger anzieht.

Alpar: Super. Dann vielen Dank für das Interview.

Kellermann: Ja. Ich danke auch.

6.3 Affiliate-Netzwerke

Im Kontext von Affiliate-Netzwerken werden nach einer Begriffsklärung die beliebtesten und erfolgreichsten Affiliate-Netzwerke im deutschsprachigen Raum dargestellt – A- und B-Liga-Affiliate-Netzwerke, Kommunikationsformen im Affiliate Marketing für unterschiedliche Zielgruppen, der Sales-Funnel, das Affiliate-Relationship-Management (ARM). Sie erhalten einen Überblick über Affiliate-Agenturen und deren Vorteile.

6.3.1 Die beliebtesten und erfolgreichsten Affiliate-Netzwerke im deutschsprachigen Raum

	Die besten deutschsprachigen Affiliate-Anbieter					
Rang	Agentur	Punkte	Merchants	davon deutschsprachig	eingebundene Websites	davon deutschsprachig
1	Zanox	1.776	2.000	40 %	k. A.	k. A.
2	affilinet	1.470	1.600	70 %	470.000	70 %
3	SuperClix	1.216	700	99 %	400.000	87 %
4	ADCELL	1.136	200	100 %	100.000	k. A.
5	belboon-adbutler	1.103	1.630	98 %	120.000	89 %
6	TradeDoubler	1.089	1.700	15 %	2.000.000	25 %
7	Webgains	1.047	1.100	21 %	k. A.	15 %
8	TradeTracker	1.014	1.000	8 %	40.000	10 %
9	Commission Junction	944	2.500	15 %	400.000	10 %
10	affiliwelt.net	770	522	100 %	40.000	95 %

Quelle: 100partnerprogramme.de; Das Ranking erfolgt nach einer Punktzahl, die sich aus einer gewichteten Berücksichtigung der Komponenten: Umfrage Juli 2009 (n = 1.486), Selbstauskünfte und 100ppRank der betreuten Partnerprogramme ergibt. Merchants und eingebundene Websites sind teilweise international.

Abb. 59: Affiliate-Netzwerke, gerankt nach Punkten – nach 100partnerprogramme.de; Bildquelle: http://knol.google.com/k/-/-/7gdv9a00klu1/1z85mg/affiliate-netzwerke.gif.

Die Top-Affiliate-Netzwerke 2010

Das Ranking erfolgt nach einer Punktzahl, die sich nach einer gewichteten Berücksichtigung der folgenden Komponenten ergibt:
- Umfrage August 2010 (n = 1.335) mit Angaben über Erfahrung, Eindruck, Service, Einschränkungen etc.
- Selbstauskünfte mit Angaben über Anzahl der Partnerprogramme, Mitarbeiter, Serviceleistungen etc.
- 100ppRank der betreuten Partnerprogramme mit Angaben über Provisionshöhe, Cookielaufzeit, Einschränkungen, Anzahl der Werbemittel etc.

Quelle: 100partnerprogramme.de

Platz	Name	Punkte	Merchants	Davon deutschsprachig in %	Davon exklusiv	Eingebundene Websites	Davon deutschsprachige Websites in %	Mitarbeiter	Davon in Deutschland	Gründung
1.	ZANOX.de AG	2.311	3.300	29%	400	1.000.000	60%	601	46%	2000
2.	Affilinet GmbH	2.162	2.000	69%	k.A.	500.000	80%	150	67%	1997
3.	SuperClix (DMK Internet e.K.)	1.941	700	62%	100	677.147	88%	13	92%	1997
4.	TradeDoubler GmbH	1.719	1.800	15%	95	128.000	25%	650	7%	1999
5.	Belboon-adbutler GmbH	1.702	1.300	85%	325	120.000	90%	17	100%	2006 (2002)
6.	ADCELL (Firstlead GmbH)	1.647	350	100%	80	60.000	k.A.	14	100%	2003
7.	Webgains (ad pepper media GmbH)	1.642	1.700	23%	k.A.	120.000	k.A.	65	25%	2005
8.	AdCocktail (SX-WebSolutions & Marketing GmbH)	1.591	243	90%	k.A.	14.500	98%	k.A.	k.A.	2004
9.	Vitrado (new directions GmbH)	1.525	100	100%	10	210.000	95%	15	100%	2000
10.	24 interactive GmbH	1.482	300	84%	1	4.000	90%	7	100%	2006

Abb. 60: Die Top-Affiliate-Netzwerke; Bildquelle: http://blog.100partnerprogramme.de/2010/09/13/die-besten-affiliate-netzwerke-und-affiliate-agenturen-2010/.

6.3.2 A- und B-Liga-Affiliate-Netzwerke

Neben den bekannteren A- und B-Netzwerken gibt es noch viele kleinere:

➢ Große Affiliate-Netzwerke: Affilinet (siehe Abbildung 61), Zanox (siehe Abbildung 62).

➢ Mittlere und kleinere Affiliate-Netzwerke: CJ, Tradedoubler, Adbutler, Superclix, Belboon, Webgains, Affiliwelt, Vitrado, Affili4u, Trocado, Affili24, Affiliscout, 24interactive, Adcell, Affilicrawler, Affilimall.ch, Werbebooster, affiliate4you.ch, Adclick, Advip, Affili35, Affilio, Affiliplus, Affilipool, Affiligeld, xWerbe ...

➢ Nischennetzwerke: Travian für das Thema Reise oder „PPC"-Netzwerke.

➢ Tendenz bei der Wahl: General Interest → großes Netzwerk, Special Interest → kleines Netzwerk.

➢ Trend in den USA: Netzwerke für kurzfristige Affiliate-Programme.

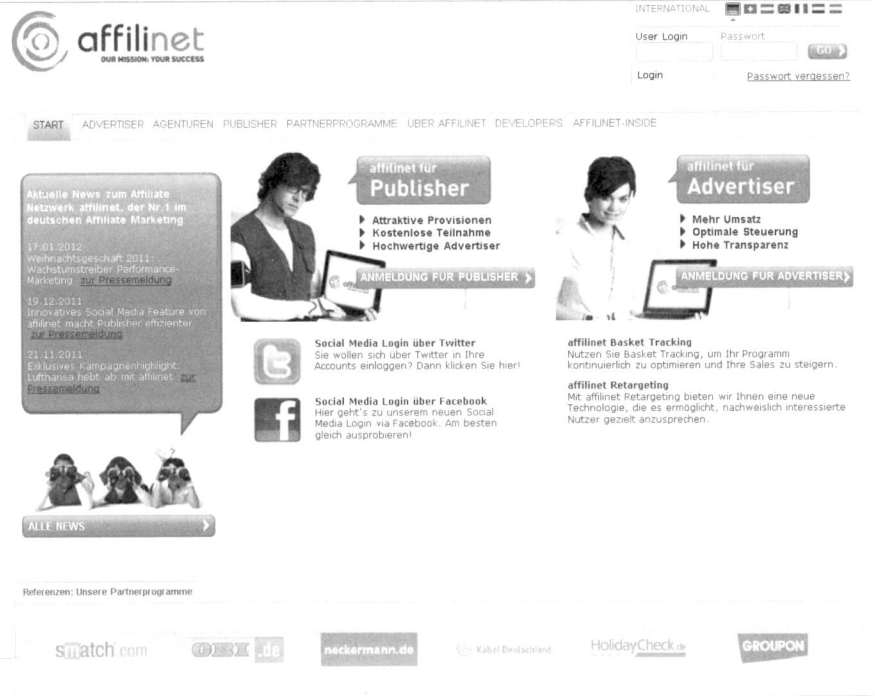

Abb. 61: Affilinet-Startpage.

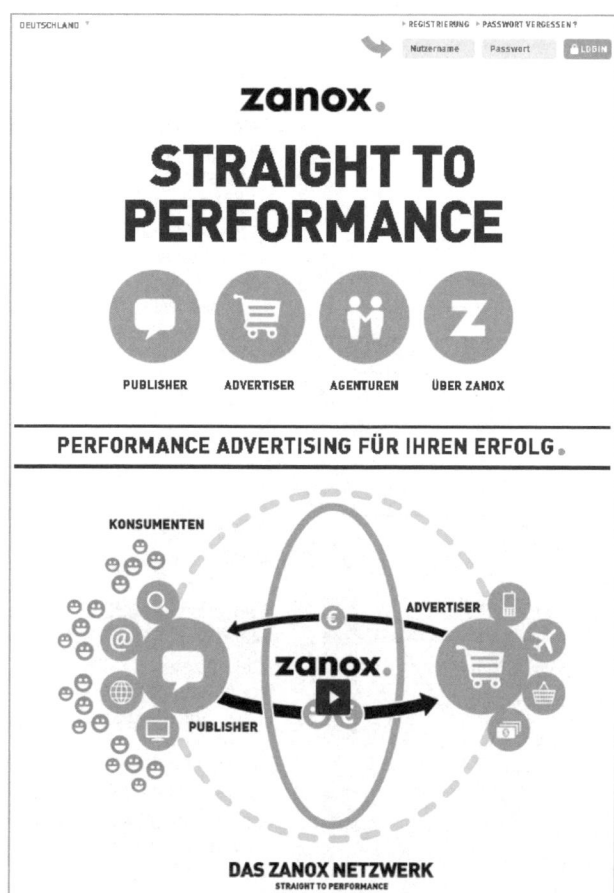

Abb. 62: Zanox-Startpage.

6.3.3 Kommunikationsformen im Affiliate Marketing für unterschiedliche Zielgruppen

Im Affiliate Marketing gibt es unterschiedliche Zielgruppen für eine Kommunikation (siehe Abbildung 63).

Sales-Funnel (Verkaufstrichter)

Auf den Kopf gestellt, ist die Kommunikationspyramiede wie ein „Sales-Funnel" (siehe Abbildung 64).

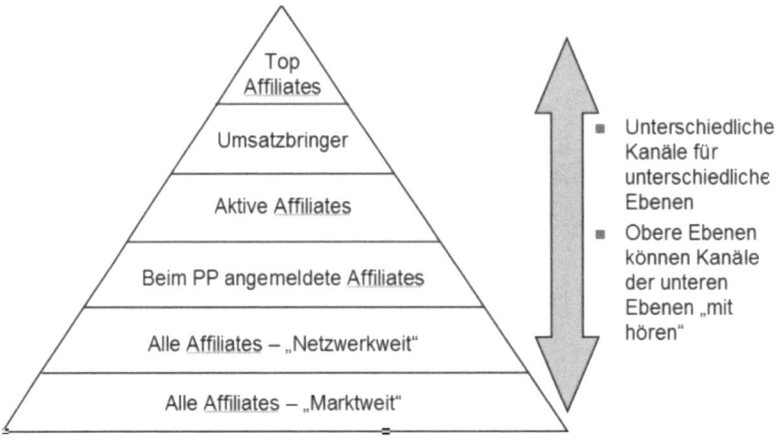

Abb. 63: Ebenen von Affiliates.

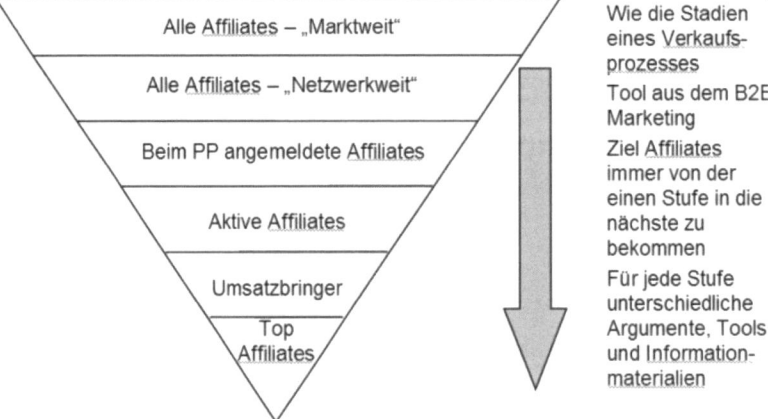

Abb. 64: Kommunikationspyramide als Sales-Funnel.

Affiliate-Relationship-Management (ARM)

Professionelles Affiliate-Relationship-Management benötigt geeignete Werkzeuge. Affiliates wollen nicht doppelt und dreifach angesprochen werden, die Wirkung wäre unprofessionell. Die Missachtung kann Konsequenzen nach sich ziehen, z. B. Mobbing in Affiliate-Foren, -Blogs oder -Chats. Affiliates sollten immer „richtig" angesprochen werden, also im Idealfall „One Face to the Customer".

Ein ARM-System sollte an Personen und nicht an Webseiten orientiert sein. Viele Affiliates haben mehr als eine Website. Jede Website hat nur eine Person, die für Affiliate Marketing zuständig sein kann. Zu unterscheiden sind dabei:

> Stammdaten,

> Informationen über den Affiliate und

> dessen Webseiten, Kontakte, Interaktionen mit dem Affiliate.

> eine Wiedervorlagefunktion ist dabei ebenso wichtig.

6.3.4 Affiliate-Agenturen

Vorteile von Affiliate Agenturen

Die Vorteile von Affiliate-Agenturen liegen auf der Hand:

> Kennen bereits Top-Affiliates aus anderen betreuten Programmen.

> Professionelle ARM – auch mit entsprechenden Tools, z. B. ARM-System bei Iven & Hillmann.

> Technologievorsprung, z. B. iCrossing – netzwerkübergreifendes Postview-Klick-Überschreiben (siehe Kapitel 6.4).

> Spart interne Unternehmensressourcen.

> Aktionen mit anderen Affiliate-Programmen einfacher möglich, z. B. Sommeraktion von Explido oder Quisma Cup Eventreihe.

Überblick über Affiliate-Agenturen

Die größten deutschen Affiliate-Marketing-Agenturen (2011) lauten wie folgt[1]:

> Platz 1: explido WebMarketing (49 Programme)

> Platz 2: NonstopConsulting (76 betreute Kundenprogramme)

> Platz 3: Sunnysales (62 Programme)

> Platz 4: active performance (25 dt.sprachige Programme)

> Platz 5: Zieltraffic (43 dt.sprachige Programme)

Weitere bekannte Agenturen sind: GFEH, Komdat, Coupling Media, Klickfreundlich, Jaron, Metaapes, Adamicus, Pütz Neue Medien, Bigmouth Media, Triacon etc.

---

1 *http://blog.100partnerprogramme.de/2011/09/20/die-besten-affiliate-netzwerke-und-affiliate-agenturen-2011/*

6.4 Vergütungsmodelle im Affiliate Marketing

> ➢ Die wichtigsten Vergütungsmodelle im Affiliate Marketing lauten wie folgt: **Pay-per-Click**, synonym **Cost-per-Click (PPC/CPC)**: Wenn der Traffic für eine Website erhöht werden soll, wird das PPC-/CPC-Modell genutzt. Google AdSense arbeitet mit diesem Modell, wonach Werbemittel passend zum Inhalt einer Affiliate-Website platziert werden.

> ➢ **Pay-per-Lead (PPL)** oder **Pay-per-Action (PPA)**: Beratungsintensive und dienstleistungsorientierte Systeme werden durch PPL- bzw. PPA-Modelle vergütet, die zum Beispiel durch ausgefüllte Kontaktformulare oder PDF-Downloads generiert werden können.

> ➢ **Pay-per-Sale (PPS)**: Beim bloßen Verkauf kann die Zahlung prozentual oder absolut abgewickelt werden. Oft wird die Vergütung in einem Zeitraum von 30 oder 90 Tagen durchgeführt, in dem alle erzielten Verkäufe berechnet und provisioniert werden.

Weitere Vergütungsmodelle im Affiliate Marketing:

> ➢ **Pay-per-Lifetime (PPL)**: Hier meldet sich der User nach einem Klick bei einem Affiliate an. Für alle auch zukünftigen Umsätze erhält der Affiliate jedes Mal eine Provision. Dieses Modell kann für den Affiliate sehr reizvoll sein. Vor allem in den sogenannten PPP-Bereichen (Porn, Pills and Poker) wird dieses Modell verwendet.

> ➢ **Pay-per-Signup (PPS)**: Bei diesem Modell wird ein Lead nur dann vergütet, wenn sich der User auf der Seite des Merchants anmeldet.

> ➢ **Pay-per-Install (PPI)**: Der Affiliate erhält beim PPI eine Vergütung, wenn der Nutzer ein Programm, das auf der Affiliate-Seite angezeigt wurde, installiert, also auf den Link zur Installierung klickt oder das Programm eine Installation online meldet.

> ➢ **Pay-per-Link (PPL)**: Hier wird ein Link auf die Website des Affiliates gesetzt, und der Merchant zahlt für einen bestimmten Zeitraum.

> ➢ **Pay-per-View (PPV)**: Dieses Modell wird im Onlinemarketing weniger genutzt, da eine Nachverfolgung, ob ein User das Banner gesehen hat oder nicht, oft nicht nachvollzogen werden kann. Nur wenn die Werbefläche sehr prominent ist, kann man davon ausgehen, dass eine Registrierung durch den User erfolgt ist. Eyetracking-Studien können hier Einsicht vermitteln.

Kombination der Vergütungsmodelle im Affiliate Marketing

In der Praxis werden die Vergütungsmodelle gemischt und variiiert. Wichtig für den Erfolg ist, dass Affiliates und Merchants ihre Ziele klar definieren müssen. Agenturen und Affiliate-Netzwerke bieten hier Beratungsdienste an.

Session und Postview Tracking als Ergänzung zu Cookies

Session Tracking ergibt zusätzlich Sinn, wenn User Cookies verbieten (siehe Abbildung 65). Der Einsatz von Session Tracking statt Cookies ist jedoch nicht fair gegenüber den Affiliates (z. B. *http://www.amazon.com/de*).

Die Logik des Postview Tracking ist abgeleitet von der Offline- bzw. Display-Werbung z. B. beim Tradedoubler „iSales". Diese bieten kürzere Laufzeiten als normale Klick-Cookies. Den Aspekt der Trackingtechniken durch Cookies werden wir uns in Kapitel 18 näher anschauen.

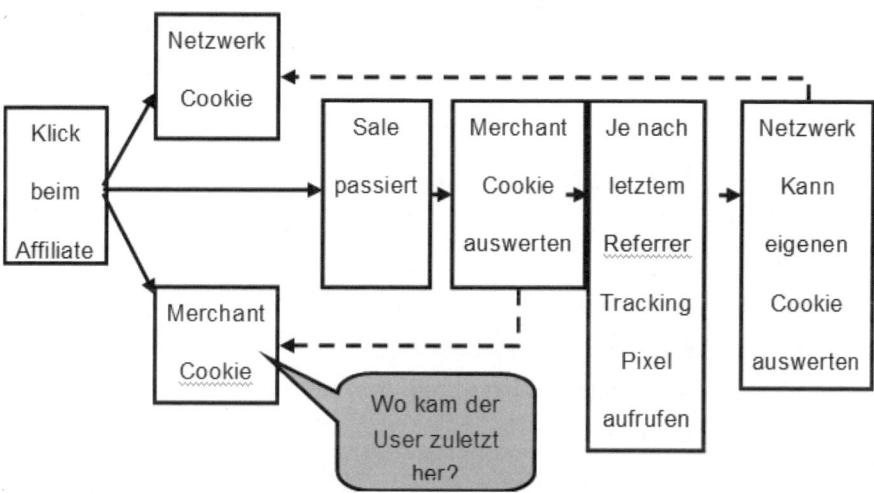

Abb. 65: Cookie-Weiche.

Affiliate-seitige KPIs für ein Affiliate-Programm

➢ eCPC: Effektiver Verdienst pro Klick (auch EPC = Earnings per Click oder EPHC/EPUHC ... pro 100 Klicks).

➢ eCPM/eTKP: Effektiver Verdienst pro AdImpression.

➢ Conversion-Rates (s. Kap. 21).

➢ Stornoquoten.

➢ Lead/Sale Bestätigungszeit.

Pay-per-Sale – das dominierende Vergütungsschema im Affiliate Marketing

- ➢ PPS ist das am häufigsten genutzte Vergütungsschema, danach PPL.
- ➢ PPC-Programme gab es in der frühen Affiliate-Zeit viel.
  - – Heute nur in absoluten Nischen.
  - – Mit kontextsensitiven, hoch dynamischen Werbemitteln sehr fortgeschrittener Merchants, z. B. eBay.
  - – Für Top-Affiliates mit sehr gutem Traffic, z. B. Autoscout & Immoscout.
- ➢ Leider keine Gewichtung nach Umsatz.
- ➢ Viele der „großen" Affiliate-Themen wie DSL, Mobilfunk, Kredite etc. sind PPS.

Staffelung der Vergütung

Bei fast allen großen Affiliate-Programmen gibt es Staffelungen bei der Vergütung:

- ➢ Grundlage
  - – Pay-per-Sale
  - – Pay-per-Lead
  - – Pay-per-Click
  - – Kombinationen daraus
- ➢ Staffelvergütungen
  - – Bei fast allen großen Affiliate-Programmen zu finden!
  - – Feste Kriterien/Stufen.
  - – Zum Beispiel themennahe Seiten vs. themenfremde Seiten oder „normale Affiliates" vs. Paid-4-Affiliates.
  - – Kategorien klar kommunizieren.
  - – Leistungsabhängig → der Regelfall.
- ➢ Lifetime-Provisionen und Rev(enue)-Share – Dabei gibt der Revenue-Share die Verteilung der Einnahmen an (z. B. 68 % Google, 32 % Werbetreibender bei Google AdSense).

6.5 Vorteile und Chancen im Affiliate Marketing

Die hohe Komplexität des Affiliate Marketing birgt einerseits Gefahren und Risiken, andererseits große Chancen, Letzteres für die, die es geschafft haben, sich einen Know-how-Vorsprung zu erarbeiten und ein effektives Affiliate-Networking zu betreiben.

Als Merchant kann man mit geringem Aufwand die Vorzüge eines Partnerprogramms nutzen. Als Onlineshopbetreiber können Sie in eines der genannten Netzwerke einsteigen und Ihre Werbemittel (z. B. Texte, Ads etc.) den Affiliates zur Verfügung stellen, die diese über ihre Website bewerben. Die Vergütung der Affiliates erfolgt per Provision, als PPS, PPL, CPC etc.

Die vielfältigen Affiliate-Netzwerke verhelfen Ihnen zu einem einfachen Einstieg in diesen relativ jungen Onlinemarketingkanal. Auch bieten einzelne Anbieter wie Amazon, Google AdSense etc. ein eigenes Affiliate-Netzwerk an.

Der Return-on-Investment ist im Vergleich zu den anderen Kanälen relativ hoch, wenn man die richtigen Affiliate-Partnerschaften eingeht. Wie immer ist die Bewertung von Case-Studies sehr hilfreich, um herauszufinden, welche Maßnahmen bei Advertisern mit ähnlicher Ausrichtung gut funktioniert hat.

Gutscheine sind beispielsweise Praktiken, die sehr gut im Affiliate Marketing performen. Es ist wichtig, sich in seine Themenbereiche hineinzuarbeiten, ob Finanz-, Versicherungs- oder Mobilfunkbereich. SEA-Publisher und Publisher, die Traffic einkaufen, wie die sogenannten Post-View-Affiliates oder auch Display-Affiliates, können erfolgversprechend sein.

Um die maximale Kontrolle über den Weg des Kunden von der Suchmaschinenmaske bis zum Affiliate-Netzwerk und von dort bis zum Produkt verfolgen zu können, sollten Sie ein Customer-Journey-Tracking (engl. etwa für das „Verfolgen der Reise des Kunden" zu einem Lead) aufsetzen, um die Kaufentscheidung des Kunden optimal nachvollziehen zu können. Hierüber können Sie wiederum Erkenntnisse ziehen, um weitere Kanäle zu „pushen".

6.6 Nachteile und Risiken im Affiliate Marketing

Oft werden Pop-up-Fenster übersehen (Bannerblindness) oder versehentlich angeklickt und lösen beim Nutzer negative Einstellungen aus. Merchants profitieren durch dieses System eher, da sie ihr Brand positionieren können, doch dem Affiliate wird hierbei keine Vergütung garantiert.

Um sich vor derartigen Praktiken zu schützen, ist eine tägliche Kontrolle der Statistiken ein Muss.

Prüfen Sie kontinuierlich, wie sich Ihre Klickraten und Conversion-Rates über die einzelnen Affiliates entwickeln. Wenn Klickraten und Conversion-Rates bei speziellen Partnern im Verhältnis zum Durchschnitt wesentlich höher sind, könnte da was nicht stimmen, und man sollte sich den Partner genauer anschauen.

6.7 Praxisbeispiele, To-do- und Checklisten

Nun folgen zum weiteren Verständnis Anwendungsbeispiele zum Affiliate Networking und wie gehabt eine Check- und To-do-Liste für Sie, damit Sie keinen wichtigen Punkt beim Aufbau Ihrer Kampagne auslassen.

6.7.1 Wie verdiene ich Geld im Affiliate Marketing als Affiliate bzw. Publisher?

Die Perspektive des Merchants im Affiliate Network haben Sie nun kennengelernt und sind in der Lage, selbstständig ein Affiliate-Partnerprogramm aufzuziehen. Um ein noch besseres Verständnis von den komplexen Abläufen im Affiliate Marketing zu erhalten, empfehlen wir Ihnen, auch in die Rolle des Affiliates bzw. Publishers zu schlüpfen, einen Affiliate-Account einzurichten und die andere Perspektive kennenzulernen.

Suchen Sie sich eine Nische

In erster Linie sollte man sich als Affiliate bzw. Publisher eine Nische aussuchen, in der Nachfrage und Werbebedarf besteht. Am besten bewirbt man zwei bis drei Programme, in denen man für die Produkte derselben Nische wirbt. Diese Nische kann nach den Interessen und Präferenzen des Vermarkters auserwählt werden. Bevor man selbst Affiliate Marketing betreibt, sollte man zuvor Affiliate-Programmen beitreten und tiefgreifend recherchieren. Man muss lernen, diese Programme beurteilen zu können.

Heutzutage kann praktisch jeder Geld mithilfe von Affiliate Marketing verdienen. Hierbei gibt es einige wesentliche Punkte zu beachten, die in diesem Gebiet zum Erfolg führen. Diese werden im Folgenden aufgezeigt.

Wenn Sie eine eigene Affiliate-Website anlegen, ist es wichtig, diese ständig zu optimieren

Bevor man diesen Programmen beitritt, sollte darauf geachtet werden, dass sie für Produkte Ihrer Nische werben. Es ist äußerst wichtig, eine eigene Affiliate-Website mit einem Thema zu gründen, das in Bezug zur ausgewählten Nische und den Produkten steht. Es sollte dafür gesorgt werden, dass die Webseite ausschließlich qualitativ Gutes und Neues enthält.

Als Nächstes sollten Sie für diese Webseite werben. Falls Sie als Neuling möglicherweise ein geringes Budget zur Verfügung haben, könnten Sie kostenlose Traffic-Generierung-Methoden einsetzen, dazu folgt an anderer Stelle mehr (siehe z. B. Kapitel 17.5).

Legen Sie einen Produktbewertungskatalog an

Zudem sollte ein Produktbewertungskatalog angelegt werden, in dem die Produkte, für die Sie werben, eingesehen werden können. In diesen Katalog bauen Sie auch Ihren Affiliate-Link und die URL Ihrer Affiliates ein. Durch Produktvergleiche können ebenfalls hohe Zugriffs- und Verkaufszahlen ermöglicht werden. Ein Produktvergleich, bei dem z. B. das Tagesgeldkonto-Zinsniveau aller auf den Affiliate-Netzwerken befindlichen Banken miteinander verglichen werden, bietet einen Mehrwert für Ihre Besucher, wie z. B. *http://www.tagesgeldkonten.org.*

Bleiben Sie mit potenziellen Kunden ständig in Interaktion

Es sollte darauf geachtet werden, mit den potenziellen Kunden ständig in Interaktion zu bleiben. Es ist äußerst wichtig, das Kundenbeziehungsmanagement erfolgreich zu bewältigen, auch wenn man als Affiliate Marketer natürlich nicht für den Verkauf der Produkte direkt zuständig ist. Trotzdem ist es von grundlegender Bedeutung, sich Zeit zu nehmen, um die E-Mails der Besucher zu beantworten. Dadurch bringen Sie dem Händler ein größeres Vertrauen entgegen, bei dem Sie einkaufen.

Alles in allem kann Affiliate Marketing erst dann erfolgversprechend sein, wenn man konsequent und regelmäßig daran weiterarbeitet.

6.7.2 Interview mit Patrick Hundt – Gründer und Geschäftsführer der Agentur Projecter

Patrick Hundt ist Gründer und Geschäftsführer der Agentur „Projecter". Die Agentur bietet Onlinemarketingdienstleistungen mit den Schwerpunkten Keyword Marketing, Affiliate Marketing und Social Media Marketing an. Vor der Gründung im Jahr 2008 hat Patrick Hundt das internationale Keyword und Affiliate Marketing des Textildruckers Spreadshirt betreut. Seitdem hat er gemeinsam mit Gründerin Katja von der Burg die Leipziger Agentur aufgebaut. Das junge Team umfasst mittlerweile mehr als 25 Mitarbeiter. Das Kundenspektrum reicht von E-Commerce-Unternehmen, die ihr Onlinemarketing vollständig an den Dienstleister auslagern, bis hin zu Konzernen, die erste Erfahrungen im Onlinemarketing sammeln. Neben der fortlaufenden Betreuung von Kunden bietet die Agentur auch Beratung und Coaching als Dienstleistung an.

Abb. 66: Patrick Hundt – Geschäftsführer der Agentur Projecter.

Alpar: Hallo Patrick. Für welche Art von Webseiten oder Unternehmen taugt Affiliate Marketing eigentlich?

Hundt: Hallo Andre. Affiliate Marketing eignet sich aus unserer Sicht am besten für E-Commerce-Unternehmen. Geschäftsmodelle, die sich an Endkunden richten und am besten noch einen Massenmarkt bedienen, funktionieren nach unseren Erfahrungen am besten im Affiliate Marketing. Für solche Themen ist es am leichtesten, Affiliates zu gewinnen, die tatsächlich Umsätze generieren. B2B hingegen funktioniert im Affiliate Marketing kaum. Meistens winken schon die Affiliate-Netzwerke ab, wenn man sich mit einem potenziellen B2B-Partnerprogramm bewirbt.

Alpar: Wie fängt man denn da an? Wie früh kommt dieser Kanal zum Zuge, und ist es der Kanal, den man als Erstes angehen sollte?

Hundt: Auf uns als Agentur kommen Kunden häufig schon sehr zeitig zu. Gerade neu gegründete Start-ups möchten möglichst viel auf einmal machen und mit allen denkbaren Onlinemarketingkanälen gleichzeitig starten. Wir empfehlen allerdings trotzdem, erst mal mit anderen Kanälen zu beginnen und das eigene Angebot zu optimieren. Als Faustformel sage ich oft, dass Themen, die in den Kanälen SEO und SEA gut funktionieren, bessere Chancen haben, auch im Affiliate Marketing erfolgreich zu sein. Daher testen wir häufig erst einmal mit Google-AdWords-Kampagnen, ob der Markt da ist, die Conversion-Rate stimmt, das Produkt angenommen wird und ob die Website ausreichend optimiert ist. Erst dann gehen wir ins Affiliate Marketing, um potenzielle Partner nicht schon frühzeitig mit schlecht optimierten Shops zu vergraulen.

Alpar: Das heißt, deine Sorge wäre folgende: Würde man auf die Affiliates zugehen und noch nicht so genau wissen, ob das eigene Angebot die Kriterien erfüllt, die es erfüllen sollte, dann würden die Affiliates das Affiliate-Programm einmal austesten, es möglicherweise nicht für gut befinden und wären dann relativ schwer wieder dazu zu bewegen, das Programm noch mal zu testen, nachdem es quasi optimiert wurde?

Hundt: Genau. Es besteht die Gefahr, ein Partnerprogramm zu früh zu eröffnen und die Partner schon nach kurzer Zeit wieder zu verlieren, da die Performance nicht stimmt.

Und dann wird es ganz schwer, den Partner hinterher noch mal von dem gleichen Programm zu überzeugen.

Alpar: Wie verknüpft man das denn, also wie ist der Zusammenhang zwischen dem Suchmaschinenmarketing und dem, was die Affiliates machen? Baut man sich da nicht selbst auch eine Konkurrenz auf?

Hundt: Das kann durchaus vorkommen. Wir geben das SEA für Affiliates allerdings häufig frei. Das hängt vor allem davon ab, wie gut das SEA des jeweiligen Kunden betreut wird: Kümmert er sich selbst darum, arbeitet er intensiv an seinen SEA-Kampagnen, oder wird SEA eher stiefmütterlich behandelt? Wenn ein Kunde sich selbst nicht allzu sehr um SEA bemüht, geben wir den Affiliates die Möglichkeit, Nischen zu finden, auf die der Merchant nicht setzt.

Hat der Merchant allerdings eine gute Agentur oder betreut seine SEA Kampagnen inhouse selbst sehr gut, gibt es oft wenig Chancen für Affiliates, einzusteigen, ohne die Kampagnen des Merchants zu kannibalisieren. Das sehen Merchants verständlicherweise nicht so gern. Unsere Erfahrung ist daher schon, dass es in den meisten Partnerprogrammen für Affiliates wirklich schwierig ist, leistungsstarke Kampagnen zu erstellen, wenn der Merchant selbst aktiv ist.

Alpar:Wie ist das mit SEO? Wie ist da das Zusammenspiel zwischen Affiliate Marketing und SEO?

Hundt: Da gibt es aus unserer Erfahrung wenig Überschneidung. Ich weiß von vielen Merchants, dass sie die Gefahr sehen, in den Suchmaschinen von ihren eigenen Affiliates überholt zu werden. Allerdings beraten wir in der Regel dahin gehend, dass es doch besser ist, den eigenen Affiliate, der ja auch Umsätze für den eigenen Shop generiert, auf den Fersen zu haben, als seine Wettbewerber. Am Ende steht man ja nicht nur mit seinen Affiliates im Wettbewerb, sondern tatsächlich auch mit Tausenden anderen Websites, ob es nun Preissuchmaschinen oder Wettbewerber sind. Dann ist es mir zumindest lieber, wenn ich mit meinen Affiliates um die ersten Positionen bei Google kämpfe als mit meinen Konkurrenten. Man sollte auch nicht vergessen: Wenn Merchants ihre Affiliates mit zu vielen Einschränkungen vergraulen, besteht immer die Gefahr, dass der Partner dann einfach das eigene Partnerprogramm verlässt und mit seiner gut gelisteten Website zum Wettbewerber wechselt.

Alpar: Affiliate Marketing ist ja von den Onlinemarketingkanälen eigentlich so der Performance-orientierteste. Gibt es in den Unternehmen Verständnis für die Arten der Zahlung über Cost-per-Lead oder Cost-per-Sale?

Hundt: In jüngeren Unternehmen ist das eigentlich gar kein Problem. Die erwarten heutzutage Performance-Marketing und wollen über fast gar nichts anderes mehr reden. Das betrifft vor allem Start-ups, die in dieser Onlinewelt aufgewachsen sind. Größere Konzerne hingegen, die andere Marketingkanäle gewohnt sind und zum ersten Mal ins Onlinemarketing einsteigen, denken tatsächlich viel stärker in Budgets als beispielsweise in CPOs. Die muss man erst einmal in diese Richtung bringen. Wobei wir bei Bedarf auch versuchen, dem Kunden das zu bieten, was er möchte, weil er es kennt.

Alpar: Das heißt, man kann Affiliate Marketing auch mit einem fixen Budget machen?

Hundt: Im Affiliate Marketing ist das tatsächlich schwierig. Wir haben Kunden, die in Budgets denken. Diese geben ihr Budget für die Einrichtung des Partnerprogramms, die zusätzliche Incentivierung von Affiliates oder für die Buchung von Werbeplätzen in den Affiliate-Netzwerken oder in Newslettern aus. Das sind Ausgaben, gegen die sich stärker an Performance denkende Kunden sträuben.

Bei der Generierung von Sales und Leads ist das Budgetdenken aber tatsächlich sehr schwierig. Da bleibt eigentlich nur die Möglichkeit, statt eines Partnerprogramms eine Kampagne zu starten. Das bedeutet, sich an die Affiliate-Netzwerke zu wenden und denen ein festes Budget von beispielsweise 20.000 Euro zur Verfügung zu stellen, das in die Generierung von Leads investiert werden soll. Wenn das Budget aufgebraucht ist, wird die Kampagne beendet. Partnerprogramme hingegen eignen sich nicht dazu, sie je nach Budgetlage zu stoppen und wieder fortzusetzen.

Alpar:Wie findet man denn die richtige Vergütung für das eigene Partnerprogramm?

Hundt: Da gibt es verschiedene Ansätze. Im ersten Schritt orientieren wir uns bei dieser Frage am Wettbewerb. Es gibt heute Tausende von Partnerprogrammen, und es gibt kaum noch Nischen, in denen es keine bestehenden Partnerprogramme gibt. Natürlich muss auch darauf geachtet werden, die eigene Marge nicht komplett an den Affiliate abzugeben. Sie soll fair mit dem Partner geteilt werden, aber mehr als die eigene Marge an den Affiliate zu zahlen, ist auf jeden Fall langfristig tödlich für ein Partnerprogramm, auch wenn der Wettbewerb mehr zahlt.

Alpar: Klar, dann würde man quasi bei jedem Verkauf oder generierten Lead Verlust machen.

Hundt: Genau.

Alpar: Und wie kann man sich da herantasten, um der Gefahr der Verwechselbarkeit aus dem Weg zu gehen, angesichts dessen, dass es so viele gibt. Also macht es vielleicht Sinn, da auch noch mal einen ganz anderen Weg zu gehen, wie sind Deine Erfahrungen?

Hundt: Na gut, es steht natürlich jedem frei, sich kreativere Modelle zu überlegen. Der Standard, x % vom Umsatz zu zahlen, ist relativ langweilig. Eine schöne Kombination aus fester und prozentualer Vergütung oder eine Kombination aus Lead- und Sale-Vergütung ist schon kreativer. Wie auch immer das Provisionsmodell aussieht, der Vergleich mit dem Wettbewerb darf nicht fehlen. Das eigene Partnerprogramm sollte finanziell nicht unattraktiver sein als bereits bestehende Programme. Im Idealfall sollten Affiliates sogar mehr verdienen können, um einen Anreiz zum Wechsel zu haben.

Eine Ausnahme sehe ich für Brands, die in ihrer Branche besonders stark sind und auf ein hohes Vertrauen ihrer Kunden bauen können, denn dadurch erhöht sich die Conversion-Rate. In solchen Fällen spielt die Höhe der Provisionsrate allein nicht die größte Rolle. Affiliates überlegen sich natürlich auch, mit welchem Merchant die meisten Sales oder Leads erzielt werden können.

Alpar: Wie setzt man so ein Partnerprogramm denn eigentlich idealerweise auf? Würde man eher eine Software wählen, oder würde man sich beim Netzwerk andocken? Was sind da die Für und Wider? Oder kann man vielleicht auch beide Wege gehen, und wie kann man die geschickt verknüpfen?

Hundt: Man kann sicherlich beide Optionen verknüpfen, wobei das mit den jeweiligen Netzwerken abgesprochen werden sollte. Grundsätzlich empfehlen wir unseren Kunden, ihr Partnerprogramm bei mindestens einem Affiliate-Netzwerk zu starten, um dort schnell an die relevanten Partner zu kommen. Mit einem Netzwerk im Rücken ist es letztendlich leichter, Affiliates davon zu überzeugen, mit dem Partnerprogramm zu arbeiten. Das gilt erst recht, wenn das Partnerprogramm erst spät in den Markt eintritt.

Wer auf ein Netzwerk verzichtet, muss davon ausgehen, mehr Überzeugungsarbeit leisten zu müssen, denn Affiliates sind grundsätzlich nicht daran interessiert, sich bei vielen Partnerprogrammen einzeln anzumelden, überall ihre Kontaktdaten zu hinterlegen und von 50 verschiedenen Unternehmen Überweisungen zu erhalten. Das trifft zumindest auf kleine bis mittelgroße Partner zu.

Größere Partner kann ich auf jeden Fall auch mit einer Affiliate-Software ködern. Als Merchant spare ich dabei die Provision, die sonst für Netzwerke fällig wird. Diese Einsparungen kann ich teilweise oder auch in vollem Umfang an meine Partner weiterreichen. Daher erwarten zumindest sehr erfolgreiche Partner in gewissen Branchen auch eine Alternativlösung zu den Netzwerken, weil sie wissen, dass der Merchant dann den Spielraum hat, höhere Provisionen zu zahlen.

Alpar: Was sind denn so die Für und Wider, wenn E-Commercler oder eben Leute, die ein Affiliate-Programm aufsetzen wollen, sich überlegen, ob sie mit einer Agentur zusammenarbeiten oder ob sie es eher allein stemmen sollten? Was sind da so die Pro- und Kontra-Argumente für oder gegen eine Agentur?

Hundt: Grundsätzlich würde ich es davon abhängig machen, wie groß das eigene Unternehmen ist und wie viel Potenzial vom Affiliate Marketing zu erwarten ist. Unserer Erfahrung nach sollten sehr kleine Anbieter, die keine realistische Chance haben, ein Partnerprogramm mit einem fünfstelligen Monatsumsatz zu betreiben, das Programm lieber selbst betreuen. Wenn das Know-how fehlt, können sich Merchants entweder selbst weiterbilden oder von einer Agentur coachen lassen. Wir führen solche Workshops häufiger durch, um auch die Betreiber von kleinen Onlineshops in dem Bereich fit zu machen und auf die Fallstricke hinzuweisen. In der Regel können Merchants ihre Programme danach solide betreuen.

Haben Partnerprogramme das Potenzial für hohe vierstellige oder auch fünfstellige Monatsumsätze, lohnt es sich oft schon, eine Agentur mit der Betreuung des Partnerprogramms zu beauftragen. In dieser Größenordnung rechnet es sich nicht, einen Inhouse-Affiliate-Manager einzustellen. Wer sich keine Agentur sucht, beauftragt in der Regel einen Mitarbeiter, sich des Themas anzunehmen, doch mit wenig Know-how und vielen anderen Aufgaben führt das oft nicht zum Erfolg.

Erfahrungsgemäß neigen viele Unternehmen bei sechsstelligen Monatsumsätzen wieder dazu, den Kanal inhouse zu betreuen und ein bis zwei Mitarbeiter einzustellen. Zwar profitieren Unternehmen dann nicht mehr von dem umfassenderen Know-how und der besseren Vernetzung der Agentur, doch können die eigenen Mitarbeiter mehr Zeit für die Betreuung der Affiliates aufbringen, als es eine Agentur könnte.

Alpar: Vielleicht noch mal eine Frage zu den Affiliate-Netzwerken. Wann ist man denn eher bei den großen Affiliate-Netzwerken gut aufgehoben, und wann können vielleicht eher kleinere Nischen-Affiliate-Netzwerke die richtige Wahl sein, und kommt eigentlich jeder, der möchte, bei den großen Affiliate-Netzwerken unter?

Hundt: Eine Zeit lang war es schwierig, kleine Partnerprogramme bei den großen Netzwerken unterzubringen. Mittlerweile hat sich die Situation etwas entspannt. Wer bereit ist, eine gewisse Einrichtungsgebühr zu bezahlen, wird von den großen Netzwerken in der Regel aufgenommen. Die Einrichtungsgebühren sind so kalkuliert, dass sie den großen Anfangsaufwand abfangen. Danach verursacht ein erfolgloses Partnerprogramm kaum noch Kosten.

Wer mit seinem Partnerprogramm signifikante Umsätze generieren möchte, sollte zu einem großen Netzwerk gehen und die Einrichtungsgebühren bezahlen. Nach einer Weile ist das Geld wieder eingespielt. Allerdings sollte man darauf achten, monatliche Fixgebühren zu vermeiden. Solche Kosten sind unabhängig vom Erfolg des Partnerprogramms und können weh tun, wenn der Erfolg ausbleibt.

Kleinere Netzwerke kommen vor allem dann ins Spiel, wenn das Budget für die Einrichtung nicht vorhanden ist, Affiliate Marketing aber trotzdem als wichtiger Kanal gesehen wird. In Deutschland gibt es auch eine ordentliche Auswahl an Netzwerken, zu denen man gehen kann. Aber auch hier wird es aus unserer Erfahrung zunehmend schwerer, Programme einzubringen, ohne eine Einrichtungsgebühr zu bezahlen, weil auch kleine Netzwerke an kleinen Partnerprogrammen zu wenig verdienen.

Alpar: Super. Dann vielen Dank für das Interview.

Hundt: Gern, danke dir!

6.7.3 Praxisbeispiele zum Affiliate Marketing

Der folgende Affiliate-Newsletter von zalando stellt eine Kombination aus E-Mail-Marketing und Affiliate Marketing dar.

Mit Sonderaktionen und neuen Werbemitteln versucht man, den Partner dazu zu bewegen, mehr Promotion auf seiner Seite für zalando zu tätigen.

Mit immer neuen Bannern zu speziellen Themen kann man auch verschiedenste Partner ansprechen. Sportbanner eignen sich zum Beispiel besser dazu, auf Fußball- oder Fitnessseiten eingebunden zu werden, als nur ein normaler Banner. Je feiner ein Banner auf den Partner justiert wird, umso mehr Erfolg haben der Partner und der Merchant.

Auch grundsätzliche Vorteile vom Merchant gegenüber anderen Partnerprogrammen sollten dem Affiliate sofort ersichtlich sein. Nur so kann man entsprechend gute neue Partner gewinnen.

September - der Herbst steht vor der Tür

Rabattaktion im September

Auch im September haben wir wieder eine attraktive Aktion für Sie: **20% Rabatt auf Ballerinas** mit dem Gutscheincode: **ballerinas20**

Diese Aktion gilt vom 01.09. - 15.09. ab einem MBW von 39,95 EUR auf nicht reduzierte Ballerinas. Einige Marken können ausgeschlossen sein.

Bewerben Sie jetzt unsere spannende Aktion!

Neue Werbemittel

Ab sofort finden sie herbstlich gestaltete Werbemittel in all unseren Kategorien! Auch unsere Suchboxen wurden der Jahreszeit angepasst und führen unsere Kunden durch Eingabe eines Stichwortes direkt in unseren Shop.

Integrieren Sie jetzt unsere neuen klickstarken Werbemittel und profitieren Sie von unserem neuen Design!

Umstandsmode neu bei Zalando

Neben unserer großen Auswahl an Kindermode haben wir jetzt ganz NEU im Sortiment auch alles rund ums Thema Umstandsmode. Bewerben Sie ab sofort Zalandos Vielfalt an bequemer und trendsicherer Mode für werdende Mütter!

Herbst-Winter-Trends 2011

An dieser Stelle möchten wir Ihnen die neuesten Trends für die kommende Saison vorstellen. Ganz oben auf der Must-Have-Liste aller Fashionistas stehen im Herbst 2011:

Capes - der ideale Schutz vor Wind und Wetter

Abb. 67: Affiliate-Newsletter von zalando.

Abb. 68: Affilinet.

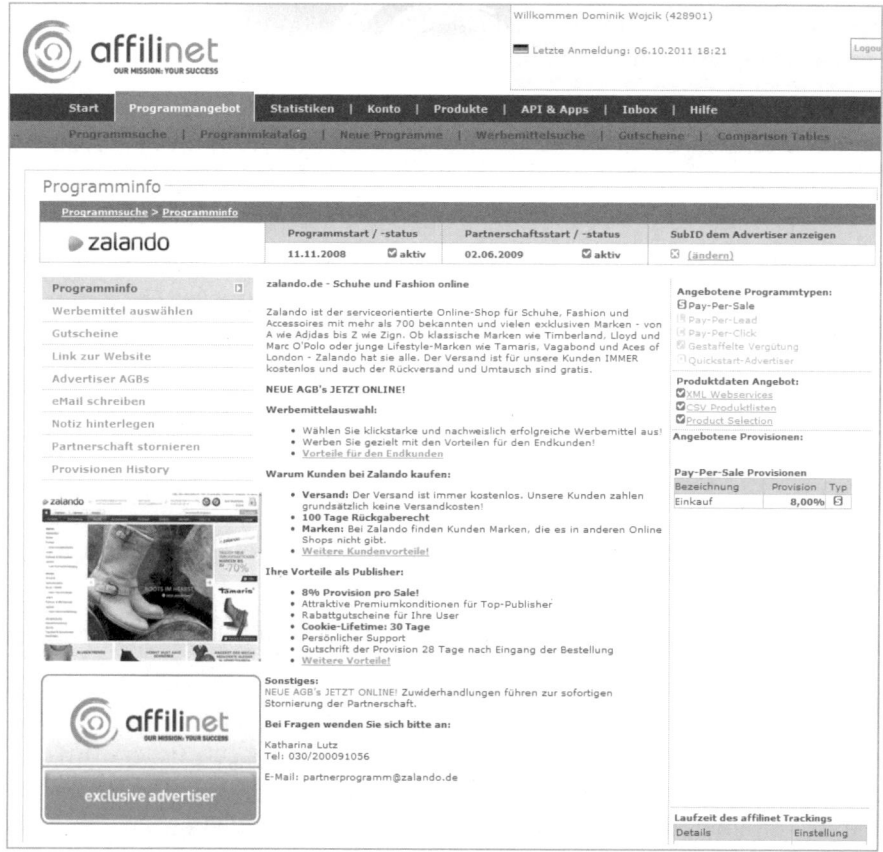

Abb. 69: zalando bei Affilinet.

6.7.4 Checkliste: Durchführung eines Affiliate-Programms in vier Schritten

Aufgrund der relativ hohen Komplexität des Affiliate Marketing möchten wir Ihnen, um den Einstieg einfacher zu machen, eine Checkliste mit auf den Weg geben, mit dem Sie Ihr Affiliate-Partnerprogramm in vier Schritten starten können:

1. Einstieg ins Affiliate Marketing

1.1 Beantworten Sie für sich die folgenden beiden Fragen: Was ist für mich von Wert? Welche Art der Vergütung (Produktverkauf, Newsletter-Anmeldung, kostenlose Registrierung, Inanspruchnahme von Serviceangeboten etc.) möchte ich ansetzen?

1.2 Möchten Sie für unterschiedliche Produkte und Produktgruppen unterschiedliche Abrechnungssysteme ansetzen?

1.3 Welche Ressourcen stehen Ihnen für die Affiliate-Programmbetreuung bereit? Wie groß ist Ihr Inhouse-Affiliate-Know-how? Kommt eine Agentur in Betracht?

1.4 Analysieren Sie, welche Affiliate-Programme Ihre Konkurrenz nutzt. Welche Provisionierung setzen diese an? Welche Werbemittel setzen diese ein? Schauen Sie genauer auf Ihre Konkurrenz und nutzen Sie deren erfolgreiche Taktiken: Orientieren Sie sich z. B. bezüglich Ihres Provisionierungssystems an der Konkurrenz und optimieren Sie es weiter, und dies gilt ebenfalls für Ihr Werbemittelportfolio. Setzen Sie auch CSV-Dateien bei der Implementierung ein, wenn dies Ihre Konkurrenz tut.

2. Auswahl des/der passenden Affiliate-Netzwerke

2.1 Wählen Sie die für Sie am geeignetsten Affiliate-Netzwerke aus. Die bekanntesten hatten wir Ihnen vorgestellt.

2.2 Orientieren Sie sich auch bei der Wahl des Affiliate-Netzwerks an Ihren Konkurrenten.

2.3 Entscheiden Sie, welches Abrechnungssystem Sie nutzen möchten und ob Sie bereit sind, Fixsätze zu zahlen. Beim erstmaligen Programmstart fallen bei einigen Affiliate-Netzwerken Fixsätze an (Setup Fee), z. B. bei Zanox, Affilinet oder Tradedoubler, und ein monatliches Fixum (z. B. Zanox, Tradedoubler). Andere Affiliate-Netzwerke verdienen nur an den Sales, und es fallen keine Fixsätze an.

2.4 Annahme durch das Affiliate-Netzwerk ins Netzwerk: Zanox und/oder Affilinet sind eine gute Wahl. Bei den großen Affiliate-Netzwerken gilt, dass die Chance, aufgenommen zu werden, bei Produkten von allgemeinem Interesse relativ groß ist. Bei Nischenprodukten sind nur Chancen für eine Annahme vorhanden, wenn das Produkt vielversprechend ist, ansonsten ist die Annahme eher unwahrscheinlich, dann sollte man sich kleineren Affiliate-Netzwerken zuwenden.

2.5 Mehr als zwei bis drei sind am Anfang nicht sinnvoll. Zwei bis drei Netzwerke sind für den Anfang völlig ausreichend. Bauen Sie Ihr Netzwerk dann umsichtig auf.

3. Partnerprogramm einrichten

3.1 Schließen Sie Ihre Verträge mit dem Affiliate-Netzwerk ab.

3.2 Schaffen Sie eine benutzerfreundliche und optisch ansprechende Erklärung Ihres Partnerprogramms beim Netzwerk.

3.3 Erstellen Sie Ihre Werbemittel und setzen Sie insbesondere grafische Werbemittel ein!

3.4 Bieten Sie eine hohe Vielfalt an Werbemitteln an, wie z. B. Designs und Formate etc.

3.5 Setzen Sie Textlinks, Produktdaten und spezielle Werbemittel ein.

3.6 Platzieren Sie den Trackingcode des Affiliate-Netzwerks auf Ihrer finalen Bestellseite.

3.7 Lesen und verstehen Sie die Informationen zum Einbau und zur optimalen Nutzung des Trackingcodes.

3.8 Nach Implementierung des Trackingcodes führen Sie eine Testbestellung aus.

3.9 Überlegen Sie sich geeignete Reporting- und Bearbeitungswerkzeuge zur Kontrolle Ihrer Leads und/oder Sales.

3.10 Werben Sie für Ihren Programmstart auf Plattformen wie 100partnerprogramme.de, affiliatePR, machen Sie Werbung, bringen Sie Pressemitteilungen raus. Engagieren Sie sich in Affiliate- und anderen Onlinemarketing-Diskussionsforen, um ihr Affiliate-Programm bekannt zu machen.

4. Durchführung Ihres Affiliate-Programms

4.1 Onlineschaltung des Programms.

4.2 Beantworten Sie täglich Ihre Affiliate-Bewerbungen.

4.3 Prüfen Sie alle mit dem Programm verbundenen Webseiten auf Tauglichkeit, Funktionalität und Standardkonformität (Impressum etc.). Prüfen Sie, ob die Affiliates sich an die Regeln Ihres Affiliate-Programms halten.

4.4 Sobald ein Partner angenommen wurde, versendet das Affiliate-Netzwerk eine Nachricht an ihn, sodass dieser Werbemittel nutzen und das Programm bewerben kann.

4.5 Fortlaufend erfolgt während des Live-Betriebs die kontinuierliche Analyse, Steuerung, Koordination und Weiterentwicklung des Affiliate-Programms.

4.6 Bearbeiten Sie Ihre Leads/Sales und lassen Sie sich diese auszahlen.

4.7 Erhalten Sie eine ständige Kommunikation mit Ihren Affiliate-Partnern aufrecht. Reagieren Sie z. B. zeitnah auf Anfragen oder Beschwerden etc.

4.8 Beobachten Sie aufmerksam Ihre Konkurrenz, Ihre Wettbewerber, neue Studien, Theorien etc. und optimieren Sie Ihr Programm laufend.

6.7.5 Checkliste

Nachfolgend wird – wie bei jeder Checkliste am Ende des Kapitels – von drei Arbeitsphasen ausgegangen, die jeweils eine Vertiefung der Maßnahmen verkörpern:

➢ Phase 1: Vergegenwärtigung

➢ Phase 2: Reflexion

➢ Phase 3: Potenzialerkennung und Umsetzung

Affiliate-Marketing-Checkliste	1. Phase	2.Phase	3. Phase
Affiliate-Netzwerke			
Kostenfrage – wie groß ist das Budget? Verwalten Sie Ihr Affiliate-Netzwerk selbst, oder schalten Sie eine Affiliate-Agenturen ein?			
Affiliate-Systeme			
Abrechnungsmodelle			
Affiliate-Relationship Management			

7. Virales Marketing: Lassen Sie die Gerüchteküche um Ihre Marke brodeln!

Die Bezeichnung „virales Marketing" hat dank der idealen Eigenschaften der Kommunikation im Internet eine hohe Popularität gewonnen, hierunter fallen positive, aber auch negative Meinungen über Marken, die sich exponentiell weiterverbreiten.

Durch einfache und kreative Mittel können in den hochvernetzten Strukturen des Internets große Werbeerfolge erzielt werden. Zahlreiche Beispiele zeugen davon, dass dies möglich ist.

7.1 Die verschiedenen Arten von viralen Marketingkampagnen

Nutzen Sie neue Aufmerksamkeitsressourcen mit viralem Marketing

Virales Marketing nutzt die Übersättigung in der Öffentlichkeit durch traditionelle Werbeformen mit dem Ziel, neue Aufmerksamkeitsressourcen zu erschließen, in Spielarten wie Guerilla oder Buzz Marketing. Die technisch übertragenen Arten der Mundpropaganda lassen sich schwer planen oder kommerziell forcieren, da sie noch wenig erforscht und verstanden sind, Mundpropagandaeffekte werden daher oft unterschätzt.

Seit den 1950er-Jahren gilt in der Werbeforschung die Weisheit, dass Mundpropaganda als Form der persönlichen Empfehlung den bedeutendsten Faktor für den Produkterfolg besitzt. Damit ist also zunächst Vorsicht bei der Durchführung viraler Marketingkampagnen geboten. Wir haben Ihnen die Erfolgsrezepte zusammengestellt, doch zunächst gehen wir für den Verständnisaufbau auf die konzeptionellen Zusammenhänge im viralen Marketing ein.

7.1.1 Virale Prozesse

Mit dem Begriff „Virus" wird auf Gesetzmäßigkeiten bei viralen Prozessen verwiesen. Viren pflanzen sich über Wirtszellen fort. Virales Genmaterial gelangt in die Wirtszelle und vervielfältigt sich mit jeder Zellteilung.

Virales Marketing spielt auch auf Ausbreitungsformen von Softwareviren an, bei denen Rechner und deren Betriebssysteme in exponentieller Auswirkung infiziert werden. Diese hocheffizienten Replikations- und Vervielfältigungsmerkmale wirken auch beim viralen Marketing mit.

7.1.2 Virale Marketingstrategien

Virale Marketingstrategien motivieren Menschen dazu, Botschaften einfach, schnell und effizient auszutauschen, wobei die Aufbereitung von Markenbotschaften und Produktinnovationen im Zentrum steht. Die Erstträger der Markenbotschaft werden von dieser „infiziert" und verbreiten sie weiter. Im Unterschied zum traditionellen Marketing werden keine Massenbotschaften versandt, sondern es werden Prozesse eingeleitet, die die Kommunikation der Kunden untereinander befeuern.

Medienbasis des viralen Marketings

Virales Marketing ist zwar nicht gebunden an ein spezielles Medium, doch das Internet bietet durch seine vielseitigen und einfachen Kommunikationswege die ideale Plattform hierfür. Vom gezielten Auslösen einer Mundpropaganda bis hin zur Vermarktung von Unternehmen, Produkten und deren Leistungen auf YouTube-Videos oder in Spielen kann das Spektrum reichen.

Konzepte wie beispielsweise die Mund-zu-Mund- oder Flüsterpropaganda oder das Beziehungsmarketing sind seit Jahrzehnten Usus im traditionellen Marketing. Die Bezeichnung „Guerilla Marketing" bezeichnet unkonventionelle virale Marketingaktionen, die im Alltag potenzieller Kunden Begeisterung auslösen sollen (siehe hierzu auch Kapitel 8).

7.1.3 Praktiken im viralen Marketing

Binden Sie gesammelte Erfahrungen aus Best Practices ein

Die praktische Basis für virales Marketing bilden unter anderem gesammelte Erfahrungen aus Best Practices, die in diversen Gewändern als Werbeformen daherkommen. Theorien stellen Forschungsbereiche aus der

Psychologie, der Evolutionstheorie, der Soziologie und den Geisteswissenschaften zur Verfügung.

Gerade in Unsicherheitssituationen und komplexen Entscheidungsvorgängen orientieren sich Menschen an anderen und lassen sich in ihrem Verhalten „anstecken". Diese Neigung der Menschen nutzt das virale Marketing gewinnbringend.

Das Geheimnis erfolgreicher Spots

Ziel ist es, die Konsumenten mit viralen Spots erfolgreich anzusprechen, damit diese den Spot in ihrem Freundes- und Bekanntenkreis weiterempfehlen. Traditionelle Werbestrategien streben zur Aufmerksamkeitsgewinnung tendenziell die Überzeugung des Konsumenten an. Virales Marketing will jedoch auch erreichen, dass eine Werbebotschaft interessant, unterhaltsam oder überzeugend ist. Daher ist es beim viralen Marketing eine beliebte Methode, skurrile oder komische Ideen im Zielgruppenjargon zu realisieren. Nicht die Seriosität, sondern der Unterhaltungseffekt/der Witz/die Pointe, nicht die Informationsvermittlung, sondern die Resonanz, steht im Vordergrund.

Experiment von Coca-Cola: Neues hat immer eine Anziehungskraft

Die Coca-Cola-Company schaffte im Jahr 1985 ihren Übergang von der traditionellen Formel zu der süßen Formel „New Coke". In den Verkostungsumfragen bevorzugten 55 % der Teilnehmer die neue Coke statt der alten. Viele der Tests wurden blind durchgeführt, aber manchen Teilnehmern wurde verraten, welche der Formeln alt und welche neu war. Unter diesen Bedingungen ist die Präferenz für die neue Coke um 6 % gestiegen. Damit stellte sich heraus, dass die Teilnehmer bewusst ihre Präferenz geändert hatten, weil sie wussten, dass sie etwas Neues kosteten. Ein gutes Beispiel für die Entstehung viraler Prozesse.

Verbreitete Praktiken im viralen Marketing

Das folgende Diagramm benennt verbreitete Taktiken im viralen Marketing (siehe Abbildung 70):

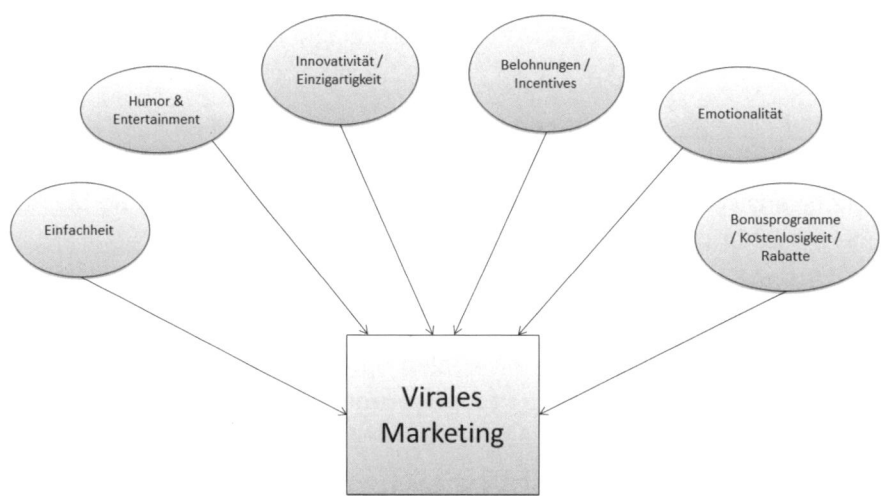

Abb. 70: Praktiken und Erfolgsfaktoren im viralen Marketing.

7.2 Methoden des viralen Marketings

Virales Marketing performt zum wichtigen Teil auf Basis von Empfehlungen

Empfehlungen von zufriedenen Käufern können dem Zielpublikum zeigen, dass Menschen, die ihnen ähnlich sind, mit den jeweiligen Produkten oder dem Service zufrieden sind. Das kann ausschlaggebend dafür sein, dass sich Personen aus der Zielgruppe diesen anschließen.

Ein ähnliches Prinzip gilt bei TV-Werbungen, in denen absichtlich gesagt wird, dass die Interessenten sich noch mal melden sollen, falls die Leitungen besetzt sind, statt zu sagen, dass die Leitungen frei sind und sie jederzeit anrufen können. Dadurch denkt sich der Käufer, das beworbene Produkt sei ein beliebtes Produkt und wolle von vielen anderen ebenfalls verwendet werden.

7.2.1 Die Zahnräder der viralen Marketingmaschine

Virales Marketing ist das Ergebnis von komplexen Prozessen, die zusammenwirken, die durch einen praktischen Leitfaden und eine gesunde Portion Intuition Ihr Unternehmen in den Aufmerksamkeitsmittelpunkt der Öffentlichkeit katapultieren können, wenn Sie dies möchten.

Ein Modell zur Erklärung der Phänomene im viralen Marketing geht von unterschiedlichen Ebenen aus. Hierunter fallen:

➢ Inhaltliche Kriterien und Relevanz: Qualität, Marktbedarf, Innovation.

➢ Preispolitik: niedrige Kosten auf allen Ebenen und Weitergabe an den Verbraucher versus „Qualität-hat-ihren-Preis-Politik".

➢ Planung und Durchführung: strategische Konzeption, Vorgehensmodelle, Werkzeuge, Personalorganisation etc.

➢ Aktion: Vorausschau und Reaktion auf Entwicklungen durch Anwendung bewährter Vorgehensmodelle, Werkzeuge und Best Practices.

Diesen Zusammenhang finden Sie hier sehr schön illustriert: *http://theinternetmarketingsource.com/wp-content/uploads/2011/07/1311055819-32.jpg*.

7.2.2 Phasen des viralen Managements

Zudem kann man von unterschiedlichen Phasen bzw. Niveaus einer viralen Marketingkampagne sprechen, wenn man die Reichweite der Kampagne und die Dynamik in der stufenweisen Erhöhung der Reichweite anvisiert (siehe auch *http://tvad.biz/wp-content/uploads/2011/04/1302548710-90.png*).

Da es sich bei viralem Marketing zu einem großen Teil um gefühlsbetonte Praktiken und Entscheidungen handelt, ist die Wechselwirkung der Gefühlsrichtungen mit dem Aktivierungsgrad besonders interessant (siehe auch *http://www.hwr-blog.de/das-virus-die-uebertraeger-und-der-naehrboden-virales-marketing-part-iii/*).

7.3 Vorteile und Chancen durch virales Marketing

Soziale Netzwerke (siehe Kapitel 12) wie Facebook, Twitter, YouTube, Google+, Picasa, XING etc. verstärken die Effekte Ihrer viralen Marketingkampagne enorm. So führt die Bündelung Ihrer viralen Marketingkampagne mit weiteren Onlinemarketingkanälen und Werkzeugen, wie wir Sie in diesem Buch vorstellen, zum Erfolg.

7.4 Mögliche Nachteile und Risiken von viralem Marketing

Virales-Marketing-Checkliste

Wenn man sich einmal dazu entschieden hat, eine virale Marketingkampagne zu erstellen, passiert es sehr schnell, dass man sich zu sehr auf Details fokussiert und den Wald vor lauter Bäumen nicht sieht. Eine gute Kampagne besteht aus der Integration vieler Aspekte. Hier ist eine Checkliste, die dazu dient, sicherzustellen, dass man nichts vergessen hat, sinnvoll (siehe Kapitel 7.5.3).

Haben Sie Ziele für die Kampagne formuliert? Wissen Sie, was Sie machen – in einer prozessfähigen und quantifizierbaren Art und Weise –, und haben Sie die Messgrößen bestimmt, um Ihren Erfolg zu überprüfen? Unterschiedliche Typen von Nutzern neigen dazu, erfolgreiche Inhalte zu verbreiten, seien Sie sich sicher, dass Sie diese Nutzer anvisieren.

Verbreiter der Nachrichten recherchieren

Haben Sie die Bevölkerungsgruppe identifiziert, auf die Sie Ihre virale Kampagne anwenden möchten, und haben Sie diese hinreichend recherchiert, um zu wissen, welche Inhalte diese teilen und von welcher Quelle sie diese haben?

Einzigartigkeit und Neuartigkeit

Ist Ihre Kampagne wirklich neu? Es kann eine Überarbeitung einer bekannten Idee sein, aber es müssen neue Kerne präsentiert werden, denn ansonsten fragt man sich, wen es eigentlich interessiert.

➢ Nutzen: Ist Ihre Kampagne nützlich, oder wird sie das Leben der Nutzer verbessern? Wenn Menschen denken, dass sie jemandem helfen, indem sie Ihren Inhalt teilen, wird es Ihre Chancen drastisch erhöhen, einen Riesenerfolg zu landen.

➢ Anreiz: Haben Sie den Nutzern eine Belohnung angeboten, damit sie Ihren Inhalt teilen? Werbegeschenke und Sammeln der Produkte sind ein einfacher Weg, um das zu erreichen.

➢ Hartnäckigkeit: Haben Sie die Möglichkeit in Betracht gezogen, Nutzer, die Ihre Kampagne mögen, auf lange Sicht an sich zu binden? E-Mail- und Feedabonnements sind ein klarer Weg, um das zu schaffen.

Aufruf zum Handeln: Haben Sie an virale Aufrufe zum Handeln gedacht, die das Verlangen der Nutzer auslösen, Ihren Inhalt zu verbreiten?

Optimierung der viralen Marketingkampagne

Haben Sie geprüft, ob Ihr Inhalt einfach zu verbreiten ist? Ist die URL kurz und beständig? Haben Sie an die Variante gedacht, dass der Nutzer Ihre Inhalte auf sozialen Netzwerken verbreitet? Falls Sie Videos einsetzen, können Nutzer diese auf ihren Seiten und Profilen verankern?

Vermischen Ihrer Inhalte seitens der Nutzer

Haben Sie sich abgesichert, dass Nutzer Ihren Inhalt mit ihren eigenen vermischen können? Der Prozess der gemeinschaftlichen Neuerschaffung ist wichtig, um Erfolg zu haben, und Sie sollten sich sicher sein, dass Ihre Kampagne eine Plattform für Nutzer ist, um sich damit auszudrücken. Denken Sie an Aspekte wie Personalisierung und Anpassung.

Konversationsmechanismen Ihrer viralen Marketingkampagne

Hat Ihre Kampagne Mechanismen, die es den Nutzern erlauben, über Ihre Kampagne zu reden (mit Ihnen und ihren eigenen Freunden)? Kommentarbereiche sind die meistgenutzte Art und Weise, um Konversationen einzuplanen.

Aussäen von Inhalten innerhalb der viralen Marketingkampagne

Wenn Sie einmal Ihren Inhalt zusammengestellt haben, haben Sie Strategien entwickelt, um diese an die Nutzer zu verteilen, die dafür bekannt sind, Inhalte zu verbreiten? Tappen Sie nicht in die „Wenn-du-es-geschaffen-hast-kommen-sie-schon-Falle". Sie sollten Ihre Kampagne auf eine Weise platzieren, die die angezielten verbreitenden Nutzer erreicht, und zwar auf Basis eines Researching von Multiplikatoren.

Verfolgen und Analyse innerhalb der viralen Marketingkampagne

Haben Sie analytische Systeme, mit denen Sie die Verbreitung und das Wachstum Ihrer Kampagne verfolgen und auch die kontraproduktive Ausführung errmessen können?

Notplan zur viralen Marketingkampagne

Der Erfolg des viralen Marketings ist nicht garantiert, deshalb empfehlen wir Ihnen, mehr als nur eine Kampagne durchzuführen. Wofür Sie sich auch immer entscheiden, stellen Sie sicher, dass Sie einen Plan B haben, falls der erste kein Erfolg wird.

7.5 Praxisbeispiele, To-do- und Checklisten, Webtipps

Nun folgen ein Interview, einige Praxisbeispiele und die obligatorische Checkliste zum viralen Marketing.

7.5.1 Interview mit Benjamin Patock – Geschäftsführer bei Noblego.de

Benjamin Patock startete noch vor seinem Studium der Medienwirtschaft mit einer eigenen kleinen Internetagentur in Frankfurt und arbeitete daraufhin unter anderem für die Deutsche Bank und die Deutsche Börse an verschiedenen Internetprojekten. Nach Beendigung seines Studiums in Wiesbaden und Boston und einem folgenden M.Sc. in Marketing an der EDHEC Business School in Frankreich wurde er Berater bei der internationalen Dialogmarketing-Agentur Wunderman und war dort für die Onlineprojekte der Großkunden Lufthansa und Landrover verantwortlich. Er wechselte dann als Marketing Director zur Onlinetauschbörse Hitflip.de und übernahm dort später das Produktmanagement. Er gründete im Anschluss als Geschäftsführer das Video-Coaching-Portal Motivado.de in Berlin und erhielt zudem einen Lehrauftrag für Onlinemarketing an der Hochschule Rhein-Main, um am neu gegründeten Master-Studiengang Media & Design Management mitzuwirken. Heute ist Benjamin als Geschäftsführer beim Aufbau von Noblego.de, einem Onlineshop für hochwertige Genussmittel, aktiv und lebt in Berlin.

Alpar: Hallo Benny, heute geht es um das Thema „virales Marketing". Klingt irgendwie martialisch, aber auch irgendwie gut.

Patock: Ist es auch. Der Begriff „viral" beschreibt dabei ja zunächst mal nur einen Verbreitungsweg, nämlich von Person zu Person, eben wie bei einem Grippevirus. Was bei der Grippe der Nachteil ist, wird hier zum Vorteil: Ein „Träger" kann gleichzeitig mehrere neue Leute „anstecken", d. h., eine Information, ein Werbeclip oder Ähnliches wird von einem Nutzer an einen oder mehrere neue Nutzer weitergegeben. Früher hieß so was „Empfehlungsmarketing" oder „Mund-zu-Mund-Propaganda". Das sind alles mögliche Ausprägungsformen von viralem Marketing.

Abb. 71: Benjamin Patock –
Geschäftsführer von Noblego.de.

Alpar: Persönliche Empfehlungen sind natürlich immer ein wirkungsvoller Kanal.

Patock: Absolut. Und durch die Tatsache, dass die Menschen heute viel vernetzter sind als früher, steigert sich das Potenzial eines solchen Ansatzes. Es gibt ja die alte Parabel vom Schachbrett und dem Reiskorn: Wenn man auf das erste Feld eines Schachbretts ein Reiskorn legt und die Anzahl zum nächsten Feld hin immer verdoppelt – also auf das zweite Feld 2 legt, auf das Dritte 4, auf das Vierte dann 8, dann 16 und so weiter –, müsste man auf das letzte Feld so viel Reis legen, dass die ganze Erde einen Meter hoch mit Reis bedeckt wäre. Früher war der Weg zwischen den Feldern allerdings sehr weit oder die Ausmaße sehr beschränkt. Soziale Netzwerke wie Facebook oder YouTube etc. sind aber eine neue Generation von Schachbrettern, die scheinbar grenzenlos, rasend schnell und zudem noch kostengünstig sind. Oder sagen wir besser „sein können". Viralen Kampagnen hängt ja immer so ein bisschen das Image nach, besonders spontan, extrem wirkungsvoll und dabei extrem günstig zu sein. Aber dass man so was auch planen und budgetieren muss, weiß man nicht erst seit dem „schwäbischen Todesstern" (virales Marketing auf dem Todesstern: *http://www.youtube.com/watch?v=uF2djJcPO2A*).

Alpar: Wer Geld hat, kann sich auch hier den Erfolg erkaufen?

Patock: Na ja, sagen wir mal diplomatisch: Es hilft. Klar, 250 Millionen Menschen spielen heute Social Games auf Facebook und Konsorten. Und ja, Apple hat über 3 Milliarden Downloads im AppStore. Der Großteil davon kam auf jeden Fall auch durch Weiterempfehlung, aber auch da gibt es Werbebudgets, mit denen so was angekurbelt wird. Aber ich kenne keine empirischen Zahlen, die belegen, dass höhere Werbeausgaben auch gleich einen höheren wirtschaftlichen Erfolg bedeuten. Sei es im viralen oder klassischen Marketing. Dann müsste ja jede große Firma immer nur große Erfolge feiern, bloß weil sie mehr Kohle in die Projekte steckt. Dem ist ja glücklicherweise nicht so. Im Zentrum steht halt immer noch das Produkt oder eben die Idee.

Alpar: Was braucht denn eine Idee, um „viral" zu sein?

Patock: Zunächst muss man immer zwei Seiten betrachten: den Sender und den Empfänger einer Nachricht. Beide sind elementare Bestandteile, und oft genug wird einer von beiden vernachlässigt. Für beide muss die Idee und die damit verbundene Nachricht gewisse Anforderungen erfüllen. Grundsätzlich kann man sagen, dass zunächst niemand eine Idee verbreitet, die er oder sie nicht versteht. Man braucht also eine zentrale Aussage, die einfach und klar verständlich ist. Zweitens ist es wichtig, dass die Leute die Idee auch verbreiten wollen. Es gibt eine ganze Reihe von Themen, über die Menschen nicht gern sprechen, selbst wenn es einfach zu verstehen oder sogar wichtig ist. Und drittens verbreitet niemand eine Idee, wenn man nicht glaubt, dass einem das Verbreiten einen eigenen Vorteil bringt. Das klingt zunächst mal seltsam, aber da kann sich jeder mal an die eigene Nase fassen und die eigene Motivation hinterfragen, mit der man z. B. Nachrichten auf Facebook veröffentlicht. Das kann Reputation und Selbstdarstellung sein, aber auch Freundschaft, Seelenfrieden oder sogar Geld.

Alpar: Geld?

Patock: Wurdest du noch nie von einem Freund zu einem komischen Facebook-Gewinnspiel eingeladen, bei dem man zum Mitmachen eben Freunde einladen muss?

Alpar: Doch.

Patock: Eben. Ich kann nur die Reise nach Australien gewinnen, wenn ich hier klicke, da mitmache, das alles auf meine Wall poste und noch Freunde einlade etc. Das sind alles externe Anreize, meine eigene Motivation zur Verbreitung zu steigern. Ganz einfach.

Alpar: Aber ich als Empfänger, das muss ich gestehen, bin davon schon auch etwas genervt.

Patock: Natürlich. Du hast die Idee nicht akzeptiert. Deshalb ist der Empfänger ja auch wichtig. Auch hier gibt es Anforderungen, die erfüllt sein müssen, damit du die Idee positiv aufnimmst und dann im besten Fall auch weiterverbreitest. So muss der erste Eindruck schon neugierig machen. Wenn das Thema dich nicht interessiert, ist es vorbei, bevor es losgeht. Dann muss der Empfänger die Idee und die dahinterliegenden Prinzipien verstehen. Ich habe auch schon oft Nachrichten bekommen, die nett aussahen, bei denen ich aber nicht auf den ersten Blick verstanden habe, um was es geht. Wenn ich dafür Zeit investiert habe, dann nur, weil der Sender der Nachricht mir wichtig genug war, um mich damit auch auseinanderzusetzen.

Der Sender ist also auch für den Empfänger extrem wichtig. Auch ich lese Nachrichten gewisser Leute auf Facebook einfach eher, wenn das auch „echte" Freunde von mir sind. Und deshalb sind Weiterempfehlungen auch wirkungsvoller als „stumpfe" Werbebotschaften. Der Sender vererbt der Nachricht automatisch eine gewisse Wertigkeit. Denn keine Idee verbreitet sich, nur weil sie dem Sender wichtig ist.

Alpar: Du hast Facebook schon mehrfach angesprochen. Das ist also so was wie das gelobte Land des viralen Marketings?

Patock: Kann man so sehen. Facebook lebt vom Austausch von Nachrichten. Und das in ungeheuren Ausmaßen und an einem zentralen Ort. Und der Wert der Plattformen wird weiter steigen. Neue Studien zeigen, dass die Kids heute mehr Zeit in sozialen Netzwerken verbringen als vorm Fernseher. Und über 90 % der Jugendlichen sind in den Netzwerken täglich aktiv. Mit der Verbreitung der Smartphones nehmen sie diese Verbindungen auch überallhin mit. Facebook ist so was wie die SMS der Zukunft, nur dass ich mit einem Klick eben 1.000 Leute erreichen kann, wenn ich das möchte. Und wenn ich die Reiskörner auf dem Schachbrett mit jedem Schritt vertausendfache, bin ich auf dem dritten Feld schon bei einer Million Reiskörnern. Das ist enorm. Und das können auch Firmen nutzen. Es gibt ja schon tolle Erfolgsgeschichten von Firmen, die über soziale Netzwerke groß geworden sind. Die ersten waren Slide und Rockyou auf MySpace, heute Zynga und Wooga auf Facebook, nur um einige zu nennen.

Alpar: Von Slide und Rockyou hört man heute ja nicht mehr viel ...

Patock: Das stimmt. Virales Wachstum ist schnell und wirkungsvoll, aber auch nicht ohne Tücken. Was sich schnell verbreitet, stößt eben auch schnell an Grenzen. Sei es beim eigenen Wachstum oder bei der Zielgruppe. Nichts kann ewig wachsen. Spätestens wenn jeder Mensch erreicht ist, ist Schluss. Aber auf dem Weg dahin lässt sich sehr erfolgreich sein, vor allem wenn man den Streuverlust von klassischer Werbung einrechnet. Es gibt ja schöne Modelle zu viralem Wachstum, aber alle haben ein Maximalpotenzial vorgesehen, dem man sich zwangsläufig S-kurvig nähert: Am Anfang habe ich eben noch nicht so viele Sender und am Ende eben nicht mehr so viele Empfänger übrig. Außerdem muss man davon ausgehen, dass man nicht nur Kunden gewinnt, sondern eben auch verliert und auch nicht wieder zurückgewinnt – je nachdem, wie gut und nachhaltig mein Produkt oder meine Idee ist. Das heißt, man wird zum einen niemals sein maximales Potenzial ausschöpfen, zum anderen aber auch irgendwann in ein negatives Wachstum hineinkommen.

Das sieht man ja schön am Beispiel MySpace: Die wuchsen auch rasend schnell viral. Und heute verlieren sie mehr User, als sie aufnehmen, und ihnen geht die Luft aus. Die Amis nennen das dann netterweise „Jumping the Shark", weil die Kurve dann so aussieht wie eine Haifischflosse. Wenn man einmal über die Spitze hinaus ist, geht es eben nur noch bergab ...

Alpar: Welche Modelle für virales Wachstum gibt es denn noch neben sozialen Netzwerken?

Patock: Sich auf bestehende Netzwerke aufzusetzen, ist natürlich die bequemste Variante. Sie sind so was wie der Brandbeschleuniger für eine zündende Idee, weil so viele Mechanismen schon eingebaut sind. Grundsätzlich scheint natürlich alles interessant zu sein, was den Austausch untereinander ermöglicht. Schaut man einmal auf die großen viralen Erfolge, wundert es eben nicht, dass alles, was Peer-to-Peer ist, also Nutzer miteinander vernetzt, sich wirklich gut anbietet: Skype und andere Instant Messenger, Napster, BitTorrent, PirateBay und Konsorten, aber auch Facebook selbst. Alles was man braucht, um miteinander in Kontakt zu treten, ist gut. Das gilt natürlich für E-Mail-Einladungen. Bevor alles via Facebook geteilt wurde, schickte man seinen Freunden noch E-Mails mit coolen Bildern oder PowerPoint-Präsentationen. Auch da ist Facebook gut dabei, aber auch z. B. Verwandt.de oder Flixter.

Aber auch andere Plattformen eignen sich sehr gut. eBay blickt z. B. auf ein sehr erfolgreiches virales Wachstum zurück. Wer Nutzergruppen zusammenbringen und Kreuznetzwerkeffekte nutzen kann, profitiert auf jeden Fall. Hier waren es Käufer und Verkäufer von allem, was die Garage so hergibt. Bei Monster waren es Jobsuchende und Jobanbieter. Und je größer die eine Seite ist, desto interessanter wird es für die andere Seite – ideal für Weiterempfehlungen. Ein weiteres kleines wirkungsvolles Modell sind z. B. auch Quizzes: Sag mir etwas über mich selbst, und ich kann mich mit anderen vergleichen. Nicht umsonst bietet Facebook ein Umfragetool.

Man kann natürlich auch schlicht und ergreifend die Weiterempfehlung incentivieren, d. h., ich bekomme selbst etwas, wenn ich etwas weiterempfehle. Nicht umsonst gibt es bei Brands4Friends ein Weiterempfehlungsguthaben, das ich für Waren einsetzen kann. Oder bei Groupon. Hier kann ich mir auch ein Guthaben verdienen, wenn sich meine Freunde dort anmelden, und ich kann mir davon dann eine schöne Hot-Stone-Massage gönnen. Und wenn man allein auf den Multiplikatoreffekt abzielt, muss man auch Google und User-generated Content hinzuzählen.

Alpar: Da werde ich gleich hellhörig.

Patock: Das dachte ich mir, deshalb hab ich das für den Schluss aufgehoben. Na ja, wenn man viral als „Weiterempfehlung" definiert, passt das nicht so. Aber wenn man auf exponentielles Wachstum durch einen Multiplikator aus ist, dann ist Google ja auch irgendwie nichts anderes als eine riesige Empfehlungsmaschine: Ich gebe etwas ein, und Google empfiehlt mit 10 Millionen Ergebnisse, wobei ja nur die obersten wirklich „relevant" sind. Ich vertraue da auf Google als Absender und darauf, dass es mir die besten Ergebnisse oben anzeigt und klicke eben. Wikipedia ist unter anderem damit gigantisch groß geworden. Wie man dahin kommt, können aber andere bestimmt besser erklären.

Alpar: Du hast eben viele Produkte beschrieben. Was ist denn, wenn ich schon ein Produkt habe, das an sich nicht „viral" ist, und ich jetzt eine virale Kampagne starten will? Ich drehe ein lustiges YouTube-Video, platziere das bei Facebook, und der Rest passiert von allein?

Patock: Das kann funktionieren. Wenn die Idee dahinter gut und einfach ist. Wir hatten ja eben über Ideen und deren Verbreitung gesprochen. Und YouTube ist als soziales Netzwerk voller Weiterempfehlungsmechanismen. Und Facebook ja sowieso. Abgesehen von der Idee sollte ich mir aber noch weitere Gedanken machen, um einen guten sogenannten „Viral Loop", also einen viralen Kreislauf, zu bauen.

Die Leute müssen die Idee ja aufnehmen, gut finden und dann auch weitersenden. Die Idee steht also am Anfang. Sie kann sehr einfach sein, z. B.: Wir machen echt starke Standmixer, lasst uns alles zerkleinern, was uns in die Finger kommt. So machte es Blendtec. Richtig rund ging es dann allerdings erst, als sie damals ein brandneues iPhone der ersten Generation zerkleinert haben. Es haben Leute vor Stores übernachtet, um so ein Teil zu bekommen, und die zerhacken das in einem Blender. Superidee.

Wir müssen dann entscheiden, was das eigene virale Medium wird. Du erwähntest YouTube und Facebook. Das ist super. Es könnte aber auch E-Mail sein. Oder Blogs. Oder Briefe. Die Frage ist: Wo ist die Zufahrt zu meinem viralen Kreislauf, wo findet das alles statt, wie sind die Response-Raten in meinem gewählten Medium? Facebook bietet zum Beispiel eine bessere Response als ein Brief, weil ich hier nur mit einem Mausklick weiterempfehlen kann im Gegensatz zu Papier, Tinte, Briefmarke und der Schlange im Postamt.

Dann muss ich meinen Funnel designen, d. h., welche Schritte muss ein User durchlaufen, um meine Idee zu verbreiten, sich bei Facebook anzumelden, auf Like zu klicken, Freunde hinzuzufügen etc.? Oder einfach nur auf den Teilen-Button zu klicken? Jeder einzelne Schritt sollte dabei wie ein Landing-Page angesehen und entsprechend durchoptimiert werden. Jeder Abbruch kostet im Zweifel wertvolle Einladungen, die ich über andere Kanäle nur schwer wieder kompensieren kann. Der Funnel sollte dabei so kurz und einfach wie möglich sein. Dann muss ich mir überlegen, was mein viraler Aufhänger ist. Woran halten sich die Leute fest? Was ist es, dass sie fasziniert? Wollen die Leute dein Ding auch wirklich nutzen? Und auch weitergeben? Du hast ein iPhone, das du zerhacken kannst? Super. Was kommt danach?

Schließlich müssen wir uns dann noch überlegen, wo wir unsere User auf den Viral Loop aufmerksam machen wollen. Habe ich eine eigene Website oder eine Facebook-Page, damit ich nicht bei null starten muss? Wo hänge ich das gute Stück ein? Macht es vielleicht Sinn, mit der Weiterempfehlung zu warten, bis die User mein Produkt genutzt haben? Oder ziehe ich den Schritt vor? Bei Groupon wird man z. B. schon bei der Registrierung zur Weiterempfehlung gebeten, obwohl man noch nicht mal einen Gutschein gekauft hat – vielleicht. Auch diese Zufahrt zu meinem Viral Loop sollte ordentlich getestet werden.

Alpar: Klingt gut. Und dann bekomme ich virales Wachstum heraus?

Patock: Das kann gut passieren. Grundsätzlich gibt es drei Faktoren, die das beschreiben: erstens den Anteil der User, die Empfehlungen verschicken, zweitens die Conversion-Rate auf diese Empfehlungen, d. h. die Anzahl neuer User pro Anzahl Empfehlungen, und drittens die durchschnittliche Anzahl von Einladungen pro User. Wenn man diese drei Kennzahlen multipliziert, erhält man den sogenannten „Viral Growth Factor" oder VGF. Ist dieser größer als 1, kann man von einem viralen Wachstum sprechen. Die Anzahl der ausgesprochenen Empfehlungen ist also „kriegsentscheidend", daher sollte mein Viral Loop so ausgestaltet sein, dass jeder User möglichst viele Einladungen versendet.

Alpar: Wunderbar. Dann vielen Dank für das Interview!

Patock: Bitte schön. Immer wieder gern.

7.5.2 Praxisbeispiele zu viralem Marketing

Negativ-Beispiel Nestle

Ein weniger glückliches Ereignis musste die Firma Nestle erleben. Ein von Greenpeace produzierter Clip sorgte für Entsetzen und Aufruhr und hatte sogar zur Folge, dass die Nestle-Facebook-Seite vorübergehend gesperrt war (Quelle: *http://www.youtube.com/watch?v=IzF3UGOlVDc*).

Ein Versuch der Firma Nestle, einen rufschädigenden Clip aus den Medien zu verbannen, brachte das Fass jedoch erst zum Überlaufen. Eine dadurch offensichtlich geplante Zensur sorgte für großes Aufsehen, da dies als Verschleierungstaktik aufgefasst wurde. Das Feedback der sich auf der Nestle-Facebook-Seite aufhaltenden Nutzer trug dementsprechend ungünstig zum Image des Unternehmens bei. Das Löschen besonders ausfallender Kommentare aus Seiten des Unternehmens sorgte daraufhin erneut für Aufruhr, vergleichbar mit dem sogenannten Streisand-Effekt.

Anhand solcher Beispiele ist leicht zu erkennen, dass das Ausmaß von Social-Media-Aktivitäten einen großen Einfluss auf das Ansehen eines Unternehmens haben kann. Die Möglichkeit der Nutzer, ständig Einblicke in diese Aktivitäten haben zu können, zieht gigantische Kreise nach sich.

Wie eine Botschaft jedoch im Web anerkannt wird, entscheiden nach wie vor die Internetnutzer. Weckt eine Botschaft Begeisterung, breitet sich diese rasant schnell im Web aus. Schockierende oder über das Ziel hinausführende Kampagnen können jedoch auch eine gegenteilige, meist weniger erfreuliche Wirkung erzielen. Eine sich immerfort ausbreitende Welle negativer Eindrücke kann sogar so weit führen, dass ein Unternehmen nahezu hilflos einem rufschädigenden Einfluss ausgeliefert ist (Quelle: *achinger.com/nestles-facebook-fanpage-entwicklung-einer-krise/*)).

Eine große Verantwortung müssen auch Mitarbeiter tragen, die über soziale Medien dem Kunden als direkte Ansprechperson gegenüberstehen und somit durch ihr Verhalten unweigerlich einen großen Einfluss auf das Image der Firma zu tragen haben. Unzureichend geschultes Personal kann für eine Firma, aus diesem Aspekt betrachtet, leicht zu einem enormen Risiko werden (Quelle: *http://manfredmessmer.ch/2010/03/23/nestle-im-social-network-kreuzfeuer/*)).

Erfolgreiches Beispiel: Starbucks

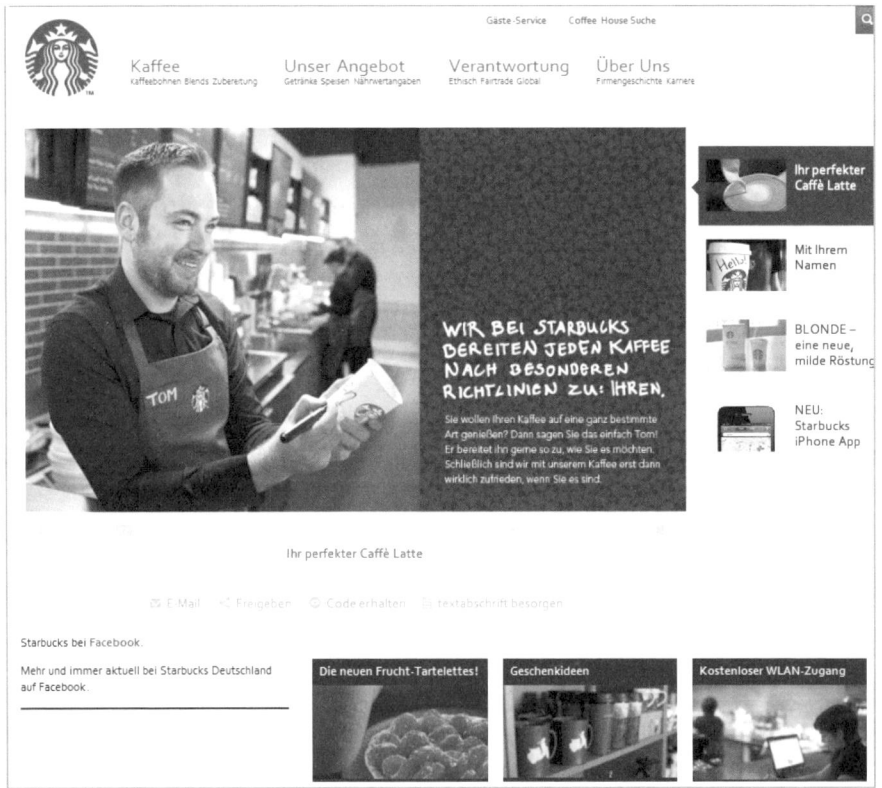

Abb. 72: Starbucks-Homepage.

Ein Unternehmen, das die Entscheidung trifft, die Möglichkeiten des viralen Marketings gezielt und effektiv für seine Werbezwecke zu nutzen, kann durch die geeignete Strategie eine Vielzahl potenzieller Kunden auf einfache Weise erreichen, wie ein anderes Beispiel zeigt. Die Firma Starbucks konnte durch einen gezielten Social-Marketing-Einsatz den Umsatz bedeutend maximieren, und zwar durch 5,7 Millionen Facebook-Fans und 775.000 Twitter-Follower (Quelle: *http://adage.com/digitalalist10/article?article_id=142202*).

Erfolgreiches Beispiel: Toyota

Die Firma Toyota konnte durch den Einsatz von gut ausgebildetem Personal über die sozialen Medien bezüglich eines Mangels der Bremsleistung auf die Hilfe suchenden Kunden eingehen. Die Mitarbeiter konnten auf die Fragen und Bedürfnisse der in Aufruhr geratenen Kunden gezielt eingehen und die angespannte Situation somit erfolgreich entschärfen. Dies weckte ein großes Vertrauen in das Unternehmen und trug zu einem positiven Image bei (Quelle: *http://adage.com/article?article_id=142335*).

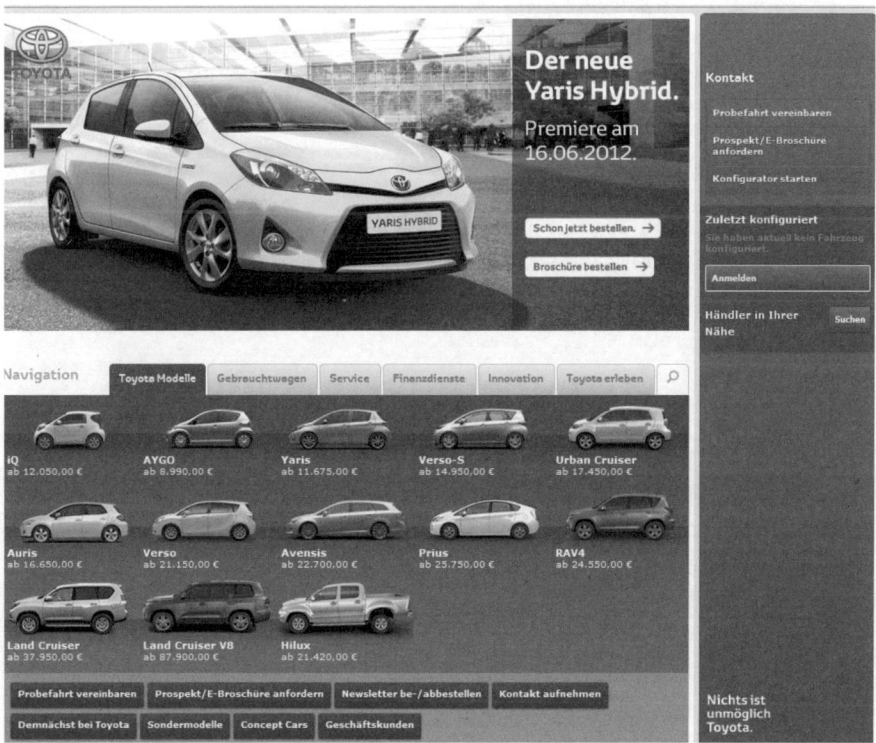

Abb. 73: Toyota-Homepage.

7.5.3 To-do- und Checkliste

Nachfolgend wird – wie bei jeder Checkliste am Ende des Kapitels – von drei Arbeitsphasen ausgegangen, die jeweils eine Vertiefung der Maßnahmen verkörpern:

➢ Phase 1: Vergegenwärtigung
➢ Phase 2: Reflexion
➢ Phase 3: Potenzialerkennung und Umsetzung

Virales-Marketing-Checkliste	1. Phase	2. Phase	3. Phase
Virale Prozesse konzipieren, implementieren, testen, verbessern			
Phasen des viralen Marketings – was sind Multiplikatoren in meiner Zielgruppe? Preseeding (Kampagnenvorphase, in der im ersten Schritt lediglich Informationsinhalte kostenlos zur Verfügung gestellt werden, um eine erste Sichtbarkeit in Suchmaschinen zu generieren, bevor nach 4–8 Wochen die Lead-Generierungsphase eingeläutet wird)			
Einbindung von Social-Media-Plattformen			
Einbindung von mobilen Plattformen			
Einbindung von Multimedia und Videos Crossmedia etc.			

8. Guerilla Marketing: offensive Werbung zu minimalen Kosten

Was ist Guerilla Marketing?

Guerilla Marketing ist eng verwandt mit viralem Marketing und zeichnet sich zusätzlich dadurch aus, dass sie meist unkonventionell, kreativ, kostengünstig, effektiv, überraschend, frech, flexibel, witzig, ansteckend und unberechenbar ist (*http://www.pr-wiki.de/index.php/Main/Guerilla Marketing*).

Kurz, Guerilla Marketing grenzt sich von „normaler" Werbung dadurch ab, dass es darauf abzielt, anders zu sein und aufzufallen. Es soll niemals als störend wahrgenommen werden.

8.1 Die Kunst, ungewöhnliche Marketingkampagnen zu kreieren

Nun werden die Bereiche des Guerilla Marketing betrachtet, und Fragen dazu, wie Guerilla Marketing im Kontext der Onlinewerbung zu betrachten ist, wie Guerilla-Kampagnen in der Onlinewerbung durchgeführt werden, was von der Strategie zur Taktik zu beachten ist und welche Instrumente für die Optimierung des Guerilla Marketing zur Verfügung stehen, werden beantwortet.

Die folgenden Bereiche können mit Guerilla-Marketing-Taktiken abgedeckt werden, wir werden sie im weiteren Verlauf dieses Kapitels vorstellen (siehe Abbildung 74).

8.2 Guerilla Marketing im Kontext der Onlinewerbung

Revolutionäre greifen den großen Mainstream der Markenprodukte an

Der Begriff „Guerilla Marketing" suggeriert, dass dabei „Revolutionäre" den großen Mainstream der Markenprodukte angreifen, überraschend und aus dem Hinterhalt, und durch ihre Aktionen Mitstreiter gewinnen, die sich für ihre Sache einsetzen. So war der Begriff auch ursprünglich besetzt, aufgrund des Erfolgs dieser Werbemaßnahme haben aber auch die bekannten Marken die Strategie adaptiert und führen Guerilla Marketing durch.

Abb. 74: Formen des Guerilla Marketing.

8.3 Wie können Guerilla-Kampagnen in der Onlinewerbung durchgeführt werden?

Rahmenbedingungen für die Durchführung einer Guerilla-Marketing-Kampagne

Zunächst einmal wird das Thema „Mitstreiter gewinnen" durch die elektronische Kommunikation erheblich unterstützt. Wenn Menschen die Kampagne per E-Mail verschicken, darüber twittern oder bloggen oder sie an ihre Pinnwände heften, kann sie sich schnell verbreiten. Dies kann vom Betreiber der Kampagne noch gefördert werden, wenn er beispielsweise Mailformulare oder Twitter-, Facebook- und Google+-Buttons integriert.

Der andere wichtige Aspekt ist, dass die Kampagne Menschen dazu animiert, sich für die beworbenen Produkte zu interessieren und sie auch anderen mitteilen zu wollen. Der Guerilla will nie das vorhandene System bewahren, er will es verwerfen und durch ein anderes ersetzen. Deshalb ist es im Guerilla Marketing auch wichtig, stets auf die Neuheit und Einzigartigkeit des Produkts hinzuweisen, darauf, was es vom Mainstream unterscheidet. Dies passiert auch nicht in den sonst in der Werbung üblichen Kategorien, wie dem günstigen Preis und der hohen Leistung, sondern in speziellen, außergewöhnlichen Details. Zuletzt müssen diese noch überraschen, witzig und mitreißend präsentiert werden.

Von der Strategie zur Taktik: Was ist genau zu beachten?

Der Link zur Kampagnen-Website sollte so breit wie möglich gestreut werden – ein kurzes, heftiges Sperrfeuer auf allen möglichen Kanälen, sodass möglichst viele Menschen denken, sie hätten sie als Erste aus ihrem Kreis gesehen, und deswegen hingehen und sie verbreiten. Werbung, von der Leute denken, sie hätte schon die Runde gemacht, wird nicht mehr verbreitet.

Die Site sollte erreichbar und schnell sein. Wenn die Kampagne Erfolg hat und Tausende von Aufrufen pro Sekunde generiert, sollte der Server dann nicht überlastet werden. Ebenso sollte der Verlauf der Kampagne in den sozialen Netzwerken und den Kommentarbereichen überwacht werden. Wenn Menschen, die auf die Kampagne stoßen, Fragen haben, sollten diese möglichst schnell beantwortet werden. Wenn es negative Kommentare gibt, sollten sie möglichst schnell und sachlich ausgeräumt werden, bevor die Stimmung kippt.

Das Ziel sollte es sein, die Menschen, die durch die Kampagne auf die Marke aufmerksam geworden sind, dauerhaft zu binden. Der Ablauf sollte darin münden, dass sich die Angesprochenen für einen Newsletter eintragen, Fan werden oder der Firma auf Twitter folgen. Da jeder Benutzer andere Wege bevorzugt, sich über Neuheiten zu informieren, sollten möglichst viele dieser Möglichkeiten alternativ angeboten werden.

8.4 Instrumente des Guerilla Marketing

Prof. Dr. Nufer[1] geht von drei verschiedenen Instrumenten des Guerilla Marketing aus:

➢ Low-Budget-Guerilla-Marketing,

➢ New-Media-Guerilla-Marketing und

➢ Out-of-Home-Guerilla-Marketing.

---

1 *http://www.koord.hs-mannheim.de/horizonte/h37_Nufer.pdf*

Alle drei Methoden haben den Schwerpunkt auf der Kommunikation, jedoch unterscheiden sie sich in der Herangehensweise. Die erste eignet sich für kleine bis mittelständische Unternehmen mit einem begrenzten Marketingbudget. New-Media-Guerilla-Marketing bindet neue Medien wie das WWW und den Mobilfunkmarkt mit ein, und die letzte der drei Methoden wird im öffentlichen Raum und an besonderen Locations angewandt.

8.4.1 Low-Budget-Guerilla-Marketing

Hier liegt der Schwerpunkt darin, die Zielgruppe mit kreativen und ausgefallenen Ideen direkt anzusprechen. Dabei geht es immer darum, Besonderheiten und Andersartigkeiten zu betonen. Dies können z. B. auffällige Visitenkarten mit einer einfachen und klaren Botschaft oder originelle Flyer und Give-aways sein, die von verkleideten Promotion-Teams verteilt werden.

Auch nutzt Nufer die folgenden Begriffe aus dem Guerilla Marketing, die sich allmählich im Fachjargon des Guerilla Marketing durchsetzen:

8.4.2 Guerilla Mobile

Guerilla Mobile beinhaltet die Übermittlung von Botschaften über Mobiltelefone, da heute das Mobiltelefon den Konsumenten jederzeit begleitet und dieser somit jederzeit erreichbar ist. Am praktischsten ist das Senden von SMS, da diese gegebenenfalls sogar an Freunde und Bekannte weiterversendet werden können, aber auch Social-Media-Angebote verlagern sich – gemeinsam mit den Nutzern – mehr und mehr auf mobile Plattformen (siehe Kapitel 10).

8.4.3 Sensation Marketing

Die Strategie des Sensation Marketing ist es, Menschen zu faszinieren und zu überraschen mit einmaligen, unkonventionellen und spektakulären Sensation-Marketing-Aktionen, um somit den „Wow-Effekt" zu erzielen. Solche medienwirksamen Aktionen werden an strategisch interessanten, stark frequentierten Orten ausgeführt, um ein hohes Maß an Aufsehen zu erregen.

8.4.4 Ambush und Ambient Marketing

Hier setzt der Unternehmer eigene Marketing- und Kommunikationsmaßnahmen zu großen Events an, ohne eine offizielle Genehmigung für die Präsentation eines Produkts vom Veranstalter zu besitzen.

Der Begriff Ambient Marketing ist wiederum Werbemitteln entlehnt, die als (Außen-)Werbung im direkten Lebensumfeld der Zielgruppe zum Einsatz kommen.

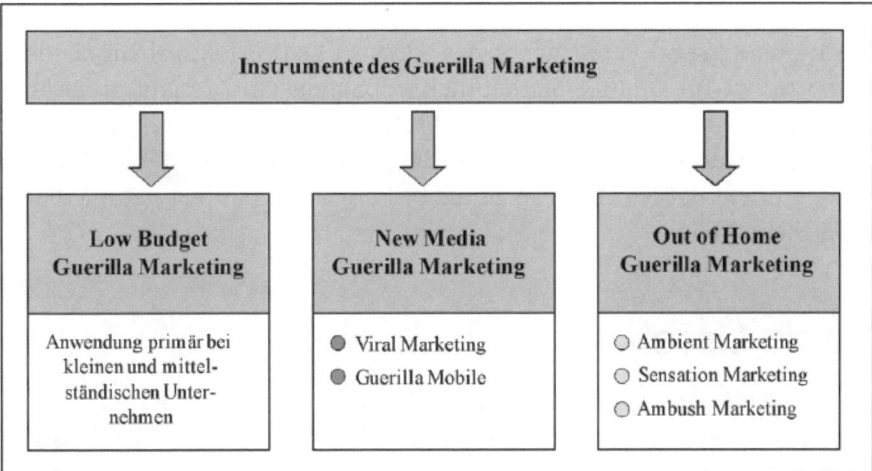

Abb. 75: Instrumente des Guerilla Marketing; Bildquelle: http://www.koord.hs-mannheim.de/ horizonte/h37_Nufer.pdf/S. 33.

8.5 Beispiele für erfolgreich praktiziertes Guerilla Marketing

Im Folgenden werden Guerilla-Marketing-Kampagnen vorgestellt, die sowohl beeindruckend als auch kostengünstig und einfach sind.

Guerilla-Marketing-Kampagne von IKEA

Eine andere Art der Guerilla-Marketing-Kampagne ist es, den Menschen die Möglichkeit zu bieten, sich mit den sie umgebenden Gegenständen selbstständig auseinanderzusetzen, sie zu berühren und zu benutzen. Ein Beispiel ist eine Ikea-Kampagne, in der eine Bushaltestelle in ein gemütliches Zimmer umgewandelt wurde (siehe *http://www.guerilla-marketing. com/weblog/ikea-guerilla-marketing-fur-einen-schoneren-alltag/117/guerilla-marketing-ideen*).

241

Das Beispiel zeigt deutlich, wie man in Großstädten Aufsehen erregen und dieses Aufsehen dann über die unterschiedlichen Onlinemarketingkanäle kommunizieren kann.

Guerilla-Marketing-Kampagne zum Mini-Cooper

Auch der Kleinwagen hat mit „aus der Reihe tanzenden" Kampagnen die Aufmerksamkeit wichtiger Käufergruppen auf sich gezogen (siehe *http:// blog.werbelaeufer.de/wp-content/uploads/2010/02/Guerilla_Marketing_mini-cooper.jpg*).

Zusammenfassend kann man sagen, dass es kein Erfolgsgeheimnis oder Patentrezept für Guerilla-Marketing-Kampagnen gibt. Es gibt große und provokante Kampagnen, andere sind scharfsinnig und clever, es gibt sehr kostspielige und wiederum andere, die günstig sind und dennoch einen großen Effekt haben. Dabei spielt die bisherige Bekanntheit natürlich eine zusätzliche Rolle.

8.6 To-do-Listen

Nachfolgend wird – wie bei jeder Checkliste am Ende des Kapitels – von drei Arbeitsphasen ausgegangen, die jeweils eine Vertiefung der Maßnahmen verkörpern:

➢ Phase 1: Vergegenwärtigung

➢ Phase 2: Reflexion

➢ Phase 3: Potenzialerkennung und Umsetzung

Guerilla-Marketing-Checkliste	1. Phase	2. Phase	3. Phase
Guerilla-Marketing-Prozesse konzipieren, implementieren, testen, verbessern			
Sensation Marketing			
Ambush/Ambient Marketing			
Phasen des Guerilla Marketing			
Einbindung von Social-Media-Plattformen			
Einbindung von mobilen Plattformen			
Einbindung von Multimedia und Videos Crossmedia etc.			

9. Crossmedia-Marketing: Warum Marketing nur auf das Internet beschränken?

Man fragt sich, wohin sich die traditionellen Medien (Print, TV, Radio, Kino etc.) entwickeln werden. Ihr Überleben scheint nur dann möglich, wenn sie einen Großteil ihrer marketing- und vertriebsseitigen Funktionen mit den hier aufgeführten Strategien und Praktiken des Onlinemarketings zu verknüpfen verstehen lernen.

Umgekehrt gilt es auch für Unternehmen, die bisher hauptsächlich auf Onlinemarketing gesetzt haben, zu überprüfen, welche Vorteile sich durch neue Zielgruppen per Kooperation mit Anbietern aus den traditionellen Medien bieten.

9.1 Crossmedia-Marketing: synergetisch Online- und Offlinekampagnen miteinander verknüpfen

Was ist Crossmedia-Marketing?

Die einseitige Fokussierung auf eine Form des Onlinemarketings lässt Potenziale brachliegen. Bereits seit mehr als zehn Jahren wird im Internet professionell geworben, so hat beispielsweise das E-Mail-Marketing bis heute mit hohen Streuverlusten zu kämpfen. Dies liegt nicht zuletzt daran, dass nur jeder zweite E-Mail-Marketer eine Segmentierung seines Publikums vornimmt, um mittels Targeting gezielt seine Zielgruppe anzusprechen. Ein Teilproblem mag darin bestehen, dass nicht jeder Werbeanbieter über die nötigen Kompetenzen für die Segmentierung und das Targeting verfügt, ein weitaus größeres Hindernis besteht im mangelnden Zugang zu umfassenden und aktuellen Kundendaten.

Crossmedia-Marketing: die koordinierte Abstimmung der Werbebotschaften einer Marke oder eines Unternehmens auf verschiedenen Werbekanälen

Was die Relevancy Group weiterhin als kritischen Faktor für den Werbeerfolg sieht – das betrifft beispielsweise Crossmedia-Marketing –, wird ebenfalls von der Mehrzahl der Werbenden nach wie vor vernachlässigt. Crossmedia-Marketing bezeichnet also die koordinierte Abstimmung der Werbebotschaften einer Marke oder eines Unternehmens auf verschiedenen Werbekanälen, sodass eine stimmige Botschaft unabhängig vom gerade verwendeten Endgerät oder Medium der Zielgruppe zugespielt werden kann. Stattdessen werben die meisten Marken mit separaten Kampagnen in den Bereichen Print, TV, Mobile oder Social Media, die so für den Kunden kein konsistentes Bild der Marke vermitteln, das sich langfristig einprägt und zudem unnötige Kosten aufgrund redundanter Planungsprozesse vermeidet.

Synergiemöglichkeiten von Smartphones/Tablets durch mobile Websites im Offline- und Social Media Marketing

Abb. 76: Crossmedia-Marketing rund um die Website; Bildquelle: http://ronhaggerty.files. wordpress.com/2010/10/hub-spoke_cross-marketing.jpg.

Facebook als Paradebeispiel für eine Crossmedia-Plattform

Wie schon mehrfach angedeutet, können Konzepte und Vermarktungs-
ideen an unzureichender Technik scheitern. Wie aber die neuste Technik
nutzen? Ein Paradebeispiel für das Nutzen der neusten Möglichkeiten ist
Facebook (siehe Kapitel 12.4.2).

Facebook hat sich im Laufe der Jahre mit Social Sharing etablieren können.
Um diese Führungsposition in Deutschland aufrechtzuerhalten, hilft man
sich mit Cross-Multimedia, also dem Verknüpfen verschiedener technischer Medien, um ein Produkt zu vermarkten. So wie sich das Internet
kontinuierlich entwickelt hat, haben sich auch die mobilen Telefone entwickelt.

Die sogenannten Smartphones nutzt man nicht mehr nur zum Telefonie-
ren oder Schreiben von Kurzmitteilungen. Vielmehr bieten sie dem Besitzer die Freiheit, sich im WWW über bestimmte Themen zu informieren,
E-Mails zu senden, den eigenen Kalender mit dem von Google zu synchronisieren u. v. m. – kurz gesagt, um sich im Web auszutoben, kann heutzutage bereits ein Handy genügen.

Wie Facebook dies zu seinen Gunsten nutzt, ist einfach zu beschreiben:
Facebook hat sich im Laufe der Zeit seinen Ruf als eine der besten Social-
Sharing-Seiten der Welt etabliert. Den Trend, immer und überall mobil zu
sein, hat Facebook für sein Konzept des Social Sharing erkannt und auch
mithilfe einer Gratis-Facebook-App dafür gesorgt, sich dem Zug der Zeit
anzupassen.

Kombination neuartiger technologischer Trends

Für die Onlinevermarktung heißt dies, mit der Zeit zu gehen, Trends zu erkennen, keine Scheu vor der neusten Technik zu haben und vorweg zu
wissen, was man eigentlich vermarkten möchte.

Die nachfolgende Abbildung nach Gray zeigt eine Darstellung, die diesen
Zusammenhang schön wiedergibt. Hier sind alle traditionellen und On-
linemedien sowie Kanäle dargestellt (Fernsehen, Telefon, Mobiltelefon,
Smartphone, iPod, Radio etc.) dargestellt. Auch sind die Verknüpfungen
danach spezifiziert, wie viel Bandbreite sie voraussetzen. Die Richtung der
Kommunition und Interaktion ist ebenfalls abgebildet (siehe Abbildung 77).

Abb. 77: Crossmedia-Plattform Delivery Universe; Bildquelle: http://www.flickr.com/photos/ garyhayes/3251671833/sizes/o/in/photostream/; Diagram by Gary P Hayes – http:// personalizemedia.com.

9.2 Crossmedia-Kampagnen – Funktion im Online- und Offlinebereich

In der New Media Economy geht es um die Nachfrage nach dem Leitmedium. Ist es das Fernsehen, der gute alte Printsektor oder vielleicht doch das Internet? Jedoch ist klar, dass jedes Medium seine Vorteile hat und dass der Mix eine clevere Lösung der Fragen darstellt.

Multikanalkommunikation

Jedes Medium, das zu einem Massenmedium wächst, braucht seine Zeit. So hat es circa 38 Jahre gedauert, bis die ersten 10 Millionen Deutschen ein Telefon besaßen. Rund 25 Jahre dauerte die Verbreitung des Kabelfernsehens, 10 Jahre die des Mobiltelefons, und etwa 5 Jahre hat das Internet zur Verbreitung benötigt. Mit der Innovationsgeschwindigkeit steigt die Endgeräte- und Medienvielfalt. Die Menschen in der westlichen Welt und zunehmend auch in anderen Erdteilen schwimmen mittlerweile in der Vielfalt der Informationsmöglichkeiten. Für den Marketingplaner und den

Medienmacher stellt sich jeden Tag von Neuem die Frage, wo die nächste große Welle anrollt.

Die Aufenthaltsdauer der Internetnutzer ist enorm gestiegen – auch dank crossmedialer Angebote

Mit den User-freundlicheren Anwendungen im Netz hat sich auch die Aufenthaltsdauer der Internetnutzer enorm gesteigert – von 44 Minuten (2005) auf 83 Minuten (2010). Bei den 14- bis 29-Jährigen, der neuen und bestimmenden Mediengeneration, stieg die Nutzungsdauer von 85 auf 144 Minuten. So stiegen auch die Werbeerlöse im Netz, während Print und TV starke Umsatzeinbußen verzeichnen mussten. Aber ist es wirklich so, dass Onlinemarketing die klassischen Marketingplattformen auffrisst? Ganz so ist es nicht. Passiert ist, dass sich Kommunikationskanäle ausdifferenzieren, indem die Vor- und Nachteile der vorhandenen Möglichkeiten gegeneinander abgewogen werden und aus besonders effizienten Synergien neue hybride Formen hervorgehen.

Die tägliche Nutzung des Fernsehers lag zwischen 2005 und 2010 bei 220 Minuten pro Person in der Gesamtbevölkerung. Unter den 14- bis 29-jährigen TV-Zuschauern sank der TV-Konsum zwar von 189 auf 151 Minuten, liegt aber immer noch höher als die 144 Minuten für das Internet. Der Sog ins Netz ist unverkennbar, und sicherlich wird sehr bald eine stärkere Fusion zwischen TV, Print und Netz eintreten. Idealerweise werden dann alle Medien in einer Cross-Marketing-Kampagne gebündelt.

Ausdifferenzierung der Kanäle nach Funktion

„Form follows Function" gilt auch im Medienbereich. Die Form des Informationsträgers wirkt auf verschiedene funktionelle Reize des Menschen. Von großem Vorteil im Offlinesegment ist der Aspekt der multisensorischen Reizung. Vor allem Geschmack, Duft und Haptik haben eine enorme Wirkung auf die Menschen, die Warenprobendistribution, die Verpackungsqualität einer Xbox oder eines Macs etc. Das alles sind starke Transportmedien. Sie hinterlassen laut Neuromarketing-Experten „somatische Marker" im Gehirn, sozusagen emotional verankerte Gehirnverbindungen, die die künftige Entscheidung positiv beeinflussen.

Die Evolution des mobilen Internets ist wegweisend. Anfänglich diente das Internet der Informationsbeschaffung, dann wurde es interaktiv und sozial vernetzt, und jetzt erleben wir den Sprung auf mobile Endgeräte.

Der Hyperlink-Faktor

Eine Entwicklung der nahen Zukunft ist heute bereits anzutreffen. Mit mobilen Endgeräten können Objekte abfotografiert werden, und sofort können im Gegenzug nützliche Informationen empfangen werden, z. B. mittels Augmented-Reality-basierten Technologien und Praktiken. So kann der User direkt an einer Kampagne teilnehmen, ein Imagevideo sehen oder einen Coupon gewinnen. Fotos, Autos, Plakatwände können alle mit Hyperlinks versehen werden, dort findet beispielsweise der Einsatz von QR-(Quick Response-)Codes immer mehr Verwendung.

Applikationen sind hier schon weit fortgeschritten. Die Applikationen von GEO, Guinness oder Louis Vuitton sind nahezu zeitgemäß perfekt modulierte mobile Anwendungen.

Wichtig bei jeglicher Strategie ist die Device-Strategie. Denn PCs, Smartphones, Tablets haben alle ihre eigenen Programmanforderungen und Kapazitäten.

Executive Know-how

Grundziel jeder Kampagne ist es, den Konsumenten auf mehreren Wegen zu erreichen, um den höchsten Share-of-Wallet und Share-of-Market zu haben. Die Funktion und spezifische Ausdifferenzierung der jeweiligen Kanäle zu erkennen und zu verstehen, ist Kernaufgabe eines erfolgreichen Marketers. Wie Kanäle tatsächlich funktionieren, weiß man aber erst nach dem Ende der Kampagne. Deswegen ist es klug, sich langfristige Modelle zu überlegen, die mit Justierungsoptionen bestückt sind. Neben bewährten Methoden lohnt es sich auch, ungewöhnliche Ansätze zu wählen, zu tracken und zu justieren.

9.3 Vorteile/Chancen und Risiken/Nachteile von Crossmedia-Marketing

Der lang bestrittene Übergang von Printmedien zu einer Vielzahl von Medienoptionen, Crossmedia-Marketing genannt, die durch eine solide Marketingstrategie unterstützt wird, ist aktuell dabei, sich fest auf dem Markt zu etablieren.

Dies hat sich gezeigt in der Studie „The Evolution of the Cross-Media Marketing Services Provider", die die Vorteile und die Herausforderungen, die dieser Umstieg mit sich gebracht hat, untersucht hat.

In der Studie hat sich herausgestellt, dass ein erfolgreicher Wandel in Crossmedia-Marketing einen großen organisatorischen Wandel anfordert. Unternehmen müssen neue Marketingansätze, Vertriebsmodelle, Preisstrategien und Vergütungsmethoden entwickeln. Sie müssen Geräte- und Softwareinvestitionen festlegen, die für die Bereitstellung dieser Dienste erforderlich sind. Ebenso benötigen sie ein solides Verständnis für die folgende Phase in der Entwicklung von Crossmedia- und Marketingdienstleistungen. Sie müssen sich überlegen, wie der künftige Markt Print-, Online-, Social, Mobile Media und andere Medien annehmen wird, daher kommt einer Crossmedia-Planung, die über Tellerränder hinausschaut, ein hohes Erfolgspotenzial zu, wie die nachfolgende Darstellung illustriert (siehe Abbildung 78).

Druckdienstleister (Print Service Provider) können beispielsweise den Wert der Crossmedia-Marketing-Dienstleistungen nachvollziehen und versuchen, auf diesen Trend hinzuarbeiten. Der werksinterne Markt (In-Plants) muss hingegen weiterkämpfen. Knapp 60 % der PSPs meldeten aktuelle Crossmedia-Angebote, die innerbetrieblichen Befragten hingegen nur 38 %. Darüber hinaus haben 40 % der In-Plants angegeben, dass sie auch in Zukunft keine Crossmedia-Marketing-Dienstleistungen anbieten werden. Die Print Service Provider, die aktuell Crossmedia-Marketing betreiben oder zumindest planen, diese zu betreiben, haben festgestellt, dass die größten Herausforderungen das Festlegen von Preisen und das Heranziehen von Kunden sind.

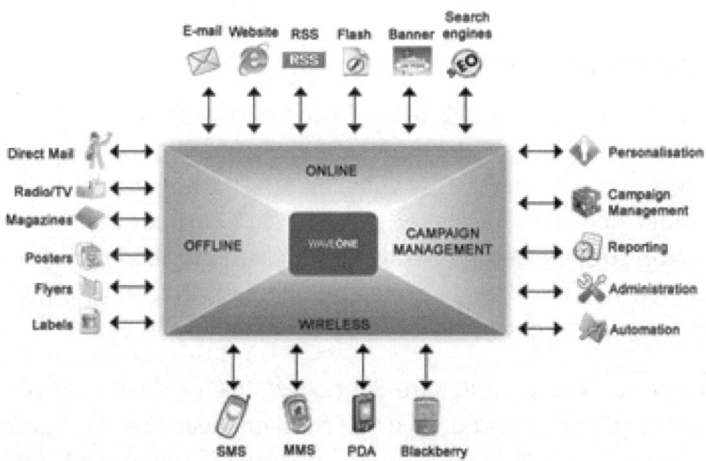

Abb. 78: Crossmedia-Marketing rund um die Kommunikation;
Bildquelle: http://www.interact.lu/img/cross-media_communication.jpg.

9.4 Planung und Durchführung von Crossmedia-Kampagnen

Multi-Channel- oder Cross-Marketing in Verbindung mit Social Media

Früher betrieb das Unternehmen Cisco Systems Direktmarketing aus vertriebsorientierter Sicht. Die Welle nach der Kampagne nahm zu und sackte dann wieder ab. Die Zeit dazwischen überbrückte Cisco mit Presseerklärungen. Der enorme Erfolg von Facebook brachte allerdings neue Möglichkeiten der permanenten Kommunikation. Der schließlich generierte Erfolg liegt in der Nutzung von Beiträgen auf Facebook sowie von Tweets, Corporate Blogs, Videos auf YouTube. Der Nutzer konnte nicht nur permanent in Echtzeit erreicht werden, sondern er konnte auch interaktives Feedback geben.

Die Entwicklung des Social-Media-Booms wurde bereits im „Cluetrain Manifest" (2010) beschrieben. Die Autoren sagten, dass ein natürliches Gespräch zwischen den Menschen auch die wahre Sprache der Wirtschaft sei, nämlich dass Unternehmen dann am besten arbeiten können, wenn der größtmögliche Kontakt zu den Menschen außerhalb des Unternehmens hergestellt ist. Fast alle DAX-30-Konzerne nutzen Social Media, vor allem in PR und Unternehmenskommunikation (70 %), Marketing (53 %), Kundenmanagement (47 %), Recruitment (37 %) und Vertrieb (22 %) (*http://www. cluetrain.com/auf-deutsch.html*).

Kreativität und Kommunikationstechnik

Genauso wichtig wie die strategische Ausrichtung bezüglich Kommunikationstechniken und -kanälen ist die kreative Idee und die Umsetzung. Auch hier werden die Anforderungen von Tag zu Tag höher. Denn die Kreativagentur oder der Marketingleiter müssen sich darüber im Klaren sein, dass eine zwei- bis dreistufige Mailwelle nicht mehr ausreicht. Hier muss man über den Response nachdenken, als Banner, Videofilm, Applikation, Broschüre, mobile Website etc.

Von der Kreation sowie der Technik wird ein hohes Maß an Flexibilität vorausgesetzt. Dennoch gilt noch immer: Welche Kernaussage kann ich durch alle Medien kommunizieren? Hat man diese Essenz gefunden und definiert, kann man Multi-Channel- oder Cross-Marketing perfekt strategisch angehen.

In-Game-Marketing

An dieser Stelle sei neben der Möglichkeit, Spiele in Form von Apps anzubieten, auch auf eine weitere Onlinemarketingmaßnahme hingewiesen, das sogenannte In-Game-Marketing, das Ihnen die unermesslichen Weiten der Welt der Spiele online und offline als Plattform eröffnet.

Der VW-GTI-Launch in den USA, für den der Spielehersteller Firemint ein exklusives Autorennen entwickelte, lag bei 2 Millionen US-Dollar. Dies ist ein Beispiel, das über das In-Game-Marketing hinausgeht und auf ein weiteres großes Marketingpotenzial im Offlinebereich zeigt. Die App wurde mehr als 4 Millionen Mal heruntergeladen. Damit wurde ein Anstieg von 80 % der generierten Leads gegenüber Offlineaktionen verzeichnet.

9.5 Erfolgsmessung bei Crossmedia-Marketing-Kampagnen

Keine einheitliche Definition von AdImpressions im Crossmedia-Marketing

Die Erfolgsmessung in der Werbeindustrie hat sich vom Ziehen von Schlussfolgerungen aus Experimentsituationen hin zur Messung von Real-World-Situationen verlagert. Dennoch besteht nach wie vor das Problem der Vergleichbarkeit der Erfolgsmessung beim Crosschannel-Marketing, denn es gibt keine einheitliche Definition dessen, was als AdImpression gilt, für die der Werbende letztendlich zahlen muss.

So bezahlt man bei US-TV-Werbeanzeigen einen Tausender-Kontakt-Preis (TKP) für AdImpressions, ohne zu wissen, ob wirklich 1.000 Menschen die eigene Werbung anschauen werden. Denn die TKP-Ad wird in einem Zeitfenster ausgestrahlt, in dem durchschnittlich 1.000 Personen fernsehen (sollten). Ob diese Personen tatsächlich in dem Moment zusehen, in dem die Werbung ausgestrahlt, wird kann niemand garantieren. Dies stellt für die Werbeerfolgsmessung nur dann kein Problem dar, wenn dabei sauber zwischen „Cost-Paid vs. Impact" unterschieden wird.

Es zählen die realisierten Geschäftsabschlüsse

Letztlich interessiert die werbenden Unternehmen vor allem der Impact einer Ad, denn am meisten zählen die so ermöglichten Geschäftsabschlüsse und nicht so sehr, wie viele Menschen eine Werbung gesehen haben.

Der gezahlte Preis für die Kampagne ist insofern interessant, als dass man diesen immer mit der erbrachten Gegenleistung abgleichen muss. Erst dann werden Vergleiche über mehrere Werbemedien hinweg möglich. Daher muss neben dem Impact auch die Exposure, also die Anzahl der Personen, die tatsächlich der Werbung ausgesetzt wurden, für eine umfassende Erfolgsmessung erhoben werden.

Neben Impact und Exposure ist die Impression eine weitere Kennzahl für die Werbeerfolgsmessung. Bei Printanzeigen entspricht die Impression der Anzahl der Leser, die eine Anzeige tatsächlich anschauen und diese nicht überblättern.

9.6 Praxiswissen kompakt, To-do-Checklisten und Webtipps

Nachfolgend sind Praxisbeispiele aus diesem medienübergreifenden Kanal dargestellt.

9.6.1 Praxisbeispiele

British Royal Mail

Onlinemarketing dient zurzeit als immer mächtiger werdender Kommunikationstreiber, der informiert und Begehrlichkeiten weckt. Social Media (siehe Kapitel 12) und Mobile Marketing (siehe Kapitel 10) erhöhen die Schnelligkeit, Aktualität und Interaktivität. Dennoch ist es eine hohe Kunst, alle Kanäle perfekt aufeinander abzustimmen. Bisher finden Sie das noch in keinem Lehrbuch, sodass nur Trial-and-Error-Prozesse helfen.

In diesem Kontext hat die britische Royal Mail (*http://www.mmc.co.uk/Knowledge-centre/*) folgende Effekte herausgearbeitet:

1. Stärkerer Aufmerksamkeitsgewinn und Akquisitionsmotivation.
2. Lange Aufmerksamkeitszeiten.
3. Hohe Recall-Werte.
4. Hohe Verkaufswerte.
5. Produkterlebnisse können so perfekt kommuniziert werden.

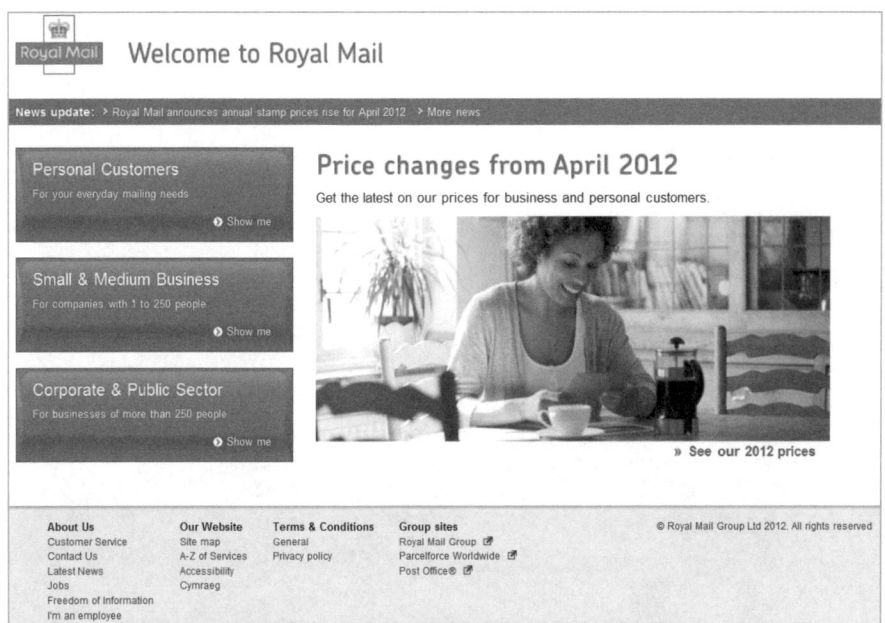

Abb. 79: Royal Mail-Homepage.

Best-Practice-Kampagne Multi-Channel-Marketing

Eine Marketingkampagne (*http://paybefore.com/WorkArea/downloadasset. aspx?id=17448*) laut den paybefore 2011 awards mit ausdifferenziertem Multi-Channel-Ansatz für Finanzdienstleister (FDL) brachte einige interessante Erkenntnisse.

Die Ziele waren:

1. Die Darstellung des zur Filiale führenden Produkts und die Generierung von qualifizierten Leads.

2. Der Vertrieb sollte durch einen Nachfragesog massiv unterstützt werden, da es sich um ein erklärungsbedürftiges Produkt handelte.

3. Verbesserung der Markenbekanntheit.

Abgedecktes Kanalspektrum

Da Erkenntnisse nur „on the job" gewonnen werden konnten, wurde ein breites Kanalspektrum abgedeckt:

> Mailings
> Directresponse-TV
> Events

253

> Anzeigen in Print
> Beilagen
> Banner
> Kampagnen-Microsite
> Filialplakate
> Telefonmarketing
> PR

Die nachfolgende Darstellung bildet diese Zusammenhänge ab.

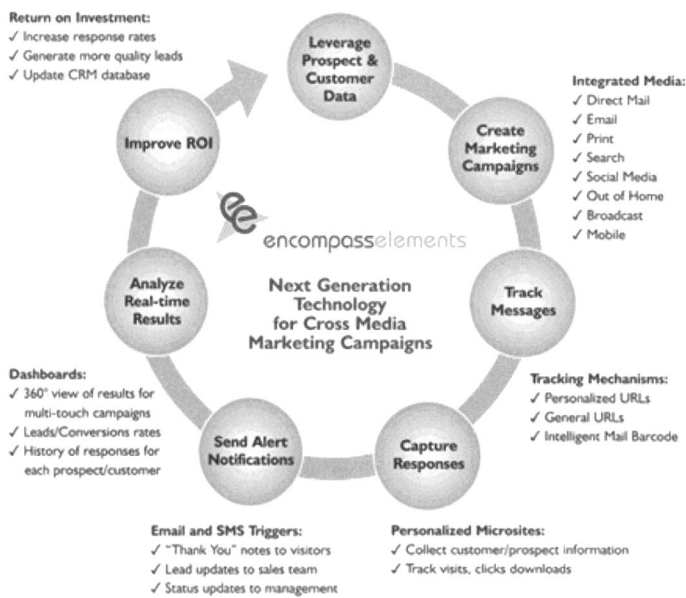

Abb. 80: Crossmedia-Marketing-Beispiel von encompasselements;
Bildquelle: http://www.encompasselements.com/images/EE_CrossMedia.gif.

Response-Fähigkeit der Werbemittel

Jedes Werbemittel war hierbei „Response-fähig" und ermöglichte eine messbare Reaktion des Empfängers auf den verschiedensten Kanälen. Über den gesamten Sales-Funnel, das heißt von der Prospects- und Lead-Gewinnung bis hin zum Produktabschluss in der Filiale, konnte die Response prozentgenau ermittelt werden. Auch ließen sich Cost-per-Interest (CDI) und Cost-per-Order (CPO) sowie das Return-on-Investment, der Kampagnen-ROI, errechnen. Das Kampagnentracking basierte auf der Logik des kybernetischen Regelkreises. Dies ermöglichte eine Feinjustierung der Kanäle während des Prozesses zur Erreichung eines idealen anzustrebenden Zustands. Den gewünschten Effizienzgewinn erreicht man vor allem durch Planung in längeren Horizonten.

Ergebnisse der Kampagne

Dies waren die Ergebnisse der Kampagne:

➢ 39,15 % aller in der Filiale gemachten Abschlüsse wurden aus Anzeigen und Beilagen gewonnen.

➢ 30,52 % wurde durch **P**oint-**o**f-**S**ale-(POS-)Materialien abgeschlossen.

➢ 24 % wurden durch **D**irect **R**esponse **T**elevision (DRTV) und Events erbracht.

➢ 3,68 % wurden durch Mailing generiert.

➢ 2,71 % durch wurden durch Onlineangebote generiert.

17 % alle Interessierten gingen auf die Kampagnen-Microsite. Und auch die Schaltkosten für das Internet waren günstiger. 55 % aller Erst-Responses erfolgten durch Print. Bevor es zu einer Terminabfrage kam, bestellten 91 % das Info-Package. Für diese Kampagne und für dieses Produkt war also Print das dominante Werbemittel, das durch Onlineinstrumente unterstützt wurde.

9.6.2 Checkliste

Nachfolgend wird – wie bei jeder Checkliste am Ende des Kapitels – von drei Arbeitsphasen ausgegangen, die jeweils eine Vertiefung der Maßnahmen verkörpern:

➢ Phase 1: Vergegenwärtigung

➢ Phase 2: Reflexion

➢ Phase 3: Potenzialerkennung und Umsetzung

Crossmedia-Marketing-Checkliste	1. Phase	2. Phase	3. Phase
Alle bisher ausgewählten Onlinemarketingformen bündeln, Synergien herausarbeiten etc.			
Kooperationsformen mit Printmedien			
Kooperationsformen mit TV-Medien			
Kooperationsformen mit Radiomedien			
Kooperationsformen mit In-Game-Marketing			

10. Mobile Marketing: Onlinemarketing unabhängig von Geräten und Plattformen

In Kapitel 2.8 wurden einleitend die Herausforderungen und das Potenzial, das das emergierende Mobile Marketing bietet, hervorgehoben, und es wurde dabei auf Bereiche und Taktiken des Mobile Marketing sowie auf Marktentwicklungen eingegangen. Jetzt nehmen wir die Vorzüge des Mobile Marketing genauer unter die Lupe, und Sie lernen die neusten Techniken und Praktiken kennen, die sich derzeit im Onlinemarketing am besten durchsetzen.

10.1 Marktentwicklung und Statistiken zum Mobile Marketing

Nun präsentieren wir Ihnen einleitend die Marktzahlen, Komponenten des mobilen Internets, Fakten zum emergierenden Mobile Marketing und ein Interview mit Pelle Boese – Geschäftsführer der gjuce GmbH.

10.1.1 Marktzahlen

Mobiles Internet – der Zukunftstrend schlechthin

Das mobile Internet wird immer wieder als Zukunftstrend bezeichnet, und tatsächlich ist es so, dass diese Technologie in Kombination mit den Inhalten so viele Entwicklungsmöglichkeiten bietet, wie es Individuen gibt. Im Jahr 2010 hat das mobile Internet endlich seinen Durchbruch geschafft. Laut Statistischem Bundesamt ist die Nutzung allein 2010 bundesweit um 78 % gestiegen, von 9 % (2009) auf 16 % (2010). Die BITKOM geht davon aus, dass der Kauf von Smartphones 2011 noch mal um 36 % gestiegen ist. Smartphones sind die Treiber der Entwicklung, deren Zahl 2011 auf 10,1 Millionen gestiegen ist. Zu der steigenden Nachfrage bieten die Mobile Network Operator ab diesem Jahr auch mit LTE (**L**ong **T**erm **E**volution) ein Hochgeschwindigkeitsnetz an, das dem Nutzer die Möglichkeit gibt, mit einer Geschwindigkeit von bis zu 100 MBit/s zu surfen.

Angeheizt wird die Entwicklung durch eine hohe Innovationsvielfalt bei mobilen Endgeräten

Weiter beschleunigt wird die Entwicklung durch Tablet-PCs. Diese wurde vor allem durch den Verkauf von iPads verstärkt, von denen es mittlerweile 15,7 Millionen auf dem Markt gibt. Das iPad 3 zeigt, dass sich dieser Trend verstärken wird. Die Wettbewerber nutzen Android 4.0 und gewinnen immer mehr Nutzer.

Die Werbeindustrie sieht enormes Potenzial

Auch die Werbeindustrie sieht enormes Potenzial. Der Bundesverband der Deutschen Digitalwirtschaft verzeichnet eine Steigerung der gebuchten Kampagnen in Deutschland um 50 % im ersten Halbjahr 2010. So wurde auch im Jahr 2010 mit den „Mobile Facts" erstmals eine offizielle Handelswährung für das Medium Mobile Marketing als Einheitswährung eingeführt.

Mobile vs. the old "Online"

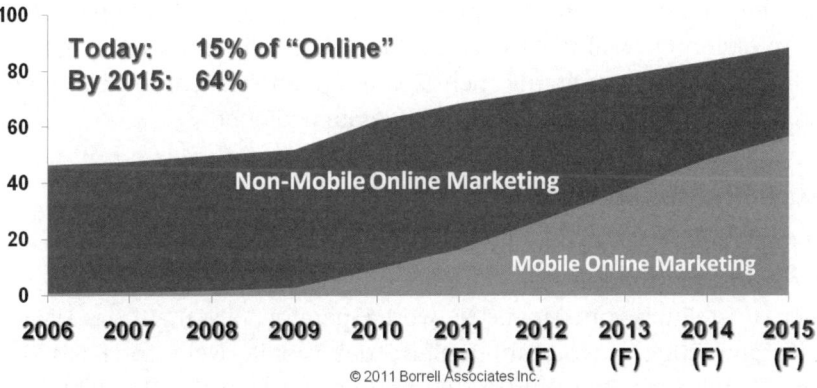

Abb. 81: Mobile Marketing vs. Onlinemarketing; Bildquelle: http://ipcarrier.blogspot.com/ 2011/03/mobile-marketing-will-cannibalize.html.

10.1.2 Komponenten des mobilen Internets

Drei Komponenten definieren das mobile Internet:

➢ die Nutzung eines mobilen Endgeräts,
➢ die Nutzung des Mobilfunknetzes,
➢ eine mobile Nutzungssituation im Alltag.

Diese drei Hauptkomponenten eröffnen die Möglichkeit, die verschiedenen Szenarien durchzuspielen und Anwendungen dafür zu entwickeln. Allerdings verschwinden auch immer mehr die Grenzen zwischen mobil und stationär.

PC, Laptop, Netbook, Tablet-PC und Smartphone

Die Entwicklung bot zahlreiche Meilensteine, so zum Beispiel der Faktor, dass 2008 erstmals mehr Laptops als Desktop-PCs verkauft wurden. Die Laptops ermöglichten es, auf einfache Weise per WLAN-Anbindungen oder Surfsticks im Internet zu surfen. Die Nutzungsinhalte sind eigentlich identisch. Was sich ändert, sind Komfort sowie Pros und Kontras während der Nutzung. Einen Desktop-PC kann man nicht auf die Couch mitnehmen, dafür muss man mit einem Laptop permanent Strom- oder Netzquellen suchen.

Der erste Rechner, der eigens für die Nutzung des Internets entwickelt wurde, ist das Netbook. Der Erfinder ASUS sah als Zielgruppe Kinder und Familien an, die kostengünstig PC und Internet nutzen wollten. Die Vorteile sind geringe Größe und Gewicht mit einer langen Akkulaufzeit. Die klassischen Netbooks werden immer stärker von Tablet-PCs angegriffen. So ist im ersten Quartal 2011 der Kauf von Netbooks um 40 % eingebrochen. In Zukunft kann man mit mehr Zwittersystemen rechen, die sich der besten Eigenschaften verschiedener Endgeräte bedienen.

Feature-Phones werden von Smartphones verdrängt

Der Ähnlichkeit der Merkmale folgend, gibt es eine Entwicklung vom Handy zum Smartphone. Die Verdrängung des Handys wurde begleitet von der Umstellung vom Mobile-Network-Operator (MNO) auf das UMTS-Netz im Jahr 2004. Zuvor funktionierte das mobile Netz auf Basis des Wireless Application Protocol (WAP) und bot nur ärmliche Möglichkeiten im Vergleich zu den stationären Internetoptionen. So konnte endlich die User-Experience enorm erweitert und auch mobil lebhaft gemacht werden. Die Innovation der Firma Apple war das iPhone, die Benchmarks für Smartphones gesetzt hat. Eine weitere Revolution war die erfolgreiche Nutzung des Touchscreens. Somit wurde das Gerät endlich haptischer, benutzerfreundlicher und sogar emotionaler gemacht. Endlich konnte man ein technisches Gerät streicheln und somit effektiv arbeiten oder Unterhaltung genießen. Hinzukommend, war diese Erfahrung personalisiert und auf die eigenen Bedürfnisse zugeschnitten. Im Vergleich zu den klassischen „Feature-Phones" sind die „Smartphones" wahre Wundertüten.

Tablet-PCs

Ähnlich wie Apple die Benchmarks mit dem iPhone setzte, so tat es die Firma auch 2010 mit dem iPad. Dieses Gerät füllt die Lücke zwischen Smartphones und Laptops. Anstelle der von der BITKOM für 2011 erwarteten 1,5 Millionen verkauften Tablet-PCs in Deutschland wurden 2011 2,1 Millionen verkauft (*http://www.heise.de/resale/meldung/Bericht-Mehr-als-2-Millionen-Tablets-in-Deutschland-verkauft-1395058.html*)!

Diverse Anbieter hatten auf der CeBIT 2011 mehr als 40 Versionen vorgestellt. Mögliche Nutzungssituationen werden nun aufgezeigt.

Mobile Macht: Smartphone und Tablet

Die Nutzungsmöglichkeiten haben sich enorm verändert. Man spricht davon, dass die klassischen PCs in einer arbeitenden Haltung „lean forward" genutzt werden, während der Tablet ein „lean backward"-Gerät ist und das Smartphone „on the go". Tatsächlich ist es so, dass der klassische PC mit QWERT-Tastatur und Maus aufrecht sitzend als Arbeitsgerät genutzt wird. Der Tablet-PC dient dazu, ein Spiel auf dem Bett zu spielen oder sich ein Spiel mit einem Onlinefreund auf der Couch zu gönnen. Das Smartphone kann all das auch, ist nur durch den kleinen Bildschirm eingeschränkt, dafür aber immer mobil. Sowohl Tablet-PCs als auch Smartphones sind mittlerweile „always on", sie müssen nicht hoch- oder runtergefahren werden. Es sind Geräte, die niemals schlafen und immer wichtiger und persönlicher für die Menschen werden. Damit steigt auch ihr persönlicher und gesellschaftlicher Wert.

Für Smartphone und Tablets lassen sich Nutzungsszenarien definieren, die bei der Kreation einer mobilen Website oder einer App von Bedeutung sind.

Die kostenlose Struktur des Internets ist der Aspekt, der das Mobile Marketing zum wichtigen Marketinginstrument werden lässt. Der heutige Internetnutzer erwartet, möglichst ohne Zuzahlung seine Informationen abzurufen, und ist mit der werbefinanzierten Kultur des Internets vertraut und setzt diese voraus.

Im Fall des mobilen Internets kann der Nutzer noch besser das digitale Interaktionsangebot nutzen. Die Information ist lokal, zeitnah und flexibel für den Nutzer abrufbar. Der Nutzer kann aber auch da, je nachdem, wo er sich gerade aufhält, direkt zu einer situationsspezifischen Thematik informiert werden. Dieses Zusammenspiel

> ➢ der „Offlineebenen",
> ➢ der „Onlineebenen" und
> ➢ des Mobile Marketing

bildet die Grundlage für die nahe Zukunft des Webs mit hochvernetzten, mobilen, durchdringenden Plattformen.

10.1.3 Das emergierende Mobile Marketing

Das emergierende Mobile Marketing ist dank der neuen UMTS-basierten Smartphone-Generation, die multimediale Inhalte ausführen kann, und der damit verbundenen hohen Verbreitung eine unverzichtbare und lohnende Investition für Onlinemarketingkampagnen.

Mobile Marketing als Erfolgsmodell der Zukunft

Mobile Marketing gilt als Erfolgsmodell der Zukunft. Die technische Weiterentwicklung des mobilen Internets und die Tatsache, dass uns mobile Geräte inzwischen überall begleiten, macht Mobile Marketing immer relevanter. Innerhalb des Marketings werden Möglichkeiten eröffnet, die durch die Unmittelbarkeit der Information im Web via Smartphone ein ganz neues Kapitel, vergleichbar mit der Verbreitung von Mobiltelefonen, bedeuten. Dabei wird das Web 3.0 als der Markt der Zukunft angesehen. Der Umgang mit Mobile Marketing eröffnet laufend neue Marktbereiche, die den Unternehmen zahlreiche Erfolgsfaktoren versprechen.

Mobilfunkanbieter besitzen bundesweit 80 Millionen Nutzerdaten, die als potenzielle Zielgruppe von Mobile Marketing für groß angelegte Markteinführungskampagnen die nötige Größe aufweisen, um refinanzierte Werbung erfolgreich durchführen zu können (Quelle u. a.: *http://legal-online-geld-verdienen.com/geld-verdienen-2/mobile-marketing-formel-mack-michales-14*).

Das Wachstum der Nutzung des mobilen Internets – ca. eine Verdreifachung von 2008 bis 2013 ist vorhergesagt – ist mit der entsprechenden Marketingentwicklung verbunden, die weit höhere Anstiege der Umsätze des mobilen Marketings feststellt und vorhersagt.

10.1.4 Interview mit Pelle Boese – Geschäftsführer der gjuce GmbH

Pelle Boese ist SEO der ersten Stunde und Geschäftsführer der gjuce GmbH, die er gemeinsam mit Heiko Riffeler im Jahr 2009 gegründet hat. Zuvor war er als SEO- und Technical-Consultant bei einem führenden Mobile-Technologie-Anbieter beschäftigt. Dort verantwortete er die Erstellung und den Betrieb von Mobilportalen für namhafte Kunden.

Abb. 82: Pelle Boese – Geschäftsführer der gjuce GmbH.

Alpar: Lohnt es sich für jeden Webmaster, eine mobile Website anzubieten?

Boese: Das hängt natürlich vom jeweiligen Angebot ab. Insbesondere davon, wie relevant der Service für die mobile Nutzung ist und ob die bestehenden Monetarisierungsmodelle auch mobil funktionieren.

Die mobile Relevanz für die Nutzer lässt sich sehr einfach aus den Webstatistiken ablesen. Mit der aktuellen Version von Google Analytics lässt sich exakt feststellen, wie hoch der Anteil mobiler Nutzer ist und welche Geräte diese verwenden. Zudem lässt sich das Nutzerverhalten für mobilen Traffic separat ausweisen. Je nach Inhalt der Website wird der Anteil des Mobile Traffic zwischen 5 und 30 % betragen. Um ein Beispiel zu geben: Google hat Anfang 2011 bekannt gegeben, dass 19 % aller Suchanfragen zum Thema „Hotel" bereits über mobile Geräte stattgefunden haben. Deutschlands Markführer HRS rechnet damit, dass in den nächsten zwei Jahren auch 20 % aller Buchungen über mobile Kanäle erfolgen werden. In bestimmten Branchen ist die Relevanz des Mobile Web also heute schon völlig unbestritten und eine signifikante Erlösquelle.

Alpar: Gibt es Beispiele, bei denen du sagen würdest: „Mensch, Leute, hier macht Mobile wirklich keinen Sinn."

Boese: Wenn mein Angebot eine Zielgruppe anspricht, die deutlich über 60 Jahre alt und tendenziell technologiefern ist, sollte man eine Investition in eine mobile Website kritisch prüfen. Spätestens seit mein Vater mir zu Weihnachten sein erstes Smartphone präsentiert hat, bin ich mir aber sicher: Diese Zielgruppen sind vom Aussterben bedroht.

Alpar: Auf welchen Plattformen und Betriebssystemen muss eine mobile Website laufen?

Boese: Mit Android und Apples iOS haben sich zwei mobile Betriebssysteme etabliert, die 80 bis 90 % der mobilen Nutzung ausmachen und an denen kein Anbieter vorbeikommt. Viele Anbieter sind somit gut beraten, ihre mobilen Angebote aus wirtschaftlichen Gründen auf diese beiden Plattformen zu fokussieren. Sind meine Kunden aber z. B. in erster Linie Geschäftsleute, muss BlackBerry als relevante Plattform berücksichtigt werden. Bevor also die Plattformentscheidung getroffen wird, muss sich jeder Website-Betreiber ein Bild von der Smartphone-Nutzung seiner Zielgruppe machen. Darauf basierend, kann dann die Entscheidung getroffen werden, ob eine mobile Website, eine App für jedes Betriebssystem oder beides notwendig ist.

Alpar: Welche Themenbereiche werden mobil besonders stark nachgefragt und gesucht?

Boese: Da die mobile Nutzung oftmals unterwegs erfolgt, findet sich häufig ein lokaler Bezug in den Suchanfragen. Adressen von Ladenlokalen und Hotels, Öffnungszeiten von Restaurants, Abfahrtszeiten und Fluginformationen etc. sind Beispiele für solche Suchanfragen.

Alpar: Heißt das also, jedes Restaurant und Hotel sollte eine mobile Website betreiben?

Boese: Es muss in jedem Fall sichergestellt sein, dass die Nutzer die gewünschten Informationen auch mobil finden. Für den Döner-Mann um die Ecke reicht dafür eine kleine mobile Microsite und ein professionell gepflegter Google-Places-Eintrag, was mit überschaubarem Aufwand umzusetzen ist. Die Kundschaft eines Sternerestaurants erwartet vermutlich einen ansprechend gestalteten mobilen Auftritt.

Alpar: Wonach suchen mobile Nutzer denn außerdem?

Boese: Zeitabhängige Informationen werden sehr häufig gesucht: Sportergebnisse, Aktienkurse und News. Mobile Nutzung findet aber nicht per se unterwegs statt, sondern häufig vor dem Fernseher (lean backward) und in gekachelten Räumen (lean forward). Hier geht es dann häufig um Zusatzinformationen zum laufenden Programm oder um Zeitvertreib. Und dann ist Mobile Commerce natürlich ein ganz großes Thema.

Alpar: Aber geht es bei Mobile Commerce nicht eher um Informationen zur Kaufvorbereitung als um echte Verkäufe, die mobil durchgeführt werden?

Mobile Commerce hat viele Facetten: angefangen beim Preisvergleich am Point-of-Sale bis hin zum Onlinekauf mit dem Smartphone. Man wundert sich, dass sich immer wieder Nutzer in den Webstatistiken finden, die sich durch den Check-out-Prozess von normalen Onlineshops quälen und mit Smartphones dringend benötigte Produkte einkaufen. Natürlich geben die meisten Nutzer schnell auf, wenn der Shop nicht für mobile Geräte optimiert ist. Biete ich diesen Nutzern aber Mobile-Shops an, lassen sich exzellente Conversion-Rates beobachten. Zudem sind Smartphone-Nutzer tendenziell innovativ und kauffreudig. In einem Kundenprojekt lag die durchschnittliche Bon-Höhe des Mobile-Shops sogar über der des Onlineshops.

Alpar: Kommen wir zu den technischen Herausforderungen einer mobilen Website. Welche URL-Schemata empfiehlst du aus SEO-Perspektive?

Sofern es sich um die mobile Version eines bestehenden Onlineangebots handelt, ist eine mobile Subdomain die beste Wahl. Sämtliche URLs der mobilen Website – von der Startseite bis hin zu Detailseiten – unterscheiden sich im Idealfall nur durch die vorangestellte Subdomain, z. B. *m.ebay.com* statt *www.ebay.com*.

Alpar: Sind mobi-Domains denn nicht sinnvoller?

Boese: *mobi*-Domains kann man nutzen, wenn es sich um ein neues rein mobiles Angebot handelt. Ansonsten ist die mobile Subdomain immer zu präferieren. Hierbei profitiert man vom Trust und der Linkpower der Hauptdomain, die oft schon viele Jahre erfolgreich für Suchmaschinen optimiert wurde.

Alpar: Und wie sieht es mit Onpage-Maßnahmen für mobile Websites aus, funktioniert das genauso wie bei normalen Websites?

Boese: Im Prinzip lassen sich alle Onpage-Maßnahmen analog von der Online-Website auf die mobile Website übertragen. Seitentitel, Überschriften etc. sollten also im Quelltext möglichst gleich ausgezeichnet werden. Damit erkennen Suchmaschinen-Bots auch, dass es sich bei der mobilen Seite um eine angepasste Darstellung der vorhandenen Website handelt, die inhaltlich völlig deckungsgleich ist. Diese Voraussetzung sollte erfüllt sein, bevor die beschriebenen Weiterleitungen umgesetzt werden.

Eine Grundregel ist dabei unbedingt zu beachten: Bei der Weiterleitung müssen die Suchmaschinen-Bots genau so wie normale Nutzer behandelt werden.

Der Googlebot mobile, der sich als Smartphone zu erkennen gibt, wird also auf die mobile URL weitergeleitet, und der normale Googlebot wird vom Mobilportal wie ein Desktopbrowser auf die normale Website geschickt.

Alpar: Wie verhindere ich, dass normale Desktopnutzer über Suchmaschinen auf die mobile Site gelangen statt auf die normale Version?

Boese: Dafür gibt es technische Lösungen. Anhand des User-Agents, den jeder Browser an den Webserver mitsendet, lässt sich erkennen, ob es sich um einen Desktopbrowser oder ein Smartphone handelt. So lässt sich jedes Gerät automatisch auf die URL mit der passenden Darstellung weiterleiten. Smartphones gelangen so von allein auf das mobile Portal. Und verirrt sich mal ein Desktopnutzer darauf, kann er auf die normale Website umgeleitet werden. Das technische Setup dieser Geräteerkennung und -weiterleitung ist nicht immer trivial. Bisher haben wir aber immer eine Lösung gefunden.

Alpar: Wie sehen die mobilen Suchergebnisse aus? Gibt es Unterschiede zu den Desktopergebnissen?

Boese: Aktuell entsprechen die generischen Suchergebnisse auf Smartphones in ihrer Reihenfolge exakt den Ergebnissen, die auch auf Desktops ausgeliefert werden – inklusive der Universal-Search-Elemente, wie Places, Bilder, News etc.

Google hat kürzlich die Einführung eines speziellen Smartphone-Bots bekannt gegeben. Dieser macht Folgendes: Der Bot gibt sich als iPhone aus und ruft die bekannten Desktop-URLs auf. Findet hier eine Weiterleitung von iPhones statt, wird auch der Smartphone-Bot weitergeleitet und findet so die Mobile-URL. Mithilfe dieser Information zeigt Google in den Search-Engine-Result-Pages – SERPs – Smartphones künftig direkt die Mobile-URL an, auf die der Nutzer dann ohne Redirect gelangt.

Diese Neuerungen, die wir bereits in den deutschen SERPs beobachten können, haben zweierlei Auswirkungen: Erstens gelangt der Nutzer schneller auf die Zielseite, weil die Weiterleitung entfällt. Zweitens erkennt der Nutzer bereits in den SERPs, ob er nach dem Klick auf eine normale Desktop- oder eine mobile Site gelangt.

Alpar: Spannend! Das bedeutet also, dass mobile Websites in den Suchergebnissen eindeutig sichtbar sind?

Boese: Genau! Vorausgesetzt, die Redirects werden Google-konform umgesetzt. Dann haben Anbieter von mobilen Services zudem die Möglichkeit, ihre Klickraten zu steigern, weil der Nutzer mobile Seiten auf dem Smartphone bevorzugt anklicken wird.

Alpar: Siehst du weitere spezielle mobile Änderungen seitens Google auf uns zukommen?

Boese: Google wird beobachten, wie die Nutzer mit den neuen Mobile-SERPs umgehen. Ich gehe davon aus, dass diese Erkenntnisse in ein spezielles Mobile Ranking münden werden, in dem Zielseiten, die von Smartphone-Nutzern besonders häufig angeklickt werden, bevorzugt werden.

Alpar: Wie kann ich jenseits des Direct-Traffic Nutzer für meine mobile Website generieren?

Boese: Zunächst gilt das Vorgenannte: Mobile SEO – also die Weiterleitung von generischem Search-Traffic auf das Mobilportal – sollte immer eine tragende Säule bei der Traffic-Generierung bilden: Der mobile Nutzer generiert aufgrund der höheren Usability deutlich mehr PI und Transaktionen als auf dem schlecht nutzbaren Onlineportal.

Außerdem steht Anbietern von mobilen Services der gesamte Onlinemarketingmix – von CPM bis CPX – mittlerweile auch mobil zur Verfügung. Besonders interessant sind Facebook und Google-Anzeigen. Facebook ist eine hochinteressante Traffic-Quelle mit ungefähr 30 bis 40 % mobiler Nutzung.

Alpar: Gibt es denn bei der mobilen AdWords-Schaltung Besonderheiten, die man bei normalem SEM gar nicht auf dem Radar hat?

Boese: Google bietet mobil zusätzliche exzellent ausdifferenzierte Targeting-Möglichkeiten. So lassen sich beispielsweise ganz gezielt Android-Nutzer aus der Region Berlin mit einem Vodafone-Vertrag ansprechen. Und natürlich geht dies nicht nur mit den altbekannten Textanzeigen, sondern mit aufmerksamkeitsstarken Display-Werbemitteln. Nutzt man diese Möglichkeiten intelligent aus, erzielt man Conversion-Rates, von denen man bei vergleichbaren Desktopkampagnen nur träumen kann.

Alpar: Danke für das Interview!

Boese: Gern.

10.2 Bereiche des Mobile Marketing

Die unterschiedlichen Bereiche des Mobile Marketing stellen wir Ihnen als Nächstes anhand von Plattformen und Branchen im Mobile Marketing, auf sozialen Medien und anhand des Mobile Shopping dar.

10.2.1 Plattformen und Branchen im Mobile Marketing

Die Plattformen und Branchen, auf bzw. in denen derzeit erfolgreich Mobile Marketing betrieben wird, sind sehr vielfältig. Aus allen Bereichen der Medien kommen täglich neue Angebote für mobile Endgeräte auf den Markt und vermischen sich mit neuen technologischen Standards. Aus der nachfolgenden Abbildung geht die immense Bandbreite des Markts für mobile Produkte und Dienstleistungen hervor, die im Kontext des Onlinemarketings interessant sind.

Umsätze der traditionellen Werbung sinken

Betrachtet man – wie schon angedeutet – die Bilanz der derzeitig klassisch verbreiteten Printmedien, des Fernsehens etc., muss man feststellen, dass die Umsätze deutlich sinken. Ein Wachstum wird derzeit allein bestimmt durch neue Innovationen im Sinne gigantischer Netzwerke, die Erfolge in einem noch größeren Rahmen versprechen.

Ein großer Durchbruch ist im Bereich Mobile Commerce bereits zu beobachten. Die Senkung der Übertragungskosten brachte eine erfreuliche

Steigerung der Nutzung mit sich. Ansprechende Angebote über mobile Endgeräte bedeuten somit für viele Unternehmen bereits eine beachtliche Umsatzsteigerung.

Abb. 83: Die Plattformen des Mobile Marketing.

10.2.2 Mobile Marketing auf sozialen Medien

Mobile Communitys als weiterer Boost-Faktor im Onlinemarketing

Mobile Internetaktivitäten in Communitys und Foren sowie spezielle Aktionen, die damit verbunden sind, können dem Kunden Anreize geben, innerhalb einer Community die Marke – jenseits des Produkts – als Verbindungspunkt wahrzunehmen. Eine solche Wahrnehmung kann die Markentreue stark erhöhen und Identifikation mit der Marke schaffen.

Zahlreiche Kanäle und Kommunikations- bzw. Werbemittel, und zwar die der traditionellen Medien (Print, Außenwerbung, TV, Radio, Direct Mail), sind mit mobilen Plattformen verknüpft. Dabei wirken sogenannte Pull- und Push-Mechanismen. Bei Pull-Mechanismen extrahieren die Nutzer die Inhalte selbst, bei Push-Mechanismen liegen Serverprozesse zugrunde, die die Versorgung des Nutzers mit Inhalten automatisiert bewerkstelligen.

Mobile Shopping

Auch das Mobile Shopping stellt im Bereich des Onlineshoppings eine große Erweiterung dar und verspricht durch seine Flexibilität viele neue Möglichkeiten. Diese Option stellt aber noch lange keine Aussicht auf die volle Nutzung der Konsumenten dar, wie eine Spezialauswertung einer W3B-Umfrage belegte (*http://www.fittkaumaass.de* – 30. WWW-Benutzer-Analyse, Frühjahr 2010). Verantwortlich für diese momentane Lage sind die Kosten, die bislang mit dem mobilen Surfen verbunden sind. Ein weiterer Grund ist die eingeschränkte Darstellung einer Website auf dem mobilen Endgerät. Das Handling stellt oft erhebliche Schwierigkeiten dar und kann mit dem konventionellen Standard nicht mithalten.

Richtige Kommunikation auf mobilen Kanälen

Da das Handy ein immer stärker personalisierter Gegenstand ist, der nicht fehlen darf und stark emotionalisiert ist, ist es von großer Bedeutung, den Kunden zur richtigen Zeit im richtigen Ton und mit dem richtigen Inhalt anzusprechen. Der Kunde muss das Gefühl haben, dass er persönlich angesprochen wird, dass man auf seine Interessen und seinen Lebensstatus eingeht und dass er das Gefühl hat, wertvoll zu sein. Dieser Aspekt subjektiver Kommunikation wird immer wichtiger.

Anwendbarkeit, Reichweite und inhaltlicher Reichtum

Medien- und Werbungsinhalte (Apps/Widgets, mobiles TV, Display-Ads, SMS/MMS, Mobile Search etc.) können nach

➢ Applicability (Anwendbarkeit),
➢ Reach (Reichweite) und
➢ Richnesss (inhaltlichem Reichtum)

unterschieden werden.

Erhöhte Personalisierung durch mobiles Marketing

Durch die Filterung der relevanten Angebote für die Kunden kann eine bessere Akzeptanz beim Kunden erreicht werden. Mobile Marketing ermöglicht eine Personalisierung der Angebote durch die situationsspezifischen Signale, die den Kunden ständig mobil begleiten.

Im Sinne des sogenannten Multi-Channel-Marketings ist das Mobile Marketing eine Zusatzoption, die die anderen Formen nicht ersetzt, sondern nur durch die Mobilität der Information ergänzt.

10.3 Reichweite des Mobile Marketing

Die Reichweite des Mobile Marketing wird mithilfe von Taktiken gesteigert und durch Einsatz von Benutzerschnittstellen weiter erhöht. In diesem Kontext ist auch die prozessuale Betrachtung der Zielgruppenanalyse wesentlich.

10.3.1 Taktiken des Mobile Marketing

Die Ansätze der Werbetreibenden für mobile Plattformen bedienen sich der bewährten Kommunikationsformen aus dem Internet und der klassischen Mobiltelefonie der 1., 2. und 3. Generation, wie z. B. SMS, MMS, WAP und Formen, die aus dem Internet vertraut sind, wie Online- oder Desktopanwendungen, E-Mail-Dienste, Webseiten, Ads, die auf die Belange und Umstände mobiler Plattformen zugeschnitten sind. Auch gewinnen Location-based-Services im Kontext der Suchmaschinenoptimierung zunehmend an Bedeutung auf mobilen Plattformen (siehe Kapitel 15.1.2).

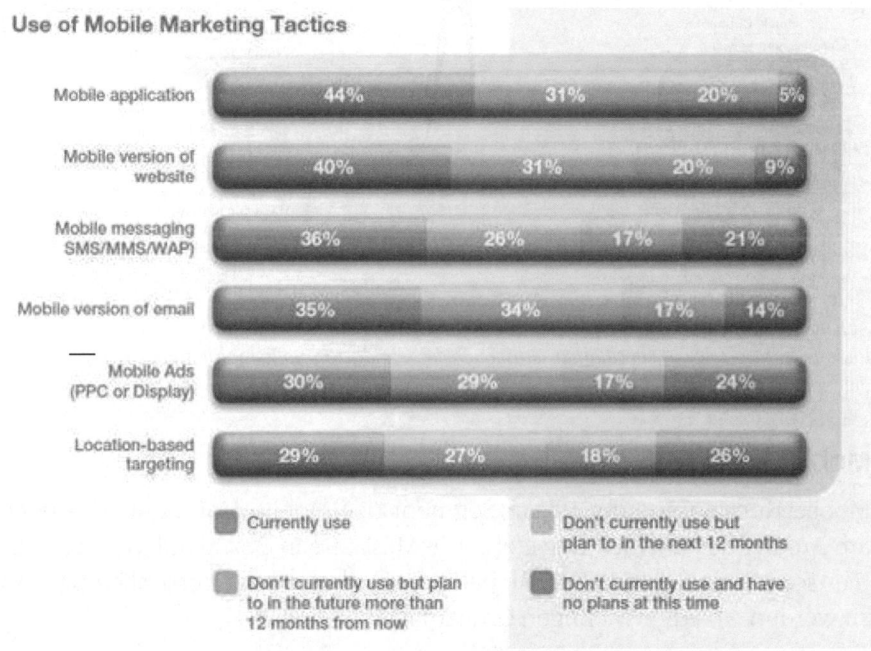

Abb. 84: Einsatz diverser Mobile-Marketing-Taktiken; Bildquelle: http://www.wuv.de/var/wuv/storage/images/werben_verkaufen/w_v_research/studien/marketing_2011_mobile_marketing_boomt_social_media_marketing_bleibt_strittig/3738331-1-ger-DE/marketing_2011_mobile_marketing_boomt_social_media_marketing_bleibt_strittig_large.jpg.

Nutzung digitaler Inhalte in der mobilen Ära

Die Nutzer unterscheiden nicht mehr zwischen mobil oder stationär, sondern zwischen gutem und schlechtem Angebot. Der User schaut darauf, ob das Angebot den Erwartungen entspricht. Alle Anbieter müssen sich entsprechend mit dem mobilen Internet und den Anwendungsmöglichkeiten und Anforderungsprofilen beschäftigen.

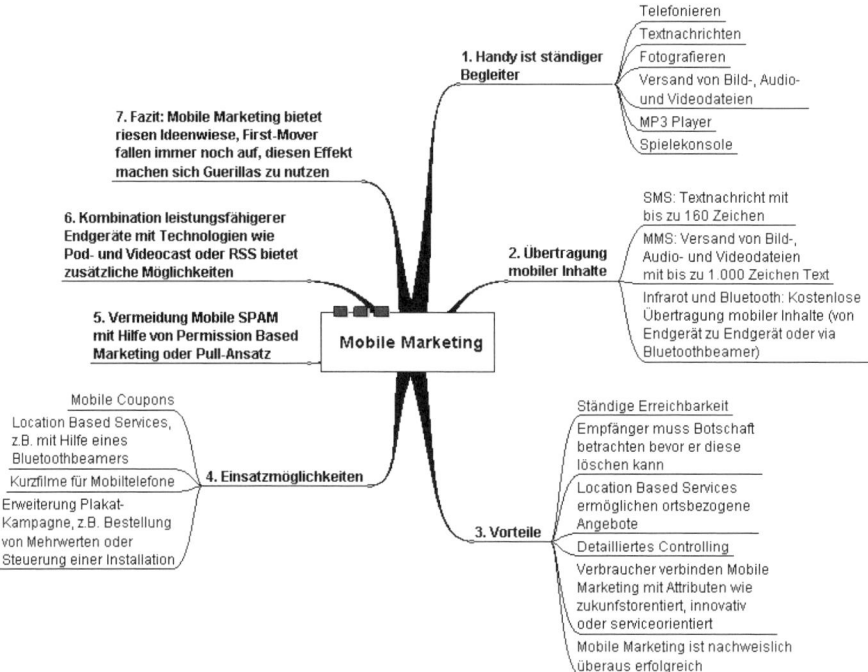

Abb. 85: Überblick über das Mobile-Marketing-Potenzial;
Bildquelle: http://www.guerillamarketingbuch.com/images/mobile-marketing.gif (Grafik aus
dem Jahr 2006).

Mobile Loyalität

Mobile Kundenbindung ist ein Segment des Mobile Marketing, das noch am Anfang der Entwicklung steht. Die Messlatte in Bezug auf Vertrauen ist hier sehr hoch und das Gefühl, persönlich gestört oder persönlich bedient zu werden, an einer wichtigen Grenzmarke.

Ein guter Weg, um es in das Herz des Kunden und auf sein Mobilgerät zu schaffen, ist die Identifikation mit der Marke und Involvement, sodass die Marke Begeisterung auslöst. Das Mobilgerät ist immer noch ein Status- und Kommunikationssymbol, das durch eine hochwertige App in höhere Sphären gehoben wird. Eine immer wieder penetrierte aktive und positive

Ansprache provoziert die Beschäftigung mit der Marke und schafft eine größere Markenbindung.

10.3.2 Einsatz von Benutzerschnittstellen im Mobile Marketing

SMS

Die SMS eignet sich für saisonale Angebote, die nicht ausführlich erklärt werden müssen. Sie eignet sich für Personen, die das entsprechende Produkt kennen und schätzen, denn sonst wird eine SMS als störender Eingriff in die Privatsphäre gesehen und wirkt sich negativ auf die Markenbindung aus. Um einen SMS-Kontakt mit dem Kunden zu starten, ist also eine Initial-SMS des Kunden von großer Bedeutung. Rechtlich betrachtet, ist eine SMS, die die Kundenansprache bestätigt, eine Double-Opt-in und ebenfalls notwendig.

Mobile Sites

Eine erfolgreiche mobile Seite muss es vor allem schaffen, einen Kunden immer wieder auf die Seite zu locken. Sie muss also einen echten Mehrwert bieten können.

Apps

Auch die App muss Mehrwerte bieten. Die App ist eine Plattform, die dauerhaft auf dem Endgerät des Endkunden installiert wird und dort nur verbleibt, wenn die Marke entsprechenden positiven Nutzwert in die App einbaut und fortlaufendes Involvement dirigiert. Sie erfahren noch viel mehr über Apps in Kapitel 10.5.

10.3.3 Prozessuale Betrachtung der Zielgruppenanalyse

Unter Einbeziehung der Aspekte des Targetings (siehe Kapitel 18) im Speziellen und der anderen Kanäle des Onlinemarketings im Allgemeinen ist eine Zielgruppenanalyse maßgeschneidert auf die mobilen Bedürfnisse durchzuführen. Einen solchen Handlungsleitfaden finden Sie beispielsweise unter *http://www.synegys.com/mobilemarketing.htm*.

10.4 Der mobile App-Markt: App-Boosting-Know-how

Der mobile App-Markt gehört zu den am schnellsten wachsenden Märkten im B2B- und B2C-Bereich. Dies geht Hand in Hand mit dem Wachstum im Smartphone- und Tablet-PC-Segment.

10.4.1 Wachstum des Smartphone-Segments

Jede Sekunde werden auf der Welt 4 Menschen geboren, aber 36 Handys verkauft. 6 dieser 36 Handys sind bereits Smartphones. Einige Experten sagen voraus, dass 2013 mehr Smartphones als PCs verkauft werden.

Siegeszug des iPhone

Das iPhone hat das mobile Internet tragfähig gemacht. Der Erfolg des Apple AppStore ist für viele immer noch ein geniales Wunder, das in der Realität bereits viel Geld gebracht hat. Mobile Pioniere, wie der Herausgeber der iPhone-App SEO Post, Hanns Kronenberg, beobachten das Wachstum des Markts. Die Kunden Kronenbergs generieren jeden Monat mehr als 20 Millionen kostenlose Besucher über Suchmaschinen (*http://www.seo-strategie.de/*).

Der Siegeszug des iPhone und weiterer internetfähiger mobiler Endgeräte, wie z. B. Android-, Windows- und BlackBerry-Plattformen, hat dazu geführt, dass mittlerweile immer mehr Werbetreibende ihre AdWords auf mobile Formate angepasst haben. Dabei gilt die gleiche Zeichenbegrenzung wie bei Desktopanzeigen, und es werden maximal fünf Anzeigen pro Suchergebnisseite eingeblendet.

Spezielle Erweiterungen für Smartphones möglich

Zusätzlich zu den normalen Desktopanzeigeformaten gibt es die Möglichkeit spezieller Erweiterungen, die nur mobil genutzt werden können. Dazu zählen

> ➢ Sitelinks,
> ➢ Erweiterungen zum Standort,
> ➢ Click-to-Call sowie
> ➢ Click-to-Download.

Die letzten beiden Funktionen bezeichnen das Auslösen eines (meist kostenpflichtigen) Anrufs oder Downloads, wenn das entsprechende Feld angeklickt wird.

Zur Erfolgsmessung kann ebenfalls wie im Desktopbereich Google Analytics oder ein Tool mit vergleichbarem Funktionsumfang genutzt werden.

Betriebssysteme bei Smartphones

Nachfolgend erfahren Sie mehr zur Entwicklung der Betriebssysteme auf mobilen Plattformen. So hat Symbian (Nokia) 2009 bis 2011 deutlich Marktanteile gegenüber Android und Apple OS verloren.

Marktanteile laut Gartner Inc. für das Jahr 2009 (Verkäufe)

Hersteller	Prozent
Symbian (Nokia)	46,9 %
Android	3,9 %
RIM	19,9 %
Apple iPhone OS	14,4 %
Windows Mobile	8,7 %
Linux (ohne Android)	4,6 %
Diverse	1,5 %

➢ *http://www.gartner.com/it/page.jsp?id=1543014*

Marktanteile laut Gartner Inc. für das Jahr 2010 (Verkäufe)

Hersteller	Prozent
Symbian(Nokia)	37,6 %
Android	22,7 %
RIM	16,0 %
Apple iOS	15,7 %
Windows Mobile	4,2 %
Linux (ohne Android)	2,1 %
Diverse	1,7 %

➢ *http://www.gartner.com/it/page.jsp?id=1543014*

Marktanteile laut Gartner Inc. für das Jahr 2011 (Verkäufe bis 04/11)

Hersteller	Prozent
Symbian	19,2 %
Android	38,5 %
RIM	13,4 %
Apple iOS	19,4 %
Windows Mobile	5,6 %
Diverse	3,9 %

http://www.gartner.com/it/page.jsp?id=1622614

Google ruft aus: Mobile First!

Google hat mit dem iPhone erlebt, dass Wachstum möglich ist. Zugriffs-zahlen über mobile Endgeräte auf Google waren plötzlich 50-mal so hoch wie bei anderen Mobilgeräten. Seitdem hat Eric Schmidt, Google-CEO, den Missionsruf „Mobile First" laut ausgesprochen. Google setzt seine besten Programmierer daran, neue Anwendungen zuerst für mobile Endgeräte zu produzieren. Das brachte der Welt zum Beispiel Google-Produkte wie

➢ Android (Betriebssystem für Smartphones),
➢ Google Voice Search (Suche über Spracheingabe) und
➢ Google Goggles (Suche über Bilderkennung).

10.4.2 Smartphones und Tablet-PCs

Tablet-PCs

Das Tablet ist als perfekte Mitte zwischen PC und Smartphone zu sehen. Es ist handlich, mobil und gleichzeitig groß genug, um dem User als Buch, Zeitschrift, TV, Fotobibliothek oder Internetplattform zu dienen. Auch spe-zielle für das Tablet produzierte Apps machen den Spaß- und Nutzungs-faktor größer. Applikationen für das Smartphone oder das iPad können also bewusst unterschieden werden.

E-Commerce-Portale bemerken, dass sich Tablet-Nutzer länger und inten-siver mit Inhalten beschäftigen. Getätigte Einkäufe mit dem Tablet haben einen höheren Warenwert als mit Smartphones. Man sollte als Hersteller von Applikationen und Websites bedenken, wie wichtig Aspekte der Nut-zerfreundlichkeit und der emotionalen Aufmachung sind. Tablets stellen die Such- und Vergleichsfunktion des Internets zur Verfügung. Im Vergleich zum PC ist das Tablet fast schon als High-End-Produktbroschüre nutzbar, in der der Onlinewerbetreibende den User im Wohlfühlmodus verführen kann.

Smartphones

Smartphones werden in der Regel bei informationsgesteuerten Suchen und kaum bei transaktionalen Suchen eingesetzt, beispielsweise wenn der Nutzer

➢ ein konkretes privates Problem lösen will (Wo bin ich? Wo ist die nächste Filiale?),

➢ ein konkretes berufliches Problem lösen muss (Wo finde ich welche Information? Wer kann mir helfen? Wem kann ich eine E-Mail schreiben?) oder

➢ einfach unterhaltsam Wartezeit überbrücken möchte (Was machen meine Freunde gerade?).

Wenden Sie sich an trendbewusste Technikfreunde und First-User

Es ist sinnvoll, sich an Smartphone-User mit

➢ „Location-based-Services" (Filialfinder, Produktinfos über Scan der EAN-Nummer) oder

➢ unterhaltsamen Entwicklungen (Branded Games, mobile Videos, Quick-Response-Code etc.)

zu wenden. Nachfolgend sehen Sie z. B. einen QR-Code von der URL unserer Buch-Website.

Abb. 86: Der QR-Code zum Buch.

Es ist zu bedenken, dass der User unterwegs ist und deswegen ein begrenztes Zeit- und Aufmerksamkeitskontingent hat. Das Smartphone kann bisher auch oft nur mit einer Hand bedient werden, deshalb ist es immer wichtig, in allen Bereichen an die Usability zu denken. Usability ist absolutes Muss.

Wichtig ist, dass die App Content bietet, der lokal relevant ist. Sie muss also an die Landessprache, die entsprechende Kultur und die spezifischen Endgeräte angepasst werden. Untersuchungen zeigen, dass die Download-zahlen um circa 20 % steigen, wenn die App länderspezifisch lokalisiert wird. Die Ideen sollten klar formuliert sein, und die Agenturen bzw. Entwickler sollten genug Zeit haben, um das Produkt umzusetzen und zu testen.

10.5 Mobile Apps

Was sind Apps?

Sogenannte Applikationen oder kurz „Apps" sind kleine Softwareanwendungen für mobile Plattformen mit großem Effekt. Sie revolutionieren zurzeit die digitale Industrie, das heißt den Markt für Marken, Unterhaltungssegmente und Services. Gleichzeitig schaffen sie ihre eigene ökonomische Sphäre selbst und verlangen somit auch nach neuen Marketingmechanismen. Für 2012 werden fünfzig Milliarden App-Downloads weltweit prognostiziert.

Vor allem die Tablets und die Smartphones sind die potenziellen Endgeräte der Apps. Laut Gartner wurden 2011 468 Millionen Smartphones verkauft. App-taugliche Endgeräte werden zum Massenmedium. Denn Apps werden mittlerweile auch für Desktop-PCs, Spielekonsolen, Drucker, TV-Geräte und andere digitale Objekte entwickelt.

Die App-Explosion

Untersuchungen ergeben, dass durchschnittlich acht neue Apps pro Monat von den Usern geladen werden. Die Zahl der Apps nimmt immens zu, sodass der Kampf um den Zugang zu den Endgeräten entbrannt ist. Es ist fast nur noch möglich, den Zugang zu den Kunden über eine Listung in den Top 10 oder über Empfehlungen zu gewinnen. Zurzeit sind mehr als 50.000 Downloads notwendig, um in die Top 25 des Apple iTunes Store zu gelangen. Die wahre Kunst ist es nicht, nur den User zum Download zu bewegen, sondern auch die regelmäßige Nutzung zu erzielen.

Der App-Markt ist stark fragmentiert

Der Markt ist aber auch nicht einfach zu fassen, da er stark fragmentiert ist. Es existieren über 4.500 Endgeräte mit unterschiedlichsten Software- und Hardwarekomponenten. Gleichzeitig gibt es fünf bis sechs gängige mobile

Betriebssysteme und App-Stores mit unterschiedlichsten Businessmodellen und Philosophien der Betreiber.

So werden Marketingentscheider und Entwickler vor neue Herausforderungen gestellt. Um Applikationen als Marketingmittel einzusetzen, müssen strategisch und konzeptionell wichtige Entscheidungen getroffen werden, die einer guten Planung und eines guten Überblicks bedürfen.

Orientierung und Erfolg im App-Dschungel

Man muss sich darüber im Klaren sein, dass die Apps nicht immer technisch kompatibel sind. Apple- und BlackBerry-Anwendungen haben oft ein höherwertiges Kundenprofil und stellen somit eine Nische für sich dar. Für eine Massenzielgruppendefinition wird auch die Entwicklung von Apps für Android und Windows empfohlen. So müssen für jedes System Umprogrammierungen erfolgen, um die App mit dem jeweiligen System auf dem Endgerät ans Laufen zu bringen. Man hat es also schnell mit zwei bis sechs verschiedenen Softwareprofilen zu tun, wenn man seine App massentauglich machen will. Zu bedenken ist, dass es nicht nur um die Herstellung geht, sondern auch um Wartungen und Aktualisierungen, die auch zeit- und kostenintensive Arbeitsschritte beinhalten. Ökonomisch gesehen, mag es also nicht immer ideal sein, eine hohe Reichweite zu erreichen. Praktische Apps mit hohem Nutzen können Nischenzielgruppen begeistern und den Anbieter finanziell zufriedenstellen.

Die Marketinganalyse im mobilen App-Marketing

Aus Marketingperspektive lohnt sich vor allem der genaue Blick auf folgende Punkte:

➢ Alleinstellungsmerkmale

➢ Differenzierung

➢ Erfolgsmessung

➢ Mehrwert

➢ nachhaltiger Nutzen

➢ Vertriebskanäle

➢ Produktionskosten

➢ Usability

➢ Empfehlung und werbliche Positionierung

➢ weitere Onlinemarketingmethoden

Anpassung der Systemeigenschaften

Es gilt grundsätzlich, dass nur die Anpassung an die spezifischen Geräte- und Systemeigenschaften den erwarteten hohen Nutzen bringt. Als Alternative können Apps via HTML5, die App-Funktionen simulieren, eingesetzt werden. Teile der Leistungen wie Zugriff auf Datenbanken oder Booking-Systeme werden über das Internet ermöglicht, wo Distribution, Pflege und Wartung effizienter sind, während das Look-and-feel in einer echten App besonders intensiv erzeugt werden kann.

Mobile First – Strategien für Unternehmen

Grundsätzlich gilt für Unternehmen, die Strategie genau zu bestimmen, um sich Mehrkosten und Mehraufwand zu sparen, denn erst davon abhängig lässt sich die geeignete technische Lösung finden.

Think Big

Mit Apps können viele Anwendungen bedient werden. Sie können interne Prozesse unterstützen, Kundenbeziehungen verbessern, durch Self-Services Kosten senken, aber auch ganz klassisch Marken inszenieren und abverkaufen. Deswegen lohnt es sich, hier groß zu denken, denn tatsächlich scheint derzeit im mobilen Segment alles möglich.

Sieben Säulen der App-Strategisierung

Sieben Säulen markieren den Weg zur richtigen App-Strategie:

1. Durch Onlinemarketing und vor allem Mobile Marketing Traffic auf der Site generieren.

2. Anpassung des stationären Webauftritts für mobile Endgeräte, wobei die Fokussierung auf die gängigsten oder individuell brauchbarsten essenziell ist.

3. Entwicklung mehrerer Apps mit differenzierendem Mehr- und Nutzwert.

4. Gebrauch der mobilen und App-fähigen Endgeräte als Businesswerkzeug.

5. Laufende Optimierung der Usability durch ein hohes Maß an Miteinbeziehung der User (siehe Kapitel 19).

6. Miteinbeziehung von Crossmedia-Plattformen, z. B. In-Game-Marketing (siehe Kapitel 9).

7. Last, but not least: Customer-Relationship-Management zur optimalen Ansprache, Analyse, Pflege und Bindung der Kunden/Nutzer (siehe Kapitel 23).

Eine goldene Regel ist: „Apps werden immer verhaltensorientiert oder situationsbedingt genutzt." Im App-Bereich sind Services viel wertvoller und erfolgversprechender als Werbung. Die App sollte definitiv einen klaren Wert haben, der sich dadurch auszeichnet, dass er sich im privaten oder beruflichen Leben unterstützend auswirkt.

App-Marketing wird sich immer mehr in Richtung konkreter Businessmodelle entwickeln, in denen die rein physikalische Produkte mit integrierten Mehrwert-, Marketing- und Kommunikationsservices komplettiert werden.

Kosten von Applikationen

Bei der Produktion von Applikationen sind drei Kostenfaktoren zu bedenken:

> Das kalkulierte Budget für eine Plattform sollte um weitere 50 bis 60 % erhöht werden.

> Das Media-Budget zur Bekanntmachung sollte kalkuliert werden. Dieser Faktor sollte so hoch kalkuliert sein wie die Entwicklungskosten selbst.

> Die laufende Pflege und die Erweiterung der App sind so bedeutend, dass mindestens die Entwicklungskosten pro Jahr angesetzt werden sollten.

> Wie sehen die Kostenrahmen für welches App-Produkt aus?

Dabei kann grob die folgende Kostenplanung aufgestellt werden:

1) Für 5.000 bis 15.000 Euro kann man eine gut aussehende mobile App-Broschüre erstellen lassen, die für Awareness und informatives Interesse sorgt. Das ist ein Basispaket zur Kundenakquisition.

2) Für 50.000 bis 100.000 Euro kann man die Kernfunktionen mobiler Endgeräte nutzen und wichtige Mehrwertkernaspekte wie Location, soziale Netzwerke, Gaming oder Unternehmensprozesse integrieren. Ein Best-Practice-Beispiel ist die Pizza-Hut-App aus den USA, die in den ersten 30 Tagen 70.000 Mal geladen wurde und nach drei Monaten Bestellungen in Höhe von 1 Million US-Dollar aufweisen konnte.

3) Ab 100.000 Euro kann man einzigartige Erlebnisse und Transaktions-möglichkeiten schaffen. So gibt es die Möglichkeit der Integration von Enterprise-Software, CMS- und Admin-Möglichkeiten, transaktionsori-entierte Systeme, Mobile Payment und CRM-Integration. Hierbei kann die App für diverse Endgeräte optimiert werden, hohe Reichweiten er-zielen, virale Verbreitung schaffen und Leads wie auch Transaktionen garantieren.

Hybride Applikationen

Mit dem Begriff Hybrid-App bezeichnet man die Möglichkeit, Vorteile von Apps und mobilen Portalen zu kombinieren. In einem App-Rahmen wer-den Inhalte des mobilen Portals angezeigt, was für Unternehmen ein großer Vorteil sein kann. So muss nicht jede App für jedes Endgerät pro-grammiert werden.

App-Strategie

Es bietet sich an, die App-Strategie in die Gesamtmarketingstrategie des Unternehmens einzugliedern. So kann auch ein Cross-Marketing erfolgen, bei dem die App auf verschiedenen Kanälen verlinkt und beworben wird.

Es ist von großer Bedeutung, die App als lebendigen Faktor zu sehen, der stets weiterentwickelt wird. So können neue Trends gesetzt und auspro-biert werden. Ist die App auf dem Markt, muss es mit der Optimierung und Entwicklung der nächsten Apps weitergehen.

Gestalten Sie mobile und Touch-optimierte Seiten

Im Kern der Strategien sollte definitiv eine mobile und Touch-optimierte Seite stehen, die über internetfähige Systeme genutzt werden kann. Die Palette der Endgeräte wird durch technologische Entwicklungen immens erweitert, sodass Smartphones, Tablets, TV-Systeme und sogar Radio-wecker oder Navigationsgeräte im Auto als potenzielle Target-Plattformen angesehen werden müssen. Grundsätzlich gilt, dass der mobile Markt ein-zigartige Entwicklungen für das mobile System braucht und keine verklei-nerte Website. Erneut gilt die Devise „Mobile First".

eBay, meinestadt.de und stern.de machen's vor

2011 wurden über eBay Güter und Dienste im Wert von 11,65 Milliarden US-Dollar gehandelt. Der Gewinn für 2011 beträgt 3,22 Milliarden US-Dollar, 27 % mehr im Vergleich zu 2010.

http://www.internetworld.de/Nachrichten/E-Commerce/Handel/Quartals-
und-Jahreszahlen-2011-fuer-eBay-Gewinn-im-vierten-Quartal-verdreifacht-
63237.html

In Deutschland konnten meinestadt.de und stern.de mit mehreren Hunderttausend Downloads Erfolge feiern. Über die Nutzer der Applikationen werden monatlich mehrere Millionen Seitenaufrufe generiert. Die größten Wachstumsphasen stehen in naher Zukunft an – das ist der Kanon der Marktbeobachter. Der Wettbewerb hat begonnen, und Sie befinden sich mittendrin.

10.6 Mobile Webseiten

Mobile Website als fundamentales Muss

Um mit einfachen Mitteln im mobilen Internet präsent sein zu können, bieten sich mobile Websites auf HTML5- und CSS3-Basis an.

David C. Novak, ein Pionier der Branche und CEO von Yum-Brands, formuliert deutlich: „Apps are for loyalists and the mobile web is for customer acquisition."

Softwareanwendungen wie die Smart Web-App von YOC oder die Cross-App von Convisual helfen dabei, plattformübergreifende App-Lösungen zu generieren, die kostengünstig sind und weniger permanenten Support brauchen.

Mobile Webseiten versus native Apps

Etwa jedes dritte Mobiltelefon, das im Jahr 2011 über die Ladentheke ging, war laut BITKOM (Bundesverband Informationswirtschaft, Telekommunikation und neue Medien e. V.) ein Smartphone. Wohl kaum ein anderer Kommunikationskanal bringt Marken, Produkte und Services so direkt an den User wie das Smartphone.

Sollten sich Unternehmen für eine Applikation oder ein mobiles Portal entscheiden?

Grundsätzlich gilt die Regel, dass Unternehmen, die eine heterogene und breite Zielgruppe ansprechen, ein mobiles Portal anlegen sollten. So kann das Portal über alle mobilen Endgeräte erreicht werden. Apps hingegen bieten ganz neue Möglichkeiten der Inszenierung und des Return-on-Investment durch unterschiedliche Abverkaufsstrategien.

Parallele Umsetzung beider Lösungen

In vielen Fällen bietet es sich an, beide Lösungen parallel einzusetzen. So ist zum Beispiel die Strategie von Audi, Apps für neue Produkte, Aktionen und direkten Kundennutzen einzusetzen, relativ erfolgreich. Über das mobile Portal m.audi.de wird die Website-Nutzung per Mobiltelefon garantiert, während Neueinführungen mit einer besonderen App bedacht werden. So wurde für die Einführung des A1 eine App programmiert, die dem User die Möglichkeit gab, einen A1-Style per Styleberater zu finden, der zu einem persönlich passt. Der potenzielle Käufer konnte sich einen exklusiven A1 zusammenstellen und ihn in einer 360-Grad-Ansicht betrachten. Für den A7 Sportback wurde eine weitere exklusive App entwickelt, über die der User die Entwicklung ausgehend vom ersten Skizzenstrich bis zur Fertigstellung ansehen konnte.

Web-Apps

Eine weitere Entwicklung sind Web-Apps, bei denen es sich um Web- und Java-Technologie-optimierte Webseiten handelt, die an die Stelle von Apps treten. Daten können hier im Gerät gespeichert werden, sodass die Nutzung der Web-App sogar ohne mobile Verbindungsmöglichkeit gegeben ist.

Zurzeit bietet es sich für Unternehmen an, mobile Portale und gängige Applikationsstandards wie iOS und Android zu verwenden. Ein neuer Schritt, der verfolgt werden muss, sind Web-Apps, die wichtige Besonderheiten von Apps und Portalen verbinden. Die App sollte als lebende Plattform und nicht als zeitlich begrenzte Kampagne gesehen werden. Wichtig ist die Einplanung von Ressourcen, die die App am Leben erhalten, wie beispielsweise Updates, Features, Kundenwünsche und Specials.

Vor- und Nachteile beider Praktiken

Die Frage, die sich nun viele aufgrund der hohen Entwicklungskosten stellen, ist, ob Sie eine eigenständige App für Smartphones produzieren sollen oder eine angepasste mobile Website. Beide haben Vor- und Nachteile. Best Practice ist jedoch das parallele Angebot einer nativen App und einer mobilen Website speziell für mobile Plattformen.

Betriebssysteme für Apps

Die Betriebssysteme für Apps sind

➢ iOS,

➢ Android,

- ➢ RIM OS,
- ➢ Symbian,
- ➢ Windows Mobile,
- ➢ webOS etc.

Theoretisch muss für jedes mobile Betriebssystem eine eigene App programmiert werden, während die mobile Website auf Standards wie HTML5 und CS3 basiert.

Table 1
Worldwide Mobile Communications Device Open OS Sales to End Users (Thousands of Units)

OS	2010	2011	2012	2015
Symbian	111,577	89,930	32,666	661
Market Share (%)	37.6	19.2	5.2	0.1
Android	67,225	179,873	310,088	539,318
Market Share (%)	22.7	38.5	49.2	48.8
Research In Motion	47,452	62,600	79,335	122,864
Market Share (%)	16.0	13.4	12.6	11.1
iOS	46,598	90,560	118,848	189,924
Market Share (%)	15.7	19.4	18.9	17.2
Microsoft	12,378	26,346	68,156	215,998
Market Share (%)	4.2	5.6	10.8	19.5
Other Operating Systems	11,417.4	18,392.3	21,383.7	36,133.9
Market Share (%)	3.8	3.9	3.4	3.3
Total Market	**296,647**	**467,701**	**630,476**	**1,104,898**

Abb. 87: Verkaufszahlen mobiler Betriebssysteme (weltweit) nach Gartner; Quelle: http://www.areamobile.de/bilder/81970-original-android-wird-ab-2012-den-smartphone-markt-beherrschen-c-gartner.

Native Apps bieten das bessere mobile Nutzungserlebnis

Native Apps bieten dennoch das bessere mobile Nutzungserlebnis, da sie eigens dafür programmiert sind und schnelle Zugriffe auf Kontakte, Navigation, E-Mail etc. bieten. Apps sind oft im Handy selbst integriert. Mobile Webseiten können nur über die permanente mobile Verbindung existieren, die nicht überall kostengünstig gegeben ist. Diverse Studien belegen, dass die Nutzung beider Systeme gleich verteilt ist. Die Studie „GO SMART 2012: Always-in-touch" zur Smartphone-Nutzung zeigt, dass das auch für Deutschland gilt. Eine Studie von compete.com besagt, dass bereits 2009 54 % der Befragten sagten, dass sie mehr Zeit mit einer App als mit einem Browser verbringen würden.

Laut Eco-Verband nutzten über 85 % der befragten Smartphone-User (Führungskräfte und Experten aus der mobilen Branche) mehr als eine App pro Woche, und knapp 5 % nutzten mehr als 20 Apps pro Woche (*http://de.statista.com/statistik/daten/studie/182252/umfrage/nutzung-von-smartphone-apps/*).

Untersuchungen des Kundenportfolios im mobilen Bereich zeigen eine hohe Nutzung von Portalen im Internet, wie z. B. Bild.de, Esprit, Tchibo, zalando, KfW-Bankengruppe, Die Zeit, Bundesliga, Stiftung Warentest, Allianz, Medion, Hubert Burda Media etc.

Wer Apps für Deutschland entwickeln möchte, der sollte also mit Apple-Geräten beginnen. Wie es aussieht, werden sich auch nur ein bis zwei Betriebssysteme durchsetzen. In den USA boomt die Plattform Google Android, die wohl auch in Europa stark hervortreten wird.

Wichtig ist die Beobachtung lokaler Markteigenschaften. Infos hierzu bietet beispielsweise *http://gs.statcounter.com*.

Mehrwert von Apps

Eine App muss für eine große Gruppe Mehrwert liefern. Dieser liegt oft in den Bereichen

➢ lokale Suche,

➢ Navigation,

➢ Social Media,

➢ News etc.

10.7 Onlineshops im Mobile Marketing

Die Möglichkeit, Apps für Shoppingaktivitäten zu nutzen, wird wenig angenommen

Die Möglichkeit, bestimmte Apps für Shoppingaktivitäten zu nutzen, wird von anderen Applikationen, wie Spielen und Navigationskomponenten, in den Schatten gestellt. Eine Zunahme der Nutzung mobiler Onlineshopping-Optionen wäre jedoch bei einer Senkung der Gebühren mit Sicherheit möglich. Im Jahr 2010 erzielte eine Umfrage der Ottogroup das Ergebnis, dass von 30 befragten Unternehmen gerade einmal 2 über eine Smartphone-taugliche Präsenz verfügen (Quelle: *http://www.kassenzone.de* – Mobile Verkaufsangebote deutscher Onlinehändler, Stand 2010).

Es besteht derzeit noch ein erheblicher Entwicklungsbedarf, die mobilen Endgeräte mit einem nutzerfreundlichen Standard auszustatten.

Neben der Basis bestehender Onlineshops gibt es jedoch noch eine ganze Menge an weiteren Entwicklungen. Location-based-Services, Barcode-Scanner sowie Augmented Reality bilden eine Schnittstelle zwischen der direkten Erfassung durch die Smartphone-Kamera und den eigentlichen Shopdaten. Dadurch wird ein neues und mächtiges Spektrum an E-Commerce-Aktivitäten ermöglicht.

Mobile Onlineshops in sozialen Medien

Eine große Aufmerksamkeit können Shops an Stellen erreichen, an denen die Kommunikation bereits die Basis ist. Nicht allein die Werbeauftritte an Stellen wie Facebook oder auf anderen sozialen Plattformen werden als erfolgversprechende Maßnahmen betrachtet, vielmehr spielt der Einflussfaktor „Kommunikation" selbst hier die entscheidende Rolle. Eine direkte Interaktion mit dem Vorteil einer Feedback-Komponente verhilft Onlineshops zu einem noch höheren Bekanntheitsgrad und schafft eine sympathische Transparenz zwischen Shop und Kunde. Das Geheimnis einer solchen Strategie basiert auf Empfehlungen, Bewertungen, Tipps, kundeneigenen Produktinformationen sowie der Möglichkeit einer unbeschränkten Kommunikation.

Open-Source-Technologien

Das enorme Spektrum an bestehenden Open-Source-Technologien macht heute schon einen Großteil des Internets und somit des E-Commerce aus. Dazu zählen Technologien wie Perl, PHP und SQL, die die Basis einer großen Zahl an Plattformen ausmachen.

Diese Technologien versprechen neben der Tatsache, erheblich Kosten einzusparen, auch, Faktoren wie Unabhängigkeit, Schnelligkeit und die Softwarequalität zu verbessern.

Das große Angebot an Open-Source-Technologien sollte jedoch nicht mit der „Cloud" (siehe Kapitel 3.3) konkurrieren, sondern eine sinnvolle Verbindung schaffen.

Einsatz von Augmented Reality auf mobilen Onlineshops

Durch den Einsatz von Augmented Reality haben Onlinehändler die Gelegenheit, diese Lücke zu füllen. Bei dieser Technik werden virtuelle Inhalte über reale Bilder gelegt. Somit kann der Kunde sich eine Vorstellung davon machen, wie beispielsweise ein Kleidungsstück angezogen aussehen würde. Ebenso kann es auf ein Videobild des Nutzers projiziert werden. Sicherlich ist dies nicht vergleichbar mit dem realen Anprobieren der Kleidung, es wird jedoch für eine angenehme Shoppingatmosphäre gesorgt, in der beispielsweise von dem Videodienstleister Zugara virtuelle Umkleidekabinen angeboten werden.

Mit moderner Technik wird versucht, die Strategie der Augmented Reality zu weiterzuverfolgen, um die Hinderungsgründe für einen Onlineeinkauf zu entschärfen – sei es der Mangel an Beratung oder das Fehlen von Anwendungen, die Artikel am eigenen Körper zu demonstrieren.

Was müssen Onlineshopbetreiber beachten?

Damit sich Onlineshopbetreiber künftig erfolgreich gegenüber dem stationären Einzelhandel aufstellen können, müssen sie Folgendes beachten:

Um dem Kunden die Möglichkeit eines „realen" Einkaufs anzubieten, können für kurzläufige Sortimente Pop-up-Stores eröffnet werden. Die im Ladengeschäft präsentierte Ware können die Kunden anprobieren und anfassen, aber nur an Laptop-Terminals im Onlineshop von Frontline bestellen. Die Ware sollte innerhalb von 24 Stunden kostenlos per Expressversand geliefert werden.

10.8 Usability im Mobile Marketing

Relevanz

Es geht in der Kommunikation per Handy nicht mehr nur darum, kurz und prägnant zu sein, sondern auch relevant. Schafft man es nicht, relevant und persönlich zu sein, wird man als Anbieter sofort gelöscht und muss mit einem negativen Markenimage rechnen.

Keep it simple

Es ist wichtig, alles einfach und verständlich zu formulieren. Die Kommunikation muss so aufgebaut sein, dass sie auf Anhieb und „on the go" verstanden werden kann. Alles andere schafft Frustration. Komplizierte Zugangsschwellen sollten ebenfalls abgeschafft werden.

Schnelligkeit

In mobilen Kundenbeziehungen ist es wichtig, kurzfristig auf Kundenwünsche zu reagieren. Wer da nicht schnell, persönlich und sympathisch reagieren kann, der hat die Beziehung schon verloren. Kommunizieren Sie direkt, unkompliziert und schnell.

Usability-Gebot für Apps

Für Apps spricht also, dass sie in puncto Design und Entwicklung vieles in Bezug auf mobile Usability leisten können. Bedenkt und integriert man dann noch den GPS-Faktor (Global Positioning System), ist man auf einem guten Weg. Der Zugang zur App ist meist online und offline möglich. Außerdem zeigen Studien, dass die Nutzer von Apps eher Produkte ordern als bloße Nutzer mobiler Portale.

Der Nachteil von Apps ist, dass immer neue technische Plattformen auf den Markt kommen. Diesen Umstand hat die Lufthansa gelöst, indem sie Zugriffe auf ihr mobiles Portal evaluiert hat und analysiert hat, welche Endgeräte am häufigsten verwendet werden. Sie kam dann zu dem Ergebnis, dass sie in erster Linie iPhone-, BlackBerry-, Android- und J2ME-Systeme mit eigenständigen Apps beliefern muss.

Direkt verglichen, lassen sich mobile Portale kostengünstiger und schneller umsetzen. Sie laufen auf allen Endgeräten und müssen nicht installiert werden. Das Unternehmen ist nicht direkt von Zwischenhändlern, wie Apple mit seinem iTunes Store, der für seine strengen und willkürlichen Regeln berüchtigt ist, abhängig. Die Nachteile liegen im Allgemeinen in der geringen Flexibilität bezüglich Usability und Design.

Weitere Aspekte der Usability werden in Kapitel 19 vertieft und haben genauso Gültigkeit für mobile Plattformen.

10.9 Zukunftsperspektiven des Mobile Marketing

Near Field Communication (NFC) als nächster Schritt im mobilen Marketing

Near Field Communication (NFC) ist ein modernes Schlagwort, wenn es um

➢ Mobile Marketing,

➢ Mobile Payment und

➢ Mobile Customer Loyality

geht.

Die NFC-Technolgie ermöglicht zwei Geräten, drahtlos miteinander zu kommunizieren. NFC basiert in der Kommunikation auf der RFID-Technik (**R**adio **F**requency **Id**entification). Die wichtigsten Unterschiede sind, dass die NFC eine geringe Reichweite hat und deswegen bei Bezahlvorgängen von Bedeutung ist. Darüber hinaus lässt sich eine Peer-to-Peer-(P2P-)Verbindung aufbauen. Entscheidend für diese Technologie ist allerdings ein eingebauter NFC-Chip in den Endgeräten, so zum Beispiel in Google Nexus S, Samsung Galaxy SII oder Nokia C7. Nokia stattet seit 2011 alle Geräte mit einem NFC-Chip aus.

Eine Liste aller derzeit mit der NFC-Technologie ausgestatteten Smartphones können Sie hier einsehen: *http://www.nfcworld.com/nfc-phones-list/#available*.

Und dies ist eine Liste mit allen in naher Zukunft mit der NFC-Technologie auszustattenden Smartphones: *http://www.nfcworld.com/nfc-phones-list/#soon*.

Wie bereits erwähnt, eignet sich das Gerät für „Mobile Payment". So könnte man mit diesen Geräten an Kassen bargeldlos zahlen, Coupons erwerben, Mitgliedskarten erhalten etc.

Gerüchten zufolge wird für dieses Jahr – 2012 – NFC-Unterstützung durch das iOS für den iPhone5 vorausgesagt (*http://www.giga.de/macnews/iphone/nfc-im-iphone-geruchte-sagen-unterstutzung-durch-ios-fur-2012-vor aus-252374*).

Risiken der NFC-Technologie

Allerdings lassen sich zurzeit drei Probleme ausmachen:

➢ Die Verbreitung der Endgeräte mit NFC ist nicht groß genug. Prognosen gehen 2015 von einer Verbreitung von 20 % aus.

➢ An vielen Points-of-Sales sind bisher keine infrastrukturellen Maßnahmen ergriffen worden, um mit mobilen Endgeräten sicher zu kommunizieren.

➢ Noch ist nicht klar, wie die Kommunikation zwischen NFC-Endgerät und POS gestaltet werden soll. Dies ist jedoch eine Grundvoraussetzung, um Programme zu schaffen, die diese Kundenbindungsprozesse unterstützen und erweitern.

Sobald diese Probleme im Laufe der nächsten Zeit gelöst sind, werden Kundenbindungsprogramme in eine neue Stufe übergehen.

0.10 Vorteile und Chancen von Mobile Marketing

Vorteile und Chancen mobiler Apps

Apps umgehen die begrenzte Bedienbarkeit von Webbrowsern und bieten durch ihren Desktopanwendungscharakter mehr Usability. Es müssen aber gerade in diesem Bereich noch viele Erfahrungen und Erkenntnisse gesammelt werden, um eine Konzeption einer erfolgreichen Shopping-App zu ermöglichen. Wichtige Standards, die dabei gesetzt werden müssen, sind Usability (siehe Kapitel 19), Handling und eine effiziente Informationsaufbereitung.

Der neuste Trend geht jedoch in die Richtung, dass ein Kunde das Produkt seines Interesses zwar im Laden selbst testen kann, eine mobile Software jedoch durch das Scannen des speziellen Barcodes es ermöglicht, Informationen darüber zu erhalten, wo das gewünschte Produkt am günstigsten zu kaufen ist. Ist dieser Treffer die Adresse eines Onlineshops, hat der Kunde die Möglichkeit, sofort und direkt eine Bestellung durchzuführen. Eine logische Konsequenz daraus ist natürlich die Tatsache, dass viele Unternehmen diese Form des Preisvergleiches zu Recht anfechten.

Es bleibt jedoch nach wie vor die Aufgabe der Unternehmen, im Bereich Mobile Commerce weitere Entwicklungen vorzunehmen, um den Standard bestehender Onlineshops auch an mobile Endgeräte anzupassen. Dadurch eröffnet sich die Chance, auf noch flexiblere Weise vom Kunden erreicht zu werden.

0.11 Praxisbeispiele, To-do- und Checklisten

Zum Schluss des Kapitels folgen nun obligatorisch ein Interview, einige Fallbeispiele, To-dos und eine Checkliste.

10.11.1 Interview mit Dirk Kraus – CEO der YOC AG

Dirk Kraus wurde im Dezember 2005 zum CEO der YOC AG berufen und ist für die Bereiche M&A, Corporate Development, Marketing sowie für das Geschäftsfeld Media verantwortlich.

Der Diplom-Kaufmann absolvierte nach seiner Ausbildung zum Bankkaufmann bei der Deutschen Bank AG in Frankfurt ein betriebswirtschaftliches Studium an der Otto Beisheim School of Management (WHU) in Koblenz mit den Schwerpunkten Corporate Finance, Marketing und International Business. Während seiner Studienzeit absolvierte Kraus Auslandssemester in Frankreich, Dänemark und den USA.

Anschließend führte ihn seine weitere berufliche Entwicklung ins Ausland, wo er sich vornehmlich mit der strategischen Neuausrichtung und der Beratung von Unternehmen auseinandergesetzt hat. Nach seiner Tätigkeit als Seniorberater bei Roland Berger Strategy Consultants gründete Dirk Kraus gemeinsam mit einem Partner in Berlin die YOC AG. Seit Dezember 2008 sitzt Dirk Kraus dem Mobile Advertising Circle des BVDW vor und nimmt seit 2010 das Amt des stellvertretenden Vorsitzenden wahr.

Abb. 88: Dirk Kraus – Geschäftsführer der YOC AG.

Alpar: Wenn man über das mobile Internet nachdenkt, gibt es zwei Richtungen: die Erstellung und Implementierung einer mobilen Webseite mit Besuchern und Traffic sowie die Monetarisierung dieser Seite. Wie funktioniert das in der mobilen Welt?

Kraus: Da gibt es mehrere Möglichkeiten. Primär kann man als Publisher einer mobilen Seite Werbung einbinden. Das geht allerdings nur, wenn

Werbetreibenden eine Fläche zur Verfügung gestellt werden kann, also ein gewisser Traffic oder eine hohe Anzahl an Nutzern der betreffenden mobilen Infrastruktur. Erlöse können dann entweder über die klassischen CPM-Modelle generiert werden, also über einen fixen Tausender-Kontakt-Preis, oder aber über Performance-basierte Modelle, die sich momentan hauptsächlich im Bereich CPC bewegen. Hier werden Publisher mit einer Cost-per-Click-Variante bezahlt.

Alpar: Es sieht fast so aus, als würde sich im mobilen Web jetzt das nachvollziehen, was 1999 und 2000 im normalen Web stattgefunden hat. Ich erinnere mich noch, dass man seine Werbeflächen 98/99 im Prinzip immer über TKP verkaufen konnte und später eher über CPC-Modelle. Dann kamen sogar noch Performance-orientiertere Modelle wie CPL-, CPS-Kampagnen dazu. Erwarten Sie, dass das mobile Web mit der wachsenden Reichweite eine ähnliche Entwicklung einschlägt?

Kraus: Ja. Prinzipiell kann man sagen, dass die Entwicklung im mobilen Web der des stationären Webs ähnelt. Es gibt allerdings einen entscheidenden Unterschied: Während sich die Entwicklung im stationären Internet über zehn bis zwölf Jahre hingezogen hat, vollzieht sie sich im mobilen Web in etwa um den Faktor drei schneller, also in einem Zeitrahmen von drei bis vier Jahren. Entsprechend entwickeln sich auch die Abrechnungsmodelle im mobilen Web parallel zum Internet. Je mehr und je überproportionaler die verfügbaren Flächen steigen, umso mehr hat das einen Einfluss auf den Preis, und desto eher werden erfolgsbasierte Modelle in verschiedensten Varianten eingesetzt. Der erste Schritt ist immer die Generierung von Klicks, dem die Generierung von Leads folgt. Dies mündet dann in der höchsten Form der Monetarisierung besonderer Werbeformate, nämlich in der Generierung von Vertrieb in Form von CPO- und CPS-Modellen.

Alpar: Womit hängt denn die rasante Entwicklung im mobilen Web zusammen? Hat das damit zu tun, dass sich auch der Traffic einfach schneller entwickelt als der im stationären Internet?

Kraus: Hier nehmen mehrere Faktoren Einfluss. Erstens die Entwicklung des Traffics, die wesentlich rasanter als die Entwicklung im stationären Internet vonstatten geht. Der Traffic wächst unter anderem deswegen sehr stark an, weil die Netzoperatoren gleich auf einem ganz anderen Niveau gestartet sind als damals bei der Etablierung des Internets. Bandbreitenprobleme, die es einst bei der Etablierung des stationären Netzes gab, sind heute gelöst und somit für die mobile Infrastruktur nicht mehr relevant.

Der zweite Faktor ist aber auch die Tatsache, dass ein Smartphone heutzutage ähnlich wie ein Computer funktioniert. So ist es hardwareseitig möglich, gewisse Entwicklungsstufen, die im stationären Internet nötig waren, einfach auszulassen und gleich mehrere Schritte nach vorne zu springen.

Alpar: Wenn ich mobile Reichweite aufbauen möchte, benötige ich also die richtige Technologie. Andererseits aber auch das richtige Thema, oder? Gibt es denn Bereiche, in denen man einen erhöhten mobilen Traffic feststellen kann und einfach weiß, dass das typische mobile Themen sind?

Kraus: Es gab sicherlich ein paar Ausreißer im Bereich Social Media, die sehr gut funktioniert haben, um Traffic zu generieren. Aber was wir so feststellen – und da spreche ich jetzt natürlich auch aus der Erfahrung von YOC als Betreiber und Host etlicher mobiler Webseiten, sei es auf unseren Servern oder direkt bei den Kunden –, ist, dass sich der Traffic recht gleichmäßig über sehr viele Branchen verteilt. Man kann also definitiv nicht sagen, dass eine Branche oder ein Thema besonders für das Medium Mobile geeignet wäre. Aber genau wie im stationären Netz gibt es gewisse Themen, die gerade in sind oder am Puls der Zeit liegen und deshalb in einem bestimmten Zeitraum einen besonders hohen Traffic generieren.

Alpar: Was unterscheidet denn den Besucher einer mobilen Website von einem Besucher aus dem stationären Internet? Haben Besucher im mobilen Web eher ein Informationsbedürfnis als transaktionale Hintergedanken?

Kraus: Eines lässt sich ganz klar feststellen: Die Nutzung des mobilen Internets ist definitiv eine andere als im stationären Internet, und Ihre Annahme hinsichtlich des momentan noch geringen Transaktionsbedürfnisses im mobilen Web absolut richtig. Darauf aufbauend, stellt sich natürlich die Frage, welche Geschäftsmodelle im mobilen Internet vermeintlich besser funktionieren werden als beispielsweise online oder eben vielleicht sogar schlechter. Per heute ist der Grundgedanke des Mobile Commerce, also des Verkaufs von Produkten über das mobile Internet, noch in den Kinderschuhen. Aber auch hier wird die Entwicklung mit einer großen Geschwindigkeit voranschreiten, ähnlich wie das im stationären Internet der Fall war. Vor sechs, sieben Jahren hat noch niemand Schuhe im Internet gekauft oder nur ganz marginal im Vergleich zu heute. Eine ähnliche Entwicklung, nur eben wesentlich schneller, werden wir in den nächsten Monaten und Jahren im mobilen Web beobachten können. Das heißt dann natürlich, dass sämtliche erfolgsbasierten, vertriebsorientierten Vermarktungsmodelle wie CPL und CPO, die es im stationären Internet gibt, auch im mobilen Kanal in hohem Maße an Relevanz gewinnen.

Alpar: Was sicherlich schneller im mobilen Bereich kommen wird, sind Fragestellungen wie „Wo in der Nähe kann ich günstig Schuhe kaufen?" oder Ähnliches. Das werden dann auch die Bereiche sein, die sehr gut mobil bewerbbar sind, oder?

Kraus: Diese Grundgedanken existieren schon seit Jahren. Sie werden nur erst jetzt praktikabel, da die mobile Internetnutzung rasante Zuwächse verzeichnet und die Infrastruktur da ist, also eine hohe Bandbreite und leistungsfähige Smartphones.

Location-based-Advertising ist demnach natürlich eine Spielart mobiler Werbung, die stark an Relevanz gewinnen wird. Hier gibt es jedoch einen ganz wichtigen Punkt, den man nicht vergessen darf: Nicht alles, was technologisch machbar ist, schafft dem Menschen auch tatsächlich Nutzen. Und nur wenn es Nutzen schafft, wird es am Ende des Tages auch vom Endverbraucher akzeptiert. Insofern muss man hier sehr stark darauf hinarbeiten, dass der mobile Nutzer den Impuls gibt, respektive sich orten lässt. Die Marketingstrategie muss also klar in Richtung Pull gehen, da erst nach der Zustimmung die ortsbezogene Werbung ausgeliefert werden kann und darf. Nur dann schafft sie Nutzen, und nur dann wird sie funktionieren. Eine Push-Kampagne allein, bei potenzielle Kunden unaufgefordert Werbung erhalten, wird mobile Internetnutzer nicht dazu bringen, ortsbezogen einzukaufen.

Alpar: Das heißt, wenn jemand unterwegs ist und ihm per Push eine Werbebotschaft auf das Handy geschickt wird, wird das wahrscheinlich als störend empfunden. Wenn derjenige aber irgendwo ein Knöpfchen drückt und fragt, wo es denn Schnäppchen in der Nähe gibt, ist er auch für ortsbezogene Werbung empfänglicher.

Kraus: Exakt. Wenn ein potenzieller Kunde auf ein Knöpfchen, ein Portal oder eine Applikation drückt und ortsbezogene Informationen abfragt, ist es wirklich sinnvoll, ortsbezogene Werbemittel zu versenden. Man stelle sich vor, dass ein Endverbraucher anfragt, wie denn das Wetter in Berlin an diesem Tag sei, und im Rahmen der Übermittlung dieser Information über ein Portal oder eine Applikation kommt ihm ortsbezogene Werbung zu – zum Beispiel bei warmen Temperaturen das Programm der Freibäder Berlin oder bei schlechtem Wetter Kinowerbung. Das ist natürlich am Ende des Tages auch eine Push-Variante, die das Wissen um die Örtlichkeit des Endverbrauchers ausnutzt. Allerdings wird diese Form anders als die

Push-Kampagnen von früher, bei denen man unvermittelt Werbung zu irgendeinem Thema per SMS bekam, auch funktionieren.

10.11.2 Beispiel für erfolgreich praktiziertes Mobile Marketing

Nachfolgend sehen Sie einen Screenshot der mobilen Präsenz von zalando (*http://m.zalando.de*, siehe Abbildung 89), auf der sehr schön zu erkennen ist, dass das Wesentliche auf ein Miniformat reduziert wurde.

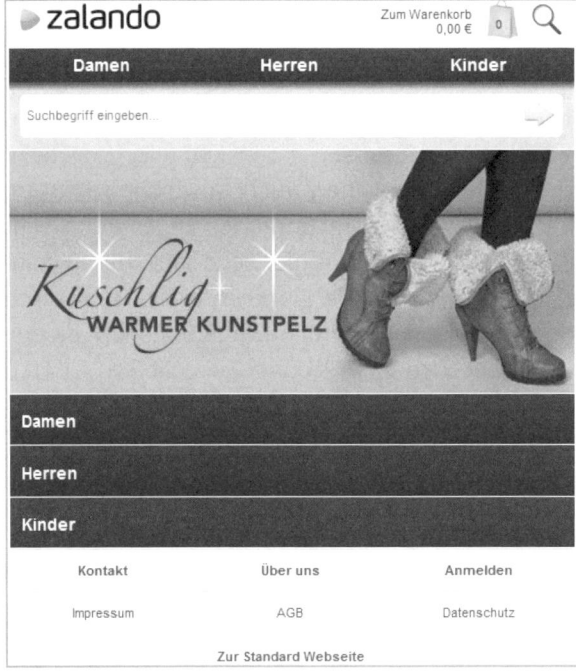

Abb. 89: zalando-Mobile-Präsenz; Bildquelle: http://m.zalando.de.

10.11.3 To-do-Liste

Gestalten Sie eine lebende App

Die App sollte als lebende Plattform und nicht als zeitlich begrenzte Kampagne gesehen werden. Wichtig ist die Einplanung von Ressourcen, die die App am Leben erhalten, sowie Updates wie beispielsweise, Features, Kundenwünsche und Specials. Die Ideen sollten klar formuliert sein, und die Agenturen bzw. Entwickler sollten genug Zeit haben, um das Produkt umzusetzen und zu testen. Es bietet sich an, die App-Strategie in die Gesamtmarketingstrategie des Unternehmens einzugliedern. So kann auch ein

Cross-Marketing erfolgen, in dem die App auf verschiedenen Kanälen verlinkt und beworben wird. Bereits bestehende Apps, wie zum Beispiel Barcoo, erlauben dem Nutzer, mobil Preisvergleiche im Internet vorzunehmen. Dies ersetzt jedoch nicht die Notwendigkeit, als Anbieter eine App zu entwickeln, die die Qualitätsfaktoren so zum Einsatz bringt, dass eine langfristige Nutzung garantiert werden kann.

Nutzen Sie Location-based-Services

Eine weitere Entwicklung auf dem Markt stellen, wie bereits erörtert, die sogenannten Location-based-Services (LBS) dar, die den Standort des Anwenders so verwenden, dass in der Umgebung vorhandene Locations wie z. B. Cafés, Tankstellen oder Bankautomaten lokalisiert werden können.

Viele Nutzer sind jedoch bezüglich des Einkaufens noch von der Tatsache beeinflusst, dass ein Kauf in einem Onlineshop keine Möglichkeit zur Produktkontrolle bietet. Ein Kauf in einem Laden direkt gibt dem Endverbraucher bislang noch eine höhere Sicherheit. Daher bieten gerade LBS große Chancen, die Vorzüge des Onlineshoppings mit denen des Einkaufens in einem Laden zu bündeln.

Es ist von großer Bedeutung, die App als lebendigen Faktor zu sehen, der ständig weiterentwickelt wird. So können neue Trends gesetzt und ausprobiert werden. Ist die App auf dem Markt, muss es mit der Optimierung und Entwicklung der nächsten Apps weitergehen. Entwickeln Sie die App als Nutzenerfüller, der einen relevanten Service oder einen besonders netten Entertainmentfaktor anbietet.

10.11.4 Checkliste

Nachfolgend wird – wie bei jeder Checkliste am Ende des Kapitels – von drei Arbeitsphasen ausgegangen, die jeweils eine Vertiefung der Maßnahmen verkörpern:

- ➢ Phase 1: Vergegenwärtigung
- ➢ Phase 2: Reflexion
- ➢ Phase 3: Potenzialerkennung und Umsetzung

Mobile-Marketing-Checkliste	1. Phase	2. Phase	3. Phase
Können die Inhalte als nachhaltige Referenz dienen?			
Sind die Inhalte relevant und hochwertig?			

Mobile-Marketing-Checkliste	1. Phase	2. Phase	3. Phase
Aktualisiert sich der Content automatisch?			
Kann die App mit Social-Web-Aktivitäten vernetzt werden?			
Wie hoch ist die Usability?			
Welche Nischenzielgruppe würde die App unbedingt kaufen wollen?			
Wertet die App eine bestehende Anwendung oder Idee auf?			
Holt die App ein Maximum aus der Hard- und Software heraus?			
Hat die App etwas, das andere Apps oder andere Webseiten nicht haben?			
Löst die App ein wichtiges Problem, oder schließt sie eine Lücke?			
Sind App und Idee spielbar und nützlich zugleich?			
Liefert die App außerordentliche Inhalte oder bringt Menschen zum Lachen, zusammen oder an höhere Grenzen?			
Wie lautet die mobile Strategie? Erfolgt eine Fokussierung auf Apps oder mobile Websites oder beides?			

11. Video- und Multimedia-Marketing: Werben Sie mit Texten, Bildern, Videos, Musik, Sprache etc.

In den Anfangsstadien des Internets waren Webseiten sehr einfach gestaltet, ohne Bilder oder Grafiken wirkten sie auf den Nutzer textbasiert und statisch. Mit zunehmender Bandbreite kamen bewegte Bilder hinzu, anfangs nur animierte GIF-Dateien und dann immer mehr Videos, womit der Trend zu verschiedenen Videoportalen langsam geebnet wurde. Am bekanntesten für die Verbreitung der „bewegten Bilder" ist heutzutage YouTube.

11.1 Marktentwicklung im Video- und Multimedia-Marketing

Videodateien im Netz sind längst etabliert und schwappen über ins Onlinemarketing

Google, die meistgenutzte Suchmaschine weltweit, hat sich diesem Trend nicht verschlossen und die sogenannte Universal Search (siehe auch Kapitel 13.2.1) eingeführt, in der Videos aus YouTube direkt in die Suchergebnisse von Google eingegliedert werden. Weshalb die Resonanz der Videos für den Nutzer immer mehr zunimmt, kann damit erklärt werden, dass es zu allen möglichen Szenarien und Themenbereichen mittlerweile Videos zu betrachten gibt. Von Nachhilfen im Spielen eines Instruments über das Porträt eines Reiseziels bis hin zur Reparaturanleitung des defekten Motherboards gibt es auf YouTube alles zu finden. Für viele junge Menschen wird YouTube zunehmend zum Fernsehersatz.

Immer mehr Firmen entscheiden sich für Video- und Multimedia-Marketing

Was vorab zum Mitdenken anregen soll: Videos sind ein Teil der Zukunft. Ob es sich nun um eine kleine Firmenwebseite, ein Portal oder einen Onlineshop handelt, spielt dabei keine Rolle. In Zukunft werden Videos immer mehr zur Selbstverständlichkeit im Alltag und werden daher im Kontext des Onlinemarketings intensiver betrachtet.

11.2 Der Siegeszug von Videos und Werbevideos im Web 2.0

Bandbreitenzunahme und kontinuierlich steigende Nutzerzahlen sind Motoren

Es gibt eine Reihe von Werbetrends, die mit der zunehmenden Digitalisierung der Gesellschaft verbunden sind. Begünstigt wird der Siegeszug des Multimedia- bzw. Videomarketings einerseits durch kontinuierlich steigende Nutzerzahlen im Internet, andererseits durch die stetige Bandbreitenzunahme, die die Kosten für den Werbetreibenden und die Akzeptanz seitens der Nutzer ebenfalls stetig begünstigt. Nach Schätzungen werden im Jahr 2020 5 Milliarden Menschen online sein. Im Jahr 2011 wurden 4,05 Milliarden Dollar für Werbung auf der Social-Network-Plattform Facebook ausgegeben, insgesamt wurden im Jahr 2010 31,3 Milliarden Dollar für Onlinewerbeanzeigen (Online-Ads) ausgegeben. Für 2011 wurde für Mobile Marketing ein weiterer Anstieg um 20 % prognostiziert (*http:// unllib.unl.edu/LPP/PNLA Quarterly/kleingartner-mallory76-1.pdf*).

Video-Ads für Location-based-Advertising sind im Aufstieg

Im Aufwärtstrend befinden sich insbesondere die Unterbereiche des Location-based-Advertising, also der ortsspezifischen Einblendung von Anzeigen und des Game-Advertising bei Onlinespielen. Der Trend wird sich weiterhin in Richtung der mobilen Smartphones, der Tablets und der überall abspielbaren Video-Ads (siehe auch Kapitel 4.3) verlagern. Immerhin zwei von fünf Online-Video-Ads stammen von lokalen Anbietern. Während im Jahr 2010 1,42 Milliarden Dollar für Video-Ads ausgegeben wurden, sollen es laut Prognose im Jahr 2015 bereits 7,11 Milliarden Dollar sein, was mehr als einer Vervierfachung des Volumens in dieser Sparte entspräche (*http://unllib.unl.edu/LPP/PNLA%20Quarterly/kleingartner-mallory76-1.pdf*).

Dazu passt der parallele Trend, dass Fernseher durch gegenwärtige Erweiterungen zunehmend auch Abspielstationen für Online-Content werden.

Videonews liegen voll im Trend

Während Printmedien von immer weniger Nutzern gelesen und gekauft werden, steigen die Zahlen der Onlinenachrichtenleser vor allem bei den jüngeren Generationen stark an. Lediglich 19 % der Amerikaner zwischen 18 und 34 Jahren lesen noch gedruckte Zeitungen, während der durchschnittliche Zeitungsleser 55 Jahre alt ist. Die gleiche Verschiebung hin zum Onlineangebot ist ebenfalls beim Anschauen von Videonews festzu-

stellen: 41 % der US-Amerikaner schauen ihre tägliche Videonachrichten-
sendung online. Internet-Infomercials sind generell stark im Aufstieg begriffen. Im Jahr 2010 haben die weltweiten Onlinewerbeausgaben erstmals
den Umfang der Printwerbeausgaben übertroffen (*http://unllib.unl.edu/
LPP/PNLA Quarterly/kleingartner-mallory76-1.pdf*).

Emotionalisierung der Kampagnen durch mobile Video-Ads

Generell sollen Werbeanzeigen im Internet emotional „größer" werden – im
Sinne von „näher an üblichen emotionalisierten Content-Angeboten" –, und
Celebrities werden unter anderem durch bezahlte Twitter-Verlautbarungen
zugunsten bestimmter Marken eingebunden werden. Weiterhin sollen
Produkte vermehrt durch Werbung subsidiarisiert werden. Dies bedeutet,
dass die Werbung den Kaufpreis eines Produkts sinken lassen kann.

Neben der ortsabhängigen Einspielung von Werbeanzeigen auf mobilen
Endgeräten wird zukünftig gerade das HTML5-Format der Umsetzung von
mobilen Multimedia-Anzeigen – ohne Flash-Nutzung – zum Durchbruch
verhelfen. Weiterhin wird das Retargeting (siehe Kapitel 18.3.6), also das
erneute Zuspielen von spezifisch abgestimmten Werbebotschaften auf einer
neuen Webseite, auch wenn man auf einer vorherigen nicht auf einen Ad
reagiert hat, als eine Technologie mit Zukunftspotenzial eingeschätzt.

Einsatzbereiche des Multimedia- und Videomarketings

*Abb. 90: Multimedia-Markt; Bildquelle: http://www.branchewijzers.nl/tinymce/jscripts/
tiny_mce/plugins/filemanager/files/branche_img/multimedia.jpg.*

299

11.3 Dateiformate im Video- und Multimedia-Marketing

Textdateiformate

Die verbreitetsten Textdateiformate lauten TXT, RTF, DOC, DOCX, DOT, CSV, XLS, XLT, ODT, PPT, POT, PS, PDF, HTML, XHTML, XML etc. Eine Liste aller Textdateiformate befindet sich hier:

> ➢ *http://en.wikipedia.org/wiki/List_of_file_formats*

Bilddateiformate

Die verbreitetsten Bilddateiformate sind BMP, GIF, PNG, TIFF, JPEG, JPEG2000, PS, EPS etc.

Eine Liste aller Bilddateiformate befindet sich hier:

> ➢ *http://en.wikipedia.org/wiki/List_of_file_formats*

Audiodateiformate

Unkomprimierte Audiodateiformate: WAV, AIFF, AU etc.

Verlustfreie Komprimierungen: FLAC, Monkey's Audio (Dateinamenserweiterung .APE), WavPack (Dateinamenserweiterung .WV), TTA, ATRAC Advanced Lossless, Apple Lossless (Dateinamenserweiterung .m4a), MPEG-4 SLS, MPEG-4 ALS, MPEG-4 DST, Windows Media Audio Lossless (WMA Lossless) und Shorten (SHN).

Verlustbehaftete Komprimierungen: MP3, Vorbis, Musepack, AAC, ATRAC und Windows Media Audio Lossy (WMA lossy)).

Eine Liste aller Audiodateiformate befindet sich hier:

> ➢ *http://en.wikipedia.org/wiki/List_of_file_formats*

Videodateiformate

Die verbreitetsten Videodateiformate sind M-JPEG, AVI, RealVideo, QuickTime, MPEG-1, MPEG-2, MPEG-4, MPEG-7, MPEG21, DivX, XviD.

Auch bei Videodateiformaten werden verlustfreie und verlustbehaftete Komprimierungen unterschieden. Eine gute Beschreibung findet sich hier:

> ➢ *http://www.reelseo.com/file-formats-containers-compression/*

Eine Liste aller Videodateiformate gibt es hier:

➢ *http://en.wikipedia.org/wiki/List_of_file_formats*

11.4 Multimedia-Dateien erstellen und bearbeiten

Editoren für Textdateien

Die bekanntesten Texteditoren sind Notepad, WordPad, Microsoft Word, OpenOffice, StarOffice etc.

Eine Liste aller Texteditoren findet sich hier:

➢ *http://de.wikipedia.org/wiki/Liste_von_Texteditoren*

Editoren für Bilddateien

Die bekanntesten Bildeditoren sind MS-Paint, Adobe Photoshop etc.

Eine Liste aller Bildeditoren gibt es hier:

➢ *http://de.wikipedia.org/wiki/Grafiksoftware*

Editoren für Audiodateien

Die bekanntesten Audiodateieditoren sind WaveLab, Soundforge, CoolEdit etc. Nachfolgend kann eine umfassende Liste vorhandener Open-Source-Audiosoftware eingesehen werden:

➢ *http://en.wikipedia.org/wiki/List_of_free_software_for_audio*

Editoren für Videodateien

Zu den bekanntesten Videobearbeitungsprogrammen zählen Final Cut, Adobe Premiere, VirtualDub (Open Source) etc.:

➢ *http://en.wikipedia.org/wiki/List_of_video_editing_software*

11.5 Populäre Videoportale einsetzen – Filesharing und -hosting

Filesharing

In einem sich ständig ausweitenden Internet gibt es eine steigende Zahl an Menschen, die Onlinedienste nutzen, um digitale Inhalte auszutauschen.

Zum Beispiel können die Nutzer von sozialen Netzwerken Multimedia-Dateien hochladen, die dann für deren gesamte Freundesliste zugänglich sind. In den traditionellen Peer-to-Peer-Netzwerken (z. B. DC++, KaZaa und BitTorrent) tauschen Nutzer ihre Dateien mit allen, die an das gleiche Netzwerk angeschlossen sind.

Manchmal jedoch möchten die Nutzer ihre Dateien nur einer eingeschränkten Anzahl von Menschen, beispielsweise ihren Kollegen, Partnern oder Familienmitgliedern, freigeben. In diesen Situationen ist der Alles-oder-nichts-Ansatz des Datentauschs nicht erwünscht. Obwohl das Senden von digitalem Inhalt per E-Mail immer noch gängig ist, erlauben E-Mail-Provider normalerweise keine Anhänge, die größer als einige 10 MByte sind.

RapidShare

Einer der ersten Dienste, die diese Lücke schließen sollten, wurde von RapidShare (*http://www.rapidshare.com/*) angeboten, einer Firma, die 2006 gegründet worden war. RapidShare gibt Nutzern die Möglichkeit, große Dateien auf ihre Server hochzuladen, um dann die Links zu diesen Dateien mit anderen Nutzern austauschen zu können. Der Erfolg von RapidShare brachte Hunderte von Filehosting-Diensten (FHD) hervor, die gegeneinander um einen Anteil an Nutzern wetteifern. Abgesehen davon, dass FHD als Mittel genutzt werden, um private Dateien freizugeben, haben Forscher festgestellt, dass diese auch als Alternative zu Peer-to-Peer-Netzwerken genutzt werden können, da sie einige Vorteile bieten, darunter die schwierigere Aufdeckung des Nutzers, der als Erster eine bestimmte Datei hochgeladen hat, immer verfügbare Downloads und keine Messungen des Verhältnisses Upload/Download – ein User-Qualitätsmaß, das hauptsächlich in privaten BitTorrent-Trackern benutzt wird.

Über 100 Filehosting-Dienste weltweit

Mittlerweile existieren über 100 Filehosting-Dienste. Diese Dienste stellen Nutzern IT-Prozesse und -Strukturen zur Verfügung, wobei der Nutzer nur durch das Wissen um die richtigen Download-URIs auf seine hochgeladenen Dateien zugreifen kann. Obwohl diese Dienste behaupten, dass diese URIs geheim sind und nicht erraten werden können, zeigen Studien, dass dies durchaus unwahr ist. Ein bedeutsamer Prozentsatz von FHD generieren die „geheimen" URIs in einer vorhersehbaren Art und Weise, was Angreifern erlaubt, einfach ihre Dateien zu beziffern und Zugang zu dem Inhalt zu erhalten, der von anderen Nutzern hochgeladen wurde.

Spezielle Algorithmen – Crawler – zur Suche in Filesharing-Diensten

Es wurden Crawler für unterschiedliche Hosting-Anbieter implementiert, und es konnten mithilfe von Suchmaschinen als Mechanismus zur Klassifizierung der Privatsphäre Millionen privater Dateien in weniger als einem Monat offengelegt werden. „HoneyFiles" dagegen, also gefälschte Dokumente, die illegalen Inhalt versprechen, verbreiteten sich sehr schnell und wurden auf FHD hochgeladen. Diese Dateien wurden so entworfen, dass sie still einen der Filesharing-Server kontaktierten, sobald sie geöffnet wurden.

Über die Dauer von einem Monat wurden mehr als 270 Datenzugriffe von 80 verschiedenen IP-Adressen registriert, was zeigt, dass private Dokumente, die auf Filehosting-Dienste hochgeladen werden, aktiv von Angreifern heruntergeladen werden.

Dropbox für multiple Geräte

Für diejenigen von uns, die dazu neigen, mehr als einen Computer oder mehrere Computer an verschiedenen Orten zu nutzen, wird es gelegentlich zur Herausforderung, die Dateien zu synchronisieren. Dropbox erlaubt es, Dateien online und automatisch über mehrere Computer hinweg zu synchronisieren. Dropbox kann man für Projekte nutzen, die der regulären Übertragung von großen Dateien bedürfen.

Dropbox bietet

➤ die Möglichkeit, den Service als Online-Backup zu nutzen,

➤ die Möglichkeit, über das Netz auf Dateien zuzugreifen,

➤ den Zugriff auf Mobilfunkgeräte, und,

➤ am wichtigsten, Dropbox bietet die Möglichkeit, Verschlüsselungsmethoden wie beim Militär einzusetzen, um die Daten sowohl zu übertragen als auch zu speichern.

Das Basispaket ist bis 2 GByte kostenlos. Man kann für zusätzlichen Speicherplatz bis zu 50 GByte eine zusätzliche Gebühr vereinbaren etc.

Dropbox hat Auszeichnungen von MacWorld Eddy Awards, die Crunchies für „Beste Internetanwendung" und den „PC Magazine Editors' Choice" gewonnen.

11.6 Rechtliche Rahmenbedingungen

Die rechtlichen Rahmenbedingungen resultieren einerseits aus dem Urheberrechtsgesetz des jeweiligen Staats und andererseits aus den AGB des jeweiligen Videohosters. Aus der Erklärung, die Sie beim Upload der Videos auf YouTube bestätigen müssen, entnehmen Sie hierzu die Details.

Ein gut gemachter Artikel zur Thematik findet sich z. B. auf dem Online-portal des Deutschlandradios:

> *http://www.dradio.de/dkultur/sendungen/ewelten/792944/*

11.7 Erfolgsmessung im Videomarketing

YouTube Insight

YouTube Insight stellt ein Analytics- und Reporting-Tool für YouTube-Account-Nutzer dar. Die Funktionalität des Tools ist optimal auf die Erfolgs-messung von Videos und Video-Ads ausgerichtet.

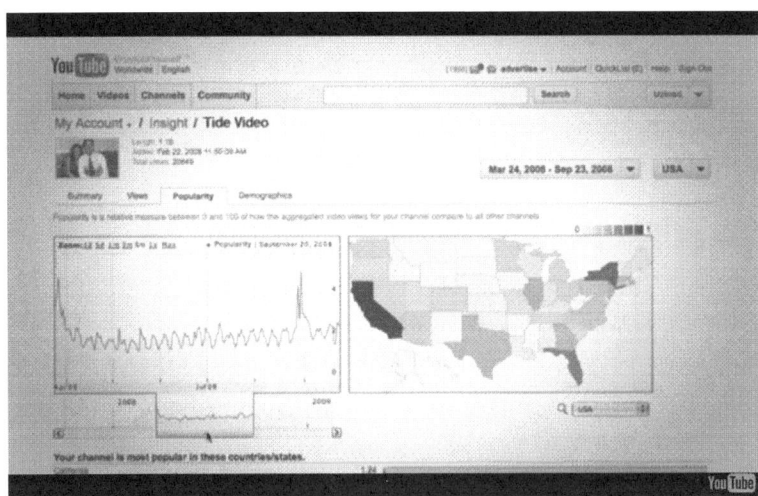

Abb. 91: YouTube-Insight-Screenshot; Bildquelle: http://www.youtube.com/t/advertising_insight.

Die Funktionalität stellt sich aus folgenden Modulen zusammen:

> **Views&Popularity:** Zeigt in einer interaktiven Darstellung Trendlinien und aus welcher Region die Zuschauer kommen.

> **Discovery:** Erkunden Sie, wie die Besucher auf Ihre Seite gekommen sind. Schauen Sie sich die jeweiligen Suchbegriffe an, die zu Ihnen geführt haben, oder welche Seiten Ihr Video einbinden.

> **Demographics:** Lassen Sie sich das Alter, das Geschlecht, Zugriffszeit, Ortsdaten etc. anzeigen.

> **Audience Attention:** Analysieren Sie, welche Teile Ihres Videos die höchste Aufmerksamkeit genießen und wie hoch die Drop-off-Rate (Ausstiegsrate) im Vergleich zu anderen Videos ist etc.

> **Community Engagement:** Beobachten Sie, wie oft die Zuschauer „Rates", „Favorites" oder Kommentare zu Ihrem Video abgeben.

11.8 Vorteile und Chancen im Video- bzw. Multimedia-Marketing

Menschen lieben visuelle Medien, was die Popularität des Fernsehen zeigt. Dieses verlagert sich schleichend ins Internet, und die Attraktivität von Videoinhalten für Nutzer, die Band- und Reichweite beispielsweise von YouTube, zeugen von enormem Potenzial. Hier scheinen sich Investitionen also zu lohnen.

Auch hinsichtlich der SEO birgt Videomarketing enormes Potenzial. Welche Vorteile Videos-Ads für den Marketer letztlich haben, ist mit der Suchmaschinenoptimierung (siehe die Kapitel 15–17) verknüpft, die neben der klassischen Content-Optimierung heutzutage auch mit der Optimierung der Videosuchergebnisse beflügelt wird. Nach einer Studie von Forrester Research ist die Wahrscheinlichkeit, dass ein Video auf der ersten Suchergebnisleiste erscheint, gegenüber einer klassischen Content-Seite ungefähr 53-mal höher, was freies Potenzial offenbart.

Die Aufmerksamkeit des Nutzers oder Konsumenten wird also eher auf ein bestimmtes Objekt gelenkt in Verbindung mit bewegten Bildern. Wie ein Video dafür sorgt, dass es auf der ersten Seite einer Suchmaschine erscheint, hängt natürlich vom Ranking ab. Das Ranking wird zukünftig zunehmend von der Aufenthaltsdauer des Nutzers auf einer Webseite und der Absprungrate (engl. Bounce Rate) festgelegt. Videos sind daher ein Mittel zum Zweck, um für ein hohes Ranking zu sorgen, denn in der Regel dauern Videos mehrere Minuten, und sofern sie interessant gemacht sind, kann die Aufmerksamkeit eines Nutzers auf lange Sicht zum Verweilen auf einer Webseite beitragen.

11.9 Nachteile und Risiken im Video- bzw. Multimedia-Marketing

Der Einsatz von Werbemitteln auf Videobasis ist sowohl Kosten- als auch Know-how-intensiv. Die Aneignung des Wissens zur Nutzung der Video-editierwerkzeuge ist notwendig, aber nicht einfach, und die Vielfalt wichtiger Details bezüglich der Formate und Komprimierungen sowie notwendiger Hilfswerkzeuge ist immens. Upload- und Downloadprozeduren binden Zeit- und Sachressourcen, die aufeinander abgestimmt werden müssen. Daher haben wir für Sie hier die wichtigsten Praktiken, Werkzeuge und Fachkenntnisse gebündelt.

Auch sollten Sie beim Outsourcing von Videoaufträgen genau überlegen, wie hoch Ihr Budget ist, da Videoproduktionen im Vergleich zu Text- und Bilder-Ads teuer werden können.

11.10 Praxisbeispiele, Gestaltungstipps, To-do- und Checkliste

Nun zeigen wir Ihnen einige Praxisbeispiele und geben Gestaltungstipps zu Videomarketingkampagnen, und abschließend erhalten Sie die zusammenfassende – bereits aus den vorangegangenen Kapiteln bekannte – Checkliste.

11.10.1 Praxisbeispiele

Während der Screenshot ein klassisches Video-Ad auf Spiegel.de zeigt, existieren ebenfalls virale Marketingkampagnen, die auch Praktiken des Videomarketings nutzen. Nachfolgend sind fünf erfolgreiche Videomarketingkampagnen im Gewand des viralen Marketings zu finden.

Unter dieser URL finden Sie beispielsweise Produktvideos von zalando:

➢ *http://www.ko-mi.de/zalando-mit-ersten-produktvideos/*

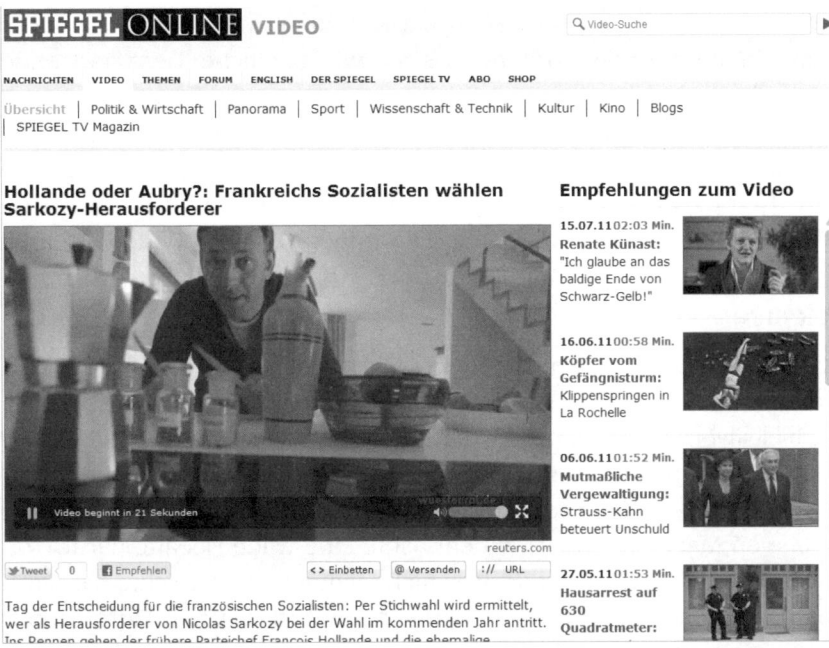

Abb. 92: Video-Ad auf Spiegel.de.

Smartwater

Mit mehr als 9 Millionen Klicks ist das Smartwater-Video, das besser bekannt ist als „Jennifer Anistons Sexvideo", ein großer Erfolg geworden.

Abb. 93: Smartwater-Video.

Das Video ist eine humorvolle Selbstparodie, in dem alle Merkmale eines ultimativen Werbespots vorhanden sind, wie niedliche Tiere, tanzende Babys und eine hübsche, sich verführerisch verhaltende Frau wie Jennifer Aniston. Der wahre Grund, weshalb das Video ein so großer Erfolg geworden ist, ist der, dass das Video sich selbst nicht zu ernst nimmt. Es ist eine clevere Kampagne, die eine Parodie erfolgreicher Werbespots ist und gleichzeitig Mittel wie Humor, Sex und Prominenz in einem Video vereint.

Quicksilver

Die „Dynamit Surfing"-Kampagne von Quicksilver war sehr umstritten, als sie veröffentlicht wurde. In dem Video ist ein junger Surfer mit Bekleidung von Quicksilver zu sehen, der Dynamit in einen See schmeißt, um durch die entstehenden Wellen mit seinen Freunden, die auch Kleidung von Quicksilver tragen, im See surfen zu können. Das Video wurde über 10 Millionen Mal angeschaut und entfachte eine wilde Debatte darum, ob das Video echt sei oder nicht. Es war nicht echt, jedoch erreichte die Kampagne genau die Zielgruppe – den jungen, enthusiastischen Extremsportler –, die sie erreichen wollte, weil diese Zielgruppe gut eingeschätzt wurde. Die unkommerzielle Erscheinung des Videos und die visuellen Effekte der Explosion lösten das Bedürfnis der Zuschauer aus, sich mit einzubringen.

Abb. 94: Quicksilver-Video.

Burger King

Der Werbespot des gehorchenden Huhns von Burger King bekam 46 Millionen Klicks und wurde somit eines der erfolgreichsten Werbespots aller Zeiten. In dem Video wird ein Mensch in einem Hühnerkostüm gezeigt, der wie bei „Internetseiten für Erwachsene" durch eine Webcam zu sehen ist. Die Zuschauer können auf der Internetseite Befehle in die vorgegebene Spalte eintippen, und das „Huhn" befolgt sie. Die Zielgruppe des Videos bestand ursprünglich aus Erwachsenen in den späten Zwanzigern und Dreißigern, um das TenderCrisp-Hähnchen-Sandwich bekannt zu machen. Es wurde jedoch so erfolgreich, weil unterschiedliche Zielgruppen angesprochen wurden, da die Kampagne sehr interaktiv für die Zuschauer gestaltet war. Die Kampagne hat viralen Charakter, da die Ausführung der Befehle noch unterhaltsamer wird, wenn man sie mit Freunden teilt.

Old Spice

Old Spice wollte den Ruf des vermeintlichen Aftershaves für ältere Männer loswerden, und mit der neuen Videokampagne, die fast 10 Millionen Mal angesehen wurde, könnten es sein Ziel erreicht haben. Ein ironischer, sich selbst parodierender muskulöser junger „Traummann" spricht Frauen direkt an und sagt ihnen, dass ihre Männer zwar nicht so aussehen, aber so riechen können wie er.

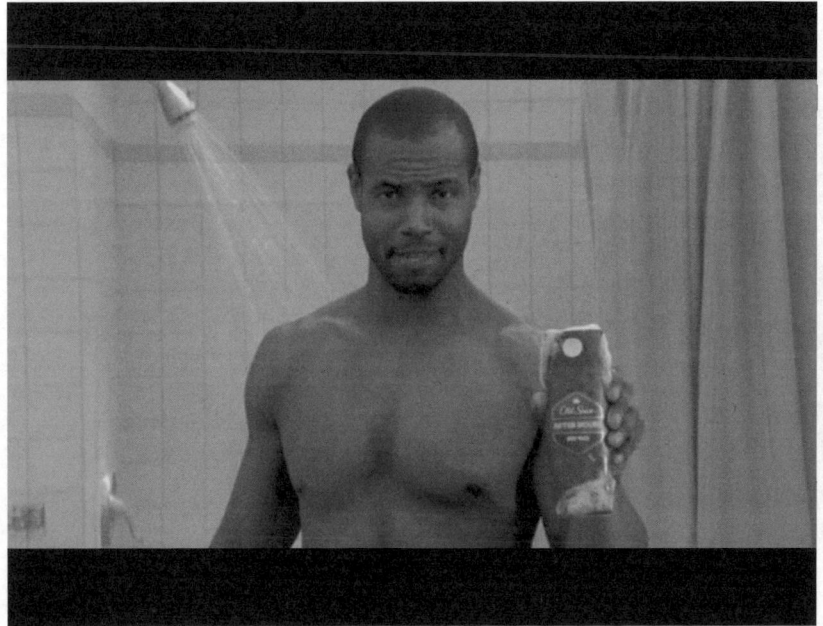

Abb. 95: Old-Spice-Video.

Der virale Erfolg des Videos gründet sich auf die clevere optische Ansprache und die Brandbreite der Aussagen. Während der „Old-Spice-Traummann" die Aufmerksamkeit von Frauen erreichen sollte, die die größte Kaufkraft ausmachen, sprechen der Humor und die Action junge Männer wie auch junge Frauen an.

The Dark Knight Rises

Ein Hörvideo wurde vor der Veröffentlichung des dritten Films von Batman, „The Dark Knight Rises", veröffentlicht. Die Kampagne besteht aus der Internetseite TheDarkKnightRises.com, auf der man lediglich einen schwarzen Bildschirm sieht und man nur Menschen im Hintergrund dumpf tuscheln hört.

Das Hörvideo wurde bereits mehrere Tausend Male von Menschen auf sozialen Netzwerken geteilt. Das Clevere an dem Hörvideo ist die Uneindeutigkeit und das Geheimnisvolle. Die Erschaffer der Kampagne wussten, dass die Zuschauer des Films jung sind und eine große soziale Medienpräsenz haben. Außerdem gaben sie ihren Zuschauern den Anreiz, ihre eigene Fantasie spielen zu lassen und somit herauszufinden, was die Bedeutung des Hörvideos war.

Bis jetzt ist es eine gut ausgeklügelte Lockwerbung, die beweist, dass virales Videomarketing keine schockierenden Bilder und auffälligen Effekte braucht, sondern ein dumpfes Tuscheln genauso ausreicht.

Abb. 96: The Dark Knight Rises – ein Video-Screenshot.

11.10.2 Gestaltungstipps

Oberstes Ziel: Interesse wecken

Das oberste Ziel bei Multimedia- und Videomarketingmaßnahmen ist es, Interesse zu wecken und den Benutzer nicht durch zu laute, grelle und überladene Ads zu vertreiben.

Doch, was genau heißt nun „Interesse", bzw. wie hält man die Aufmerksamkeit der Nutzer geschickt aufrecht? Hierfür betrachten wir die Video-SEO in der Praxis: Damit ein erkennbarer Verkehr (Traffic) entsteht, müssen einige zentrale Punkte beachtet werden. Zum einen gehören Aufbau und Inhalt eines Videos dazu.

Niemand kann jemandem verbieten, sich Anreize bei bereits bekannten Portalen zu bestimmten Themen einzuholen. Zur groben Übersicht, ob nun ein Themenumfeld erfolgreich ist oder nicht, kann bereits die Anzahl der Videoaufrufe und der Kommentare bei YouTube dienen.

Nutzen Sie eigene Logos in Videos

So kann schon ein Eindruck davon entstehen, was bei der Zielgruppe funktioniert und was nicht. Eigene Logos in den Videos können helfen, eine Multiplikatorwirkung zu erzielen, und erhöhen auch gleichzeitig den Wiedererkennungswert eines Themas. Für den Aufbau ist auch zu nennen, dass bei der Dateinamensgebung Schlüsselwörter (engl. Keywords) auftauchen sollten, die leicht zu merken sind oder dem Nutzer wieder leicht einfallen können.

Auch nicht zu unterschätzen ist mittlerweile die Tendenz zu HD-Videos. Wo früher die Technik dem Nutzer einen Strich durch die Rechnung zog, sind heutzutage, dank schneller Internetleitungen, HD-Videos fast schon der Standard. Hochauflösende Videos wirken im Auge des Betrachters immer angenehmer als herkömmliche Aufnahmen, sodass ein „Wegklicken" des Videos unwahrscheinlicher wird.

Nutzen Sie einen klaren Beschreibungsaufbau

Nachdem Inhalt und Aufbau des Vidoes geklärt sind, wird der Schwerpunkt auf die Beschreibung gelegt. Videoportale wie YouTube haben in der Regel einen klaren Beschreibungsaufbau, die in folgenden Kategorien wiederzufinden sind:

➤ Titel,

➤ Beschreibung/Description und

➤ Schlüsselwörter (engl. Keywords oder Tags).

Damit die Wahrscheinlichkeit dafür, dass ein Video an erster Stelle gefunden wird, steigt, sollten relevante Begriffe priorisiert absteigend angegeben werden. Die Beschreibung selbst sollte so formuliert werden, dass sie zum Anschauen, also zum Anklicken, animiert. Je nach Zielgruppe sollte man sich hierbei Gedanken darüber machen, in welchem sozialen Milieu man sich aufhält, und das sprachliche Niveau und den Jargon bzw. Slang entsprechend anpassen.

Visiert die Gruppe z. B. ein Themenfeld wie „Surfen" an, bei dem die Betrachter vermutlich um die 30 Jahre alt sind, wird eine akademisch geführte Sprache in der Beschreibung für wenig Anklang sorgen. Kennt man die Zielgruppe, können auch punktgenaue Tags vergeben werden. In dem oben genannten Beispiel könnten es Extreme sein: Sport, Adrenalin etc.

Nutzen Sie Medienverknüpfungen zur automatischen Generierung von Textinhalten

Wenn ein Video zwar technisch gut gelungen ist, aber von der Zielgruppe (zeichen-)sprachlich nicht verstanden werden kann, entstehen umsonst hohe Kosten. Früher wurden an die Videos Textdateien angebunden, die für den Untertitel in einem Video sorgten. Heute ist die Technik so weit, dass mithilfe unterschiedlicher Medienverknüpfungen Untertitel automatisch erstellt werden können.

Im Fall von YouTube ist es die sogenannte Subtitle-Captions-Unterstützung, in der die Spracherkennungssoftware von Google den gesprochenen Text im Video analysiert und automatisch in das Video einbindet. Auch wenn dies noch im Betastadium ist, kann man das darin steckende Potenzial erkennen und bereits nutzen, um ein Video nicht an der Sprachbarriere scheitern zu lassen.

11.10.3 To-do- und Checklisten

Nachfolgend wird – wie bei jeder Checkliste am Ende des Kapitels – von drei Arbeitsphasen ausgegangen, die jeweils eine Vertiefung der Maßnahmen verkörpern:

> ➢ Phase 1: Vergegenwärtigung
> ➢ Phase 2: Reflexion
> ➢ Phase 3: Potenzialerkennung und Umsetzung

Multimedia- und Videomarketing-Checkliste	1. Phase	2. Phase	3. Phase
Multimedia-Ads- und Video-Ads-Konzept erstellen			
Dateiformate, die Sie nutzen			
Multimedia-Dateien Editoren			
Populäre Videoportale einsetzen – Filesharing und -hosting			
Erfolgsmessung im Video- und Multimedia-Marketing			

12. Social Media Marketing (SMM): Werben Sie auf sozialen Netzwerken und erreichen Sie neue Zielgruppen

Social Media stellt eine der bedeutendsten Neuentwicklungen in den neuen Medien des letzten Jahrzehnts dar. Um Ihnen einen Einblick in die Durchschlagskraft des SMM zu vermitteln, zeigen wir Ihnen die Marktzahlen, die Motivation der User zur Nutzung von SMM, Anwendungsgebiete des SMM und Beispiele für SMM-Netzwerke sowie Marketingstrategien auf. Wir nennen Ihnen die Konzepte zur Erfolgsmessung und weisen Sie auf Vor- und Nachteile hin.

12.1 Marktzahlen zu Social Media Marketing als Teilbereich des Onlinemarketings

„Soziale Netzwerke im Internet sind Netzgemeinschaften bzw. Webanwendungen, die Netzgemeinschaften beherbergen. Handelt es sich um Netzwerke, bei denen die Benutzer gemeinsam eigene Inhalte erstellen (User Generated Content), bezeichnet man diese auch als soziale Medien." (Quelle: *http://de.wikipedia.org/wiki/Soziales_Netzwerk_(Internet)*).

90 % der 18- bis 29-Jährigen, mehr als 60 % der 20- bis 49-Jährigen und die Hälfte der 50- bis 64-Jährigen sind in Deutschland mehr oder weniger im Internet, das sind mehr als 50 Millionen Menschen, knapp über zwei Drittel aller Deutschen. 78 % der Verbraucher erachten Empfehlungen von anderen Nutzern für vertrauenswürdig, nur 14 % denken dies über Werbekampagnen.

2010 waren die Amerikaner knapp ein Viertel ihrer Zeit im Internet auf sozialen Netzwerken unterwegs. 25 % der amerikanischen Kleinunternehmer nutzten soziale Medien für Werbung, 57 % nutzen Businessnetzwerke wie LinkedIn, in Großbritannien 50 % und 33 % täglich.

Sechs der zwanzig meistbesuchten Portale in Deutschland sind soziale Netzwerke (Facebook, YouTube, Wikipedia, Twitter, XING, Blogger.com).

80 % der deutschen Manager nutzen soziale Medien beruflich und privat.

Die Faszination, die von Social Media ausgeht, ist ein Effekt aus dem synergetischen Zusammentreffen von sowohl geschäftlich wie privat nützlichen Dingen. Hierzu zählt in erster Linie die Vernetzung mit Menschen aus dem sozialen Umfeld, aus denen sich in kürzester Zeit Diskussionsgruppen und -foren zu jedem beliebigen Thema gegründet haben und Nischen für jedes Interesse. Die daraus resultierende Reputation des Users – sein digitaler Fußabdruck – ermöglicht die gezielte Interaktion per SMS-/Voice- und Instant-Message-Diensten, Location-based-Services (LBS) etc.

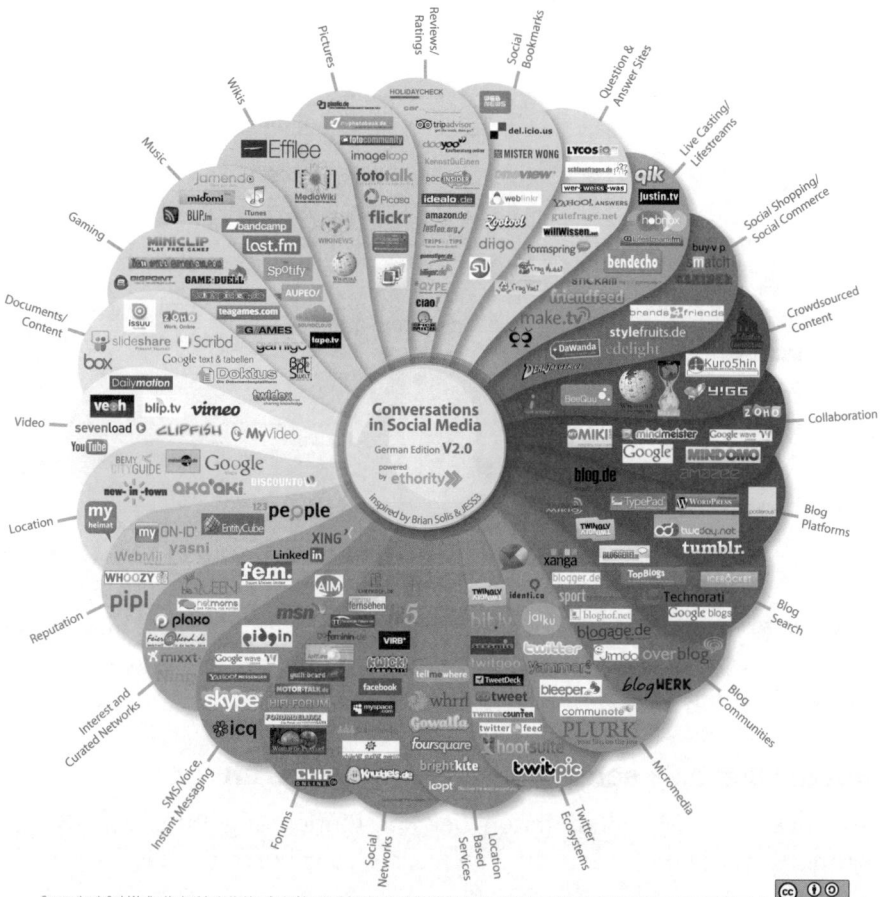

Abb. 97: Conversations in Social Media; Bildquelle: http://socialmediafuehrerschein.de/ wp-content/material/sm-maps/Social-Media-Landscape-Boxes.png.

Zahlreiche Hilfstools erleichtern Ihnen das portalübergreifende Verwalten Ihrer Benutzer und Unternehmensdaten sowie Ihrer Kontaktdaten. Hierzu zählen:

> *http://www.socialsafe.net*
> *http://www.backupify.com*
> *http://www.pipl.com*
> *http://www.jigsaw.com*
> *http://plaxo.com*
> *http://xobni.com*

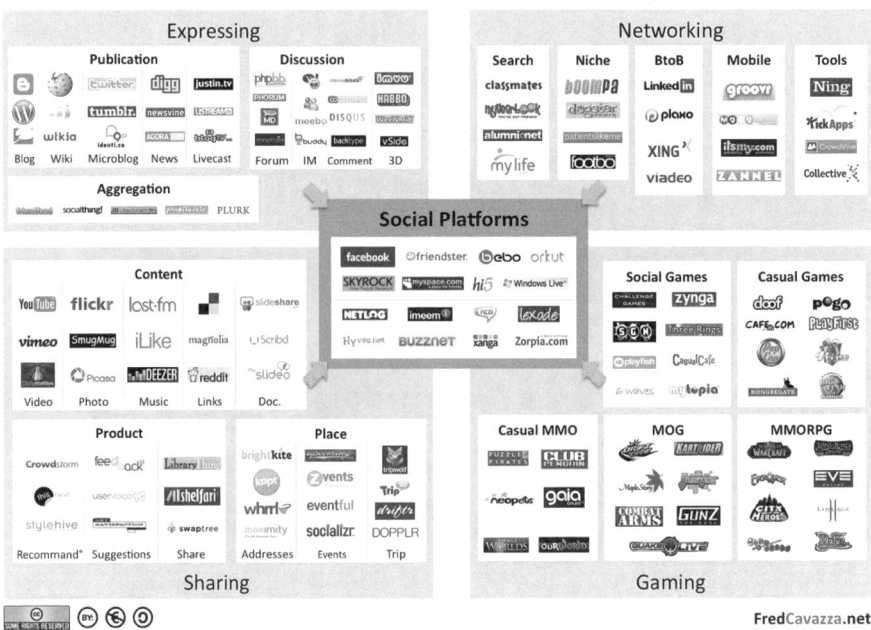

Abb. 98: Social Media Landscape; Bildquelle: http://www.ethority.de/weblog/wp-content/ uploads/2010/01/SmKundenUnternehmen_CC1.JPG.

Nutzen Sie RSS-Feeds, um sich zu informieren

Spezielle Services helfen Ihnen bei der Einrichtung Ihrer RSS-(**R**eally **S**imple **S**yndication-)Feedabonnements, hierzu gehören die folgenden:

Desktoplösungen:

> *http://www.feedreader.com*
> *http://www.awasu.com*

Weblösungen:

> *http://www.google.com/reader*

➢ *http://www.bloglines.com*
➢ *http://my.yahoo.com*

Statistiktools zur Reichweite Ihrer RSS-Feeds:

➢ *http://www.feedburner.google.com*

Hilfstools, um RSS-Feeds auf die eigene Website zu integrieren:

➢ *http://www.page2rss.com*
➢ *http://www.webrss.com*
➢ *http://www.feed43.com*
➢ *http://www.ponyfish.com*

Hilfstools zur Zusammenführung mehrerer RSS-Feeds:

➢ *http://www.feedmingle.com*
➢ *http://www.feedstitch.com*
➢ *http://www.xfruits.com*
➢ *http://www.feedrinse.com*
➢ *http://www.rssmix.com*
➢ *http://www.widgetbox.com/widget/rss*

Hilfstools, um RSS-Feeds in RSS-Verzeichnisse eintragen zu lassen:

➢ *http://www.rss-world.com*
➢ *http://www.rss-nachrichten.com*
➢ *http://www.rss-scout.com*
➢ *http://www.rss-verzeichnis.com*
➢ *http://www.1800rssfeeds.com*
➢ *http://www.feednuts.com*
➢ *http://www.feedage.com*

12.2 Was ist die Motivation zur Nutzung von Social Media Marketing?

Kollaboration und User-generated Content

Weltweit existieren ca. 200 Millionen Blogs. Die Kollaboration wird in sozialen Netzen immens gefördert, Blogplattformen dienen sowohl als Kreativwiesen wie auch als Werbe- und Meinungsplattform. Für das exponentielle Wachstum und die Dynamik sorgt die Tatsache, dass der Content auf sozialen Medien User-generated – vom Benutzer erzeugt – ist. Jeder kann etwas schaffen und es ins Netz stellen, Videos, Geschäftsdokumente, Onlineshops, Spiele, Blogs, Musik, Wikis, Bilder, Reviews und Ratings, Social Bookmarks, Fragen und Antworten, Live-Bewerbungen etc.

Abb. 99: Social Media in Relation zu Wikis, Blogs, Pictures etc.;
Bildquelle:http://islandsdesignsstudio.com/wp-content/uploads/2010/11/social-media.jpg.

12.3 Anwendungsgebiete des Social Media Marketing: Weblogs, Onlinemagazine, Webinare, Videotutorials, Podcasts, Wikis etc.

Weblogs schreiben und promoten

Es lohnt sich, Corporate Blogs zu schreiben und zu promoten. Wichtig ist die Beständigkeit und die Eigenwerbung bzw. Weiterempfehlung. Hierfür kann die URL des Weblogs in die Mailsignatur aufgenommen werden, ein sichtbarer Link auf die Unternehmensseite gesetzt werden und im eigenen

Profil bei Netzwerken erscheinen. Die Anmeldung bei Social-Bookmark-Diensten ist empfehlenswert:

➢ *www.technorati.com*

➢ *www.mister-wong.de*

➢ *www.del.icio.us*

➢ *www.digg.com*

➢ *www.yigg.de/*

Einen ähnlichen Zweck erfüllt der Eintrag des Blogs in Blogverzeichnissen und Portalen wie:

➢ *www.bloggerei.de*

➢ *www.blogscout.de*

➢ *www.blogalm.de*

Mehr darüber, welche Plattform zu Ihrer Social-Media-Aktivität passt, erfahren Sie unter *http://www.online-marketing-deutschland.de/wp-content/uploads/2011/05/Social-media-Overview-600x381.jpg.*

Weitere Empfehlungen für Blogs

Richten Sie auch eine Liste von anderen Blogs ein, die Sie empfehlen, die sogenannte Blogroll. Nehmen Sie in Ihren Artikeln Bezug auf andere Blogger und verlinken Sie diese. Lesen Sie andere Blogs und kommentieren Sie sie, da die URL des Kommentators angegeben wird und Sie neue Leser oder Blogfreunde finden können. Treffen Sie und pflegen Sie Ihre Kontakte zu anderen Bloggern.

Erfolgreich sind hier die Blogger des Schmuckherstellers TeNo auf *http://www.teno.de/teno/deutsch/blog/.* Diese hatten sehr gute Ideen zu Blog-Adventskalendern und Fotoaktionen mit geschenkten T-Shirts.

Sehr effizient für das Blogmarketing sind spezielle Events, die nach Themenvorgaben kategorisiert sind, bei denen viele Blogger und Experten ihr Wissen zu einem vorgegebenen Thema in einem kostenlosen Wissensdossier zusammenstellen, z. B. Webmasterfriday: *http://www.webmaster friday.de/.*

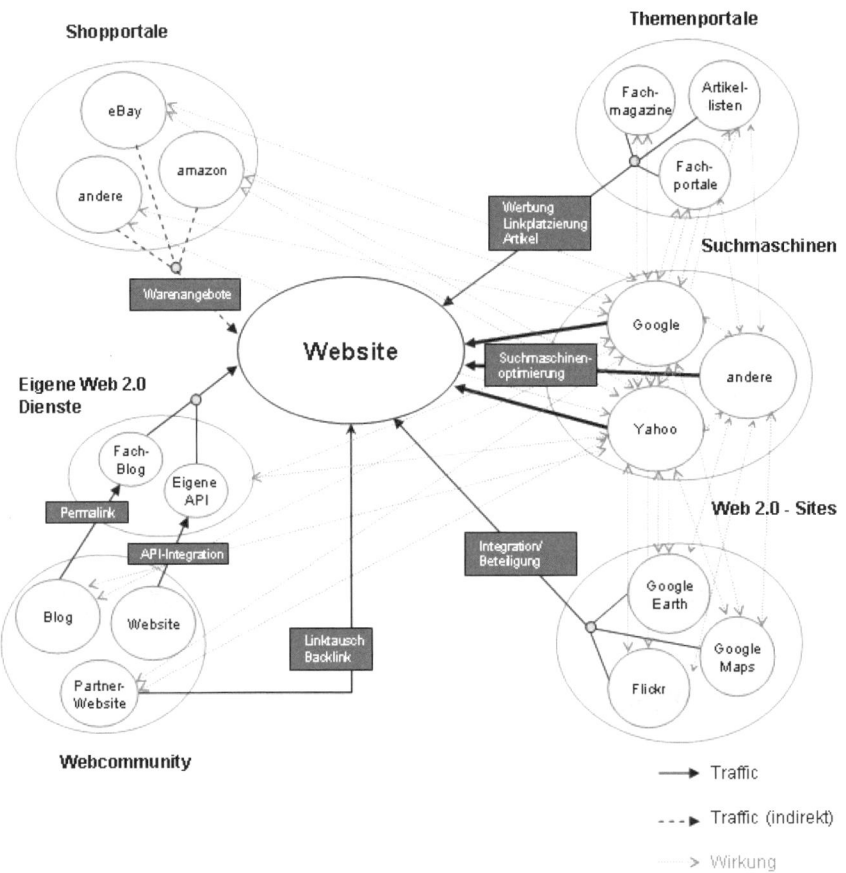

Abb. 100: Die Website im Kontext des Social Media Marketing; Bildquelle: http://www. webdeseo.com/images/sem-suchmaschinenmarketing-search-engine-marketing.gif.

Positionierung als Experte in Blogs

Wichtig hierbei ist zunächst die Erarbeitung und Erschreibung eines Expertenstatus. Auf Businessnetzwerken wie XING oder branchenspezifischen Expertenforen lohnt sich die aktive Beteiligung in Branchenforen. Vermeiden Sie offensichtliche Eigenwerbung und bieten Sie Onlinehilfen.

12.4 Beispiele für große soziale Netzwerke: Facebook, Google+, XING, Twitter, YouTube & Co.

Als Beispiele für soziale Netzwerke stellen wir Ihnen nun Google+, Facebook, Twitter, LinkedIn, XING und YouTube vor.

12.4.1 Google+

„Google+ ist ein soziales Netzwerk von Google Inc. Die Internetseite ist seit dem 28. Juni 2011 erreichbar. In einer frühen Phase war das Registrieren nur auf Einladung durch einen vorhandenen Benutzer möglich. Seit dem 20. September 2011 kann man sich auch ohne Einladung bei dem sozialen Netzwerk registrieren. Außerdem wird bei der Anmeldung bis vor Kurzem ein Mindestalter von 18 Jahren verlangt. Dieses wurde im weiteren Betrieb auf 13 Jahre gesenkt. Google+ wird vielfach als Versuch von Google gesehen, sich im Bereich der sozialen Netzwerke zu etablieren, da das ebenfalls von Google betriebene soziale Netzwerk Orkut nur in wenigen Teilen der Welt Verbreitung gefunden hat. Google+ steht somit in direkter Konkurrenz zu Facebook." (Quelle: *http://de.wikipedia.org/wiki/Google%2B*)

Nachfolgend sehen Sie die Profile der beiden Verfasser.

Abb. 101: Google+-Account – Dominik Wojcik.

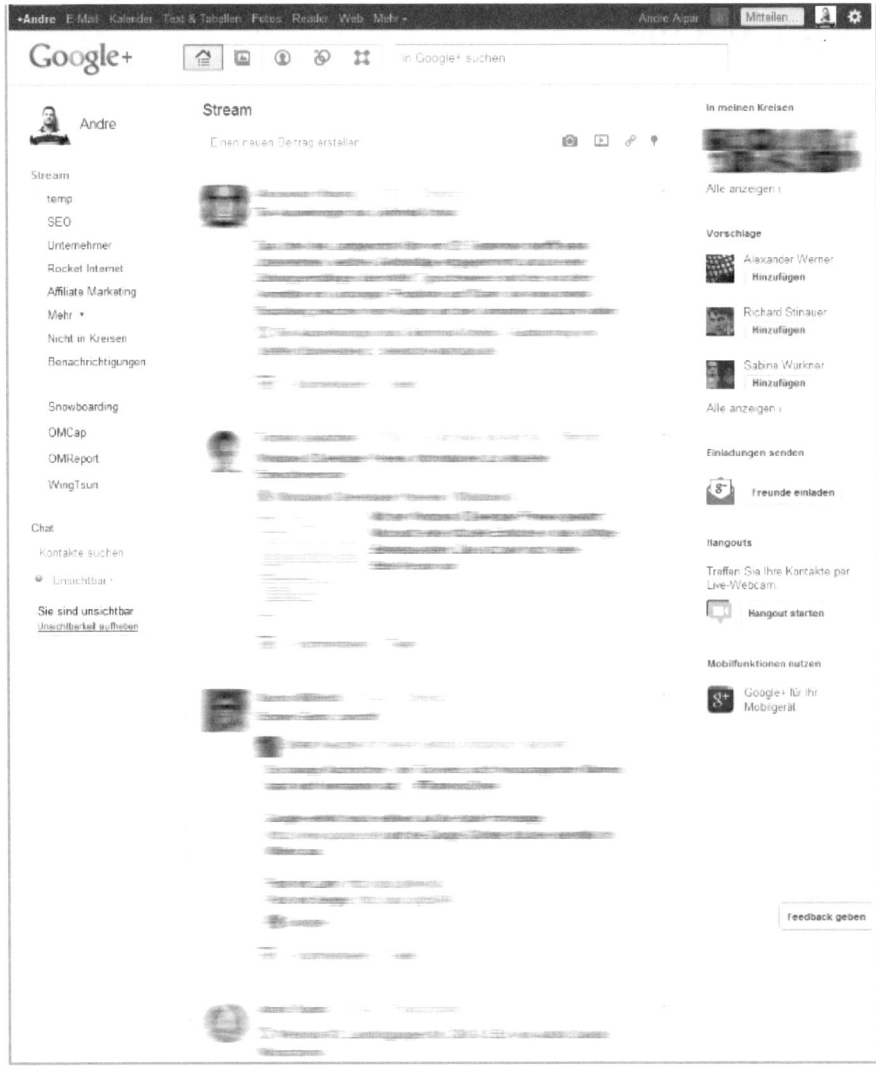

Abb. 102: Google+-Account – Andre Alpar.

Wenn man möglichst viele Plattformen bedient, erreicht man eine größere Reichweite!

Abb. 103: Google+-Circles.

Bei Twitter kann man nicht selektieren, welche Infos man gern hätte, mit Circles kann man sich entsprechende Themen klassifizieren, und man bekommt einen wesentlich zielgerichteteren Stream angeboten.

Abb. 104: Google+-Fotos.

12.4.2 Facebook

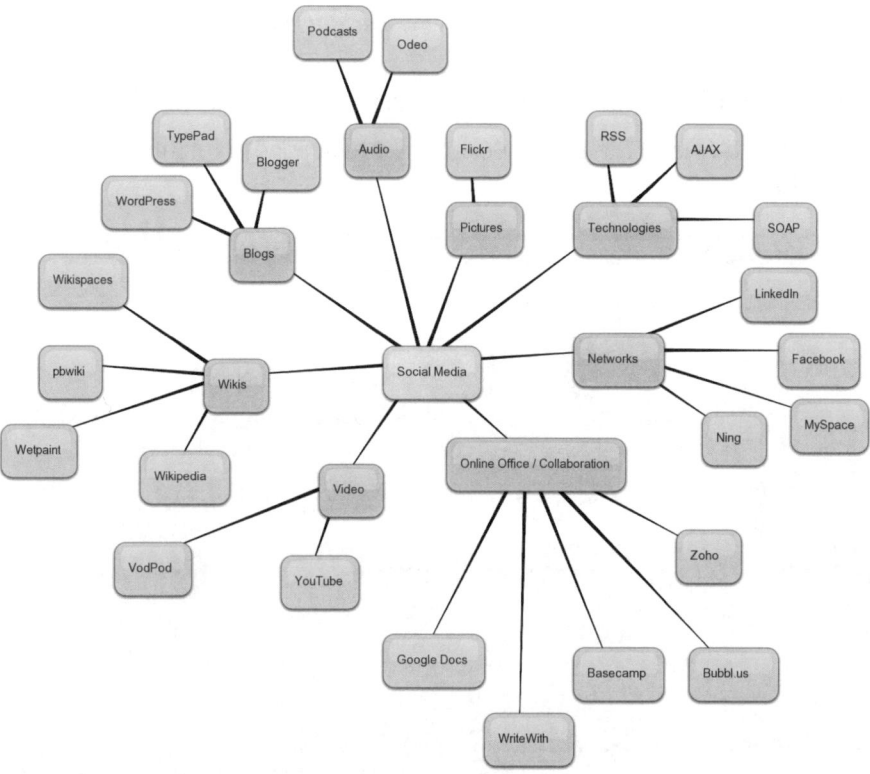

Abb. 105: Social Media in Relation zu Wikis, Blogs, Pictures etc.;
Bildquelle: http://islandsdesignsstudio.com/wp-content/uploads/2010/11/social-media.jpg.

> Facebook hat im Februar 2012 845 Millionen Nutzer (*http://www. zdnet.com/blog/facebook/facebook-has-over-845-million-users/8332*).

> 71 % der Amerikaner und 16,2 % der Deutschen sind auf Facebook registriert (2011).

> Monatlich werden 600 Milliarden Fotos hochgeladen.

> 53 % der Facebook-Nutzer spielen Online-Games.

> Pro Minute sharen Nutzer (nur auf Facebook) 50.000 Links,

> schreiben 79.000 Pinnwandeinträge,

> senden 99.000 Freundschaftsanfragen und

> 232.000 Nachrichten,

> tätigen 383.000 *Gefällt mir*-Buttonklicks und

> schreiben über eine halbe Million Kommentare.

(*http://www.facebook.com/press/info.php?statistics,*
http://statistics.allfacebook.com, http://www.allfacebookstats.com,
http://www.facebakers.com, http://www.checkfacebook.com)

Praxisbeispiele: Fan- und Unternehmenspages auf Facebook

Nachfolgend finden Sie einige Beispiele zur Facebook-Nutzung seitens der
Verfasser.

Abb. 106: Facebook-Account BöserSEO.

Abb. 107: Facebook-Account Dominik Wojcik.

Das ist das neue Facebook-Timeline-(Chronik-)Profil. Damit hat man jetzt praktisch eine Zeitlinie und kann genau sehen, was man wann wie gemacht hat – welche Freunde man in welchem Monat geadded hat, was die wichtigsten Aktivitäten im letzten Monat waren. Praktisch ist es eine Zeitreise zur entsprechenden Person, die man ansurft!

Abb. 108: OMCap-Facebook-Page: Die OMCap war aus unserer Sicht ein voller Erfolg. Tolle Sessions, gutes Essen, klasse Location. Wir hoffen, dass es unseren Teilnehmern genauso viel Spaß gemacht hat wie uns.

Der optimale Einsatz von Facebook-Ads

Was sind Facebook-Ads?

Eine relativ neue und erfolgreiche Form der Onlinewerbung, die an Google-Ads angelehnt ist, stellen Facebook-Ads dar. Jedoch haben Facebook-Ads einen anderen Ansatz der Zielgruppenspezifikation als Google-Ads. Facebook erfreut sich weltweit, insbesondere bei einem jungen Publikum, großer Popularität. Innovative Werbeformen kommen erfolgreich zur Anwendung. Mithilfe von personalisierten Ads erfolgt die Einbindung der Ads in das Facebook-Seitenlayout. Diese werden als weniger störend empfunden, da sie einerseits getrennt vom Inhalt eingeblendet werden und andererseits auf die spezielle Zielgruppe des Users fokussiert sind.

Hohe Funktionalität von Facebook-Ads

Eine benutzerorientierte Interaktion und detaillierte Filterungsfunktionen zur Auswahl von adäquaten User-Profileigenschaften machen Facebook-Ads zu einem mächtigen Werkzeug für Werbekampagnen.

Facebook-Ads als zielgruppenorientierte personalisierte Werbung sind noch relativ jung und bergen für Werbetreibende auch Risiken. Daher werden Vor- und Nachteile der Facebook-Werbeanzeigen kurz erörtert.

Unterschiede von Facebook-Ads zu Google AdWords

Google AdWords liegt das Modell des Keyword-Advertising zugrunde. Dabei werden Webseiten auf spezielle Keyword-Anfragen hin gegen Bezahlung ausgegeben. Die Werbung ist präsenter, was Werbetreibenden Branding-Effekte generiert. Facebook ist nach wie vor stark im Wachstum begriffen, was den Wert als Marketingplattform potenziell weiter erhöht.

Praxisbeispiel: Facebook-Reports bzw. -Statistiken zu Kampagnen

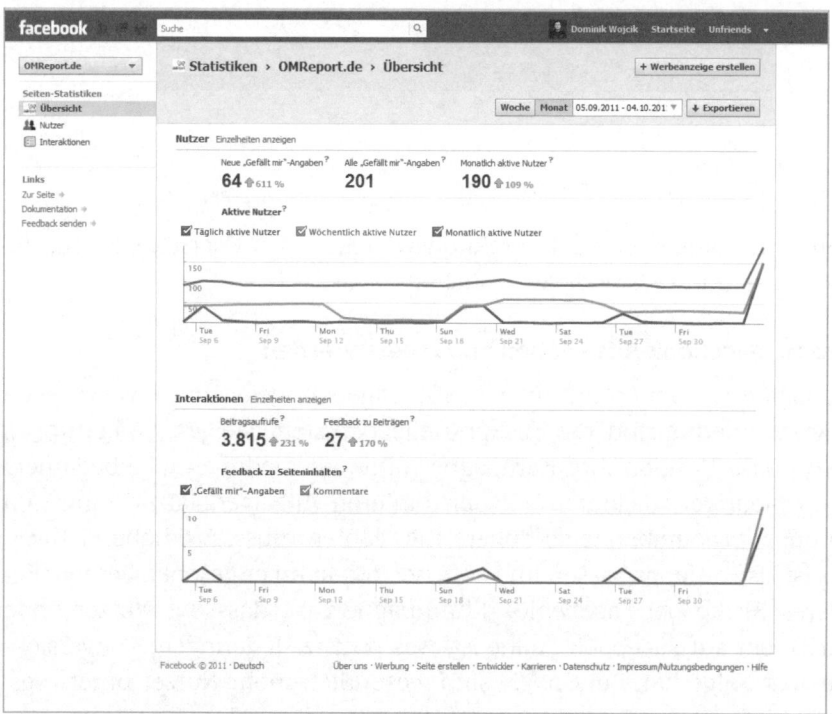

Abb. 109: OMReport-Facebook-Statistiken.

Facebook bietet die Möglichkeit, sich Statistiken zu jeder Fanpage anzuschauen. So hat man immer einen Überblick darüber, wie viel Traffic auf der eigenen Seite ist.

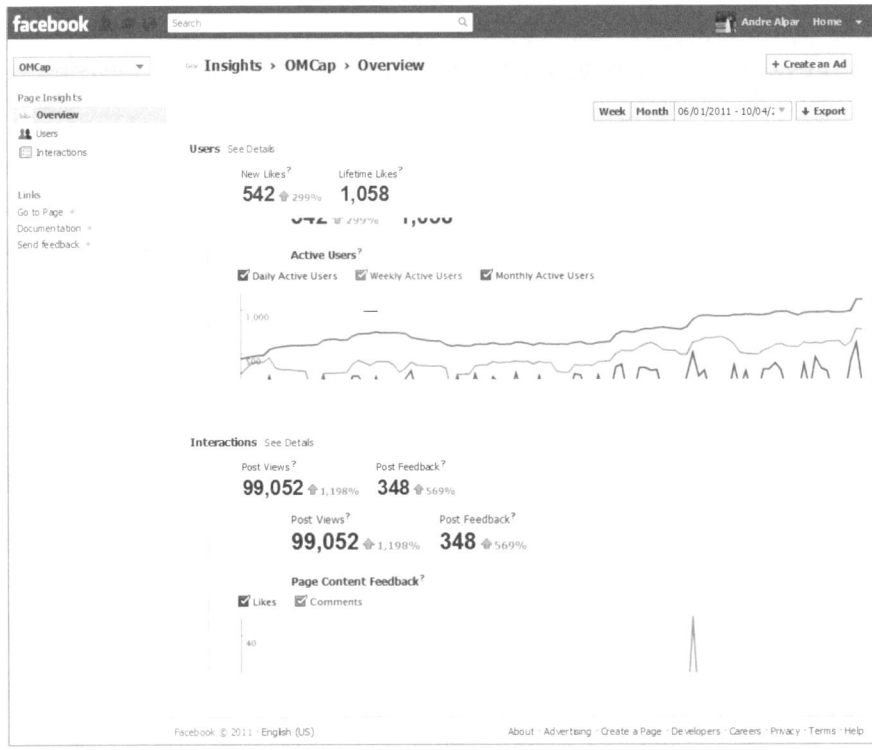

Abb. 110: OMCap-Insight-Facebook-Statistiken.

Oben sind Statistiken zur Interaktionswilligkeit von Usern zu sehen, die sich freuen, unsere OMCap zu besuchen.

Vorsicht: Facebook-Ads können auch teuer werden

Facebook-Ads können zu einer kostspieligen Angelegenheit werden, da Klickraten niedrig sind, die Klickpreise jedoch stetig steigen. So kommt es oft vor, dass Kunden ihre Kampagne mit einer niedrigen CPC beginnen, wegen niedriger Klickraten auf den hinteren Anzeigenplätzen rangieren und der Werbetreibende so höhere CPC zahlen muss. Ein höherer Klickpreis ist also anfangs besser, im Laufe der Zeit kann er gesenkt werden. Ein anderes Risiko bei Facebook-Ad-Kampagnen ist, dass der Nutzer ohne Kaufabsicht auf Facebook online ist, was potenziell geringere Conversion-Rates zur Folge hat. Bei Google sind wesentlich mehr Nutzer unterwegs, die gezielt an einem Produkt zum Kauf interessiert sind.

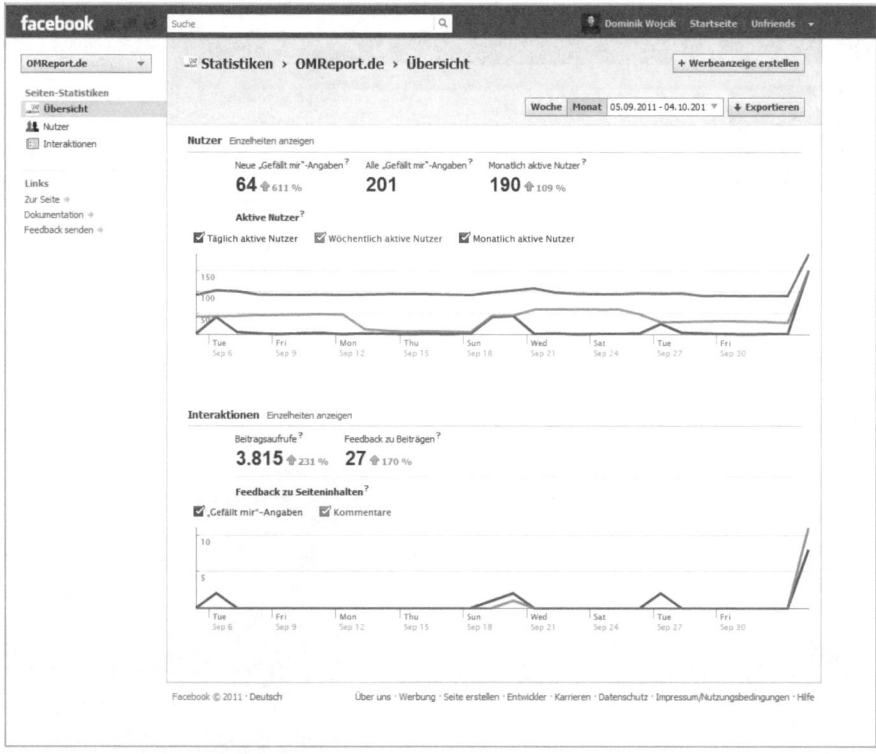

Abb. 111: OMReport-Facebook-Statistiken.

12.4.3 Twitter

„Twitter is a real-time information network that connects you to the latest information about what you find interesting. Simply find the public streams you find most compelling and follow the conversations. ...." (*https://twitter.com/about*).

Bei Twitter sind insgesamt über 200 Millionen Menschen registriert, in Deutschland 3 Millionen, in den USA 20 Millionen. Täglich entstehen fast eine halbe Million neuer Twitter-Accounts. April 2011 wurden täglich 155 Millionen Tweets versendet. 60 % der Tweets werden über Applikationen von Drittanbietern verschickt. 78 % besuchen jeden Monat die Twitter-Webseite, wobei die Hälfte aller User mobil Twitter nutzt (*http://www.popacular.com/gigatweet/analytics.php)*).

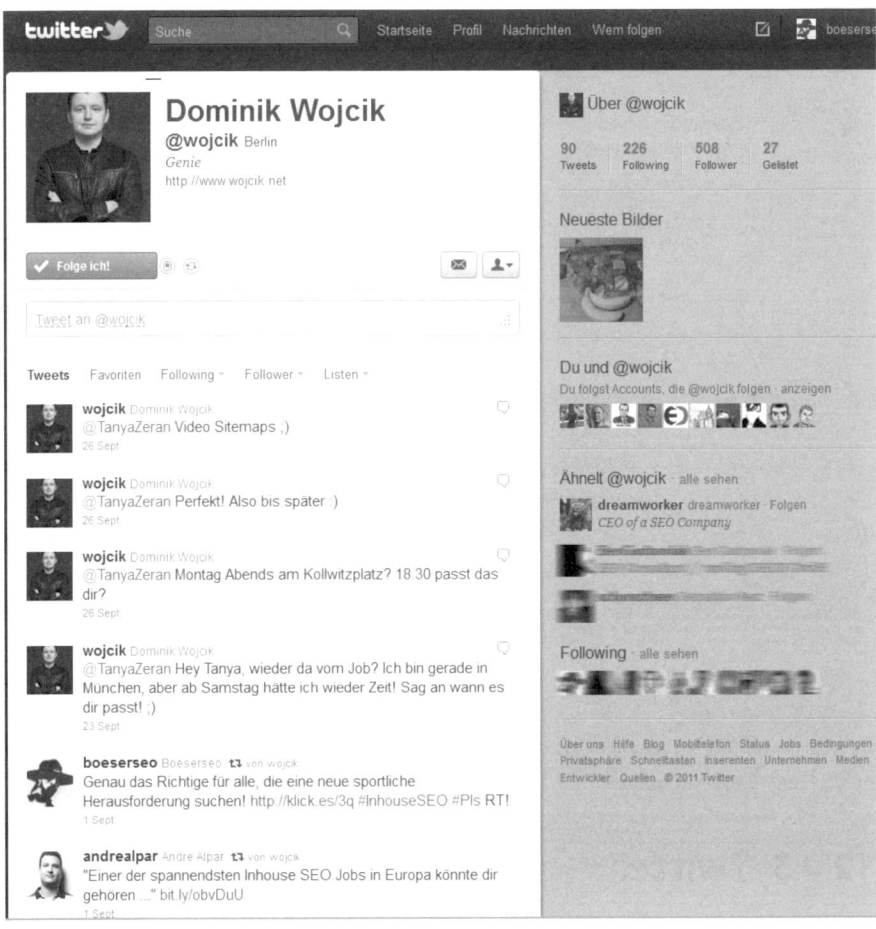

Abb. 112: Dominik-Wojcik-Twitter-Präsenz.

Abb. 113: Boeserseo-Twitter-Präsenz.

Twitter ist mittlerweile in unserem Onlinemarketingkanal – SEO – das Kommunikationsmedium schlechthin. Über Twitter ist man immer auf dem neusten Stand in Sachen SEO. Der @wojcik-Account ist hingegen ein eher privat genutzter Twitter-Account.

12.4.4 LinkedIn

Nachfolgend ein Screenshot aus LinkedIn:

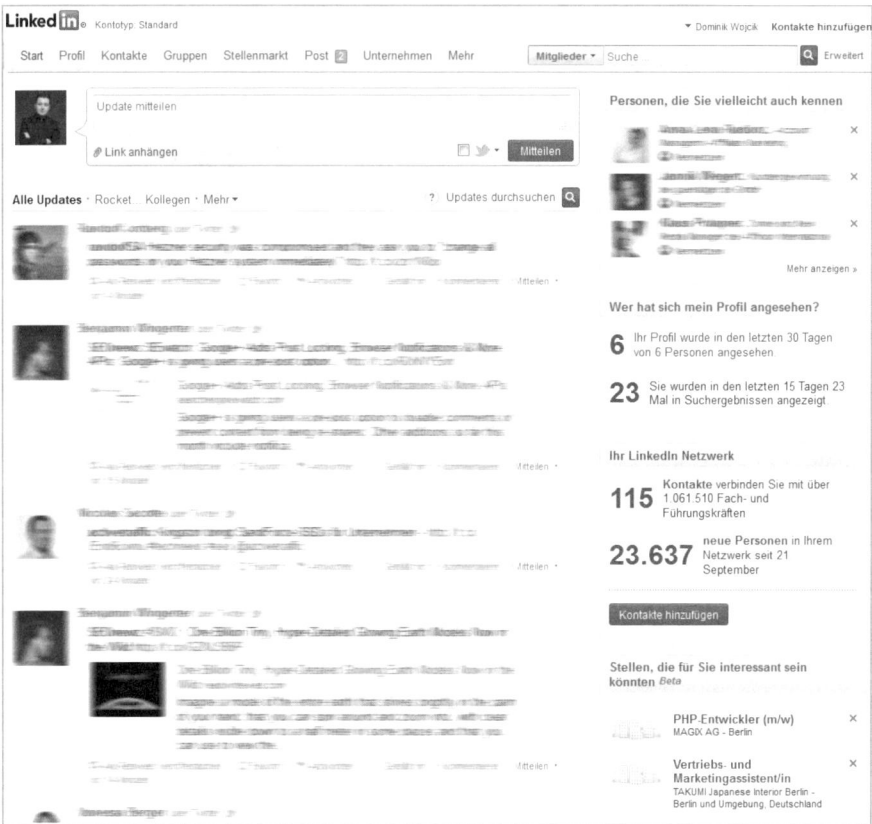

Abb. 114: Dominik-Wojcik-LinkedIn-Präsenz.

LinkedIn ist in Deutschland weniger verbreitet

In mehr als 200 Ländern sind 100 Millionen Menschen auf LinkedIn angemeldet, die Hälfte der Nutzer lebt in den USA. 20 Millionen gibt es in Europa. Durchschnittlich jede Sekunde meldet sich ein neuer User an, das sind ca. 1 Million pro Monat. 73 der Unternehmen aus der Fortune-100-Liste setzen LinkedIn zur Rekrutierung ein. Das Durchschnittsalter der registrierten Nutzer liegt bei 41, und durchschnittlich verdienen die Nutzer 109.000 Dollar pro Jahr (*http://press.linkedin.com/about*).

12.4.5 XING

XING wiederum ist sehr lokal und eigentlich nur im deutschsprachigen Raum bekannt. Wenn man aber internationale Kontakte pflegen möchte, zum Beispiel aus den Vereinigten Staaten, kommt man an LinkedIn nicht vorbei. 20 der 30 größten Unternehmen in Deutschland haben mehr Mitarbeiterprofile bei LinkedIn als bei XING.

XING (bis Ende 2006: openBC) wiederum ist „eine webbasierte Plattform, in der natürliche Personen vorrangig ihre geschäftlichen (aber auch privaten) Kontakte zu anderen Personen verwalten können. Es wird vom gleichnamigen Unternehmen, der XING AG, betrieben." *http://de.wikipedia.org/wiki/XING*

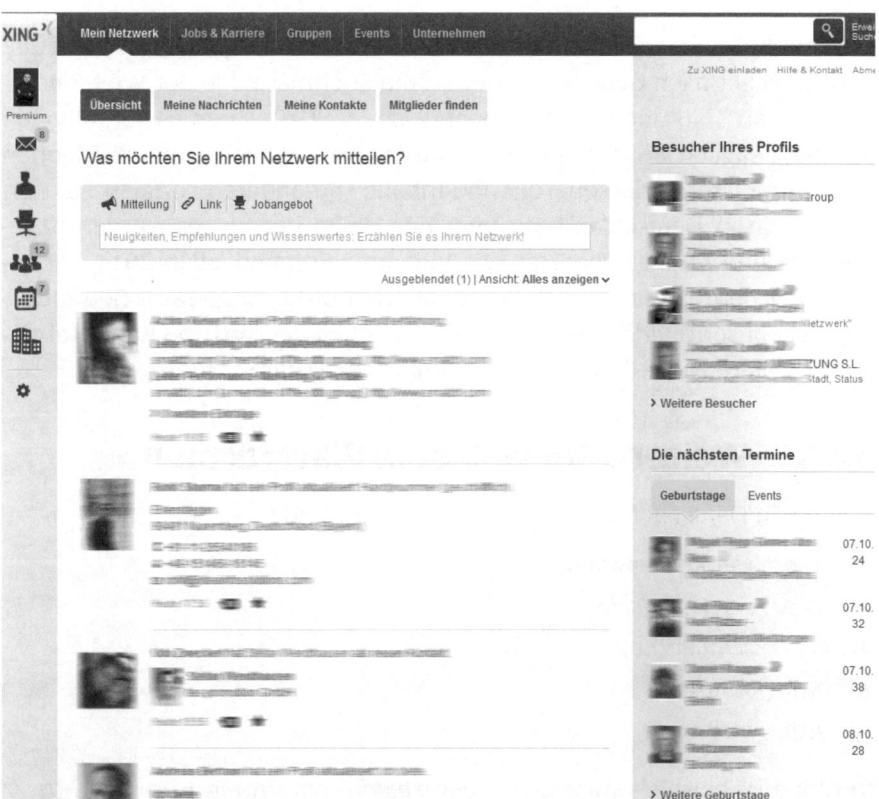

Abb. 115: XING-Präsenz von Dominik Wojcik.

Derzeit nutzen knapp 10 Millionen Menschen XING, 4 Millionen davon in Deutschland. Es befinden sich derzeit über 40.000 Expertengruppen auf XING, weitere Zahlen können Sie hier einsehen: *http://corporate.xing.com.*

XING ist die deutschsprachige Plattform für Businesskontakte. Nur über XING lassen sich Businesskontakte aus jeder Branche finden und entsprechend wichtige Kontakte aufbauen.

12.4.6 YouTube

Zwar gilt YouTube nicht als Businessplattform, aber der Schein trügt. Neben Video-Ads und Corporate Videos etc. dient YouTube mehr und mehr als zentrale Sharing-Plattform, auf der private und geschäftliche Videos gehostet werden können und auf Abruf bereitstehen. Es ist sogar möglich, diese Videos in eigene Webseiten einzubinden und sie auf der eigenen Site laufen zu lassen, sodass Hosting-Gebühren durch Lagerung auf YouTube minimiert werden können.

Und auch wenn man bei dem Wort „Suchmaschine" nicht an YouTube denkt, sie gilt nach Google als zweitgrößte Suchmaschine der Welt. Minütlich werden 35 Stunden Videos hochgeladen. 2010 waren es 13 Millionen Stunden. Täglich werden rund 2 Milliarden Videos angesehen. 4 Millionen registrierte User verlinken YouTube-Inhalte mit anderen sozialen Plattformen allein in Deutschland. Zu über der Hälfte der Videos werden Kommentare und Ratings gepostet. Die Videotransferraten lagen 2011 siebenmal über dem Niveau von 2008. Es wurden bisher insgesamt 500 Millionen gesponserte Videos geschaltet und 1 Milliarde YouTube-Kanäle abonniert. Weitere Zahlen finden Sie auf *http://www.youtube.com/t/press*.

12.4.7 Weitere Social-Media-Plattformen

Weitere in Deutschland bekannte Plattformen sind:

➢ *http://wer-kennt-wen.de*
➢ *http://stayfriends.de*
➢ *http://schülervz.de*
➢ *http://studivz.de*
➢ *http://meinvz.de*

In China ist beispielsweise *http://www.baidu.com* und in Russland *http://yandex.com* am populärsten, in Japan *http://www.mixi.jp* und in Brasilien *http://www.aonde.com*. Unter der folgenden URL können Sie die Top 10 der verbreitetsten Social-Networking-Plattformen, sortiert nach registrierten Usern, einsehen (*http://en.wikipedia.org/wiki/List_of_social_network ing_websites*).

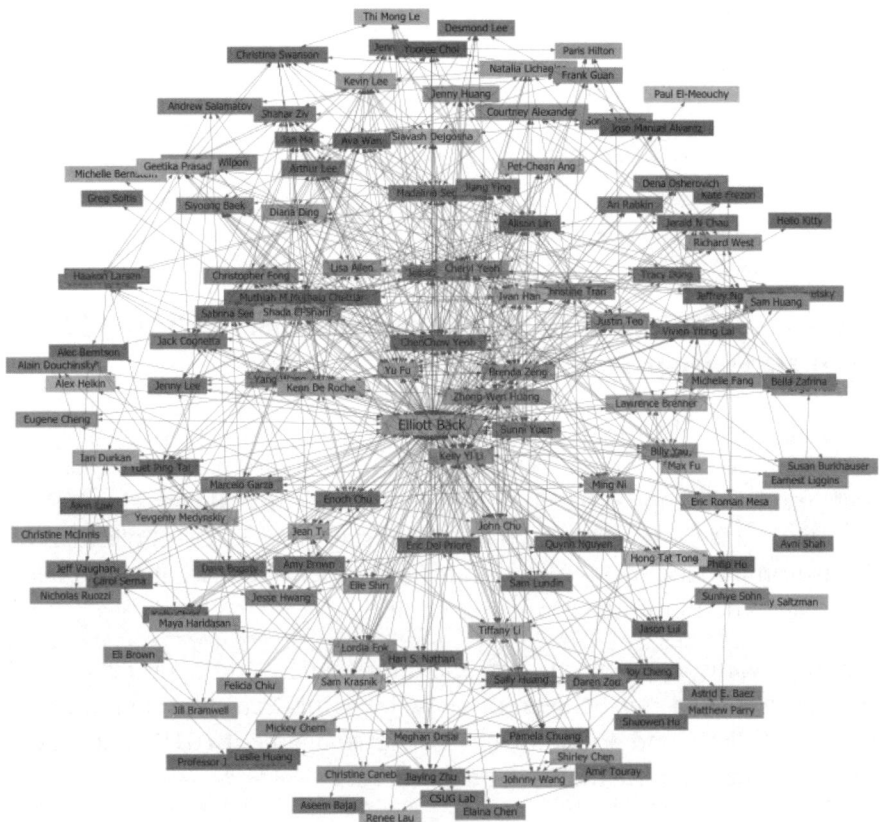

Abb. 116: Ein sozailes Netz auf Facebook (2010);
Bildquelle: http://www.digitaltrainingacademy.com/images/sm_facebook_friends_map.JPG.

Oben ist das soziale Netzwerk der Person „Elliott Black" dargestellt, sehr gut zu erkennen dabei ist die variierende Vernetzungsdichte und zusammenhängende Subgroups.

Outsourcen von Social-Media-Aktivitäten

Man kann das Web auch dazu nutzen, um Teilbereiche der Social-Media-Aktivitäten outzusourcen, was Potenzial freisetzen kann. Hierzu seien die folgenden Dienste empfohlen:

Bundesweit:

➢ *http://www.webbyjobs.de*

➢ *http://www.couchjobber.de*

➢ *http://www.my-hammer.de*

➢ *http://www.jobmensa.de*

➢ *http://www.couchjobber.de*

International:

- ➤ *http://www.elance.com*
- ➤ *http://www.freelancer.com*
- ➤ *http://www.vworker.com*
- ➤ *http://www.odesk.com*
- ➤ *http://www.guru.com*

12.4.8 Interview mit Oliver Gassner – Blogger und Networker

Jahrgang 1964, Abi im Orwell-Jahrgang 1984, aufgewachsen in Hegau und am Bodensee. Macht seit Anfang der 80er mit programmierbaren Taschenrechnern und Computern rum, ist seit 1988 online und bloggt seit 1999. Ist von Hause aus Geisteswissenschaftler (Konstanz und St. Olaf College, zwei Staatsexamina und M. A. in Literatur- und Sprachwissenschaft), was beim Verstehen und Kommunizieren immer hilft.

Schreibt, workshoppt, bloggt, konzipiert, projektiert und berät im Umfeld von Social Media mit Schwerpunkt Weblogs und zu den Themen Networking (XING) und Produktivität-Selbstmanagement (GTD u. a.). Lebt wieder in der „alten Heimat" am Bodensee.

Abb. 117: Oliver Gassner – Blogger und Networker.

Alpar: Hallo Oliver. Du bist ja offizieller XING-Coach und Trainer. Warum brauchen denn die Leute ein Coaching für XING?

Gassner: Das ist so ein bisschen wie beim Autofahren. Gas geben und lenken ist einfach, bei manchen Dinge ist es offensichtlich, wie man damit umgeht. Aber auch beim Auto kann man ein Schleudertraining machen, oder man kann einparken üben, das Fahren auf der Autobahn und den Umgang mit Gefahrgut.

Alpar: Ah, ich verstehe.

Gassner: Wenn du ein Werkzeug hast, egal ob es jetzt ein Hammer ist oder eine Onlineplattform, dann gibt es immer Möglichkeiten, so ein Werkzeug effizient, gezielt und bedacht einzusetzen – das nennt man dann wohl professionell, heißt: im Beruf. Und es gibt die Möglichkeit, einfach das Werkzeug da liegen zu haben und zu sagen: „Das tut ja gar nichts!" Beim Hammer ist es vollkommen offensichtlich, wenn man den nicht benutzt, dann tut er nichts, und bei so einem Onlinewerkzeug muss man natürlich auch etwas tun, damit es funktioniert. Da ist es aus meiner Sicht wichtig, dass man das Richtige auf eine richtige und effiziente Art tut. Ich kenne niemanden, dessen Ziel es ist, möglichst viel Zeit bei XING oder Facebook oder sonst wo zu verbringen. Sondern bei allen ist es eigentlich das Ziel, dass sie Nutzen für ihre Firma haben oder für ihre Laufbahn generieren.

Alpar: Ist XING denn schon eher etwas, das im B2B-Bereich so was wie ein Marketingwerkzeug ist, oder ist das durchaus auch im B2C-Bereich ein mögliches Marketingwerkzeug?

Gassner: Bei XING würde ich sagen, das ist ganz klar B2B. Vorausgesetzt, wir werten auch so etwas wie Personalsuche als B2B. Jemand, der dann für den Job eingestellt wird, der verkauft ja auch seine Arbeitskraft. Das würde ich unter B2B verbuchen. Insgesamt ist XING ganz klar ein B2B-Werkzeug: Firmenkunden finden, professionelle Dienstleister finden.

Alpar: Absolut.

Gassner: Aber wenn ich Socken verkaufen will, bin ich bei XING als Marketingkanal nicht so 200%ig richtig. Andererseits ist jeder Unternehmer auch Konsument Es gibt da also bestimmte Schnittstellen, aber ich würde jetzt nicht auf XING Coca-Cola verkaufen oder Wattestäbchen oder so etwas. Was aber für jeden Unternehmer interessant ist, auch wenn er mit Konsumgütern handelt, sind Kooperationen und Informationen. Auch darum kann es bei XING gehen, das spielt sich dann jenseits des Marketings ab.

Alpar: Was sind denn typischerweise Ziele, die man sich setzen kann beim Einsatz von XING?

Gassner: Einerseits ist XING sinnvoll, um das eigene Businessnetzwerk zu verwalten. Viele benutzen XING schlicht und einfach als sich selbst aktualisierendes Adressverzeichnis, und das ist schon mal ganz okay. Und auch sehr nützlich. Selbst wenn man es mobil einsetzt. Wenn ich jetzt in Köln bin und dich anrufen will. Bist du noch in Köln?

Alpar: Nein, ich bin mittlerweile in Berlin.

Gassner: Wenn ich in Berlin bin und dich anrufen will. Dann gucke ich einfach bei XING nach und gehe davon aus, dass du da deine aktuelle Telefonnummer eingepflegt hast. Das heißt, ich muss nicht alle Vierteljahre nachschauen, ob André Alpar vielleicht seine Handynummer gewechselt hat.

Alpar: Ja.

Gassner: Also das ist schon mal ganz sinnvoll. Es ist einfach eine schnelle Art, sich zu verbinden und verbunden zu blieben, auch wenn sich Firma und Kontaktdaten ändern. Man erlebt es oft in Gesprächen, dass einer sagt: „XING mich bitte an!" Da wird „xingen" schon als Verb verwendet, das finde ich immer ein ganz gutes Zeichen dafür, dass sich eine Plattform weitgehend durchgesetzt hat. Oder man sagt: „Wir verXINGen uns, damit wir uns gegenseitig nicht aus den Augen verlieren." Im Adressverzeichnis kann ich dann meine Kontakte kategorisieren – und so weiter und so fort. Also das könnte ein erstes Ziel sein.

Das zweite Ziel kann sein, eine Reputation aufzubauen. Das heißt jetzt nicht unbedingt gleich, Sachen zu verkaufen, aber erinnere dich, was du mir vorher im Vorgespräch gesagt hast: „Ich habe dich als XING-Experten wahrgenommen, lass uns doch mal über XING reden!" Also hat das bei mir mit der Positionierung und mit der Reputation schon mal geklappt.

Alpar: Ja.

Gassner: Du hättest mich nicht als XING-Experten wahrgenommen, wenn ich das nicht auf verschiedenen Kanälen kommunizieren würde. Und einer der Kanäle, in dem ich das kommuniziere, ist XING. Also nicht so sehr, dass ich das in mein Profil schreibe, das ist ja dann eher Zufall, wenn es jemand findet, sondern dass ich auch mal einen kleinen Fachartikel schreibe oder zu einem Seminar einlade. So kann ich nach außen signalisieren, was ich eigentlich tue. Ich habe vor ein paar Jahren mal ein Schlüsselerlebnis gehabt. Da sagte jemand, den ich nicht so genau kannte, aber der wusste, wer ich bin: „Sag mal, Oliver, ich sehe dich da immer auf Events, wir unterhalten uns, du hältst gute Vorträge, aber was machst du eigentlich genau?" Und da habe ich gedacht, um Himmels willen! Die ganze Kommunikationsarbeit war bisher umsonst. Dann habe ich angefangen, wesentlich gezielter die Themen zu kommunizieren, die ich abdecke. Und da ist XING ideal, denn ich verkaufe natürlich hauptsächlich an Firmen. Es ist ganz selten, dass ich mal von einer Uni oder von einer Schule etc. gebucht werde. Aber in der Regel werde ich entweder von einem Einzelfreiberufler gebucht oder von Firmen beliebiger Größe. Und wenn ich an Firmen verkaufe, ist es sicher eine gute Idee, bei XING eine Präsenz zu haben und sie auch kommunikativ zu pflegen.

Das dritte Ziel kann dann in der Tat sein, Umsatz zu machen. Ich kann bei XING Events einpflegen, ich kann für diese Events zum Beispiel auch Tickets ausgeben. Also ich könnte ein Seminarticket dort anbieten und könnte das Geld auch gleich dort einsammeln. Ich kann dort auch real Umsätze machen. Viele Leute machen Buchpräsentationen dort. Sie verlosen dann ein Buch. Machen da Social Media Marketing, kooperieren dort mit XING-Gruppen. Fachgruppen, in denen sie ihre Kunden vermuten, halten in XING integrierte Spreed-Onlinemeetings und Webinare ab. Und man kann dann im zweiten oder dritten Schritt auch ganz real Umsatz erzeugen, wobei man immer bedenken muss, dass man selbst auch nicht gerade sagt: „Toll, da kommt jetzt wieder Werbung!" oder „Toll, da will mir jemand was verkaufen." Das heißt, man sollte schon ein bisschen im Blick behalten, dass man den Leuten nicht auf die Nerven geht.

Alpar: Du sagst, es ist zum einen ein gut sortiertes Visitenkartenverzeichnis.

Gassner: Ja, ein kategorisiertes natürlich auch und ein aktuelles.

Alpar: Klar. Dann ist es ein B2B-Kommunikationsmedium und kann eben auch ein Sales-Kanal sein?

Gassner: Genau.

Alpar: Und der Sales-Kanal, der ist eher Pull als Push, oder verstehe ich dich da falsch? Das heißt, dass man eher versuchen muss, durch die Kommunikation zu erreichen, dass der Kunde die Dienstleistung im Idealfall nachfragt, statt dass man sie zu sehr drückt?

Gassner: Richtig. Ich sage immer: Mein Marketingmodell heißt: „Ich positioniere mich und warte, bis das Telefon klingelt." Das heißt, ich gehe nicht zu jemandem hin und sage: „Du hast ja gar kein Weblog, du bist übermorgen pleite!" oder „Du bist in zwei Jahren pleite, wenn du nicht auf Facebook bist. Ich kann dir helfen." Also das heißt, ich sage nicht: „Du musst jetzt unbedingt was von mir kaufen!", sondern ich erzähle, was ich weiß und worüber ich nachdenke, und wenn dann jemand kommt und sagt, er würde gern ein Konzept machen und bräuchte einen Sparringspartner und man möchte bitte rein ins Meeting kommen, sage ich: „Natürlich, gern!" Also das heißt, es ist ein wesentlich angenehmeres Verkaufen, wenn die Leute was von dir wollen und zu dir kommen. Ich habe jetzt keine Statistik gemacht, aber ich schätze mal, es sind 80 bis 90 % aller Fälle, in denen mich jemand anspricht und sagt: „Können Sie was für uns tun?" Dann folgt auch ein Verkauf. Also sehr, sehr oft reden wir nur noch über „wann" und „wie teuer".

Alpar: In der Offlinewelt bzw. in der nicht so „webbigen Welt" passiert ja der meiste Vertrieb im B2B-Bereich schon eher über Push.

Gassner: Wer als Empfänger findet das schon gut? Ja, aber das ist wohl so.

Alpar: Wäre jetzt zumindest mein Gefühl. Wahrscheinlich ist es ja schon oft so, dass Vertriebler rausgehen oder Vertriebler anrufen. Dass da ein Shift stattfindet, ist, glaube ich, zweifellos der Fall. Aber wie weit kann das gehen? Ich meine, es kann ja nicht sein, dass es für jedes Thema die Person gibt, mit der man das assoziiert, und dann die Personen ausschließlich rausgehen, kommunizieren. Dass dann alles Pull sein wird, das ist ja sehr unwahrscheinlich.

Gassner: Natürlich nicht immer nur eine Person. Manchmal gibt es regionale Aspekte oder Branchenaspekte oder solche des Preises und der Qualität – es gibt da ausreichend Nischen für Positionierung. Aber ich frage natürlich schon gelegentlich Kunden, wie sie auf mich gekommen sind. Und gelegentlich ist es dann eine Empfehlung. Meistens von jemandem, den ich über eben diese Netzwerke kennengelernt habe oder der mich über diese Netzwerke kennengelernt hat. Oder es ist in der Tat so, dass sie gegoogelt haben. Das ist jetzt die Art, wie dieses Pull online funktioniert. Man führt also „digitale Gespräche", wie ich das nenne. Und die digitalen Gespräche gehen natürlich mit Links einher. Also entweder Links, denen jemand wirklich manuell folgt, oder Links, die dazu führen, dass man zu bestimmten Themen bei Google positioniert ist. Positionierung ist also beides. Positionierung gegenüber Menschen, damit die Menschen sagen: „Bei dem Thema XING fallen mir drei Leute ein." Und Positionierung bei Onlinesuchen. Das eine hängt mit dem anderen zusammen. Kürzlich fragte jemand bei Google+ nach einem XING-Experten, und mein Name fiel recht häufig in den Antworten. Einer war sogar in einem Vortrag von mir gewesen. Das war dann erfreulich.

Alpar: Das heißt, man nutzt XING systematisch für das Marketing, indem man ein, zwei, drei Themen, die man besetzen möchte, strategisch auswählt und dann schaut, dass man sich als Experte für diese positioniert, was ja im Prinzip die Kommunikationsthematik ist, die du schon angesprochen hast.

Gassner: Ich arbeite jedenfalls so. Ich habe irgendwann mal an der Uni in einem Bewerbungskurs gelernt, dass man ein Portfolio aufbauen muss. Ein Portfolio ist hier vergleichbar mit dem bei Aktien: Man kauft nicht nur Siemens oder nicht nur Mercedes, denn dann ist alles weg, wenn diese Firma pleite geht. Stattdessen setze ich auf verschiedene Pferde. Und ein Pferd auf der sicheren Seite, auf das ich seit etwa zweieinhalb Jahren setze, ist XING. Aber davor war ich natürlich schon aktiv in verschiedenen Themengebieten, vor allem mit Schwerpunkt Weblogs und deren Umfeld. Ich betrachte ja so was wie Facebook und Google+ eigentlich nur als tolle Methode, um Blogs zu promoten. Das heißt, ich pflege einfach eine Handvoll von Themen, zu denen ich mich positioniere, und da werde ich, das ist dann amüsant, vom Empfänger dann irgendwo einsortiert. Die einen sortieren mich als XING-Experte ein und sind dann überrascht, dass ich mich auch mit Weblogs befasse. Die anderen sortieren mich als Blogexperte ein und sind positiv überrascht, dass ich mich auch noch mit etwas anderem gut auskenne. Und auf die Art kann man dann auch mal einen Cross-Sale machen. Und so funktioniert insgesamt dieser Pull. Es ist nicht so wie bei Tiki Küstenmacher oder Lothar Seiwert, bei denen sozusagen jede Buchhändlerin weiß, dass man sie beim Thema Selbstmanagement oder beim Thema Zeitmanagement empfiehlt. Das ist eine sehr große Energie, die man reinstecken muss, um so eine allgemeine Penetration zu erreichen. Aber es reicht eigentlich, wenn man bei Leuten, die gut vernetzt sind, also die auch mal gefragt werden, positioniert ist.

Alpar: Verstehe. Ich glaube, jetzt sind wir so ein bisschen in Richtung Mund-zu-Mund-Propaganda gerutscht. Wie können wir uns noch mal auf XING fokussieren? Was sind denn da so entscheidende Tricks und Kniffe in der Nutzung von XING?

Gassner: Also es gibt so ein paar Faktoren, bei denen sich die Leute klarmachen müssen, worauf sie achten sollten. Das erste bei XING ist immer noch ein sinnvoll ausgefülltes Profil. In dem ich wirklich beschreibe, was ich eigentlich tue, was ich suche, was ich biete. Ein gescheites Foto sollte man auch einpflegen. Es darf durchaus eins sein, das ein bisschen originell ist, aber nicht zu spaßig sein sollte. Und nicht unbedingt eins vom letzten Oktoberfest oder so. Oder vom letzten Ausflug an den Ballermann. Und man sollte seine eigene Geschichte nicht erst vor zwei Jahren anfangen lassen, etwas Background darf schon sein. Das ist das Erste.

Das Zweite ist, dass man in so einem Netzwerk auch kommunizieren sollte. Dass man mal in einer Gruppe einen Fachartikel schreibt. Dass man auch mal um Rat fragt. Dass man auch mal jemandem eine Frage beantwortet, ohne gleich zu sagen: „Rufen Sie mich an, ich schreibe Ihnen eine Rechnung!" Also dass man sich da positioniert.

Und das Dritte ist, dass man sein Netzwerk auch pflegt. Dass man also den Leuten beispielsweise Geburtstagsnachrichten schreibt. Dass man schaut, was die Leute in Foren fragen, und auch mal eine Antwort gibt, dass man schaut, was passiert auf meinem Startseitenticker. Stellt da jemand eine Frage, oder kann ich da irgendjemandem weiterhelfen? Wenn da irgendjemand postet, er suche einen neuen Mitarbeiter, dann gebe ich das an mein Netzwerk weiter, wenn ich den Eindruck habe, das ist jemand, der dasselbe auch für mich tun würde.

Und schließlich sollte man durchaus auch Tipps und Tricks geben. Das heißt, wenn ich zum Beispiel eine eigene Webseite habe und feststelle, mit welchen Suchbegriffen die Leute da bei mir aufschlagen, kann ich diese Suchbegriffe natürlich auch unter „Biete" in mein XING-Profil schreiben. Und der Tipp, bei dem selbst die Powernetzwerker noch sagen: „Boah, das hat sich gelohnt, bei dir vier Stunden im XING-Seminar rumzuhängen für diesen Tipp." Wir empfehlen, Textbausteinprogramme zu verwenden, um die Kommunikation dort flüssiger zu machen. Und die machen nicht nur die Kommunikation dort flüssiger, sondern überall. Also zum Beispiel habe ich einfach eine Standardantwort, wenn mich jemand als Kontakt anfragt und mir nicht sagt, warum. Ja, dann sage ich: „Ich freue mich total, dass Sie mich als Kontakt anfragen, ich wüsste gern, was ich für Sie tun kann, damit ich Sie auch zu den richtigen Themen ansprechen kann und nicht zu allem ansprechen muss." Oder ich habe so einen Link auf einen öffentlichen Kalender von mir und einen Standardtext, der ihn enthält und meine Telefonnummer, und dann sage ich: „Schauen Sie bitte in meinen Kalender, schlagen Sie mir vor, wann Sie mich anrufen wollen, damit wir uns mal unterhalten können, und hier ist meine Telefonnummer." Das spart so viel Zeit und macht so viel mehr Spaß, da zu kommunizieren. Wie ich vorhin gesagt habe, ich kenne niemanden, dessen Geschäftsziel es ist, möglichst viel Zeit bei XING oder anderswo zu verbringen. Bei den meisten

Leuten ist das Geschäftsziel: „Kunden akquirieren und sie glücklich machen" – oder sollte es zumindest sein.

Alpar: Wenn ich das so in meinen Worten abstrakt sagen darf, könnte man das folgendermaßen ein bisschen zusammenfassen: Man versucht den Pull, also quasi die Nachfrage nach den eigenen Dienstleistungen oder Produkten, etwas flüssiger hinzukriegen und zu vereinfachen. Dass man den Leuten den Weg ebnet und die es dann sehr einfach haben, nachzufragen und die Dienstleistung abzurufen?

Gassner: Genau.

Alpar: Super. Dann ist das doch ein schönes Schlusswort. Danke ich dir für das Interview.

Gassner: Vielen Dank.

12.5 Social-Media-Marketing-Strategie sowie Planung und Durchführung

Als strategische Vorgehensweise empfehlen wir Ihnen die Nutzung von Hilfstools, um beispielsweise mehrere Accounts verschiedener Plattformen zu managen, um einen Beitrag auf verschiedene Plattformen zu verteilen, die einen Zugang für mehrere Benutzer bereitstellen, Monitoringfunktionen zu bieten etc., wie z. B.:

> *http://www.cotweet.com*
> *http://www.twaitter.com*
> *http://www.spreadfast.com*
> *http://www.hootsuite.com*
> *http://www.cotweet.com*
> *http://www.nutshellmail.com*
> *http://www.socialoomph.com*

Jede Menge Tipps zum strategischen Einsatz von Social Media gibt Ihnen Reto Stuber in der sogenannten ZEMM-MIT-Methode, über die Sie in seinem im DATA BECKER-Verlag erschienenen Buch „Webselling Erfolgreiches Social Media Marketing" (ISBN: 978-3-8158-3063-5) oder hier mehr erfahren können:

> *http://socialmediabuch.com/websiteboosting/*

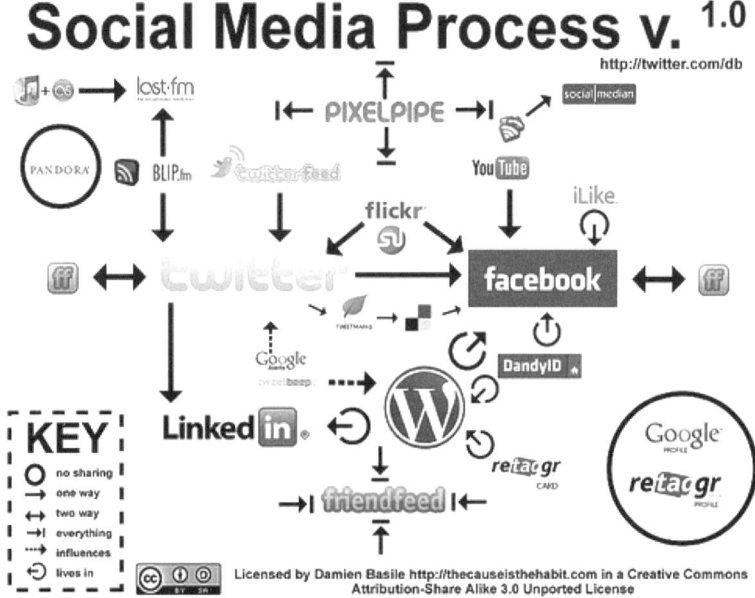

Abb. 118: Social-Media-Prozess; Bildquelle: http://www.sunzinet.com/uploads/pics/ social-media-process_01.jpg.

Nutzen Sie Monitoring-Dienste zur Analyse Ihrer Social-Media-Performance

Eine ausführliche Bibliothek mit Monitoring-Tools, gerade für Social-Media-Dienste, finden Sie auf Ken Burbarys Wiki:

➢ *http://wiki.kenburbary.com*

Kommerzielle Social-Media-Monitoring-Dienstleister aus dem B2B-Bereich sind:

➢ *http://www.radian6.com*

➢ *http://www.spreadfast.com*

➢ *http://www.visibletechnologies.com*

➢ *http://www.viralheat.com*

➢ *http://www.spreadfast.com*

➢ *http://www.infegy.com*

Auf den folgenden Seiten werden die erfolgreichsten Social-Media-Kampagnen vorgestellt, von denen Sie sich inspirieren lassen können:

➢ *http://www.themashazine.com/loesungen/top-ten-social-media*

> *http://tobesocial.de/blog/top-erfolgreiche-social-media-kampagnen-2011-adidas-orginals*

> *http://blog.social-media-team.de/facebook-vorstellung-der-interaktiven-coca-cola-kampagne-zum-super-bowl*

12.6 Rechtliche Rahmenbedingungen im SMM

Die rechtlichen Rahmenbedingungen zur Nutzung der jeweiligen SMM-Plattformen entnehmen Sie den AGB bzw. Guidelines der jeweiligen Anbieter, die Sie bei der Registrierung der Accounts bestätigen müssen. Ferner sind die länderspezifischen Gesetze und Gepflogenheiten zu beachten, die bei der Nutzung von Inhalten und Formulierungen von Werbebotschaften eine Rolle spielen, gerade wenn international geworben wird.

12.7 Erfolgsmessung im SMM

Facebook bietet ein ausgeklügeltes System (Facebook Insights – *http://www.facebook.com/help/search/?q=insights*), mit dem Sie den Erfolg Ihrer Facebook-Ads-Kampagnen kontrollieren können. Auch YouTube (YouTube Insights, siehe Kapitel 11.7) und Google+ (siehe Kapitel 12.4.1) bieten ähnliche Funktionen. Ferner existieren zahlreiche Tools, die spezielle Fragestellungen lösen.

Die Gründerszene.de stellt zehn Tools vor, mit denen Sie Ihre Social-Media-Marketing-Performance vielseitig und umfassend messen können. Alle zehn Tools sind umsonst:

1) Google Alerts: Erwähnungen verfolgen
2) Icerocket: Blogsuche
3) HowSociable?: Sichtbarkeit in sozialen Medien
4) Omgili – Oh My God I Love It
5) Twittercounter: den Verlauf der Follower zeigen
6) Backtweets: Reichweite auf Twitter
7) Link-Kürzungsdienste: Informationen zu Links
8) Feedburner: Blogreichweite
9) Facebook Insights: Fanstatistiken
10) Google Analytics

http://www.gruenderszene.de/marketing/erfolgsmessung-social-media

12.8 Vorteile und Chancen im SMM

Die durch Social-Media-Aktivitäten gewonnene Feedback-Komponente ermöglicht den Ausbau einer global anhaltenden, ausgewogenen Kundennähe und somit einer tiefen Vertrauensbasis. Die Möglichkeit, die derzeitige Markt- und Imagesituation kontinuierlich und gezielt beobachten zu können, bietet die einzigartige Chance, als Unternehmen rechtzeitig Kontramaßnahmen einzuleiten, um Missverständnisse sowie Gerüchte rechtzeitig aufzudecken und berichtigen zu können.

Einige Unternehmen haben jedoch noch immer die Angst, dass durch negative Kundenbeiträge ihr öffentliches Ansehen Schaden nehmen könnte. Nutzer schätzen Social Media als einen positiven Faktor in ihrem Leben ein. Daher wäre es für ein Unternehmen als ein erheblicher Verlust zu betrachten, darauf zu verzichten, die Präsenz in diesem viel genutzten Bereich zu verstärken und auf diese Weise bessere Einblicke in das Kundenverhalten, die aktuelle Marktsituation, Trends, Wünsche und Vorstellungen der potenziellen Kunden zu erhalten.

Je nachdem, welcher Tätigkeit Sie nachgehen und wie sehr Ihre persönlichen Qualifikationen, Referenzen und/oder Ihr Werdegang in den Mittelpunkt Ihres Angebots gehören, empfiehlt es sich, diese Angaben zu Ihrer Person zu veröffentlichen.

12.9 Zu beachtende Risiken im SMM

Kontrollverlust: Sie laufen Gefahr, die Kontrolle über das Image Ihres Unternehmens zu verlieren, wenn Sie zu viel auf einmal versuchen, nicht genug testen, nicht genug auf Usability achten etc.

Erhöhte Transparenz: Diese führt dazu, dass der Kunde mehr Macht über das Unternehmen hat, da er sich – wenn er kann und möchte – über den Markt und damit Qualität und Preise sehr gut informieren kann. Versuchen Sie, den Wissensvorsprung über den Markt zu behalten.

Hohe Diversität: Die Vielfalt der Möglichkeiten beim SMM kann im Kontext des Onlinemarketings zu Streuverlusten führen. Behalten Sie Ihren Fokus und Ihre Kernkompetenzen im Auge. Outsourcen lohnt sich dort, wo andere Ihnen Arbeiten abnehmen, die nicht zwingend Sie erledigen müssen.

Single-Tasking statt Multi-Tasking: Zahlreiche Studien haben ergeben, dass man schneller ans Ziel kommt, wenn man seine Teilziele nacheinander statt gleichzeitig zu erreichen versucht.

Identitätsdiebstahl und Markenrecht: Die zugrunde liegende rechtliche Komplexität ist sehr hoch. Halten Sie sich rechtlich auf dem neusten Stand, so können Sie sich Überraschungen ersparen. Für Identitätschecks können Sie die Dienste

> *http://www.namechk.com*
> *http://www.namechecklist.com*
> *http://www.ud.com*
> *http://www.knowem.com*

nutzen. Weiterführende Informationen zu marken- und urheberrechtlichen Aspekten erhalten Sie unter *http://www.kwblog.de http://www. rechtzweinull.de http://www.socialmediarecht.wordpress.com*.

Eine Liste von Werbemaßnahmen, die gesetzlich untersagt sind, findet sich hier: *http://dejure.org/gesetze/UWG/Anhang.html*.

Auch ist das PR-Blog von Klaus Eck mit 100 unterschiedlichen Policy-Beispielen empfehlenswert: *http://klauseck.posterous.com/mehr-als-a00-social-media-policy-beispiele*.

2.10 To-do- und Checkliste

Nachfolgend wird – wie bei jeder Checkliste am Ende des Kapitels – von drei Arbeitsphasen ausgegangen, die jeweils eine Vertiefung der Maßnahmen verkörpern:

> Phase 1: Vergegenwärtigung
> Phase 2: Reflexion
> Phase 3: Potenzialerkennung und Umsetzung

Social-Media-Marketing-Checkliste	1. Phase	2. Phase	3. Phase
Was ist Ihre Motivation zur Nutzung von Social Media Marketing?			
Welche Anwendungsgebiete des Social Media Marketing (Weblogs, Onlinemagazine, Webinare, Videotutorials, Podcasts, Wikis etc.) kommen für Sie prinzipiell infrage?			

Social-Media-Marketing-Checkliste	1. Phase	2. Phase	3. Phase
Gestalten Sie Ihre Präsenz auf einem großen sozialen Netzwerk: Facebook, Google+, XING, Twitter, YouTube & Co.			
Erstellen Sie ein Konzept zur Social-Media-Marketing-Strategie zur sowie Planung und Durchführung.			
Pflegen Sie Ihre Online-Public-Relations im Social Media Marketing.			
Erfolgsmessung im SMM.			

13. Optimales Suchen und Finden im Web 3.0: Google, Bing & Co.

Nun gehen wir dazu über, den Suchprozess sowohl aus der Perspektive des Suchenden wie auch aus der Perspektive der Suchmaschinenalgorithmen bzw. der Crawler – also der Programme, die für Suchmaschinen das Web nach Inhalten durchforsten – zu betrachten. Das Ziel ist es, Ihnen die tiefer liegenden Zusammenhänge zwischen den zentralen Begriffen der Search Engine Optimization (SEO) zu kommunizieren. Dieses Wissen benötigen Sie unter anderem in den späteren Kapiteln zur SEO (siehe die Kapitel 15–17), aber auch im nachfolgenden Kapitel zum Search Engine Advertisement (SEA).

13.1 Wie sucht und selektiert der Nutzer im Web?

Das wertvollste Gut im Onlinemarketing ist die Aufmerksamkeit des Benutzers und der ökonomische Umgang damit. Im Kontext der Websuche sind die Suchbegriffsauswahl und die Suchergebnisauswahl von zentraler Bedeutung.

13.1.1 Aufmerksamkeitsökonomie

Der Wandel der traditionellen (Aufmerksamkeits-)Ökonomie

Die Gegebenheiten in der traditionellen Ökonomie haben sich im Laufe der Zeit drastisch verändert. Während früher im Agrarzeitalter noch eine akute Nahrungsmittelknappheit vorherrschte, waren im Industriezeitalter die Güter begrenzt. Erst später nahm eine Knappheit an Dienstleistungen zu. In der heutigen Zeit lässt sich hingegen eher eine Knappheit an Informationen feststellen, weshalb der Begriff „neues Informationszeitalter" zum Leben erweckt wurde. Wertvoll wird nämlich erst die Information, die durch ein geeignetes Medium schnell und effizient verbreitet werden kann und somit an informellem Wert gewinnt. In diese Sparte lassen sich zum Beispiel soziale Netzwerke einordnen.

Streben nach Bekanntheit und Anerkennung im Informationszeitalter

Ein stetig wachsendes Streben nach Bekanntheit und Anerkennung ist im neuen Informationszeitalter unabdingbar. Dieses Streben zeigt sich in unterschiedlichen Bereichen, wie z. B. im Mitteilungsbedürfnis von individuellen und persönlichen Angaben sowie im Erreichen eines großen Netzes, in dem die Informationen ihre ideale Verbreitung finden. Eine positive Resonanz ist die Bestätigung, von anderen Menschen Aufmerksamkeit zu erhalten. Natürlich ist dies auch mit einer gewissen Schattenseite verbunden. Der ständige Druck wächst, es kommt zu psychischen Anspannungen und sogar zu Ängsten, eine negative Aufmerksamkeit zu erwecken.

Phasen der Aufmerksamkeitsökonomie

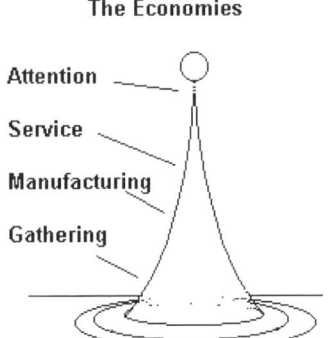

Abb. 119: Phasen der Aufmerksamkeitsökonomie; Bildquelle: http://www.technical-jesus.com/images/attention.jpg.

Die Aufmerksamkeit der Rezipienten sinkt drastisch durch eine Medienflut, die zwar in kleinen Paketen serviert, jedoch in einer großen Zahl publiziert wird. Das Taurus-Modell (siehe Abbildung oben) z. B. veranschaulicht, in welcher Intensität die verschiedenen Medien auf das Aufmerksamkeitsvermögen einer Person Einfluss nehmen können. Einen großen Einfluss darauf nimmt hier das persönliche Umfeld, dicht gefolgt vom Medium Handy.

Verschiedene Informationsarten erzielen unabhängig von ihrer Aufbereitung durch ihren Schwerpunkt einen sehr unterschiedlichen Wirkungsgrad. Drastische und weltbewegende Fakten erreichen sehr schnell eine sehr hohe Präsenz in den unterschiedlichsten Medien. Auch die Zeit und der Ort sind entscheidende Kriterien, die über die Wirkung und die Akzeptanz einer Information entscheiden. Unterschiedliche Modalitäten tragen ebenso immens dazu bei, wie eine Information an Beachtung gewinnen kann.

13.1.2 Suchbegriffsauswahl

Nachdem sich der Suchende für eine Suchmaschine entschieden hat, gibt er in seiner Suchanfrage (engl. Query) ein oder mehrere Keywords ein in der Hoffnung, möglichst weit oben seine gesuchten Ergebnisse vorzufinden.

Google Suggest

Die Suchmaschinenbetreiber stellen als Hilfe beim Tippen in die Menü- leiste beispielsweise Autovervollständigungsfunktionen zur Verfügung. So werden bei der Eingabe von Keywords schon ab dem ersten Buchstaben die am häufigsten gesuchten Begriffe vorgeschlagen (Google Suggest, siehe unten). Diese Funktionalität wirkt somit als Verstärker für ohnehin häufig gesuchte Keywords und als „Dämpfer" für seltener gesuchte Keywords oder Keyword-Kombinationen.

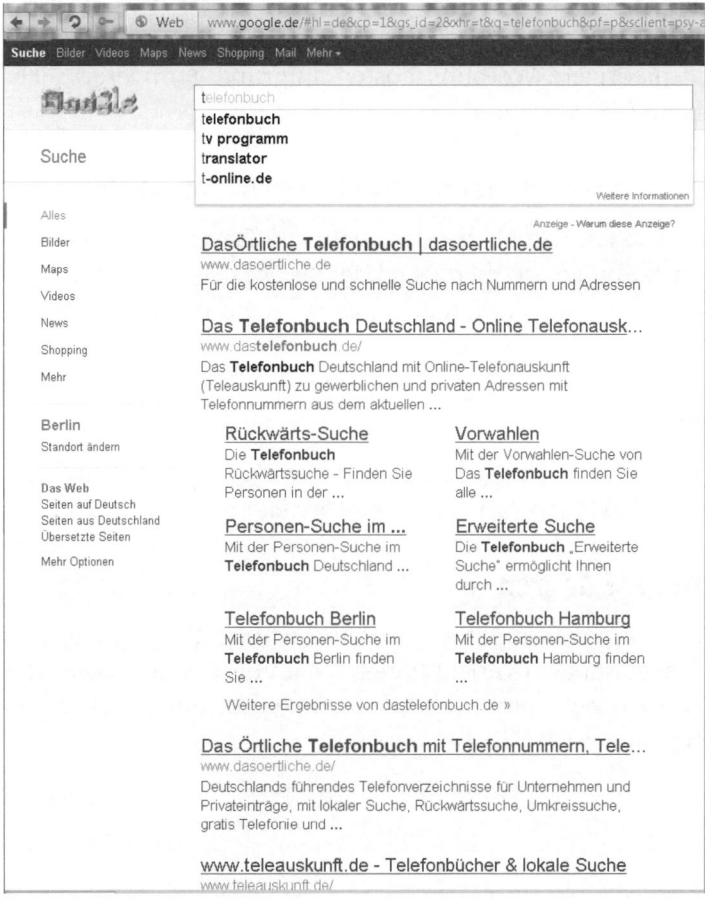

Abb. 120: Suchbegriffseingabe.

Anzahl der Keywords pro Anfrage

Die Anzahl der Keywords pro Anfrage nimmt stetig zu bzw. verlagert sich immer mehr von der Einwortsuche zur Zweiwort- und Dreiwortsuche.

Google legt für 2010 die folgenden Zahlen zur anteiligen Verteilung vor (*http://www.google.com/intl/de/press/zeitgeist2011*):

- ➢ 1 Keyword   30 %
- ➢ 2 Keywords   33 %
- ➢ 3 Keywords   20 %
- ➢ 4 Keywords   9 %
- ➢ 5 Keywords   4 %
- ➢ mehr Keywords   4 %

Long-Tail-Keywords – Suchen mit drei oder mehr Begriffen

Die Kombination aus drei Keywords ergibt eine geringere Suchfrequenz, dafür aber auch niedrigere Werbungskosten aufgrund geringerer Klicks beispielsweise beim CPC-Verfahren.

Saisonale Schwankungen bei der Suchbegriffsauswahl

Auch existieren saisonale Trends bei der Suchbegriffsauswahl, so werden im Winter und im Sommer, an Feiertagen oder bei speziellen Events (Mega-Sportevents, Konzerte, Filmveröffentlichungen) unterschiedliche Begriffe eingegeben.

Google Trends

Bei Google Trends können Eingabestatistiken von Keywords auf der Zeitskala angezeigt werden (*http://www.google.de/trends*).

Google Insights for Search

Weiterführende Informationen zu saisonalen Suchbegriffen und zu den Schwankungen im saisonalen Verlauf finden Sie unter „Google Insights for Search" (*http://www.google.com/insights/search*), wo Sie auch nach Regionen und Branchen filtern können.

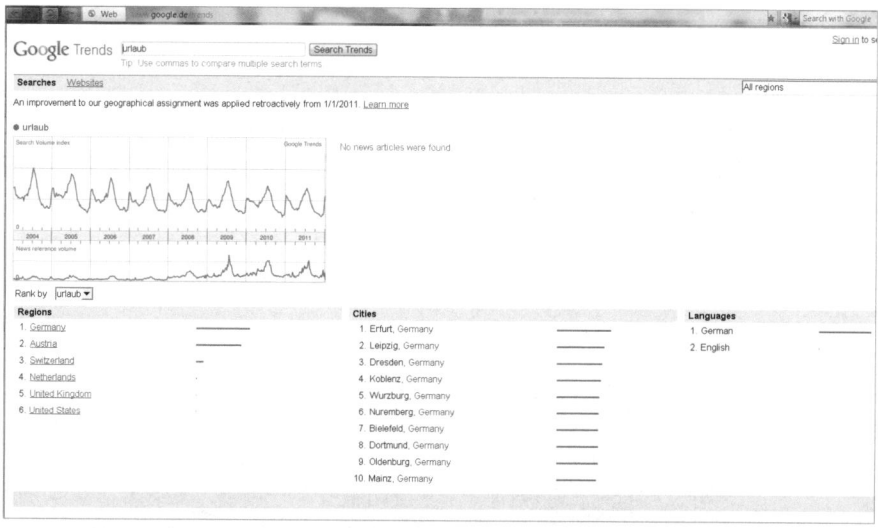

Abb. 121: Google-Trends bei Eingabe von „Urlaub".

Suchoperatoren

Auch gibt es die Möglichkeit, bei Suchen spezielle Suchoperatoren einzubinden, die Ihnen Filterungsmöglichkeiten bei Ihrer Suche erlauben.

Diese lauten bei Google im Web-Search beispielsweise wie folgt (Erläuterungen zu diesen gelisteten Operatoren finden Sie unter *http://www. googleguide.com/advanced_operators.html*):

➢ allinanchor:

➢ allintext:

➢ allintitle:

➢ allinurl:

➢ cache:

➢ define:

➢ filetype:

➢ id:

➢ inanchor:

➢ info:

➢ intext:

➢ intitle:

➢ inurl:

➢ link:

➢ phonebook:

> ➢ related:
> ➢ site:

So kann man beispielsweise, wenn man bei einer Google-Suche mit der Suchbegriffsfolge „Online Marketing filetype:pdf" sucht, sich alle Ergebnisse zum Suchbegriff anzeigen lassen, die im PDF-Format vorliegen.

Abb. 122: Operatorsuche.

Mit dem Zusatz „site:.org" lässt man sich dagegen nur Ergebnisse von der Top-Level-Domain *.org* anzeigen.

13.1.3 Suchergebnisauswahl

Auf die Anfrage des Suchenden werden die Search Engine Result Pages (SERPs) von der Suchmaschine ausgegeben. Im nächsten Schritt folgt die Suchergebnisauswahl.

Bei der Auswahl der Suchbegriffe spielt eine Reihe von wahrnehmungs-spezifischen Faktoren eine Rolle. Hierzu wird beispielsweise im Kontext des Eyetrackings und Klicktrackings geforscht. Dazu erfahren Sie mehr im Kapitel über Tests (siehe Kapitel 22). Die Ergebnisse zeigen, dass sich die visuelle Aufmerksamkeit bei der Betrachtung der Suchergebnisse in einem sogenannten Golden Triangle (engl. für goldenes Dreieck) bewegt. Dies bedeutet, dass die ersten drei Ergebnisse am häufigsten angeschaut wer-den, der Suchende seine Augen am längsten in der Textzeile der ersten Ergebniszeile aufhält und diese auch länger liest als die zweite, die dritte etc.

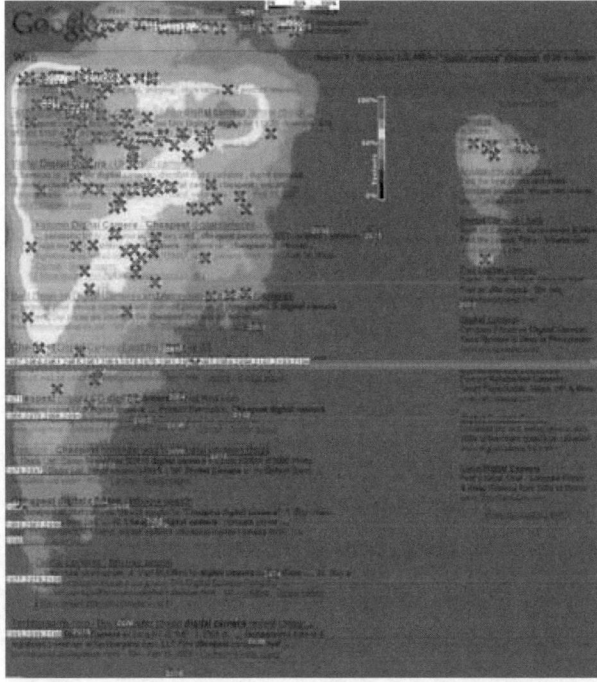

Abb. 123: Golden Triangle; Bildquelle: http://sites. google.com/site/saraint02/ אירדמסתכליםעלדףתתוצאות

Auf der ersten SERP werden standardmäßig zehn Suchanfragen angezeigt. Die Einblendungen aus den Universal-Search-Kategorien (siehe Kapitel 13.2.1) wirken sich auf das Auswahlverhalten der Sucher so aus, dass bei-spielsweise auch auf suchverwandte Bilder, Videos oder auch News ge-klickt wird, nach denen ursprünglich nicht direkt gesucht wurde.

Nur ein geringer Anteil der Suchenden geht über die erste SERP hinaus

➢ 87 % der Suchenden betrachten nur die 1. SERP,

➢ 7 % die 2. SERP,

➢ 3 % die 3. SERP,

➢ 1 % die 4. SERP,

➢ 1 % die 5. SERP,

➢ 7 % die 6. SERP,

➢ 1 % die 7. und alle folgenden SERP.

13.1.4 Resümee

Die Aspekte, die bei der Aufmerksamkeitsökonomie für die Optimierung von Onlinemarketingzielen relevant sind, werden in den Kapiteln 19 (Usability) und 22 (Tests) weiter vertieft, und Anwendungsmöglichkeiten werden vorgestellt. Die Aspekte der Suchbegriffs- und Suchergebnisauswahl wiederum werden im Kontext der Keyword-Recherche im Onpage-Search-Engine-Optimization-(SEO-)Kapitel zum Tragen kommen (siehe die Kapitel 15–17), wo auch die kurz zuvor vorgestellten Trends bei den Recherchen eine brauchbare Datenbasis bieten, um sowohl die Wettbewerber- als auch die Zielgruppenanalyse fundiert durchzuführen.

13.2 Die verschiedenen Arten von Suchmaschinen

13.2.1 Populäre Suchmaschinen

Die 15 populärsten – also meistbesuchten – Suchmaschinen lauten wie folgt (geschätzte Unique Besucher monatlich). Dieser eBizMBA-Rank wird regelmäßig durch die Einbeziehung der Listen „Alexa Global Traffic Rank" und „U.S.-Traffic-Rank" (von Compete und Quantcast) aktualisiert:

1.	Google	900.000.000
2.	bing	165.000.000
3.	Yahoo!	160.000.000
4.	ask	125.000.000
5.	Aol Search	33.000.000
6.	MyWebSearch	19.000.000

7.	Lycos	4.300.000
8.	Dogpile	2.900.000
9.	WebCrawler	2.700.000
10.	Info	2.600.000
11.	Infospace	2.000.000
12.	GoodSearch	1.500.000
13.	Search	1.450.000
14.	Excite	1.150.000
15.	AltaVista	700.000

(Quelle: *http://www.ebizmba.com/articles/search-engines*)

Google

„Google ist eine Suchmaschine des US-amerikanischen Unternehmens Google Inc. Übereinstimmende Statistiken zeigen mit Marktanteilen von mehr als 80 % aller weltweiten Suchanfragen Google als Marktführer unter den Internetsuchmaschinen."

Quelle: *http://de.wikipedia.org/wiki/Google*

„Google Inc. beschäftigte Ende 2010 24.400 Mitarbeiter. Google hat einen marktbeherrschenden Anteil (80 %) an allen Suchanfragen im Internet (Stand 2010). Laut der Marktforschungsgruppe Millward Brown ist Google mit einem Wert von rund 111,5 Milliarden US-Dollar (ca. 78 Milliarden Euro) nach Apple die zweitteuerste Marke der Welt (Stand 2011). Laut der Marktforschungsgruppe Interbrand ist Google mit einem Wert von rund 55,31 Milliarden US-Dollar (ca. 41,1 Milliarden Euro) die viertteuerste Marke der Welt (Stand 2011)."

Quelle: *http://de.wikipedia.org/wiki/Google_Inc*

Vertikale Suchen

Im Unterschied zur gewohnten Standardsuche bei Suchmaschinen, wie auf Google, Bing, Yahoo!, ask etc., bei denen in der Breite alle Themenbereiche abgesucht werden, werden bei vertikalen Suchen spezielle Kategorien, Themenbereiche, Nischen etc. abgesucht. In Google Universal Search tauchen beispielsweise diese vertikalen Komponenten in Form der bekannten Bilder-, Video- oder Maps-Suchen etc. auf.

Google – Universal Search

Martin Mißfeldt (Künstler, Firma DUPLICON Berlin), der ebenfalls auf der OMCap 2011 zum Thema Bildersuche, Bilder-SEO, Video-SEO, Universal Search und Google Doodle vertreten war, hat die Launch-Termine der Einführung von Komponenten zur vertikalen Suche im Rahmen des Universal Search aus der Google-History (*http://www.google.com/about/corporate/company/history.html*) extrahiert (*http://www.tagseoblog.de/google-universal-search-1-milestones*):

- 2003, Feb – Blogger: „Google Deal Ties Company To Weblogs"
- 2003, Dez – Google Books: „Google Introduces Book Searches"
- 2004, Mär – Google Local: „The journey may be the reward, but so is ..."
- 2004, Okt – Google Scholar: „Scholarly pursuits"
- 2005, Jan – Google Videosuche: „Google Video Search Live"
- 2005, Feb – Google Maps: „Mapping your way"
- 2005, Jun – Google Earth: „Cover the earth"
- 2005, Sep – Google Blog Search: „Find out what's happening with Blog Search"
- 2005, Nov – Google Analytics: „The circle of analytics"
- 2006, Mär – Google Finance: „Spring is the season for love (and data)"
- 2006, Apr – Google Maps Deutschland: „Google Maps in Europe"
- 2006, Okt. – Übernahme von YouTube: „Google To Acquire YouTube"
- 2006, Dez – Google Patentsuche: „Now you can search for U.S. patents"
- 2007, Mai – Google Streetview: „Introducing ... Street View!"
- 2008, Mai – Google Gesundheit (Health): „A peek into our search factory"
- 2008, Sep – Google Transit: „NYC transit directions have arrived"
- 2009, Feb – Google Places: „The Local Business Center dashboard opens its doors"
- 2009, Sep – Places in Maps: „Place Pages for Google Maps"
- 2009, Okt – Google Social Search: „Introducing Google Social Search"
- 2009, Dez – Google Echtzeitsuche: „Relevance meets the real-time web"
- 2010, Aug – Echtzeitsuche wird vertikal: „Google Realtime Search: a new home with new tools"
- 2011, Sep – Google Flugsuche: „Google Travel Search Takes Flight"

Bing

Bing wurde als Suchmaschine im Juni 2009 unter dem Motto „Bing & decide" von Microsoft veröffentlicht. Bing ist der Nachfolger von Live Search. Bing wird von Microsoft auch als „Entscheidungsmaschine" angepriesen. Sie liegt in 40 Sprachvarianten vor, wobei die US-Version am fortschrittlichsten ausgebaut ist und auch am erfolgreichsten ist. Bing hat in den letzten Jahren sein Potenzial durch einen stetig steigenden Marktanteil bewiesen. Im Januar 2011 erhöhte er sich, laut Experian Hitwise, zulasten von Yahoo! und Google, auf 12,8 % weltweit. Im gleichen Zeitraum veröffentlichte comScore in einem Jahresrückblick auf 2010, dass Bing einen 29%igen Zuwachs gegenüber dem Vorjahr verzeichnet habe. Bing bekam im Dezember 2011 15,1 % Anteil der Suchanfragen und überholte damit Yahoo! Search. Eine wirtschaftlich und technologisch interessante Weiterentwicklung wird in naher Zukunft zwischen Bing und Yahoo! zu beobachten sein, denn bereits am 29. Juli 2009 wurde von Microsoft und Yahoo! Inc. ein Zehnjahresvertrag angekündigt. Yahoo! Search soll dabei langfristig von Bing ersetzt werden. Ende 2011 wurde der Deal umgesetzt. Dabei sollen bis 2017 88 % der Einnahmen noch zu Yahoo! Inc. gehen.

Yahoo!

Yahoo! Search ist die Bezeichnung für die Suchmaschine von Yahoo! Inc., einem der weltweit größten Internetunternehmen mit Sitz in Sunnyvale, Kalifornien. Yahoo! Inc. wurde 1995 von David Filo und Jerry Yang offiziell als Unternehmen gegründet, was ermöglicht wurde durch Gelder des Risikokapitalgebers Sequoia Capital. Ein Jahr nach der Gründung ging Yahoo! mit 46 Angestellten an die Börse und ist seitdem als Unternehmen nach großen Auf- und Abstiegen gewachsen. Bereits 2009 hatte es rund 13.500 Mitarbeiter, ist heute in 43 Ländern vertreten und verfügt über einen Service in 26 Sprachen. Mit über 622 Millionen Nutzern weltweit zählt Yahoo! heute zu den erfolgreichsten und größten Internetunternehmen mit Onlineprodukten und -diensten für Privat- und Geschäftskunden.

13.2.2 Metasuchmaschinen

Metasuchmaschinen stellen Werkzeuge dar, die bei Suchanfragen andere Suchmaschinen und Datenbanken nach Suchbegriffen absuchen. Metasuchmaschinenbetreiber gehen von der Idee aus, dass das Web zu groß ist, um allein von einer Suchmaschine abgedeckt zu werden, da die Ressourcen bei nur einer Suchmaschine prinzipiell begrenzter sind. Einige deutsche Metasuchmaschinen sind:

> *http://www.metager.de/*
> Deutsche und internationale Suchmaschinen.

> *http://www.apollo7.de/*
> Fragt bis zu zwölf andere Suchmaschinen ab.

> *http://www.findelio.de/*
> Durchforstet acht Suchmaschinen.

> *http://www.getinfo.de/*
> Fachinformationssysteme und Literaturdatenbanken zu Forschung und Technologie.

> *http://www.metascroll.de/*
> Schwerpunkt liegt auf Geschwindigkeit, Themenübersicht und Anonymität. Google, Bing, Yahoo! Wikipedia, Twitter werden durchsucht.

> *http://www.suchhaus.de/*
> 250 Suchmaschinen und Webkataloge – mehrfaches Tippen eines Suchbegriffs entfällt.

> *http://www.suchpilot.de/*
> Onlineartikel von Magazinen und Zeitschriften aus dem IT-Bereich werden durchsucht.

> *http://www.webcrawler.de/*
> Spezielle Suche nach News, Musik, Unterhaltung etc.

> *http://www.eusict.eu/*
> Eudict.eu ist eine Firmensuchmaschine. Sie bietet dem Enduser eine textuelle sowie grafische Ausgabe der Suchergebnisse.

> *http://www.vascoda.de/*
> Interdisziplinäre wissenschaftliche Informationen aus Bibliothekskatalogen, Fachdatenbanken und weiteren Informationseinrichtungen aus Deutschland.

13.2.3 Preissuchmaschinen

Was ist eine Preissuchmaschine?

Eine Preissuchmaschine liefert bei Suchanfragen Preisvergleiche zu einem gesuchten Produkt, wobei mehrere Onlineshops in die Suchen eingeschlossen werden. Der Service wird meist umsonst für den Suchenden angeboten.

Abrechnungsmodelle von Preissuchmaschinen

Diese Suchmaschinen finanzieren sich per Werbung und über Provisions-
zahlungen der beworbenen Onlineshops. Abrechnungsmodelle sind in der
Regel PPC (**P**ay-**p**er-**C**lick), PPS (**P**ay-**p**er-**S**ale) und PPL (**P**ay-**p**er-**L**ead).

Über 1.000 Preisvergleichsdienstleister allein in Deutschland

Mehr als 1.000 Preisvergleichsdienstleister existieren allein in Deutschland
im Internet. Preissuchmaschinen werden auch „White-Label-Preisver-
gleichsportale" genannt, wenn die Datenbasis nicht vom Portalbetreiber,
sondern von einem Drittanbieter zur Verfügung gestellt wird.

Die verbreitetsten lauten:

➢ Idealo.de

➢ Evendi.de

➢ Geizhals.at/Deutschland

➢ Billiger.de

➢ Günstiger.de

➢ Preissuchmaschine.de

➢ Preisvergleich.de

➢ Ciao.de

➢ Kelkoo.de

➢ Preistrend.de

➢ Meta-Preisvergleich.de

➢ Geizkragen.de

➢ Preis.de

➢ Preisroboter.de

Preisvergleichssoftwareprodukte

Wahlweise werden auch Preisvergleichssoftwareprodukte angeboten. Mehr
und mehr Anbieter gehen dazu über, ein Ranking der Onlineshops vorzunehmen (ähnlich wie klassische Suchmaschinen), die zusätzlich zum Preis
auch andere Attribute wie Nutzermeinungen, Testberichte zur Qualität,
Lieferfähigkeit, Sicherheit, Vertrauen etc. einbeziehen. Auch können Preissuchmaschinen nach Segmenten und Nischen, wie Reisen, Autos, Computer, Medikamente etc., unterschieden werden. Weitere Informationen zu
dieser Thematik finden Sie unter der folgenden URL: *http://www.*
ukprwire.com/Detailed/Computers_Internet/Shopping_Comparison_Engine
s_market_worth_120m-_140m_in_2005_says_E-consultancy_1648.shtml.

Nachfolgend finden Sie ein Interview mit Björn Emeritzy zum Thema Preissuchmaschinen und etwas später eines zum Thema Preissuchmaschinenmarketing (siehe Kapitel 13.2.6).

13.2.4 Interview mit Björn Emeritzy – Leiter im Produktdatenmarketing bei der Frankfurter Agentur SoQuero – zum Thema Preissuchmaschinen

Björn Emeritzy leitet den Bereich Produktdatenmarketing bei der Frankfurter Agentur SoQuero und verantwortet in dieser Funktion die Weiterentwicklung der SoQuero Feed Engine sowie die Leitung des Account-Managements und die Betreuung des Kooperationsgeschäfts. Nach seinem Start 2007 bei SoQuero betreute der diplomierte Betriebswirt zunächst diverse Accounts und Projekte im Affiliate Marketing und begann dann 2009, das Produktdatenmarketing als neuen Bereich der Agentur aufzubauen und als eigenständige Disziplin zu etablieren. Die SoQuero Feed Engine gilt heute als führende Lösung für die Generierung und Optimierung von Produktdatenfeeds.

Abb. 124: Björn Emeritzy – Leiter im Produktdatenmarketing bei der Frankfurter Agentur SoQuero.

Alpar: Hallo Björn. Für wen kommt denn Preissuchmaschinenmarketing eigentlich infrage?

Emeritzy: Hallo Andre. Prinzipiell ist das Thema durchaus für jeden Shopbetreiber interessant und sollte immer als mögliche Erweiterung seines Marketingmix näher beleuchtet werden.

Zu prüfen sind zunächst immer Charakter, Breite und Tiefe des eigenen Sortiments und welche Kanäle, also welche Portale, sich hier für ein Listing anbieten.

Generell lässt sich sagen, dass der leider immer noch häufig verfolgte Ansatz, mit allen Produkten in allen Portalen zugunsten eines schnellen Reichweitenaufbaus zu listen, wirtschaftlich nicht wirklich sinnvoll ist. Auf diese Weise können die Kosten in Abhängigkeit von Sortimentsgröße und Anzahl der angeschlossenen Portale sehr schnell aus dem Ruder laufen. Zentrales Thema ist hier der Einsatz eines übergreifenden Monitorings.

Der Shop sollte sich im ersten Schritt vor allem sein Sortiment genau ansehen und es in die Wahl der Portale einbeziehen:

Werden primär exklusive Waren verkauft, eventuell auch Artikel aus eigener Herstellung, oder bietet er vor allem Produkte an, die im Markt von zahlreichen Anbietern bezogen werden können? Wie ist er in diesem Fall preislich gegenüber der Konkurrenz positioniert? Es ist beispielsweise wenig sinnvoll, in Portalen zu listen, die per Default nach Preis sortieren, wenn ich als Händler generell zu den teuersten Anbietern gehöre.

Alpar: In eigener Herstellung bedeutet, dass ich meine eigenen Marken habe, die es nur bei mir gibt?

Emeritzy: Exakt, also eine Art Handelsmarke. Wenn das bei einem großen Händler der Fall ist, beispielsweise bei einem Onlineshop einer Discounterkette, die sich im E-Commerce sukzessive ja auch immer stärker aufstellen, besteht natürlich die Chance, über generische Begriffe bzw. Produkte einen relevanten Traffic und dementsprechend Conversions und Umsätze zu generieren.

So würde ich mal unterstellen, dass die meisten Menschen bei einem Artikel wie beispielsweise einem Bügelbrett bei der Suche nach einem attraktiven Angebot im Vorfeld noch nicht wirklich wissen, von welcher Marke das Produkt sein soll oder gar welches Modell konkret gewünscht wird. Je spezieller diese Produkte jedoch sind, desto schwieriger ist es in aller

Regel, den Kanal der Preis- und Produktsuchen dann auch sinnvoll zu nutzen.

Denkt man an den kleinen Onlineshop um die Ecke, der mehr im kreativen und künstlerischen Bereich tätig ist und in Kleinserien ausgefallene Produkte herstellt, die ohnehin nicht vergleichbar sind, werden die sinnvollen Platzierungsmöglichkeiten und Verkaufspotenziale entsprechend geringer ausfallen.

Alpar: Wie ist das denn bei Herstellern großer Marken, die es auch beim Händler gibt? Ist es da naheliegend, dass die selbst auch über Preissuchmaschinen verkaufen? Oder machen das deren Händler?

Emeritzy: Die Hersteller selbst kommen ja erst so langsam in Schwung, was den direkten Vertrieb ihrer Produkte an Endkunden betrifft. Lange Zeit stand hier immer das Thema der Kanalkonflikte im Raum: Dürfen Händler die Produkte überhaupt online verkaufen und, wenn ja, welche? Verzichtet der Hersteller dann auf ein eigenes E-Commerce-Engagement? Bestehen Restriktionen hinsichtlich des Pricings der Händler durch den Hersteller? Welche Restriktionen bestehen im Verhältnis zum stationären Handel etc.

Generell lässt sich natürlich beobachten, dass mit steigender Anzahl von direkt vom Hersteller betriebenen Onlineshops deren Präsenz auch in den Portalen steigt. Ob das Listing sinnvoll ist oder nicht, hängt natürlich immer von den verfolgten Zielen ab:

Will ich als Hersteller diesen Kanal als Disziplin von Beginn an mit einer gesunden Kur nutzen, bin aber in der Situation, dass ich meine Produkte im Shop zum UVP anbiete, der Kunde meine Produkte bei sämtlichen Händlern jedoch deutlich unter diesen Preisen bekommt, wird es schwierig.

Anders sieht es aus, wenn ich eher weniger auf die Leistungskennzahlen achten muss und im ersten Schritt die Portale schlichtweg zur Reichweitensteigerung und zum Branding nutzen möchte. Dann kann das sicherlich ein sinnvoller Schritt sein. Entscheidende Unterschiede sind hier in jedem Fall bei den verschiedenen Branchen zu beobachten: Fashionhersteller haben es im Vergleich zu Marken aus beispielsweise dem Consumer-Electronics-Bereich deutlich leichter – zumindest bei einem ersten Blick auf das Preisgefüge der konkurrierenden Händler.

Alpar: Verstanden. Wie ist das nun, wenn ich ein Händler bin und relativ bekannte Marken in meinem Bereich anbiete? Gibt es da Restriktionen in Bezug auf eine Mindestmenge oder eine Maximalmenge bei verschiedenen Produkten, mit denen ich da rangehen kann?

Emeritzy: Restriktionen seitens der Hersteller bestehen im direkten Verhältnis zu den Händlern – da lassen sich keine allgemeingültigen Aussagen treffen.

Aus Richtung der Portale gibt es jedoch ebenfalls Restriktionen für die listenden Händler, wobei diese noch recht überschaubar sind. Oftmals sie schlagen sich in einer Mindestanzahl an anzuliefernden Produkten nieder (normalerweise nicht weniger als 50 Datensätze pro Datenfeed). Nach oben bestehen nur selten Grenzen, die aber ohnehin nur von den wenigsten Händlern angerissen werden – da reden wir von Größenordnungen ab 500.000 Datensätzen und mehr.

Sollte es dann Schwierigkeiten geben, existieren allerdings immer noch Möglichkeiten, das vollständige Sortiment über mehrere Datenfeeds anzuliefern. Eine hohe Produktanzahl und somit auch die Chance auf gesteigerte Klickvolumina und damit verbunden ein höherer Ertrag, dies alles ist ja auch im Interesse der Portale.

Alpar: Was sind denn eigentlich die größeren Portale in Deutschland? Also diejenigen, an denen man eigentlich nicht vorbeikommt? Oder ist das abhängig vom Sortiment des Shops?

Emeritzy: Es gibt eigentlich kaum Sortimente, für die es keine sinnvollen Listungsmöglichkeiten gibt, die zu Beginn angesprochenen Sonderfälle mal außer Acht gelassen.

Wir haben in Deutschland eine ganze Reihe an über die Jahre etablierten großen Playern, die als General-Interest-Portale positioniert sind. Unabhängig davon, ob ich nun DVD-Player, Notebooks, Autozubehör, Werkzeuge oder Sonstiges anbiete, sollte ich bei diesen zumindest immer über einen Testlauf nachdenken. Diese Kanäle bilden in der Regel die Basis des Setups einer Preissuchmaschinen-/Produktportalkampagne. Zu nennen sind hier unter anderem Idealo, billiger, preissuchmaschine/günstiger, Shopping.com, Shopzilla, Ciao, dooyoo oder auch Nextag.

Komplettiert wird das Setup dann mit Special-Interest-Portalen, die nach dem jeweiligen Sortimentsschwerpunkt des Händlers auszuwählen sind. Gerade in den letzten zwei bis drei Jahren sind einige spannende neue

Portale an den Start gegangen, die einen klaren Produktfokus haben, beispielsweise auf Fashion, Möbel oder auch Sportartikel. Der Händler sollte bei der Portalauswahl jedoch auch immer die Option im Hinterkopf behalten, eventuell nur mit Teilsortimenten bestimmte Listungen zu starten.

Alpar: Wenn ich einen Shop habe, der auch Produkte entsprechender Marken hat, würde ich also schauen, welche Portale für mich eigentlich infrage kommen. Also welche überhaupt die Art der Produkte führen, die ich im Angebot habe.

Emeritzy: Ganz genau.

Alpar: Wie viele Portale sind das deutschlandweit, die ich evaluieren sollte, um zu entscheiden, ob mein Portfolio da hineinpasst?

Emeritzy: In Deutschland haben wir mittlerweile sicherlich mehrere hundert Portale in allen denkbaren Sortimentsbereichen. Entscheidend ist natürlich immer die Relevanz – und zwar zunächst unabhängig vom eigenen Sortiment.

Erster Indikator ist ein gewisses kritisches Trafficvolumen, das das Portal zu generieren in der Lage sein sollte und das ich als Händler erwarte.

Dies lässt zwar noch keine Aussage über die Qualität und die zu erwartenden Leistungskennzahlen zu, jedoch kann man umgekehrt festhalten, dass ein Portal, das kaum Besucher liefert, eben definitiv auch kaum oder keine Umsätze generieren wird. Die Aufwände für die Datenintegration, die Portalkommunikation etc. sollten sich Händler dann lieber von vornherein sparen.

Aktuell reden wir von maximal 40 bis 50 relevanten Portalen in Deutschland, die in dieser Kombination dann allerdings niemals vollständig beliefert werden, sondern immer nur eine sortimentsabhängige Auswahl.

Alpar: Das sind dann diejenigen, die eher mein Produktportfolio abdecken oder auch nicht. Das heißt, ich sollte 40 bis 50 evaluieren, ob sie für mich infrage kommen, und dann schauen, ob mein Portfolio in das passt, was sie ohnehin anbieten.

Emeritzy: Richtig. Die 40 bis 50 sind die überhaupt evaluierungswürdigen. Die tatsächliche Zusammenarbeit, also das Listing der Produkte, findet dann häufig in einer Größenordnung von ungefähr 15 bis 20 Portalen statt.

Alpar: Die Daten sind ja das Kernstück, über das man mit diesen Portalen zusammenarbeitet. Welche Daten brauchen die eigentlich?

Emeritzy: Im Grunde kann sich der Händler an der wichtigsten und zugleich einfachsten Regel orientieren: „So viel wie möglich!" – zumindest im ersten Schritt.

Im Idealfall ist es so, dass für das Thema eine Technologie zum Einsatz kommt (sei es eine Eigenentwicklung oder ein externes Tool), die es dem Händler erlaubt, alle relevanten Bereiche abzudecken:

Das heißt neben Reporting, Optimierung der Performance und Optimierung der Inhalte natürlich auch die eigentliche Generierung der Datenfeeds.

Der Händler hat im Grunde nur die zentrale Aufgabe, einen vollständigen und stets aktuellen Importfeed auf Basis seiner Shopdaten in das Tool einfließen zu lassen. Es sollten möglichst alle verfügbaren Informationen zu sämtlichen Attributen enthalten sein, also beispielsweise Produktnamen, lange und kurze Beschreibungstexte, Preise, EANs, Produkt-IDs, aster-Part-Number-Registry (MPNR)s, Deeplinks, Image-URLs, Material, Farbe, Größen, Muster, Geschlecht, Typ, Stil, Verfügbarkeiten bzw. Bestandsinformationen etc.

Erst im nächsten Schritt, also exportseitig in Richtung der Portale, wird dann definiert, welches Portal welche Information in welcher Form auch tatsächlich bekommt. An dieser Stelle gibt es deutliche Unterschiede hinsichtlich der technischen Anforderungen und der Möglichkeiten, bestimmte Informationen überhaupt zu verarbeiten. Dazu ein Beispiel aus dem Medienbereich: Verkaufe ich Bücher, können an Special-Interest-Portale durchaus Attribute wie ISBN, ISBN 2, Editionstext, Auflage, Autor, Verlag etc. übergeben und dort auch dargestellt bzw. für die Suche des Portals nutzbar gemacht werden. Bei einem General-Interest-Portal wird dies in der Regel nicht in dieser Form möglich sein. Hier kann der Händler aber dann durch ein neues Arrangement der Attribute (Zusammenfassung in einem zusätzlichen Freitextbeschreibungsfeld bzw. Anreicherung bestehender Felder) die Informationen dennoch übergeben und so im Endeffekt den User besser unterstützen. Allerdings muss hier dann im Einzelfall geprüft werden, welche Informationen auf welchem Portal in welcher Art zum Einsatz kommen.

Alpar: Wenn wir jetzt auf diese 40 bis 50 verschiedenen Portale schauen: Wie ist da meistens der Abrechnungsmodus? Wie zahlt der Händler für die Werbeleistung, die dort erbracht wird?

Emeritzy: Die verbreitetste Form ist sicherlich ein PPC-Modell, also Pay-per-Click. Das kann dann ein fixer CPC sein, der für das gesamte Sortiment des Händlers gilt, oder auch ein kategoriespezifisches Modell, bei dem für Produkte aus unterschiedlichen Warengruppen unterschiedliche CPCs greifen.

Teilweise gibt es zudem Mindestgebühren (in Verbindung mit einem Freiklickkontingent) bzw. monatliche Grundkosten.

Historisch gesehen, haben die meisten Portale ja irgendwann mal als Affiliate angefangen und sind es teilweise heute noch. Klassischerweise wird dann auf CPO-Basis abgerechnet, was aber heute in der Regel eher auf Portalen bzw. Marktplätzen mit einem tieferen Integrationsgrad zu beobachten ist und zumindest bei neu listenden Händlern im reinen Redirect-Bereich, also in den Preis- und Produktsuchen im engeren Sinne, keine wirkliche Rolle mehr spielt.

Händler, die bereits seit Längerem in Portalen gelistet sind und noch mit einem CPO-Modell arbeiten, sollten sich im Detail mit diesem Thema auseinandersetzen. Auf den ersten Blick klingt CPO immer ganz charmant, da keine Kosten ohne entsprechende Leistung anfallen – also kein Risiko. Allerdings werden nicht bei jedem Portal die unterschiedlichen Abrechnungsmodelle in der Darstellung der Produkte auch gleich behandelt.

Der Händler hat bei einem Switch natürlich nicht mehr die Möglichkeit, die Listings mehr oder weniger unbeaufsichtigt vor sich hinlaufen zu lassen, sondern ist in der Pflicht (im eigenen Interesse), hier ein gesteigertes Augenmerk auf die Performance zu legen und entsprechend aktiv auszusteuern. Wir haben es in der Vergangenheit häufig erlebt, dass dieser Mehraufwand von sehr positiven Effekten begleitet wird und die Platzierungen deutlich erfolgreicher laufen.

Alpar: Du hast gerade über diese Listung bei den Preisvergleichern gesprochen. Nach welchen Kriterien wird die denn gemacht?

Emeritzy: Das sollte der Händler immer im Einzelfall in Erfahrung bringen und entsprechend agieren. Bei einer Preissuchmaschine im klassischen Sinn ist es natürlich üblich, dass der Preis des Artikels für das Ranking der verschiedenen Anbieter entscheidend ist. Hier gibt es dann eventuell noch die Unterscheidung in Gesamtpreis (also mit Lieferkosten) und reinen Artikelpreis. Unabhängig davon werde ich als Händler mit geringer Preisattraktivität meiner Produkte in solchen Portalen jedoch nicht viel Volumen erwarten dürfen.

Bei zahlreichen Portalen ist aber per Default gar nicht der Preis als Rankingkriterium eingestellt, sondern es sind eigene Kriterien ausschlaggebend, wie beispielsweise Relevanz oder Beliebtheit. Und genau hier liegen Chancen für die nicht ganz so günstigen Händler:

Aus Sicht des Users ist man geneigt, zu glauben, dass es beispielsweise bei „Beliebtheit" darum geht, dass andere User das Produkt oder den dieses Produkt anbietenden Händler besser bewertet haben als andere Händler. Dies kann durchaus auch mit ein Grund sein – aber eben nur „kann" ...

Vielmehr muss nämlich das Kriterium der „Beliebtheit" aus der Sicht des Portals verstanden werden – konkret: Wie beliebt ist der Händler, der dieses Produkt anbietet, hinsichtlich der Verdienstmöglichkeit für das Portal? Entscheidend für ein gutes Ranking können dann auch Faktoren wie ein erhöhtes Gebot für einen Klick sein oder auch die Gesamtzahl der Produkte, die ein Händler in seinem Datenfeed an das Portal übergibt. Die Logik dahinter ist im Grunde recht simpel: Mehr Produkte bedingen ein potenziell größeres Klickvolumen und damit verbunden auch einen höheren Betrag, der am Ende des Monats auf der Rechnung steht.

Alpar: Erklären denn die verschiedenen Portale, welche Rankingkriterien sie anwenden?

Emeritzy: Auf Nachfrage erfährt man in der Regel zumindest das grundsätzliche Vorgehen der einzelnen Portale, die meisten Händler kümmern sich um solche „Details" aber leider einfach noch zu wenig.

Man erhält allerdings keine detaillierte Erklärung dazu, welchen Anteil ein bestimmter Faktor von der prozentualen Verteilung her auf das Ranking insgesamt hat – es ist fast ein bisschen Google-like.

Eine interessante Entwicklung ist bereits seit einigen Monaten das Thema Bidding, das portalseitig zunehmend angeboten wird. Händler haben so die Möglichkeit, bestimmte Kategorien oder auch einzelne Produkte in den Portalen durch die Abgabe eines über dem Mindest-CPC liegenden Werts zu pushen. Das kann teilweise direkt über die Datenfeeds abgebildet werden, teilweise müssen die entsprechenden Einstellungen im Händlerinterface des Portals vorgenommen werden. Die Ergebnisse, die wir in dem Zusammenhang bei unseren Kunden beobachtet haben, machen auf jeden Fall deutlich, dass dies ein sehr mächtiges Instrument ist, um die Listungen positiv zu beeinflussen.

Alpar: Vielleicht ist das Beispiel nicht optimal, da wir ja gesagt haben, dass Eigenmarken nicht so ein großes Thema sind. Aber ich könnte als Händler zum Beispiel Eigenmarken pushen – dadurch dass ich eine größere Marge habe, könnte ich so mehr CPC ausgeben.

Emeritzy: Richtig, das könnte man natürlich machen. Was ich damit aber nicht machen kann, ist, das eigentliche Suchvolumen zu beeinflussen.

Bei den zu Beginn angesprochenen Kleinserien, zu denen eventuell gar keine Konkurrenzangebote bestehen, bringt mir die Bereitschaft, einen höheren CPC zu zahlen, somit eher wenig, da könnte es interessanter sein, sich nach möglichen Sonderplatzierungen auf den Portalen zu erkundigen.

Nach wie vor haben die Portale eine grundsätzliche Herausforderung: Das ist in der Regel das Sortiment, das die einzelnen Onlineshops anliefern, auf den eigenen Katalog zu matchen. Dies ist ausschlaggebend dafür, ob die Produkte auch über die Navigationsstruktur gefunden werden. Wenn dem Händler zudem Identifikatoren fehlen, wie etwa eine MPNR oder eine EAN, und die Produkte auch redaktionell nicht zugeordnet werden können, landen diese Artikel irgendwo in der freien Suche mit entsprechend vermindertem Traffic. Gerade dieses Problem besteht ja häufig bei kleineren Exlusivsortimenten eines Händlers.

Alpar: Woher bekommen denn Preissuchmaschinen eigentlich den Traffic, den sie dann an Onlinehänder verkaufen?

Emeritzy: Die Portale stehen bei der Trafficgenerierung in der Regel vor den gleichen Herausforderungen wie der Händler selbst auch. Im Idealfall ist das Portal in der Situation, dass es sich über Jahre hinweg wirklich einen Brand aufgebaut hat und entsprechend relevanten direkten Traffic bekommt, da der Besuch dieses einen Portals einfach seinen festen Platz im Kaufentscheidungsprozess des Users hat. Daneben stehen natürlich die SEM-Aktivitäten. SEO-technisch hat es durch Googles Panda-Update Mitte 2011 ja durchaus einige Veränderungen gegeben, und die Karten wurden neu gemischt. Als schnellste Kompensationsmöglichkeit dient sicherlich das Schalten von SEA-Kampagnen, wie eine Suche nach einem beliebigen Produkt auf Google, zum Beispiel im Bereich Consumer Electronics, ja auch sehr schnell zeigt. Das Gros der Anzeigen stammt von Preis- und Produktsuchen, nicht von den eigentlichen Händlern.

Alpar: Wenn man diese drei Kanäle – Direct-Type-in, SEO, SEM – anschaut: Hast du als Profi ein Bauchgefühl dahin gehend, wie das bei den Großen der Branche verteilt ist? Oder ist das portalspezifisch?

Emeritzy: Das unterscheidet sich wirklich massiv. Die Informationen über den jeweiligen Trafficsplit werden zudem auch nicht so gern und offen kommuniziert wie zum Beispiel die Nutzerzahlen. Allein bei den angesprochenen großen Playern aus dem General-Interest-Bereich sind mir sowohl Portale bekannt, die annähernd 70 % ihres Traffics über SEA generieren, als auch andere, bei denen diese Maßnahme noch keine 20 % ausmacht.

Alpar: Ist die Conversion-Rate der einzelnen Portale abhängig davon, woher sie ihren Traffic kriegen?

Emeritzy: Schwierig zu beantworten, da aufgrund der fehlenden Transparenz über alle Portale hinweg keine Einschätzung möglich ist.

Alpar: Das heißt, bei einem Preisvergleicher, der ein Portal hat und Traffic vor allem aus Direct-Type-in und SEO bekommt, kann ich diese beiden Kanäle nicht unterscheiden.

Emeritzy: Das ist richtig. Aber mal anders: Es gibt eine Handvoll Portale in Deutschland, bei denen es sich fast immer lohnt, mit seinen Produkten vertreten zu sein. Und zwar unabhängig davon, ob ich Autoradios oder Bürocontainer verkaufe – sie laufen einfach und liefern eine überzeugende Performance. Das sind dann allerdings in der Regel schon die Anbieter, die seit Jahren am deutschen Markt aktiv und etabliert sind. Denen könnte man nun natürlich zuschreiben, dass sie einen relativ hohen Anteil an Direct-Type-in-Traffic haben.

Alpar: Sie sind also in den Köpfen der Nutzer ein Teil des Einkaufsprozesses. Und das lassen sie sich eben auch vergolden.

Emeritzy: Genau.

Alpar: Wie erfolgt denn die Datenausgabe an die Preisvergleicher, die vor allem in SEO tätig sind? Es kann ja mitunter schon den eigenen SEO-Bemühungen der Händler entgegenstehen, den Preissuchmaschinen extrem viele und extrem gute Daten zu geben. Gibt es da irgendetwas, das man am Markt sieht, womit man diese ein bisschen gegenläufigen Ziele gut aussteuert?

Emeritzy: Duplicate Content ist in diesem Zusammenhang immer wieder mal Thema. Ich habe vorhin schon mal das Thema des Matchings auf den eigenen Katalog angesprochen. Bei vielen Portalen werden häufig also gar nicht die eigenen Beschreibungsdaten der Händler (zumindest nicht vollständig) genutzt, sondern eigener, redaktionell gepflegter Content zum Produkt. Was der Händler dann im Endeffekt noch an zusätzlichen Informationen mitliefert, dient primär dazu, die vorher angesprochenen Suchen optimal bedienen zu können. Aber auch hier gilt: im Zweifel im Detail, also pro Portal, anschauen und für sich bewerten.

Alpar: Super. Vielen Dank für das Interview.

Emeritzy: Sehr gern.

13.2.5 Froogle, Google Base, Google Shopping und Google Merchant Center

Google hat schon mehrere Brands und Kostenlos-Geschäftsmodelle hinter sich, um die Shopsuche erfolgreich einzusetzen. Zunächst hatte es Froogle gegründet (2002), dieses, in „Google Product Search" umbenannt, und „Google Shopping Center" folgten.

Google Base

Dann haben sie eine Schnittstelle entwickelt, die Google Base heißt. Über diese Schnittstelle war es möglich, Produktdaten in relativ einfacher Form hochzuladen. Die Anforderungen waren sehr gering. Die notwendigen Daten waren Produkt-ID, Titel des Produkts, eine Beschreibung und ein Preis. Google hat dies dann im Laufe der Zeit um weitere Pflichtattribute erweitert. September 2011 hat Google die Anforderungen noch einmal sehr deutlich erhöht und möchten jetzt bestimmte Strukturen im Bereich „Kategorie" einführen. Google gibt also einen eigenen Kategoriebaum vor und fordert von den Händlern, dass diese jedes Produkt diesem Kategoriebaum möglichst zuordnen.

Google Merchant Center (GMC)

Google Base wurde bis 2009 als Bezeichnung für eine Onlinedatenbank verwendet, in der Nutzer Texte, Bilder und strukturierte Informationen als XML, PDF, Excel, RTF oder WordPerfect abspeichern konnten. Seit September 2010 läuft das Produkt unter dem Namen Google Merchant Center.

Google sammelt über den GMC eine Unmenge an Daten, ist jedoch immer mehr auf der Suche nach Monetarisierungsmodellen. Das bisherige Modell belohnt die, die Google gute Daten liefern, die Google vielseitig verwerten kann. Zur Belohnung gibt es gute Platzierungen.

Nutzung eines GMC

> ➢ In einem ersten Schritt legt man ein GMC-Konto an.
> ➢ Dann werden Feeds im XML- oder CSV-Format angelegt.
> ➢ Über die Feeds werden die Produktdaten hochgeladen, wie z. B. Produkt-IDs, Titel, Beschreibungstexte, Preise, Marken, Modellnummer, bestimmte Umfänge, Leistungsmerkmale, die sich in Zahlen ausdrücken lassen, EAN-(Electronic Article Number-)Codes etc. (Umfangreiche Daten sind hilfreich für Onlineshopanbieter, wenn sie besser gerankt werden möchten.)

Welche Produkte funktionieren am besten auf GMC?

Am besten funktionieren homogene Produkte wie Technikartikel oder Markenprodukte über das GMC, da Markenartikel über eine spezifischere und exaktere Keyword-Suche erreicht werden können. No-Name-Produkte funktionieren nicht so gut.

Menge und Qualität der Daten sind wichtig als Rankingkriterium

Google zieht den Preis selbst nicht als Rankingkriterium heran. Menge und Qualität der Daten sind als Rankingkriterium entscheidend, z. B. auch die Qualität der Bilder und die Strukturqualität der Daten.

Shopbewertungen sind förderlich für das Ranking

Bewertungen der Shops seitens der Nutzer sind essenziell für Google, da so gewährleistet ist, dass es sich um einen realen Shop handelt. Denn es existieren jede Menge Pseudoshops, auch hier wird um des Rankings Willen viel gespammt.

13.2.6 Interview mit Jens Tonnier – Head of SEO, ad agents GmbH

Jens Tonnier ist seit 2007 bei der ad agents GmbH in Herrenberg als Head of SEO beschäftigt. Tonnier ist Diplom-Wirtschaftsingenieur und kommt ursprünglich aus dem Bereich der klassischen Werbung. Er beschäftigt sich seit über zwölf Jahren mit Website-Entwicklung und Suchmaschinen.

Seit 2001 ist er professionell in der Onlinebranche tätig und verfügt heute über eine umfassende Erfahrung auf dem Gebiet der Suchmaschinenoptimierung (SEO). Neben klassischen SEO-Themen ist Tonnier ebenfalls einer der renommiertesten Experten für die Optimierung von Google Shopping, gern gesehener Speaker auf Branchenkonferenzen und Ansprechpartner der Fachpresse.

Abb. 125: Jens Tonnier – Head of SEO, ad agents GmbH.

Alpar: Hallo Jens. Preissuchmaschinenmarketing ist ja etwas, das insbesondere für Onlineshops relevant ist.

Tonnier: Ja.

Alpar: Wie kann man denn da vorangehen? Gibt es unterschiedliche Bereiche, die man da unterscheiden kann?

Tonnier: Bei Preissuchmaschinen generell?

Alpar: Ja.

Tonnier: Grundsätzlich kannst du natürlich unterscheiden, in welche Form du deine Daten in Preissuchmaschinen legen kannst. Es sind zum einen die Abrechnungsmodelle, worin sich die Preissuchmaschinen unterscheiden. Es geht beim kostenlosen Modell los, wie zum Beispiel bei Google Shopping, bis hin zur Klickabrechnung oder der Abrechnung auf Umsatzbeteiligungsbasis oder eben auf Cost-per-Order-Basis.

Alpar: Im Prinzip von kostenlos über Klickvergütung bis zu extrem Performance-abhängig.

Tonnier: Genau. Dann hast du natürlich auch die unterschiedlichen Reichweiten.

Alpar: Gibt es denn einen Zusammenhang, dass die Preissuchmaschinen mit großer Reichweite eher CPC machen und andersherum? Oder ist da kein direkter Zusammenhang?

Tonnier: Eigentlich gibt es keinen direkten Zusammenhang. In der Regel suchen sich die Betreiber Modelle heraus, die für sie möglichst attraktiv sind. Häufig auch danach, ob die Abrechnungsmodelle praktisch zu handhaben sind.

Alpar: Wie kommt es denn, dass Google die Listung bei Google Base oder Google Shopping kostenlos anbieten kann?

Tonnier: Zum einen ist es so, dass Google an die User denkt. Sie bieten also einen Mehrwert an, und die User haben die Möglichkeit, über Google nicht nur bestimmte Themen zu finden, sondern auch ganz konkrete Produkte. Wenn sie eben mit einer Kaufabsicht bei Google unterwegs sind. Zum anderen sind das für Google natürlich auch interessante Daten.

Alpar: Die Wahrscheinlichkeit ist also da, dass es jetzt kostenlos ist und später kostenpflichtig wird? Oder dass es eher durch Werbung für Google finanziell attraktiv wird? Letztendlich ist Google ja ein wirtschaftlich handelndes Unternehmen und kein Samariter.

Tonnier: Das ist völlig richtig. Es gibt unterschiedliche Meinungen dazu, ob Google Shopping eines Tages kostenpflichtige Modelle einführen wird. Meine persönliche Meinung dazu ist, dass ich mir nicht vorstellen kann, dass das Kernprodukt an sich kostenpflichtig wird. Denn Google profitiert im Shoppingbereich von der großen Reichweite, die sie haben, und von der großen Breite an Shops, die dort vertreten sind. Das würden sie in einer gewissen Weise verlieren, wenn sie eine Kostenpflicht einführen würden. Dennoch hat Google ein großes Interesse daran, diesen Kanal besser zu monetarisieren, als es momentan passiert. Sie haben jetzt auch mit Produktanzeigen für AdWords, der sogenannten Plusbox, oder Product Listing Ads erste Schritte getan, diesen Kanal besser monetarisieren zu können. Möglich sind natürlich auch andere Modelle. Zum Beispiel Google Local Shopping, wo Google tatsächlich den Offlinehandel mit einbeziehen wird. Es ist natürlich denkbar, das Google hier Modelle fährt, die künftig in irgendeiner Form ein Abrechnungsmodell ermöglichen.

Alpar: Wenn ich das zusammenfassen darf, dann kann man es aktuell vielleicht so beschreiben, dass Google letztendlich erst mal Daten sammelt und dafür im Tausch bereit ist, kostenlos Besucher auf die einzelnen Onlineshop zu schicken.

Tonnier: Wobei Google über diese Datensammlungsphase schon ein bisschen hinaus ist. Im Moment ist Google eher auf der Suche nach einen Monetarisierungsmodell. Es ist schon richtig, dass sie über den Kanal mehr Geld verdienen wollen. Allein die AdWords-Anzeigen werden wahrscheinlich den Aufwand nicht ausreichend kompensieren. Ich gehe eher davon aus, dass Google neue Werbeformate entwickelt. Dass auch solche Dinge wie Universal-Search-Platzierungen möglicherweise kostenpflichtig oder in irgendeiner Form abrechnungspflichtig werden.

Alpar: Kann es denn sein, dass durch die guten Daten in Google Shopping diese Product-Ads möglich sind? Ist das vielleicht schon eine ausreichende Monetarisierung dieser Informationen?

Tonnier: Das bisherige Modell ist, dass Google Shops belohnt, die Google gute Daten liefern. Mit denen Google natürlich arbeiten kann. Diese werden aktuell mit guten Platzierungen belohnt.

Alpar: Was muss ein Shop denn machen, um bei Google gelistet zu werden? Insbesondere im Shoppingbereich.

Tonnier: Zunächst einmal braucht man ein Google-Merchant-Center-Konto. In diesem Konto kann man sogenannte Feeds anlegen. Diese können zum einen im CSV-Format oder auch im XML-Format vorliegen. Und über diese Feeds kann ich dann meine Produktdaten hochladen. Die Feeds enthalten bestimmte Daten, wie zum Beispiel Nummern, Titel, Beschreibungstexte, Preise und so weiter. Je mehr Daten ich Google liefere und je besser diese Daten sind, desto größer ist die Wahrscheinlichkeit, dass ich eine gewisse Sichtbarkeit erfahre.

Alpar: Wie viel mir dieser Kanal letztendlich nutzt, hängt zum einen von der Datenqualität ab und zum anderen wahrscheinlich von der Menge der Produkte, die ich habe.

Tonnier: Ja, genau.

Alpar: Gibt es denn bestimmte Produkte, die eher für Google Shopping gut sind, und andere, die vielleicht nicht so gut zu Google Shopping passen?

Tonnier: Die Erfahrung zeigt, dass besonders homogene Produkte wie Technikartikel oder Markenprodukte besonders gut in Google Shopping funktionieren. Was weniger gut funktioniert, sind die Klassiker der heterogenen Artikel, No-Name-Mode beispielsweise.

Alpar: Weil es vielleicht einfach nichts ist, was so spezifisch gesucht werden kann?

Tonnier: Zum einen haben No-Name-Artikel, weil sie keine Marke haben, häufig Namen wie etwa „T-Shirt". Also sehr generisch. Da ist es für Google natürlich auch schwer, ein zufriedenstellendes Suchergebnis bereitzustellen. Zum anderen geht Google ganz stark in den Bereich Preisvergleich rein. Wenn ich einen Preisvergleich anbiete, brauche ich natürlich Merkmale, anhand deren ich auch Preise vergleichen kann. Ich muss also Artikel gruppieren können, und das geht eben wesentlich besser mit homogenen Artikeln ...

Alpar: ...Artikeln, die also strukturierte Daten haben. Zum Beispiel einen bestimmten Umfang oder Leistungsmerkmale, die sich in Zahlen ausdrücken.

Tonnier: Ja. So etwas wie EAN-Codes beispielsweise. Die finden sich eben ganz häufig bei homogenen Artikeln.

Alpar: Du sagst, dass es zum einen wichtig ist, dass man viele Daten liefert. Zum anderen geht Google in Richtung Preisvergleich. Nehmen wir an, dass ich ein Shop bin, der eher gute Daten hat. Dann lande ich aber im Preisvergleich nicht so weit oben, weil ich nicht gerade die Knallerpreise liefere. Ist es dann trotzdem relevant für mich, bei Google Base oder bei Google Shopping mitzumachen?

Tonnier: Ja, ist es. Denn es ist im Moment so – und es sieht so aus, als bliebe es noch so, dass der Preis kein Rankingkriterium ist. Ich kann also auch mit einem verhältnismäßig schlechten Preis zu guten Positionen kommen. Denn Google zieht den Preis selbst nicht als Rankingkriterium heran. Natürlich ist es so, dass bei einem sehr hohen Preis der Traffic und die Umwandlungsrate nicht so hoch sein werden. Aber ich habe durchaus die Chance auf gute Positionen. Auch mit einem nicht so guten Preis.

Alpar: Das heißt, ein Rankingkriterium ist die Menge der Daten, die ich an Google liefere. Und was gibt es dann noch zu beachten?

Tonnier: Es ist vor allem auch die Qualität der Daten. Wenn ich mal das Beispiel der Bilder nehme, dann wünscht sich Google natürlich hochauflösende Bilder. Keine Thumbnails zum Beispiel. Google möchte die Daten möglichst strukturiert haben. Sie wollen die Informationen also nicht im Fließtext, sondern zum Beispiel die Marke oder eine Modellnummer in einzelne Felder separiert haben. Je besser ich diese Daten strukturieren kann und je qualitativ wertvoller diese Daten sind, desto positiver wirkt sich das auf mein Ranking aus.

Alpar: Dann gibt es ja noch die Vermutung, dass Bewertungen im Google-Base-Bereich vielleicht so etwas Ähnliches werden wie Links im SEO-Bereich. Ist da ein Trend absehbar, oder ist das weiterhin eher nur eine Vermutung?

Tonnier: Es scheint tatsächlich so zu sein, dass sich diese Bewertungen positiv auswirken. Nicht in dem Sinne, dass es umso besser ist, je mehr Bewertungen ich habe. Ganz schlecht ist es allerdings, keine Bewertungen zu haben. Für Google sind diese Bewertungen natürlich ein Hinweis darauf, dass dieser Shop real existiert und reale Kunden hat. Das klingt ein bisschen banal, ist es aber gar nicht. Es ist nämlich auch sehr einfach möglich, in Google Shopping eine Art Pseudoshop darzustellen. Google kämpft sehr viel mit Spam in diesem Bereich. Mithilfe dieser Bewertungen kann Google dann sicherstellen, dass es sich hier um einen Shop mit einer gewissen Reputation handelt. Selbst wenn die Bewertung selbst eigentlich gar nicht so gut ist.

Alpar: Vielleicht kannst du noch mal ganz kurz anreißen, wie die Entwicklung der Anforderung von Google war, im Bereich Shopping gelistet zu werden. So wie ich das verstanden habe, ist die Anforderung an Datenmenge und Qualität in den letzten Jahren gestiegen.

Tonnier: Ja, das ist tatsächlich so. Google hat das Thema Shopsuche schon relativ lange auf dem Radar. Sie hatten mal Froogle gegründet, das sagt vielleicht dem einen oder anderen noch was. Dort haben sie versucht, das Ganze automatisiert zu bewältigen. Dann sind sie irgendwann dazu übergegangen, eine Schnittstelle zu schaffen, die mal Google Base hieß. Über diese Schnittstelle war es möglich, Produktdaten in relativ einfacher Form hochzuladen. Die Anforderungen waren sehr gering. Ich brauchte eine Nummer, einen Titel von einem Produkt, eine Beschreibung und einen Preis. Die meisten haben zunächst erst mal nur diese Mindestanforderung bei Google eingespielt. Google hat dies dann im Laufe der Zeit um weitere Pflichtattribute erweitert. 2011 im September hat Google die Anforderungen noch einmal sehr deutlich erhöht. Sie möchten jetzt bestimmte Strukturen im Bereich Kategorie: Google gibt einen eigenen Kategoriebaum vor und fordert von den Händlern, dass diese jedes Produkt diesem Kategoriebaum zuordnen.

Alpar: Und der Horizont in Amerika, der deutet ja schon die Zeichen einer nächsten Generation dieser Shopsuche an.

Tonnier: Ja.

Alpar: Ist das dann nur eine Veränderung in der Darstellung? Oder wird es noch mal neue Anforderungen an die Daten geben, die die Händler liefern?

Tonnier: Google testet im Moment in den USA, vor allem im Modebereich, neue Darstellungsformen mit bestimmten Keywords. Google versucht natürlich auch, eine Art Entscheidungshilfe für User abzubilden. Es versucht zum Beispiel zu sagen: „Okay. Du willst ein Abendkleid. Hättest du gern einen V-Ausschnitt, oder hättest du gern ein knielanges Kleid oder doch eher einen kurzen Rock?" Quasi eine Funktion, die man in der Regel eher von Shops kennt. Hier geht Google dazu über, diesen Prozess bereits in der Suchmaschine abzubilden. Die Frage ist natürlich, wo Google diese Daten herbekommt. Denn die sind auch für einen Shopbetreiber nicht so einfach zu liefern.

Alpar: Google erkennt ja nicht wirklich, was auf den Bildern zu sehen ist. Also ob das Abendkleid einen V-Ausschnitt hat. Sind das Daten, die die Händler dediziert anliefern müssen? Also ganz klar zu sagen, welchen Ausschnitt sie anbieten? Oder guckt sich Google die Produktbeschreibung der unterschiedlichen Artikel an und versucht, anhand dessen herauszuarbeiten, was die Unterschiede sein könnten?

Tonnier: Das Ziel von Google ist eigentlich, ein solches Thema automatisiert abfackeln zu können. Im Moment schaffen sie es noch nicht einmal bei Farben. Aber Google ist durchaus bewusst, dass nur sehr wenige Händler solche Informationen auch strukturiert liefern können. Eine strukturierte Information wäre für Google natürlich notwendig, um das Ganze auch abbilden zu können. Möglich, dass es nur bei einem Test bleibt, weil Google hier keine zufriedenstellenden Ergebnisse erreicht. Es ist aber auch möglich, dass sie es schaffen, über Bilderkennungssoftware bestimmte Merkmale eines Artikels automatisch erfassen zu können. Oder sie geben vor, dass der Händler, wenn er unter bestimmten Optionen gefunden werden will, solche Daten auch liefern können muss.

Alpar: Die Wahrscheinlichkeit ist, dass, wenn immer feinere Darstellungsformen für unterschiedliche Bereiche ausgerollt werden, dann auch die Anforderungen an die Daten und somit an die Händler mit der Zeit steigen.

Tonnier: Um es ganz generell zu sagen: Je mehr Funktionen Google in seiner Suche abbildet, umso höher sind natürlich am Ende die Anforderungen an die Händler, die diese Daten liefern müssen.

Alpar: Super. Vielen Dank für das Interview.

Tonnier: Gern.

13.3 Funktionsweise von Suchmaschinen

Zur Erörterung der Funktionsweise von Suchmaschinen erläutern wir Ihnen nun Begriffe und Konzepte wie Webcrawler, Spider, Robots, Bots etc. – Computerprogramme zur automatischen Durchsuchung des Webs –, Rankingalgorithmen sowie Künstliche-Intelligenz-(KI-)basierte Verfahren (Data-Mining, Web-Mining, Web-Content- und Web-Structure-Mining etc.).

13.3.1 Webcrawler, Spider, Robots, Bots etc. – Computerprogramme zur automatischen Durchsuchung der Webindexierung

Crawler, Spider, Bots, Robots etc.

Suchmaschinen nutzen Algorithmen bzw. Programme, auch Crawler, Spider, Bots, Robots etc. genannt, um das Internet nach Informationen auf allen offen zugänglichen Webseiten zu durchforsten. Tagtäglich werden Hunderte von Millionen Websites durch unterschiedliche Bots „gecrawlt". In den Logfiles hinterlassen die Crawler der Suchmaschinen, z. B. Googlebot und Bingbot, regelmäßig Einträge, die deren Besuch dokumentieren. Je bekannter Ihre Website ist, desto häufiger kommen die Bots vorbei. Dabei dient eine Liste von immer wieder neu „ercrawlten" Links als Ausgangsbasis für die nächsten Crawler-Suchen durch die Weiten des Webs.

Analyse und Bewertung der Daten und Katalogisierung

Danach werden alle auf den Webseiten gefundenen Informationen analysiert und bewertet und auf den Servern katalogisiert (Index), auch wird ein Index aller Wörter auf den Webseiten erstellt (Indexer). Hier wird auch indiziert, und zwar danach, an der wievielten Stelle ein Wort im Website-Text positioniert ist. Sobald ein Nutzer über die Benutzerschnittstelle einer Suchmaschine eine Suchanfrage abschickt, wird der Bestand der katalogisierten Webseiten/Informationen nach dem Suchbegriff abgesucht. Alle Suchtreffer werden anschließend mittels einer Trefferliste, der SERP, ausgegeben.

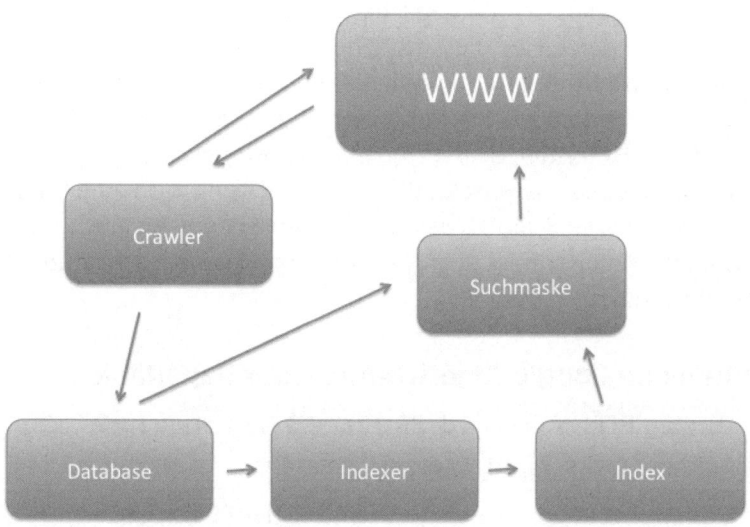

Abb. 126: Das WWW und Crawler.

13.3.2 Rankingalgorithmen

Zunächst wurden Volltextsuchen durchgeführt

Die erste Generation von Suchmaschinen betrieb reine Volltextsuchen, und gerankt wurde zunächst nur nach dem Kriterium, wie oft ein bestimmtes Wort auf einer Website auftrat. Schnell zeigte sich, dass dieses Kriterium leicht zu hintergehen war, indem durch Keyword-Spamming die Suchergebnisse leicht manipuliert werden konnten.

Relevanz der Treffer

Mittlerweile sind die Suchmaschinen zu neuen, ausgeklügelteren Verfahren übergegangen. Dabei wird jedem Treffer ein Relevanzgrad zugeordnet, der gemäß dem Rankingalgorithmus des Suchmaschinenbetreibers bemessen wird. Die Relevanz der Suchmaschinenergebnisse stellt das Qualitätskriterium schlechthin für die Benutzer dar. Bezüglich der genutzten Algorithmen hat jeder Suchmaschinenbetreiber seine eigenen – sich ständig ändernden – Algorithmen und Kriterien zur Erhebung der Relevanz der Suchergebnisse.

Larry Page und Sergey Brin führten die Idee von Links als Rankingkriterium ein

Larry Page und Sergey Brin folgen bei der Entwicklung ihres Rankingalgorithmus dem Vorbild der Wissenschaft. Analog zum wissenschaftlichen Zitierverfahren nutzen sie die Anzahl der Publikationen eines Autors und die Anzahl der renommierten Publikationen, die ihn zitieren, für das Ranking. Der PageRank setzt sich aus einer eigens dafür entwickelten Formel zusammen. (Unter der URL *http://infolab/stanford.edu/~backrub/google.html* finden Sie die wissenschaftliche Ausarbeitung zum PageRank, „The Anatomy of a Large-Scale Hypertextual Web Search Engine", nach Page und Brin. Der PageRank ist übrigens auf Larry Page zurückzuführen und verdankt ihm seinen Namen.)

Der ursprüngliche Google-Algorithmus – der PageRank

$PR(A) = (1 - d) + d\,(PR(T1) / C(T1) + d\,(PR(T2) / C(T2) + ... + PR(Tn) / C(Tn))$

➢ PR(A) ist der PageRank der Webseite A.

➢ d ist ein Dämpfungsfaktor, der die Gewichtung der Links „justiert".

➢ T1 bis Tn sind die Webseiten, die auf A linken.

➢ C steht für die ausgehenden Links.

Diese Formel liest sich so: Der PageRank der linkgebenden Seiten wird durch die Anzahl der ausgehenden Links C der Seite A dividiert. Der so ermittelte PageRank einer beliebigen Seite A wird als ganzzahliger Wert zwischen 0 und 10 angegeben. Dieser lässt sich beispielsweise über die Google-Toolbar beim Besuch einer beliebigen Seite anzeigen. Hierfür muss diese installiert sein (*http://www.google.com/intl/de/toolbar*).

Hat der PageRank ohnehin nicht mehr den Rang, den er mal hatte?

Natürlich stellt die oben gezeigte Formel eine stark vereinfachte Darstellung des Rankingverfahrens von Google dar. Google lässt munkeln, dass mehr als 200 Relevanzfaktoren, Kriterien, Signale etc. bei der Relevanzbewertung eine Rolle spielen.

**Geheimhaltung der Google-Rankingkriterien –
Suchmaschinen sind eine „Grey-Box"**

Die Algorithmen und Kriterien der Suchmaschinenbetreiber sind nur grob bekannt. Die Geheimhaltung hat ihre Ursache nicht nur darin, dass die Betreiber ihr Know-how vor der Konkurrenz schützen wollen, stattdessen ist man daran interessiert, unfaires, betrügerisches oder zerstörerisches Verhalten seitens aggressiv vorgehender SEO, Spammer oder Hacker abzuwenden.

13.3.3 Künstliche-Intelligenz-(KI-)basierte Funktionen (Data-Mining, Web-Mining, Web-Content- und Web-Structure-Mining etc.)

KI-basierte Suchen werden von Maschinen bzw. Programmen durchgeführt und nicht von Menschen und weisen in die Zukunft des Suchens und Findens im Internet, wo Suchmaschinen immer mehr zu virtuellen Assistenten werden.

Wer beispielsweise in naher Zukunft nach einem Gewässer googelt, bekommt statt der gewohnten Result-Pages Eckdaten zum Gewässer ausgegeben, wie Ort, Tiefe, Durchschnittstemperatur oder Salzgehalt. Dies kann als Googles neue Geschäftsstrategie zur Einbeziehung der semantischen Suche angesehen werden, bei der auf Basis der über Google aufgebauten Megadatenbank entsprechende Informationen herausgefiltert werden. Für mehr Informationen siehe hier: *http://kress.de/mail/alle/detail/beitrag/115152-google-arbeitet-an-semantischer-suche-mega-datenbank-liefert-antworten-statt-link-listen.html*.

Web-Mining als Oberbegriff

Web-Mining ist der Oberbegriff für ein Spektrum von Technologien, die genau das obige Ziel verfolgen: das systematische Aufspüren, Erfassen, Auswerten und Aggregieren von Inhalten aus dem Internet und vor allem aus dem Bereich Social Media. Es ist ein junges und interdisziplinäres Forschungsgebiet, das Web-Mining-Verfahren aus den Bereichen der Informationswissenschaft, der Statistik, der Spracherkennung und der Datenanalyse vereint. Die Herausforderung besteht hierbei in der koordinierten Anwendung dieser Methoden und der sorgfältigen Planung ihres Einsatzes.

Klassifikation des Web-Mining

Web-Mining wird oft sehr weitflächig klassifiziert: Die klassisch definierten Web-Mining-Einsatzgebiete sind die Analyse von Inhalten (Web-Content-Mining), die Gewinnung von Einsichten in das Besucherverhalten (Web-Usage-Mining) und die Identifizierung von Verweisstrukturen, die über die Website hinausgehen (Web-Structure-Mining).

Data-Mining im Marketing oder institutionalisiertes Gedächtnis

Oft nutzen bereits Unternehmen aus dem klassischen Direktmarketing ein institutionalisiertes Gedächtnis in Form von Datenbanken in Kombination mit intelligenten Verfahren der Datenauswertung – das Data-Mining –, um eine Vielzahl von Mitarbeitern, Kontaktpunkten und Produkten gut zusammenarbeiten zu lassen, um eine vertrauensvolle, profitable und langfristige Beziehung zum Kunden aufzubauen.

Eigendynamik und Feinheiten des Webs

Wichtig ist die genaue Abstimmung, die nicht nur die Eigendynamik und die Feinheiten des Webs berücksichtigt, sondern auch das individuelle Einsatzfeld des Auftraggebers im Visier hat (*http://www.social-media-magazin.de/index.php/heft-nr-2011-1/web-mining.html*).

Data-Mining auf klassischen Datenbeständen

Zur Bestimmung dieser zielgruppengesteuerten Inhalte bieten sich nun, analog zum Data-Mining auf „klassischen" Datenbeständen, Methoden des Web-Mining an. Pragmatisch betrachtet, ist Web-Mining ein zielorientierter Prozess der Selektion, Aufbereitung, Exploration und Modellierung internetbasierter Daten, um unbekannte Zusammenhänge zum Vorteil des eigenen Unternehmens zu entdecken.

Anders als im konventionellen Data-Mining sind in Web-Mining-Projekten meist sehr große Mengen von Onlineprotokolldaten zu erfassen, mit teilweise speziellen Verfahren aufzubereiten und anzureichern sowie oft mit spezifischen Methoden zu analysieren und zu interpretieren. Das grundsätzliche, sehr prozessorientierte Vorgehen im Web-Mining ist aber ebenso identisch mit einem klassischen Data-Mining-Projekt wie die Mehrzahl der eingesetzten Methoden.

Web-Mining ist Mittel zum Zweck

Anders als in der humanistischen Idealphilosophie, wonach man den Menschen immer als Zweck in sich und nie als Mittel zum Zweck sehen sollte, ist bei einem produktiven Einsatz im Unternehmen Web-Mining eine von vielen Säulen und kein Selbstzweck. Web-Mining leistet wertvolle Ansätze zur Erreichung der Unternehmensziele.

13.4 Webkataloge und -verzeichnisse

Ein Webverzeichnis oder -katalog ist ein Linkverzeichnis im Web. Es hat die Funktion, auf andere Webseiten zu verlinken. Den Mehrwert bieten Webverzeichnisse durch die (Sub-)Kategorisierung der Links.

Ein Webverzeichnis ist keine Suchmaschine, da sie bei Suchanfragen Webseiten nicht auf Keyword-Basis ausgibt. Webverzeichnisse spielen im Kontext der Offpage-SEO (siehe Kapitel 16) eine bedeutende Rolle, sodass auf Webdirectories noch mehrfach eingegangen werden wird.

Deutschsprachige Webverzeichnisse

➢ *http://www.Bellnet.de*: Ältester redaktionell bearbeiteter Webkatalog Deutschlands mit ca. 400.000 Einträgen in 15.000 Kategorien – kommerzielle, überregionale Einträge mit einmaligen Kosten.

➢ *http://www.Web.de*: Redaktionell organisiert und kommerziell. Hohe Platzierungen im Verzeichnis sind kostenpflichtig – mit 380.000 hauptsächlich deutschsprachigen Seiten.

➢ *http://www.allesklar.de*: Deutschsprachiger Webkatalog mit über 600.000 Internetadressen mit Ortsbezügen, kostenpflichtige Premium-Einträge, Gratiseinträge möglich.

➢ *http://www.Sharelook.de*: Webkatalog mit Regionalverzeichnissen und Themenverzeichniseinträgen, teilweise kostenpflichtig.

Internationale Verzeichnisse

➢ *http://www.dmoz.de* – Open Directory Project – kostenlos, optionale Registrierung. Gehört Netscape und wird von freiwilligen Entwicklern und Helfern gepflegt, nutzt ein hierarchisch-ontologisches Strukturschema für die Organisation der Links in Gruppen etc., sehr zu empfehlen.

Weitere internationale Verzeichnisse sind:

> *http://www.aboutus.com* – AboutUs
> *http://www.ansearch.com.au/* – Ansearch
> *http://botw.org/* – Best of the Web Directory
> *http://www.joeant.com/* – JoeAnt
> *http://www.stpt.com/* – stpt
> *http://vlib.org/* – World Wide Web Virtual Library (VLIB)

13.5 To-do- und Checkliste

Nachfolgend wird – wie bei jeder Checkliste am Ende des Kapitels – von drei Arbeitsphasen ausgegangen, die jeweils eine Vertiefung der Maßnahmen verkörpern:

> Phase 1: Vergegenwärtigung
> Phase 2: Reflexion
> Phase 3: Potenzialerkennung und Umsetzung

Suchen und Finden im Web – Checkliste	1. Phase	2. Phase	3. Phase
Suchbegriffsanalyse zur eigenen Webpräsenz			
Suchergebnisanalyse zur eigenen Webpräsenz			
Analyse der Präsenz auf populären Suchmaschinen			
Webkataloge und -verzeichnisse einbinden			
Spezielle Suchdienste und Informationsnetzwerke einbinden			

14. Search Engine Advertisement (SEA): optimale Suchmaschinenwerbung für mehr Reichweite der eigenen Webpräsenz

Nun wenden wir uns dem Search Engine Advertisement (SEA) zu. Dazu erörtern wir erst mal kurz die Begrifflichkeiten rund um SEM, SEO, SEA und SMO.

Anschließend weihen wir Sie in die Planungs- und Strategiefindungsprozesse des SEA ein, demonstrieren Ihnen die praktische Anwendung anhand von Google AdWords und stellen Ihnen Strategien für ein erfolgreiches Bid-Management – zur Verwaltung Ihrer Gebote – vor.

14.1 Begriffsabgrenzung SEM, SEA, SEO und SMO

14.1.1 Was ist SEM?

Search Engine Marketing (SEM) ist der Oberbegriff für SEO und SEA. Bevor man eine SEM-Kampagne beginnt, muss man gründlich planen und möglichst präzise seine Strategie formulieren.

Im normalen Sprachgebrauch wird SEM oft als SEA-Ersatz genommen. Das heißt, viele Leute verstehen unter SEM etwas, das wir als SEA ansehen.

Gerade wenn man sich die Begrifflichkeit bewusst macht, erkennt man den Unterschied: SEM wird in diesem Buch als Überbegriff für Suchmaschinenmarketing angesehen, denn im Suchmaschinenmarketing gibt es zwei Formen des Marketings: die organischen Ergebnisse (SEO) sowie die bezahlten Ergebnisse (SEA).

Abb. 127: SEM-Planung.

14.1.2 Was ist SEA?

Mit Search Engine Advertisement (SEA) werden Keyword-basierte Werbe-maßnahmen von Suchmaschinenbetreibern (Google, Yahoo!, Bing, Baidoo, Yandex, MIVA) bezeichnet. Daher kann SEA alternativ auch Keyword-Advertising genannt werden. Dabei werden Textanzeigen oder Ads an da-für vorgesehenen Stellen der SERP platziert (bei Google z. B. rechts und oben). Das heißt, im Unterschied zu organischen – unbezahlten – Treffern handelt es sich bei SEA um bezahlte Werbung.

14.1.3 Was ist SEO?

Search Engine Optimizing (SEO, siehe die Kapitel 15–17) bezieht sich ledig-lich auf die Verbesserung des eigenen Rankings in den organischen Tref-fern in einer Suchmaschine.

SEA vs. SEO

Während also Paid Listings im SEA anzusiedeln sind, dient die SEO der Optimierung des Rankings in organischen Listings. So ist es bei der Optimierung der organischen Listings das Ziel, in der SERP-Liste so weit oben wie möglich gelistet zu werden. Der Weg „nach oben" braucht zwar seine Zeit, ist jedoch als Marketinginvestition eine sehr lohnende Sache, wie alle im Internet derzeit erfolgreichen Beispiele zeigen (z. B. zalando).

Während SEO grundsätzlich auch eigenhändig und relativ kostengünstig zu bewerkstelligen ist, geht es beim SEA um die möglichst vorteilhafte Platzierung der eigenen Angebote oder Marken im Bereich der Sponsored Links bzw. Paid Listings einer Suchergebnisseite, die beim jeweiligen Suchbegriff angezeigt wird.

14.1.4 Was ist SMO?

Als **S**ocial **M**edia **O**ptimization (SMO) bezeichnet man die Optimierung der Präsenz eines Unternehmens oder einer Einzelperson auf Social-Media-Plattformen (siehe Kapitel 12). Zum Kontext der SMO werden wir im Rahmen der Offpage-Optimierung (siehe Kapitel 16) noch weiter eingehen.

Es ergibt sich eine Schnittmenge für SEM, SEA, SEO und SMO, die in der Keyword-Recherche und -Analyse anzusiedeln ist.

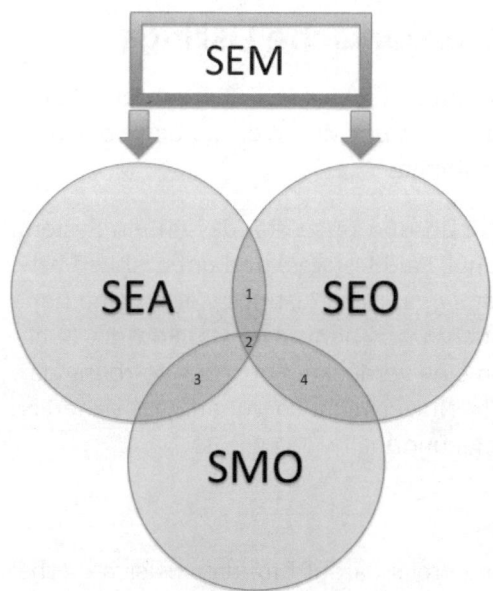

Abb. 128: SEM/SEA/SMO/SEO. 1: organische und bezahlte Ergebnisse, 2: Keywords,
3: Bid-Management, 4: Offpage-Optimierung.

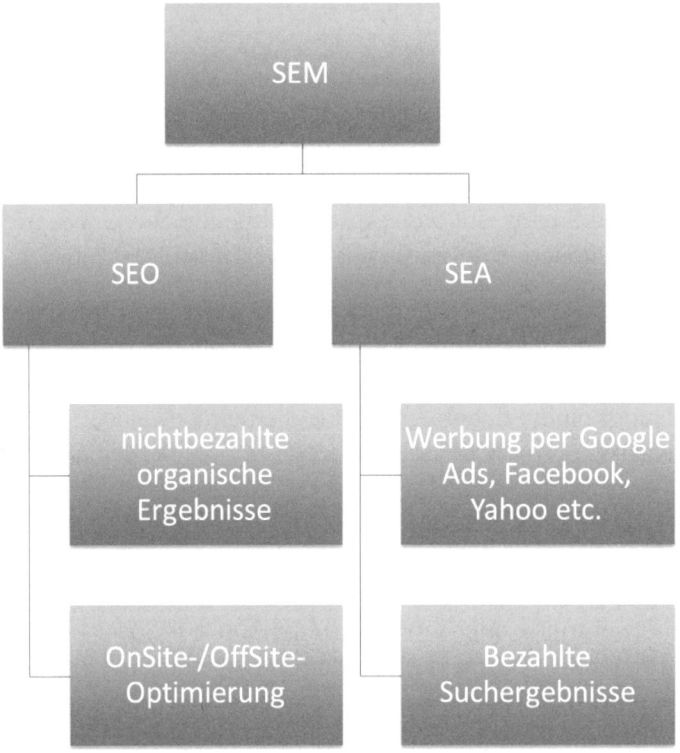

Abb. 129: SEM = SEO + SEA.

14.1.5 Paid Listings vs. organische Listings

Im Anfangsstadium der Suchmaschinenära (in den 90er-Jahren) wurde eine Website umso besser gerankt, je mehr der Website-Betreiber dem Suchmaschinenbetreiber dafür gezahlt hat.

Google wendet dieses System nicht an und nutzt stattdessen ein System, das zwischen bezahlten Listings (engl. Paid Listings) und unbezahlten bzw. organischen Listings unterscheidet. Organische Listings weisen eine hohe Relevanz auf, was gut bei den Suchmaschinennutzern ankommt. Such-maschinenergebnisse, die lediglich eine verdeckte Form der Werbung dar-stellen, kommen naturgemäß beim Nutzer nicht so gut an, was sicherlich der Grund für eine derartige Strategiefindung bei Google ist.

Paid Listings

Der Ausdruck Paid Listings deutet bereits darauf hin, dass es sich hierbei um bezahlte Einträge handelt, die bei den Suchmaschinen von den natür-lichen Ergebnissen einer Suche räumlich getrennt angezeigt werden. Paid

Listings erscheinen bei Google oberhalb und rechts von den organischen Suchergebnissen, wobei Letztere den Hauptteil der Suchergebnisse bilden. Dementsprechend ist es bei der Optimierung der organischen Listings das Ziel, in der SERP-Liste so weit oben wie möglich gelistet zu werden., hierzu erfahren Sie mehr in den SEO-Kapiteln (siehe die Kapitel 15–17).

Paid Inclusion

Eine weitere Möglichkeit, SEM durchzuführen, ist die Paid Inclusion, also die bezahlte Aufnahme eines Eintrags in den Suchmaschinenindex bei einigen kleineren Suchmaschinen. So entsteht Verwirrung dahin gehend, was natürliche Suchergebnisse und was Anzeigen sind. Es ist jedoch bekannt, dass manche Suchmaschinenbenutzer natürliche/organische/nicht bezahlte Ergebnisse gegenüber bezahlten bevorzugen. Daher ist diese Methode eher Geschichte, da sie bei den Usern nicht ankommt.

14.1.6 Herangehensweise bei der Nutzung von SEA

Die drei Majors im Keyword-Advertising

Der weltweit größte Anbieter für die Platzierung solcher kontextbezogen eingeblendeten Werbeanzeigen sind

➢ Google AdWords,

➢ Yahoo!Search Marketing und

➢ Bing (Microsoft Advertising).

Diese haben 98 % des gesamten Marktvolumens in dieser Sparte unter sich aufgeteilt.

Wie sieht das Prozedere für den Werbetreibenden aus?

Bei diesen Anbietern können Kunden

➢ relevante Stichwörter (Keywords) für die Anzeige des eigenen Werbetitels samt Beschreibungstext auswählen,

➢ die Zielseite, auf die Kunden bei einem Klick auf die Werbetafel weitergeleitet werden, definieren und

➢ anschließend mit ihrem Gebot in einem Auktionsverfahren die Höhe des Klickpreises für die Anzeige festlegen.

Realtime-Auktionsverfahren

SEA-Kampagnen sind flexibel und in Echtzeit steuerbar. Über Gebote erfolgt die Ermittlung der Positionen in einem Realtime-Auktionsverfahren. Dabei verursachen sowohl Impressions der Ads (Einblendungen) als CPM Kosten sowie auch Klicks (CPC). SEA gewinnt als Onlinemarketingkanal immer mehr an Bedeutung. Gerade für Einzelpersonen oder kleine und mittelständische Unternehmen bieten individualisierbare Optionen entscheidende Vorteile, um sich gegen die „Großen" zu behaupten.

SEM-Aufgaben

Die SEM-Aufgaben (hierunter fallen SEO- und SEA-Maßnahmen), die auf den Werbetreibenden warten, sind nachfolgend dargestellt.

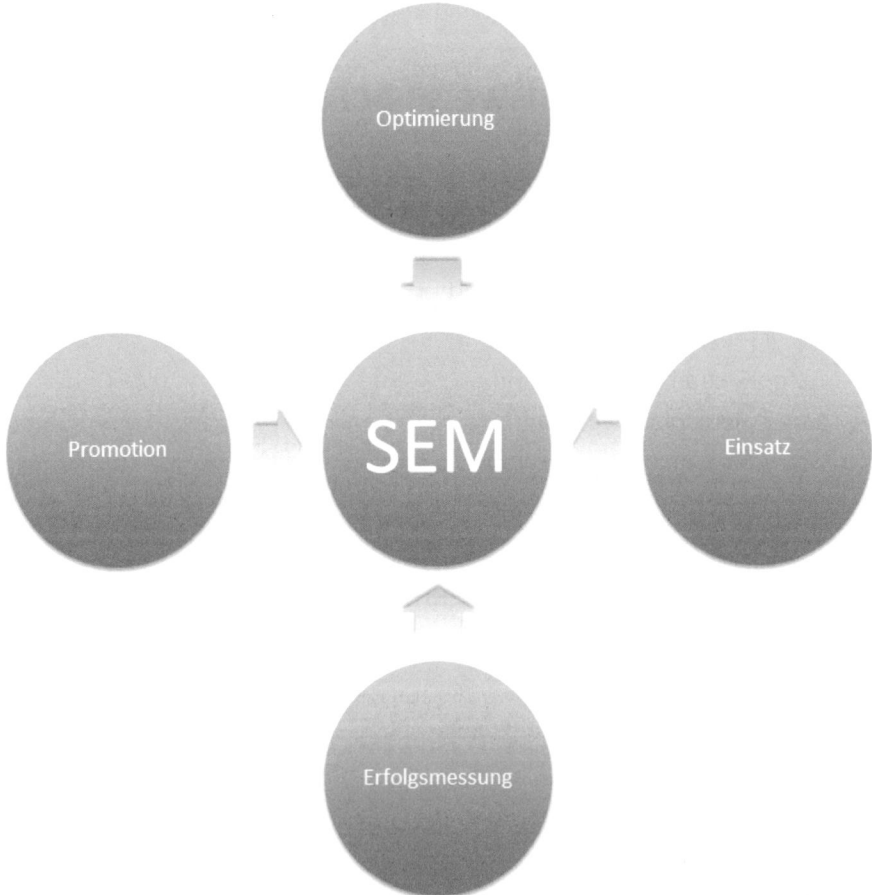

Abb. 130: SEM-Optimierung.

14.1.7 Landing-Page und Relevanzkette

Eine Landing-Page ist eine einzelne Seite, die beim Klick auf eine Anzeige geöffnet wird. Auf dieser sind meist direkt die Produkte zu finden, die im Text-Ad beworben wurden. Auf Landing-Pages wird in den meisten Fällen aus Social Media, E-Mail-Marketing-Kampagnen oder dem SEA gelinkt.

Ihre Relevanzkette für den Google-AdBot?

Es ist von großer Bedeutung, eine zielgenaue Landing-Page zu gestalten. Hierzu muss dem Google-AdBot eine möglichst schlüssige Relevanzkette vorgelegt werden, die wie folgt aussieht:

Keyword → Anzeigengruppe → Anzeigentext → Landing-Page

Die notwendige Qualität dieser Relevanzkette erreicht man am besten, wenn man Keywords in einzelne Anzeigengruppen aufteilt. So werden die Merkmale eines Produkts in Untergruppen aufgeteilt. Bei einer Digital-kameraanzeige beispielsweise sollten verschiedene Modelle der Kamera-marke über einzelne Seiten verfügen, in die die Kunden weitergeleitet werden.

Für den Sucherfolg ist es zudem irrelevant, in welcher Reihenfolge die Keywords von dem Suchenden eingegeben werden. Es ist nur wichtig, dass verwandte Keywords auch vom Anzeigensteller der Liste hinzugefügt werden, wie z. B. „Notebook i7 Asus" statt „Asus Notebook".

14.2 SEA – CPC-Strategie

Bei Keywords mit großer Konkurrenz sind höhere Klickpreise zu zahlen

Entsprechend muss man aber in stark wettbewerbsorientierten Branchen bei vielen Konkurrenten mit höheren Klickpreisen für die stark umworbe-nen Keywords rechnen. Auch kann man bei Google zwar mit höherem Traffic als bei den anderen Anbietern rechnen, dafür kosten die gleichen Suchwörter hier mehr als bei der Konkurrenz. Hat man sich beim Anbieter für eine Anzeigenplatzierung bei einem bestimmten Keyword-Gebot ent-schieden, wird die eigene Anzeige bei korrelierenden Suchbegriffen so-wohl in den Sponsored Links der jeweiligen Suchmaschine als auch bei den Partnerseiten im gesamten Suchnetzwerk des Suchmaschinenbetrei-bers eingeblendet. Bei den Einblendungen in Partnerseiten handelt es sich um eine kontextbezogene Präsentation der Werbeinhalte auf thematisch verwandten Webseiten, unabhängig von den suchergebnisbezogenen Sponsored Links. Man kann jedoch davon ausgehen, dass die Sponsored Links aufgrund höherer Relevanzwerte für die Suchenden mehr Klicks auf sich ziehen als Platzierungen auf den Partnerseiten im Suchnetzwerk des Suchmaschinenbetreibers.

Abb. 131: PPC-Strategie.

Je nach Gebotshöhe steigt die Wahrscheinlichkeit, dass Sie höher gerankt werden

Je nach Gebotshöhe im Rahmen der Auktion kann man die Platzierung der eigenen Anzeige in einem höheren und damit statistisch häufiger angeschauten Bereich der Suchergebnisse vornehmen lassen. Bei höheren

Fremdgeboten auf das gleiche Keyword wandert die Anzeige weiter nach unten bzw. an den Rand der Ergebnisseite.

Qualitätsfaktor bei Google und Bing für das Paid-Listing-Ranking

Bei Google und bei Bing ist allerdings auch ein Qualitätsfaktor der Anzeige von Bedeutung, um deren Ranking in den Paid Listings festzulegen. Für die Definition der Qualität werden die Click-Through-Rate, also die bisherige Klickrate der Anzeige und des Keywords, deren Relevanz, die „Keyword-Leistung" und weitere Kriterien hinzugezogen. Diese Kriterien werden von den Keyword-Advertising-Anbietern nicht transparent gemacht. Dennoch ist davon auszugehen, dass ähnliche Qualitätsanforderungen eine Rolle spielen wie bei SEO, der inhaltliche Bezug der Zielseite zum Keyword und deren Ladezeit zum Beispiel. Daher empfiehlt sich auch beim SEA die vorherige Optimierung der eigenen Präsenz hinsichtlich der Keywords, auf die man bieten möchte, und die Beachtung der Linkrichtlinien von Google.

SEA bietet unbegrenzte Skalierbarkeit

Vor allem folgende Vorteile werden als Argument für SEA vorgebracht: Zunächst einmal zeichnet sich SEA durch zeitliche Unmittelbarkeit der Platzierung von Anzeigen aus. Im Vergleich zu anderen Werbeformen können von der Abgabe eines Keyword-Gebots bis zur Internetveröffentlichung der Anzeige lediglich einige Stunden vergehen. Damit hängt auch eine besondere Flexibilität bei Änderungsbedarf zusammen. Eine neue Anzeige kann ebenso schnell in variierter Form geschaltet werden.

SEA bietet Transparenz

Ein weiterer Vorteil ist die Transparenz. Im Gegensatz beispielsweise zu Print- oder TV-Werbung kann man anhand der Klickauswertung die genaue Zahl an Leads und Sales, also Verkäufen, erfahren. Weiterhin sollte die problemlose Portabilität erwähnt werden. Die Anzeigen können wichtige Informationen über Keywords liefern, die sich für den SEO-Einsatz nutzen lassen. Und schließlich bietet SEA unbegrenzte Skalierbarkeit. Während viele TV- oder Printanzeigen hohe Investitionen erfordern und daher primär für große Firmen infrage kommen, können auch Kleinstunternehmer Keyword-Advertising betreiben.

14.3 Suchmaschinenwerbung mit Google AdWords

Nun stellen wir Ihnen Google AdWords vor und dazu neben einem Interview mit Martin Schirmbacher zu rechtlichen Fragen auch die schrittweise Durchführung einer Google-AdWords-Kampagne.

14.3.1 Was sind Google AdWords?

Google stellt mit seinem AdWords-Produktportfolio einen Dinosaurier im SEA dar. Auf User-Suchanfragen werden zielgenaue Ads als Textwerbung in eigenen Spalten eingeblendet. Google gibt dabei zwei Trefferlisten aus:

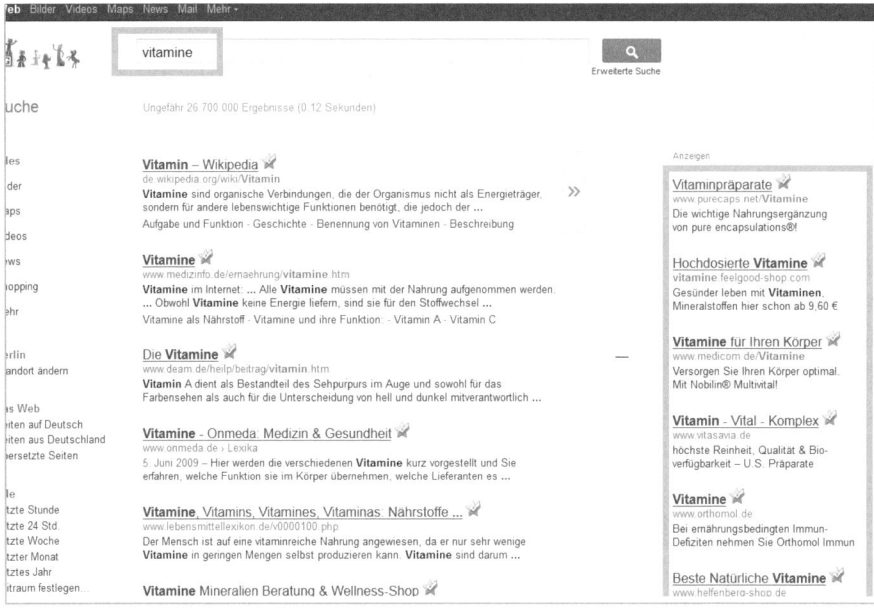

Abb. 132: Google-AdWords-Ausgabe (eingerahmt) zum Suchbegriff Vitamine.

> Herkömmliche Suchergebnisse, die dem Ranking entsprechend gelistet werden.

> Kommerzielle Textanzeigen bzw. AdWords (violett umrahmt), die in der Spalte *Anzeigen* von den herkömmlichen getrennt und kontextuell an die Suchanfrage angelehnt sind. AdWords stellen also eine Technik der Internetwerbung dar, genannt Keyword-Advertising.

Vorzüge der Google-Ads-Werbung

Die Vorzüge dieser Form der Werbung liegen darin, dass der Benutzer schon in der Kategorie der beworbenen Informationen sucht und man ihn so besser „abholen" kann. Der Werbetreibende erscheint also nur dann in der Ergebnisliste, wenn er mit dem Keyword bei Google wirbt, wonach der Anfrager sucht. Der Werbetreibende bestimmt also, bei welchen Anfragen sein Produkt oder seine Dienstleistung erscheinen soll. Die beste Strategie liegt bei Google AdWords also darin, die geeignetsten Keywords auszuwählen.

Wann fallen Kosten an?

Bei der Einblendung eines Ads fallen für den Werbetreibenden keine Kosten an. Klickt ein Nutzer auf das Ad, wird er auf eine Landing-Page weitergeleitet. Jeder Klick kostet. Dieses Vergütungsmodell wird CPC (**C**ost-**p**er-**C**lick) genannt. Auch CPM-Vergütungsmodelle sind möglich.

Die Wahl der Keywords bei Google Ads – Keyword-Spezifizität

Die Klickhäufigkeit der in Google geschalteten Ads und der daraus resultierende Kauf eines Produkts hängt von der Spezifizität des Keywords ab. Beispielsweise bietet ein Schuhgeschäft zum einen ein weit gefasstes Keyword wie „Sportschuhe" und spezifischere Keywords wie „Fußballschuhe in Berlin" an. Es ist davon auszugehen, dass spezifischere Keywords wahrscheinlicher zu einer Conversion führen, weil die Treffgenauigkeit im Vergleich zu parallel oder sequenziell geschalteter Werbung als wesentlich höher wahrgenommen wird. In Kapitel 14.3.4 zeigen wir Ihnen einige Screenshots aus eigenen Kampagnen.

Was ist bei einer hohen Keyword-Spezifizität zu beachten?

Eine hohe Keyword-Spezifizität im SEM bringt zwar eine höhere Conversion-Wahrscheinlichkeit mit sich, aber dafür ist die absolute Anzahl der Klicks relativ niedrig, da sich deutlich weniger Nutzer angesprochen fühlen. Dies bedeutet wiederum, dass man bei einer zu spezifisch angelegten Kampagnenkonzeption Gefahr läuft, unspezifisch suchende Spontankäufer auszuschließen, sodass darauf ein besonderes Augenmerk gerichtet sein sollte.

Google setzt vermehrt auf AdWords-Kampagnen mit lokalem Bezug

Google beabsichtigt, AdWords-Kampagnen in Zukunft möglichst auf allen internetfähigen Endgeräten mit lokalen Ergebnissen und Werbeformaten anzubieten. Dies geht auf die hohe Relevanz lokal bezogener Suchanfragen zurück.

Nutzen Sie die Standorterweiterungen von AdWords-Anzeigeformaten

Die Nutzung des spezifischen Standorts eines Empfängers von Werbebotschaften kann auf unterschiedlichste Weise erfolgen. Eine Form der zusätzlichen Informationsbereitstellung bieten die Standorterweiterungen von AdWords-Anzeigeformaten, bei denen zusätzlich die Adresse des Werbenden erscheint. Diese Zusatzinformation kann sowohl in den normalen Suchergebnissen wie auch bei Google Maps eingeblendet werden.

Dies hilft beispielsweise beim Finden von Filialen eines Anbieters, aber ebenso kann der Google Store Locator als integraler Bestandteil von AdWords-Inseraten dabei behilflich sein. Dieser zeigt beim Auftauchen der Anzeige innerhalb der drei ersten Positionen neben dieser ein zusätzliches Plussymbol an. Darüber kann beim Aufklappen des verbundenen Menüs ein Kartenausschnitt mit der Angabe der nächsten Geschäftsfilialen erfolgen.

Google Boost bzw. Google AdWord Express

Ein lokaler Dienst für Geschäftsanfänger auch ohne eigene Webseite ist beispielsweise Google Boost bzw. Google AdWord Express. Für die Aufnahme der eigenen Anzeige in die Google-Suche und Google Maps genügt lediglich ein Eintrag in Google Places, ein monatliches Budget von mindestens 50 Dollar und die Eingabe eines eigenen Anzeigentexts. Zurzeit wird dieser Dienst jedoch erst in einigen amerikanischen Städten erprobt.

AdSitelinks

Eine weitere lokale Erweiterung sind AdSitelinks, also die Möglichkeit, bei AdWords-Werbeflächen zusätzlich zum Link auf die Hauptzielseite des Anbieters bis zu zehn Links mit weiterem Content auf der beworbenen Website hinzuzufügen. Diese Funktion gibt es schon lange für die organischen Suchergebnisse bei Google, mittlerweile ist es aber auch bei den Suche-assoziierten Werbeformaten möglich, mittels flexibel abänderbaren

Zusatzlinks auf saisonale Angebote oder bestimmte Produktkategorien aufmerksam zu machen.

Markenrechtlich geschützte Keywords

Anbieter von Produkten oder Dienstleistungen können online bei Internetsuchmaschinen Anzeigen schalten, die bei der Sucheingabe eines bestimmten Schlüsselwort (Keyword) angezeigt werden. Wird bei der Schaltung einer Werbeanzeige bei einem Keyword-Advertising-Anbieter wie beispielsweise Google AdWords die geschützte Marke eines Mitbewerbers als Keyword genutzt, müssen zum Zweck der Legalität diverse rechtliche Anforderungen erfüllt werden. Wie der Bundesgerichtshof in einem Urteil vom 13. Januar 2011 (Az.: I ZR 125/07) festgelegt hat, ist eine solche Verwendung markenrechtlich geschützter Keywords durch Dritte laut Albrecht[1] nur dann zulässig, wenn

1. die AdWords-Anzeige ausdrücklich als Anzeige gekennzeichnet ist und sich von der Trefferliste der Suchergebnisse deutlich abhebt sowie

2. in der AdWords-Anzeige selbst die geschützte Marke nicht enthalten ist, während der Domainname des Werbenden innerhalb oder unterhalb der Werbeanzeige klar sichtbar erscheinen muss.

Verwendung markenrechtlich geschützter Keywords als Metatags

Ausdrücklich verboten bleibt, so weiterhin Albrecht[2], nach einem älteren Bundesgerichtshofsurteil jedoch die Verwendung markenrechtlich geschützter Keywords als Metatags oder auch in „Weiß-auf-Weiß-Schrift" auf der eigenen Webseite, da so bei Internetsuchmaschinen nach diesen Schlüsselwörtern Suchende den Werbenden irrtümlicherweise mit dem Markenhalter verwechseln könnten. Auch für die Nutzung von fremden Unternehmenskennzeichen wie Firmennamen, einprägsamen Bestandteilen von Firmennamen oder Internetdomains gilt: Zulässig ist die Verwendung von Unternehmenskennzeichen als Keyword beim Keyword-Advertising nur dann, wenn die AdWords-Anzeige ausdrücklich als Anzeige gekennzeichnet ist und sich von der Trefferliste der Suchergebnisse deutlich unterscheidet sowie die Anzeige selbst das Unternehmenskennzeichen nicht enthält. Ebenso muss bei der Buchung eines Teils einer ge-

---

1 Albrecht, R. (2011): Werbeanzeigen in Suchmaschinen – Regelungen des Marken- und Wettbewerbsrechts beachten. E-Strategy – Das Webmagazin 09/11.
2 Albrecht, R. (2011): Werbeanzeigen in Suchmaschinen -Regelungen des Marken- und Wettbewerbsrechts beachten. E-Strategy – Das Webmagazin 09/11.

schützten Marke, die nur eine beschreibende Angabe enthält, als Keyword zum Marketing in Suchmaschinen die Anzeige als solche klar erkennbar sein und die Beschreibung in der Anzeige selbst nicht auftauchen.

Bleiben Sie immer bei der Wahrheit

Generell gilt, auch bei der Schaltung von Werbeanzeigen im Internet, dass deren Inhalte richtig sein müssen und keine „dreisten Lügen" enthalten dürfen, da sich der Werbende ansonsten der Irreführung strafbar macht. Diesbezügliches Fehlverhalten wurde beispielsweise bei Onlinewerbenden beanstandet, die den über einen Stern gekennzeichneten Preis für eine telefonische Dienstleistung erst auf der Startseite ihres Internetshops angegeben hatten.

14.3.2 Interview mit Martin Schirmbacher – Rechtsanwalt mit Spezialisierung auf den Medien- und Technologiebereich der Kanzlei HÄRTING Rechtsanwälte

Dr. Martin Schirmbacher ist Rechtsanwalt in der auf die Beratung von Mandanten aus dem Medien- und Technologiebereich spezialisierten Kanzlei HÄRTING Rechtsanwälte. Er ist seit 2008 Fachanwalt für Informationstechnologierecht und nahezu ausschließlich mit der Beratung und Vertretung von Mandanten aus dem IT- und E-Commerce-Umfeld befasst. Dabei berät er sowohl Softwareunternehmen als auch Onlineshops und Internetportale. Ein Schwerpunkt seiner Tätigkeit ist der Bereich des Onlinemarketings. Im Jahr 2010 ist sein Buch „Online Marketing und Recht" im mitp-Verlag erschienen.

Alpar: Hallo Martin. Was gibt es denn bei SEA-Bemühungen zu beachten? Wo gibt es rechtliche Stolperfallen oder Dinge, über die man lieber zweimal nachdenken sollte, bevor man sie macht?

Schirmbacher: Zunächst muss man zwei Sachen unterscheiden: Ich habe eine, wenn auch kleine, Werbeanzeige, die ich bei Google buche und bei der ich inhaltlich frei bin, was dort erscheinen soll. Diese Werbeanzeige muss sich natürlich an Recht und Gesetz halten. Die andere Sache, wegen der das Suchmaschinenmarketing mit AdWords Gegenstand vieler Gerichtsentscheidungen in der letzten Zeit war, ist die Frage, ob ich womöglich Rechte anderer verletze. Denkbar ist das vor allem bei Markenrechten, insbesondere wenn ich die Marke einen Konkurrenten in der Anzeige oder als Keyword benutze.

Abb. 133: Dr. Martin Schirmbacher – Rechtsanwalt mit Spezialisierung auf Medien- und Technologiebereich der Kanzlei HÄRTING Rechtsanwälte.

Alpar: Gehen wir zuerst mal in die Anzeigentexte. Was sind denn da die typischen Don'ts? Die Dos sind ja relativ breit gestreut.

Schirmbacher: Hauptsächlich muss man sich, bevor man die Anzeige live schaltet, überlegen, ob man einen solchen Anzeigentext auch verwenden würde, wenn er bei einem selbst auf der Website wäre oder wenn er im Printwerbebereich erscheinen würde. Das heißt, die Anforderungen, die offline gelten, gelten natürlich auch für die AdWords-Anzeigen.

Die Grundüberlegung ist also gleich, egal ob offline, auf der eigenen Website oder in einer AdWords-Anzeige. Unlauterer Wettbewerb oder die Beleidigung eines anderen ist auch in einer Google-Anzeige unzulässig. Insofern sind das Dinge, die man als Unternehmen in der täglichen Praxis ohnehin zu berücksichtigen hat – letztlich also nichts Besonderes.

Dann geht es schon sehr in die Einzelheiten und in speziellen Bereiche hinein: Wer zum Beispiel in der Google-Anzeige eine Hotline bewerben möchte, muss nach einer Gerichtsentscheidung sagen, wie teuer ein Anruf ist und auch wie viel der Anruf aus dem Mobilfunknetz kostet.

Hier gibt es immer wieder spezielle Bereiche, wobei es schwierig ist, alle einzeln zu benennen. Oft ist das aber Spezialwissen, das die betroffenen Unternehmen oder deren Berater ohnehin haben.

Alpar: Da gilt im Prinzip auch wieder das Gleiche, das du schon zuvor gesagt hast, dass man online rechtlich das Gleiche berücksichtigen muss wie offline.

Schirmbacher: Ja, das ist so. Es gibt natürlich ein paar Besonderheiten, die dadurch entstehen, dass der mögliche Text so kurz ist. Das habe ich ja schon am Beispiel mit der Bewerbung einer Hotline angesprochen. Wenn man das konsequent zu Ende denkt und wenn man die Gerichtsentscheidungen, die dazu ergangen sind, für richtig hält, muss man sagen, dass kostenpflichtige Hotlines mit AdWords nicht direkt beworben werden dürfen. Das sind dann schon Besonderheiten, die sich aus der AdWords-Werbung ergeben und vor allem daher rühren, dass die Anzeigentexte so kurz sind.

Alpar: Das heißt, dann besteht nur die Möglichkeit, für eine Webseite zu werben, auf der die Hotline mit allen Details schon genannt ist? Das wäre dann natürlich gefühlt ein Umweg.

Schirmbacher: Genau so ist das.

Alpar: Meinst du, dass viele Leute vermuten, dass Offlineregeln online nicht gelten würden? Oder warum schreibt man sonst in einer Anzeige, dass man der Größte und Schönste sei, obwohl man das offline nie machen würde? Warum ist es so, dass sich Menschen in dieser Hinsicht aus irgendeinem Grund verschätzen?

Schirmbacher: Eine gute Frage, auf die ich gar keine so richtige Antwort weiß. Es ist so, dass des Öfteren Mandanten zu mir kommen, bei denen genau das aufgetreten ist. Da wird zum Teil mit den schillerndsten Begriffen geworben. Ein Beispiel: „Wir sind Deutschlands größter App-Anbieter." Es stellte sich dann heraus, dass die werbende Sofwareschmiede gar keine echten Apps produziert hat, sondern nur Verlinkungen auf mobiloptimierte Websites. Das hätten sie wahrscheinlich nicht gemacht, wenn es um eine Anzeige in der FAZ gegangen wäre. Man kann nur spekulieren, warum das so ist. Oft höre ich, dass die Werbemaßnahme für eine bestimmte Zeit geplant war oder dass nur wenige Target-Kunden beworben werden sollten und die Kampagne eigentlich so ausgesteuert war, dass nur diese die Werbung sehen sollten. Man muss sich aber klarmachen, dass der Wettbewerb nicht schläft. Gerade im Internet ist eine noch höhere Visibilität vorhanden als im Printbereich.

Alpar: Kommt das daher, dass es auch von Dienstleistern wie etwa einer Agentur gemacht wird? Passieren diese Unfälle auch, wenn es durch eine Agentur gemacht wird, oder ist dort das Wissen eher vorhanden? Kann man also sagen: „Ich gehe zu einer Agentur. Die verursachen zwar höhere Kosten, aber verbocken dafür auch von rechtlicher Seite nichts." Ist das ein Zusammenhang, den man herstellen kann?

Schirmbacher: Da gibt es von mir beide Beobachtungen; beide Szenarien, die du geschildert hast, sind im Prinzip möglich. Einerseits eben, dass die Agenturen warnend eingreifen, indem sie sagen: „Passt auf, Leute, so können wir das wohl nicht machen." Andererseits gibt es aber auch Fälle, in denen Agenturen die Grenzen des rechtlich Zulässigen ausloten. Besonders oft ist das bei Vereinbarung einer erfolgsabhängigen Vergütung der Fall. Dann werden womöglich Dinge vorgeschlagen, die der Kunde abnickt. Bisweilen wird der Kunde auch überhaupt nicht gefragt. Das sind natürlich Dinge, die nicht State-of-the-Art sind. Andererseits besteht bei den Kunden oft Spezialwissen. Ein Beispiel: Für Versandapotheken gelten strenge Regeln, was die Werbung betrifft. Hier sollte man der Agentur ohne genaue Vorgaben nicht einfach sagen, dass sie mal Werbung machen soll. Der Kunde kann nicht erwarten, dass die Agentur über rechtliches Spezialwissen verfügt. Es ist stets zu empfehlen, mit dem Dienstleister darüber zu sprechen, wer genau für die rechtliche Komponente verantwortlich ist. Dann ist jedenfalls adressiert, wer eine rechtliche Prüfung, wenn sie denn nötig ist, vornimmt oder in Auftrag gibt.

Alpar: Kommen wir nun zu der anderen Seite. Was gibt es denn für Stolperfallen im Bereich Keywords? Was geht da gar nicht?

Schirmbacher: In den vergangenen Jahren gab es in Deutschland, aber natürlich auch europaweit und in Amerika, unendlich viele Entscheidungen zu der Kernfrage: „Darf ich die Marke eines Konkurrenten als Keyword buchen, wenn ich möchte, dass meine Anzeige eingeblendet wird?" Ein Standardbeispiel wäre also: Darf Mercedes hergehen und „BMW" als Keyword buchen, um seine Mercedes-Produkte aufmerksam zu machen? Das ist eigentlich die Hauptfrage, um die sich Werbetreibende und Markeninhaber nun seit Jahren streiten.

Alpar: Und was ist die Antwort?

Es hat eine ganze Reihe von Entscheidungen des Europäischen Gerichtshofs gegeben. Alle, auch die Juristen, hatten gehofft, dass nun endlich Klarheit darüber herrscht, was man darf und was man nicht darf.

Der entscheidende Satz des EuGH lautet: „Der Inhaber einer Marke darf es einem Werbenden verbieten, auf ein mit dieser Marke identisches Schlüsselwort, das von diesem Werbenden ohne seine Zustimmung im Rahmen eines Internetreferenzierungsdiensts ausgewählt wurde, für Waren oder Dienstleistungen, die mit den von der Marke erfassten identisch sind, zu werben, wenn aus dieser Werbung für einen Durchschnittsinternetnutzer nicht oder nur schwer zu erkennen ist, ob die in der Anzeige beworbenen Waren oder Dienstleistungen von dem Inhaber der Marke oder einem mit ihm wirtschaftlich verbundenen Unternehmen oder vielmehr von einem Dritten stammen.“

Niemand weiß nun genau, was das für die Praxis bedeutet. Nur in wenigen Punkten herrscht wirklich Klarheit. Zu den Don'ts gehört vor allem die Verwendung der Marke auch in der Anzeige, besonders wenn der Eindruck erweckt wird, der Werbende gehöre in irgendeiner Weise mit dem Markeninhaber zusammen. Ein klares No-go ist also die Nutzung einer Marke in der Anzeige durch einen Onlineshop, der diesen Brand gar nicht im Angebot hat.

Alpar: Aber die Marken, die man als Shop führt, darf man ganz normal bewerben?

Schirmbacher: Richtig. Das ist ein klares Do. Eine Marke, die man selbst im Portfolio hat, die darf man auch in AdWords-Anzeigen verwenden – es sei denn, es gibt eine klare Absprache mit dem Hersteller bzw. dem Markeninhaber, die sich womöglich aus dem Vertriebsvertrag ergibt, dass AdWords kein zulässiges Werbemittel sind. Das ist schon wieder eine Feinheit, für die man in die vertraglichen Beziehungen mit dem Lieferanten reinschauen müsste. Hier sollte man im Vorfeld mit dem Lieferanten abklären, ob SEM betrieben werden darf oder nicht.

Alpar: Gibt es andere gefährliche Gefilde außer Marken?

Schirmbacher: Ein bisschen ein Schattendasein führt das Namensrecht. Aber letztlich gelten auch für die Namen von Konkurrenten die gleichen Regeln wie für eine Marke. Der Name „HÄRTING Rechtsanwälte“ meiner Kanzlei ist zum Beispiel nicht als Marke geschützt. Gleichwohl darf ein Konkurrent unseren Namen nicht im Anzeigentext verwenden.

Auch das Wettbewerbsrecht spielt eine Rolle, also zum Beispiel die Frage, ob es unlauterer Wettbewerb ist, wenn ich mich an den guten Ruf eines anderen ranhänge. Da kommen wir dann aber schon in die Einzelheiten.

Alpar: Das sind dann eher Details, die nicht für jeden infrage kommen.

Schirmbacher: Genau. Hier muss man wirklich im Einzelfall schauen. Hat man aber ein gewisses Bewusstsein dafür, merkt man schon, wenn es ein Graubereich ist. Da fragt man dann lieber seinen Anwalt, ob man das so machen darf oder nicht. Und setzt seine Kampagne dann fort oder eben auch nicht. Wichtig ist aber, dass in den Marketingabteilungen und Agenturen ein solches Bewusstsein besteht. Daran fehlt es zum Teil.

Alpar: Gibt es denn eigentlich besondere Branchen, die für solche Themen anfällig sind? Ist das gerade der Onlinehandel, oder wo kommen die meisten rechtlichen Auseinandersetzungen im Bereich Suchmaschinenmarketing vor?

Schirmbacher: Eine klare Branchenzuordnung sehe ich nicht. Es ist klar, dass in Branchen, die am heißesten umkämpft sind, am meisten probiert wird und dann auch die meisten Urteile erstritten werden. Zum Beispiel spielte ein Teil der relevanten Entscheidungen des Bundesgerichtshofs im Erotikbereich, der sehr umkämpft ist. Man beobachtet oft, dass Unternehmen, die ohnehin verstritten sind, für einen Großteil der Gerichtsentscheidungen verantwortlich sind, weil sie sich wechselseitig mit Klagen überzogen haben. Eine klare Branchenzuordnung kann man aber nicht vornehmen, nein. Dass der Onlinehandel insgesamt besonders betroffen ist, liegt natürlich auf der Hand, weil die sich auch einfach ein bisschen besser auskennen und bereit sind, die Grenzen zu testen. Die Rechtsprechung geht aber mehr oder weniger quer durch alle Branchen.

Alpar: Wenn man sich selbst kundig machen möchte, wer ist dann der erste Anlaufpunkt? Ist das schon der Anwalt, oder gibt es gute Onlinequellen?

Schirmbacher: Die Rechtsprechung ist inzwischen so diffizil geworden, dass es den One-Size-fits-all-Überblick nicht (mehr) gibt. Auf meiner Website *online-marketing-recht.de* steht die aktuelle Rechtsprechung meist weitestgehend zur Verfügung. Dort kann man sich informieren, und dort gibt es auch einen Überblick. Ansonsten ist der Gang zum Anwalt oder zur eigenen Rechtsabteilung angeraten. Gerade wenn man sich von dem Weiß und Schwarz entfernt und irgendwo den Graubereich austesten möchte.

Alpar: Vielen Dank für das Interview.

Schirmbacher: Gern.

14.3.3 Schrittweise eine Google-AdWords-Kampagne durchführen

Sobald Sie ein Google-AdWords-Account angelegt haben, können Sie loslegen. Das Besondere an Google AdWords ist, dass Sie sowohl zahlen können, wenn Google Ihre Anzeige lediglich anzeigt (CPM), als auch dann, wenn auf diese geklickt wird.

Google-AdWords-Produktpalette

Werbetreibende kaufen Ads auf Basis von Keywords. Auch besteht die Möglichkeit, bei Suchpartnern von Google wie z. B. AOL, ask.com, Netscape und dem Content-Netzwerk aus dem AdSense-Programm die Ads (Google AdWords) zu schalten.

Sie können genau bestimmen, wie viel Sie für eine AdWords-Kampagne zu investieren bereit sind. Sie können beispielsweise das Maximum für Ihr Gesamtbudget oder die Gebühr pro Klick bestimmen, sodass Sie von vornherein ein Limit setzen können.

AdWords bietet ein

➢ Starter-Paket und

➢ ein Standard-Paket.

Google-AdWords-Starter-Paket

Das Starter-Programm ist am besten geeignet für Interneteinsteiger und solche, die Werbung nur für ein Produkt oder eine Dienstleistung betreiben möchten. Ein Upgrade auf die Standard-Version ist jederzeit möglich.

Google-AdWords-Standard-Paket

Das Standard-Paket bietet detaillierte Bid-Optionen (siehe Kapitel 14.4) – die Möglichkeit, multiple Kampagnen zu führen, Conversion-Tracking (siehe Kapitel 21) zu betreiben etc.

Keywords in AdWords

Jede AdWords-Kampagne ist gekoppelt an Keywords. Jede Eingabe eines Keywords seitens eines Benutzers bei einer Suchanfrage löst die Schaltung eines Ads aus bzw. „triggert" sie.

Woraus bestehen Ads bei Google AdWords?

Jedes Ad besteht aus drei Zeilen Text, wobei in der ersten Zeile der Ad-Titel (aus max. 25 Zeichen bestehend) enthalten ist. Zwei weitere Zeilen (aus je 35 Zeichen bestehend) beschreiben das Ad, und in einer weiteren Zeile ist die Webadresse eingetragen, mit der das Ad verlinkt ist. Das Design von Ads stellt eine Wissenschaft für sich dar. Üben Sie sich in der Kunst, indem Sie verschiedene Möglichkeiten testen und die unterschiedlichen Performances mithilfe von Monitoring-Werkzeugen erfassen.

Erster Schritt bei Google AdWords

In einem ersten Schritt werden die Zielkunden und die Zielregion für die Kampagne festgelegt, indem die jeweiligen Sprachen und Orte ausgewählt werden. Die Zielregion kann sehr detailliert bestimmt werden, man kann auch lediglich einzelne Städte in die engere Wahl ziehen. So können beispielsweise Gebiete, in denen die Konkurrenz ohnehin entscheidenden Erfolg hat, von der Bewerbung ausgeschlossen werden. Somit können unnötige Werbeleistungen vermieden und mögliche Gegenreaktionen ausgesperrt werden.

Verfassen der Ads und Split-Testing

Nachdem dies geschehen ist, wird die Anzeige verfasst. Nach Möglichkeit sollten mindestens zwei Anzeigen erstellt werden, da dadurch festgestellt werden kann, welche Anzeigen bzw. Anzeigentexte eher angeklickt werden. Das Prinzip nennt sich Split-Testing. Die Performance beider Varianten sollte laufend beobachtet werden, und es sollte sich je nach Suchbegriff bzw. Suchhäufigkeit nach kurzer Zeit ein Favorit abzeichnen. Die Klickrate der schwächeren Anzeige bzw. Anzeigen sollte durch schrittweise Änderungen optimiert werden, die Änderungen sollten dabei im besten Fall in einem Excel-Sheet dokumentiert werden.

Beschränktes Platzangebot

Die Anzeige sollte aufgrund des beschränkten Platzangebots kurz gehalten werden. Allzu verzierte Ausdrücke und Superlative sollten vermieden werden, da diese einen unseriösen Eindruck erwecken können beim Kunden. Bei Verwendung von Superlativen müssen diese nach Google-AdWords-Richtlinien nachgewiesen werden.

Die Anzeige sollte mit folgendem Inhalt gefüllt sein: In der Überschrift steht grob der Vorteil des Kunden, in der ersten Zeile wird dieser Vorteil erweitert beschrieben bzw. konkretisiert, und in der zweiten Zeile wird das Feature bzw. die Besonderheit dieses Produkts erwähnt.

Keyword-Zuweisung an Ads

Nun werden den Anzeigen Keywords zugewiesen, bei deren Eingabe die Werbung geschaltet wird. Diese werden in dem Google-Keyword-Tool im jeweiligen AdWords-Account eingegeben, und man erhält hier bereits recht gute Anhaltspunkte für weitere Suchbegriffe und das jeweilige Suchvolumen. Bei der Festlegung ist es sehr wichtig, möglichst treffende und spezifische Suchbegriffe zu verwenden. Beispielsweise wäre es bei einem Tennisartikel zu allgemein, den Suchbegriff „Tennis" zu wählen, da Ihre Anzeige in dem Fall nicht in die engere Auswahl gelangen würde. Idealerweise sollte das Keyword sowohl in der Überschrift als auch in dem Anzeigentext enthalten sein. Wenn der Suchbegriff auch in der Anzeigen-URL verwendet wird, hat es den Vorteil, dass diese Begriffe bei der Suche fett markiert werden und somit sich noch deutlicher vom Rest der Anzeigen abheben.

Anzahl der Keywords

Die Anzahl der Keywords sollte pro Anzeige möglichst überschaubar gehalten werden. Zudem gibt es verschiedene Keyword-Optionen: Bei

➢ „Broad Match" handelt es sich um weitgehend passende Keywords,

➢ „Phrase Match" liegt vor bei passenden Keywords,

➢ „Exact Match" bei genau passenden Keywords und

➢ „Negative Match" bei ausschließenden Keywords.

Bei der Vergabe der Keywords sollten daher immer möglichst alle Varianten sowie einige ausschließende Keywords hinterlegt werden. Dadurch erhält man sehr gute Informationen über das Suchverhalten der Kunden bzw. Interessenten und kann in der Folge die Kampagne noch besser ausrichten bzw. optimieren.

Budget für die Kampagne

Abschließend muss ein Budget für die Kampagne vergeben werden, die Empfehlungen von Google dazu sind nicht unbedingt zu beachten. Zu Beginn sollte ein begrenzter Zeitraum von beispielsweise vier Wochen mit einem fixen Budget ausprobiert werden. Somit kann am Ende der Erfolg der Kampagne sehr gut ausgewertet und anschließend entschieden werden, ob man mit diesem Budget fortfahren will oder nicht. Durch zielgerichtete Anzeigen kann man das Budget so niedrig wie möglich halten, da auch Google dem Suchenden möglichst treffende Anzeigen präsentieren möchte und diese wiederum durch günstigere Klickpreise und bessere Platzierungen für den Anzeigensteller belohnt wird.

14.3.4 Google-AdWords-Praxisbeispiele

Nachfolgend sehen Sie einige Screenshots von eigenen Google-AdWords-Kampagnen. Interessant ist hier zu sehen, dass wir drei Anzeigengruppen geschaltet haben. Aus eigener Erfahrung kann man empfehlen, immer mehrere Anzeigengruppen innerhalb einer Kampagne zu starten, damit man passende Keyword-Sets gruppieren und so besser optimieren sowie monitoren kann.

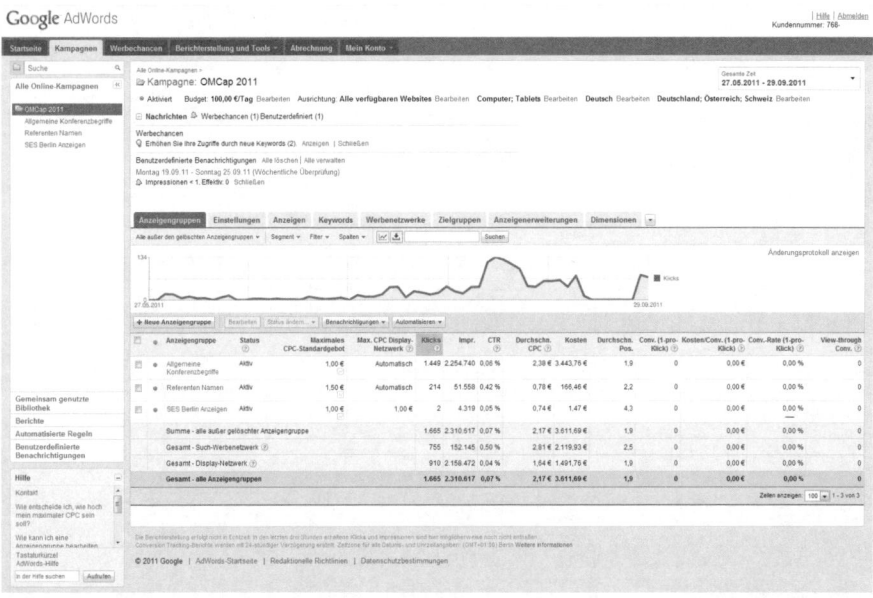

Abb. 134: Google-AdWords-Kampagnenverwaltung I.

Hier ist ein schöner Überblick über die eingebuchten Keywords aus der entsprechenden Anzeigengruppe gegeben.

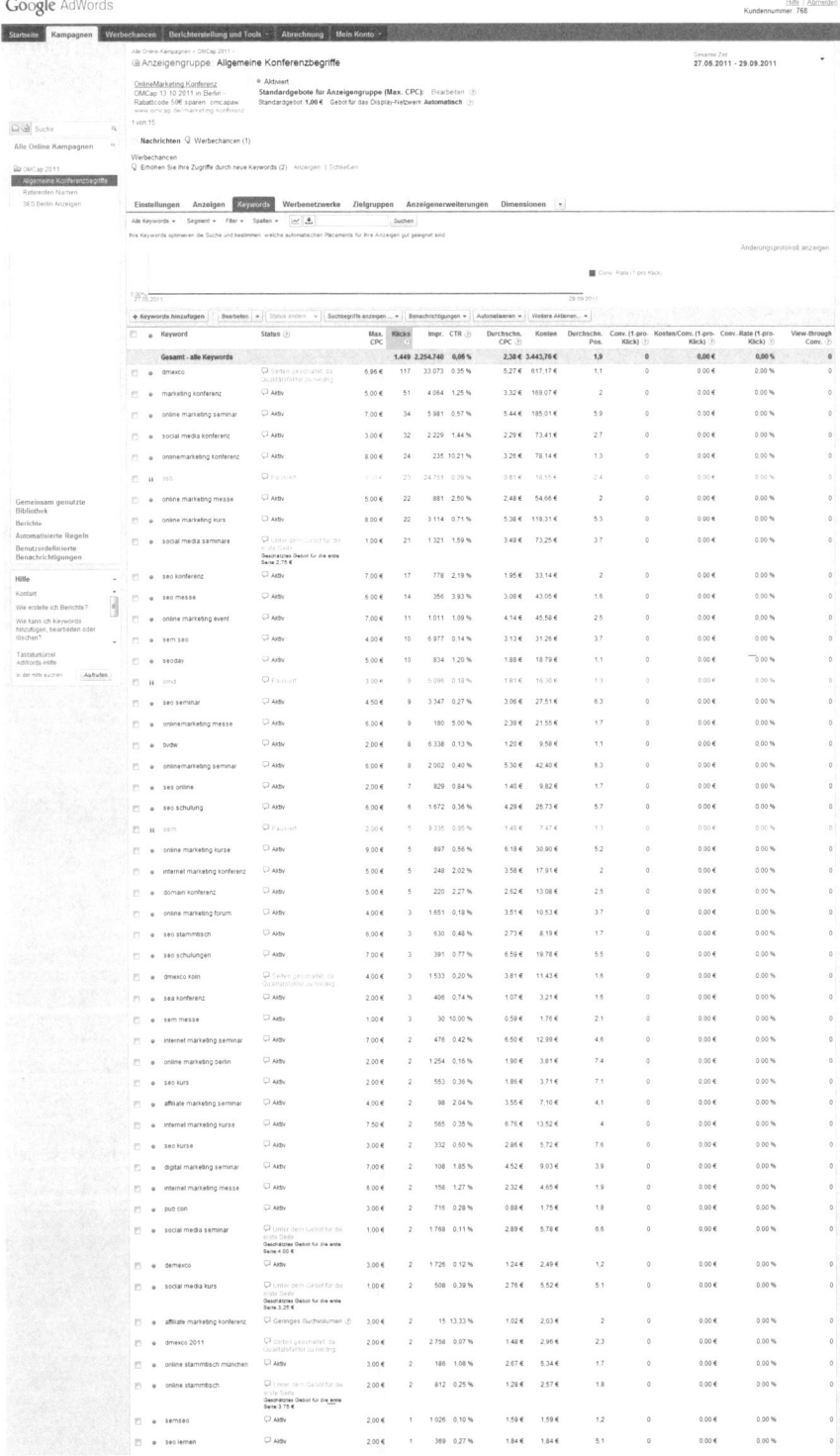

Keyword	Status	Max. CPC	Klicks	Impr.	CTR	Durchschn. CPC	Kosten	Durchschn. Pos.	Konv.	Kosten/Konv.	Konv.-Rate	Konv.
Bundesverband Digitale Wirtschaft	Aktiv	2,00 €	1	288	0,35 %	1,84 €	1,84 €	1	0	0,00 €	0,00 %	0
sem seminar	Aktiv	5,00 €	1	524	0,19 %	2,84 €	2,84 €	4,7	0	0,00 €	0,00 %	0
ses chicago	Aktiv	3,00 €	1	437	0,23 %	0,80 €	0,80 €	1,5	0	0,00 €	0,00 %	0
onlinemarketing kurs	Aktiv	8,00 €	1	311	0,32 %	7,75 €	7,75 €	3,5	0	0,00 €	0,00 %	0
smx new york	Aktiv	1,00 €	1	69	1,45 %	0,80 €	0,80 €	1,2	0	0,00 €	0,00 %	0
seo vortrag	Aktiv	6,00 €	1	148	0,68 %	5,36 €	5,36 €	2,2	0	0,00 €	0,00 %	0
sea seminar	Aktiv	1,00 €	1	224	0,45 %	0,80 €	0,80 €	4,7	0	0,00 €	0,00 %	0
[dmexco]	Gelöscht	–	1	883	0,11 %	4,00 €	4,00 €	1	0	0,00 €	0,00 %	0
socialmedia seminar	Unter dem Gebot für die erste Seite – Geschätztes Gebot für die erste Seite 3,25 €	3,00 €	1	429	0,23 %	2,89 €	2,89 €	7,7	0	0,00 €	0,00 %	0
online stammtisch berlin	Aktiv	3,00 €	1	179	0,56 %	0,80 €	0,80 €	1,3	0	0,00 €	0,00 %	0
sea messe	Aktiv	2,00 €	1	416	0,24 %	1,85 €	1,85 €	2,1	0	0,00 €	0,00 %	0
seo speaker	Aktiv	3,00 €	0	32	0,00 %	0,00 €	0,00 €	2,2	0	0,00 €	0,00 %	0
cox	Pausiert	1,00 €	0	969	0,00 %	0,00 €	0,00 €	1,3	0	0,00 €	0,00 %	0
affiliate summit	Aktiv	4,00 €	0	324	0,00 %	0,00 €	0,00 €	1,4	0	0,00 €	0,00 %	0
ses london	Aktiv	2,00 €	0	250	0,00 %	0,00 €	0,00 €	1,9	0	0,00 €	0,00 %	0
seosem	Aktiv	1,00 €	0	54	0,00 %	0,00 €	0,00 €	1,6	0	0,00 €	0,00 %	0
ses new york	Aktiv	2,00 €	0	74	0,00 %	0,00 €	0,00 €	1,3	0	0,00 €	0,00 %	0
seo treffen	Aktiv	5,00 €	0	39	0,00 %	0,00 €	0,00 €	2,4	0	0,00 €	0,00 %	0
sem networking	Aktiv	1,00 €	0	16	0,00 %	0,00 €	0,00 €	3	0	0,00 €	0,00 %	0
internet marketing kurs	Unter dem Gebot für die erste Seite – Geschätztes Gebot für die erste Seite 3,25 €	3,00 €	0	274	0,00 %	0,00 €	0,00 €	6,2	0	0,00 €	0,00 %	0
suchmaschinenoptimierung kurs	Unter dem Gebot für die erste Seite – Geschätztes Gebot für die erste Seite 2,25 €	2,00 €	0	41	0,00 %	0,00 €	0,00 €	8	0	0,00 €	0,00 %	0
suchmaschinenoptimierung kurse	Unter dem Gebot für die erste Seite – Geschätztes Gebot für die erste Seite 3,50 €	3,00 €	0	98	0,00 %	0,00 €	0,00 €	7,7	0	0,00 €	0,00 %	0
seo meeting	Aktiv	1,00 €	0	8	0,00 %	0,00 €	0,00 €	2,1	0	0,00 €	0,00 %	0
internetmarketing seminar	Aktiv	3,00 €	0	98	0,00 %	0,00 €	0,00 €	5,1	0	0,00 €	0,00 %	0
seo networking	Aktiv	1,00 €	0	4	0,00 %	0,00 €	0,00 €	6	0	0,00 €	0,00 %	0
affiliate marketing seminare	Aktiv	4,00 €	0	54	0,00 %	0,00 €	0,00 €	3,3	0	0,00 €	0,00 %	0
pubcon	Aktiv	2,00 €	0	101	0,00 %	0,00 €	0,00 €	1	0	0,00 €	0,00 %	0
affiliatesummit	Aktiv	2,00 €	0	8	0,00 %	0,00 €	0,00 €	1,5	0	0,00 €	0,00 %	0
pubcon las vegas	Aktiv	2,00 €	0	96	0,00 %	0,00 €	0,00 €	1	0	0,00 €	0,00 %	0
suchmaschinenoptimierung seminar	Aktiv	2,00 €	0	753	0,00 %	0,00 €	0,00 €	8	0	0,00 €	0,00 %	0
internetmarketing kurs	Geringes Suchvolumen	6,00 €	0	89	0,00 %	0,00 €	0,00 €	3,9	0	0,00 €	0,00 %	0
om club	Aktiv	1,00 €	0	13	0,00 %	0,00 €	0,00 €	2,3	0	0,00 €	0,00 %	0
digital marketing konferenz	Aktiv	5,00 €	0	48	0,00 %	0,00 €	0,00 €	1,3	0	0,00 €	0,00 %	0
smx seattle	Aktiv	1,00 €	0	1	0,00 %	0,00 €	0,00 €	1	0	0,00 €	0,00 %	0
internetmarketing kurse	Aktiv	8,00 €	0	31	0,00 %	0,00 €	0,00 €	3,1	0	0,00 €	0,00 %	0
onlinemarketing kurse	Unter dem Gebot für die erste Seite – Geschätztes Gebot für die erste Seite 3,75 €	1,00 €	0	1	0,00 %	0,00 €	0,00 €	4	0	0,00 €	0,00 %	0
smx london	Aktiv	1,00 €	0	8	0,00 %	0,00 €	0,00 €	1,2	0	0,00 €	0,00 %	0
ses toronto	Aktiv	1,00 €	0	1	0,00 %	0,00 €	0,00 €	2	0	0,00 €	0,00 %	0
suchmaschinenoptimierung lernen	Aktiv	3,00 €	0	103	0,00 %	0,00 €	0,00 €	5	0	0,00 €	0,00 %	0
ses san francisco	Unter dem Gebot für die erste Seite – Geschätztes Gebot für die erste Seite 1,25 €	1,00 €	0	67	0,00 %	0,00 €	0,00 €	1,3	0	0,00 €	0,00 %	0
affiliate marketing kurs	Unter dem Gebot für die erste Seite – Geschätztes Gebot für die erste Seite 2,25 €	1,00 €	0	7	0,00 %	0,00 €	0,00 €	8	0	0,00 €	0,00 %	0
affiliatemarketing seminar	Pausiert	1,00 €	0	0	0,00 %	0,00 €	0,00 €	0	0	0,00 €	0,00 %	0
sem konferenz	Aktiv	1,00 €	0	5	0,00 %	0,00 €	0,00 €	1,2	0	0,00 €	0,00 %	0
suchmaschinen marketing konferenz	Aktiv	10,00 €	0	38	0,00 %	0,00 €	0,00 €	1,9	0	0,00 €	0,00 %	0
ses amsterdam	Unter dem Gebot für die erste Seite – Geschätztes Gebot für die erste Seite 2,00 €	1,00 €	0	13	0,00 %	0,00 €	0,00 €	1,4	0	0,00 €	0,00 %	0
seo für anfänger	Aktiv	1,00 €	0	69	0,00 %	0,00 €	0,00 €	7,2	0	0,00 €	0,00 %	0
sem vortrag	Unter dem Gebot für die erste Seite – Geschätztes Gebot für die erste Seite 1,25 €	1,00 €	0	15	0,00 %	0,00 €	0,00 €	2,9	0	0,00 €	0,00 %	0
social media kurse	Unter dem Gebot für die erste Seite – Geschätztes Gebot für die erste Seite 3,50 €	2,00 €	0	243	0,00 %	0,00 €	0,00 €	7,4	0	0,00 €	0,00 %	0
omclub	Aktiv	1,00 €	0	26	0,00 %	0,00 €	0,00 €	1,1	0	0,00 €	0,00 %	0
socialmedia kurs	Pausiert	1,00 €	0	1	0,00 %	0,00 €	0,00 €	8	0	0,00 €	0,00 %	0
socialmedia seminare	Pausiert	1,00 €	0	0	0,00 %	0,00 €	0,00 €	0	0	0,00 €	0,00 %	0
Gesamt - Such-Werbenetzwerk			547	143.856	0,38 %	3,59 €	1.958,67 €	2,6	0	0,00 €	0,00 %	0
Gesamt - Display-Netzwerk			902	2.110.884	0,04 %	1,65 €	1.485,09 €	1,9	0	0,00 €	0,00 %	0
Gesamt - alle Keywords			1.449	2.254.740	0,06 %	2,38 €	3.443,76 €	1,9	0	0,00 €	0,00 %	0

Gehe zu Seite: 1   Zeilen anzeigen: 100   1 – 100 von 158

⊞ Ausschließende Keywords

Abb. 135: Google-AdWords-Kampagnenverwaltung II.

Anhand dieser Abbildung erkennt man nicht nur die Textanzeigen, sondern auch entsprechende Display-Anzeigen über SEM.

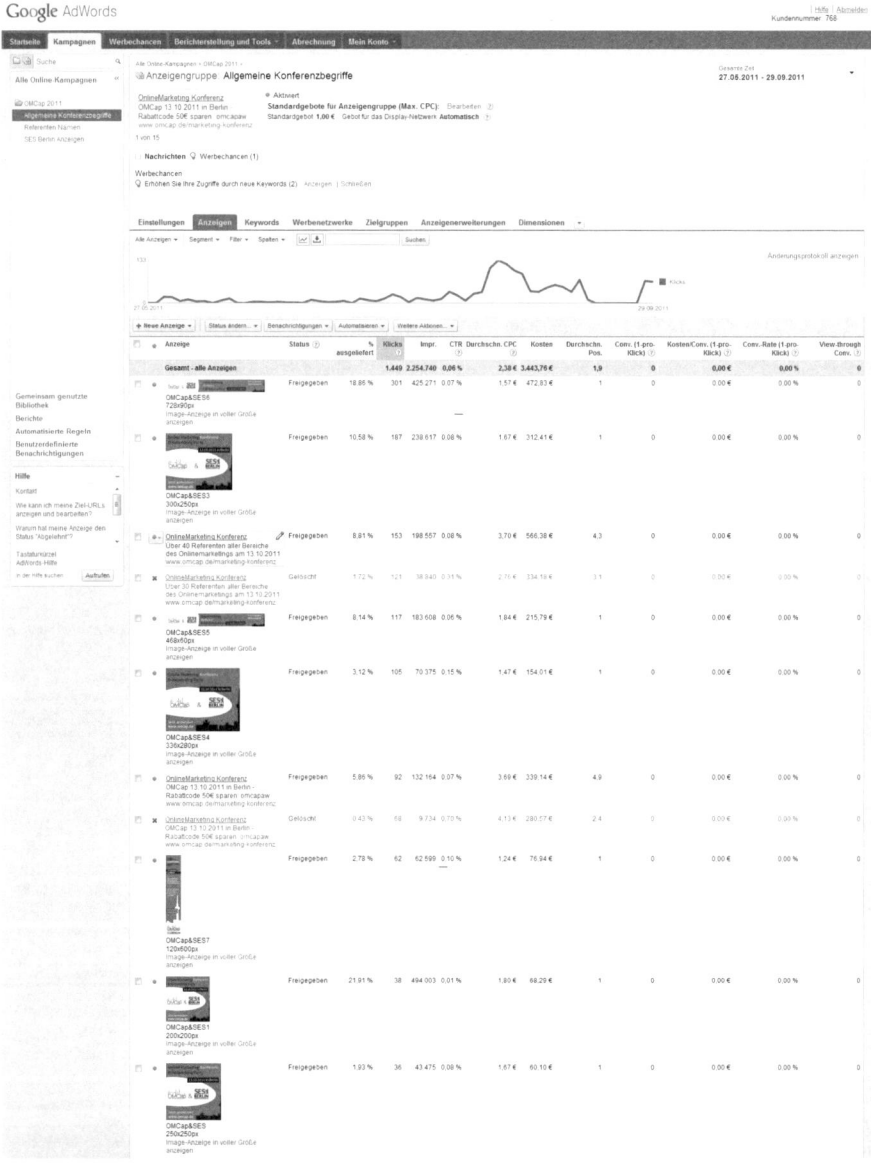

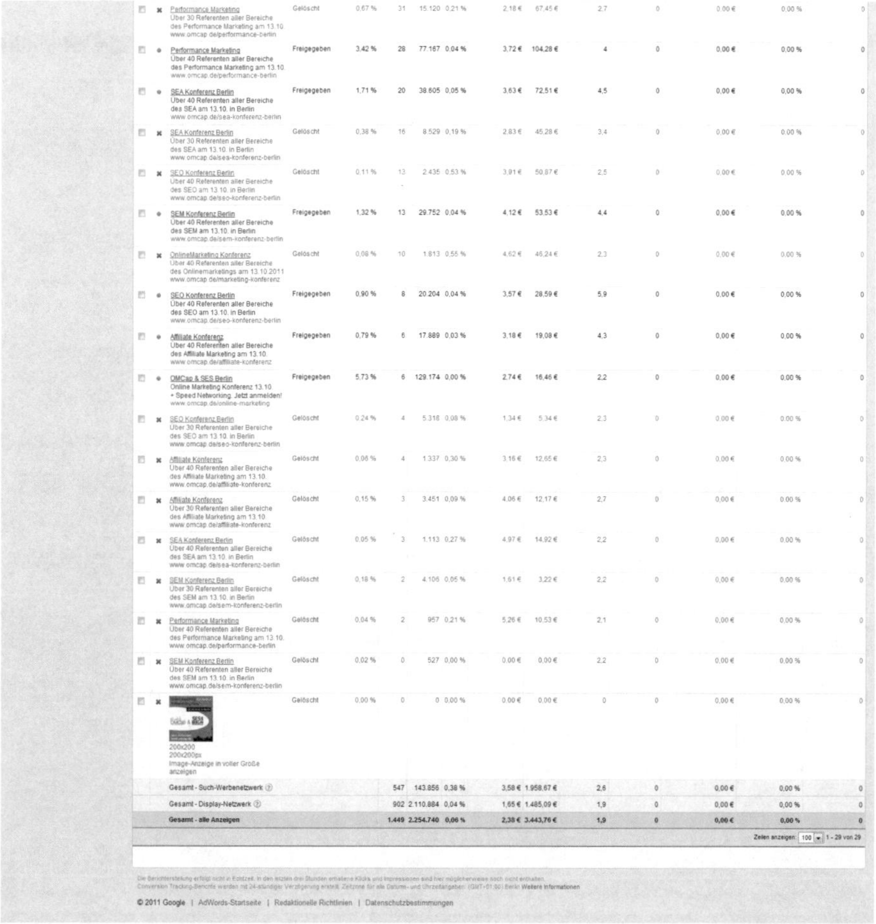

✖	Performance Marketing Über 30 Referenten aller Bereiche des Performance Marketing am 13.10. www.omcap.de/performance-berlin	Gelöscht	0,67 %	31	15.120	0,21 %	2,18 €	67,45 €	2,7	0	0,00 €	0,00 %	0
●	Performance Marketing Über 40 Referenten aller Bereiche des Performance Marketing am 13.10. www.omcap.de/performance-berlin	Freigegeben	3,42 %	28	77.167	0,04 %	3,72 €	104,28 €	4	0	0,00 €	0,00 %	0
●	SEA Konferenz Berlin Über 40 Referenten aller Bereiche des SEA am 13.10. in Berlin www.omcap.de/sea-konferenz-berlin	Freigegeben	1,71 %	20	38.605	0,05 %	3,63 €	72,51 €	4,5	0	0,00 €	0,00 %	0
✖	SEA Konferenz Berlin Über 30 Referenten aller Bereiche des SEA am 13.10. in Berlin www.omcap.de/sea-konferenz-berlin	Gelöscht	0,38 %	16	8.529	0,19 %	2,83 €	45,28 €	3,4	0	0,00 €	0,00 %	0
✖	SEO Konferenz Berlin Über 40 Referenten aller Bereiche des SEO am 13.10. in Berlin www.omcap.de/seo-konferenz-berlin	Gelöscht	0,11 %	13	2.435	0,53 %	3,91 €	50,87 €	2,5	0	0,00 €	0,00 %	0
●	SEM Konferenz Berlin Über 40 Referenten aller Bereiche des SEM am 13.10. in Berlin www.omcap.de/sem-konferenz-berlin	Freigegeben	1,32 %	13	29.752	0,04 %	4,12 €	53,53 €	4,4	0	0,00 €	0,00 %	0
✖	OnlineMarketing Konferenz Über 40 Referenten aller Bereiche des Onlinemarketings am 13.10.2011 www.omcap.de/marketing-konferenz	Gelöscht	0,08 %	10	1.813	0,55 %	4,62 €	46,24 €	2,3	0	0,00 €	0,00 %	0
●	SEO Konferenz Berlin Über 40 Referenten aller Bereiche des SEO am 13.10. in Berlin www.omcap.de/seo-konferenz-berlin	Freigegeben	0,90 %	8	20.204	0,04 %	3,57 €	28,59 €	5,9	0	0,00 €	0,00 %	0
●	Affiliate Konferenz Über 40 Referenten aller Bereiche des Affiliate Marketing am 13.10. www.omcap.de/affiliate-konferenz	Freigegeben	0,79 %	6	17.889	0,03 %	3,18 €	19,08 €	4,3	0	0,00 €	0,00 %	0
●	OMCap & SES Berlin Online Marketing Konferenz 13.10. + Speed Networking. Jetzt anmelden! www.omcap.de/online-marketing	Freigegeben	5,73 %	6	129.174	0,00 %	2,74 €	16,46 €	2,2	0	0,00 €	0,00 %	0
✖	SEO Konferenz Berlin Über 30 Referenten aller Bereiche des SEO am 13.10. in Berlin www.omcap.de/seo-konferenz-berlin	Gelöscht	0,24 %	4	5.318	0,08 %	1,34 €	5,34 €	2,3	0	0,00 €	0,00 %	0
✖	Affiliate Konferenz Über 40 Referenten aller Bereiche des Affiliate Marketing am 13.10. www.omcap.de/affiliate-konferenz	Gelöscht	0,06 %	4	1.337	0,30 %	3,16 €	12,65 €	2,3	0	0,00 €	0,00 %	0
✖	Affiliate Konferenz Über 30 Referenten aller Bereiche des Affiliate Marketing am 13.10. www.omcap.de/affiliate-konferenz	Gelöscht	0,15 %	3	3.451	0,09 %	4,06 €	12,17 €	2,7	0	0,00 €	0,00 %	0
✖	SEA Konferenz Berlin Über 40 Referenten aller Bereiche des SEA am 13.10. in Berlin www.omcap.de/sea-konferenz-berlin	Gelöscht	0,05 %	3	1.113	0,27 %	4,97 €	14,92 €	2,2	0	0,00 €	0,00 %	0
✖	SEM Konferenz Berlin Über 30 Referenten aller Bereiche des SEM am 13.10. in Berlin www.omcap.de/sem-konferenz-berlin	Gelöscht	0,18 %	2	4.106	0,05 %	1,61 €	3,22 €	2,2	0	0,00 €	0,00 %	0
✖	Performance Marketing Über 40 Referenten aller Bereiche des Performance Marketing am 13.10. www.omcap.de/performance-berlin	Gelöscht	0,04 %	2	957	0,21 %	5,26 €	10,53 €	2,1	0	0,00 €	0,00 %	0
✖	SEM Konferenz Berlin Über 40 Referenten aller Bereiche des SEM am 13.10. in Berlin www.omcap.de/sem-konferenz-berlin	Gelöscht	0,02 %	0	527	0,00 %	0,00 €	0,00 €	2,2	0	0,00 €	0,00 %	0
✖	200x200 200x200px Image-Anzeige in voller Größe anzeigen	Gelöscht	0,00 %	0	0	0,00 %	0,00 €	0,00 €	0	0	0,00 €	0,00 %	0
	Gesamt - Such-Werbenetzwerk			547	143.856	0,38 %	3,58 €	1.958,67 €	2,6	0	0,00 €	0,00 %	0
	Gesamt - Display-Netzwerk			902	2.110.884	0,04 %	1,65 €	1.485,09 €	1,9	0	0,00 €	0,00 %	0
	Gesamt - alle Anzeigen			1.449	2.254.740	0,06 %	2,38 €	3.443,76 €	1,9	0	0,00 €	0,00 %	0

Zeilen anzeigen: 100 1 - 29 von 29

Die Berichterstellung erfolgt nicht in Echtzeit. In den letzten drei Stunden erhaltene Klicks und Impressionen sind hier möglicherweise noch nicht enthalten.
Conversion Tracking-Berichte werden mit 24-stündiger Verzögerung erstellt. Zeitzone für alle Datums- und Uhrzeitangaben: (GMT+01:00) Berlin Weitere Informationen

© 2011 Google | AdWords-Startseite | Redaktionelle Richtlinien | Datenschutzbestimmungen

Abb. 136: Google-AdWords-Kampagnenverwaltung III.

Wenn man Anzeigen schaltet, will man ja auch wissen, wo! Das sieht man hier sehr schön:

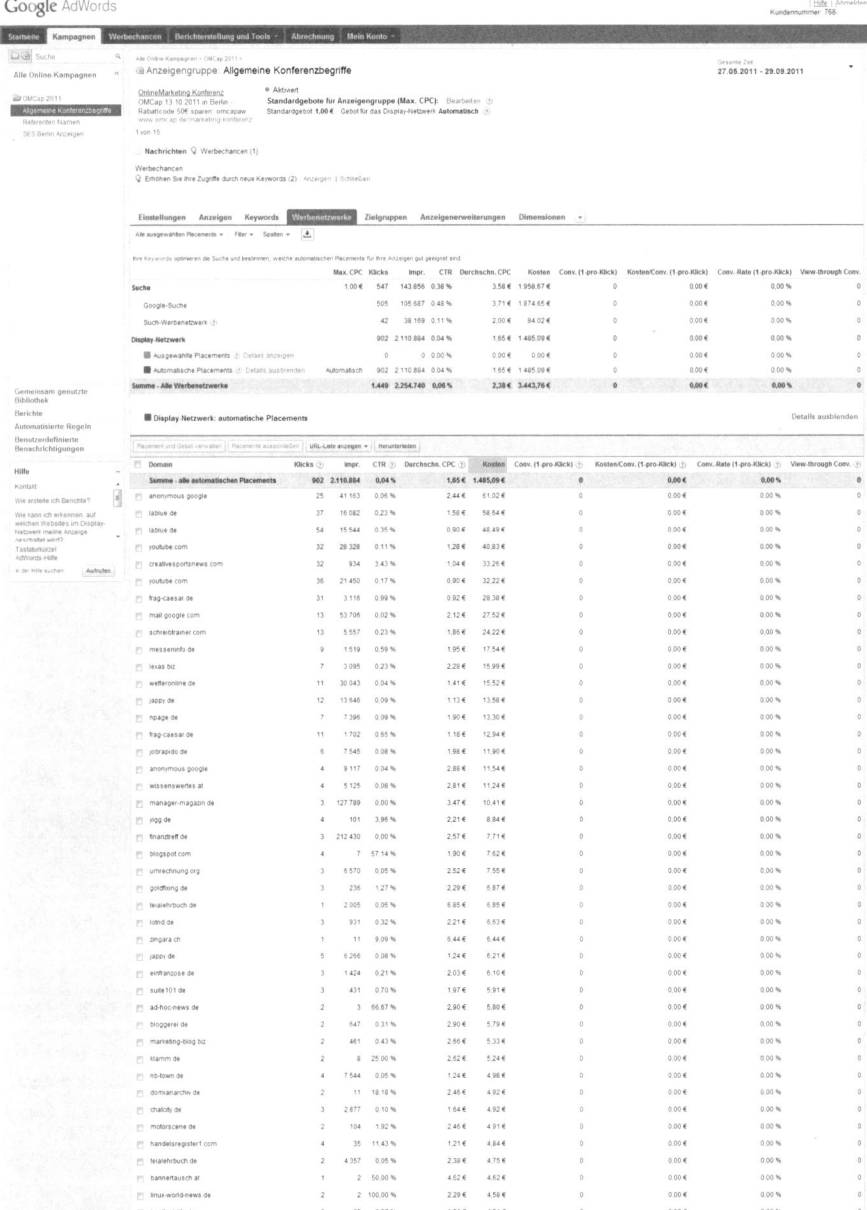

ferienwohnungen-heinemann.de	2	2	100,00 %	2,24 €	4,49 €	0	0,00 €	0,00 %	0	
boersennews.de	1	3.951	0,03 %	4,47 €	4,47 €	0	0,00 €	0,00 %	0	
creativesportsnews.com	7	413	1,69 %	0,62 €	4,37 €	0	0,00 €	0,00 %	0	
blogging-inside.de	2	136	1,47 %	2,12 €	4,25 €	0	0,00 €	0,00 %	0	
clipking.net	2	136	1,47 %	2,12 €	4,25 €	0	0,00 €	0,00 %	0	
schreibtrainer.com	2	1.180	0,17 %	2,10 €	4,19 €	0	0,00 €	0,00 %	0	
sitedomain.de	2	49	4,08 %	2,03 €	4,06 €	0	0,00 €	0,00 %	0	
thmr-freepage.de	2	5	40,00 %	2,02 €	4,05 €	0	0,00 €	0,00 %	0	
pressemeldungen.at	2	8	25,00 %	1,95 €	3,90 €	0	0,00 €	0,00 %	0	
green-mice.de	2	4	50,00 %	1,92 €	3,84 €	0	0,00 €	0,00 %	0	
webcyclus.de	2	661	0,30 %	1,92 €	3,83 €	0	0,00 €	0,00 %	0	
netreview.de	2	663	0,30 %	1,90 €	3,80 €	0	0,00 €	0,00 %	0	
millionaersreport.com	1	3	33,33 %	3,71 €	3,71 €	0	0,00 €	0,00 %	0	
pointoo.de	2	30	6,67 %	1,84 €	3,69 €	0	0,00 €	0,00 %	0	
kunstkurs-online.de	1	8	12,50 %	3,59 €	3,59 €	0	0,00 €	0,00 %	0	
pointoo.de	1	3	33,33 %	3,55 €	3,55 €	0	0,00 €	0,00 %	0	
schreibtrainer-online.de	4	5.399	0,07 %	0,88 €	3,53 €	—	0	0,00 €	0,00 %	0
hinfo.de	2	293	0,68 %	1,76 €	3,51 €	0	0,00 €	0,00 %	0	
lichtarbeiter-forum.de	1	4	25,00 %	3,48 €	3,49 €	0	0,00 €	0,00 %	0	
raid-rush.ws	1	513	0,19 %	3,44 €	3,44 €	0	0,00 €	0,00 %	0	
extreme-insider.de	1	4	25,00 %	3,42 €	3,42 €	0	0,00 €	0,00 %	0	
simsforum.de	4	13	30,77 %	0,85 €	3,40 €	0	0,00 €	0,00 %	0	
networx.net	1	4	25,00 %	3,40 €	3,40 €	0	0,00 €	0,00 %	0	
parents.at	2	18	11,11 %	1,70 €	3,39 €	0	0,00 €	0,00 %	0	
unternehmer.de	1	11	9,09 %	3,25 €	3,25 €	0	0,00 €	0,00 %	0	
brainstorm-books.com	2	4	50,00 %	1,56 €	3,13 €	0	0,00 €	0,00 %	0	
sport-schneider.com	1	1	100,00 %	3,13 €	3,13 €	0	0,00 €	0,00 %	0	
nordsao.com	1	1	100,00 %	3,11 €	3,11 €	0	0,00 €	0,00 %	0	
android-hilfe.de	1	18	5,56 %	3,08 €	3,08 €	0	0,00 €	0,00 %	0	
seo-tricks.net	1	11	9,09 %	3,07 €	3,07 €	0	0,00 €	0,00 %	0	
kleines-lexikon.de	1	6	16,67 %	3,05 €	3,05 €	0	0,00 €	0,00 %	—	0
freelivefussball.de	1	95	1,05 %	3,05 €	3,05 €	0	0,00 €	0,00 %	0	
energie-visions.de	1	1	100,00 %	3,00 €	3,00 €	0	0,00 €	0,00 %	0	
blogfeuer.de	1	7	14,29 %	2,99 €	2,99 €	0	0,00 €	0,00 %	0	
url-kostenlos-eintragen.de	1	2	50,00 %	2,97 €	2,97 €	0	0,00 €	0,00 %	0	
computerwissen.de	1	17	5,88 %	2,97 €	2,97 €	0	0,00 €	0,00 %	0	
pc-erfahrung.de	1	5	20,00 %	2,95 €	2,95 €	0	0,00 €	0,00 %	0	
nie-mehr-geldsorgen.com	1	5	20,00 %	2,94 €	2,94 €	0	0,00 €	0,00 %	0	
seitenreport.de	1	2.226	0,04 %	2,94 €	2,94 €	0	0,00 €	0,00 %	0	
londonadvertisingdirectory.com	1	3	33,33 %	2,92 €	2,92 €	0	0,00 €	0,00 %	0	
lablue.at	3	11	27,27 %	0,97 €	2,92 €	0	0,00 €	0,00 %	0	
webverzeichnisonline.de	1	5	20,00 %	2,91 €	2,91 €	0	0,00 €	0,00 %	0	
online-pressemitteilung.de	1	2	50,00 %	2,91 €	2,91 €	0	0,00 €	0,00 %	0	
mediayou.net	1	4	25,00 %	2,89 €	2,89 €	0	0,00 €	0,00 %	0	
hotfrog.de	1	343	0,29 %	2,89 €	2,89 €	0	0,00 €	0,00 %	0	
mein-deutschbuch.de	2	1.794	0,11 %	1,44 €	2,89 €	0	0,00 €	0,00 %	0	
wissenswertes.at	1	155	0,65 %	2,88 €	2,88 €	—	0	0,00 €	0,00 %	0
goldbarren-silberbarren.de	1	983	0,10 %	2,88 €	2,88 €	0	0,00 €	0,00 %	0	
emagister.de	1	9.461	0,01 %	2,88 €	2,88 €	0	0,00 €	0,00 %	0	
repage.de	1	2	50,00 %	2,85 €	2,85 €	0	0,00 €	0,00 %	0	
schweizerfranken.eu	1	3	33,33 %	2,84 €	2,84 €	0	0,00 €	0,00 %	0	
werbeanzeige.de	1	1	100,00 %	2,83 €	2,83 €	0	0,00 €	0,00 %	—	0
domian-download.de	1	3	33,33 %	2,83 €	2,83 €	0	0,00 €	0,00 %	0	
kleiner-kalender.de	1	3	33,33 %	2,83 €	2,83 €	0	0,00 €	0,00 %	0	
abenteuer-firt.de	1	1	100,00 %	2,80 €	2,80 €	0	0,00 €	0,00 %	0	
megasinnlos.de	1	5	20,00 %	2,79 €	2,79 €	0	0,00 €	0,00 %	0	
weintrainer.com	1	3	33,33 %	2,79 €	2,79 €	0	0,00 €	0,00 %	0	
Sonstige Domains ①	59	842.892	0,01 %	1,59 €	93,64 €	0	0,00 €	0,00 %	0	
Summe - alle automatischen Placements	902	2.116.864	0,04 %	1,65 €	1.485,09 €	0	0,00 €	0,00 %	0	

Gehe zu Seite: 1   Zeilen anzeigen: 100   ◄◄ ◄ ► ►► 1 - 100 von 682

⊞ Ausschlüsse

Die Berichterstellung erfolgt nicht in Echtzeit, so dass teilweise über Stunden erhaltene Klicks und Impressionen und hier möglicherweise noch nicht enthalten. Convertierte Tracking-Berichte werden mit 24-stündiger Verzögerung erstellt. Zeitzone für alle Datums- und Uhrzeitangaben: (GMT+01:00) Berlin. Weitere Informationen

© 2011 Google | AdWords-Startseite | Redaktionelle Richtlinien | Datenschutzbestimmungen

Abbildung 137: Google-AdWords-Kampagnenverwaltung IV.

Auch Buchungen auf Referenten für die OMCap sind möglich, was zeigt, dass man durchaus auch im SEM-Bereich um die Ecke denken darf:

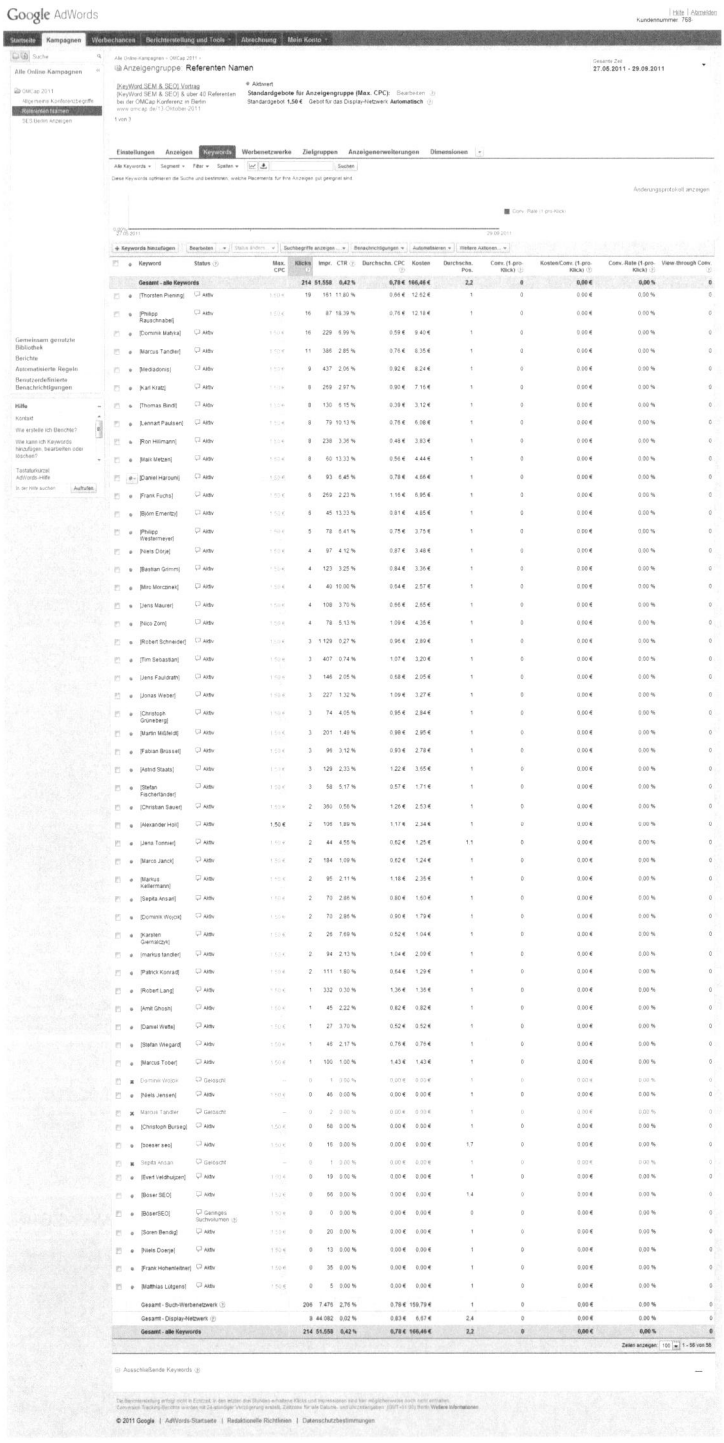

Abb. 138: Google-AdWords-Kampagnenverwaltung V.

14.3.5 Google AdSense

Werden Sie mit AdSense zum Google-Werbepartner

Neben dem Pay-per-Click-Werbesystem AdWords macht Google mit AdSense laut eigenen Angaben jeden AdSense-Kunden zum Werbepartner. Die Ads werden in die Seiten der Betreiber integriert und pro Klick auf den Link provisioniert. Bei Google registrierte Nutzer können das AdSense-Programm kostenlos nutzen.

Google wirbt bei Google AdSense mit dem Slogan „Maximieren Sie Einnahmen aus Ihrem Online-Content."

Google AdSense – ein kostenloses Programm, mit dem Online-Publisher Geld verdienen können

Laut Google (*http://google.de/adsense*) handelt es sich bei Google AdSense um ein kostenloses Programm, mit dem Online-Publisher Geld verdienen können, indem sie relevante Anzeigen zu einer großen Vielfalt an Online-Content schalten. Dazu gehören die folgenden Komponenten:

➢ **Ergebnisse der Website-Suche**: Fügen Sie Ihrer Website schnell und einfach eine benutzerdefinierte Suchmaschine hinzu und verdienen Sie mit Anzeigen auf den Suchergebnisseiten.

➢ **Websites**: Schalten Sie Anzeigen auf Ihrer Website, die den Interessen Ihres Publikums angepasst sind, und verdienen Sie an Klicks und Impressionen.

➢ **Websites und Anwendungen für Handys**: Zeigen Sie Ihren mobilen Nutzern die richtige Anzeige zum richtigen Zeitpunkt an, während Ihre Zielgruppe unterwegs nach Informationen sucht.

Checkliste nach Marc Ostrofsky, um mit Google AdSense Geld zu verdienen

1. Eröffnen Sie ein Google-AdSense-Konto.

2. Platzieren Sie den HTML-Code, den Google Ihnen liefert, im Quellcode Ihrer Webseite. Somit wird ermöglicht, dass AdSense Ihre Website dynamisch mit Ads „füttern" kann.

3. Nutzen Sie Monitoring-Tools zur Überwachung der Klicks mithilfe der Software, die Google Ihnen zur Verfügung stellt.

4. Optimieren Sie Ihren Content und Ihre Keywords so, dass die durch Ads angesprochene Zielgruppe am besten anvisiert wird, und generieren Sie Traffic.

5. Überprüfen Sie Ihre Inhalte und Ihre Keywords ständig und führen Sie Tests in Orientierung an den Webseitenstatistiken durch.

6. Erhalten Sie Ihre Kommission von Google.

7. Jede einzelne Seite Ihrer Präsenz sollte ein eigenes Hauptthema behandeln.

8. Unterstützen Sie die Ads dabei, durch gestalterische Mittel besser in den Vordergrund zu gelangen, beispielsweise durch Farbgebung, Positionierung, Setzen von Rändern, Nutzung von Fettschrift, Leerraum etc.

9. Führen Sie kontinuierlich Tests durch, um die gestalterischen Mittel auf ihre Wirkung zu überprüfen. Setzen Sie den Google Website Optimizer (*http://www.google.com/websiteoptimizer*) ein, um diese Faktoren zu testen.

10. Fügen Sie kontinuierlich Inhalte oder Webseiten hinzu, die Bezug zu den von Ihnen ausgewählten Keywords haben.

11. Erhöhen Sie Ihre Click-Through-Raten (CTR), indem Sie ein einfaches Design für Ihre Website mit viel freiem Platz wählen. Laut Google funktionieren Ads am rechten Rand im Skyscraper-Format am besten.

12. Bedenken Sie, je geeigneter Ihre Präsenz für die Schaltung von Google-AdSense-Werbung seitens Google ist, umso höher ist die Wahrscheinlichkeit, dass Sie bei attraktiven AdSense-Kampagnen teilhaben, also eine Win-Win-Situation zwischen Ihnen und Google entsteht.

(Quelle: Ostrofsky, M. (2011): *Get rich click. The Ultimate Guide to Making Money on the Internet.* Razor Media Group, Seite 46 ff.)

14.4 Strategien für erfolgreiches Bid-Management

Keyword-Recherche

Das Aufarbeiten der relevantesten Keywords im Kontext einer Keyword-Recherche ist ein wesentlicher Bestandteil des Keyword-Advertising im

Anfangsstadium. Die Google-AdWords-Schnittstelle bietet – wie zuvor erwähnt – ein Werkzeug, um die Keywords zu identifizieren bzw. ihren Wert zu erfahren, die für Ihr Business zentral sind.

Keywords im Targeting-Prozess und Keyword-Listen

Die Suchbegriffe des Benutzers beinhalten Absichtsbekundungen und sind daher eine sehr gute Orientierung, um im Targeting-Prozess den Kunden besser zu verstehen. Das Erweitern und Vervollständigen von Keyword-Listen ist ein laufender und nie endender zentraler Optimierungsprozess (auch) bei der Suchmaschinenoptimierung (siehe die Kapitel 15–17).

Produkte, Dienstleistungen, Konzepte, Trends, Markennamen, Slogans, Umgangssprachliches, also alle Sorten von Keywords, die in irgendeiner Form Bereichen Ihres Geschäfts entsprechen, sind interessant für Sie. Trauen Sie sich ruhig, auch mit – auf den ersten Blick abwegigen – Keywords zu experimentieren. Es könnte sich lohnen. Betreiben Sie Brainstorming mit Kollegen, Freunden, Familienangehörigen, um neue Keywords aufzuschnappen.

Bid-Management

Die nachfolgende Darstellung zeigt, wie man durch den Einsatz von Werkzeugen und Services von Drittanbietern sowie einer erweiterten CPC-Strategie unter Einbeziehung der zuvor diskutierten Faktoren das Beste aus dem Bid-Management (engl. to bid – bieten) herausholen kann.

> ➤ *http://www.google.com/adwords/conversionoptimizer/bidmanagement. html*

Gebotsniveau für Ihr Keyword

Abhängig von den Kosten pro Keyword können Sie ein effizientes Gebotsniveau für Ihr Keyword bemessen und dabei Ihren Cost-per-Click festlegen.

Laut Google steht ein Ad bei Google AdWords im ständigen Wettbewerb mit Bietern, die ähnliche Keywords wie Sie nutzen. Populäre bzw. heiß umkämpfte Keywords (Autovermietung, Appartements, Flüge etc.) kosten natürlich mehr als andere. Je höher Ihr Gebot ist, desto höher ist die Wahrscheinlichkeit, mit der Ihr Ad bei Suchanfragen angezeigt wird.

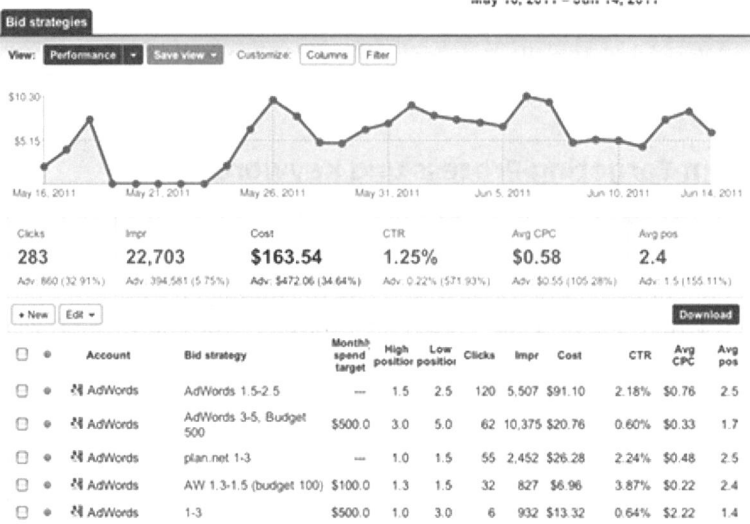

Abb. 139: Google-DoubleClick-Bid-Management-Tool (Screenshot);
Bildquelle: http://www.google.com/doubleclick/advertisers/overview.html.

Abb. 140: Google-DoubleClick-Bid-Management-Tool (Screenshot);
Bildquelle: http://www.google.com/doubleclick/advertisers/overview.html.

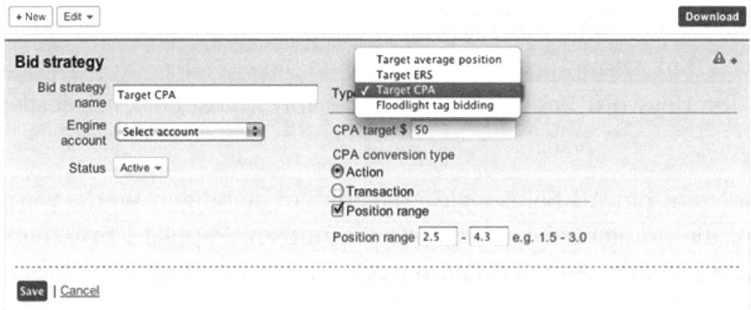

Abb. 141: Google-DoubleClick-Bid-Management-Tool (Screenshot);
Bildquelle: http://www.google.com/doubleclick/advertisers/overview.html.

Es folgen einige schematische Darstellungen, die das bisher zu SEM Gesagte zusammenfassen und Sie bei der Umsetzung Ihrer Kampagne begleiten können (siehe die Abbildungen 142, 143, 144).

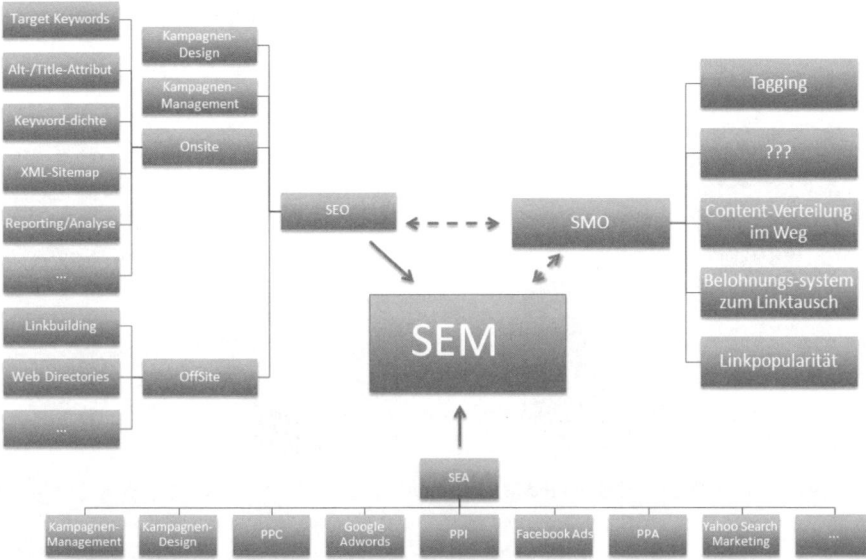

Abb. 142: Komplexes Gefüge: Maßnahmen und Konzepte im SEM

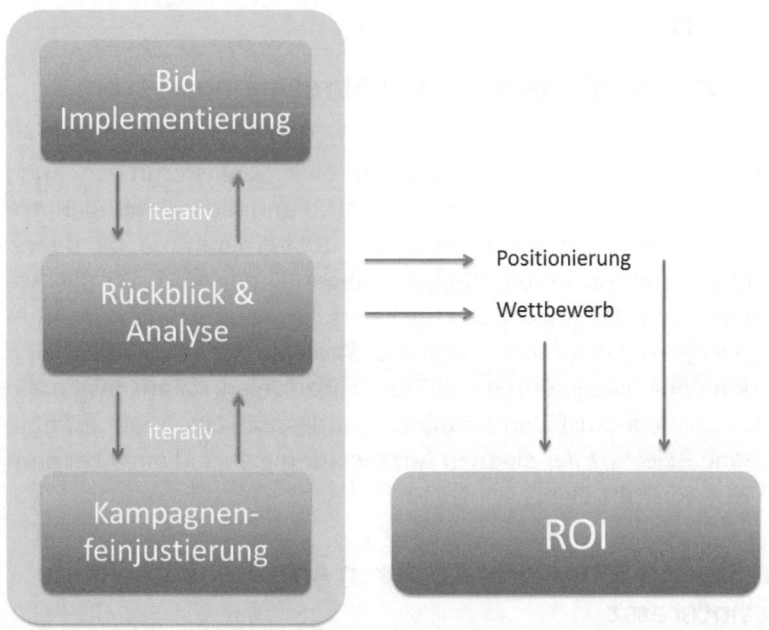

Abb. 143: Bid-Implementierung und ROI.

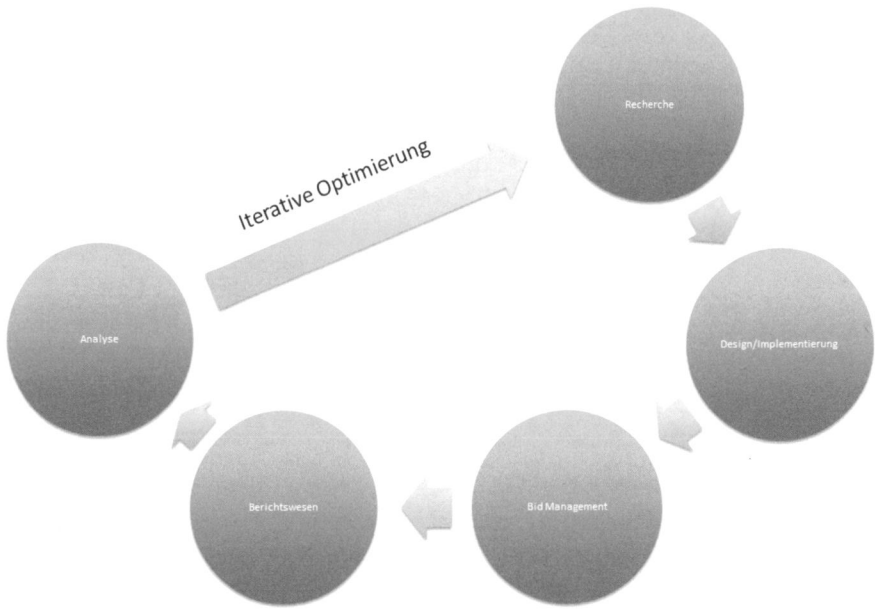

Abb. 144: Iterative Optimierung im Bid-Management.

14.5 Vor- und Nachteile des Search Engine Advertising

Wählen Sie das für Sie geeignetste Abrechnungssystem

Da die Abrechnungspreise pro Klick auf die Werbefläche abgerechnet werden, bezeichnet man Keyword-Anzeigen – wie bereits erörtert – auch als Pay-per-Click-Anzeigen (PPC – synonym CPC) und die zugehörigen Angebote als PPC-Programme. Ferner existieren CPM-Programme, bei denen nach AdImpressions (dt. Einblendungen) abgerechnet wird. Da die Abrechnung aber nach der Anzahl der Klicks erfolgt, kann es nicht im Interesse des Anzeigenschalters sein, mit seiner Strategie wie bei SEO auf eine möglichst hohe Reichweite durch viel Traffic abzuzielen, da ansonsten die Klickkosten sehr hoch ausfallen könnten. Stattdessen sollte man auf eine möglichst hohe Relevanz der eigenen Anzeige für die Suchklientel bei dem gebuchten Keyword abzielen.

Ersparen Sie sich Streuverluste durch Anzeigenklicks ohne Abschlussinteresse

Denn je höher die Relevanz durch die Wahl des kontextuell passenden Suchworts sichergestellt werden kann, desto genauer fällt die Passung der

Anzeige mit der eigenen Zielgruppe aus, und desto geringer werden entsprechend die Streuverluste durch Anzeigenklicks ohne wirkliches Abschlussinteresse.

Gründe, um auf SEA-Anzeigen mit viel Traffic zu setzen

Andererseits gibt es auch Gründe dafür, bei SEA-Anzeigen die Werbestrategie auf möglichst viel Traffic hin zu planen. Denn besonders erfolgreiche Anzeigen bekommen bei den großen PPC-Anbietern wie Google AdWords eine bevorzugte Behandlung. Nicht nur dass für diese Anzeigen geringere Klickpreise bezahlt werden müssen, bis zu drei solcher Anzeigen pro Keyword werden auf den Premium-Plätzen von den übrigen Anzeigen abgesondert und eingerahmt präsentiert.

Klickbetrug bzw. Click Fraud

Klickbetrug (engl. Click Fraud) ist in diesem Bereich sehr verbreitet – mit einer hohen Dunkelziffer von 10 bis 15 %. Unter Klickbetrug fasst man Praktiken zusammen, bei denen durch manuelle und/oder softwaretechnische Manipulation eine höhere Anzahl von Klicks vorgetäuscht wird. Bei pro Klick (CPC/PPC) vergüteten Ads können enorme Kosten für den Werbetreibenden entstehen. Diese Taktik wird auch oft von unfairen Wettbewerbern eingesetzt, um die Werbekosten für ihre Konkurrenz in die Höhe zu treiben. Durch verschiedene Techniken wirkt Google dem entgegen.

Fazit: Zentrale Aufgabe des SEA

Eine zentrale Aufgabe der SEA für den Werbenden besteht zusammengefasst in der Auswahl der richtigen Keywords für verschiedene Kampagnen, die die Angebote optimal umschreiben bzw. kontextuell einbetten. Dann muss der passende Anbieter ausgewählt und die Schaltung der einzelnen Keywords an das vorhandene Budget angepasst werden. Schließlich muss die Werbeeinblendung per Targeting (siehe Kapitel 18) auf die richtige soziodemografische und geografische Zielgruppe abgestimmt werden. Dafür bieten die meisten PPC-Anbieter eine Auswahl an Anzeigeoptionen für Browser und geografische IP-Zuordnungen, um so die Werbung nur bei der gewünschten Kernzielgruppe einzublenden.

14.6 Praxiswissen kompakt, To-do-Checklisten und Webtipps

Nun folgen ein weiteres Interview, eine resümierende Darstellung der strategischen Aspekte im SEA sowie die Checkliste mit den wichtigsten Punkten zum Kapitelende.

14.6.1 Interview mit Maik Metzen, Gründer und Geschäftsführer der Berliner Onlinemarketingagentur AKM3 GmbH

Maik Metzen ist Gründer und Geschäftsführer der Berliner Onlinemarketingagentur AKM3 GmbH. Die AKM3 GmbH berät namhafte Kunden in den Bereichen SEO, SEA und Reputation Management und ist auf internationales Linkmarketing spezialisiert. Maik Metzen veröffentlicht regelmäßig Artikel in Fachzeitschriften und hält Vorträge auf Fachkonferenzen zu aktuellen SEO- und SEA-Themen. Während seines BWL-Studiums an der Universität zu Köln mit den Schwerpunkten Controlling, Supply Chain Management und VWL sammelte Maik Metzen bei Hitflip in Köln ab 2006 erste praktische Erfahrungen in den Bereichen Affiliate-Management, SEO und SEA, die er 2008 bei einem USA-Aufenthalt in Boston, Massachusetts, bei Spreadshirt vertiefte. Nach seiner Rückkehr nach Deutschland leitete er bis Ende 2010 den SEO-, SEA- und Controlling-Bereich beim Onlinemarktplatz Hitmeister.

Abb. 145: Maik Metzen, Geschäftsführer von AKM3.

Alpar: Hallo Maik, wie kommt es eigentlich, dass SEA ein so erfolgreicher Onlinemarketingkanal ist – wenn nicht sogar der erfolgreichste?

Metzen: SEA ist für jedes Unternehmen interessant, denn die Größe eines Unternehmens spielt keine Rolle. Für jeden kleinen lokalen Betrieb, für fast jede Nische kann sich SEA lohnen. Schon mit einem sehr geringen Budget kann eine Kampagne aufgesetzt werden. SEA ist extrem kontrollier- und skalierbar. Das Risiko liegt komplett beim Werbetreibenden. Jeder entscheidet selbst, wann, wie und wo die Anzeigen geschaltet werden sollen.

Alpar: Ist es denn möglich, für alle Themenbereiche via SEA zu werben?

Metzen: Ja, fast alle Themenbereiche sind für SEA geeignet. Es gibt nur wenige Ausnahmen, die verboten sind. Darunter zählen beispielsweise Tabak, hochprozentiger Alkohol, Poker oder FSK18-Erotik. Gerade in Nischen kann sich SEA sehr lohnen, denn je geringer die Konkurrenz ist, desto günstiger ist die Anzeigenschaltung. Die Vielseitigkeit zeichnet diesen Onlinemarketingkanal besonders aus.

Alpar: Was sind die ersten Schritte beim Aufsetzen einer SEA-Kampagne?

Metzen: Bevor eine Kampagne erstellt wird, muss man sich Gedanken über die eigentlichen Ziele machen, die sich je nach Geschäftsmodell unterscheiden. Möchte man einfach nur mehr Reichweite erlangen? Definiert man von Beginn an konkrete Conversion-Ziele? Oder startet man mit einer Kombination aus beidem? Diese Überlegungen sind essenziell. Erst dann sollte konkret über relevante Keywords und eine gut strukturierte Kontostruktur nachgedacht werden.

Alpar: Mit welchem Budget kann man im Bereich SEA aktiv werden? Gibt es da gewisse Schwellen?

Metzen: Das Tolle an SEA ist, dass man schon mit sehr kleinen Budgets starten kann. Gerade lokale Unternehmen können mit SEA sehr effizient Kunden gewinnen. Auch nach oben hin gibt es nahezu keine Grenzen. Das hängt natürlich vom Geschäftsmodell ab – ein breit gefächerter Onlineshop, der deutschlandweit versendet, sollte ein höheres Budget ansetzen als ein lokal tätiges Unternehmen, allein schon der Reichweite wegen.

Alpar: Wie ist es, wenn man SEA als Onlineshop machen möchte?

Die Planung einer Kampagne für einen Onlineshop ist sehr aufwendig und sollte von Anfang an gut bedacht sein. Bei vielen Kategorien und Produkten ist eine saubere Struktur essenziell für den späteren Erfolg. Die Basis bilden die relevanten Kategorien. Die Kategorieebenen eines Onlineshops gelten als gute Orientierung für den Aufbau eines SEA-Kontos. Man sollte jedoch generell zwischen generischen und produktspezifischen Kampagnen unterscheiden. Produktspezifische Anzeigen haben im Regelfall bessere Klickraten und Conversion-Rates und sollten daher in spezielle Kampagnen gepackt werden. Bewertung und Vergleich einzelner Kampagnen fallen dadurch später leichter.

Alpar: Wie und mit welchen Keywords und Budgets sollte man starten?

Metzen: Zu Beginn sollte man mit generischen und trafficstarken Keywords starten, z. B. mit den angesprochenen Kategorie-Keywords, um Erfahrungswerte zu sammeln und um die Reichweite zu erhöhen. Das Budget sollte daher anfangs höher angesetzt werden. Im Optimierungsverlauf konzentriert man sich auf die Conversion-starken Keywords und schließt Keywords aus, die schlechte Klickraten und Conversion-Rates haben. Man sollte die Anzeigengruppen so spezifisch wie möglich gestalten, um höhere Klickraten und damit niedrigere Klickpreise zu erhalten.

Alpar: Wie würde ein lokaler Dienstleister, z. B. ein Handwerker, versuchen, die Keywords für die eigene Kampagne zu bestimmen und zu finden?

Metzen: Google bietet einige Tools, um die passenden Keywords zu definieren. Hierunter zählt beispielsweise das Keyword-Tool von Google, mit dem man die Traffic- und Conversion-stärksten Keywords definieren kann, da man das exakte Suchvolumen, die ungefähren Klickpreise und Angaben über den Wettbewerb erhält. Die ausgewählten Keywords eines lokalen Dienstleisters müssen nicht unbedingt lokalen Bezug haben (wie beispielsweise „handwerker berlin"), denn ein Handwerker könnte eine Kampagne so definieren, dass die Anzeigen nur im Berliner Umfeld geschaltet werden und generische Keywords wie „handwerker" durchaus Sinn ergeben können. Es gibt unzählige Möglichkeiten, zielgruppenorientierte Kampagnen zu gestalten. Mit kaum einem anderen Kanal ist es möglich, Traffic so zielgenau zu generieren.

Alpar: Wie würde im Unterschied dazu ein Onlineshop versuchen, interessante und buchenswerte Keywords zu identifizieren?

Metzen: Bei der Auswahl der Keywords für einen Onlineshop kann ebenfalls auf das Keyword-Tool zurückgegriffen werden, allerdings sollte man hier Conversion-orientierter denken und Zusätze wie „online" oder „günstig kaufen" dem jeweiligen Kategorie- bzw. Produktnamen hinzufügen. Ein Blick auf die Konkurrenz könnte Hinweise dazu geben, welche Kategorien bzw. Produkte lohnenswert sein könnten. Interne Daten können ebenfalls eine große Hilfe zu Beginn sein, wenn man beispielsweise die Suchanfragen einer internen Shopsuche analysiert.

Alpar: Nachdem eine Kampagne gestartet ist, wie wertet dann in unserem vorigen Beispiel mit dem Handwerker dieser seine Kampagne aus? Welche Kennzahlen schaut er sich an? Und welche Kennzahlen schaut sich im Unterschied dazu der Onlineshop an?

Metzen: Der Handwerker wird das Ziel verfolgen, möglichst viele Kontaktanfragen zu erhalten. Das Abschicken eines Onlineformulars wäre beispielsweise ein sinnvolles Conversion-Ziel. Zunächst muss er jedoch die jeweiligen Klickraten seiner Anzeigen und Keywords analysieren und schauen, ob seine Anzeigentexte von den Suchenden angenommen werden. Wenn die Klickrate steigt, steigt auch der Qualitätsfaktor eines einzelnen Keywords, und die Klickpreise sinken. Ein Onlineshop schaut zunächst auch auf die Klickraten, um den Traffic zu optimieren. Es können theoretisch mehrere Conversion-Ziele definiert werden, wie beispielsweise eine Registrierung oder eine Newsletter-Anmeldung, jedoch ist der Verkauf eines Produkts das primäre Conversion-Ziel. Optimalerweise übermittelt man an Google den Wert einer Conversion, um herauszufinden, welche Keywords profitabel geschaltet werden können.

Alpar: Auf welchen Ebenen ermittelt man den Qualitätsfaktor, und wie kann man ihn positiv beeinflussen? Gibt es auch Grenzen der Beeinflussbarkeit des Qualitätsfaktors?

Metzen: Primär wird der Qualitätsfaktor für Keywords erhoben. Es spielen etliche Faktoren eine Rolle, die diesen beeinflussen können. Das wichtigste Kriterium sind hohe Klickraten, denn diese signalisieren Google, dass die Anzeigen für die geschalteten Keywords relevant sind. Hohe Klickraten erhält man mit passenden Anzeigentexten. Das relevante Keyword sollte in der Anzeige erscheinen (wenn möglich auch mehrfach), und die Texte sollten einen Call-to-Action beinhalten, z. B. Hinweise auf Angebote oder Rabattaktionen. Tendenziell führen viele exakte Keywords zu besseren Qualitätsfaktoren, da diese spezifischer sind und daher höhere Klickraten wahrscheinlicher sind. Ein weiteres Kriterium ist die Relevanz der Landing-Page. Diese sollte ebenfalls auf das relevante Keyword optimiert sein, Ladezeiten spielen ebenfalls eine wichtige Rolle. Google überprüft den Qualitätsfaktor regelmäßig, sodass Anpassungen im Zeitverlauf möglich sind. Man erreicht Grenzen, wenn trotz korrekter Umsetzung der wichtigsten Faktoren die Klickrate gering bleibt. Dies ist beispielsweise der Fall, wenn von Beginn an auf die falschen Keywords optimiert wird. Hohe Klickraten sind maßgeblich für den Erfolg der Kampagnen.

Alpar: Für welchen Fall sind welche Matchingoptionen die richtigen? Gibt es welche, die man öfter nutzt als andere?

Metzen: Gerade bei generischen Keywords mit hohem Suchvolumen sollte man auf die Matchingoption weitgehend verzichten, da man zu viele nicht relevante Suchanfragen erhält. Bei solchen Keywords befindet sich der Suchende noch am Anfang des Entscheidungsprozesses, und es fehlt die konkrete Absicht, etwas zu kaufen bzw. eine gezielte Aktion durchzuführen. Keywords mit hohem Suchvolumen und mit hoher Relevanz sollten exakt eingebucht werden, Wortgruppen-Keywords sind sinnvoll, um bei relevanten Keywords den Longtail besser abgreifen zu können. Weitgehende Keywords sollte man primär bei sehr spezifischen Anfragen nutzen. Nicht zu vergessen ist die Funktion, Keywords auszuschließen, gerade in Kombination mit weitgehenden oder auch Wortgruppen-Keywords. Das Ausschließen von Keywords erhöht den Anteil des relevanten Traffics, verbessert die Klickraten und hat sinkende Klickpreise zur Folge.

Alpar: Wie schafft man eine Balance zwischen der Effizienz des Managements der eigenen SEA-Bemühungen und dem Belohnen seitens Google für spezifischere Kampagnen und Anzeigengruppen? Wie findet man da das richtige Maß?

Metzen: Da SEA ein fortlaufender Prozess ist, sollte der Fokus nach der Initialaufsetzung des Kontos darin liegen, das Konto kontinuierlich zu verfeinern, indem man mehr exakte Keywords hinzufügt und nicht relevante Keywords ausschließt. Es muss sichergestellt werden, dass alle neuen Kategorien, Produkte oder Leistungen hinzugefügt werden. Zwangsweise wächst damit der Managementaufwand. Daher sollte jedes Unternehmen bestrebt sein, verschiedene Prozesse zu automatisieren, wie beispielsweise das automatisierte Hochladen von Anzeigengruppen und der Einsatz eines Bid-Management-Tools. Ab einer gewissen Größe ist es unmöglich, manuell die passenden Gebote festzulegen.

Alpar: Wie unterscheidet sich SEA im Content-Netzwerk vom SEA im Google-Suchnetzwerk? Für wen kommt SEA im Content-Netzwerk infrage?

Metzen: Im Suchnetzwerk von Google werden ja die Anzeigen erst geschaltet, wenn jemand konkret nach gewissen Dingen sucht. Anzeigen im Content-Netzwerk befinden sich innerhalb von themenrelevantem Content auf passenden Webseiten. Da diese Anzeigen eben nicht nach Eingabe konkreter Suchanfragen geschaltet werden, sind die Klickraten im Content-Netzwerk viel geringer. Dennoch kann sich eine Schaltung im Content-Netzwerk lohnen, wenn man die Reichweite erhöhen und eine neue Marke aufbauen bzw. stärken möchte. Neben normalen Textanzeigen sind im Content-Netzwerk auch alle üblichen Werbemittel einsetzbar, wie Banner oder auch Videos. Im Optimierungsprozess sollten Seiten ausgeschlossen werden, die unterdurchschnittliche Klickraten haben.

Alpar: Danke.

Metzen: Gern.

14.6.2 Strategische Aspekte des SEA

Keyword-Advertising als guter Kompromiss

Oft ist Keyword-Advertising ein guter Kompromiss zwischen erforderlicher Reichweite und der thematischen Affinität zum Gegenstand. Viele thematisch relevanten Suchwörter, die es gibt, werden oft nur selten aufgerufen. Begehrte und intuitive Keywords der User sind beispielsweise wegen des hohen Wettbewerbdrucks im Mobilfunkmarkt oft überteuert. Der Kunstschritt besteht in der Gewährleistung thematischer Zielgenauigkeit und einem leistungsfähigen Gebotsmanagement, was nachweislich für Keyword-Advertising spricht.

Suchwortoptimierung in Perfektion

Die großen Suchmaschinenbetreiber haben den Bedarf nach effizienten Wegen zur messbaren Verbesserung in den Rankings schon längst für sich entdeckt. Sie haben diesen Teil als feste Größe in ihr Geschäftsprinzip eingebunden. Suchmaschinen wie Google bieten Werbetreibenden die Möglichkeit bezahlter Platzierungen im direkten Umfeld relevanter Trefferlisten.

Beim Keyword-Advertising wird pro Klick auf die zumeist textbasierte Anzeige bezahlt. Die Attraktivität der Positionierung einer Werbung in diesem Umfeld ist dabei abhängig von der jeweiligen Gebotshöhe und zielführenden Qualität des Anzeigentexts. Je spezifischer die Zielgruppenansprache im Anzeigentext gehalten ist, umso deutlicher ist die Kostenreduktion.

Strategische Ausarbeitung der relevanten Reichweite

Konzeptionell ist also die strategische Ausarbeitung der relevanten Reichweite gefordert. Dazu werden einwortige und mehrwortige Suchbegriffe, synonyme Begriffe, unterschiedliche Schreibweisen, häufige Fehlschreibungen, Singular- und Pluralformen sowie spezifische und nur im geringen Umfang verwendete Begriffe zum Thema möglichst flächendeckend erfasst und kombiniert.

So wird, wenn man es wirklich an die Spitze treiben will, aus dem generellen „Handy" beispielsweise auch „Mobilfunkvertrag Verlängerung Klapphandy". Damit ergeben sich schnell einige Tausend Suchwörter und Suchwortkombinationen, die es strategisch zu bestimmen und zu besetzen gilt, was einen hohen Aufwand darstellen kann.

Redaktionelle Aufbereitung der Wortkombinationen

Es ist also nicht nur eine Frage der Technik, sondern auch und vor allem eine Frage der sorgfältigen redaktionellen Aufbereitung der Wortkombinationen, die man geschickt zusammenbringen muss. Es ist hierbei von großer Bedeutung, „dem Volk auf den Mund zu schauen" und immer wieder die Fähigkeit zu beweisen, den Blickwinkel des Suchenden tatsächlich einzunehmen und nicht zu verlassen. Dem gezielten Ausschluss von Suchbegriffen muss hierbei besondere Aufmerksamkeit gewidmet werden.

Erreichen Sie bedeutende Reichweiten

Um wichtige und bedeutende Reichweiten zu erzielen, muss man also die passenden Kennziffern wie die Klickanzahl und die Kosten pro Klick sowie Bestellung und schließlich den Vertragsabschluss präzise und zeitnah beobachten. Nur dadurch können Themenkreise während der laufenden Kampagne auf Tauglichkeit und Effizienz getestet werden.

Fokussieren Sie sich nicht nur auf Google

Optimierungspotenzial liegt vor allem in einer netzwerkübergreifenden Kumulation relevanter Reichweiten. Dabei ist nicht nur Google von Bedeutung, auch die Integrationen anderer Such- und Content-Maschinen wie Yahoo! und Miva tragen zum Gesamterfolg bei. Suchen Sie auch dort nach Nischen.

Ziel: Präzisierung der Keywords und Kenntnis der Materie

Das bedeutendste Stellglied im anschließenden Optimierungsprozess ist die Präzisierung von Suchbegriffen. Die Kenntnis der Materie und die permanente Feinarbeit an den Stellschrauben ist nur durch gezieltes Monitoring zu erreichen. Auf dieses Montioring (siehe Kapitel 20) folgt dann die kontinuierliche Optimierung der Suchwortstrategie. Somit lassen sich neue Werbeumfelder und Werbeformate im Suchmaschinenmarkt systematisch erschließen und erfolgversprechend umsetzen.

Ineffiziente Keywords

Ineffiziente Keywords müssen im Zeitverlauf durch alternative Begriffe und Begriffskombinationen ersetzt werden. Wichtig sind weiterhin aussagekräftigere Anzeigentexte, die erstellt werden müssen. Auch das ist eine Kunst, da die strengen Vorgaben der Vermarkternetzwerke und der begrenzte Textanzeigenraum nur wenige Möglichkeiten liefern.

Nachfolgend bieten wir Ihnen zusammenfassend einen auf das Wesentliche reduzierten Handlungsleitfaden zum Aufsetzen einer SEA-Kampagne.

14.6.3 To-do- und Checklisten

SEA-Praxisleitfaden

1. Keyword-Recherche und -Analyse (Keywords der Zielgruppe und der Wettbewerber, Nutzung von Keyword-Tools).
2. Keyword- und Keyword-Phrasen-Auswahl.
3. Auswahl eines Anbieters nach Budget und Pricing.
4. Buchung von Keyword-basierten CPC-Angeboten.
5. Formulierung und Optimierung der Kampagnentexte.
6. Design bzw. Optimierung der Landing-Page.
7. Budgetverwaltung, Positionsoptimierung (Cost-per-Order, Cost-per-Lead), ROI-Optimierung.
8. Steuerung der SEA-Kampagne per Bid-Management-Tool.
9. Fortlaufendes, zyklisches Reporting, Dokumentation, Diskussion (und zurück zu Schritt 4).

Nachfolgend wird – wie bei jeder Checkliste am Ende des Kapitels – von drei Arbeitsphasen ausgegangen, die jeweils eine Vertiefung der Maßnahmen verkörpern:

➢ Phase 1: Vergegenwärtigung

➢ Phase 2: Reflexion

➢ Phase 3: Potenzialerkennung und Umsetzung

Search-Engine-Advertisement-Checkliste	1. Phase	2. Phase	3. Phase
Formulierung eines SEM-Konzepts/SEM-Planung und -Strategie			
Definition der SEM-Aufgaben Planung und Durchführung des Keyword-Advertising Definition der PPC-Strategie			
SEM auf sozialen Netzwerken einsetzen Budget für die Kampagne ansetzen: Welche Kosten fallen an? Suchmaschinenwerbung mit Google AdWords Die Wahl der Keywords bei Google Ads – Keyword-Spezifizität Einsatz von Werkzeugen (Google Boost, AdSitelinks) Verfassen der Ads und Split-Testing Keyword-Zuweisung an Ads Anzahl der Keywords festlegen Die Top-Landing-Page bauen Relevanzkette beachten Suchmaschinen als Instrument im Dialogmarketing einsetzen Kosten sparen durch gezielt eingesetzte Bezahlwerbung Geld verdienen mit der eigenen Website durch Onlinewerbung			

15. Überblick über SEO und die Onpage-Faktoren

Bisher wurden die unterschiedlichen Formen und Gattungen des Online-marketings vorgestellt. Hier erziele Sie dann den maximalen Erfolg, wenn Sie Ihre Webpräsenz an den Methoden der Suchmaschinen (siehe Kapitel 13) orientieren. Damit die Werbekampagne zu Ihrer Webseite funktioniert, sind Onpage- (siehe Kapitel 15), Offpage- (siehe Kapitel 16) sowie Onpage- und Offpage-übergreifende Maßnahmen (siehe Kapitel 17) durchzuführen. Die Möglichkeiten sind enorm. Doch zunächst schauen wir uns den Begriff SEO näher an.

15.1 Was ist SEO?

Im letzten Kapitel haben wir Ihnen einen ersten Definitionsansatz zu SEM, SEA, SEO und SMO dargestellt. Um Ihnen ein Bild davon zu vermitteln, was SEO ist, geben wir Ihnen erst eine kurze Begriffsdefinition und differenzieren danach nach verschiedenen SEO-Domänen.

15.1.1 Begriffsdefinition

Hauptstrategien der SEO

Die Hauptstrategien der Optimierung liegen im systematischen Aufbau von eingehenden Links (engl. Inbound Links) und in der Präsentation von qualitativ hochwertigem Content bzw. eines hochwertigen Texts, verpackt in einem sauber programmierten HTML-Code, der auf eine effiziente Art und Weise mit Keywords verknüpft ist, dazu später mehr (siehe Kapitel 15.3 ff.).

Onpage- und Offpage-SEO

In der SEO wird klassisch zwischen Onpage-SEO (siehe Kapitel 15) und Offpage-SEO (siehe Kapitel 16) sowie übergreifenden Faktoren unterschieden (siehe Kapitel 17).

Die drei Säulen der SEO

Die SEO-Techniken, mit denen Traffic auf Ihrer Website generiert werden kann, können wiederum in drei Bereiche untergliedert werden:

1. Content-Optimierung – Maßnahmen zur Optimierung des Contents und der themenrelevanten Keywords

2. Indexkontrolle – die Beachtung der Logik hinter der Indexierung

3. Linkbuilding – die Währung schlechthin im Internet

15.1.2 Unterschiedliche SEO-Domänen

SEO kann in Unterbereichen differenziert werden:

Local SEO

Oktober 2010 tat Google kund, die klassische Darstellung der Google-Maps-Ergebnisse mit der Darstellung der Google-Places-Search-Ergebnisse zu kombinieren. Suchergebnisse von Orten werden seither in den organischen Trefferlisten ausgegeben, bestückt mit den bekannten Maps-Positionszeigern und der aus Maps bekannten Karte.

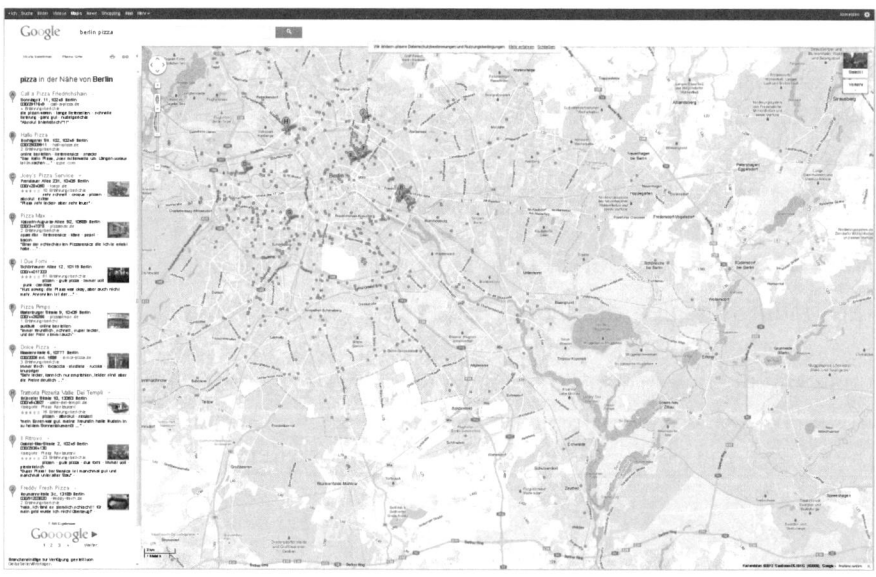

Abb. 146: Google-Maps-Suche; Bildquelle: Google Maps.

Die Google-Places-Darstellung erfolgt, in Anlehnung an die klassische Google-Maps-Darstellung, als Teil des Google Universal Search (siehe auch Kapitel 13.2.1) mit insgesamt zehn Treffern pro SERP. Das heißt, die Suchanfrage beispielsweise der Keywords „Berlin Architekt" generiert automatisch eine herkömmliche organische Trefferliste, in die Ortssuchergebnisse nach dem oben beschriebenen Schema einbezogen werden.

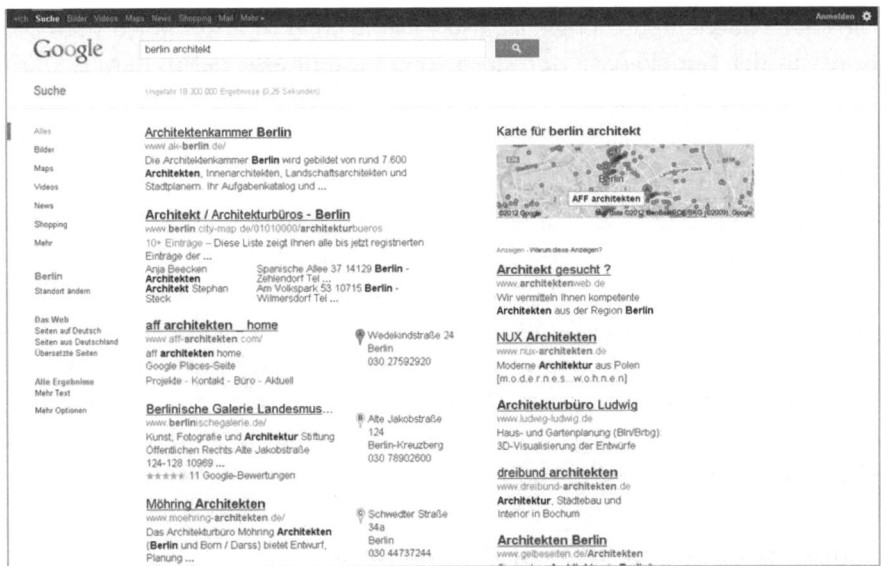

Abb. 147: Google-Places-Suche; Bildquelle: Google Places.

Google Places

Laut Google suchen 97 % der Nutzer im Internet nach Unternehmen in ihrer regionalen Nähe. Google Places wird von Google als kostenloses Onlinebranchenbuch vermarktet. So können auf dem Account Fotos, Videos, Angebote, Sonderaktionen etc. zum Unternehmen genutzt werden. Auch bietet Ihnen Google Places die Möglichkeit, Web-Analytics-Daten über Ihre Besucher, deren Suchbegriffe, die Nutzungsregion etc. zu erhalten. Weitere Informationen zur Thematik finden Sie hier:

➢ *http://googleblog.blogspot.com/2010/10/place-search-faster-easier-way-to-find.html*

➢ *http://www.google.de/places*

Eine Suche wie „Keyword + Stadt" hat somit eine neue Bedeutung erlangt. Dabei wird Google Places mit anderen Google-Services – z. B. Google Maps – kombiniert. So testet und optimiert Google unterschiedliche Geschäftsstrategien und Benutzerschnittstellen. Die Places-Treffer werden von organischem Text unterbrochen, oder die Karte wird an unterschiedlichen Positionen dargestellt, hier wird experimentiert. Das Trefferverhältnis (Places – organische Treffer) variiert daher. Waren früher auf der ersten SERP 10 organische Treffer und das 7er-Pack der Standard, sind es heute teilweise bis zu 15 Treffer (*http://www.seo-strategie.de/blog/google-places-ranking-optimieren/2186.html*).

Die lokale Suche über Google ist also wesentlich komplexer geworden. Die Kunst in der Google-basierten Local-SEO besteht also darin, herauszufinden, welche Einflussfaktoren bei Places für das Ranking eine Rolle spielen.

Resümee

Festzuhalten ist, dass die Rankings der Places- und der Maps-Treffer nicht identisch sind. Der neue Google-Places-Algorithmus, der bei Places zugrunde liegt, bezieht in das Ranking, neben regionalen Aspekten, auch Aspekte des organischen Rankings ein, was Places von Maps unterscheidet. Im Endeffekt gibt Google Places Treffer aus, die ohnehin bei den organischen Treffern hoch gerankt werden. Diese werden vermengt mit Google-Maps-Optionen (hybrides Place-Treffer). Im Ergebnis hat die Relevanz für das organische Ranking dank Google Places weiter zugenommen.

Produktbezogene SEO für Onlineshops

Die beste Art und Weise, SEO mit speziellem Produkt- oder Servicebezug zu betreiben, ist der Einsatz eines Onlineshops. Zu den Möglichkeiten von Onlineshops wurde an anderer Stelle bereits ausführlich berichtet (siehe Kapitel 10.7).

Setzen Sie bei großen Produktpaletten Shopsysteme ein

Es können hierfür auch spezielle Shopsysteme eingesetzt werden, wenn Sie beispielsweise eine sehr große Produktpalette anbieten.

Neun kostenlose Shopsysteme

Nachfolgend eine Liste mit neun kostenlosen Shopsystemen:

➤ OsCommerce – *http://www.oscommerce.com*
➤ ZenCart – *http://www.zencart.com*
➤ xt:Commerce – *http://www.xt-commerce.com*
➤ Magento – *http://www.magentocommerce.com*
➤ FWP Shop – *http://www.fwpshop.org*
➤ Prestashop – *http://www.prestashop.com*
➤ DashCommerce – *http://www.dashcommerce.com*
➤ LiteCommerce – *http://www.litecommerce.com*
➤ VirtueMart – *http://www.virtuemart.com*

Die Liste wurde entnommen aus: *http://www.techdivision.com/blog/open-source-shopsysteme-im-uberblick/*.

Folgende Präsentation gibt Ihnen eine gute Einführung in Shopsysteme:

http://www.informatik.uni-kiel.de/uploads/media/eCommerce4_08.pdf).

Gestalten Sie Ihren Onlineshop (W3C-)konform

Ein Onlineshop ermöglicht es, produkt- oder servicebezogen Werbung auf Suchmaschinen zu betreiben. Der Shop sollte nach **W**orld **W**ide **W**eb **C**onsortium-(W3C-)konformen Kriterien gestaltet werden. Das W3C bietet jede Menge freie Werkzeuge an, um Onlineshops im Speziellen und Websites im Allgemeinen auf Konformität zu überprüfen (*http://www.w3.org/QA/Tools/*). Die W3C-Guidelines sollten möglichst eingehalten werden, was aber nicht bedeutet, dass diese mit Perfektion umgesetzt werden müssen.

Was macht einen SEO-geeigneten Onlineshop aus?

Einen guten Onlineshop macht natürlich sein Content in Form der Produkt- und Servicepalette sowie – im Sinne der SEO – die „Lesbarkeit" für Suchmaschinen aus. Die Informationen zu den angebotenen Produkten müssen über sogenannte Tags jeder Kategorie und jedem Produkt einzeln zugeordnet werden. Hier gilt es, sich an Suchbegriffen zu orientieren, die die potenziellen Kunden bei der Suche nach Produkten und Dienstleistungen aus Ihrem Portfolio als Suchwort eingeben. Beschreibungen und Suchwörter, die das Produkt beschreiben oder umschreiben, eignen sich hier hervorragend.

Akademische SEO

Suchen oder publizieren Sie wissenschaftliche Studien?

Falls Ihr Unternehmen eine wissenschaftlich orientierte Ausrichtung hat, lohnt sich ein Blick über den Tellerrand hinaus in den Bereich der Academic SEO. Denn wie jeder Publizist möchte auch ein Wissenschaftler oder Forscher mit seinen Ergebnissen gefunden werden oder auch selbst etwas Bestimmtes finden. In einer Wissensgesellschaft stellen Know-how-Vorsprünge zu kostenlosen Onlinebibliotheken durchaus einen Wettbewerbsvorteil dar.

In diesem Segment haben die wissenschaftlich orientierten Suchmaschinen

➢ Google Scholar (*http://scholar.google.com/*),

➢ PubMed (*http://www.ncbi.nlm.nih.gov/pubmed/*),

> ➢ SciPlore (*http://www.sciplore.org/*) und

> ➢ Cite Seer (*http://citeseer.ist.psu.edu/index*)

Verbreitung erlangt.

Über **A**cademic **S**earch **E**ngine **O**ptimization (ASEO) haben sich Jöran Beel und Bela Gipp (Otto-von-Guerike-Universität Magdeburg) und Erik Wilde (UC Berkeley) im Journal of Academic Publishing Januar 2010 zu den Zusammenhängen der Publikation und Verbreitung von wissenschaftlichen Arbeiten im Kontext der SEO geäußert. Falls Sie mehr zur Thematik erfahren möchten, ist dieser Artikel empfehlenswert: *http://www.mendeley. com/research/academic-search-engine-optimization/*

15.2 Informationsstrukturen

Zu den Informationsstrukturen werden im SEO-Kontext die Website bzw. im SEA-Kontext die Landing-Page, die Navigationsstruktur, die URL-Struktur, die Crawlability, die Indexkontrolle, Sitemaps und das CMS etc. gezählt. Diese sollen nun kurz vorgestellt werden.

15.2.1 Webseitentypen

Die meisten Unterseiten einer Website sind in ihrer Grundstruktur drei Typen zuzuordnen.

> ➢ Homepage/Startseite

> ➢ Kategorieseite

> ➢ Detailseite

Homepage/Startpage

Die Homepage soll die Zielgruppe abholen sowie innovativ und seriös wirken. Der Besucher muss visuell die Hierarchie der Website und daraus eine Führung erkennen.

Auf der Homepage/der Startseite sind die meisten eingehenden Links zu finden. Daher sollte Ihre Homepage – vom Standpunkt der SEO aus – auf die wichtigsten Keywords optimiert werden.

Ebenso sollten – vom SEO-Aspekt her betrachtet – wichtige/zentrale/ erfolgskritische Unterkategorien und Unterseiten, die mehr als eine Hierarchieebene von der Startseite entfernt sind, direkt von der Startseite verlinkt werden. Somit wird die Sichtbarkeit Ihrer wichtigen Unterseiten für Suchmaschinen bedeutend erhöht.

Diese Aspekte steigern die „Crawlability" Ihrer Website (siehe 15.2.4).

Die Kategorie- und Rubrikseiten

Kategorieseiten stellen eine intelligente Aufteilung der Unterseiten dar. Vor allem die richtige Aufteilung, auch bei Webshops, entscheidet über den Erfolg, da ein besserer Überblick für den Nutzer ein entscheidendes Erfolgskriterium darstellt.

Aus SEO-Perspektive geht es darum, mit bestimmten Keywords eine gute Suchmaschinenoptimierung innerhalb der Unterseiten zu erreichen.

Die Detailseite

Die Detailseite wird letztendlich dem Informationsdurst gerecht, da der Kunde Details zum Produkt erhält und somit schnell eine Kaufentscheidung treffen kann.

Diese Aufteilung gilt nicht nur für Shoppingportale, sondern ist auch bei Nachrichtenwebseiten als durchaus gängig und erfolgreich.

Inhalt eines Website-Impressums

Inhaltlich sind im Impressum folgende Vorgaben vorgeschrieben:

➤ Name und Anschrift (bei juristischen Personen der Vertretungsberechtigte).

➤ Kontaktmöglichkeiten (Adresse und Mail).

➤ Zuständige Aufsichtsbehörde (bei Tätigkeit mit behördlicher Zulassung).

➤ Das Handels-, Vereins-, Partnerschafts- oder Genossenschaftsregister, in das Sie eingetragen sind, inklusive Registernummer.

➤ Bei bestimmten Berufen die Kammer, die gesetzliche Berufsbezeichnung, der, Staat der diese vergeben hat, sowie die Bezeichnung der berufsrechtlichen Regelungen und deren Zugang.

➤ Die Umsatzsteueridentifikationsnummer (gegebenenfalls).

Das Impressum sollte vor allem bei größeren Vorhaben von einem Juristen überprüft werden.

15.2.2 Navigationsstruktur

Eine gut entworfene Navigation strukturiert die Inhalte optimal und unterstützt so nicht nur die Nutzer, sondern auch die Suchmaschinen bei der Interpretation der Inhalte. Google versucht, mit den SERPs einen ersten Eindruck von der Seite zu vermitteln dann ein möglichst umfangreiches Bild von der Seite bzw. deren Inhalten geben.

Nehmen Sie sich Zeit für die Optimierung Ihrer Navigationsstruktur

Alle Seiten haben eine Startseite, auch Indexseite genannt, die normalerweise die meistbesuchte Seite ist und auch den Anfang der Navigation durch die Seite darstellt. Zusätzlich dazu sollten Sie darüber nachdenken, wie die Besucher Ihrer Seite einen spezifischen Content finden sollen. Haben Sie genug Seiten zu einem bestimmten Thema, sodass die Erstellung einer Metaseite über den Inhalt dieser Seiten sinnvoll wäre? Haben Sie Hunderte oder gar Tausende von Produkten, die in verschiedene Kategorien und Unterkategorien klassifiziert werden sollen?

Garantieren Sie Suchkomfort für die Benutzer durch „Breadcrumb Lists"

Breadcrumbs (Brotkrümel) bestehen aus einer Reihe von internen Links im oberen oder im unteren Bereich der Seite, die es erlauben, Besuchern eine schnelle Navigation zu einem vorherigen Teil der Startseite zu ermöglichen. Viele Breadcrumbs haben die Startseite ganz oben oder im linken Bereich der Seite. Auf der rechten Seite werden die spezifischeren Sektionen angezeigt.

Ermöglichen Sie die Verwendung veränderter URLs

Bedenken Sie, was passiert, wenn ein Benutzer ein Teil Ihrer URL weglässt. Manche Benutzer navigieren durch Ihre Seite auf merkwürdige Weise, und diese soll dafür gewappnet sein. Ein Beispiel dafür kann die Eingabe von einem Teil der URL sein in der Hoffnung, auf bestimmte Inhalte zu treffen. Der Benutzer mag zwar beispielsweise die URL *http://www.bbc.com/news/2012/upcoming-music-events.htm* aufrufen, gibt dann aber er ins Adressenfeld nur „ *„http://www.bbc.com/news/2010/"* ein in der Hoffnung, auf diese Weise Nachrichten zu Musikevents zu finden. Ist Ihre Seite für solche Navigationsmethoden gewappnet, oder zeigt sie gleich eine 404-Warnung (Document not found) an (siehe hierzu auch Kapitel 15.2.3)?

Schaffen Sie einen natürlichen Fluss der „Linkpower"

Ermöglichen Sie den Benutzern eine einfache Navigation durch Ihre Seite, können Sie schnell die gesuchten Inhalte finden. Fügen Sie Navigationsseiten hinzu, die sinnvoll und effektiv die interne Struktur Ihrer Seite wiedergeben und gute Suchergebnisse unterstützen.

Vermeiden Sie

> ➢ eine komplexe Linkvernetzung, z. B. dass alle Seiten der Website gegenseitig aufeinander zeigen, und

> ➢ eine schlecht verteilte interne Navigation, sodass nur eine langwierige Suche durch die Seite möglich ist. Dies verhindert eindeutig eine schnelle Suche nach Content. Als Standardtechnik wird hierbei das sogenannte Link-Siloing angewandt.

Link-Siloing

Beim Link-Siloing erfolgt die eindeutige Trennung unterschiedlicher Themenbereiche auf einer Website. Dabei sind diese voneinander abgegrenzten Unterbereiche nicht miteinander verlinkt, womit sich aus hierarchischer Sicht sogenannte – bildlich betrachtet – Link-Silos bilden.

Diese Technik wirkt sich ebenfalls positiv auf das Ranking aus, da dem Content bei dieser Strukturierungsart mehr Relevanz und Seriosität zugerechnet wird.

Verwenden Sie fast ausschließlich Textnavigation

Eine Navigation von Seite zu Seite durch Textlinks ermöglicht ein einfaches Crawling für Suchmaschinen. Zudem können User diese Art der Navigation vor allem mit Geräten, die kein Flash oder JavaScript unterstützen, aufrufen.

Vermeiden Sie daher

> ➢ Navigationsmethoden, die ausschließlich auf Drop-down-Menüs basieren oder Bilder und Animationen einsetzen. Viele Suchmaschinen sind in der Lage, solche Links wahrzunehmen, aber wenn ein Benutzer alle Inhalte der Seite durch eine Textnavigation erreichen kann, verbessern sich die Suchmaschinenergebnisse erheblich.

Sehen Sie hier, wie Google mit nicht textuellen Informationen umgeht: *http://www.google.com/support/webmasters/bin/answer.py?answer=72746.*

15.2.3 Verbessern Sie die Struktur Ihrer URLs

Leicht interpretierbare URLs vereinfachen die Ableitung von Content-Informationen

Der Entwurf beschreibender Kategorien sowie Ordner- und Dokument-namen auf Ihrer Webseite unterstützt Sie nicht nur bei einer guten Organisation Ihrer Seite(n), sondern auch beim Crawling Ihrer Dokumente. Dadurch werden für SEO geeignete URLs für diejenigen geschaffen, die Ihren Content verlinken möchten. Durch die Verwendung von langen, kryptischen Namen werden die Seitenbesucher eher abgeschreckt als angezogen.

Nutzen Sie kurze URLs

Zu lange URLs sind für den User unpraktisch. Die Benutzer werden Probleme haben beim Wiedergeben langer URLs. Sie glauben dann, dass ein Teil der URL unnötig ist, vor allem wenn diese nicht zu erkennen ist.

Wenn Ihre URL Schlüsselwörter beinhaltet, bietet dies den Benutzern und Suchmaschinen weit mehr Informationen über die Seite als eine ID oder irgendein anderer Parameter.

URLs werden in den Suchergebnissen angezeigt

Wählen Sie eine URL, die für Benutzer und Suchmaschinen einfach zu verstehen ist.

Verinnerlichen Sie, dass eine URL zu einem Dokument als Teil eines Suchergebnisses in Google angezeigt wird. Wörter werden, wie Titel und Snippets, in der URL hervorgehoben angezeigt, wenn sie in der Suche enthalten sind (siehe Abbildung 148).

Verwenden Sie Keywords in URLs

URLs mit Begriffen, die für den Inhalt und die Struktur Ihrer Seite relevant sind, sind freundlicher für den Besucher, die durch Ihre Seiten navigieren. Die Besucher merken sich besser die Strukturen Ihrer Seite und fühlen sich dann angezogen.

Vermeiden Sie

➢ die Verwendung von URLs mit unnötigen Parametern und Session-IDs,

➢ die Auswahl von allgemeinen Seitennamen wie z. B. *page1.html* sowie

➢ die Verwendung übertriebener, zu langer Schlüsselwörter.

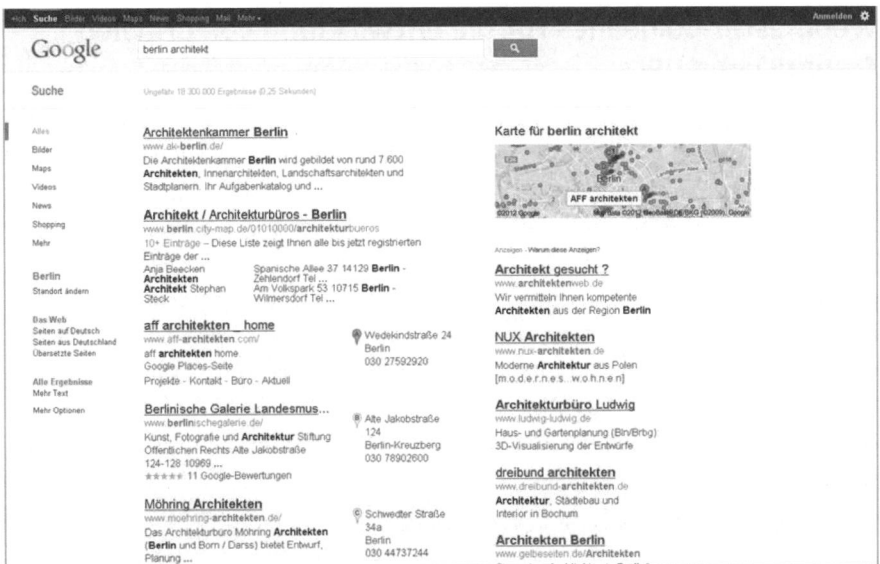

Abb. 148: Google-Places-Suche.

15.2.4 Crawlability von Website-Inhalten

Unter der Crawlability von Websites wird die Suchmaschinenfreundlichkeit von Websites verstanden, also wie einfach es für Crawler ist, die notwendigen Daten aus der Website zu extrahieren. Dazu gilt es, einige Regeln zu beachten, um nicht unnötig Rankingverluste zu erleiden.

Vorsicht bei Frames

Frames werden zur Erleichterung der Navigation und zur übersichtlichen Gliederung von Websites genutzt. Da einige Suchmaschinen jedoch nur das Frameset ohne die dazugehörigen Inhalte indizieren, da sie den weiterführenden Links nicht folgen können, kann dies zu beträchtlichen Problemen bei der Aufnahme der gesamten Webpräsenz in den Suchmaschinenindex führen.

Daher sollten unbedingt ausführliche Informationen in den sogenannten Noframe-Bereichen enthalten sein, wenn man nicht dank neuerer Gliederungsalternativen ganz auf das Framing verzichtet. Zwar kann Google mittlerweile iFrames auslesen, dennoch raten wir Ihnen in der Arbeitspraxis von der Nutzung von iFrames ab.

Webmaster-Guidelines für die Entwicklung von Crawler-freundlichen URLs

Google ist sehr gut beim Crawlen von allen Typen von URL-Strukturen, auch wenn diese komplex sind. Dennoch hilft ein simples URL-Design beim Crawling-Prozess und unterstützt zudem eine bessere Merkbarkeit der URL. Manche Webmaster versuchen, dies zu erreichen, indem sie ihre dymnamische URL erneut zu einer statischen machen. Google ist bei dieser Angelegenheit sehr raffiniert. Wir müssen darauf hinweisen, dass dies ein komplexes Prozedere ist, und wenn es falsch durchgeführt wird, kann es durchaus Hindernisse beim Crawling Ihrer Seite zum Ergebnis haben. Um weitere Details zur URL-Struktur zu erhalten, empfehlen wir Ihnen dieses Webmaster-Help-Center für die Entwicklung von Google-freundlichen URLs:

http://www.google.com/support/webmasters/bin/answer.py?answer=40349.

Einfache JavaScript- und AJAX-Routinen können ausgelesen werden

Auch können einfache JavaScript-Routinen (wie z. B. Redirects etc.) ausgelesen und interpretiert werden. Selbst bei AJAX-Code werden einfache Skriptvarianten ausgelesen, z. B. bei Facebook-Kommentaren, die per AJAX eingebunden sind und von Google ausgelesen werden können.

15.2.5 Indexkontrolle

Unter einer Indexkontrolle versteht man die Kontrolle über die eigene Seite hinsichtlich der Fragestellung, welche Unterseite auch wirklich in den Google-Index aufgenommen werden soll.

Gerade Seiten, die Duplicate Content oder keinen Mehrwert für einen User darstellen, sollten auf *noindex* gestellt werden. Das tun Sie, indem Sie auf den nicht relevanten Seiten das Metatag *robots* auf *noindex, follow* setzen. Sie sollten das Attribut *nofollow* möglichst nicht nutzen, da Sie mit diesem Attribut Google „sagen", dass Google sowohl interne als auch externe Links auf dieser Seite nicht verfolgen soll.

Gerade paginierte Seiten sollten bei „Duplicate Content" (duplizierter Inhalt) auf *noindex, follow* gestellt werden.

Der grundlegende Gedanke hinter einer Indexkontrolle ist also der, dass man Google nur die besten und relevantesten Seiten in den Index aufnehmen lässt. Damit erhöht man die Qualität seiner gesamten Seite und kann auf Rankingsteigerungen hoffen.

15.2.6 Sitemaps

Die Nutzung von Sitemaps ist gerade bei Content-reichen Multimedia-lastigen Websites eine Hilfe für Crawler. Hierzu wird eine XML-Sitemap-Datei angelegt.

XML-Sitemap-Datei

Eine XML-Sitemap-Datei, die für die Integration durch *https://www.google.com/webmasters/tools/* geeignet ist, unterstützt die Google-Suche. Durch eine solche Sitemap-Datei ist es gegebenenfalls möglich, Google darauf hinzuweisen, welche URL vorwiegend zu verwenden ist – auch unter der Bezeichnung Prioritäten-Crawling bekannt (*http://www.google.com/support/webmasters/bin/answer.py?answer=44231*).

Google hilft bei der Erstellung mit einem Open-Source-Sitemap-Generator-Skript (*http://code.google.com/p/googlesitemapgenerator/*). Besuchen Sie das Webmaster-Help-Center, um Näheres über Sitemaps zu erfahren (*http://www.google.com/support/webmasters/bin/answer.py?answer=40349*).

Best Practices

Vermeiden Sie, ...

> ... dass Ihre HTML-Seite nicht regelmäßig gepflegt wird und kaputte und ins Nichts zeigende Links beinhaltet – eine gute Webseite muss immer aktuell sein.

> ... die Erstellung einer HTML-Sitemap, die die Unterseiten nur auflistet und keine Struktur über den Content beinhaltet.

15.2.7 Content-Management-System (CMS)

Wenn Sie kein Onlineshopsystem nutzen, sondern eine Website mit Ihrer Produktpalette pflegen, arbeiten Sie aller Wahrscheinlichkeit nach mit einem CMS. Ein derartiges System erlaubt es Ihnen, ohne programmier-technische Kenntnisse eine Website zu betreiben und Ihre Inhalte zu ver-walten. So können Sie sich auf Ihre Inhalte konzentrieren und lassen das Layout und die Administration/Programmierung von Fachleuten erledi-gen. Auch ist es möglich, mit leicht erlernbaren CMS wie z. B. WordPress zu arbeiten, falls Sie alles auf eigene Faust ausprobieren wollen.

CMS stellen eine Wissenschaft für sich dar. Da die Definitionen zu CMS teilweise weit auseinanderdriften und auch in der Literatur in vielen Punkten Uneinigkeit besteht bzw. der Begriff nicht streng umgrenzt wird, möchten wir Ihnen Definitionsansätze von CEOs liefern, die onlinemarketing-dienliche und teilweise kontroverse Ansätze liefern (Quelle: *http://www.cmscritic.com/what-is-a-cms/*):

Navin Nagiah, CEO von DotNetNuke Corporation

Unter CMS versteht man jegliche Systeme, die helfen, Inhalte zu verwalten – zu erstellen, zu speichern, zu indexieren, zu archivieren, zu publizieren und zu verbreiten, so Nagiah. Nagiah unterscheidet zwischen den Systemen ECM (**E**nterprise-**C**ontent-**M**anagement) und WCM (**W**eb-**C**ontent-**M**anagement), die für ihn beides Content-Management-Systeme sind. Es gibt heute einen deutlichen Unterschied zwischen diesen beiden Arten von CMS. Ein ECM ist ein internes CMS für eine Organisation. Es handelt sich um die Verwaltung von Informationen und Prozessen innerhalb eines Unternehmens. Dabei dreht sich sehr viel um Dokumentmanagement.

Bei WCM geht es um die Verwaltung der Informationsveröffentlichung und -verteilung. Bei WCM liegt der Fokus eher bei den Einnahmen und dem Netzprofit. WCM zielt auf die Maximierung der Reichweite ab, während bei ECM die unternehmensinterne Prozesseffizienz im Vordergrund steht. Die Grenzen zwischen diesen beiden Systemen verwischen sich im Laufe der Zeit, je mehr Webapplikationen und Portale für die Verwaltung von internen Informationen, wie Dokumenten-Repositories, Web-2.0-Tools und Wikis, für die Zusammenarbeit und die Erstellung von Inhalten etc. verwendet werden.

Bill Rogers, CEO von Ektron

Ein CMS ist nicht länger nur die Verwaltung eines Stücks Inhalt auf Ihrer Website. Ein CMS sollte in der Lage sein, einem nicht technischen Anwender zu erlauben, jeglichen Vermögenswert, bei dem der Anwender eine Interaktion wünscht, auf der Website zu verwalten.

Dabei ist es gleichgültig, ob es sich um Textinhalt, ein Bild, ein Video oder Informationen handelt, die aus anderen Quellen gezogen werden. Ein CMS sollte Marketingteams erlauben, Onlinekampagnen zu starten und Rich-Internet-Applikationen zu verwalten. Nach Rogers werden Webseiten in Zukunft mehr und mehr als Mash-ups von Informationen und Funktionen gehandelt werden, die von mehreren Standorten gezogen werden. Eine skalierbare Web-CMS-Lösung sollte in der Lage sein, die Informationen anzuzeigen und zu verwalten, unabhängig davon, woher sie kommen.

Michael Siefert, CEO von Sitecore

Ich fühle mich verpflichtet, zuzugeben, dass ich den Begriff nicht leiden mag, so Siefert.

CMS leisten eine wirklich gute Arbeit bei der Defokussierung, was wichtig ist, um den Onlineerfolg messbar voranzutreiben.

Außerdem ist der Begriff zweideutig, da er als Abdeckung sowohl für den Bereich ECM (**E**nterprise-**C**ontent-**M**anagement) als auch WCM (**W**eb-**C**ontent-**M**anagement) verwendet wird. Aus betriebswirtschaftlicher Sicht sind dies zwei Dinge, die nicht weiter auseinanderliegen könnten. ECM sollte Ihnen helfen, effizienter in Ihren internen Geschäftsprozessen zu sein. WCM sollten Ihnen helfen, messbar Ihren Onlineerfolg zu fahren. Viele Unternehmen glauben leider immer noch, dass es eine großartige Strategie ist, die Verwaltung aller Inhalte in einem CMS zu zentralisieren. Es gibt einen großen Unterschied zwischen den Prozessen der Erstellung und Verwaltung eines rechtsgültigen Vertrags und personenoptimierte Inhalte zu schaffen, die dynamisch personalisierte Erfahrungen für die Marketingabteilung fahren. Das einzig Gemeinsame hier ist, dass man die Tastatur benutzen kann, um den eigenen Text zu signieren.

Selbst mit diesem doppeldeutigen Begriff verkauft Sitecore CMS mit großem Erfolg an ein breites Spektrum von Kunden. Wir werden den Namen ändern, wenn die Kunden, der Markt und die Analysten bereit sind, einen neuen Fachbegriff vorzuschlagen, so Siefert.

Matt Mullenweg, Gründer von WordPress

Ich bin nicht verrückt nach dem Begriff Content-Management, so Mullenweg, der Gründer von WordPress. Ich wache nicht jeden Morgen auf und sage: „Heute möchte ich einige Inhalte verwalten!" Ich will bloggen. Ich will podcasten. In dem Maße ist WordPress eine Konkurrenz im CMS-Raum. Ich denke, dass es daran liegt, dass wir versuchen, gemeinsame Annahmen zu überprüfen, die die aufgeblähten traditionellen CMS aufstellen.

15.2.8 Optimierung der Informationsarchitektur Ihrer Webpräsenz

Webseiten richtig strukturieren

Man muss sich die Website als ein architektonisches Werk vorstellen. Es hat eine Architektur, die dem User hilft, an die richtigen Stellen zu gelangen, ohne lange Wege und großen Aufwand. Man kann und muss also von einer Informationsarchitektur sprechen. Diese kann benutzerfreundlich oder katastrophal aufgebaut sein.

„Informationsarchitektur bezeichnet die Konzeption und Definition der Struktur eines Informationssystems, meist eines Computersystems, sowie der für den Nutzer des Systems möglichen Internationen und schließlich der An- und Zuordnung sowie die Benennung der in dem System enthaltenen Informationseinheiten und Funktionen", so die Wikipedia-Definition des Begriffs Informationsarchitektur (*http://de.wikipedia.org/wiki/Informationsarchitektur*).

An unterschiedlichen Stellen des Buchs gaben wir Ihnen weiterführende Informationen zu den verschiedenen Aspekten der Informationsarchitektur, wie z. B. zur Navigationsstruktur (siehe Kapitel 15.2.2), zur URL-Struktur (siehe Kapitel 15.2.3), zu Sitemaps (siehe Kapitel 15.2.6) etc., die auf unterschiedliche Weise an diese Definition anknüpfen.

Die Webseitenstruktur stellt ein wichtiges Merkmal der Informationsarchitektur dar.

Schaffen Sie eine einfache Ordnerstruktur

Verwenden Sie eine Verzeichnisstruktur, die Ihre Inhalte gut organisiert und Benutzern eine optimale Navigation durch Ihre Seite ermöglicht. Versuchen Sie es, indem Sie eine Verzeichnisstruktur aufbauen, die den gefundenen Content-Typ einer URL anzeigt.

Vermeiden Sie

➢ eine Einschachtelung von Verzeichnissen, wie *.../dir1/dir2/dir3/dir4/dir5/dir6/page.html*, sowie

➢ die Verwendung von Ordnernamen, die mit dem Inhalt nichts gemeinsam haben.

Interne Linkoptimierung

Versuchen Sie, für jeden Content eine einzigartige URL zu nutzen. Vermeiden Sie daher

➢ die Verwendung von Subdomainseiten und den Root-Directory-Zugang zum selben Content, wie z. B. *domain.com/page.htm* und *sub.domain.com/page.htm*, und

➢ schreiben Sie Ihre URLs klein.

Platzieren Sie Ihre Dateien möglichst nahe am Root-Directory. Dies gibt Ihnen einen weiteren Schub nach oben in der Rankingliste. Bewahren Sie Ihre Dateien dagegen nicht verschachtelt in Unter(unter)ordnern auf.

15.3 Content-Optimierung

Die Content-Optimierung wird in Bezug auf die drei Content-Typen Texte, Bilder bzw. Videos und Keywords erörtert.

15.3.1 Textoptimierung

Aktualisieren Sie Ihre Inhalte fortlaufend

Halten Sie die Inhalte auf Ihrer Site aktuell und fügen Sie regelmäßig neuen Content hinzu.

Aktualität der Inhalte

Ihre Webseiteninhalte sollten ständig aktuell gehalten werden.

Verwenden Sie keinen unsichtbaren Text

Sollten Sie unsichtbaren Text verwenden (also einen Text in der Hintergrundfarbe), der nur für die „Blendung" der Crawler gedacht ist, setzen Sie sich der Gefahr aus, als Suchmaschinenmanipulator aus dem Google-Index zu fliegen.

Verwenden Sie Content, der von Ihnen stammt

Originaler bzw. einzigartiger, eigener und relevanter Content, der sich vom Inhalt anderer Seiten unterscheidet, gibt Ihnen einen starken Schub nach oben. Sie sollten also nur Originaltexte und keine aus fremden Webseiten kopierten Duplikate (wie z. B. Anleitungen etc.) verwenden. Denn die Domains bzw. Inhalte von Dritten, die älter bzw. schon länger im Web sind als Ihre Inhalte, würden höher gerankt werden. Sie verstoßen gegebenenfalls auch gegen das Urheberrecht.

Verwenden Sie Überschriften

Das Verwenden von Keywords in großen Fontgrößen ist nicht – wie oft gedacht – von Einfluss auf Ihr Ranking, wohl aber die Nutzung von Überschriften (*h1* bis *h6*).

Setzen Sie Fett- und Kursivschrift sinnvoll ein

Fett- und Kursivschrift betonen bei sinnvollem Einsatz wichtige Begriffe oder Phrasen, eine Überdosierung dieser Formatierungsarten führt jedoch zu einem unübersichtlichen Bild.

Seitenlänge – je ausführlicher Ihr Artikel ist, desto besser

Je länger und ausführlicher Ihr Artikel bzw. die Seitenlänge, umso wahrscheinlicher ist ein positiver Rankingeinfluss zu vermuten.

15.3.2 Bilder- und Video-SEO

Bilder-SEO

Bei Bilder-SEO geht es darum, wie man seine Bilder bei Suchmaschinen auffindbar macht. Ein Ziel ist dabei, Bilder in Bildersuchmaschinen (Google Bildersuche, Bing Bildersuche etc.) weiter vorne ranken.

Martin Mißfeldt (Künstler, Firma DUPLICON, Berlin) hat die folgende Checkliste für das Bilder-SEO verfasst (*http://www.tagseoblog.de/bilder-optimieren-fuer-google-bilder-seo-basics-kompakt*):

➢ Der *Alt*-Text eines Bilds ist für Leser und Suchmaschinen sehr wichtig.

➢ Das *title*-Attribut im <*img*>-Tag kann für die Leser hilfreich sein.

➢ *Width* und *Height* sollten für die bessere Seitenperformance angegeben werden.

➢ Eine Bildunterschrift ist aus SEO-Sicht sinnvoll.

➢ Ein Copyright-Hinweis ist für User nützlich, aber für das Ranking (noch) irrelevant.

➢ Das Keyword im Seitentitel ist nicht zwingend erforderlich.

➢ Das Keyword in der Überschrift vor dem Bild ist gut für das Ranking.

Video-SEO

Auch für das Video-SEO gelten ähnliche Kriterien. Hierbei sind die folgenden fünf Schritte hilfreich:

1. Keyword-Optimierung.

   Ihre Keywords sollten Sie verwenden

   ➢ im Dateinamen,

   ➢ im Titel,

   ➢ in den Tags,

   ➢ in der URL und

   ➢ im Linktext.

   Beschreiben Sie das Video auch in einem zusätzlichen Text.

2. Bieten Sie Ihre Videos auf Videosharing-Sites an.

   Nutzen Sie Tools wie TubeMogul (*http://www.tubemogul.com/*), um Ihre Videos auf zahlreichen Videosharing-Sites gleichzeitig anzumelden.

3. Verlinkungsstrategie für Ihre Videodateien.

   Beziehen Sie, wie in den anderen Content-Bereichen der SEO, interne und externe Links in Ihre Verlinkungsstrategie mit ein:

   ➢ Nutzen Sie Cross-Linking zu anderen Videos.

   ➢ Verlinken Sie zu Videos auf relevanten Seiten.

   ➢ Verlinken Sie zu Videos in Blogs.

➢ Verlinken Sie zu Videos auf Social-Media-Seiten.

➢ Bookmarken Sie Ihr Video.

4. Ermutigen Sie Ihrer User/Zuschauer, Ihr Video zu sharen.

➢ Ermöglichen Sie Kommentare zum Video.

➢ Ermöglichen Sie das Sharen auf YouTube, Twitter, Facebook, MySpace etc.

➢ Bieten Sie Ihren Video-Content in mehreren Formaten an.

5. Optimieren Sie laufend Ihre Videos.

➢ Bauen Sie Videos in Blog-Posts ein.

➢ Lösen Sie lange Videos in kurze auf.

➢ Nutzen Sie Screenshots Ihrer Videos.

Siehe: *http://www.toprankblog.com/2009/10/video-seo-basic-tips/*

15.3.3 Keywords im Kontext von SEO

Keyword-Research

Die Keyword-Recherche umfasst die Analyse aller zielgruppen- und wettbewerberseitig genutzten Keywords und die Einbeziehung weiterer Varianten wie Tippfehler, Synonyme etc. Den Ablauf einer Keyword-Recherche werden wir Ihnen in der SEO-Road-Map (siehe Kapitel 17.4.2) erörtern und Ihnen zahlreiche Tools vorstellen, die Sie bei der Keyword-Recherche unterstützen.

Keyword-Dichte (engl. Keyword Density)

Die Keyword-Dichte sagt aus, wie häufig das Keyword auf einer Webseite vorkommt.

KD = (absolute Anzahl eines bestimmten Keywords) / (Anzahl aller Wörter auf einer Website)

Eine vernünftige Obergrenze für die Keyword-Dichte liegt zwischen 2 % und 5 %.

Maßnahmen zur Optimierung der Keywords

1. Platzieren Sie Ihre Keywords in den Heading-Tags (also *<h1>*, *<h2>*, *<h3>* etc.). Diesen Platzierungen wird eine höhere Relevanz beigemes-

sen. Vergessen Sie jedoch nicht, dieselben Keywords auch in den Fließtext einzubinden.

2. Anstatt eine Seite auf mehrere Keywords zu optimieren, gehen Sie lieber so vor, dass Sie pro Seite für ein bis zwei Keywords optimieren.

3. Positionieren Sie Ihren Content mit den Keywords eher auf den oberen Bereichen des Quelltexts Ihrer Webseite. Die Platzierung ist also von Relevanz, jedoch nicht von so hoher wie z. B. Ankertexte und Title- oder Heading-Tags.

4. Platzieren Sie Keywords in den <alt>-Tags. Crawler können keine Bilder „lesen", aber dafür deren Beschreibungen.

5. Der Kontext ist sehr wichtig. Semantisch ähnliche Keywords sollten im Content vorkommen, so wird dem Content ein höherer Wert beigemessen.

6. Sie können Ihre Keywords auch miteinander kombinieren und nach Keyword-Phrasen optimieren.

7. Shorthead Keywords (einphrasige Keywords) sind zu umkämpft, Kombinationskeywords erbringen zielgerichtetere und schnellere SEO-Ergebnisse.

Keyword-Tools

Die folgenden Tools helfen Ihnen dabei, mehr darüber zu erfahren, welche Keywords Nutzer bei ihren Suchen einsetzen:

➢ Google-Keyword-Tool
(*https://adwords.google.com/select/KeywordToolExternal*)

➢ SEMRUSH (*http://www.semrush.com/*)

➢ Google Analytics (*http://www.google.com/analytics*)

15.4 Optimierung des Quellcodes

HTML für SEO: Tags – Auszeichner für die Elemente einer Webseite – Einführende Darstellung von HTML-Tags

HTML stellt trotz der zunehmenden Bedeutung von Multimedia-Inhalten und immer populärer werdenden Programmiertechnologien im Web, z. B. JavaScript, AJAX etc., nach wie vor den wichtigsten Standard für die Erstellung der meisten Webinhalte dar. Obwohl es in HTML eine ganze Reihe von Tags zur Inhaltsbeschreibung einer Website gibt, werden diese jedoch nur selten genutzt. Einer der Hauptgründe dafür ist sicherlich der Vorrang von Layoutgesichtspunkten, den professionelle Webagenturen ebenso wie Laien bei der Generierung von neuen Webinhalten HTML geben.

Auswahl inhaltsbeschreibender HTML-Tags

Nachfolgend finden Sie eine Auswahl inhaltsbeschreibender HTML-Tags:

Tag	Bedeutung
abbr	Abkürzung
acronym	Akronym
address	Adresse
blockquote	abgesetztes Zitat
cite	Zitat
code	Quellcode
dfn	Definition
dl, dt, dd	abgesetzte Definition
em	betont
h1–h6	Überschriften
ins, del	Änderungsmarkierungen
kbd	Tastatureingabe
samp	Beispiel
strong	stark betont
title	Titel
var	Variable

Tags, die die Struktur eines Dokuments spezifizieren

Neben Überschriften-Tags bzw. *title*-Tags existieren auch Tags, die die Struktur eines Dokuments spezifizieren und Anhaltspunkte für Suchmaschinen bieten.

Tag	Bedeutung
b	fett
big, small	größere/kleinere Schrift in Relation zur Standardschrift
h1–h6	Überschriften
br	Zeilenumbruch

Tag	Bedeutung
font size	Schriftgröße
hr	Trennlinie
i	kursiv
p	Textabsätze
s	durchgestrichen
sup, sub	hochgestellt, tiefgestellt
u	unterstrichen
ul, ol, dl, menu, dir	Listendarstellungen

15.5 Onpage-Faktoren im <HEAD>-Bereich des HTML-Codes

Die einfachste Form eines HTML-Dokuments lautet wie folgt:

- ```
  <!DOCTYPE HTML PUBLIC "-//W3C//DTD HTML 4.01//EN"
  "http://www.w3.org/TR/html4/strict.dtd">
  ```
- ```
  <html>
  ```
- ```
  <head>
  ```
- ```
  <title>Webseitentitel</title>
  ```
- ```
  <!-- Head-Informationen und Kommentar -->
  ```
- ```
  </head>
  ```
- ```
  <body>
  ```
- ```
  <p>Webseiten-Content</p>
  ```
- ```
  </body>
  ```
- ```
  </html>
  ```

15.5.1 <HEAD>-Tag im Kontext von SEO

Das **W**orld **W**ide **W**eb **C**onsortium (W3C) befasst sich mit der Standardisierung von Webstandards, wie z. B. auch HTML.

„The HEAD element contains information about the current document, such as its title, keywords that may be useful to search engines, and other data that is not considered document content. "

www.w3.org/TR/html4/struct/global.html

15.5.2 Das title-Tag im Kontext von SEO

Schaffen Sie einzigartige und genaue Seitentitel

Das *title*-Tag enthält nicht nur den für Suchmaschinen erkennbaren Namen einer Webseite und erscheint in den Suchergebnissen, sondern wird auch im Browser in der obersten Zeile angezeigt. Das *title*-Tag sollte nicht mehr als sieben Wörter oder 65 Zeichen inklusive Leerzeichen umfassen, da Google ansonsten jedes Wort im Titel zu wenig gewichtet. Es ist zu empfehlen, die wichtigsten Keywords für die eigene Website im *title*-Tag vorne unterzubringen.

Zeigen Sie die Kerninformationen durch title-Tags

Ein *title*-Tag zeigt den Benutzern und den Suchmaschinen, welche Informationen die Seite enthält. Das <*title*>-Tag muss sich innerhalb des <*head*>-Tags des HTML-Dokuments befinden. Jede Seite Ihrer Webseite sollte stets einen einzigartigen Text enthalten.

Die Inhalte der Seite werden beim Suchergebnis angezeigt

Wenn Ihre Webseite als Suchergebnis angezeigt wird, werden die Inhalte des *title*-Tags auch in den ersten Zeilen als Ergebnis angezeigt. (Wenn Sie mit den verschiedenen Ergebnisteilen einer Google-Suche nicht vertraut sind, sollten Sie beispielsweise eine Videodatei über die Suchergebnisanatomie [*http://googlewebmastercentral.blogspot.com/2007/11/anatomy-of-search-result.html*] von Google-Head of Webspam Matt Cutts und seine Diagramme   [*http://www.google.com/support/websearch/bin/answer.py?answer=35891*] über die Suchergebnisse von Google anschauen.) Die Wörter im Titel werden hervorgehoben, wenn sie in der Suche des Benutzers angezeigt sind. Dies hilft den Benutzern beim Erkennen, ob die Seite für ihre Suche von Relevanz ist oder nicht.

Der Titel für Ihre Homepage kann den Namen Ihrer Webseite auflisten und kann auch weitere wichtige Informationen wie z. B. über Ihr Hauptprodukt und Ihr Angebot beinhalten.

Beschreiben Sie im title-Tag den Content der Seite präzise

Wählen Sie einen Titel, der den tatsächlichen Inhalt der Seite übermittelt. Vermeiden Sie grundsätzlich Folgendes:

➤ Einen Titel auszuwählen, der in keiner Weise mit dem Inhalt der Seite in Beziehung steht.

457

➢ Die Verwendung von allgemeinen oder ungenauen Titeln wie z. B. „Untitled" oder „New Page".

Schaffen Sie einzigartige title-Tags für jede Seite

➢ Jede Ihrer Seiten soll im Idealfall einzigartig formuliert sein, sodass Google die Seite von anderen unterscheiden kann.

➢ Vermeiden Sie die Verwendung eines einzigen *title*-Tags entlang der ganzen Website oder von bestimmten Seiten Ihrer Website.

Verwenden Sie kurze, aussagekräftige Titel

Die Titel können gleichzeitig kurz und informativ sein. Wenn der Titel zu lang ist, wird Google nur einen Teil dessen als Suchergebnis anzeigen.

Vermeiden Sie

➢ die Verwendung von zu langen Titeln, die zu sperrig für eine Suche sein könnten, und

➢ das Stopfen von überflüssigen Keywords als *title*-Tags. Mit "stopfen" ist hier das künstliche vollstopfen der Überschriften mit Keywords gemeint, um besser gerankt zu werden.

Für Suchmaschinen sind Seitentitel ein sehr wichtiger Aspekt in der Such-maschinenoptimierung.

15.5.3 <META>-Tags im Kontext von SEO

„META-Tags are still relevant with some indexing search engines. You should utilize your META Tags in accordance with the W3C – World Wide Web Consortium Metadata Specifications and those of the search engines you are targeting."

http://www.seoconsultants.com/meta-tags/

Warum sind Metatags wichtig?

Das Description-Metatag ist deswegen so wichtig, weil Google dieses als Hinweis zu Ihren Seiten verwenden kann, damit Google jeden beliebigen Textbestandteil der Webseite verwenden kann und eine schnelle und sinnvolle Suche der Benutzer ermöglicht wird. Die Description-Tag-Inhalte werden nämlich in den Suchmaschinenergebnissen angezeigt. Lernen Sie hier, wie die Anzeige von ODP-Daten vermieden wird: *http://www.google. com/support/webmasters/bin/answer.py?answer=35264.*

noodp-Tag

An dieser Stelle möchten wir Sie auch noch auf das *noodp*-Tag hinweisen:

■ `<meta name="robots" content="noodp">`

Dies stellt einen Opt-out für den Mechanismus von Google dar, Überschriften des **O**pen **D**irectory **P**roject (ODP) mit in die SERP zu übernehmen.

http://www.mattcutts.com/blog/google-supports-meta-noodp-tag/

15.5.4 Das Description-Tag im Kontext von SEO

Das Hinzufügen von beschreibenden Metatags zu jeder Ihrer Seiten ist wichtig, weil Google dadurch immer eine Beziehung zum Inhalt Ihrer Seite aufbauen kann für den Fall, dass andere Textelemente für eine gegebene Suche nicht verwendbar wären. Das Webmaster Central Blog beinhaltet viele Informationen über das Implementieren von Snippets mit besseren Description-Metatags (*http://googlewebmastercentral.blogspot.com/2007/ 09/improve-snippets-with-meta-description.html*).

Die Keywords im Snippet werden hervorgehoben, wenn sie als Ergebnis der Suche des Benutzers erscheinen. Dies gibt dem Benutzer Anhaltspunkte zum Inhalt der Webseite nach der jeweiligen Suche.

Verwenden Sie das Description-Metatag für jede Seite spezifisch. Die Beschreibung von Metatags zeigt Google und anderen Suchmaschinen eine schnelle Übersicht zu den Inhalten der Webseite. Während ein Seitentitel ein paar Wörter oder Phrasen zum Inhalt der Seite übermittelt, kann die Beschreibung eines Metatags einen oder zwei Sätze zum Inhalt der Webseite sowie einen kurzen Abschnitt von ihr beinhalten.

Die Google-Webmaster-Tools ermöglichen eine praktische Content-Analsyse (*http://googlewebmastercentral.blogspot.com/2007/12/new-content-analysis-and-sitemap.html*), die Ihnen zeigt, ob die Metatags zu lang oder zu kurz sind oder ob sie sich wiederholen (die gleiche Information wird für *<title>*-Tags angezeigt). Wie das *<title>*-Tag wird auch das Description-Metatag innerhalb des *<head>*-Tags Ihres HTML-Dokuments eingefügt.

459

Sorgfältig angelegte und genaue Beschreibung der Inhalte

Schreiben Sie eine Beschreibung, die den Benutzer bei der Suche gleichzeitig informiert und interessiert und die Seite durch die Description-Metatags hervorhebt.

Vermeiden Sie Folgendes:

➢ Das Schreiben von Description-Metatags, die nicht in direkter Beziehung zum Seiteninhalt stehen.

➢ Die Verwendung von allgemeinen Beschreibungen wie z. B. „Dies ist eine Webseite" oder „Seite über Fussballposter".

➢ Das Ausfüllen der Beschreibung ausschließlich mit Schlüsselwörtern.

➢ Das Copy-and-paste von ganzen Inhalten oder von ganzen Dokumenten als Description-Metatag.

Verwenden Sie einzigartige Beschreibungen für jede Seite

Unterschiedliche Description-Metatags für unterschiedliche Seiten Ihrer Präsenz sind hilfreich. Damit helfen Sie sowohl den Benutzern als auch Google, während der Suchvorgänge Ihr Angebot zu erfassen. Dabei kann Ihnen der Google-Site-Operator nützliche Dienste erweisen (*http://www. brianwhite.org/2007/04/27/google-site-operator-an-ode-to-thee/*). Wenn Ihre Domain Tausende oder Millionen von Seiten beinhaltet, ist die manuelle Erstellung von Description-Metatags natürlich unmöglich. In diesem Fall ist eine automatische Erzeugung anhand von Seiteninhalten jeder einzelnen Seite ratsam.

Vermeiden Sie dabei die Verwendung einer einzigen Metatag-Description/ Metabeschreibung für alle Seiten der Domäne oder für eine große Menge der Seiten.

15.5.5 Das Sprachen-Tag

Meist sind die Inhalte auf einer Website bestimmt für eine bestimmte Region oder Sprache. Die Notation:

▪ `rel="alternate" hreflang="x"`

oder optional:

▪ `"rel="canonical"`

hilft Google dabei, die Suchergebnisse nach regionalen Kriterien anzupassen.

Google empfiehlt diese Notation (*rel="alternate" hreflang="x"*) vor allem in den folgenden Fällen:

➢ Wenn Sie nur die Vorlage (engl. Template) Ihrer Website übersetzt haben, also den Navigationsbereich, den Footer etc. und den Content in einer Sprache halten.

➢ Wenn Sie eine einzige Sprache nutzen (z. B. Deutsch) und diese auf Regionen verteilen (z. B. Österreich, Schweiz etc.).

➢ Wenn Sie die Website komplett in mehreren Sprachen vorliegen haben (z. B. Deutsch und Englisch).

Dabei wird in im Head-Bereich des HTML-Codes folgender Code eingetragen, wenn die Alternativsprache beispielsweise Spanisch sein soll:

▪ `<link rel="alternate" hreflang="es" href="http://es.beispiel.com/" />`

Der Wert des *hreflang*-Attributs identifiziert die Sprache (im Format ISO 6391-1) und optional die Region (im Format ISO 3166-1 Alpha 2) einer abweichenden URL.

Dieser Wert kann wie folgt aussehen:

➢ *de*: deutscher Content, regionsunabhängig

➢ en-GB: englischer Content für Nutzer in Großbritannien

➢ de-ES: deutscher Content für Nutzer in Spanien

15.5.6 Das Canonical-Tag

Das Canonical-Tag, oder auch „Canonical-Linkelement" genannt (engl. canonical – vorschriftsmäßig), dient dazu, doppelten Content als solchen zu kennzeichnen. Dies veranlasst, dass die Crawler den doppelten Content nicht zuungunsten des Website-Betreibers werten. Das Canonical-Tag findet meist Anwendung in der Deklaration von doppeltem Content, der beispielsweise in unterschiedlichen Sprachen vorliegt und Teile der Seiteninhalte dennoch Duplikate sind. Die Notation stellt sich wie folgt dar:

▪ `<link rel="canonical" href="http://www.beispiel.de/" />`
▪ `<link rel="canonical" href="http://www.beispiel.de/seite.html" />`
▪ `<link rel="canonical" href="http://www.beispiel.de/ verzeichnis/seite.html" />`

http://en.wikipedia.org/wiki/Canonical_link_element

http://support.google.com/webmasters/bin/answer.py?answer=139066

Quelle: *http://support.google.com/webmasters/bin/answer.py?hl=en &answer=189077*

15.5.7 Linkattribute im Detail

nofollow stellt ein sogenanntes Mikroformat bei der Notation von Hyperlinks in HTML dar. *nofollow* implementiert für Suchmaschinen eine Anweisung dazu, die Rückverweise nicht zur Bewertung der Linkpopularität zugrunde zu legen.

Die normale Notation eines Ankers in HTML lautet wie folgt:

- `<a href="http://meineseite.de/">mein Text</a>`

Der *nofollow*-Zusatz lautet wie folgt:

- `<a href="http://example.com/" rel="nofollow">Beispiel</a>`

Ähnlich wie *"rel="nofollow"* (siehe Kapitel 15.6.2) spezifiziert HTML5 eine Reihe neuer Attribute zu Links, z. B.:

- ➢ *author*, Bezug nehmend auf den Autor des Dokuments,
- ➢ *license* auf die Art der Lizenz.

Auch wenn sich die neuen Attribute nicht auf das Ranking auswirken, werden sie dennoch bestimmt dabei helfen, die Transparenz und die Strukturierung sowie die Organisation von Dokumenten und Quellen besser zu organisieren und zu steuern.

Die CMS-Anbieter werden sicherlich sofort mitziehen, wenn HTML5 zu einem verbreiteten Standard im Web wird.

15.5.8 Keyword-Tags im Kontext von SEO

Das Keyword-Metatag wurde 1995 popularisiert durch die Suchmaschinen Infoseek und AltaVista, sodass es zum meistgenutzten Metatag in dieser kurzen Ära wurde. Ab 1997 fingen die Suchmaschinenbetreiber mehr und mehr an, festzustellen, dass die Angaben im Keyword-Tag wenig verlässlich und irreführend waren oder eben zu Spam-Inhalten führten (siehe hierzu auch die Informationen zur historischen Entwicklung von Suchmaschinen in Kapitel 13).

Die Suchmaschinen fingen an, die Relevanz von Keyword-Tags auf das heutige Minimum zu reduzieren. September 2009 verkündete Matt Cutts von Google, dass Keyword-Metatags gar keine Relevanz für Google haben.

Yahoo! gab zunächst an, in Kombination mit anderen Kriterien die Keywords in die Relevanzbeurteilung mit einzubeziehen, doch dann gab auch Yahoo! diese Praxis auf.

15.6 Onpage-Faktoren im <BODY>-Bereich des HTML-Codes

Die Onpage-Faktoren im *<BODY>*-Tag beziehen sich auf das Heading-Tag, das Meta-*robots*-Tag und das *<ALT>*-Tag.

15.6.1 Heading-Tags

Sogenannte Heading-Tags von *h1* bis *h6* sind hierarchisch gestaffelte Überschriften auf einer Website. Google wertet Begriffe, die im Rahmen der Überschrift stehen, stärker als solche im Fließtext, wobei zusätzlich stärkeres Gewicht auf das *h1*-Tag als auf die folgenden Überschriftenebenen gelegt wird.

Die Überschriftentags eignen sich sowohl, um ein Webdokument anhand seiner Gliederung zu strukturieren, als auch, um anhand des Vorkommens von Begriffen auf den unterschiedlichen Hierarchieebenen der Überschriften diese Begriffe mit gewichteten Werten ins Ranking der Suchmaschine einfließen zu lassen.

15.6.2 Meta-robots-Tag

Das *robots*-Tag erteilt Suchmaschinen-Robots Anweisungen, ob eine Website indexiert werden soll bzw. ob Unterseiten dazu bestimmt sind, weiterhin verfolgt zu werden.

noindex, nofollow

Wenn das Meta-*robots*-Tag auf "Noindex, Nofollow" gesetzt wird, bedeutet das, dass der Suchmaschinen-Robot die Seite nicht mehr in den Index aufnimmt und alle Verlinkungen auf der Seite nicht weiterverfolgt werden.

Wird das Meta-*robots*-Tag hingegen auf "Noindex, follow" gesetzt, werden die Verlinkungen auf der Seite im Gegensatz dazu verfolgt, aber die Seite wird ebenfalls nicht in den Index aufgenommen.

15.6.3 <Alt>-Tags

Das *alt*-Attribut wird in (X)HTML-Dokumenten genutzt, um alternativen Text zur Verfügung zu stellen, der gerendert wird, wenn das ursprüngliche Objekt nicht gerendert werden kann, beispielsweise wenn der Upload von Bildern zu langsam oder gar nicht vonstatten geht. In HTML 4.01 wird das *alt*-Tag bei den *img*- und *area*-Tags benötigt. Die Syntax lautet wie folgt:

- `<img alt="Hier steht der alternative Text">`
- `<area alt="Hier steht der alternative Text">`

15.7 Neue HTML5-Tags

HTML5 nutzt eine Reihe neuer Tags, die aussagekräftiger sind als die bisher bekannten, zuvor vorgestellten, z. B.:

- *<header>*
- *<section>*
- *<nav>*
- *<aside>*
- *<article>*
- *<footer>*

So werden Suchmaschinen-Crawler in Zukunft die Inhalte systematischer durchforsten können. Die am Anfang des Buchs erwähnten Möglichkeiten des semantischen Webs können hier besser zum Tragen kommen. Die semantische Auszeichnung wird also tendenziell wichtiger. Auch keine Überraschung: Google wird den Angaben nicht trauen. Für die Onpage-Bewertung wird die semantische Auszeichnung sicherlich eine Relevanz bekommen, dennoch werden die bisher wirkenden Kriterien noch einige Zeit ihre Relevanz behalten.

Video- und Audiotags werden zum festen Bestandteil von HTML

In HTML5 wird die Implementierung von Plug-ins und Erweiterungen wie Flash etc. noch besser unterstützt. Die Tags

- *<audio>* und
- *<video>*

werden in HTML5 zum festen Bestandteil. Der Trend geht dahin, dass die Erkennung von Videodateien für Suchmaschinen genau so einfach wird, wie das derzeit bei Bildern der Fall ist.

Microdata und RDFa

Suchmaschinen, Webcrawler und Browser können mithilfe sogenannter Microdata wesentlich besser Daten aus der Website extrahieren und ausführen. So können Daten zu Produkten, Services, Eventinformationen, Diskussionen etc. wesentlich einfacher abgebildet werden. Das wird auch dazu führen, dass alle Anbieterinformationen in Zukunft in strukturierter Form den Suchmaschinen frei zur Verfügung stehen.

RDFa (**R**esource **D**escription **F**ramework – in – **a**ttributes) stellt eine W3C-Empfehlung dar, die helfen soll, diverse Attribut-Level-Erweiterungen, die Rich-Metadata zu Rich-Media-Inhalten in Webdokumenten einbetten, zu vereinfachen (*http://www.w3.org/TR/xhtml-rdfa-primer/*).

15.8 Onpage-Rankingfaktoren für die Optimierung Ihrer Website

In diesem Kapitel werden diverse Onpage-Rankingfaktoren vorgestellt. Dazu wird auf die Begriffswelt, Konzepte, Richtlinien sowie Algorithmen der Onpage-Rankingfaktoren eingegangen, und es gibt ein Interview mit dem Geschäftsführer der Berliner SEO-Agentur AKM3 GmbH, Markus Koczy.

15.8.1 Einführende Betrachtung der Onpage-Rankingfaktoren

Maßnahmen der Onpage-Optimierung

Onpage-Faktoren umfassen allgemein die folgenden Maßnahmen:

➢ Wettbewerbsanalyse

➢ Keyword-Recherche

➢ Website-Strategie entwickeln

➢ URL-Struktur

➢ Titel-, Header-, Meta- und Alt-Tags optimieren

➢ Content-Optimierung

➢ interne Verlinkung

➢ Media-Optimierung

Die Herangehensweise im SEO-Prozess wird in der SEO-Road-Map (siehe Kapitel 17.4) eingehend dargestellt, doch zunächst werden weitere suchmaschinenspezifische Vorgaben beleuchtet.

15.8.2 Optimales Ranking

Je weiter oben in den Suchergebnissen, desto mehr Marktanteile

Da die Nutzer von Suchmaschinen dazu neigen, nur die in den Suchergebnissen weit oben – also auf den ersten SERPs – geführten Ergebnisse anzuklicken, ist die Wahrscheinlichkeit für Anbieter, im Web gefunden zu werden, umso höher, je weiter oben sie gerankt werden. Ein Riesenpotenzial, was gerade kleinen und mittelgroßen Unternehmen neue Marktanteile eröffnen kann, wenn man hier optimiert.

Anteil von organischen Suchergebnissen am Umsatzerfolg

Auch wenn es relativ schwierig ist, zu beurteilen, wie hoch der Anteil von organischen Suchergebnissen am Umsatzerfolg der Website ist, so ist es doch offensichtlich, dass eine Riesenbranche auf diesem Weg erfolgreich zu Business-Leads kommt. Eine Investition in Form von Zeit (zum Know-how-Erwerb) und/oder Geld (zum Einkaufen von Fremdleistungen wie z. B. SEO-Beratern) lohnt sich unbedingt.

15.8.3 Filter und Penalties: abgestraftes Ranking

Wie in jedem Onlinemarketingkanal hat man auch im Kontext der SEO viel mit Spam zu tun, wogegen sich die Suchmaschinenbetreiber mit fast täglich upgedateten Informationen zum Spammer-Markt und entsprechenden Gegenmaßnahmen zu wehren versuchen. Es ist ein Katz-und-Maus-Spiel.

Spam-Filterung

Google nutzt eine Reihe von Spam-Filtern, die auch bei anderen Suchmaschinen in Form ähnlicher Filterverfahren eingesetzt werden:

➢ Google-TrustRank-Filter: Unter TrustRank wird eine Linkanalysetechnik verstanden, die von Forschern der Stanford University und Yahoo! entwickelt wurde, um nützliche Links von Spam-Links zu trennen. Der

Google TrustRank quantifiziert das „Vertrauen" Googles in eine Website. Am besten baut man Vertrauen bei Google auf, wenn die eingehenden Links auf die eigene Seite von vertrauenswürdigen Anbietern, beispielsweise Wikipedia, kommen. Hier finden Sie eine Website mit der Funktionsweise des Trusted-Rank-Algorithmus: *http://pagerank. suchmaschinen-doktor.de/trustrank.html*.

Weitere Informationen zum PageRank hatten wir bereits gegeben (siehe Kapitel 13.3), und Informationen dazu, welche Spam-Filter es noch gibt, erhalten Sie hier: *http://www.seojunkies.com/default.asp/p=88/Google_ Filters.*

Empfehlungen von Google zur Vermeidung von Spam in SEO

Laut Google gibt es jede Menge unseriöser Anbieter auf dem SEO-Markt. Besondere Aufmerksamkeit ist, gemäß Google, in den folgenden Fällen geboten:

Beispielsweise sollte bei unangeforderter Zusendung von E-Mail-Angeboten von SEO-Dienstleistern die gleiche Vorsicht herrschen wie im Fall jeder anderen Spam-Mail. Ebenso kritisch sind Angebote zu behandeln, die qua privilegiertem Zugang zu Google ein besonders hohes Ranking im Auftragsfall versprechen. Einen solchen Zugang gibt es nicht, da Google kommerzielle Suchergebnisse bereits über das Sponsored-Links-Programm selbst verwaltet.

15.8.4 Rankingfreundliches Webhosting

Nutzen Sie Dedicated-Server

Nutzen Sie einen sogenannten Dedicated-Server anstelle eines Servers, der Websites von multiplen Betreibern hostet. Dadurch sind Sie davor gefeit, dass Sie schlechte Nachbarschaft haben, weil jemand, der ebenfalls auf demselben Server gehostet wird, aus dem Google-Index entfernt wurde. Die Nähe der IP-Adresse zum schlechten Nachbarn könnte Ihnen dann zu einem teuren Verhängnis werden.

Machen Sie Testdomains unsichtbar

Wenn Sie eine Testdomain nutzen, sollten Sie diese erst einmal unsichtbar machen, indem Sie das Meta-*robots*-Tag *NoIndex* nutzen oder die Seite hinter einem Passwortschutz verstecken. Wenn die Seite online ist, wird das die Spider nicht mehr irritieren.

Ist Ihre Hosting-Company effizient genug?

Wenn Ihre Hosting-Company nicht effizient genug ist, also 2 bis 3 % der Zeit nicht in Betrieb ist, sollten Sie sie wechseln. Ist Ihre Site außer Betrieb, können Spider sie nicht mehr crawlen, und Sie haben quasi Ihren Laden geschlossen.

15.8.5 Einfluss des Domainalters auf das SEO

Domainpage-Alter

Das Alter ihrer eingehenden (Inbound-)Links ist wichtig. Alte Links bekommen über die Zeit mehr Trust. Viele neue Links zeigen nur, dass diese gerade erst gesetzt worden sind.

Das Alter einer Domain wird also als relativer Nachweis für glaubwürdigen und vertrauenswürdigen Content gewertet. Hierbei wirkt der Google-Domain-Age-Filter: Dabei werden Faktoren wie das Domainalter und Daten darüber, wann Google das erste Mal Inhalte auf der Seite indexiert hat, als Grundlage genommen und der Qualitätshistorie zugrunde gelegt.

15.8.6 Branded SEO – Non-Branded SEO: Was macht den Unterschied?

Viele Unternehmen, die anhand ihrer Web-Analytics-Daten ihre Besucherstatistiken analysieren, stellen fest, dass die am häufigsten verwendeten Suchbegriffe, mit denen Besucher über Suchmaschinen auf die eigene Website gelangen, über die Eingabe des Unternehmensnamens kommen.

Das heißt, die Bedeutung Ihres Brands/Ihrer Marke ist essenziell bei der Erzeugung von Traffic. Jemand, der über Ihren Markennamen nach Ihrer Onlinepräsenz sucht, wird wahrscheinlich eher etwas von Ihnen kaufen als jemand, der mehr oder weniger zufällig auf sie gestoßen ist. Hier wirken also Marketingeffekte, die Sie zuvor über andere (Online-)Marketingkanäle generiert haben, um Ihre Marke aufzubauen.

Non-Branded SEO

Non-Branded SEO bezeichnet die Nutzung von Keywords, die Ihren Markennamen nicht enthalten. Je nachdem, ob Sie nur Besucher auf Ihre Startsite einladen oder ein spezielles Produkt auf der jeweils betrachteten Webseite bewerben möchten, sind hier unterschiedliche Strategien anzuwenden. Über den nachfolgenden Link gelangen Sie zu weiteren Informationen zur Thematik: *http://www.acquisio.com/seo/branded-seo-for-better-rankings/*.

15.8.7 Verschiedene Dateiformate unter SEO-Aspekten

Zentrale Dateiformate

Es gibt zunehmend Multimedia-Inhalte wie Audio- oder Videofiles, die nicht in ihrem kompletten Umfang, sondern nur vermittelt durch textbasierte Metainformationen von den Suchmaschinen erfasst werden (beispielsweise bedingt durch HTML, JavaScipt und Widgets).

PDFs undFlash werden aufgrund des zeitlichen Aufwands nur teilweise ausgelesen

Nach einer Studie des Opera Developer Center beinhalten insgesamt 30 bis 40 % der getesteten Seiten Flash-Inhalte, die für Crawler nicht lesbar sind (*http://www.seoline-blog.de/seo-und-flash/).*).

Checkliste zur Optimierung von Flash-Dateien

Hier finden Sie eine Checkliste für die Optimierung von Flash-Dateien für SEO: *http://www.adobe.com/devnet/seo/articles/checklist_ria.html.*

Optimierung von PDF-Dateien

Bei PDF-Dateien ist zu beachten, dass man im Unterschied zu einer HTML-Datei wesentlich weniger Kontrolle über das PDF-Dokument hat. PDF-Dokumente, die in SERPs gelistet werden, wurden anhand der Title- oder Subject-Tags des PDF-Dokuments gefunden.

Um PDF-Dokumente SEO-tauglich zu machen, öffnen Sie eine PDF-Datei in einem PDF-Tool (z. B. Adobe Reader), öffnen per ⟨Strg⟩+⟨D⟩ die Dokumenteigenschaften und geben unter

> *Title*
> *Subject*
> *Keywords*

Ihre Keywords ein.

15.8.8 Interview mit Markus Koczy – Geschäftsführer der Berliner SEO-Agentur AKM3 GmbH

Markus Koczy hat Wirtschaftswissenschaften in Bochum und Dortmund studiert. Während seines Studiums leitete er den SEO-Bereich von Hitmeister und war bei der Rocket Internet GmbH für namhafte Unternehmen wie zalando und eDarling in der Suchmaschinenoptimierung tätig. Seit 2010 ist er Geschäftsführer der Berliner SEO-Agentur AKM3 GmbH und unterstützt die nationalen und internationalen Kunden bei der technischen und inhaltlichen Suchmaschinenoptimierung. Die AKM3 GmbH bildet den gesamten Suchmaschinenoptimierungsprozess ab – von der Keyword-Analyse und -Priorisierung über die Onpage-Analyse und -Konzeptionierung bis hin zum Linkmarketing. Dabei bildet das internationale Linkmarketing einen Schwerpunkt. Markus Koczy hat mehrere Artikel in Fachmagazinen zu den Themen Suchmaschinenoptimierung, Universal Search, Google Suggest und zu weiteren SEO-relevanten Themen verfasst.

Abb. 149: Markus Koczy – Geschäftsführer der AKM3 GmbH.

Alpar: Was genau ist eigentlich Onpage-SEO?

Koczy: SEO umfasst bekanntlich alle Maßnahmen, die zur Optimierung der Auffindbarkeit von Webseiten in Suchmaschinen dienen. Onpage-SEO fasst solche Maßnahmen zusammen, die auf der jeweiligen Webseite durchgeführt werden, und grenzt sich damit von der Offpage-SEO also solche Maßnahmen ab, die nicht direkt auf der zu optimierenden Seite umgesetzt werden. Dass eine Seite von Suchmaschinen gecrawlt werden kann und die Suchmaschine die Relevanz der Seite für bestimmte Suchbegriffe festlegen kann, ist eine notwendige Bedingung, um überhaupt zu ranken. Durch die Offpage-Maßnahmen, also insbesondere das Linkmarketing, kann das Ranking wiederum verbessert werden. Aber ohne die Grundlagen der Onpage-SEO hat eine Seite erst gar keine Möglichkeit, in den Suchergebnissen gefunden zu werden.

Die Onpage-Optimierung gliedert sich in die technische und die inhaltliche Suchmaschinenoptimierung. Während sich die technische Suchmaschinenoptimierung mit Fragestellungen wie dem Indexierungsmanagement oder der Seitenarchitektur beschäftigt, also den grundsätzlichen Aufbau der Seite umfasst, werden im Rahmen der inhaltlichen Suchmaschinenoptimierung (Text-)Inhalte für Suchmaschinen optimiert.

Alpar: Warum ist Onpage-SEO überhaupt notwendig?

Koczy: Webseiten sind nicht von Grund auf suchmaschinenoptimiert. Das kann vielerlei Gründe haben. Beispielsweise ändert sich der Google-Algorithmus häufig, sodass Webseiten, die vor mehreren Monaten erstellt und auch optimiert wurden, den heutigen Qualitätsansprüchen nicht mehr gewachsen sein müssen. Außerdem nutzen viele Webseitenbetreiber CMS-Systeme, die nicht ausreichend suchmaschinenoptimiert sind. So werden Titel, die URL-Struktur oder auch die Formatierung von Textinhalten zwar aus technischer, nicht aber aus suchmaschinenorientierter Sicht optimal umgesetzt. Daher ist jedem Webseitenbetreiber ans Herz zu legen, sich mit den Grundlagen der Onpage-Optimierung zu beschäftigen und zu prüfen, inwiefern die für Suchmaschinen aktuell relevanten Kriterien auf der eigenen Seite wirklich umgesetzt werden.

Alpar: Gibt es bei unterschiedlichen Webseiten unterschiedliche Bedürfnisse nach Onpage-SEO?

Koczy: Ja. Während beispielsweise ein Onlinemarktplatz mehrere Millionen Produkte anbietet und zunächst geprüft werden muss, welche Inhalte überhaupt von Suchmaschinen indexiert werden sollen – Google & Co. können nicht „unendlich" viele Inhalte crawlen, sodass man sich auf die relevanten, einzigartigen Inhalte konzentrieren sollte –, müssen sich Nachrichtenportale um die möglichst schnelle Indexierung neuer Inhalte bemühen und überlegen, wie man mit veralteten Inhalten umgeht. Regionale Anbieter, wie beispielsweise Handwerker oder Ärzte, haben gar nicht das Bedürfnis, durch hervorragende Suchmaschinenpositionen auf stark umkämpften Keywords flächendeckend Traffic zu erhalten. Hier konzentriert man sich also eher darauf, für regionale Suchanfragen gefunden zu werden, und baut die Seite dementsprechend auf. Ein wichtiges Thema in diesem Zusammenhang ist auch die Universal-Search-Strategie, also die Optimierung der eingeblendeten Produktempfehlungen, regionalen Angebote oder auch Nachrichten in den Suchergebnissen. Je nach Ausrichtung der Webseite sollte für das eine oder andere Universal-Search-Element optimiert werden. Man kann also durchaus davon sprechen, dass für jede Webseite zunächst eine individuelle Strategie festgelegt werden muss, auch wenn sich mehrere Elemente der Onpage-Optimierung für alle Webseiten wiederholen.

Alpar: Wie verhält sich der Einsatz von Content-Management-Systemen in Bezug auf den Bedarf nach Onpage-SEO?

Koczy: Content-Management-Systeme verfolgen, wie der Name schon sagt, vorrangig das Ziel, den Content einer Webseite auf auch für Laien einfache Art und Weise verwalten zu können. Texte, Bilder und weitere Seitenelemente lassen sich bequem per WYSIWYG-Editor einpflegen. Der Nutzer kann fertige Templates in das Content-Management-System laden, um das Design der Seiten mit wenigen Klicks komplett verändern zu können – HTML-Kenntnisse sind also nur sporadisch notwendig, um ein CMS zu nutzen. Allerdings birgt diese vermeindliche Einfachheit auch einige Risiken. So sind Content-Management-Systeme zumeist nicht auf Suchmaschinenoptimierung ausgerichtet. Zwar werden für die namhaften CMS Plug-ins bereitgestellt, die die technische Suchmaschinenoptimierung erleichtern. Doch auch um diese anzupassen und die für die jeweilige Webseite korrekten Einstellungen vorzunehmen, ist entsprechendes SEO-Knowhow vonnöten. Das „Wunder-Plug-in", das Webseiten an die Faktoren für eine gute Onpage-Optimierung anpasst, wird sicherlich nie auf den Markt kommen. Dafür ist der Bereich der Onpage-Optimierung einfach zu komplex, und die Rankingkriterien ändern sich zu oft. Gäbe es ein solches Plug-in, könnte man ja auch nicht mehr von „guter" oder „schlechter" technischer Optimierung sprechen, da jeder Nutzer ein solches Tool verwenden könnte. Leider wird aus Marketingzwecken Webseitenbetreibern häufig vorgespielt, dass ein CMS von Grund auf suchmaschinenoptimiert sei. Das führt dann natürlich dazu, dass Webseitenbetreiber sich nicht mit Onpage-SEO auseinandersetzen und somit viel Potenzial, gute Rankings zu erhalten, verschenken.

Alpar: Hilft der Einsatz von HTML-Editoren oder WYSIWYG-Webseiten-Editoren bei der Onpage-SEO?

Koczy: Durch WYSIWYG kann der Nutzer zwar sehen, wie Inhalte auf der Seite grafisch formatiert sind. Allerdings geht es bei der technischen Suchmaschinenoptimierung ja darum, die Inhalte technisch – für Suchmaschinen – zu formatieren. Dabei ist es im Prinzip egal, wie beispielsweise genau eine *h1*-Überschrift im Vergleich zur *h2* aussieht. Daher ist es ratsam, HTML-Editoren zu verwenden. Nur im HTML kann man erkennen, welche Elemente einer Seite mit welchen Tags formatiert sind. Suchmaschinen können ja eine Seite nicht so sehen, wie sie dem Nutzer angezeigt wird, sondern werten ausschließlich HTML-Inhalte aus. Dadurch erlangen die HTML-Tags eine für die Suchmaschinenoptimierung herausragende Bedeutung.

Damit möchte ich jedoch nicht von der Nutzung von WYSIWYG grundsätzlich abraten. Die Editoren erleichtern die inhaltliche Suchmaschinenoptimierung, also die Formatierung und Bearbeitung von Content-Inhalten einer Webseite, ungemein. Durch die intuitive Benutzeroberfläche können auch Einsteiger ihren Content relativ leicht verwalten. Allerdings sollte sich ein Webseitenbetreiber mit der Funktionsweise der Editoren ausgiebig auseinandersetzen, also verstehen, was der Editor macht.

Alpar: Welche Bereiche der Onpage-SEO sind Google-Richtlinien-konform, und wo kommt man in Bereiche, die gegebenenfalls gefährlich sind?

Koczy: Google möchte Nutzern den besten, also den ausführlichsten und informativsten Content zu einer Suchanfrage anbieten. Deshalb sind alle Maßnahmen Google-konform, die für den Nutzer den Aufenthalt auf einer Webseite angenehmer, besser, gestalten. In diesem Zusammenhang sollten wir zwischen technischen und inhaltlichen Richtlinien trennen.

Der Webseitenbetreiber sollte viel Wert auf einen einmaligen, gut strukturierten und formatierten Content legen. Er sollte also sicherstellen, dass auf seiner Seite zum jeweiligen Thema der beste, ausführlichste Inhalt zu einem Themenbereich bereitgestellt wird. Dazu sollte der Content durch Elemente wie Überschriften, Bullet-Point-Listen, Tabellen etc. aufbereitet werden, denn ein gut strukturierter Text steigert das Nutzererlebnis – und das ist es, was Google möchte. Da Google nur Textinhalte indexieren kann, sollten wichtige Seiteninhalte nicht als Bild, sondern als Text formatiert sein. Auch die Optimierung des *title*-Tags ist von Google gewünscht, allerdings sollte dieser in kurzer Form den Inhalt der Seite wiedergeben. Keyword Stuffing führt im Title sowie in allen anderen Seitenelementen also eher zu einer Abstrafung als zu einem Vorteil.

Im Rahmen der technischen Optimierung ist die Optimierung der Informationsarchitektur einer Webseite vollkommen Google-konform. Sowohl Crawler als auch Nutzer sollten auf Ihrem Webangebot problemlos navigieren können. Dazu sollten Sie sich die Frage stellen, aus welchen Ebenen Ihre Webseite überhaupt besteht und welche Ebenen SEO-Relevanz haben. Ein Onlineshop besteht für gewöhnlich aus der Startseite sowie Kategorie-, Unterkategorie- und Produktseiten. Sowohl für den Nutzer als auch für Crawler ist es intuitiv sinnvoll, von den Kategorien auf die Unterkategorien intern zu verlinken, während diese wiederum auf die Produkte verlinken. Normalerweise sollten Sie also davon ausgehen, dass solche Bereiche Google-konform sind, die auch Ihren Nutzern einen Mehrwert bieten.

Gefährlich wird es immer dann, wenn man probiert, das Ranking für bestimmte Suchbegriffe auf übertriebene Art und Weise zu manipulieren. Keyword Stuffing, also die häufige Wiederholung von Keywords auf einer Seite zum Zweck der Suchmaschinenoptimierung, führt schon lange nicht mehr zu besseren Rankings, sondern führt im schlimmsten Fall zu Abstrafungen.

Die Bereitstellung von schlechtem Content, der nur für Suchmaschinen, nicht aber für den Nutzer geschrieben wurde und keinen Mehrwert darstellt, ist gemäß Google-Richtlinien gefährlich. Google empfiehlt explizit, Begriffe auf der Webseite zu verwenden, die potenzielle Nutzer suchen würden. Allerdings sollte sich die Nutzung der Keywords im gesunden Rahmen halten und nicht übertrieben werden. Das gilt für sämtliche Seiteninhalte, also Title, Content etc.

Aus Sicht der technischen Suchmaschinenoptimierung kann es immer dann zu negativen Auswirkungen kommen, wenn man dem Nutzer andere Inhalte anzeigt als Suchmaschinen. Dabei spreche ich nicht nur von Techniken wie das Hinterlegen von Text in der Hintergrundfarbe, um diesen für den Nutzer „unsichtbar" zu machen. Solche Techniken können Suchmaschinen mühelos automatisiert entlarven. Es geht auch um die exzessive Verwendung von *more*-Tags oder Reitern, bei denen man dem Nutzer nur einen Bruchteil des Seiten-Contents anzeigt, der Großteil des Inhalts jedoch zunächst verborgen bleibt. Auch hier gilt es, ein vernünftiges Mittelmaß zu finden.

Alpar: Was sind die zehn wichtigsten Schritte bei der Onpage-SEO? Welche bekannten Missverständnisse und Mythen gibt es dabei?

Koczy: Welche Schritte die wichtigsten sind, ist wie bereits oben erwähnt von Projekt zu Projekt ganz verschieden. Allerdings ist eine Keyword-Recherche vor der Optimierung für jedes Projekt essenziell. Anhand der Recherche kann man sich selbst hinterfragen, auf welchen Suchbegriffen man überhaupt gefunden werden will und welche Seite geeignet ist, um für das Keyword zu ranken. Darauf folgt die technische Optimierung der Seite. Es wird also sichergestellt, dass Crawler erkennen können, worum es auf der Seite geht, und schlussfolgernd, worauf die Seiten ranken sollten. Die URL- und die Kategoriestruktur werden festgelegt, sie sollten möglichst die zu optimierenden Keywords enthalten. Ein besonderer Stellenwert bei der Onpage-Optimierung nimmt die Auswahl der *title*-Tags ein, da diese zu den wichtigsten Onpage-Kriterien zählen. Außerdem sollte die Struktur der Seiten festgelegt werden. Das heißt also: Wo wird die *h1*-Überschrift stehen? Wo können auf der Seite Bilder eingebunden werden? Wo und in welcher Form werden Textinhalte ausgegeben? Während die Technik diese Maßnahmen umsetzt, sollte die Redaktion für jede Seite, die ranken soll, Content erstellen. Wie bereits erwähnt, muss der Content die Keywords enthalten, sauber formatiert sein und eventuell mit Grafiken, Tabellen, Listenelementen, Videos etc. aufbereitet werden. Ergebnisse sollten dann Unterseiten sein, die intern hierarchisch strukturiert sind, also Top-down von der Startseite ausgehend mindestens nach drei Klicks aufgerufen werden können. Tiefer sollten sich Seiten, die ranken sollen, nicht in der Seitenhierarchie verstecken. Jede dieser Seiten ist dann auf zwei bis drei Suchbegriffe optimiert, die Keywords befinden sich also in den Elementen Title, Überschriften und Textinhalten.

Gerade bei komplexen Projekten mit sehr vielen Unterseiten spielen natürlich Fragestellungen wie das Indexierungsmanagement, also welche Seite überhaupt in den Google-Index aufgenommen werden soll, oder die Vermeidung von (internem) Duplicate Content eine große Rolle. Die Planungen sollten möglichst zum Start eines Projekts vorgenommen werden, um spätere große Änderungen auf der Webseite zu vermeiden. Bei größeren Projekten ist es außerdem ratsam, eine XML-Sitemap auszuliefern.

Du sprichst ja typische SEO-Mythen an. Ein sehr häufig genannter Mythos, bzw. Missverständnis, ist die Aussage, dass man Onpage-SEO einmal umsetzt und dann nichts mehr an seiner Webseite zu verändern braucht. Das ist definitiv nicht der Fall, Onpage-SEO ist genauso wie alle Marketingmaßnahmen ein oft langfristiger Prozess. Außerdem habe ich ja bereits die

475

essenzielle Keyword-Recherche angesprochen. Viele Einsteiger denken, es ginge bei Onpage-SEO nur darum, die Seiten auf Keywords zu optimieren und gute Rankings zu erhalten. Klar, das ist zum Teil wichtig. Allerdings ist SEO ja kein Selbstzweck – es geht also weniger darum, möglichst viele gute Rankings zu erreichen, sondern vielmehr sollte sich der Webseitenbetreiber fragen, mit welchen guten Rankings er überhaupt Geld verdienen kann. Außerdem geht es bei der Bestimmung von Titles und Descriptions nicht nur darum, die Suchbegriffe einzubringen. Da Titles und Descriptions in den Suchergebnissen prominent ausgegeben werden, beeinflussen sie auch die Klickrate. Sie sollten den potenziellen Besucher also zum Klick auf das eigene Suchergebnis animieren.

Last, but not least geht es bei Onpage-SEO nicht darum, ein Keyword möglichst häufig auf einer Seite zu verwenden. Ziel sollte sein, Keywords gezielt zu verwenden, um der Gefahr einer Abstrafung zu entgehen.

Alpar: Ist der technische Teil der Onpage-SEO einer, um den man sich kontinuierlich kümmern muss? Muss man hierbei in unterschiedliche Typen von Webseiten unterscheiden?

Koczy: Im Vergleich zur inhaltlichen SEO ist der technische Teil von Onpage-SEO eher statisch. Dennoch sollte man immer auf dem Laufenden bleiben und in regelmäßigen Abständen prüfen, ob die wichtigsten Onpage-Kriterien eingehalten werden. Das hängt aber, wie du schon sagst, sehr vom Typ einer Webseite ab – während ein Restaurant wohl relativ statische Seiten hat, wie Speisekarte, Reservierung oder weitere Informationsseiten, ist ein Onlineshop deutlich komplexer, und es kommen in regelmäßigen Abständen neue Seitentypen hinzu. Durch Überarbeitungen zum Ziel der Conversion-Optimierung und Usability, wird die Struktur der Seite fortlaufend angepasst, hier ist es also durchaus sinnvoll, kontinuierlich zu prüfen, ob alle Onpage-Richtlinien eingehalten wurden und kein Fehler auftrat.

Außerdem sollte man insofern auf dem aktuellen Stand bleiben, als man die Webseiten an Veränderungen des Google-Algorithmus anpasst. Das gilt sowohl für kleine, statische Seiten als auch für große Projekte mit mehreren Hunderttausend Unterseiten. Onpage-SEO bedeutet also, sich ständig fortzubilden, ständig auf dem aktuellen Stand der Suchmaschinenalgorithmen zu sein.

Alpar: Warum braucht man „Content" bei Onpage-SEO? Eine Website hat ja von sich aus Inhalte, zum Beispiel ein Onlineshop hat Produktbeschreibungen und eine Restaurant-Website die Speisekarte?

Wie ich ja bereits sagte, ist die Keyword-Recherche bei der Optimierung eines jeden Projekts – ob Onlineshop oder Restaurant-Website – der Ausgangspunkt. Man legt also fest, welche zwei oder drei Keywords auf einer Unterseite optimiert werden sollen, unter welchen Begriffen die Seite gefunden werden soll. Bleiben wir bei deinem Beispiel eines Restaurants – in der Speisekarte tauchen tatsächlich die Gerichte sowie die Preise auf, allerdings möchte der Restaurantbetreiber doch lieber auf die Kombination „Restaurant in Stadt" oder „(Italienisches) Restaurant" ranken als auf die Namen der Speisen. In diesem Fall sollten also Unterseiten angelegt werden, die den Besucher über das „Italienische Restaurant" oder allgemein über die Restaurants in der entsprechenden Stadt informieren. Diese Texte enthalten die zu optimierenden Suchbegriffe und sollten im Optimalfall auf diese Begriffe bei Suchmaschinen ranken. Mit dem Text einer Speisekarte ist es also nicht getan – wichtig ist es, im Text einer Unterseite die Begriffe zu verwenden, auf denen man gefunden werden will. Das hat übrigens nicht nur für Suchmaschinen, sondern auch für den Nutzer positive Auswirkungen: Sucht man nach „Italienisches Restaurant in Berlin", möchte der Nutzer wahrscheinlich zunächst das Restaurant vorgestellt bekommen und nicht direkt durch die Speisekarte erschlagen werden. Außerdem werden beispielsweise Speisekarten sehr häufig als Flash-Anwendung oder als Bildelemente dargestellt – Suchmaschinen würden den Inhalt also gar nicht crawlen können, selbst wenn die Speisekarte zu optimierende Begriffe enthielte.

Als zweites Beispiel hast du ja die Produktbeschreibungen innerhalb eines Onlineshops angesprochen. Gehen wir davon aus, der Shop würde DVDs verkaufen. In den Produktbeschreibungen würden zwar die Titel der DVDs vorkommen, nicht aber Kategorien wie „Actionfilme", „Komödien" etc. Auch würde der Nutzer keinen Content zu Begriffen wie „DVDs online kaufen" vorfinden. Daher müssen sowohl für die Kategorien als auch für andere Keywords, die nicht von Produktseiten abgedeckt sind, Texte verfasst werden. Außerdem werden Produktbeschreibungen häufig von vielen Shops verwendet, es handelt sich also um Duplicate Content. Suchmaschinen werden also die Produktbeschreibungen ignorieren und nicht als wertvollen Inhalt werten, sofern der Webseitenbetreiber nicht Urheber des Textes ist. Es ist also empfehlenswert, auch die Produktbeschreibungen umzuschreiben und/oder Besucher zu animieren, das Produkt zu kommentieren. Das ist eine wirksame Methode, einzigartigen Content zu generieren.

Alpar: Woher weiß ich, für welche Keywords ich Content im Rahmen der Onpage-SEO für meine Website erstellen muss?

Koczy: Im Rahmen der Keyword-Recherche werden dir abhängig von der Ausrichtung des Projekts sicherlich Hunderte, wenn nicht gar Tausende von möglichen Begriffen einfallen, über die du gern bei Google gefunden werden würdest. Insbesondere für kleinere Unternehmen ist es natürlich vollkommen unrealistisch, Hunderte von Texten anzufertigen, um jede Suchanfrage abdecken zu können. Daher sollten die Keywords nach verschiedenen Kriterien priorisiert werden. Als erstes Kriterium bietet sich hier die Anzahl der Suchanfragen, also das Suchvolumen an. Das kann man unter anderem über das Google-Keyword-Tool auslesen, wobei die Angaben leider etwas unzuverlässig sind, jedoch für den Anfang ausreichen. Ein weiteres Kriterium ist die Conversion-Wahrscheinlichkeit. 100 zielgerichtete Besucher können für eine Webseite wichtiger sein als 10.000 Besucher, die keine transaktionsorientierten Suchanfragen durchführen oder im schlimmsten Fall die gesuchten Informationen nicht finden und die Webseite unverrichteter Dinge wieder verlassen. Daher sollte man für jedes Keyword festlegen, wie wahrscheinlich es ist, dass ein Besucher das Conversion-Ziel erreicht – sei es, um ein Produkt zu kaufen, eine Dienstleistung in Anspruch zu nehmen etc.

Neben Suchvolumen und Conversion-Nähe gibt es natürlich noch eine Reihe weiterer Faktoren, mit denen sich die Keywords priorisieren lassen. Denken wir beispielsweise an den Wettbewerb, die Anzahl der Universal Search einzublenden und vieles mehr. Hat man sich nach den Recherchen für ein Keyword-Set entschieden, auf das man optimieren möchte, wird festgelegt, auf welchen URLs die Keywords optimiert werden, d. h. auf welchen URLs welche Keywords platziert werden. In diesem Zusammenhang sollten auch die zu optimierenden Keywords ein weiteres Mal priorisiert werden – Suchbegriffe mit hohem Suchvolumen und starker Conversion-Nähe werden dann intern häufiger angelinkt als Keywords mit niedrigerem Suchvolumen bzw. geringerer Conversion-Nähe.

Alpar: Es scheint so, als müsste man den Inhalt einer Website für Suchmaschinen durch Onpage-SEO „übersetzen". Warum verstehen Suchmaschinen Websites nicht in der Vielfalt, wie sie im Internet eben existieren?

Koczy: Ja, genau, das zeigt ja auch das Beispiel mit der Speisekarte eines Restaurants. Ein Nutzer erkennt anhand der Speisen leicht, ob es sich um einen Italiener oder ein griechisches Restaurant handelt. Auch die Bilder auf der Speisekarte lassen Rückschlüsse zu. Doch Suchmaschinen können weder den Inhalt einer Flash-Animation auslesen, noch wissen sie, dass Menschen Pizza und Pasta mit einem italienischen Restaurant in Verbindung bringen. Daher konzentrieren sich Suchmaschinen auf die „Hard Facts", also den lesbaren Content. Mithilfe der Google-Webmaster-Tools kann sich der Webseiteninhaber anschauen, wie der Google-Bot seine Webseite ausliest. Wie man sieht, werden nur HTML-Inhalte ausgelesen. Das heißt, Inhalte in Flash-Animationen, Videos, Texte in Bildern und weitere interaktive Elemente kann der Google-Bot nicht auslesen.

Alpar: Für welche Bereiche der Onpage-SEO gibt es hilfreiche Softwareprogramme und Tools? Was können diese leisten und was nicht?

Koczy: Grundsätzlich können in der Onpage-SEO Tools zwar die durchgeführten Optimierungen überwachen, nicht aber die Arbeit ersetzen. So kann beispielsweise mit dem kostenlosen Firefox-Plug-in Quirk Search-Status mit einem Mausklick die Keyword-Dichte abgefragt werden. Auch die *robots.txt* lässt sich über ein Menü aufrufen, *nofollow*-Links werden hervorgehoben, die Anzahl indexierter Seiten ausgegeben. Mit dem ebenfalls sehr nützlichen Plug-in Seerobots lassen sich auf einen Blick die *robots*-Tags der aufgerufenen Seite sehen, Firebug unterstützt den Nutzer bei der Analyse einzelner Seitenbestandteile. Wie man aber schnell erkennt, müssen die Ergebnisse der Tools gedeutet werden. Was bringt es, zu wissen, wie hoch die Keyword-Dichte ist, wenn man diesen Wert nicht einordnen kann?

Als kostenpflichtiges Tool für die Onpage-Optimierung kann ich den Onpage-Analyse-Report von SEOmoz empfehlen. Dort kann man anhand von über 30 Kriterien prüfen, wie gut eine Seite auf ein Keyword optimiert ist. Das Tool ist auch recht einsteigerfreundlich und liefert Empfehlungen, wie sich Fehler vermeiden lassen. Allerdings gilt auch hier: Man muss verstehen, was die Ergebnisse aussagen, und eigene Rückschlüsse ziehen, wie die Werte zu verstehen sind.

Alpar: Für wen sind sie geeignet? Für welchen Typ Webseite?

Koczy: Kostenpflichtige Tools sollte man sich nur dann gönnen, wenn man mit seinem Projekt entsprechende Umsätze generiert. Andernfalls ist das Geld sicherlich besser in Optimierungsmaßnahmen angelegt. Betreiber von größeren Internetprojekten, die über einige statische Seiten hinausgehen – so z. B. Onlineshops, Nachrichtenportale, also sehr komplexe Webseiten –, werden um die Nutzung von Tools nicht herumkommen, um effizient Seiten analysieren zu können. Zwar lassen sich die Onpage-Kriterien, wie soeben erklärt, auch manuell checken, doch nimmt das bei vielen Unterseiten zu viel Zeit in Anspruch. Webseiten, die hauptsächlich aus statischen Inhalten bestehen, die sehr selten ausgetauscht werden, benötigen nicht unbedingt Tools und Softwareprogramme, um eine gute, solide Onpage-Optimierung durchzuführen. Dadurch dass sich die Struktur der Seiten nicht verändert und keine neuen Inhalte hinzukommen, muss die Seite aus Onpage-Sicht ja nur bei Algorithmusänderungen von Google angepasst werden.

Grundsätzlich möchte ich Einsteigern noch empfehlen, lieber häufiger manuell die Onpage-Kriterien per Checkliste zu prüfen, als sich auf ein Tool zu verlassen. Sie müssen unbedingt verstehen, warum ein Tool ein bestimmtes Ergebnis ausliefert und wie dieses zu interpretieren ist. Dieser Lernprozess lässt sich durch manuelle Kontrollen vereinfachen, da man jederzeit über die Onpage-relevanten Faktoren nachdenken muss.

Alpar: Ist es möglich, Google mit Content auszutricksen? Also zum Beispiel einen Text zu erstellen und immer nur ein Wort auszutauschen?

Koczy: Nein, diese Form der Tricksereien ist durch das hoch entwickelte Crawling von Suchmaschinen schon lange nicht mehr möglich. Kurzfristig kann man mit dem Austauschen oder wahllosen Zusammenwürfeln von Wörtern oder Wortkombinationen sicherlich in den Index gelangen. Das hat jedoch nichts mit langfristiger, nachhaltiger Suchmaschinenoptimierung zu tun. Google schaut sich nicht den gesamten Text einer Seite an, um Duplicate Content zu erkennen. Stattdessen betrachtet Google Teile eines Texts, Wortkombinationen, die aus drei bis vier Begriffen bestehen. Wiederholen sich diese Wortkombinationen häufig mit den in anderen Texten enthaltenen Kombinationen, kann man davon ausgehen, dass Suchmaschinen diesen nicht als einzigartig einstufen. Es wäre also sehr aufwendig, mithilfe von Tools die Texte so zu mischen, dass sie für Suchmaschinen unique sind. Möglich ist es, aber aufwendig und für nachhaltige Projekte nicht empfehlenswert.

Neben der Duplicate-Content-Problematik besteht ein weiteres Problem darin, dass automatisch generierte Texte höchstwahrscheinlich keinen Mehrwert für den Leser bieten. Dieser würde relativ schnell die Seite verlassen, und eine kurze Verweildauer auf einer Webseite deutet darauf hin, dass das Suchresultat von Google nicht optimal gewählt wurde. Die Seite wird also langfristig in den Suchergebnissen nach hinten gestuft – die automatische Generierung von Content hätte daher einen negativen Effekt auf das Ranking.

Des Weiteren erkennen spätestens Quality Rater, also Mitarbeiter von Google, die sich die Webseite selbst anschauen, dass der Content automatisch generiert wurde und keinen Mehrwert für den Nutzer bietet. Ich rate also jedem Webseitenbetreiber, Zeit und Mühe in die Erstellung von einmaligem, hilfreichem Content zu investieren.

15.9 Onpage-Blackhat-SEO: Tricksereien zur Umgehung der Guidelines

„Cloaking" von Suchmaschinenrichtlinien – verbotenes Verhüllen der Webseitenidentität

Cloaking nennt man die Aufbereitung von Webseiten derart, dass zwar die Crawler eine suchmaschinenoptimierte Seite „sehen", aber nicht der User, der eine andere Version zu sehen bekommt, um „bespammt" zu werden – was als Manipulationsversuch eingestuft wird.

Doorway-Pages – Zwischenseiten/Satellitenseiten mit Verweisen auf die eigentliche Webseite

Sogenannte Doorways führen dazu, dass Crawler „annehmen", dass manipulatives Potenzial besteht. Doorway-Pages oder Brückenseiten, Spiegelseiten etc. stellen auf Suchmaschinen maßgeschneiderte Internetseiten dar, die als Zwischenseiten auf eine andere Website weiterleiten. Diese geben Suchmaschinen Schlüsselwörter vor und wirken als Zwischenseite, um Besucher automatisch, beispielsweise per JavaScript oder Meta-Redirect-Tag, weiterzuleiten.

Sneaky Redirects

Wenn der Googlebot eine Seite indexiert, die JavaScript-Code enthält, wird dieser die im JavaScript-Quellcode eventuell absichtlich versteckte Weiterleitung der Nutzer finden. Das kann ebenfalls als Suchmaschinenmanipulationsversuch gewertet werden. Als Sneaky Redirect wird in den Google-Guidelines Folgendes bezeichnet: *http://support.google.com/webmasters/bin/answer.py?hl=en&answer=66355.*

Meta-Refresh – Löschung des Referrer

Wenn ein Benutzer normalerweise auf eine neue Webseite kommt, ist der Link, von dem aus er auf die Seite gelangt ist, bekannt, dieser wird auch als Referrer bezeichnet. Der Referrer ist ein optionaler Teil der HTTP-Anfrage.

Bei einem Meta-Refresh wird der Referrer gelöscht, und der Herkunftslink des Users wird dadurch verschleiert. Wie differenziert Google und Yahoo! mit Meta-Refreshs umgehen, erfahren Sie hier: *http://sebastians-pamphlets. com/google-and-yahoo-treat-undelayed-meta-refresh-as-301-redirect/*.

Keyword-Stuffing/Keyword-Spam – das Vollstopfen von Webseiten mit Keywords

Suchmaschinen suchen nach Content, der in einer natürlichen Sprache verfasst ist, wie Englisch, Deutsch etc. Überfüllen Sie Ihren Content nicht mit Keywords. Das wird nicht funktionieren. Denn falls ein Begriff zu oft auf der Website auftaucht, wirkt das kontraproduktiv. Eine vernünftige Obergrenze für hochrelevante Keywords liegt zwischen 2 % und 5 %, für mittelmäßig relevante Keywords zwischen 1 und 2 %. Eine Keyword-Dichte von über 10 % wirkt sich sehr wahrscheinlich nachteilig aus (siehe hierzu auch Kapitel 15.3.3). Versuchen Sie, die Keywords natürlich zu integrieren.

Eine Überoptimierung von Keywords wirkt sich ebenfalls nachteilig für die SEO aus. Vor allem sollten Sie keine Keywords nutzen, die nichts mit Ihrem Geschäftsmodell zu tun haben. Auch dies würde als Keyword-Spamming gewertet werden und Ihr Ranking zum Negativen beeinflussen bzw. zu einem Ausschluss aus dem Google-Index führen.

CSS-Tricks

Mithilfe von von CSS-Tricks – z. B. unter *http://seo2.0.onreact.com/top-7-css-tricks-for-better-seo* nachzulesen – kann Text außerhalb des sichtbaren Bereichs platziert werden, was wiederum einen Vortäuschungsversuch falscher Tatsachen vermuten lässt.

16. Offpage-Rankingfaktoren für die Optimierung Ihrer Website

Nachdem Sie nun alle wichtigen Onpage-Faktoren kennengelernt haben, wenden wir uns den für den Erfolg kritischen Faktoren der Offpage-Optimierung zu und behandeln hierzu Aspekte des Linkmanagements, rankingrelevante Aspekte von eingehenden und ausgehenden Links, Linkaufbau auf Social-Media-Plattformen, Domainnamen etc.

16.1 Einleitende Betrachtung von Offpage-Faktoren

Offpage-Faktoren beinhalten die zuvor schon genannten eingehenden (Inbound-)Links.

16.1.1 Eingehende Links – Inbound-Links

Als eingehende Links werden Links bezeichnet, die von anderen auf die eigenen Webseiten verweisen. Fachleute sind sich darüber einig, dass eingehende Links mit zu den wichtigsten Faktor für ein gutes Ranking in Suchmaschinen ausmachen. Einerseits ist hier die absolute Anzahl an eingehenden Links als Steigerungsfaktor für das Ranking einer Website von großer Bedeutung, da man annimmt, dass nur wichtige Websites viele Interessenten für sich gewinnen können. Andererseits wird aber auch die Qualität der Inbound-Links – nach diversen suchmaschinenbetreiberseitig definierten Kriterien – mit einbezogen.

Rankingeinflüsse von eingehenden Links

Eingehende Links wirken sich förderlich für das Ranking aus. Wenn bei einer hohen Anzahl von Inbound-Links von jeder Seite auch noch eine Handvoll Besucher auf die eigene Website kommen, wirkt sich das schon durch einen erheblich gesteigerten Traffic aus.

16.1.2 Ausgehende Links – Outbound-Links

Outbound-Links, also von der eigenen Website auf andere verweisende Links, können sich auch negativ auf die eigene Seite auswirken. Daher sollte gründlich geprüft werden, was sich hinter dem jeweiligen Link verbirgt. Solche Outbound-Links können für die Abwertung oder gar Sperrung der eigenen Website durch Suchmaschinen sorgen und sollten daher unbedingt gemieden werden. Vorsicht ist hier also geboten.

Eingehende und ausgehende Links

Es sollte eine ständige Überprüfung der Inbound- und Outbound-Links stattfinden, und dabei sollten die folgenden Fragen im Vordergrund stehen:

➢ Wie viele Links zeigen auf Ihre Seite?

➢ Welche sind eingehende „Qualitätslinks" von renommierten bzw. hoch gerankten Sites?

➢ Wie alt sind diese Links?

➢ Welche Arten von Content bietet der Anbieter mit dem Inbound-Link auf Ihre Website auf seiner eigenen Website an?

➢ Handelt es sich um kostenlose Links, oder haben Sie dafür bezahlt?

➢ Erwidern Sie die Links (Linktausch)?

➢ Führt der Link auch wirklich direkt zu Ihnen oder erst über Umwege (Redirections), beispielsweise weil eine Werbung dazwischengeschaltet ist etc.?

Die beste Quelle, um eigene eingehende Links zu entdecken, sind die Google-Webmaster-Tools (**G**oogle **W**eb **T**oolkit = GWT).

16.2 Effektives Linkmanagement

Effektives Linkmanagement betreibt man durch die Steigerung der Linkpopularität, die Erhöhung des Verlinkungsgrads und der Linkqualität sowie durch die Generierung von Links.

16.2.1 Linkpopularität und Linking

Was ist Linkpopularität?

Linkpopularität ist ein allgemeiner Begriff, der sich aus Sicht der Suchmaschinen darauf bezieht,

➢ wie viele andere Seiten mit Ihrer Webseite verbunden sind,

➢ was in dem Anchor-Text in Verbindung mit Ihrer Webseite steht.

Die Maschinen bewerten Ihre Website auf Grundlage dieser Informationen.

Was zählt, ist nicht die Menge der eingehenden Links, sondern die Qualität der verknüpften Seiten und die Relevanz zu Ihrer Webseite.

Suchmaschinen legen die Relevanzkriterien für Websites basierend auf ihrer Linkpopularität an. Die mutmaßliche Argumentation dafür lautet: Je mehr Webseiten Sie mit Ihrer Website verknüpft haben, desto wertvoller muss der Inhalt auf Ihrer Webseite sein und desto mehr Relevanz muss sie haben. Heutzutage gehen Linkpopularitätsalgorithmen sogar einen Schritt weiter und betrachten die Linkpopularität einer verlinkenden Seite. Das bedeutet, dass, wenn eine sehr beliebte Seite auf eine andere Seite verweist, die Zielseite ebenfalls vertrauenswürdiger wird.

Am besten eignet sich GWT für diese Arbeitsschritte, doch auch der Open Site Explorer, OSE (*http://www.opensiteexplorer.org*), kann für die Messung der Linkpopularität interessant sein. Den OSE werden wir in Kapitel 17.1.3 in den Unterkapiteln „Domainumzug" und „Website-Relaunch" noch einmal kurz aufgreifen.

Internet-Protocol-(IP-)Popularität

Jedes Gerät, das sich mit dem Internet verbindet, hat eine eindeutige numerische Bezeichnung, bekannt als interne Protokolladresse, um identifiziert zu werden.

Jede Website liegt auf einem Server, jeder Server hat eine IP-Adresse. Je mehr Links man von unterschiedlichen Webservern mit verschiedenen IPs hat, umso höher ist die IP-Popularität.

Kommunikation mit potenziellen Kunden und Geschäftspartnern generiert auf lange Sicht Links

Fragen Sie bei Ihren Besuchern an, ob diese auf Ihre Website verlinken möchten. Bieten Sie Logos oder Banner zur kostenlosen Integration für private Homepages an.

Sprechen Sie Ihre Kooperationspartner, Produzenten, Hersteller und andere direkte Geschäftspartner an, ob diese nicht gewillt sind, auf Ihre Webseite zu verlinken.

Gewichtung der ausgehenden Links (Outbound-Links)

Wenn die Website, die auf Ihre Website verlinkt, eine große Website ist und zudem wenige ausgehende Links hat, wird Ihrem Link ein höheres Gewicht beigemessen. Hier bedeutet weniger mehr für diejenigen, die den ausgehenden Link erhalten.

16.2.2 Linkgenerierung

Linkaufbau über themenrelevante Partner

Qualitativ hochwertige eingehende themenrelevante Links (Inbound-Links) ist das Beste, was zurzeit möglich ist. Wenn der eingehende Link eines Ihrer Keywords als Anker nutzt, ist es sogar besser. Aber übertreiben Sie es nicht – wer übertreibt, kann Filter auslösen.

Empfehlungen, um nach guten Seiten zu suchen, die Sie nach einer Verlinkung anfragen können:

➢ Finden Sie heraus, wer auf Konkurrenten verlinkt – darunter werden Sie Webseiten finden, die sich ebenso mit Ihnen verlinken würden.

➢ Suchen Sie nach den zu optimierenden Keywords, um zu sehen, ob die Websites aus den ersten paar Ergebnisse gute Verlinkungskandidaten sein könnten.

➢ Versuchen Sie, Links von Wikipedia zu bekommen. Auch wenn diese Links *nofollow* sind, können sie einen gewissen Trust liefern.

➢ DMOZ für relevante Themen – rufen Sie alle Webseiten auf, die dort aufgelistet sind. Hier sind sicherlich gute Kandidaten für Ihre Verlinkungskampagne dabei (auf regionalen und branchenspezifischen Verzeichnissen und Seiten von Fachverbänden).

Linkakquise

Versuchen Sie, Links zu akquirieren. Wenn Sie für Links bezahlen, sollten Sie aufpassen, dass Sie nicht gegen die Google-Richtlinien verstoßen.

Linktausch

Wenn Sie gegenseitig aufeinander verlinken, müssen Sie stark auf relevante Verlinkungen mit Linktauschpartnern achten! Linktauschnetzwerke und unüberschaubare Verlinkungen sind gefährlich und sollten vermieden werden.

Bieten Sie Widgets an, um neue Links zu generieren

Bieten Sie Ihren Besuchern eigene Widgets an, die die Homepage Ihrer Besucher attraktiver machen. Widgets sind sehr beliebt im Netz und erhöhen so Ihre Sichtbarkeit im Web. Sie sollten immer einen Link in Ihr Widget integrieren, der auch von einer Suchmaschine ausgelesen werden kann – also keine Integration in den JavaScript-Teil, sondern eher in den HTML-Teil. Praxisbeispiele hierzu sind Counter- und Wetter-Widgets, die gut laufen.

Bieten Sie Open-Source-Software an

Bieten Sie Open-Source-Software zum Erstellen von Webseiten, Blogs, Foren etc. an. Versehen Sie diese Software mit Hinweisen dazu, dass Sie der Urheber der Software sind, und fügen Sie einen Link auf Ihre Webseite ein.

Entwickeln Sie ein Firefox-Plug-in, das mit einer Download- und Support-Page verknüpft ist.

16.2.3 Linkqualität

Eingehende Qualitätslinks (Inbound-Links) werden extrem stark gewichtet

Die Quelle Ihrer Inbound-Links macht einen Unterschied. Sites, die eine hohe Sichtbarkeit in Google haben, haben meistens eine bessere Reputation. Da es schwieriger ist, Inbound-Links von diesen Seiten zu erhalten, wird ihnen eine höhere Relevanz zugewiesen. Qualität sollte Quantität in der Inbound-Link-Strategie übertreffen.

Hoch eingestufte einkommende Links haben Priorität in jeder Verlinkungsstrategie. Das Ziel ist es, zu guten Seiten mit gutem Inhalt verlinkt zu werden. Es ist sehr empfehlenswert, Inbound-Links auf Qualitäts-Websites zu haben. Beispielsweise werden Webseiten von 0 bis 10 bewertet, wobei die Seite mit dem besten Ranking eine „10" erhält. Ein Inbound-Link von einer Website mit dem Ranking „10" hat beispielsweise weitaus mehr Relevanz fürs Ranking als zehn Inbound-Links von zehn Websites mit einem Ranking von „1".

16.2.4 Interview mit Marc Aufzug – Mitgründer der AKM3 GmbH

Marc Aufzug ist Mitgründer und Geschäftsführer der Berliner SEO-Agentur AKM3 GmbH (*www.akm3.de*). Die AKM3 GmbH bildet für nationale und internationale Kunden den gesamten Prozess der Suchmaschinenoptimierung ab – von der Keyword-Analyse und -Priorisierung über die Onpage-Analyse und -Konzeptionierung bis hin zum Linkmarketing. Einen Schwerpunkt bildet dabei das internationale Linkmarketing. Vor der Gründung der AKM3 GmbH betreute Marc Aufzug als Teamleiter des internationalen SEO-Teams der Rocket Internet GmbH unter anderem Projekte wie eDarling, zalando und Groupon.

Abb. 150: Marc Aufzug – Mitgründer der AKM3 GmbH.

Alpar: So, Marc, was hat es denn mit Offpage-Optimierung auf sich? Das ist ja ein Phänomen, das es erst seit Google und damit erst seit etwa zehn Jahren gibt.

Aufzug: Mit Offpage-Optimierung ist all das gemeint, was außerhalb der eigenen Webseite in Sachen SEO passiert. Grundsätzlich geht es dabei um Links von anderen Seiten auf die eigene Seite und die Frage: Wie komme ich an diese Links?

Alpar: Was soll das denn sein, der „Link" in den Augen von Google?

Aufzug: Wenn ich eine Seite verlinke, treffe ich damit die Aussage, dass ich die Zielseite in irgendeiner Weise für empfehlenswert halte – aus welchen Gründen auch immer. Dies kann natürlich auch eine negative Empfehlung sein, aber in jedem Fall ist die Seite wichtig genug, um genannt zu werden. Google benötigt Signale, um die Reihenfolge der Suchergebnisse festlegen zu können. Links sind für Suchmaschinen derzeit noch die beste Quelle, um herauszufinden, ob eine Webseite wichtiger ist als die andere. Das kann man sich so ähnlich vorstellen wie bei wissenschaftlichen Arbeiten. Dort kann man auch davon ausgehen, dass ein Werk, das häufig von anderen Arbeiten zitiert wird, wichtiger ist als ein Werk, das kaum genannt wird. Genauso funktioniert das mit Links.

Alpar: Und das heißt im Prinzip, es gibt keine schlechten Links? Also auch wenn in negativem Kontext über mich gesprochen wird und ich verlinkt werde, würde dies in Googles Augen immer noch eine Empfehlung ausmachen?

Aufzug: Im Prinzip schon. Aber natürlich kann Google in gewissem Maße algorithmisch feststellen, was auf der Seite, die mich verlinkt, sonst noch passiert. So gibt es auch negative Signale, die ein Hinweis darauf geben können, dass der linkgebenden Seite nicht zu trauen ist. Man denke nur an eine Spam-Seite, auf der häufig das Wort „Sex" oder „Viagra" vorkommt. Ein Link von einer solchen Seite wird sicherlich anders bewertet als ein Link aus einer themenverwandten, positiv besetzten Umgebung. Auf solche Punkte sollte man also durchaus achten, wenn man auf der Suche nach Links ist.

Alpar: Aber nehmen wir an, meine Webseite heißt shop.de. Wenn jemand einfach nur sagt: „shop.de finde ich nicht gut!" und mich verlinkt, ist das dann ein guter Link?

Aufzug: Im Prinzip schon, genau.

Alpar: Man spricht ja häufig von unterschiedlich starken Links. Ist Link nicht gleich Link?

Aufzug: Nein, es gibt zahlreiche Faktoren, die die Wertigkeit eines Links ausmachen. Ganz wichtig dabei ist zum Beispiel die Themenrelevanz und damit die Frage: „Rankt die Seite, von der ich einen Link haben möchte, für themennahe oder sogar für genau die Begriffe, für die ich auch ranken möchte?" Solche Links sind meist schwer zu bekommen, haben jedoch eine sehr hohe Wertigkeit. Ein anderes Thema ist die Qualität und Quantität der eingehenden Links der Seite, von der ich wiederum verlinkt werden möchte. Es gibt noch eine Reihe weiterer Kriterien. Festzuhalten bleibt: Link ist nicht gleich Link.

Alpar: Wie geht man nun vor, wenn man Offpage-Optimierung betreiben möchte? Dazu braucht man offensichtlich Links. Aber es ist ja nicht so, dass jeder im Freundes- oder Familienkreis eine Homepage hat. Woher bekommt man Links?

Aufzug: Wenn man die Entscheidung trifft, aktiv Linkaufbau zu betreiben, gibt es vor allem zwei Seitentypen, die als Linkquellen dienen können: zum einen Seiten, auf denen man selbst als User Content erstellen und Links platzieren darf. Dies sind beispielsweise Foren, Blogs, Artikelverzeichnisse oder Webkataloge. Hier kann jeder User Beiträge posten und gegebenenfalls auch mal einen Link setzen. Die weitaus größere Menge an Webseiten erlaubt jedoch keinen Zugriff von extern. So hat man auf Unternehmensseiten, Informationsportalen oder in Onlineshops meist keine Möglichkeit, den Content zu beeinflussen oder einen Link zu setzen. Links von solchen Seiten sind jedoch sehr begehrt, weil sie themenspezifischer sein können oder vielleicht über eine größere Anzahl eingehender Links verfügen. Hier muss man dann kreativ sein, um einen Link zu erhalten. Dies reicht von der direkten Ansprache des Webseitenbetreibers bis hin zur zufälligen bzw. freiwilligen Verlinkung, einfach weil man empfehlenswerten Content bietet. Dieses freiwillige Verlinken ist natürlich der Optimalfall und gänzlich ohne „manipulativ" tätig zu werden.

Alpar: Das Manipulative ist ein gutes Stichwort. Zum einen bilden Links scheinbar die Basis der Offpage-Optimierung, zum anderen gibt es in diesem Bereich relativ viele Restriktionen. Wie sieht denn Google das Thema Offpage-SEO?

Aufzug: Laut Google soll man natürlich nicht manipulativ eingreifen, um Links zu bekommen. Manipulativ heißt hier, anderen eine Leistung zum Beispiel in Form von Geld anzubieten, um im Gegenzug einen Link zu erhalten. Wenn man dennoch das Risiko eingehen möchte, sich über die Webmasterrichtlinien von Google hinwegzusetzen, muss man darauf achten, typische Signale für einen gekauften Link zu vermeiden. Da geht es zum Beispiel um bestimmte Positionen auf einer Webseite, die in der Vergangenheit gern für gekaufte Links verwendet wurden. So hatten sich bis vor einiger Zeit Webseitenbetreiber etwas hinzuverdient, indem sie kaum erkennbare Links im Footer oder in der Sidebar verkauften. Solche Links sind heute kaum noch etwas wert, da Google große Anstrengungen unternimmt, „unnatürlich" gesetzte Links zu erkennen und gegebenenfalls abzuwerten. Besser sind zum Beispiel Links aus neu erstelltem Content heraus.

Alpar: Muss man Offpage-SEO denn wirklich aktiv betreiben, oder kann man auch auf Links warten und hoffen?

Aufzug: Insbesondere wenn man eine neue Webseite aufsetzt oder in einem fest definierten Zeitraum etwas erreichen will, kommt man mit Warten und Hoffen nicht sehr weit. Natürlich gibt es immer wieder Themen, Websites oder Produkte, die über einen gewissen Zeitraum sehr populär sind, weil viele Blogger oder sogar Onlinemagazine darüber schreiben und dann auch Links setzen. Dies ist aber kaum planbar und eher Glückssache.

Alpar: Also mehr etwas, das ein Ergebnis von Pressearbeit sein könnte?

Aufzug: Ja, zum Beispiel. Wenn ein Thema durch gute PR gepusht wird, werden daraus wahrscheinlich auch einige Links hervorgehen. Hat man jedoch vor, in einem gewissen Zeitrahmen bestimmte Ergebnisse zu erzielen, sind PR-Maßnahmen auch zu wenig verlässlich für einen effektiven Linkaufbau.

Alpar: Das heißt, man versucht, Kampagnen zu starten, indem man aktiv auf Leute zugeht und diese auf bestimmte Bereiche einer Website hinweist?

Aufzug: Genau das wäre ein Mittel. In einer solchen Kampagne würde man versuchen, Leute dazu zu bewegen, einen Link zu setzen – ohne dies explizit zu sagen. Zum Beispiel, indem man auf einen interessanten Artikel oder eine Aktion hinweist in der Hoffnung, dass der Adressat diese Aktion interessant genug findet, dass er sie weiterempfiehlt und damit auch verlinkt. Am Ende der Skala möglicher Kampagnen steht dann der Linkkauf oder die Linkmiete. Diese Form des Linkaufbaus ist sicherlich am ehesten planbar, und man kann davon ausgehen, dass man in einem Zeitraum x bei einer Investition y ein bestimmtes Ergebnis erzielen wird. Aber genau das ist laut Google-Webmasterrichtlinie nicht erlaubt.

Alpar: Es gibt ja zahlreiche Tools am Markt, die mir anbieten, für 100 Euro Tausende von Links zu setzen. Ist das denn eine Option?

Aufzug: Im Grunde ist alles das, was man automatisiert machen kann, auch relativ leicht durch eine Suchmaschine algorithmisch zu erkennen und als „unnatürlich" zu entlarven. Insofern kann man damit vielleicht für eine gewisse Zeit in einer kleinen Nische noch etwas erreichen, aber grundsätzlich ist es nicht ratsam, solche Tools zu verwenden.

Alpar: Für nachhaltig angelegte Projekte ist eine solche Vorgehensweise also wahrscheinlich nicht zu empfehlen?

Aufzug: Absolut nicht. Und sollte Google zum jetzigen Zeitpunkt solche Links noch nicht als unnatürlich erkennen können, so ist es nur eine Frage der Zeit, bis Google dazu in der Lage wein wird.

Alpar: Was kann mit einer Webseite passieren, die sich solche Links gegönnt hat?

Aufzug: Schlimmstenfalls wird eine solche Webseite komplett aus dem Google-Index entfernt und ist damit nicht mehr auffindbar. Alternativ kann es auch zu einer Herabstufung einzelner Keywords kommen. In diesem Fall kommt man dann mit dem entsprechenden Keyword beispielsweise nicht mehr höher als Position 30.

Alpar: Wird man dann von Google benachrichtigt, dass ein Verstoß gegen die Richtlinien vorliegt? Und kann man Besserung geloben und wieder von der Strafe befreit werden?

Aufzug: Derzeit merkt man eigentlich nur an einer ungewöhnlich negativen Veränderung der eigenen Position in den Suchergebnissen, dass man wahrscheinlich von einer Bestrafung betroffen ist. Es gibt in der Regel keine Benachrichtigung seitens Google. Die Webseite wird einfach herabgestuft, weil algorithmisch mehrere Ungereimtheiten festgestellt wurden. Es besteht jedoch die Möglichkeit, über ein Formular in den Webmaster-Tools mit Google in Kontakt zu treten und einen sogenannten Reconsideration Request zu stellen. In diesem Request bittet man um eine manuelle Überprüfung seiner Webseite. Hat man zuvor die möglichen Fehler beseitigt, die wahrscheinlich zu der Bestrafung führten, kann man so eine Wiederaufnahme in den Index bzw. eine Rückkehr zu den alten Suchergebnispositionen erreichen. Man sollte sich dies jedoch nicht wie einen 24/7-Support vorstellen, von dem Anfragen umgehend beantwortet werden. Es kann durchaus sein, dass solch ein Request gänzlich unbeantwortet bleibt. Zumindest sollte man jedoch etwas Geduld mitbringen. Einen Versuch ist es in jedem Fall wert.

Alpar: Wie unterscheidet sich denn die Vorgehensweise in der Offpage-SEO in Abhängigkeit vom Webseitentyp? Muss der lokale Hundesitter genau so vorgehen wie ein großer Onlineversandhändler?

Aufzug: Man muss das immer im Wettbewerbsumfeld betrachten. Welche anderen Seiten ranken für das Keyword, für das ich gern ranken möchte? Im Fall der Webseite eines Hundesitters ist die Wettbewerbsintensität wahrscheinlich nicht sehr hoch. Vielleicht komme ich dort sogar ausschließlich mit einer perfekten Onpage-Optimierung hin und brauche kaum Links. Bei einem hart umkämpften Keyword wie „Schuhe" wird es schon schwieriger. Hier besteht ein harter Kampf um die besten Positionen, und die einzelnen Anbieter investieren große Summen, um in den organischen Suchergebnissen gut platziert zu sein. In einem solchen Wettbewerbsumfeld wird man nicht um geplanten Linkaufbau herumkommen.

Alpar: Diese ganze Thematik der Offpage-Optimierung scheint also nicht trivial zu sein. Empfiehlt es sich also, einen Profi damit zu betrauen, bevor man sich selbst daran versucht?

Aufzug: Absolut. Wobei es gerade in der Offpage-Optimierung sehr schwierig ist, ohne eigenes Wissen an einen Profi zu gelangen. Im Prinzip kann jeder von sich behaupten, ein SEO-Profi zu sein, und Otto Normalverbraucher kann die Qualität der Maßnahmen nur sehr schwer beurteilen. Man sollte sich also genau anschauen, welche Erfolge der jeweilige Berater oder die Agentur vorweisen kann. Mit welchen Unternehmen wurde bereits zusammengearbeitet, und wie sind diese Unternehmen positioniert? Das Ganze kostet dann natürlich auch Geld. Aber Offpage-Optimierung ohne einen starken Partner anzugehen, ist in den seltensten Fällen zu empfehlen. Zum einen nimmt es sehr viel Zeit in Anspruch, die man besser direkt in sein Projekt investiert, zum andern kann man sehr viel falsch machen.

Alpar: Ist Offpage-SEO etwas, das man einmalig macht, wie das Schalten einer Anzeige in einer Zeitung, oder muss man da permanent am Ball bleiben?

Aufzug: Offpage-Optimierung muss man in der Regel kontinuierlich betreiben. Natürlich kann es sein, dass man in den vorher genannten kleinen Nischen einen Kick-off von drei oder vier Monaten geplanten Linkaufbau betriebt und davon dann über einen längeren Zeitraum zehren kann, ohne aktiv offpage etwas tun zu müssen. Aber grundsätzlich gilt, dass man permanent am Ball bleiben muss, insbesondere weil auch die Konkurrenz sich ständig weiterentwickelt. In wettbewerbsintensiven Bereichen würde man durch Nichtstun seine guten Positionen in kurzer Zeit wieder verlieren. Zwar kommen auch auf natürlichem Wege Links hinzu, aber zusätzlich sollte man kontinuierlich für ein gewisses Grundrauschen sorgen.

Alpar: Hat Social Media, wovon dieser Tage ständig und überall geredet wird, ebenfalls Einfluss auf die Aktivitäten in der Offpage-SEO?

Aufzug: Soziale Signale wie Likes oder Shares in Facebook und Google+ oder Twitter-Nennungen werden von Google bereits heute in den Algorithmus einbezogen und gewinnen in Zukunft sicherlich weiterhin an Bedeutung. Insbesondere deshalb, weil diese Signale derzeit noch sehr schwer zu beeinflussen sind und damit die „echte" Meinung der Nutzer wiedergeben. Genau das ist es, was Suchmaschinen brauchen. Dennoch ist diese Art von Signal derzeit noch von geringer Bedeutung und wird den Hyperlink erst mal nicht ablösen können. Dafür gibt es zu viele Themen, die in sozialen Netzwerken einfach nicht stattfinden. Dort unterhält man sich ja eher über private Dinge, empfiehlt bestimmte Produkte oder Beiträge. Großteile des B2B-Geschäfts oder Themen, über die man sich öffentlich nun mal nicht unterhält – ich denke da zum Beispiel an Krankheiten oder Medikamente –, werden über soziale Netzwerke nicht kommuniziert. Ich denke, die Themenbereiche, die in sozialen Netzwerken diskutiert werden, geben noch einen zu kleinen Ausschnitt aus der Gesamtmenge der im Internet verfügbaren Informationen wider, als dass man soziale Signale im Vergleich zu Links überproportional bewerten könnte. Links sind immer noch mehr wert, und dies wird wohl auch noch eine ganze Weile so bleiben. Aber mit Sicherheit gewinnt das Thema Social Media in der Suchmaschinenoptimierung zukünftig weiter an Bedeutung.

Alpar: Super. Dann vielen Dank für das Gespräch.

Aufzug: Danke auch.

16.3 Linkaufbau über Social-Media-Plattformen

Der Linkaufbau über Social-Media-Plattformen erfolgt durch die Nutzung von Wikis, Blogs und Foren etc. sowie durch die Teilnahme an Fachkonferenzen und Aktivitäten auf SEO-Foren. Weiterhin kommen Artikel, E-Books und Pressemitteilungen sowie Social-Bookmarking-Dienste etc. zum Einsatz. Dazu führen wir auch ein Interview speziell zu dieser Thematik am Ende dieses Unterkapitels.

16.3.1 Nutzung von Wikis, Blogs und Foren etc.

Verteilen Sie Ihre Website-Links auf Social-Media-Plattformen

Facebook, XING, Google+, LinkedIn etc. – nutzen Sie diese Plattformen ebenfalls, um Links zu Ihrer Website zu setzen.

Beachten Sie auch Sites wie StumbleUpon, Del.icio.us, Reddit, Buzz, Twitter und so weiter. Taggen Sie und leiten Sie Artikel weiter. Das kann User zu Ihrem Blog und zu weiteren Verlinkungen zu Ihrer Website führen.

Setzen Sie Produktbeschreibungen und Rezensionen auf Foren

Schreiben Sie auf allen geeigneten Plattformen qualitativ hochwertige Produktbeschreibungen und Rezensionen. Diese sollten vorsichtig eingesetzt werden und in Einklang mit den Richtlinien der Plattform stehen.

Gehen Sie auf Google Groups und Google Answers oder andere interaktive Blogs in Ihrem Geschäftsbereich. Helfen Sie, Menschen Fragen zu beantworten, und verlinken Sie hier mit Ihrer Website.

Bieten Sie RSS-Feeds an, sodass User sie abonnieren können. Wenn Ihr Inhalt gut ist, werden auch hier Verlinkungen stattfinden.

SEO durch Blogs

Das Posten von Informationen mit realem Wertgehalt wird den Traffic auf Ihrer Website ebenfalls signifikant erhöhen. Stellen Sie

➢ relevante Informationen,
➢ persönliche Erfahrungen,
➢ Produkt-Reviews,
➢ Empfehlungen,
➢ Neuigkeiten über Sie,
➢ Produkte und Services Ihrer Firma

zur Verfügung. Blogs sollten systematisch gewartet und aktualisiert werden. Kommentieren Sie Blogs, die in Verbindung mit Ihren Services und Produkten stehen.

Kommentieren Sie die Postings

Finden Sie andere seriöse Blogger, die sich in Ihrer Nische bewegen. Schreiben Sie kompetente Kommentare zu den Posts dieser Mitglieder und treten Sie langsam mit ihnen in Kontakt.

Nur nutzen Sie nicht Ihre Keywords nicht als Namen! Das ist Spam und sollte komplett vermieden werden.

16.3.2 Nutzung von Artikeln, E-Books, Pressemitteilungen etc.

SEO mittels Online-PR

Es gibt jede Menge Portale, auf die Sie Ihre neuen Presseveröffentlichungen platzieren können. Nutzen Sie diese Plattformen. Erstellen Sie Artikel: Schreiben Sie kurze und relevante Artikel zu Themen über Ihre Kernkompetenzen und verbreiten Sie diese im Web!

Bringen Sie Artikel, Bücher etc. in Umlauf und werben Sie mit Ihrer Website

Schreiben Sie Artikel und lassen Sie E-Books in Umlauf bringen mit eingebauten Links im Content.

Handeln Sie und tauschen Sie Artikel mit anderen qualitativ hochwertigen Websites.

Platzieren Sie Artikel auf seriösen Portalen, Journalen, Magazinen, E-Books etc. Sie können auch Artikel an neue Sites weiterleiten, die diese in einen Newsbereich setzen. Überhaupt kann es für Sie sinnvoll sein, in Newsbereichen Erwähnung zu finden.

Verschicken Sie gut gemachte Presseerklärungen und bauen Sie eigene Journalisten- und Blogger-Listen auf. Achten Sie darauf, wer Ihnen antwortet, und pflegen Sie diese Kontakte weiter.

Veröffentlichen Sie Interviews mit wichtigen Personen aus Ihrer Branche.

SEO durch Offlinemarketing

Veröffentlichen Sie und werben Sie, so viel Sie können, auf traditionellen Werbeplattformen (Außen-, Print-, TV-, Radiowerbung, Karten, Briefköpfe, Umschläge, Broschüren etc.) und steigern Sie Ihre Brand-Search-Queries.

16.3.3 Social-Bookmarking-Dienste: Erstellen von Lesezeichen auf sozialen Netzwerken

Was ist Social Bookmarking?

Für viele Herausgeber von Nachrichtenwebseiten, Blogs und anderen Webseiten ist „Social Bookmarking" eine gute Gelegenheit, ihre Artikel mit Personen, die über ähnliche Interessen verfügen, zu teilen.

Je mehr Bookmarking-Dienste genutzt werden, desto besser

Viele „gebookmarkte" Seiten sind durch schlechte oder nicht vorhandene Website-Navigation oder eine schlechte Verbindung zu externen Seiten nur schwer zu finden. Daher werden Websites hier tiefer indiziert. Je mehr User von verschiedenen Bookmarking-Diensten eine Seite bookmarken, desto mehr Qualität und Bedeutung erhält diese.

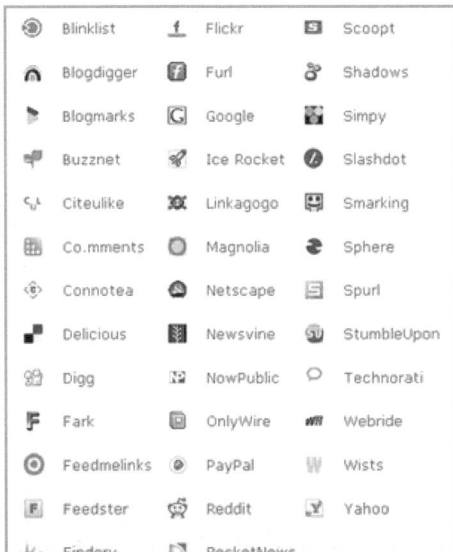

Abb. 151: Social-Bookmarking-Dienste; Bildquelle: http://www.cybertegic.com/ home/templates/cybertegic/images/ keyword-vs-value.jpg.

16.3.4 Interview mit Klaus Eck – Netzwerker, Blogger und Twitterer der ersten Stunde

Seit 1995 hat der Münchner Klaus Eck beruflich mit dem Internet zu tun und viele Entwicklungen kommen und gehen sehen. Er ist ein Netzwerker, Blogger und Twitterer der ersten Stunde und erreicht darüber viele Kommunikatoren, Journalisten und Marketers. Seine Erfahrungen mit den Social-Media-Tools nutzt er seit mehr als 13 Jahren in der Beratung kleiner und großer Unternehmen. Als Gründer und Inhaber der Beratungsagentur Eck Kommunikation hilft er Unternehmen beim Einsatz geeigneter Social-Media-Strategien. Dabei bilden die Themen Onlinekommunikation, Online-Reputation-Management und Social-Media-Strategie die Schwerpunkte von Eck Kommunikation. Hier setzt Eck bei seinen Kunden auf Transparenz durch glaubwürdige Kommunikation, um darüber Vertrauen, Reputation und letztlich Marktanteile gewinnen zu können. In seinen Fachbüchern „Transparent und glaubwürdig" (August 2010, im Redline Verlag erschienen) und „Karrierefalle Internet" (2008, erschienen im Carl Hanser Verlag) stellt er die Vorteile des aktiven Online-Reputation-Managements für Unternehmen und ihre Mitarbeiter vor. Darüber hinaus schreibt Eck regelmäßig Fachbeiträge zu Reputationsthemen in der Wirtschaftspresse und betreibt seit 2004 den PR-Blogger, das zu den erfolgreichsten deutschen Fachblogs in der Onlinekommunikation zählt. Eck ist zudem ein renommierter Social-Media-Experte, Redner und Interviewpartner.

Abb. 152: Klaus Eck – Netzwerker, Blogger und Twitterer der ersten Stunde.

Alpar: Hallo Klaus, was ist eigentlich Online-PR, und wie unterscheidet es sich von „normaler" PR?

Eck: Bei Online-PR (**P**ublic **R**elations) geht es darum, dass man nicht nur Journalisten mit seiner Botschaft erreichen will, sondern insgesamt die Öffentlichkeit. Während man früher vor allen Dingen versucht hat, die Journalisten über das Internet zu erreichen, geht es inzwischen darum, dass man vor allem die Öffentlichkeit erreichen will und dann erst die Journalisten – und zwar indem man auf Twitter, Facebook, Google+ oder auf Blogs Inhalte veröffentlicht und darüber so spannende Dinge transportiert, sodass die Journalisten einfach nicht darum herumkommen, mit dem Urheber der Information ins Gespräch zu kommen.

Alpar: Im Prinzip hatte man also früher den Journalisten zwischen dem Unternehmen und dem Endkunden als Mittler. Eine Art Lautsprecher, eine Art Filter also?

Eck: Genau. Früher hat man ganz richtig von Pressearbeit gesprochen, weil es nur darum ging, Journalisten mit Informationen zu versorgen. Heute wollen Unternehmen die ganze Öffentlichkeit erreichen. Das ist gut so, weil man auf diese Weise in der PR viel mehr Möglichkeiten hat, mit seiner Stimme durchzudringen. Während früher der Journalist oder auch die Redaktion eine Gatekeeper-Funktion hatte, ist es heute so, dass das Unternehmen selbst zum Corporate Publisher geworden ist. Dadurch hat es eben viele Möglichkeiten, die Öffentlichkeit mit Informationen zu versorgen. Ich bin nicht mehr darauf angewiesen, darauf zu warten, dass eine Redaktion meine Pressemitteilung oder Erzählung aufgreift. Ich kann jetzt selbst direkt schöne Geschichten erzählen und darauf hoffen, dass via Google viele von diesen Informationen auch tatsächlich gefunden und weiterverbreitet werden.

Alpar: Gibt es denn überhaupt noch Schlüsselpersonen, wenn es nicht mehr die Journalisten sind? Also welche, die man zur initialen Verbreitung von Neuigkeiten oder Nachrichten anvisieren könnte? Oder würde man gar nicht mehr versuchen, über irgendwelche Intermediäre oder Zwischenebenen zu gehen, sondern ganz direkt zu bleiben?

Eck: Es gibt neue Intermediäre, sogenannte Influencer. Das ist ein anderer Begriff für Multiplikatoren. Letztlich geht es in der Online-PR darum, Menschen zu erreichen, die viele Kontakte und große mediale Reichweiten haben. Ich muss damit rechnen, dass ich es mit Nischenpublishern zu tun habe, aber das ist in der klassischen Presse eigentlich nicht viel anders. Wenn ich an die Fachpresse denke, erreiche ich darüber vielleicht auch nur 3.000 bis 4.000 Personen, die diese Publikation lesen. Wenn ich jetzt einen Blogger adressiere, der mit seiner Publikation im Monat etwa 5.000 bis 20.000 Leser hat, ist das genauso gut wie das Erreichen klassischer Journalisten. Natürlich gelten auch hierbei klassische journalistische Newsregeln. Jemand, der sich gut artikuliert und gute Geschichten erzählen kann, der hat oftmals eine journalistische Vorbildung und hat die professionelle Kommunikation gelernt. Deshalb ist er in der Regel auch erfolgreicher. Die Wahrscheinlichkeit, dass derjenige für mich als Influencer interessant ist, ist damit einfach größer. Allerdings ist es nicht mehr per se so, dass dieser Influencer für ein Medienhaus arbeitet. Genauso gut kann er in Eigenregie oder für ein Unternehmen aktiv sein.

Alpar: Aber ist es denn schon so, dass man lernen muss, mit verschiedenen Multiplikatoren zu arbeiten?

Eck: Wenn ich es früher mit vielleicht 30 Journalisten zu tun hatte, dann habe ich es heute mit 100 Multiplikatoren zu tun. Die Zahl derjenigen, mit denen ich kommunizieren muss, hat sich also vervielfacht. Gleichzeitig ist der Aufwand größer geworden. Man muss auf verschiedenen Kanälen mit diesen Menschen in Kommunikation treten. Es reicht nicht mehr aus, irgendwie per E-Mail irgendwo seine Botschaft hinzuschicken. Stattdessen muss ich versuchen, mit demjenigen ins Gespräch zu kommen, wie man es von Press-Relations her noch kennt. Ich nenne das ganze Influencer-Relations, bei der Kommunikatoren ihre Konversation via Twitter, Facebook, Google+ etc. betreiben, um mit dem Multiplikator ins Gespräch zu kommen. Das ist keine Einbahnstraßenkommunikation mehr, sondern geht in beide Richtungen.

Alpar: Es hat sich also quasi die Menge verändert und auch die Richtung.

Eck: Einerseits hat sich die Menge verändert, weil ich natürlich viel mehr Möglichkeiten habe, etwas zu veröffentlichen. Ich kann zum Beispiel die kleine Form wählen und mit 140 Zeichen via Twitter erfolgreicher meine Botschaft verbreiten als über eine klassische Pressemitteilung. Gleichzeitig muss ich viel mehr publizieren, um überhaupt noch eine mediale Reichweite zu erringen. Ich muss viel mehr tun, damit ich mit meinen Inhalten gesehen und wahrgenommen werde. Weil es natürlich viele gibt, die das tun. Und weil meine Botschaft nicht unbedingt so originär ist, wie das vielleicht in der Vergangenheit gewesen ist. Die Alternative besteht darin, gar nicht mehr wahrgenommen zu werden. Wenn ich heute eine Pressemitteilung an eine Redaktion schicke, muss ich damit rechnen, dass der Redakteur am Tag 100 bis 200 Pressemitteilungen erhalten hat und nur drei davon auswählen kann. Früher haben PR-Verantwortliche mit Kanonen auf Spatzen geschossen, und jetzt habe ich die Möglichkeit, ein bisschen filigraner vorzugehen. Also besser gefunden zu werden und differenzierter zu kommunizieren. Ich muss nicht mehr jedem alles schicken, sondern ich sollte nur wenigen das Richtige schicken.

Alpar: Das heißt, es ist zwar schwieriger geworden dahin gehend, dass es mehr Leute sind, mit denen ich sprechen muss. Auf eine komplexere Art und Weise und auf mehr Kanälen. Das ist sozusagen die erschwerende Entwicklung. Die erleichternde Entwicklung, die das ein bisschen auffängt, wäre aber, dass ich sehr spitz die richtigen Leute ansprechen kann. Und damit wahrscheinlich sogar das Gleiche erreiche wie früher.

Eck: Ja. Der größte kulturelle Unterschied besteht eigentlich darin, dass ich nichts mehr rausschicke. Wir verabschieden uns zunehmend von der Push-Kommunikation und kommen zur Pull-Kommunikation. Ich muss attraktive Inhalte selbst publizieren, ohne sie direkt an den Adressaten zu schicken, und hoffe darauf, dass er mich aufgrund meiner Informationen so interessant findet, dass meine Inhalte abonniert werden. Das stellt einen kulturellen Wandel dar, weil die PR es bisher gewohnt war, auf eine andere Art und Weise für Aufmerksamkeit zu sorgen. Etwa dadurch, dass sie etwas verschickt. Das ist längst nicht mehr erfolgversprechend. Stattdessen geht es heute darum, wirklich im Sinne des Publishings als Unternehmen so attraktiv aufgestellt zu sein, dass jemand die Information von mir auch lesen will. Egal über welchen Kanal, diesen soll der Leser selbst auswählen. Wenn ich es richtig gut mache und auf diese Weise auch einige Multiplikatoren erreiche, kann ich tatsächlich mithilfe der vielen Nischenpublisher, die meine Botschaft aufgreifen, eine recht große Reichweite erzielen. Ein schönes Beispiel dafür aus der Vergangenheit war ein Twitter-Beitrag vom XING-Gründer Lars Hinrichs, der vor einigen Jahren, zum Start seines neuen Unternehmens, mit einem Tweet eine mediale Reichweite von etwa 8 Millionen erzielte und etwa 200.000 Zugriffe auf ein Video erhielt, indem er sein neues Unternehmen HackFwd präsentierte. Das war erfolgreicher als eine Pressemitteilung.

Alpar: Wie ist das jetzt genau? Für welche Art von Unternehmen ist Onlinepressearbeit eigentlich relevant? Ist das sowohl für Mittelständler und Großunternehmen als auch für den Friseur um die Ecke relevant?

Eck: Es ist natürlich immer abhängig davon, wie viel Aufwand ich betreiben kann und will. Grundsätzlich werden die Unternehmen, die bisher schon PR gemacht haben, sicherlich auch Social-Media-PR machen können. Nur müssen sie sich auf andere Verhaltensweisen aufseiten der Adressaten, der Kunden und auch der Journalisten einstellen. Die Art der Kommunikation ist filigraner und ausdifferenzierter als bisher. Es muss nicht sein, insgesamt mehr Arbeit und mehr Geld hineinzustecken. Es hängt aber davon ab, was ich auch tatsächlich erreichen kann und will. Das kann sich der Mittelständler genauso leisten wie auch ein großes Unternehmen. Nur muss man dann von vornherein auch die Ziele ein Stück weit begradigen. Wenn ich also ein Budget habe, das unter 60.000 Euro im Jahr liegt, einschließlich Personalkosten, kann ich in Social Media nicht alles erreichen, was möglich ist. Wenn ich aber dadurch merke, dass ich meine Kunden besser erreiche: Warum soll es dann nicht eine Lösung sein?

Alpar: Können Kleinstunternehmen, also lokale Unternehmen, vielleicht frühzeitig etwas schaffen, das sonst in klassischer PR nicht zu leisten ist?

Eck: Es gibt zum Beispiel die Kelterei Walther. Die Unternehmerin Kirstin Walther hat sich durch ihr Blog einen Namen als „Saft-Tante" gemacht. Dadurch hat die Familienkelterei mehr Umsatz gemacht. Das Ganze hat im Prinzip nur ihr persönliches Engagement gekostet. Ein anderes Beispiel eines Mittelständlers ist das Prizeotel in Bremen, das sich auf allen Social-Media-Kanälen sehr gut darstellt und offen mit der Transparenz umgeht. Die Mitarbeiter im Hotel tragen T-Shirts, auf denen „Bitte bewerten Sie uns" steht. Ganz selbstverständlich geht das Hotel mit den Bewertungsportalen, Blogs und Facebook um und nutzt es in seiner alltäglichen Arbeit.

Alpar: Ich denke mal, die meisten Multiplikatoren oder Influencer werden ja sicherlich lieber von einer Person angesprochen als von einem abstrakten Unternehmen.

Eck: Das ist ganz wichtig. Bei Social Media geht es vor allen Dingen darum, mit einer Personalisierung zu arbeiten. Ich brauche immer Ansprechpartner, die klar erkennbar sind. Wenn ein abstraktes Unternehmen kommuniziert, dann ist es nicht nahbar. Die Sprache ist zu offiziös. Es funktioniert in der Regel in Social Media überhaupt nicht. Es geht darum, mit einer großen Klarheit zu kommunizieren und auch Verantwortung als Person zu übernehmen. Wenn ich es mit echten Menschen zu tun habe, die Verantwortung übernehmen, verhalte ich mich als Kritiker viel besser und bin zurückhaltender als bei einem abstrakten Unternehmen.

Alpar: Wie geht man eigentlich mit folgender Situation um: Ein Unternehmen betreibt sehr erfolgreich über Social Media Online-PR, und zwar wie empfohlen personengebunden. Und dann wechseln diese Personen das Unternehmen. Das geschieht ja auch.

Eck: Das ist überhaupt kein Problem, solange man vornherein transparent damit umgeht und einfach davon ausgeht, dass Angestellte auch mal ihren Job wechseln. Man muss es als Unternehmen aushalten, dass die Mitarbeiter viel stärker in der Öffentlichkeit stehen. Sie verbinden aber auch ihren persönlichen Namen viel stärker mit dem Unternehmen. Der Mitarbeiter wird viel stärker als Personal Brand wahrgenommen und mit dem Unternehmen verbunden. Unternehmen sollten Mitarbeiter, die gehen wollen, nicht aufhalten. Ein schönes Beispiel für Abschiedsmarketing war Carmen Hillebrand, die von Vodafone zu Cash&Carry von Metro gewechselt ist. Sie ist dort in der Social-Media-Verantwortung. Vodafone hat ihren beruflichen Abschied sehr schön gelöst, indem im Blog die Überschrift gewählt wurde: „Carmen geht, Michael kommt." Ähnlich einem Staffellauf wurde das Ganze inszeniert, damit der Leser genau verstehen konnte, dass eine Person das Unternehmen verlässt.

Alpar: Das ist wirklich interessant.

Eck: Das sind für mich Markenbotschafter, die für das Unternehmen eintreten und quasi die Influencer des Unternehmens sind.

Alpar: Wie könnte sich denn Online-PR für ein Unternehmen erschließen, das bisher keine PR gemacht hat? Ist es in Ordnung, von Nicht-PR zu starten und mit Online-PR loszugehen, ohne klassische PR zu machen?

Eck: Natürlich sollte jeder, der auch in der Öffentlichkeit kommuniziert, ein bisschen Ahnung haben von der Wirkung, die seine jeweiligen öffentlichen Aussagen mit sich bringen. Wer sich sehr fordernd darstellt, der wird entsprechendes Feedback bekommen. Wer es nicht gelernt hat, mit Menschen in der Kommunikation sozial umzugehen, der wird schnell mit Schwierigkeiten rechnen müssen. Es reicht oft völlig aus, die normalen Verhaltensweisen aus der Geschäftskommunikation auch online zu übernehmen. Dann wird man auch dort langsam hineinwachsen und positive Erfahrungen machen. Das Schwierigste, das eigentlich auch jeder Anfänger erlebt, ist, dass man mit dem Feedback umgehen muss, das man dort erfährt. Nicht immer ist das Feedback positiv, und da sollte jeder aufpassen, dass die eigenen Emotionen nicht zum Treiber werden. Oftmals ist Zurückhaltung erforderlich. Auf keinen Fall dürfen die Emotionen in den Vordergrund treten, niemand sollte auf Angriffe mit Gegenangriffen reagieren.

Alpar: Das ist ein Manko in der digitalen Kommunikation. Da sind die Leute eher versucht, so etwas zu tun.

Eck: Ja, denn die Reflexion findet nicht gleichzeitig online statt. Man ist in unserer Transparenzgesellschaft die ganze Zeit unter Beobachtung. Die Öffentlichkeit schaut zu, während man sich vielleicht einen kleinen Krieg im Netz liefert.

Alpar: Vielen Dank für das Interview.

16.4 Die Bedeutung des Domainnamens

Domainname als Faktor abhängig und unabhängig von Suchmaschinen

Der Domainname ist ein wichtiger Faktor, da er ein bedeutendes Brand-Instrument ist. Wichtig ist auch, dass der Name leicht zu merken ist und zielgruppengerecht gestaltet wird. So wie bei Geschäftsräumen eine repräsentative Adresse wirkt, ist im Onlinesegment ein guter Domainname entscheidend.

16.4.1 Vorzüge des Type-in-Traffics

Die Nutzung von Type-in-Traffic durch die Investition in Domainnamen ist eine tragfähige Strategie. Allerdings kann dieser Erwerb auch sehr teuer werden. Gerade generische Domainnamen, wie kredit.de, sind erheblich im Preis gestiegen.

Generische Domains

Unter dem Begriff „generische Domain" werden Domainnamen verstanden, die einen beschreibenden Begriff aus der Umgangssprache bezeichnen, z. B. Geld.de, Urlaub.de, Liebe.de, Kaufen.de, und keine Marken- oder Fantasienamen.

Type-in-Traffic ist nicht zu unterschätzen

Type-in-Traffic ersetzt zwar keine Suchmaschinen, dennoch geben immer mehr Menschen ihre Suchbegriffe direkt in den Browser ein.

Einprägsame Domainnamen sind das A und O

Ein einfach zu merkender Domainname bekommt mehr Traffic auf seine Site als ein Domainname, der schwer zu merken ist und keinen Bezug auf zum Zielmarkt hat.

Wenn Sie Manschettenknöpfe wollten, würden Sie beispielsweise manschetten.de eingeben, bräuchten Sie Jalousien, gäben Sie jalousien.de ein. Das ist die Ausgangsidee, die dahintersteckt.

Wenn Sie sich über Investmentfonds informieren möchten, kann Ihre Recherche am ehesten auf Investmentfonds.de beginnen.

Geschätzte 12 bis 15 % der Befragten in den USA, die den gesuchten Begriff in das Adressfeld ihres Browsers eingegeben hatten, erreichten damit die Seite mit dieser URL (M. Ostrofsky-Get Rich Click). In den USA ist der Type-in-Traffic jedoch wesentlich höher als in Europa, Erfahrungen zeugen von 5 bis 7 % in Europa.

16.4.2 Der Erwerb einer hoch dotierten Domain

Manchmal ist eine solche Investition in einen Domainnamen außerhalb unserer Reichweite. Manchmal ist sogar ein ganzes Geschäft rund um den Kauf und Verkauf eines Domainnamens unabdingbar.

Die höchsten Preise, die bisher für com-Domainnamen gezahlt wurden

(Preise in US-Dollar):

- ➤ Sex.com $13.000.000
- ➤ Fund.com $9.999.950
- ➤ Business.com $7.500.000
- ➤ Israel.com $5.880.000
- ➤ Casino.com $5.500.000
- ➤ Slots.com $5.500.000
- ➤ Toys.com $5.500.000
- ➤ AsSeenOnTV.com $5.100.000
- ➤ Korea.com $5.000.000
- ➤ Property.com $5.000.000

Domains als Grundstücke in der virtuellen Realität – die Macht der Hebelwirkung

Im Internet sind Domainnamen das Äquivalent zu Grundstücken.

Da der Handel mit Domains ein neuer, relativ ungetesteter und dynamischer Markt ist, stellen Banken und andere Finanzinstitutionen in der Regel kein Geld für den Erwerb von Domainnamen zur Verfügung.

Wegen des erheblichen Cashflows, den einige „Internetimmobilien" versprechen, beginnen jedoch einige wenige Institutionen genau damit.

16.4.3 TLD (Top-Level-Domains)

Was ist eine Top-Level-Domain?

Im Kontext des effektiven Linkmanagements und des Exkurses zur Class-C-Popularität sind wir bereits auf TLD zu sprechen gekommen. Jeder Domainname, wie z. B. *http://www.ombuch.de*, hat eine Endung – in diesem Fall *.de*. Diese Endung wird als TLD bezeichnet und ist die höchste Ebene der Namensauflösung. Der **D**omain-**N**ame-**S**ystem-(DNS-)Server löst die Domainnamen auf und ordnet diesen eine eindeutige IP-Adresse zu. Seitens der Registrierungsstelle wird ein Datenbankeintrag zum Inhaber für Whois-Abfragen eingetragen.

Sogenannte **Expired Domains** (dt. „abgelaufene Domain") können innerhalb einer Frist vom Eigentümer erneuert (engl. „renewal") werden, ohne dass die Domain ihre Linkpower verliert. Zu dieser Thematik finden Sie in meinem Blog einen weiterführenden Exkurs: *http://www.boerseo.com/allgemein/expired-domains.html*.

Investitionen in neue TLD-(Top Level Domain-)Endungen

Nicht jede Investition in neue Domainnamen mit neuen Endungen erscheint interessant. Interessant sind lokale neue TLDs, wie z. B. *http://www.friseur.berlin* etc. Dot-com-Namen sind immer noch die Beliebtesten und werden weltweit voraussichtlich die goldenen Standards für Domains bleiben. Die TLD *.de* ist die erste Wahl für einen Domainnamen in Deutschland, sollte der gewünschte Domainname vergeben sein, empfiehlt sich die Nutzung von *.com-* *.net-* und *.org*-TLDs. Endungen wie *.biz*, *.info*, *.eu* etc. kommen mehr und mehr, doch Vorsicht, *.biz* und *.info* waren beliebte Spam-TLDs, unter denen die Spammer Domains verbrannt hatten, deshalb ist das Vertrauen Googles in diese beiden Endungen begrenzt.

Bei neuen TLDs wie zum Beispiel *.berlin* gilt es, diese mit der eigenen Marke zu koppeln und sie sich rechtzeitig zu sichern. Auch Typo-Domains der eigenen Marke (auch als Tippfehlerdomains, Verschreiberdomains, z. B. data-becker, data-bekker, data-baecker) sollten registriert werden.

Cybersquatting, Namejacking, Brandjacking

Das Realisieren von Domainnamen mit neuen Endungen oder Tippfehlerdomains wird als eine Praktik bewertet, bei denen man sich mit den Branding-Effekten anderer schmückt und bereichert – auch als Cybersquatting, Namejacking, Brandjacking bezeichnet.

Die de-Domain

Die *.de*-Endung ist eine der erfolgreichsten Länderdomains der Welt. Hier sind bereits über 14,5 Millionen Namen registriert. Bei *.com* sind es weltweit knapp 100 Millionen Domainnamen, die sich in Besitz befinden.

eu-Domains

Mit der *.eu*-Endung, die im April 2006 eingeführt wurde, soll, ähnlich wie bei der Währung Euro, eine europäische Identität im Internet geschaffen werden. Im Vergleich zu *.de* oder *.com* sind hier noch zahlreiche attraktive Domainnamen verfügbar. Schon jetzt sollten sich Unternehmen mit internationalen Ambitionen entsprechende Begriffe unter *.eu* sichern, allein schon um sich vor Mitbewerbern und dem Missbrauch seitens „Domaingrabbern" zu schützen.

mobi-Domains

Es gibt weltweit rund dreimal mehr mobile Endgeräte als PCs. Auch wegen der zunehmenden Daten-Flatrates wächst dabei die Nutzung des mobilen Internets. Somit ist ein neuer, zusätzlicher Absatzmarkt für Unternehmen, der weltweit und jederzeit erreichbar ist, geschaffen und erfreut sich immer größerer Beliebtheit.

Die neue *mobi*-Domain schaffte es, hier erstmals einen Standard zu sichern und die technisch einwandfreie Auslieferung von Internetinhalten an mobile Endgeräte (Handys, Smartphones und PDAs) anzubieten. Im September 2006 ist die *mobi*-Domain erfolgreich in den Markt gestartet und bietet damit eine noch größere Bandbreite an verfügbaren Domainnamen. Am Beispiel von *http://www.neckermann.mobi* oder *http://www. bmw.mobi*, den Pionieren kommerzieller *mobi*-Portale, lassen sich Best-Practice-Beispiele ableiten. Schauen Sie sich die Portale an.

Umlautdomains

Umlautdomains sind nicht die beliebtesten, bieten aber die Möglichkeit, bis zu 92 zusätzliche Sonderzeichen im Domainnamen zu verwenden. So können jetzt viele populäre Begriffe wie „Büro", „Müller" oder endlich auch *http://www.das-örtliche.de* zusätzlich in ihrer deutschen Schreibweise als Domain registriert werden. Die Darstellung der Umlautdomains wird dabei standardmäßig von allen modernen Browsern unterstützt. So finden bereits weltweit Domains mit Umlauten in über vierzig Ländern und neun Sprachen Verwendung. Ebenso ergeben sich im asiatischen Raum zahlreiche Einsatzmöglichkeiten.

Creative-Domains

Neben Domainendungen ist der kreative Umgang mit Domainnamen ein möglicher Erfolgsfaktor. So kann man sich effektiv am Onlinemarkt präsentieren. Die Firmierung des Unternehmens ist nicht alles, was machbar ist. Einzelne Produkte und Projekte sowie Kampagnen oder Slogans können somit genutzt werden: Praktische Beispiele dafür sind ichliebees.de, freude-am-fahren.de oder geiz-ist-geil.de.

16.4.4 Interview mit Christoph Grüneberg – Geschäftsführer Domainvermarkter Ltd. & Co. KG und SALE Onlinemarketing GmbH

Christoph Grüneberg ist Mitgründer des Domainvermarkter-Forums, Deutschlands größter Konferenz für Domainprofis, Herausgeber und Chefredakteur des (Print-)Domainvermarkter-Magazins sowie des Domain-News-Blogs DVmag.de. Nach seinem Studium der Wirtschaftswissenschaft mit Abschluss Diplom-Ökonom startete Grüneberg 1997 seine erste Internetfirma.

Seit 2003 auf Domaininvestment spezialisiert, werden über 30.000 Domainnamen aus Eigenbestand vermarktet. Grüneberg ist zudem Mitgründer der Firma Sale Onlinemarketing GmbH, die Betreiber des Shopaggregators Sale.de ist.

Abb. 153: Christoph Grüneberg – Mitgründer des Domainvermarkter-Forums und Herausgeber und Chefredakteur des (Print-)Domainvermarkter-Magazins sowie des Domain-News-Blogs DVmag.de.

Alpar: Hallo Christoph. Was fasziniert denn die Leute an Domains? Wie kommt es, dass da so ein reger Handel besteht und dass einzelne Domains so unheimlich viel wert sind?

Grüneberg: Das gesamte Internet ist für uns als Nutzer auf Domainnamen aufgebaut. Die Eingabe einer Domain ist immer der Start beim Surfen im Internet. Deshalb sind Domainnamen die Basis aller Webseiten. Genau so ist ja ein Grundstück Grundlage für jedes Gewerbe und für jedes Wohnhaus. Ohne Grundstücke würde wohl keine moderne Wirtschaft funktionieren.

Alpar: Also sind Domains im Prinzip die Grundstücke des Internets?

Grüneberg: Ja. Domainhandel ist analog zum Handel mit Grundstücken zu sehen. Und genau wie bei echten Grundstücken gibt es auch hier unterschiedliche Lagen. Es gibt gute und wertlose Grundstücke. Die Kunst beim Domainhandel ist, herauszufinden, welche Grundstücke, also Domains, wertvoll sind und welche nicht.

Alpar: Und es gibt auch Grundstücksspekulation und Immobilienblasen?

Grüneberg: Spekulation ja, aber eine richtige Blase hat es im Domainhandel bisher nicht gegeben. Es gab aber eine Zeit, nach 2000, in der viele Domains wieder frei wurden, die vorher in der Dotcom-Blase registriert waren. Damals war die Aktienblase – nicht die Domainblase – geplatzt. Das war die goldene Zeit für Leute, die darauf spekuliert hatten, dass die Zeiten im Internet auch wieder besser würden. Die haben sich dann mit guten Domainnamen eingedeckt. Und viele beschreibende Domainnamen haben dann in den folgenden Jahren tatsächlich erheblich an Wert zugelegt.

Alpar: Beschreibende Domainnamen sind so etwas wie Keyword-Domainnamen? Wenn ich zum Beispiel Telefone verkaufen würde, dann wäre das so etwas wie Telefone.de?

Grüneberg: Genau. Es handelt sich um Domainnamen, die aufgrund ihres beschreibenden und einzigartigen Namens wie Telefon.de oder Immobilien.de einfach eine Attraktivität für Besucher und Marketing haben. Oft geben die Nutzer solche Domains auch einfach auf Verdacht ein, dann sprechen wir von Type-in-Domains.

Alpar: Besteht denn der Wert einer solcher Domain vor allem darin, dass die Nutzer diese Domain einfach eintippen können? Dass man sie sich gut merken kann, weil sie aus einem Wort besteht, das man kennt?

Grüneberg: Es ist sicherlich die Merkbarkeit eines Namens. Bei einer beschreibenden Domain wie „reisen.de" muss ich nicht erklären, was man dort finden wird, bei einer Fantasiedomains wie z. B. „opodo.de" muss ich dem Nutzer erst beibringen, was hier gemacht wird. Aber es geht auch um Begriffe, die einfach eine Kategorie definieren. Dies können auch mehrere Wörter sein. Egal in welchem Bereich ich ein Produkt herstelle oder verkaufen möchte, ich würde immer wollen, dass ich unter diesem Produktnamen auch im Internet gefunden werde. Oft ist ja die Firma oder Marke bekannter als das eigentliche Produkt. Eine beschreibende Domain zu besitzen, ist dennoch für viele auch eine Prestigefrage: „Ich stelle dieses Produkt her und möchte auch entsprechend unter der Produktdomain gefunden werden." Beispiel: HRS, das bereits 1972 gegründete Hotelreservierungssystem, hat auf seine Marke und die Domain hrs.de vertraut und sich nicht rechtzeitig die Domains Hotel.de und Hotels.de gesichert. So hat man Platz für einen neuen Konkurrenten gelassen, der erst durch das Internet groß werden konnte. Diesen Fehler musste der HRS-Chef auch öffentlich eingestehen. Und nun hat HRS den Konkurrenten hotel.de für 43 Millionen Euro übernommen.

Alpar: Gefühlt, sind sehr viele Domains in der Hand von eben nicht den Leuten, die du gerade beschrieben hast, sondern eigentlich in der Hand von Leuten, die damit handeln möchten.

Grüneberg: Man kann die Situation mit der Inbesitznahme von Land in Amerika vergleichen, bei der von Osten nach Westen Land von Pionieren erobert wurde. Zuerst gab es in vielen Regionen nur wenige Großgrundbesitzer. Das waren Leute, die an die Zukunft Amerikas glaubten in einer Zeit, in der andere sich noch nicht vorstellen konnten, dass irgendwann einmal etwa ein Stück Wüste in Nevada etwas wert sein könnte. Dann wurden nach und nach die Grundstücke aufgeteilt und verkauft, bis letztendlich diejenigen zu Besitzern wurden, die mit einem Grundstück am besten etwas anfangen konnten. Die ersten Eigentümer konnten große Landstücke nicht selbst bewirtschaften. Als dann später weitere Siedler kamen, die z. B Farmen errichten wollten, mussten diese den Pionieren die Grundstücke abkaufen. Wenn dann auf dem gekauften Grundstück etwas aufgebaut wurde, wurde insgesamt ein Mehrwert geschaffen. Der Preis eines Grundstücks regelt sich über Angebot und Nachfrage, genau so ist es auch bei Domainnamen. Wer hat denn in den 90er-Jahren wirklich geglaubt, dass Domainnamen so wertvoll werden würden? Jeder hätte damals Domainnamen reservieren können, aber Domains waren noch wesentlich teurer, und die Zukunft war unklar. Die Domainnamen waren frei, einige haben zugegriffen, das hat nichts mit Gerechtigkeit oder Ungerechtigkeit zu tun. Am Ende werden die Domainnamen aber sicher immer bei denen landen, die am besten etwas damit anfangen können. Das kann wie in Amerika durchaus sehr lange dauern, ist aber marktwirtschaftlich die beste Lösung. Viele, die bisher nur Domainnamen gesammelt haben, fangen übrigens derzeit an, diese auch zu projektieren.

Alpar: Es gibt ja auch manchmal ganz spektakuläre Domainverkäufe, mit denen Millionenwerte erzielt werden. In welchen Bereichen passiert das?

Grüneberg: Meist geht es um Domainnamen, die sehr gut für E-Commerce geeignet sind, mit denen man unmittelbar online viel Geld verdienen kann. Es wird viel Umsatz mit Erotik gemacht. Dann ist natürlich klar, warum die Erotikdomain Sex.com mit 14 Millionen Dollar Verkaufspreis die bisher teuerste verkaufte Domain der Welt ist. Oder Business.com, diese war bereits Mitte der 90er-Jahre mit einem Kaufpreis von 150.000 Dollar die damals teuerste Domain der Welt. Später, 1999, wurde sie dann von Marc Ostrofsky für 9,5 Millionen Dollar weiterverkauft, wieder ein neuer Rekord. Die darauf aufgebaute Firma wurde dann 2008 für sagenhafte 345 Millionen Dollar verkauft!

Alpar: Die Top-Level-Domain ist das, was hinter dem letzten Punkt kommt. Die macht ja im Wert einen ganz erheblichen Unterschied aus. Wie kann man da unterscheiden?

Grüneberg: Nicht jeder Domainname ist gleich. Ich kann z. B. den Begriff „Fotos" unter *.de*, *.com* und *.info* besitzen und habe ganz unterschiedliche Werte. Wir in Deutschland sind sehr stark auf unsere Sprache fixiert. Die User möchten deutsche Seiten lesen, und sie wissen, dass unter *.de* hauptsächlich deutsche Angebote kommen. Daher hat *.de* im deutschsprachigen Bereich einen sehr hohen Stellenwert, und die Domainnamen werden hier hoch gehandelt. International ist es eher *.com*, die gerade in Amerika genutzt wird. Dagegen wird in den USA die eigentliche Länder-Top-Level-Domain, *.us*, kaum wirklich benutzt, und der Domainhandel mit *.us* findet fast nicht statt. Der Wert hängt davon ab, was die Nutzer unter einer Endung erwarten. Wenn man weiß, wie sich die Internetuser verhalten, weiß man auch, wie sich der Wert von Domainendungen gestaltet.

Alpar: Du sagst, in Deutschland sei die de-Domain im internationalen Vergleich besonders populär. Wie ist die Situation in den vielen kleineren Ländern Europas? Sind die Länderdomains überall gleich wertvoll?

Grüneberg: Das hängt auch von der Liberalisierung der entsprechenden Länderdomain ab. Wir haben in Deutschland das große Glück, dass man sich hier bei der Domainverwaltung mit der Denic für ein genossenschaftliches Modell entschieden hat. Dadurch wurden die deutschen Domainnamen sehr früh für alle und sehr billig angeboten. Dagegen ist man zum Beispiel in Frankreich erst jetzt dazu übergegangen, Fremden, also Nichtfranzosen, die Registrierung einer französische Domain zu erlauben – aber immer noch beschränkt auf Personen und Firmen in EU-Staaten. Viele Österreicher gehen z. B. im Internet nach Deutschland, gerade bei Online-shops, weil sie wissen, dass sie aufgrund des größeren Markts online vielleicht eher unter einer *.de* etwas finden als unter einer *.at*. In Österreich sind eine Million *at*-Domains reserviert, in Deutschland fast 15 Millionen *de*-Domains. Den Stellenwert und damit oft auch die Preise für gehandelte Domainnamen kann man analog an aktuellen Registrierungsstatistiken ablesen: Zuerst kommt *.com* mit 100 Millionen Domainnamen, dann *.de* mit 15 Millionen, dann folgen *.net* sowie *co.uk*.

Alpar: Wieso sind die Preise bei Domainregistrierungen so unterschiedlich?

Grüneberg: Das hängt davon ab, wer die Registrierungsstelle verwaltet. Bei den generischen TLDs sind es Privatfirmen, die von der Internetverwaltungsstelle das Recht zur Vergabe erhalten haben, zum Teil auch wie bei *.com* und *.net* mit Preisvorgaben. Bei den Länderdomains hängt es davon ab, wer die Domainnamen vergeben darf, dies können staatliche Organisationen sein oder auch beauftragte Firmen. Weil die Vergabe der *de*-Domains durch eine Genossenschaft organisiert wurde, die selbst nicht gewinnorientiert arbeitet, haben wir in Deutschland die günstigsten dauerhaften Registrierungskosten weltweit. Dies hat eben auch zu den vielen *.de*-Registrierungen geführt und durch die leichte Übertragbarkeit zu einem regen Handel mit Domainnamen. Eine *de*-Domain kann man für unter 3 Euro im Jahr reservieren, so kann sich jeder eine Domain leisten.

Alpar: Wo werden Domainnamen eigentlich hauptsächlich gehandelt? Ist das etwas, das die Leute unter sich ausmachen, oder läuft das über Marktplätze und Treuhanddienstleister? Wie muss man sich den Domainhandel in Deutschland vorstellen?

Grüneberg: Ich denke, der größte Teil des Handels findet direkt vom Käufer zum Verkäufer statt. Das Whois, das Adressverzeichnis, in dem man sieht, wer Inhaber einer Domain ist, ist ja öffentlich einsehbar. Deshalb ist es bei einer Kaufabsicht logisch, einfach denjenigen anzuschreiben, der im Whois als Inhaber steht. Der direkte Weg ist gerade bei *de*-Domains oft der beste Weg. Aber wenn man international handeln möchte, wird es komplizierter. Über die Länder- und Sprachgrenzen hinweg ist es schwieriger, die Inhaber anzusprechen und Transfers abzuwickeln. Man kann sich auch nicht immer sicher sein, ob wirklich derjenige, der im Whois steht, auch der Inhaber ist. Da würde ich schon empfehlen, über einen Marktplatz zu gehen, der dann auch noch einen Treuhandservice anbietet. So wird die Domain sicher transferiert, und der Verkäufer bekommt erst sein Geld, wenn der Käufer die Domain besitzt. Sedo ist als Marktplatz in Deutschland und auch weltweit Marktführer. Dort kann man einfach nach einer Domain suchen und auch anonym ein Gebot abgeben.

Alpar: Auf vielen Domains, die unbenutzt scheinen, findet sich eine ganze Reihe von Anzeigen. Was hat es denn damit auf sich?

Grüneberg: Das ist eine ganz pfiffige Möglichkeit, mit unbenutzten Domainnamen Geld zu verdienen. Die Anzeigen kommen meist von Google. Um 2003 wurde dieses Domainparking populär. Wenn man nicht die Zeit hat, selbst eine Webseite einzurichten, ändert man einfach die Nameserver der Domain auf einen entsprechenden Anbieter. Passend zu dem Domainnamen, werden dann automatisch Werbeanzeigen eingeblendet. Das ist auch gut für die Nutzer, denn so bekommen sie, wenn sie einen Domainnamen eingeben, nicht nur eine leere Seite angezeigt, sondern gleich ein Suchergebnis mit passenden aktuellen Links.

Alpar: Das von dir angesprochene Domainparking ist aber nicht überall gern gesehen. Es gibt einige dieser Seiten, die mit Werbung beliefert werden, bei denen es sich zum einen um inkorrekte Schreibweisen großer Marken handelt oder eben um Projekte, die mittlerweile nicht mehr existieren. Versuch doch einmal, einen neutralen Blick darauf zu werfen und die Argumente beider Seiten zu nennen.

Grüneberg: Wir haben im Prinzip drei Kategorien von Domains, die man durch solche Parkingseiten zu Geld machen kann. Das eine sind die generischen, beschreibenden Domainnamen, deren Besitz und Handel durch viele Gerichtsentscheidungen abgesichert sind. Nehmen wir eine Domain wie autos.de. Da kann keiner kommen und sagen, dass er eine Marke mit „Autos" für zum Beispiel Äpfel eingetragen hat und nun diese Domain besitzen möchte. Jeder sieht ein, dass es so nicht funktioniert. Wenn ich auf so einer beschreibenden Domain Anzeigen schalte, bin ich im Normalfall auf der rechtlich sicheren Seite. Dann gibt es Domainnamen, die allein davon profitieren, dass Leute sich vertippen. Wenn ich also eBay mit „e" schreibe anstatt mit „a" oder andere Möglichkeiten zum Vertippen ausnutze. Da gibt es bei der Masse an Menschen, die täglich die Domain eingeben, auch viele Tippfehler. Die landen vielleicht dann auf einer Seite, auf der nur Werbung ist, aber nicht bei eBay. Wenn es eindeutig ist, dass es sich bei einer Domain um einen Vertipper einer bekannten Marke handelt, kann das für den Besitzer problematisch werden. Lufthansa zum Beispiel ist sehr stark gegen Vertipperdomains vorgegangen. Sogenannte Typo-Domains können sehr viele Umsätze für die Domainbesitzer bedeuten, aber eben auch viel Ärger. Das Wettbewerbsrecht und das Namensrecht verbieten es, als Dritter von Markennamen oder vom Firmennamen zu profitieren.

Der dritte Bereich wären dann noch Domainnamen, die einfach aufgegeben bzw. gelöscht wurden. Diese werden auch Expired Domains genannt. Sie können beschreibend sein, können aber auch einfach Domains von Firmen sein, die zum Beispiel bankrott gegangen sind. Dann gibt es Leute, die sagen: „Da könnten ja noch Besucher hinkommen, das teste ich mal und schalte dort Werbung." Solche Domains sind übrigens oft auch für Suchmaschinenoptimierer zum Linkaufbau von Interesse.

Alpar: Wie kann ich denn sichergehen, dass ich bei einem Domainnamen keinen rechtlichen Ärger bekomme?

Grüneberg: Man sollte auf gar keinen Fall versuchen, Domainnamen von bekannten Marken, Firmen oder Persönlichkeiten zu reservieren. Solange man sich auf beschreibende Domainnamen konzentriert, ist man auf der sicheren Seite im Domainhandel. Aber man muss sich darüber im Klaren sein, dass es immer noch vereinzelte Versuche gibt, lieber eine Domain gerichtlich zu erstreiten, als dem Domaininhaber Geld zu bezahlen. Da wird mit hohen Streitwerten und Prozesskosten gedroht. Wer seine Domain verteidigen will, muss einen langen Atem und einen guten Anwalt haben. Dieser Vorgang nennt sich „Reverse Domain Hijacking" – eine Praxis, der zum Glück die deutschen Gerichte mittlerweile eine klare Absage erteilt haben.

Alpar: Welche Fallen lauern noch im Domainhandel?

Grüneberg: Leider macht es das Internet nicht nur leicht, miteinander Geschäfte zu machen, sondern ebenso einfach, Betrugsversuche zu starten. So gibt es immer wieder E-Mails, in denen der Ankauf einer Domain vorgetäuscht wird. In Wirklichkeit soll aber ein kostenpflichtiges Domaingutachten auf einer der Webseiten des Betrügers in Auftrag gegeben werden. Kein seriöser Käufer würde ein Gutachten vom Verkäufer verlangen!

Auch können Domains gestohlen werden. Es gab einen Fall, bei dem mittels Trojaner gezielt Passwörter erspäht wurden, um Domains zu kapern. Gerade bei „Schnäppchen", die einem unaufgefordert angeboten werden, sollte man deshalb aufpassen. Oft handelt es sich um Hehlerware.

Ein allgemeiner Rat an dieser Stelle, um sich vor Domainverlust zu schützen: Immer die Adressdaten im Whois der Domain aktuell halten und vor allem auf wichtige Registrar-E-Mails achten.

Eine weitere bekannte Masche ist, einem Domainbesitzer zusätzliche Varianten einer Domain anzubieten, oft auch unter dem Hinweis, ein anderer Kunde würde gerade die Domain bestellen wollen. Man besitzt z. B. Firmennamen.de und soll nun auch Firmennamen.asia bestellen. Dies ist schlichtweg Spam und kann getrost ignoriert werden.

Als Domainverkäufer sollte man seinen Domainwert auch nie davon abhängig machen, ob der Käufer vorgibt, Geld zu haben oder nicht. Oft wird argumentiert, die Domain würde nur privat oder gemeinnützig verwendet, oder der Käufer wäre gerade Student. Deswegen solle man die Domains zu einem besonders günstigen Preis abgeben. Ich frage mich dann immer, warum diese Gruppen überhaupt eine Domain käuflich erwerben wollen, wenn viele andere Domains ja noch frei sind. Und o Wunder, wenn man sich darauf einlässt, entsteht anschließend ein ausgewachsenes kommerzielles Projekt auf der Domain. Vorspiegelung falscher Tatsachen ist auch Betrug.

Alpar: Für die Menschen, die sich für Domaining interessieren und einen Zugang dazu suchen: Was wäre denn der beste Weg, damit zu starten? Sollte man eher investieren und versuchen, die Domains dann teurer an den Mann zu bringen, oder sollte man schauen, was frei ist?

Grüneberg: Bevor ich überhaupt etwas mache und Geld für Domains ausgebe, würde ich mich erst einmal gut informieren. Neben einigen Büchern, die einen guten Einstieg bieten, gibt es verschiedene Blogs, die regelmäßig über den Domainhandel berichten. Es ist eigentlich fast jeder wichtige Aspekt des Domainhandels schon einmal irgendwo diskutiert worden. Es gibt auch verschiedene Foren, in denen man sich erkundigen kann. Und wenn man es ernst meint, sollte man auch einmal zu einem Stammtisch oder einer Konferenz fahren, um persönliche Kontakte zu knüpfen und Erfahrungen aus erster Hand zu hören.

Es ist nie zu spät, in das Domainbusiness einzusteigen, wenn man die richtige Strategie hat. Schwierig ist es aber, heute noch Domainnamen zu finden, die man an einem Tag frei reserviert und am nächsten Tag für 10.000 Euro verkaufen kann. Ich empfehle für Anfänger den Kauf einiger weniger, aber dafür sehr guter Domains, um diese dann mit einem höheren Gewinn weiterzuverkaufen. Wer es dann schafft, gute Beziehungen zu potenziellen Käufern aufzubauen, wird auch keine Schwierigkeiten dabei haben, im Domainhandel Geld zu verdienen.

Alpar: Aktuell wird viel über neue Top-Level-Domains diskutiert. Worum geht es da, und lohnt es sich, hier zu investieren?

Die ICANN, die Organisation, die alle Top-Level-Domains (TLDs) verwaltet, hat beschlossen, zusätzliche TLDs freizugeben, sodass neben bekannten Endungen wie *.com* oder *.info* eine Vielzahl neuer Endungen entstehen wird. Möglich wären dabei z. B. *.web* und *.shop*, aber auch eigene Firmen-endungen wie *.google*.

Man erwartet insgesamt weit über 1.000 neue Endungen. Dabei kostet schon die Bewerbung locker 500.000 Euro, hinzu kommt der technische Betrieb. Es gibt einige wenige interessante Endungen, die jetzt schon heiß umkämpft sind. Ich gehe davon aus, dass der Großteil der neuen Endungen aber nur wenig profitabel sein wird.

Ein Blick auf die zuletzt eingeführten generischen Endungen zeigt, dass die Welt nicht wirklich auf noch mehr Domainalternativen wartet: Endungen wie *.travel*, *.jobs* oder *.museum* sind auch nach vielen Jahren nur Insidern ein Begriff. Die Endung *.info* ist nicht wirklich beliebt und nach *.com*, *.net* und *.org* erst die vierte Wahl bei generischen Domainnamen. Die Endungen *.biz* und *.mobi* sind bei den Nutzern nahezu gescheitert. Wenn schon eine *.travel* wenig Anklang findet, wird eine deutsche *.reise* nicht unbedingt erfolgreicher sein. Ich persönlich beteilige mich nicht an diesen Spekulationen, und auch die meisten meiner Kollegen raten ebenso davon ab, hier mitzumachen.

Wer als Endkunde oder auch als Domainhändler zukunftssichere Domains haben möchte, sollte entweder global auf *.com* oder die jeweilige passende Länderendung wie *.de* setzen. Alle anderen Endungen sind nur zweite oder dritte Wahl. Daran wird sich auch in Zukunft wenig ändern. Wie hat es ein Kollege so schön formuliert: Wenn in der Wüste von Arizona irgendwo ein neues Haus gebaut wird, sinkt ja nicht der Wert der Häuser auf der Fifth Avenue in New York. Und wo hier in Zukunft eine Wertsteigerung zu erwarten ist, dürfte auch klar sein.

Wer in neue Endungen investiert, sollte genau wissen, was er tut. Anfängern möchte ich unbedingt davon abraten. Es wurden schon viele Vorbestellungen für Domains auf mögliche neue Domainendungen angenommen, obwohl die Bewerbungsphase noch nicht einmal begonnen hat. Warum? Es zeichnet sich leider jetzt schon ab, dass viele unerfahrene

„Newbies" glauben, sie könnten bei den neuen Endungen das große Geld machen. Ich denke, es läuft eher wie beim Goldrausch 1896 in Klondike: Den großen Reibach machen die Verkäufer der Schaufeln und Pfannen, also die Registrare, während am Ende für die Hunderttausende von Schürfern nur vereinzelt kleine Nuggets übrig bleiben, die mit Glück gerade reichen, um die Kosten, die Registrierungsgebühren, zu begleichen.

Alpar: Super. Dann vielen Dank für das Interview.

16.5 Offpage-Blackhat-SEO – Tricksereien in der Offpage-SEO

Link-Spamming

Link-Spamming nennt man den Versuch, Linkpopularität künstlich aufzublähen. Dazu gibt es eine Vielzahl von Möglichkeiten, beispielsweise Linkfarms, bei denen Hunderte von Seiten die gleichen Links haben und unabhängig von ihrem Webseiteninhalt aufeinander verweisen. Es sind eine ganze Menge extra kreierter Miniseiten, die nur den Zweck haben, auf die Haupt-Webseite zu verlinken.

Für die automatisierte Linkgenerierung existieren zahlreiche Tools, bei deren Nutzung allerdings Vorsicht geboten ist. Achten Sie darauf, dass Sie nicht gegen die Google-Guidelines verstoßen. In Kapitel 17.5 stellen wir Ihnen zahlreiche Werkzeuge vor, Link Farm Evolution und Scrapebox möchten wir Ihnen jetzt schon näherbringen.

Link Farm Evolution

Link Farm Evolution (LFE) ist – nach eigenen Angaben – ein Werkzeug, das die Schlagkraft von Social Media auf Foren wie WordPress MU (oder WP 3.0 multisite) (*http://mu.wordpress.org/*) und Pligg (*http://pligg.com/*) nutzt, um Open-Source-basiert umfangreiche Linkfarmen zu bilden und eingehende Qualitätslinks zu generieren. Mit LFE seien sowohl Whitehat- als auch Blackhat-Techniken möglich. Vorsicht ist also geboten (*http://linkfarmevolution.com/index-fr.php*).

Scrapebox

Auch Scrapebox bietet die Möglichkeit, automatisiert Links zu generieren und Schnittstellen dafür, diese benutzerfreundlich zu verwalten.

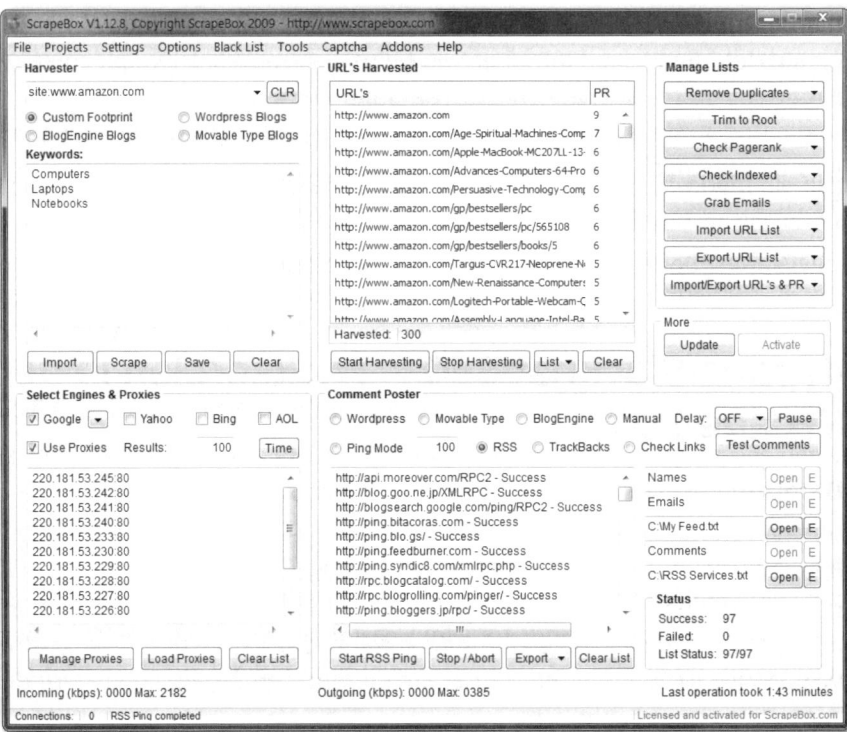

Abb. 154: Scrapebox-Screenshot; Bildquelle: http://www.scrapebox.com/wp-content/uploads/2009/10/full-size.png.

Weitere Infos finden Sie unter dem oben genannten Link.

17. Onpage- und Offpage-übergreifende SEO-Aspekte

Nun kommen wir auf SEO-Bereiche zu sprechen, die entweder sowohl den Onpage- als auch den Offpage-Bereich oder keinen der beide Bereichen betreffen, aber dennoch relevant für die SEO sind. Dies sind allgemeine Überlegungen und Tipps sowie juristische Grundlagen zur SEO, Onpage- und Offpage-übergreifende unseriöse Praktiken und Techniken, die Vorstellung einer SEO-Roadmap als praktischer Handlungsleitfaden zum Managen der SEO-Prozesse und die wichtigsten Softwarewerkzeuge, die Sie zur Nutzung in Erwägung ziehen sollten.

17.1 Allgemeine Überlegungen und Tipps zu SEO

Allgemeine Überlegungen zur SEO beziehen sich auf Dienstleistungen im Bereich der SEO, die größten SEO-Fehler und Domainumzüge bzw. Website-Relaunchs.

17.1.1 Dienstleistungen im SEO-Bereich

Alles inhouse oder teilweise? – Outsourcing von SEO-Diensten

Man muss beim Anheuern eines SEO-Anbieters in der Regel mit einer gemeinsamen Arbeitszeit von sechs Monaten bis zu einem Jahr rechnen, die Optimierung sollte dabei auf mehrere relevante Keywords, die in der Website-Beschreibung genutzt werden, zusteuern. Allerdings können die Vereinbarungen zur Zielsetzung des SEO-Anbieters individuell aufgesetzt werden.

Kriterien für SEO-Berater

➢ Wichtige Kriterien, um den richtigen SEO-Berater zu finden, sind zudem durch folgende Fragen in Erfahrung zu bringen:

➢ Handelt es sich um einen einzelnen Berater oder ein Team?

➢ Wie lange ist der Anbieter bereits im Geschäft, und

> ➢ welche Branchen hat er bereits vertreten?
> ➢ Wie viele SEO-Projekte hat er bereits durchgeführt, und
> ➢ welche SEO-Praktiken hält er für vertretbar?
> ➢ Welche Art des Reportings wird über den Erfolg der Maßnahmen Auskunft geben?
> ➢ Dazu können spontane Ideen zur Steigerung der Popularität der eigenen Website und die dafür eingesetzten Mittel erfragt werden.

Achten Sie genau darauf, welche Praktiken Ihr SEO-Anbieter nutzt

Die Alarmglocken sollten läuten, wenn Spamming-Techniken wie das Nutzen verborgener Textelemente vorgeschlagen wird. Dies kann zur gänzlichen Verbannung der eigenen Website aus den Suchergebnissen einer Suchmaschine führen sowie Geld- und Zeitverlust nach sich ziehen. Daher sollten solche Anbieter gänzlich gemieden werden, ebenso wie diejenigen, die ein bestimmtes Ranking mit zahlreichen Ausnahmeklauseln „garantieren".

Agenturdienstleistungen in der SEO

Zu den Agenturdienstleistungen im Rahmen der Suchmaschinenoptimierung gehören

> ➢ die Analyse von Seiteninhalten und der Seitenstruktur,
> ➢ die Wettbewerberanalyse,
> ➢ die Site-Clinic (Analyse unter dem Aspekt der Onpage- und Offpage-Kriterien),
> ➢ die technische Expertise bezüglich der Website-Entwicklung,
> ➢ die Keyword-Analyse
> ➢ das Linkbuilding sowie
> ➢ die geografische und branchenspezifische Marktanalyse.

17.1.2 Die größten SEO-Fehler onpage und offpage

Doppelter Content ist einer der größten Fehler in der SEO

Duplizierte Inhalte führen zu „Bestrafungen" seitens der Suchmaschinenbetreiber. Daher empfiehlt es sich, den Content umzuschreiben. Inhalt, dessen Urheber Sie sind, der jedoch von anderen dupliziert wurde, sollten Sie auf der entsprechenden Seite durch einen Quellenverweis markieren, sodass Sie als der Urheber des Inhalts zu identifizieren sind. Wenn diese Duplikation nicht abgesprochen worden war, können Sie rechtliche Ansprüche geltend machen.

Setzen Sie nicht mehr als 10 bis 20 Outbound-Links pro Seite ein

Eine hohe Anzahl von ausgehenden Links, konzentriert auf einer Domain, führt ebenfalls dazu, dass Sie als Linkverkäufer und/oder Spammer eingestuft werden könnten. Überfüllen Sie Ihre Seiten also nicht mit Outbound-Links.

Vorsicht vor Bad Neighbourhood

Outbound-Links zu Linkfarmen und zu anderen verdächtigen Seiten können auch Rankingnachteile nach sich ziehen. Sie sollten sich also vor dubiosen oder unvorsichtigen Partnern hüten.

Reziproke Links

Auch reziproke Links, die auf zuverlässige und qualitativ hochwertige Partner-Websites verweisen, können Besuchern als Link-Directory dienen und dafür sorgen, dass die eigene Seite als wertvolle Anlaufstelle für diese Ressourcen zusätzlichen Zulauf erhält.

Reziproke Links erhöhen – richtig eingesetzt – Ihre Suchmaschinenpositionierung. Die Schlüsselformel lautet hier allerdings: sorgfältig benutzen! Ihr Ziel bei der Erzeugung wechselseitiger Verbindungen sollte sein, eine wirklich hilfreiche Webressource oder ein Linkverzeichnis zu erstellen. Sie sollten nur Links von Webmastern, deren Seiten thematisch in Einklang mit Ihren Websites sind oder eng zum Thema Ihrer Webseite passen, annehmen.

Thematisch eng gefasste Linkverzeichnisse erzielen höhere Bewertungen von Suchmaschinen – aber nur, wenn sie wahrhaftig Ressourcen des organisierten Wissens sind. Suchmaschinen werden nicht nur diesbezüglich immer intelligenter in ihren Ergebnisrankings. Sie beziehen Links ein, die von und auf Ihre Seite verweisen. Sie können in ihren Algorithmen Vorgaben beinhalten, die entscheiden, wie eng Ihre Themen und Inhalte miteinander verknüpft sind. Um eine bessere Rankingpositionierung zu erlangen, sollten Sie nicht versuchen, die Algorithmen „zum Narren zu halten", indem Sie eine Vielzahl von Webseiten adden, die thematisch außerhalb Ihres inhaltlichen Fokus liegen. Der Schuss geht nach hinten los.

Kreieren Sie keine Pixellinks

Wenn Sie einen Link kreieren, der visuell so klein ist, dass die Besucher diesen als solchen nicht erkennen können (z. B. in der Größe eines Pixels), gilt dies als Manipulationsversuch und beeinflusst das Ranking zu Ihren Ungunsten.

Vorsicht bei der Umleitung von Traffic

Es ist Vorsicht geboten, wenn man Traffic umleitet. Umleitungen können schmerzen, wenn die Zielseite nicht aufgeht. Wenn Sie Ihre User sofort auf eine andere Seite weiterleiten, anstatt ihnen das zu bieten, was sie angefordert haben, kann Sie das viel Geld und Geduld kosten.

Redirections

Seien Sie besonders aufmerksam bei der Nutzung von Linkweiterleitungen (engl. Redirections).

Nutzen Sie Weiterleitungen sinnvoll

Eine Weiterleitung (engl. Redirection) sollte dem Benutzer immer einen Mehrwert bieten, da diese ansonsten als Trick oder Betrügerei (engl. Fraud) wahrgenommen werden könnte. Falls Sie Weiterleitungstechnologien einsetzen, sollten Sie die ursprünglich vom Benutzer angeforderte Webadresse nicht ändern, den Zurück-Button des Browsers nicht beeinflussen und auch keine Informationen anzeigen, die nicht Eigentum des Website-Inhabers sind. Bei Weiterleitungen ist es wichtig, dass die Seite, auf die weitergeleitet wird, im Body-Segment des HTML-Quellcodes die Keywords enthält, die thematisch sehr nah am Original sind.

301-Weiterleitungen

Nutzen Sie sogenannte 301-Weiterleitungen, da sie suchmaschinenfreundlicher sind. Diese eignen sich für dauerhafte Weiterleitungen am besten.

Die größten SEO-Fehler werden nachfolgend zusammenfassend dargestellt:

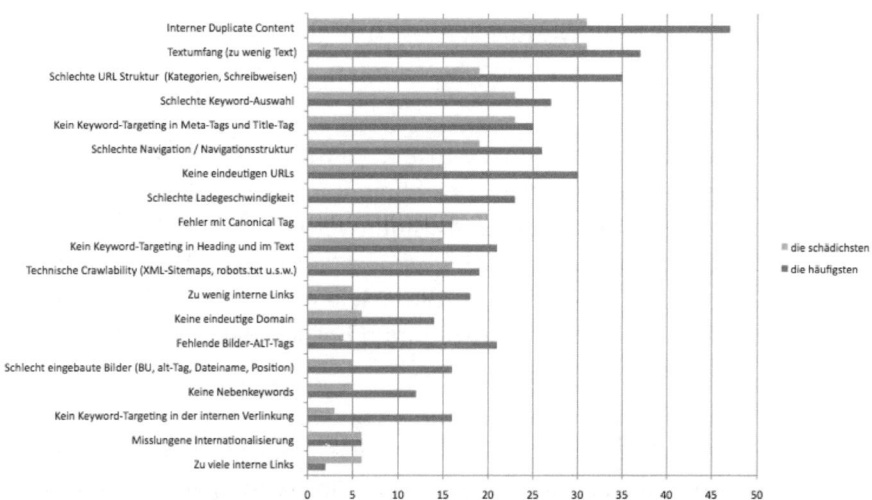

Abb. 155: SEO-Onpage-Fehler; Bildquelle: http://www.seo-book.de/wp-content/uploads/ 2011/10/onpage-seo-fehler.jpg.

Weitere häufig begangene Fehler sehen Sie hier:

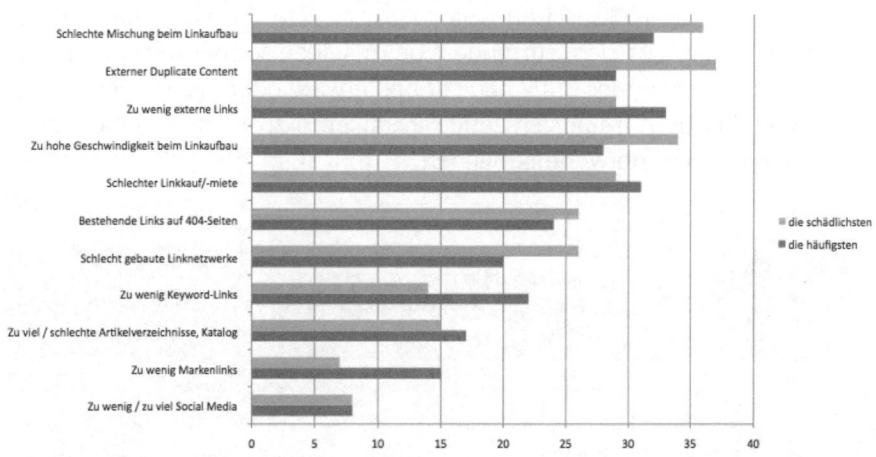

Abb. 156: SEO-Offpage-Fehler; Bildquelle: http://www.seo-book.de/wp-content/uploads/ 2011/10/offpage-offsite-seo-fehler.jpg.

17.1.3 Domainumzug und Website-Relaunch

Im Kontext der SEO können auch administrative oder die Wartung betreffende Maßnahmen anstehen. beispielsweise wenn ein Domainumzug bevorsteht, weil man einen neuen Markennamen nutzen möchte.

Ein Domainumzug bzw. Website-Relaunch muss bei der SEO berücksichtigt werden. Um keine Besucher zu verlieren, sollten Sie einige zentrale Punkte beachten:

1. Nach einem Relaunch sollte die URL-Struktur möglichst nicht geändert werden – sie sollte also relativ beibehalten werden –, da sonst über die Suchmaschinen auf tote Seiten verlinkt werden könnte. Ist eine Änderung der URL-Struktur unumgänglich, empfehlen sich Weiterleitungen, also sogenannte 301-Redirects. Diese leiten die alte URL zur neuen weiter und vermeiden somit, dass Ihnen Besucher und Rankingvorteile verloren gehen.

2. Vermeiden Sie auch die Löschung von alten Seiten, die wertvolle Backlinks haben und gut gerankt werden. Daher sollten Sie um Ihre am meisten besuchten Webseiten wissen. Ihr Web-Analytics-Tool (siehe Kapitel 17.5 und 20.6) gibt Aufschluss hierüber. Auch über die Google-Webmaster-Tools (siehe Kapitel 16.2.1) können Sie Informationen zu Ihren Top-Pages kostenlos abfragen (siehe Abbildung 157).

3. Ein Wechsel Ihres Hosting-Pakets kann ebenfalls notwendig werden, z. B. wenn die technischen Anforderungen an die Webseite steigen. Hier empfiehlt es sich, zumindest beim selben Webhoster zu bleiben. Auch kann ein neues CMS, neue Shopsoftware oder die Notwendigkeit, spezielle neue Admin-Werkzeuge installieren zu müssen, einen Webhoster-Wechsel notwendig machen.

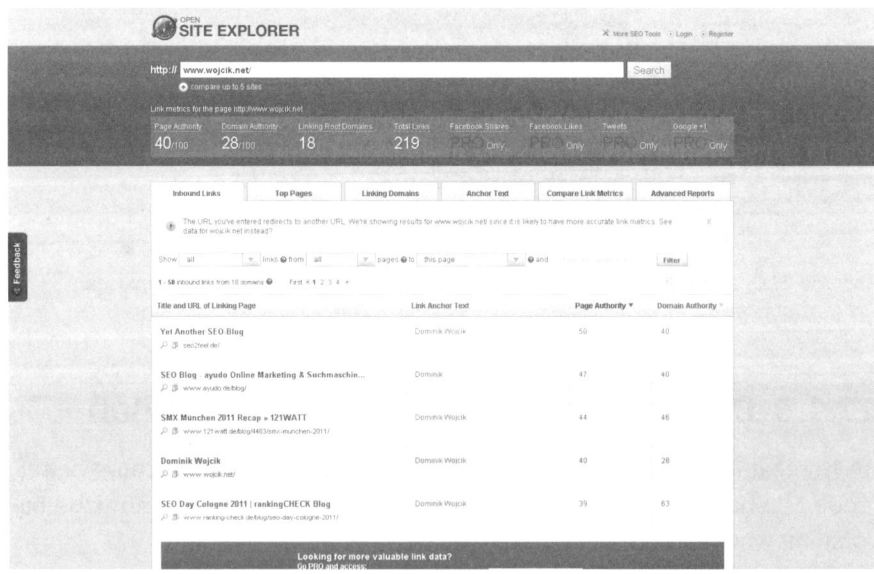

Abb. 157: Screenshot:Open Site Explorer bei Eingabe von wojcik.net; Bildquelle: http://www. opensiteexplorer.org/links.html?no_redirect=1&page=1&site=www.wojcik.net%2F.

17.2 Juristische Grundlagen zur SEO

Zur Verdeutlichung der juristischen Grundlagen stellen wir Ihnen überblickartig die rechtliche Situation im SEO-Segment dar und präsentieren Ihnen ein Interview, das wir mit Dr. Martin Bahr, einem Rechtsexperten auf diesem Gebiet, geführt haben.

17.2.1 Rechtliche Situation

Content-Diebstahl

Wenn Sie gegen das Urheberrecht verstoßen und Copyright-Richtlinien nicht beachten, besteht die Gefahr, dass Sie aus dem Google-Index ausgeschlossen werden, auch drohen Abmahnungen oder Klagen.

Sie können sich selbst vor Content-Diebstahl schützen, indem Sie partielle Volltextsuchen über Suchmaschinen durchführen oder Drittanbieter mit entsprechenden Recherchen beauftragen, z. B. *http://www.copyscape.com.*

Haftungssituation des Website-Betreibers für die Inhalte

Ebenso haftet der Betreiber einer Website für die dort veröffentlichten Inhalte, unabhängig davon, ob er sie selbst verfasst hat oder ob diese lediglich von einem Kommentator stammen. Er muss folglich seinen Kontrollpflichten laufend nachkommen und problematische Inhalte eigenhändig entfernen. Urheberrechte sowohl an fremden Texten wie auch Bildern sind zu beachten, bei Fremdmaterial sollte also immer eine Nutzungsgenehmigung eingeholt werden, sofern es sich nicht um Open-Content handelt, das unter der sogenannten Creative Commons Licence mit Nennung des Urhebers genutzt werden darf.

Juristische Grenzen

Es gibt eine ganze Reihe von rechtlichen Standards und Pflichten, die im Rahmen der SEO-Arbeit beachtet werden müssen. Zunächst einmal ist die Website eines SEO genau wie jede andere Webpräsenz mit kommerzieller Ausrichtung dazu verpflichtet, ein Impressum ins Netz zu stellen, das von der Homepage aus maximal über ein Klick erreichbar sein muss. Zudem darf dieses Impressum keine irreführenden oder falschen Daten beinhalten sowie möglichst skript- oder textbasiert und nicht in Form einer Grafik realisiert sein. Denn Grafiken könnten von manchen Browsern nicht angezeigt werden und sind zudem nicht durch technische Hilfsmittel für beispielsweise Blinde lesbar, was zu gerichtlichen Folgekosten führen kann.

Rechtlicher Rahmen bei der Verlinkung von fremden Websites

Wird zwecks Haftungsausschluss ein sogenannter Muster-Disclaimer (*http://de.wikipedia.org/wiki/Disclaimer*) im Impressum benutzt, ist es unumgänglich, seine umfassende Eignung für den konkreten Einzelfall zu überprüfen. Ebenso ist beim externen Verlinken zu beachten, dass diese klar gekennzeichnet werden. Zudem kann bei rechtlich problematischen Inhalten der verlinkten Websites ein rein formaler Haftungsausschlusshinweis unter Umständen nicht vor rechtlichen Folgen schützen, wie bereits seit dem umstrittenen Urteils des Landgerichts Hamburg vom 12. Mai 1998 zu externen Links bekannt ist. Damals war ein Webseitenbetreiber, der Links zu ehrverletzenden Websites gesetzt hatte, trotz Haftungsausschlusshinweis der Beleidigung schuldig gesprochen worden.

Beachtung des Markenrechtsschutzes bei Domainnamen, Metatags und Hidden Content

Weiterhin dürfen bestehende Markenrechte weder im Bereich von Domainnamen und Metatags noch als Hidden Content verletzt werden, und auch die deutschen und europäischen Datenschutzbestimmungen müssen beachtet werden, die der Nutzung personenbezogener Daten sehr enge Grenzen setzen. Schließlich gelten weitere Rechtsvorschriften wie das Wettbewerbsrecht oder das Heilmittelwerbegesetz auch online und sind unbedingt zu beachten. Sollte es bei Rechtsverstößen zu einer Abmahnung kommen, ist diese zeitnah zu beantworten. Am besten sollte in diesem Fall ein Rechtsanwalt hinzugezogen werden, der auch die Inhalte der eigenen Webpräsenz auf ihre Rechtskonformität prüfen kann.

17.2.2 Interview mit Dr. Martin Bahr – Rechtsanwalt in Hamburg, spezialisiert auf das Recht der neuen Medien und den gewerblichen Rechtsschutz (Marken-, Urheber- und Wettbewerbsrecht)

Dr. Bahr ist Rechtsanwalt in Hamburg und auf das Recht der neuen Medien und den gewerblichen Rechtsschutz (Marken-, Urheber- und Wettbewerbsrecht) spezialisiert. Neben der rein juristischen Qualifikation besitzt er ausgezeichnete Kenntnisse im Soft- und Hardwarebereich. Unter Law-Podcasting.de betreibt er seit 2006 einen eigenen wöchentlichen Podcast und unter Law-Vodcast.de einen monatlichen Video-Vodcast.

Abb. 158: Dr. Martin Bahr.

Alpar: Hallo Martin. Wie ist das eigentlich, wenn jetzt jeder anfängt, Suchmaschinenoptimierung zu betreiben. Gibt es irgendwelche Dinge, die man auch aus rechtlicher Sicht beachten muss?

Bahr: Für den Bereich der Suchmaschinenoptimierung gibt es eigentlich keine großen Besonderheiten, sondern eigentlich nur das, was im übrigen Onlinemarketing auch gilt: Das heißt, ich muss das Wettbewerbsrecht, das Markenrecht und das Urheberrecht beachten.

Alpar: Das heißt, ich darf auf bestimmte Marken, die ich im Angebot habe, meine Seiten nicht optimieren? Oder warum muss ich darauf achten?

Bahr: Es war zum Beispiel lange umstritten, ob ich bei AdWords einen Markennamen als Keyword buchen darf. Das ist aber inzwischen erlaubt, ich dürfte aber bei Metatags, wenn sie suchmaschinenmäßig überhaupt noch eine Rolle spielten – keine fremden Kennzeichen benutzen, wenn ich die Produkte nicht auf der Webseite habe.

Alpar: Wie ist das, wenn ich zum Beispiel ein Onlinehändler bin und eine Handvoll Marken führe? Ich biete unterschiedliche Produkte dieser Marken an und darf im Prinzip diese Marken in meinen Metainformationen nicht mitbenutzen?

Bahr: Doch, das darf man. Grundsätzlich ist es so, dass man die Marken Dritter benutzen darf, wenn man gewisse Produkte bewirbt oder selbst anbietet. Das heißt, wenn ich einen VW online verkaufen will, muss ich natürlich auch den Begriff „VW" benutzen dürfen.

Wenn zum Beispiel auf der Webseite reiner Fließtext steht: „Ich möchte gern einen VW verkaufen!", dann darf ich das natürlich so schreiben. Ich darf es auch in die Metatags setzen: „Ich möchte gern einen VW verkaufen!"

Dann aber fängt es an, problematisch zu werden. Darf ich den Markennamen in meiner Second-Level-Domain benutzen, zum Beispiel so etwas wie „www.gebrauchte-VWs.de"? Ist das erlaubt, oder darf ich nur unter „www.gebrauchte-PKWs.de" auftreten?

Jetzt wird es schon kritisch. Die Rechtsprechung ist hier sehr uneinheitlich, wenn es darum geht, einen Markennamen als Second-Level-Domain zu benutzen oder nicht.

Die Problematik geht natürlich weiter, nämlich wenn ich Keywords im Bereich von AdWords buche. Es galt bislang, dass es eher verboten ist. Jetzt ist es mittlerweile erlaubt.

Alpar: Was ist, wenn ich eine Marke habe? Würde ich eine Marke wie VW verkaufen, hätte aber beispielsweise einen bestimmten VW gerade nicht im Angebot, müsste ich dann versuchen, meine Seite zu deoptimieren, um keinen rechtlichen Verstoß zu begehen?

Bahr: Nein. Also grundsätzlich ist es so:

Solange es in meinem Portfolio ist, ist die Nennung unproblematisch, das heißt, wenn es realistisch ist, dass ich an das Produkt herankomme. Dann darf ich die Seite auch weiter betreiben.

Problematisch wird es hingegen, wenn ich weiß, dass ich erst in einem halben Jahr die ausverkaufte Ware neu erhalte.

Das Ganze wäre auch keine Frage des Markenrechts, sondern des Wettbewerbsrechts. Die Frage wäre, ob du Kunden bewirbst oder anwirbst mit irreführenden Aussagen.

Du tust so, als könntest du ein bestimmtes Modell eines Fahrzeugs verkaufen, das du nicht hast. Solange sich das in einem akzeptablen zeitlichen Rahmen hält, zum Beispiel innerhalb einer Woche oder zwei, wird man das absolut unkritisch sehen. Problematisch wird es hingegen, wenn es eine dauerhafte Einrichtung ist: Du hast eine Unterseite mit zum Beispiel

„VW Polo" und weißt, dass du in den nächsten zwei Jahren keinen VW Polo mehr zum Verkaufen anbieten kannst. Die Optimierung bei Google lässt du so stehen und packst auf die Unterseite, auf die die Leute kommen, direkt das Konkurrenzprodukt von Opel.

Alpar: Ich könnte hier ja sagen: „Den gibt es aktuell nicht, aber diese Autos sind im Angebot."

Bahr: Das wäre definitiv eine Markenrechtsverletzung, weil du dann natürlich den Bekanntheitsgrad der Marke ausnutzt und damit Fremdprodukte bewirbst.

Alpar: Aber ich könnte zum Beispiel andere VWs bewerben. Dann wäre das doch markenrechtlich unbedenklich, oder?

Bahr: Ja, solange es vom gleichen Hersteller ist, ist es markenrechtlich eher unproblematisch. Es bliebe aber die Frage, ob es eine Irreführung ist. Wenn ein Verbraucher nach einem VW Polo sucht, wird er sich für keine Superluxuslimousine von VW interessieren.

Alpar: Wenn man nun solche VWs empfiehlt, wird man ja im Zweifelsfall wahrscheinlich nicht mit VW Ärger bekommen, sondern gegebenenfalls mit einem Wettbewerber! Ist das dann der, vor dem ich mich in Acht nehmen müsste? Oder vor einem möglichen Kunden?

Bahr: Bei der Verletzung von Markenrecht wird das immer der Markeninhaber sein.

Bei unserem VW-Beispiel wäre es hingegen ein anderer Affiliate, der die Seite ebenfalls bewirbt, oder ein sonstiger Mitbewerber. Das könnte dann definitiv jemand sein, der sagt: „Du gräbst mir meine Kunden ab, und so geht das nicht. Ich nehme dich auf Unterlassung in Anspruch."

Alpar: Seriös wäre in diesem Fall: ohne die Empfehlung ähnlicher Modelle.

Bahr: Genau.

Alpar: Welche Fälle gehen denn, im Kontext von Suchmaschinenoptimierung, üblicherweise vor Gericht? Bei welchen Dingen sind die Leute aktuell nicht einer Meinung und müssen es deswegen vor Gericht klären?

Bahr: Also, was State-of-the-Art ist, das ist sehr unterschiedlich. Es gibt im Grunde genommen zwei große Bereiche: einmal der ganze vertragsrechtliche Bereich. Das heißt: Ein Unternehmen beauftragt eine SEO-Agentur, etwas zu tun. Dort kommt es immer häufiger zum Streit, sei es über die Vergütung oder die Qualität der Suchmaschinenoptimierung.

Andererseits haben wir den anderen großen Bereich, in dem Dritte sich in ihrem Recht verletzt fühlen und dagegen vorgehen. Hier geht es häufig auch um Urheberrechtsverletzungen, d. h., fremder Content wird geklaut. Dies kommt leider immer öfter vor, da Unique-Content immer wichtiger wird. Dann haben wir da schließlich noch den Bereich des Markenrechts und des Wettbewerbsrechts. Im Wettbewerbsrecht nehmen die Rechtsstreitigkeiten zu, bei denen es darum geht, ob Werbeaussagen irreführend sind oder nicht.

Alpar: Irreführend wäre ja zum Beispiel eine Aussage wie „Ich bin der beste Onlineshop" für irgendein Produkt.

Bahr: Zum Beispiel. Wir haben in der letzten Zeit zunehmend die Tendenz, dass Nischenprodukte an Bedeutung gewinnen. Dinge, die früher gar nicht online verkauft wurden. Zum Beispiel Nahrungsergänzungsmittel oder alle Medizinprodukte. Viagra ist mittlerweile rechtlich ein „Klassiker". Gleiches gilt für alle Werbeformen für Glücksspiele. Also alles Produkte, bei denen eine hohe Conversion und Marge für den Verkäufer oder den Affiliate besteht. Hier ist ein ständiger Anstieg zu verzeichnen.

Alpar: Was genau? Dass es dort Verstöße gegen illegale Werbung gibt? Oder was passiert in dem Bereich vor allem?

Bahr: Das Problem ist, dass man schon per Gesetz nicht für verschreibungspflichtige Medikamente werben darf. Werbung für Viagra ist also verboten. Für Glücksspiele darfst du ebenfalls online überhaupt nicht werben.

Viele Personen halten sich aber nicht an diese Werbeverbote.

Alpar: Und das Gleiche, oder Ähnliches, gilt wahrscheinlich auch im Erotikbereich, also im FSK18-Bereich.

Bahr: Genau. Im Erotikbereich ist das Eis inzwischen sehr dünn geworden. Ich darf Sex- und Erotikseiten nur noch bewerben, wenn sie nicht über ein Altersverifikationssystem verfügen. In den allermeisten Fällen lohnt es sich heutzutage nur noch, ausländische Anbieter zu bewerben, und die haben niemals ein AVS-System. Damit mache ich mich dann strafbar, und es ist zugleich auch ein Wettbewerbsverstoß.

Alpar: Wahrscheinlich ist es aber so, dass die meisten, die sich in diesen Graubereichen des Internets aufhalten, gar nicht nachweisbar dort tätig sind. Da sind ja wahrscheinlich so viele Verschleierungen im Gange, dass man die Leute meistens nicht richtig verfolgen kann, damit die Sache dann vor Gericht landen könnte.

Bahr: Genau. Was man sagen muss: Wenn es jemand intelligent anstellt und eine *com*-Domain hat und über die Whois-Daten einen Anonymisierungsdienst gejagt hat, kommt man kaum an diese Leute heran. Auch wenn AdSense auf den Seiten platziert ist, Google gibt die Daten grundsätzlich nicht raus.

Alpar: Was sind denn die Möglichkeiten im Fall eines solchen Content-Diebstahls? Was hat man da für eine Handhabe? Hat man überhaupt eine, oder entsteht das gleiche Problem wie mit den anonymen Domains?

Bahr: Jetzt kommt die klassische Antwort: Es kommt drauf an. Und zwar ist nicht jeder Text urheberrechtlich geschützt. Das ist dem Laien häufig sehr unverständlich. Der setzt da zwei bis drei Leute dran und investiert ein paar Tausend Euro für eine Leistungsbeschreibung. Die Leute sind auch kreativ und denken sich was aus.

Jetzt übernimmt der unmittelbare Konkurrent diese Leistungsbeschreibung. Kann ich nun dagegen vorgehen? Ja oder Nein?

Hier taucht das Problem auf: Nicht jeder Text, der geschrieben wird, sei er noch so intelligent, ist urheberrechtlich geschützt. Er muss vielmehr eine gewisse Schöpfungshöhe erreichen.

Diese Schöpfungshöhe beurteilt sich daran, ob hier über das Normale und Alltägliche hinausgegangen wird. Und man kann jetzt schon an der Definition sehen: Wenn das zwei Leute zu beurteilen haben, werden sie häufig unterschiedlicher Ansicht sein.

Genau das ist das Problem. Die Mehrheit der Fälle, die wir angetragen bekommen, müssen wir abweisen, bzw. wir müssen den Leuten im negativen Sinn mitteilen: „Es ist eher knapp bei der Schöpfungshöhe."

Wenn der Text hingegen klar eine gewisse Schöpfungshöhe erreicht, kann man juristisch tätig werden – solange es kein ausländischer Webseitenbetreiber zum Beispiel aus den USA oder aus Israel oder Indien ist, sondern einer aus Europa oder aus Deutschland.

In einem solchen Fall sind die Erfolgschancen durchaus gut. Zusätzlich hat man unter Umständen auch Ansprüche gegen den Hostprovider etc.

Problematisch wird es hingegen, wenn der Täter im Ausland sitzt und sich z. B. in Russland versteckt. Da hat man im Grunde genommen so gut wie keine Chance.

Alpar: Wie muss man sich das mit der Schöpfungshöhe vorstellen? Hat das etwas mit der Länge des Texts zu tun? Oder damit, wie komplex der Text ist, oder ist es eine Mischung aus vielen Dingen? Ist es die Multimedialität? Also wie kann man selbst erahnen, ob der Text eine Schöpfungshöhe hat oder eben nicht?

Bahr: Die Antwort ist: Es selbst zu versuchen, kannst du vergessen. Das kannst du nur einem Juristen vorlegen. Es ist eine Mixtur aus Quantität und Qualität.

Der Text muss keine Mindestlänge aufweisen, da auch in einer bewusst reduzierten Form eine Kongenialität liegen kann.

Letzten Endes ist es immer die Frage: Liegt in einer Aussage etwas Banales und Einfaches vor, oder handelt sich vielmehr um etwas Eigenschöpferisches?

Im Gegensatz dazu muss ein zehnseitiger Schriftsatz eines Anwalts, der zwar zehn Seiten lang ist, aber in dem nichts Neues enthalten ist, nicht unbedingt urheberrechtlich geschützt sein.

Alpar: Noch mal kurz zu einem anderen Thema, das man im Kontext von Internetrecht relativ oft hört. Wie kann man sich beim Betreiben eines Onlineshops rechtlich am besten absichern, dass man alles richtig gemacht hat?

Bahr: Nein, das Phänomen ist nach wie vor da. Man muss dazu sagen, dass das der deutsche Gesetzgeber verbrochen hat. Es gibt ja diese fernabsatzrechtliche Musterwiderrufsbelehrung. Ein Text, den man seinem Kunden bei jeder Bestellung übermitteln muss. Und da hat der Gesetzgeber es bislang, in den letzten 15 Jahren, nicht hinbekommen, diesen Text rechtskonform zu machen.

Als Händler wurde ich schon deswegen abgemahnt, weil ich diesen Mustertext, der ja gesetzlich vorgeschrieben war, verwendet habe. Was totaler Wahnsinn ist.

Der Gesetzgeber hat das nun zum vierten oder fünften Mal versuchsweise überarbeitet. Leider ist es auch im Jahr 2012 nach wie vor nicht rechtskonform.

Ehrlich gesagt, ist es heute so: Wenn ich einen Onlineshop betreiben will, kann ich auch eine halbe Million Euro an einen Anwalt zahlen, und trotzdem ist mein Onlineshop rechtlich angreifbar. Es ist rechtlich unglaublich komplex geworden.

Zudem besteht eine weitere Problematik: Wir haben in Internetangelegenheit einen fliegenden Gerichtsstand. Das Landgericht Hamburg ist zum Beispiel anderer Ansicht als das Landgericht München. Da der Kläger sich den Gerichtsort frei aussuchen kann, sucht er sich natürlich einen Gerichtsort aus, der seiner Ansicht folgt.

Das heißt, ich kann meinen Onlineshop in vielen Bereichen gar nicht ausreichend optimieren, weil das eine Gericht Hü und das andere Gericht Hott sagt.

Wem soll ich jetzt folgen? Ich folge dann zum Beispiel dem Landgericht Hamburg, und der Kläger klagt in München und bekommt Recht. Folge ich aber dem Landgericht München, klagt der Kläger in Hamburg. Da gibt es unheimlich viele Baustellen.

Alpar: Was ist die Lösung dafür? Ich meine, es gibt ja schon viele Onlineshops, und alle leben gut. Sollte man sich jetzt also entmutigt sehen, so etwas zu starten?

Bahr: Es gibt da eine zweischneidige Geschichte. Einige große Anbieter, ich sage das mal relativ deutlich, die pfeifen einfach auf die rechtliche Situation. Wenn wir uns zum Beispiel das Impressum von Amazon anschauen, da kriegt jeder Jurist einen Lachanfall. Die interessiert das gar nicht, weil sie einfach zu groß sind, als dass sich jemand mit ihnen anlegt bzw. anlegen will.

eBay hat sehr lange seine Formalien so ausgestaltet, dass es die Verkäufer gar nicht rechtskonform belehren konnte. Heißt: Auch eBay hat das lange Zeit nicht interessiert.

Wen die Hunde beißen, sind häufig junge Onlineshops. Leute, die gerade erst angefangen haben, einen Shop zu starten. Oder sehr kleine Shops, denen man ansieht, dass sie sehr geringen Umsatz machen.

Wir haben also tatsächlich die Situation, dass große Onlineshops nicht angegriffen werden, weil sie zurückschlagen. Wenn ich jemanden abmahne, dann weiß ich ja auch meistens, dass bei mir nicht alles sauber ist.

Bei den kleinen ist es häufig so, dass sie sich nicht wehren und nachgeben.

In dieser Situation kann ich aber zum Anwalt gehen. Es gibt auch einige Anbieter. Ich nenne mal einen: TrustedShops. Ich bezahle denen ein monatliches Entgelt, und dafür wird gesagt, dass alles rechtssicher ist.

Alpar: Das heißt, wenn dann was kommt, würde dieser Dienstleister rechtlich für mich eintreten?

Bahr: Nein. Und das ist genau der Haken: TrustedShops haftet nicht, an der Stelle haben sie die Haftung ausgeschlossen.

Deswegen sollte ich grundsätzlich darauf achten, dass, wenn ich schon so einen Anbieter auswähle, dieser im Schadensfall auch haftet. Es gibt hier ein paar entsprechende Anbieter.

Meines Erachtens ist es so, dass ich gewisse Produkte von der Stange nehmen kann. Je größer mein Portfolio als Unternehmer, desto individueller sollte aber auch die rechtliche Beratung sein.

Um Existenzgründer nicht ganz zu verschrecken: Es gibt auch Angebote für 6 bis 9 Euro monatlich, die einen Shop absichern.

Alpar: Man würde quasi ein Absicherungsabo bei einem Anwalt abschließen. Wenn man dann tatsächlich abgemahnt würde, kann man auf den Anwalt zugehen.

Bahr: Genau. Wobei das in aller Regel keine Anwälte sind, sondern bei diesen Billigtarifen sind es eben Dritte. Man muss dazu sagen, dass man dafür natürlich nur eine begrenzte Qualität erhält. Es ist wie im restlichen Leben: Für einen absoluten Discount-Preis kann ich keine umfassende, hoch qualifizierte Beratung erwarten.

Alpar: Und welche Summe pro Monat sollte man mindestens investieren, wenn man einen Onlineshop seriös betreiben will? Ohne dass direkt was passiert?

Bahr: Du meinst: Wie viel ich überhaupt auslegen müsste, bevor ich starte?

Alpar: Ja.

Bahr: Da ist ein Budget von 0 Euro bis unendlich drin. Das ist genau so eine Frage wie: „Wie teuer soll mein Auto sein?"

Alpar: Also je nachdem, was es eben ist.

Bahr: Ja, genau. Da kann ich ein Dreirad fahren, ich kann aber auch ein AMG-Modell von Mercedes steuern.

Alpar: Gut. Dann vielen Dank für das Interview.

Bahr: Gern geschehen.

17.3 Onpage- und Offpage-übergreifende unseriöse Tricks in der SEO

Blackhat- und Whitehat-SEO: „gute" und „böse" SEO

Die Bezeichnung „Blackhat" ist ein Relikt aus alten Westernfilmen, in denen der gute Cowboy stets den weißen Hut trägt und der böse den schwarzen.

Ein Blackhat-SEO sucht nach Mitteln, sich die Lücken der Suchmaschinen-algorithmen für seine Zwecke zunutze zu machen. Vor Google brachte bei-spielsweise die einfache Manipulation der Meta-Keywords erhebliche Vor-teile im Ranking. Heute sind diese – bei Google – wertlos.

Craphats

Blackhats bauen riesige Netzwerke mit Websites, die maschinell erstellte Inhalte haben und Links auf die zu unterstützende Website legen. Back-links von fremden Websites werden angelockt, indem diese zum Beispiel in Foren, in Blogkommentaren oder in Bookmark-Diensten platziert wer-den. Auch jenseits dieser Social-Media-Plattformen werden durch Hacking der Website Links generiert. Diese werden auch als Craphats bezeichnet.

Fazit: Craphats brechen Gesetze, Blackhats brechen Google-Richtlinien.

Spamming – ein Problem auch in der SEO

Ein Problem im Zusammenhang mit SEO ist das Spamming, also die Über-flutung der Suchmaschinen mit unerwünschten Inhalten, die das Auffin-den relevanter Informationen erschweren. Die Suchmaschinenbetreiber haben eine Zunahme der diesbezüglichen Probleme bereits vor einigen

Jahren bemerkt und arbeiten seitdem mit verschiedenen Technikansätzen zur Spam-Filterung dagegen an.

Suchmaschinen-Spamming

Suchmaschinen-Spamming, oder auch als Index-Spamming (Spamdexing) bezeichnet, sind Maßnahmen mit dem Ziel, eine Suchmaschine derart zu manipulieren, dass die Suchworteingabe des Benutzers eine hohe Position der Website des Spammers zur Folge hat, ohne dass diese für den Nutzer von besonderer Relevanz ist.

Suchmaschinen sind informiert über die neusten Spam-Techniken und haben bereits eine Vielzahl solcher Seiten bestraft oder verbannt. Stellen Sie sicher, dass Ihre eingehenden Links von informativen Seiten kommen, dann erhalten Sie qualifizierten Traffic. Warum also Zeit und Mühen vergeuden, etwas zu tun, was von den Suchmaschinen früher oder später sowieso bestraft wird.

Es ist viel effizienter, Links zu bauen, die Ihnen höhere Rankings einbringen und eine stetige Besucherzahl von Interessenten garantieren.

Ein beliebtes Mittel war beispielsweise das Verstecken von Text per CSS (Hintergrundfarbe gleich Schriftfarbe oder Platzierung außerhalb des Bildschirms, keine Darstellung etc.), auch dies wird mittlerweile als Spam eingestuft.

17.4 SEO-Roadmap: Prozesse der SEO-Planung und die optimale Konzeption

Die SEO-Roadmap bietet Ihnen einen Handlungsleitfaden, der Sie – wie dargestellt – in elf Schritten durch ein beliebiges SEO-Projekt für Kleinunternehmen begleitet:

1. Voranalyse (siehe Kapitel 17.4.1)

2. Ist-Analyse: Keyword-Analyse (siehe Kapitel 17.4.2)

3. Ist-Analyse: Zielgruppenanalyse (siehe Kapitel 17.4.3)

4. Ist-Analyse: Die Wettbewerberanalyse (siehe Kapitel 17.4.4)

5. Ist-Analyse: Linkpopularitätsanalyse (siehe Kapitel 17.4.5)

6. Ist-Analyse: Website-Struktur- und Performance-Analyse (siehe Kapitel 17.4.6)

7. Soll-Definition: Formulierung der SEO-Projektziele (siehe Kapitel 17.4.7)

8. Realisierungsphase: Content-Optimierung (Textoptimierung, Bilderoptimierung, Keyword-Optimierung, Verbessern der URL-Struktur, Optimierung der Sitemaps, Optimierung der Navigation auf der Website, SERP-Report-Optimierung, Optimierung der Suchmaschinenfreundlichkeit und Crawlability – siehe Kapitel 17.4.8)

9. Implementierungsphase: Codeoptimierung (HTML-Tags, Programmierstil etc.) (siehe Kapitel 17.4.9)

10. Implementierungsphase: Offpage-Optimierung (Linkaufbau, Webkataloge, Blogs etc. – siehe Kapitel 17.4.10)

11. Monitoring der SEO-Maßnahmen (siehe Kapitel 17.4.11)

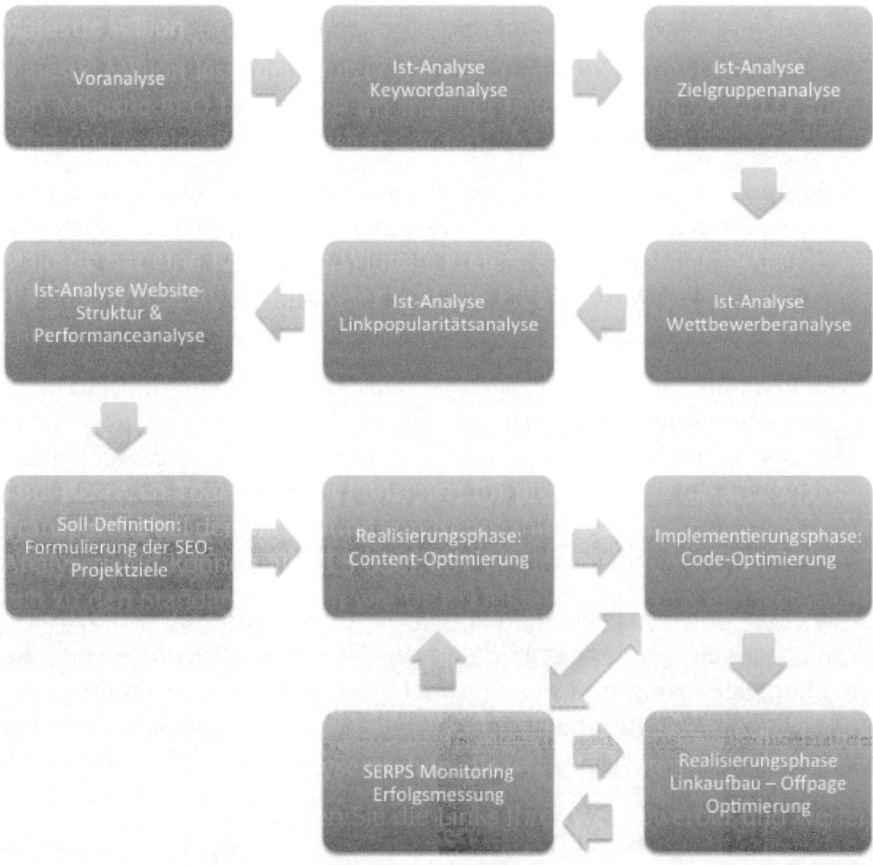

Abb. 159: SEO-Roadmap.

17.4.1 Voranalyse

Voranalyse, Machbarkeitsstudie, Potenzialanalyse etc.

In der Voranalyse für eine geplante SEO-Kampagne, auch Potenzialanalyse oder Machbarkeitsstudie genannt, geht es in der Regel um diese Schritte:

1. Groberfassung und -darstellung der gegebenen Geschäftsdomäne.

2. Grobanalyse und -darstellung (Ist-Analyse)

    ➢ der aufgabenseitigen bzw. funktionellen,

    ➢ der personellen (Benutzer, Website-Betreiber, alle weiteren Beteiligten),

    ➢ der organisatorischen (Management, Kosten, Projektmanagement etc.)

    ➢ und der technologischen (SEO-Methodik, Infrastruktur, Implementierung, Web Analytics etc.) bzw. informationstechnologischen Bedingungen, sowohl aus Perspektive des Unternehmens als auch aus Perspektive aller Projektbeteiligten.

3. Formulierung einer Grobstruktur (erste grobe Soll-Definition) der durchführbaren Maßnahmen nach Bewertung aller zusätzlich zur SEO möglichen Onlinemarketingkanäle und Abstimmung mit den Vorstellungen des Auftraggebers, inwieweit diese zusätzlich zu den SEO-Maßnahmen eingebunden wurden oder eingebunden werden sollten.

4. Erarbeitung einer Potenzialanalyse/Machbarkeitsstudie und Präsentation einer Aufwandsschätzung/Kostenanalyse im Rahmen einer Angebotserstellung, in der beispielsweise seitens der SEO-Agentur Pakete mit unterschiedlichen Volumina zur Auswahl gestellt werden können.

Projekt-Kick-off

Nach einer Meilensteinsituation, in der der Projektstart für die SEO-Kampagne besiegelt wird, erfolgt beispielsweise in einem Kick-off-Meeting die Projektinitialisierung und die Ansprache der Beteiligten, woraufhin die Phase der Anforderungsanalyse beginnt, in der die folgenden Arbeitsphasen auszuführen sind.

Konzeptionelle Vorbereitung

Zur konzeptionellen Vorbereitung gehört die Bewertung aller unternehmerischen und organisatorischen Aufgaben und Funktionen sowie deren Optimierung. Hierzu gehört Folgendes:

> Formulieren und präzisieren Sie Ihre Marktpositionierung (oder die des SEO-Projektauftraggebers) und beschreiben Sie so genau wie möglich die Geschäftsidee.

> Prüfen Sie mit Beratern, Freunden etc., was Sie noch optimieren können.

> Umsetzung Ihrer Geschäftsidee über eine funktionelle, einfache und benutzerfreundliche Website.

> Möglichst Erfüllung der W3C-Standards seitens der Website.

> Zuhilfenahme von Best Practices (erfolgreichen Beispielen von Wettbewerbern etc., die für Sie hilfreich sind).

> Kenntnis und Beachtung der Richtlinien der Suchmaschinenbetreiber (z. B. Google-Webmaster-Guidelines – *http://support.google.com/web masters/*).

> Zusammentragen aller wichtigen Informationen und Aufbau einer Datenbasis – in der Anfangsphase Aufbau der Infrastruktur.

Auf diese konzeptionelle Vorbereitungsphase folgen die nächsten Schritte.

Koordination des Workflows

Die Koordination des Workflows ist Teil des Projektmanagements. Dabei werden alle SEO-Aufgaben/-Ziele, alle Projektbeteiligten und alle technologischen sowie organisatorischen Maßnahmen durch das SEO-Projekt hindurchgeführt.

Aufgaben des Projektmanagers

Die Aufgabe des Projektmanagers besteht dabei darin, alle durchzuführenden Maßnahmen – in Absprache mit allen Beteiligten – in ausführbare Arbeitspakete umzuformulieren und diese den Projektbeteiligten zuzuweisen. Auch hat der SEO-Projektmanager die Aufgabe, die Projekttransparenz nach innen zu erhöhen, indem er den Dokumentenfluss, die Informationsarchitektur bzw. das Informationsmanagement und auch das Qualitätsmanagement steuert und die Erreichungsgrade der jeweils durchgeführten Arbeitsschritte und erstellten/optimierten Module (Content- und Codeoptimierung etc.) auf Qualität prüft.

Meilensteine im SEO-Projekt

In Meilensteinsituationen werden dann die erreichten Phasenziele durch die Auftraggeber abgenommen, sodass entweder mit der nächsten Phase fortgefahren werden kann oder aber die noch nicht erreichten Ziele der Phase erneut angegangen werden müssen.

Nach Abschluss der Voranalyse und der Klärung der organisatorischen Aspekte kann mit dem SEO-Projekt begonnen werden, sobald nach der Voranalyse seitens der Auftraggeber grünes Licht für den Projektstart gegeben wurde. In diesem Fall kann mit den folgenden Phasen fortgefahren werden:

Phasen des SEO-Projekts

I. Planungsphase

    1. **Ist-Analyse:** Analyse der Anforderungen, siehe die Kapitel 17.4.2 bis 17.4.6

    2. **Soll-Definition:** Formulierung der Ziele, siehe Kapitel 17.4.7

II. Durchführungsphase

    1. **Realisierungsphase:** siehe Kapitel 17.4.8

    2. **Implementierungsphase:** programmiertechnische und Offpage-seitige Optimierung, siehe die Kapitel 17.4.9 bis 17.4.11

III. Übergabe

Im Detail wird dies folgendermaßen umgesetzt.

17.4.2 Ist-Analyse: Keyword-Analyse

In Kapitel 15.3.3 hatten wir über Keywords im SEO-Kontext gesprochen. Nun soll die praktische Durchführung anhand der Keyword-Recherche, -Synonyme und -Datenbanken etc. erörtert werden.

Keyword-Recherche

Bestimmung von aussagekräftigen Keywords

Die Bestimmung von aussagekräftigen Keywords mit Bezug zum Markt, den Produkten und zum Kunden ist das zentrale Ziel einer Keyword-Recherche.

Generieren Sie Begriffe, das heißt, nutzen Sie Keywords auf Ihrer Page, die den Top-Suchbegriffsanfragen entsprechen, wenn nach dem gesucht wird, was Sie anbieten.

So sollten Sie auch in regelmäßigen zeitlichen Abständen die Relevanz Ihrer Keywords testen, die Konkurrenz schläft nicht.

Keyword-Synonyme

Keyword-Synonyme sind entweder im engeren Sinn Keywords, die miteinander bedeutungsgleich sind oder sich im weiteren Sinn ähneln (inhaltlich, orthografisch oder phonetisch). Keyword-Generatoren helfen Ihnen dabei, Keyword-Synonyme zu finden:

> ➢ **Google-AdWords-Keyword-Tool**: Suchvolumen von Keywords als entscheidender Vorteil des Tools, man sieht, wie oft nach den Keywords gesucht wurde, saisonale Schwankungen etc. (*https://adwords.google. com/select/KeywordToolExternal*).

Falls Sie weitere Anregungen für Keyword-Synonyme brauchen, schauen Sie auch mal in folgende Tools:

> ➢ **Open Thesaurus**: Synonymgenerator mit Worterklärungen und Wikipedia-Links: *http://www.openthesaurus.de/*.

> ➢ **MetaGer-Web-Assoziator**: Der Synonymgenerator der Leibniz-Universität in Hannover liefert Synonyme und ähnliche oder verbundene Wörter: *http://www.metager.de/*.

> ➢ **Woxikon**: Ein weiterer Synonyme-Finder: *http://www.woxikon.de/*.

Keyword-Datenbanken und Keyword-Recherche-Tools

Neben dem Haupttool für die Keyword-Analyse, dem Google-AdWords-Keyword-Tool, existieren weitere Werkzeuge, die Sie bei Ihren Recherchen unterstützen:

> ➢ Google Suggest (siehe Kapitel 13.1.2) bietet ebenfalls Informationen zur Keyword-Popularität auch Ihrer Wettbewerber.

> ➢ Google Insight for Search (*http://www.google.com/insights/search/*).

> ➢ Google-Webmaster-Tools (siehe Kapitel 17.5.3).

> ➢ Wikipedia-Suchbegriff-Statistiken (*http://stats.grok.se/de/200906/*).

> ➢ SISTRIX (siehe Kapitel 17.5.2).

> ➢ Searchmetrics (*http://www.searchmetrics.com/en/*).

Tipps zu Keyword- und Domainnamen

Dies sind Methoden, wie Sie die aussagekräftigsten Keywords ermitteln können:

1. Denken Sie über Ihre Geschäftsidee nach und schreiben Sie darüber.

2. Nutzen Sie das Google-AdWords-Keyword-Tool und ermitteln Sie, wie oft Benutzer die Keywords suchen, die mit Ihrer Geschäftsidee assoziiert werden könnten.

3. Lesen Sie aktuelle Zeitungen und Fachzeitschriften, um sich ständig auf dem Laufenden zu halten, damit Ihnen keine neuen „trendigen" Keywords zu Ihrem fokussierten Bereich entgehen, die möglicherweise den Schlüssel zur Umsatzsteigerung Ihres Unternehmens bilden.

4. Kaufen Sie Domainnamen, die den Keywords entsprechen, die Sie für sich als besonders relevant identifiziert haben.

17.4.3 Ist-Analyse: Zielgruppenanalyse

Targeting

Die zugrunde liegenden Konzepte und Praktiken des Targetings werden im nächsten Kapitel 18 detailliert untersucht, sodass Sie sich bei der Durchführung dieser Arbeitsphase auf die Hinweise dort beziehen können.

Usability und SEO

Neben dem Targeting stellt die Anpassung der Usability (Benutzerfreundlichkeit) der Website eine besonders wichtige Form der Benutzer- bzw. Zielgruppenorientierung dar. Auch diesem Aspekt ist ebenfalls ein ganzes Kapitel gewidmet. Wir empfehlen Ihnen daher, die Konzepte der Usability zu verinnerlichen, bevor Sie die Planungsphase abschließen (siehe Kapitel 19).

Die Benutzerfreundlichkeit (engl. Usability) wirkt sich positiv auf das Ranking aus. Sogenannte Categorization Schemes (Informationsstrukturen, siehe Kapitel 19), die auf Links basieren, sind sehr förderlich für das Ranking und werden entsprechend von den Suchmaschinenbetreibern belohnt.

Erfassen Sie die Trends in Ihrem Zielsegment: Word-of-mouth-Marketing auf Social-Media-Plattformen

Word-of-Mouth-Marketing auf Social-Media-Netzwerken eignet sich hervorragend, um Wellen und Trends innerhalb Ihrer Zielgruppe zu beobachten. Auch ist das eine große Chance für Sie, Ihre Zielgruppe besser kennenzulernen und weiter einzugrenzen. Beziehen Sie also die Kundenperspektive ein und betrachten Sie den Dialog zwischen den Kunden sehr gut.

Die WOMMA nennt Ihnen zahlreiche Strategien und Praktiken hierzu (*http://www.womma.org* – **W**ord-**o**f-**M**outh-**M**arketing-**A**ssociation).

Saisonbezug der Inhalte (engl. Seaosonality)

Sie sollten bei der Planung Ihres SEO-Projekts immer auch Beziehungen zwischen Ihren Produkten, Services und Brands und saisonalen Ereignissen (Jahreszeiten, spezielle Events, Moden etc.) herzustellen, die Sie geschickt mit sich verlinken und thematisieren können. Sie könnten hierbei sowohl mit der (kombinierten) Nutzung von Keywords als auch der frühzeitigen Registrierung von trendigen Domainnamen profitieren.

17.4.4 Ist-Analyse: Wettbewerberanalyse

Keyword-Analyse Ihrer Wettbewerber

Zuvor hatten wir Ihnen die wichtigsten Aspekte zur Keyword-Recherche und -Analyse dargelegt (siehe Kapitel 15.3.3 und 17.4.2).

Zur Analyse Ihrer Keywords und um diese mit der Ihrer Konkurrenz zu vergleichen, steht Ihnen ein Tool zur Verfügung, das wir Ihnen besonders ans Herz legen möchten – SISTRIX (siehe Kapitel 17.5.2). Auch Searchmetrics ist zu empfehlen (siehe Kapitel 17.5.6).

Zur weiteren Analyse Ihrer Wettbewerber geben in Deutschland zwei Organisationen über die Website-Entwicklung und die Onlinereichweite Auskunft:

> ➢ Bei der Informationsgemeinschaft zur Feststellung der Verbreitung von Werbeträgern e. V. (IVW) sind Onlinenutzungsdaten zu über 1.000 eingetragenen Unternehmen abrufbar, die sogar als XLS- oder CSV-Datei heruntergeladen und/oder softwaretechnisch genutzt werden können.
>
> *http://www.ivw.de*

Über diese URL erhalten Sie die IVW-Onlinenutzungsdaten zu den eingetragen Unternehmen.

Traffic-Analyse Ihrer Wettbewerber

Hier können Sie in einer alphabetisch sortierten Liste die Informationen zu Ihren Wettbewerbern einsehen:

> ➢ *http://ausweisung.ivw-online.de*

Die **A**rbeits**g**emeinschaft für **O**nline **F**orschung e. V. (AGOF)

➢ *http://www.agof.de*

bietet ebenfalls zahlreiche Unternehmensdaten und Marktstudien zu Ihren möglichen Wettbewerbern. Weitere Marktdaten können Sie den folgenden Diensten entnehmen:

➢ *http://de.nielsen.com*
➢ *http://trends.google.com*
➢ *http://www.alexa.com*
➢ *http://www.alexa.com/topsites/countries/DE*

17.4.5 Ist-Analyse: Linkpopularitätsanalyse

Was bedeutet Linkpopularität für Sie?

In Kapitel 16.2 sind wir umfassend auf die Aspekte der Linkpopularität eingegangen. Die Frage ist nun, was Linkpopularität für Sie bedeutet. Vereinfacht gesagt: Je mehr Qualitätslinks auf Ihre Webseite verweisen, umso wird populärer Ihre Webseite, und umso höher steigt der Rang der Seite bei den Suchmaschinen, vorausgesetzt, es sind Qualitätslinks, die relevant sind für den Inhalt Ihrer Webseite. Viele eingehende Links bringen viel eingehenden Traffic. Sie sollten daher an der Linkpopularität Ihrer Seite arbeiten, und zwar mit einer Strategie:

Erstens: Qualität ist wichtiger als Quantität. Statt sich beliebig zu verlinken, ist es sinnvoller, eine strategische Verlinkungsallianz mit thematisch ausgewählten Seiten aufzubauen.

Sie können bereits hervorragende Ergebnisse mit ein paar ausgewählten Links erzielen. Einige Faktoren, die Sie bei der Beurteilung der ausgewählten Links beachten sollten, sind:

➢ **Permanenz:** Ein permanenter Link zu Ihrer Website ist weitaus mehr wert als ein temporärer.

➢ **Popularität und Platzierung des Links auf der Website:** Platzierung auf einer Startseite mit hohem Traffic ist sehr zweckmäßig.

➢ **Normal vs. beschreibend:** Beschreibende Links sind weitaus verlockender als URL-Links.

➢ **Kontext:** Links sind effizienter, wenn sie im Content eingebaut sind.

➢ **Wettbewerb:** Ein Link in einer langen Liste von ähnlichen konkurrierenden Links ist weniger wert als eine exklusive Empfehlung.

> **Relevanz**: Idealerweise sollten die Links, die zu Ihrer Webseite verweisen, eine Quelle für optimalen Traffic sein, d. h. thematisch ähnliche Links.

Es existieren zahlreiche Tools, um die Linkpopularität von Websites zu ermitteln:

> SISTRIX (siehe Kapitel 17.5.2)
> Google-Webmaster-Tools (für eigene Links, siehe Kapitel 17.5.3)
> Majestic SEO (siehe Kapitel 17.5.4)
> Link-Research-Tools (siehe Kapitel 17.5.5)

17.4.6 Ist-Analyse: Website-Struktur- und Performance-Analyse

Nutzen Sie Bilder- und Videomedien, um Ihre Domain aufzuwerten

Falls angebracht, beziehen Sie eine Video- oder Bildergalerie auf Ihrer Website ein, in der Sie Menschen vorstellen, die in Ihrem Unternehmen arbeiten oder zu Ihren Kunden gehören. Auch ist es sinnvoll, Ihre Räumlichkeiten vorzustellen, da alles die Wirkung beim potenziellen Kunden erhöht. Stellen Sie jedoch keine Fotos oder Videos von Personen ins Netz, deren Zustimmung Sie dazu nicht eingeholt haben.

Stickiness – Verweildauer der Besucher auf Ihrer Website

Prüfen Sie, wie lang die Besucher pro Session auf Ihrer Webseite verweilen. Je länger, desto besser. Auch die Verweildauer beeinflusst das Ranking nicht unerheblich.

Verarbeitungsgeschwindigkeit einer Website

Die Verarbeitungsgeschwindigkeit einer Website ist ebenfalls von Bedeutung bei der Ermittlung des Rankings einer Website. Es gibt bei Google ein zentrales Hauptkriterium zur Ermittlung der Reaktionsgeschwindigkeit einer Website: die Dauer der Ladezeit, die seitens der Google-Toolbar beim Aufruf gemessen wird.

Nutzen Sie Komprimierungen

Eine GZIP-Komprimierung beispielsweise trägt zu einer erhöhten Geschwindigkeit bei der Datenübertragung bei, da der Datenumfang reduziert wird.

HTML-, JavaScript- und CSS-Dateien lassen sich dadurch sehr viel schneller übertragen. Dies wird hier sehr schön erklärt: *http://www.sysadminslife. com/allgemein/webseiten-optimierung-mit-gzip-komprimierung-in-apache2-und-iis6/*.

Eine Reduktion der Bildgröße erlaubt es, Bilder im Web auf das Nötigste zu reduzieren, ohne das Bildmaterial hinsichtlich seiner Qualität auf der Internetseite einzuschränken.

Nutzen Sie kostenlose Tools zum Pagespeed

Auch Tools können helfen, die potenzielle Geschwindigkeit der sich im Aufbau befindlichen Homepage vorab zu analysieren. Dazu zählen zum Beispiel die kostenfreien Programme Page Speed und Yahoo!-Yslow. Bildern wird durch Page Speed bereits eine geeignete Kompression verpasst, um dadurch eine kürzere Ladezeit zu erzielen.

Google Page Speed

Google Page Speed gibt es sowohl als Tool/Plug-in für Firefox oder Chrome als auch als Servervariante (Apache-Server-Plug-in).

Google Page Speed – *http://code.google.com/speed/page-speed/* – liefert Ihnen auch Verbesserungsvorschläge.

17.4.7 Soll-Definition: Formulierung der SEO-Projektziele

Schriftliche (eventuell vertragliche) Fixierung der SEO-Projektziele

Nach Abschluss der Analysephase sollten Sie sich mit allen Projektbeteiligten zusammentun und die unterschiedlichen Analyseergebnisse miteinander bündeln. In einem nächsten Schritt erfolgt die Aufteilung und Überführung der SEO-Projektziele in Arbeitspakete und Arbeitsschritte, die nacheinander realisiert werden. Die Spezifikation der Aufgabenpakete ist Aufgabe des Projektmanagers.

Sollten Sie die Optimierungsmaßnahmen allein ausführen, müssten Sie alle beteiligten Rollen selbst übernehmen.

17.4.8 Realisierungsphase: Content-Optimierung

Optimierung der Navigation auf der Website

Siehe Kapitel 15.2.2.

Verbesserung der Struktur Ihrer URLs

Siehe Kapitel 15.2.3.

Optimierung der Suchmaschinenfreundlichkeit und Crawlability

Siehe Kapitel 15.2.4.

Optimierung der Sitemaps

Siehe Kapitel 15.2.6.

Textoptimierung

Zur redaktionellen Aufbereitung der Wortkombinationen folgen Sie den Maßnahmen, die in Kapitel 15.3.1 genannt wurden. Verfahren Sie bei den nächsten Schritten zur Content-Optimierung analog.

Bilderoptimierung

Siehe Kapitel 15.3.2.

Keyword-Optimierung

Siehe Kapitel 15.3.3.

17.4.9 Implementierungsphase: Codeoptimierung

Das Ziel des Webentwicklers im Rahmen der SEO

Das Ziel ist die Konstruktion einer suchmaschinen- und benutzerfreundlichen Webseite, die den Zielen des Website-Betreibers bzw. Marketers etc. in höchstem Maße genügt.

Optimierung der Tags

Nutzen Sie nicht denselben Titel oder dasselbe Metatag für alle Ihre Seiten, sondern verwenden Sie einzigartige Tags für jede einzelne Unterseite. Jede einzelne Seite auf Ihrem Portal sollte also – für diese eindeutige – Metatags mit speziellen Infos zur Seite haben.

Beschleunigung der Indexierung

Um den Spider-Prozess zu beschleunigen, nutzen Sie eingehende Links auf Qualitätsseiten, da der Crawler diese häufiger aufsucht als Seiten mit geringerer Qualität.

Linktexte

Die Ankertexte bei internen Links auf Ihrer Website sind für die Suchmaschinenoptimierung von sehr großer Bedeutung. Sie sollten möglichst das zu optimierende Keyword in Ihre Links integrieren.

Anwendung eines sauberen und transparenten Programmierstils

Sie werden von den Suchmaschinen zwar nicht dafür gebannt, dass Sie schlechten Quellcode nutzen oder ein schlechtes Design verwenden, jedoch erschwert dies den Indexierungsprozess seitens der Crawler, was wiederum große Nachteile verursachen kann.

Nutzen Sie Frames (wenn überhaupt) nur in Ausnahmefällen

Auch Frames bereiten Crawlern Probleme. Wenn Sie Frames nicht unbedingt brauchen, lassen Sie sie einfach weg.

Manchmal nutzen Webdesigner Bilder als Links. Diese Taktik ist suboptimal im Rahmen einer Suchmaschinenoptimierung.

Funktionelle Korrektheit der Website zyklisch testen

Nicht mehr korrekte Links, Navigationsfehler und passwortgeschützte Bereiche führen dazu, dass Inhalte durch Crawler nicht mehr indiziert werden können. Mithilfe der Tools XENU und Screaming Frog können Sie eine Korrektheitsprüfung der Funktionalität Ihrer internen Verlinkung vornehmen:

> ➢ *http://home.snafu.de/tilman/xenulink.html*
> ➢ *http://www.screamingfrog.co.uk/seo-spider/*

Erstellen Sie eine praktische und nützliche 404-Seite

Gelegentlich versuchen Benutzer, eine nicht existente Seite Ihrer Webseite aufzurufen. Dies passiert, wenn sie eine falsche URL verwenden. Die Verwendung einer allgemeinen 404-Seite (*http://www.google.com/support/ webmasters/bin/answer.py?answer=93641*), die netterweise die Benutzer auf die Hauptseite oder zu einer sinnvollen Navigationsseite zurückführt, kann von großem Nutzen sein.

Google bietet ein 404-Widget, das sich relativ leicht auf Ihrer 404-Seite einbauen lässt, damit das gewünschte Ziel dann schnell erreicht werden kann (*http://googlewebmastercentral.blogspot.com/2008/08/make-your-404-pages-more-useful.html*).

Sie können auch die Google-Webmaster-Tools verwenden, um die Ursachen von Crawling-Fehlern herauszufinden (*http://googlewebmastercen tral.blogspot.com/2008/10/webmaster-tools-shows-crawl-error.html*).

Das sollten Sie vermeiden:

> ➢ 404-Seiten sollten in den Suchergebnissen von Suchmaschinen nicht angezeigt werden. Vergewissern Sie sich hierbei, dass Ihr Webserver bei einem 404-Fehler auch wirklich einen 404-Statuscode ausliefert. Ein typisches Tool zum Testen ist LiveHttpHeaders.

> ➢ Wenig aussagekräftige Meldungen wie z. B. „Not Found", „404" etc.

> ➢ Die Verwendung eines Designs für 404-Seiten, das nicht harmonisch zu den restlichen Seiten ist.

17.4.10 Implementierungsphase (Offpage-Optimierung): Linkaufbau, Webkataloge, Blogs etc.

In Kapitel 16 hatten wir in Bezug auf den Linkaufbau unterschiedliche Punkte behandelt, z. B. Linktausch, PR, Linkakquise, Linkbaiting, Artikel etc.

Linkbaiting – Anlocken von Links

Als wichtigste Praxis der Suchmaschinenoptimierung können eingehende Links (Backlinks) betrachtet werden. Der SEO lockt mit gutem Content auf der eigenen Website die Backlinks an. Den Begriff „Linkbaiting" (engl. Linkbait – Link anlocken) hat Matt Cutts (Google Inc.) mitgeprägt, über dessen Webpräsenz Sie weitere Informationen zum Linkbaiting erhalten können: *http://www.mattcutts.com/blog/seo-advice-linkbait-and-linkbaiting/*.

Tragen Sie Ihre Seite auch in Verzeichnisse ein

Tragen Sie Ihre Seite in Webverzeichnisse ein, dies führt ebenfalls dazu, dass Sie beim organischen Listing höher gerankt werden. Am besten verwenden Sie in diesem Kontext auch immer den Städtenamen, z. B. „Schuhgeschäft in Berlin" oder besser, weil noch spezieller, „Business Schuhe Berlin-Mitte".

Gut gepflegte Webverzeichnisse

Es gibt Dienste wie das Open Directory Project (DMOZ), die eines der am besten gepflegten Webverzeichnisse im Internet darstellen. Wenn Sie thematisch passende Verzeichnisse finden, die in Ihrem Segment bekannt sind, lohnt es sich, dort nach einer Möglichkeit einer Verlinkung zu Ihrer Seite zu schauen. Versuchen Sie, Ihre Webseite in das Verzeichnis einzutragen. Wenn diese Verzeichnisse Links zu Ihrer Website beinhalten, ist das förderlich für Ihr Ranking (siehe zu Webverzeichnissen auch Kapitel 13.4).

Wie kann eine Website bei themenspezifischen Verzeichnissen eingereicht werden?

Das Einreichen sollte nur bei den Verzeichnissen durchgeführt werden, die für den jeweiligen Themenbereich bzw. das jeweilige Land relevant sind. Es ergibt keinen Sinn, dies bei Nischen-Directories zu versuchen, die sich auf einen gänzlich anderen Themenbereich beschränken. Außerdem könnten diese den Versuch, die Website einzureichen, als Spamming werten.

Auch sollte eine Website nicht zu oft eingereicht werden. Verzeichnisse benötigen zuweilen bis zu sechs Monate, um eine aufgenommene Website in ihr Verzeichnis aufzunehmen. Man sollte auch bei Überarbeitungen das Einreichen nicht öfter als einmal in vier Wochen versuchen, da dies ansonsten negativ gewertet werden könnte.

Was genau wird eingereicht?

Im Allgemeinen sollte nur die Indexpage oder Homepage eingereicht werden. Die Unterseiten sollten dann von der Suchmaschine ebenfalls in ihren Index aufgenommen werden.

Bloggen Sie mit Informationen zu Ihrem Business

Das Bloggen von Geschäftsinhalten erhöht deren Relevanz für die Suchmaschinen und ebenso die Glaubwürdigkeit und Wichtigkeit Ihrer Präsenz – auch für die Benutzer.

Im Kapitel 17.5 stellen wir Ihnen zusätzlich zu den bisher im Fließtext vorgestellten Softwarewerkzeugen einige weitere vor, die Standards in der SEO gesetzt haben. Daher werden wir uns einige ausgewählte Werkzeuge genauer anschauen.

17.4.11 Monitoring

Beim Monitoring werden die SERPs täglich nach den entsprechenden Keywords überprüft, und die Rankingwerte werden festgehalten.

17.5 Hilfreiche SEO-Tools für Ihre SEO-Projekte

Als Nächstes stellen wir Ihnen – zusätzlich zu den zahlreichen Tools, die wir Ihnen bereits erläutert haben – die SEO-Werkzeuge vor, die derzeit zum State-of-the-Art gehören – kostenfreie wie auch kostenpflichtige Tools.

17.5.1 Google Analytics

Was ist Google Analytics?

Google Analytics ist ein kostenloser Dienst zur Analyse von Zugriffen auf Websites. Das zur Analyse genutzte Verfahren wird Urchin Tracking Monitor genannt nach dem gleichnamigen Unternehmen, das März 2005 von Google Inc. aufgekauft wurde. Google Analytics ist der meistgenutzte Website-Statistikservice, wobei derzeit etwa 57 % der 10.000 populärsten Websites ihn nutzen. Nach einer anderen Schätzung nutzen ca. 49,95 % der Top-1.000.000-Websites Google Analytics.

Quellen:

➢ „Usage of traffic analysis tools for websites". W3Techs.
  http://w3techs.com/technologies/overview/traffic_analysis/all

➢ „Google Analytics Usage Statistics". BuiltWith.
  http://trends.builtwith.com/analytics/Google-Analytics

➢ „Google Analytics Market Share". MetricMail.
  http://metricmail.tumblr.com/post/904126172/google-analytics-market-share

Vorzüge von Google Analytics

Google Analytics umfasst die folgenden Funktionen (*http://www.google. com/analytics/discover_analytics.html*):

1. Nach der kostenlosen Anmeldung über ein Google-Account kann es losgehen, und der Google Analytics Tracking Code (GATC) kann in den HTML-Code Ihrer Website eingetragen werden: Spätestens 24 Stunden nach der Installation des Trackingcodes können Sie Ihre ersten Web-Analytics-Daten einsehen.

2. Der GATC ermöglicht es, mehrere Domains und Subdomains – in der kostenlosen Version maximal 50 – zu tracken. Zusätzlich dazu können weitere Daten, wie Tracking von Downloads und Daten zu ausgehenden Links, dargestellt sowie Änderungen an Session- und Conversion-Timeout-Längen ermöglicht werden.

3. Interpret Your Data: Interpretation von Daten, vielfältige Metriken.

4. Drag-and-drop-Menü-geleitete Nutzung des Interface zur Erstellung von Reports.

5. Erstellen von maßgeschneiderten E-Mail-Reports nach Zeitplanung.

6. Möglichkeiten der Verlinkung mit Google AdWords und AdSense.

7. Nutzen von Optimierungsfunktionen für Keywords.

8. Tracken von Banner-Ads, E-Mail-Marketing-Kampagnen und anderer Werbemittel.

Wir haben drei Interviews zum Thema Google Analytics geführt (siehe die Kapitel 20.9.1, 3.9.5, 22.10.2) und werden auf die Thematik Web Analytics (siehe Kapitel 20) und der Conversion-Optimierung (siehe Kapitel 21) später noch vertiefend eingehen.

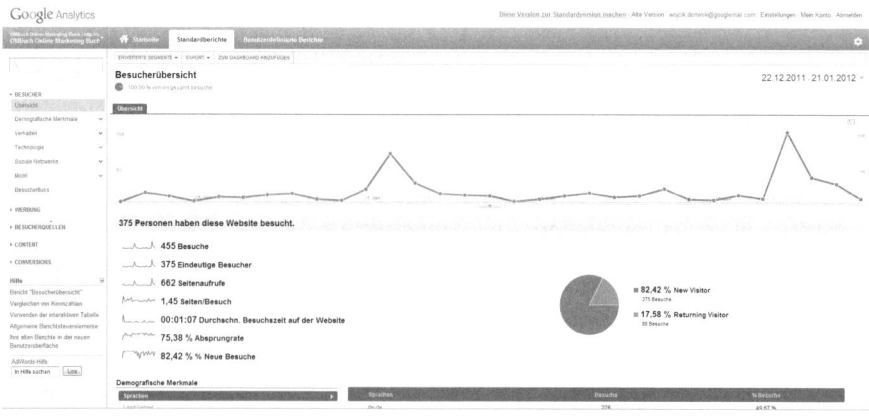

Abb. 160: Screenshot zu Google Analytics – Besucherübersicht; Bildquelle: Google Analytics.

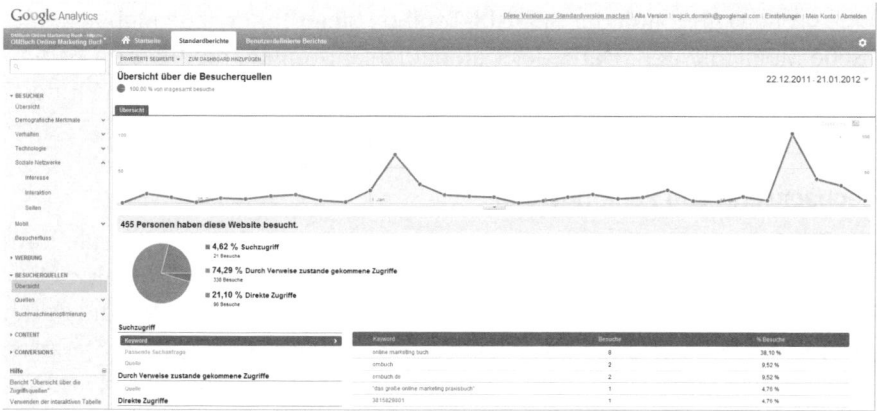

Abb. 161: Übersicht über die Besucherquellen – Google Analytics; Bildquelle: Google Analytics.

17.5.2 SISTRIX

Was ist SISTRIX?

SISTRIX ist ein proprietäres Hilfswerkzeug zur Durchführung von SEO- und SEM-Projekten. Der Funktionsumfang von SISTRIX ist zugeschnitten auf die Belange von SEO-Profis und Webadministratoren, die bei der Identifikation und Analyse von Messgrößen der SEO und SEA helfen. SISTRIX gibt Ihnen umfassend Einblick in aktuelle Trends und die Möglichkeit, die Entwicklung Ihrer Projekte detailliert zu verfolgen.

	SEO-Modul Sichtbarkeitsindex, Erfolgs- und Wettbewerbsanalysen, Keywords	**Einzelpreis 100,-**
	SEM-Modul Marktbeobachtung, SEM-Datenbank, BrandProtection	**Einzelpreis 100,-**
	Backlink-Modul Backlink-Daten, Analyse & Vergleich, eigene, riesige Datenbank	**Einzelpreis 100,-**
	Monitoring-Modul Kennzahlen erheben, SEO- und SEM-Reports, eigene Reports	**Einzelpreis 100,-**
	Universal-Search-Modul Wettbewerbsanalyse, Google News, Universal-Search-Auswertung	**Einzelpreis 100,-**

Abb. 162: Produktpalette – SISTRIX; Bildquelle: https://tools.sistrix.de/order.

Eine große Datenbank der SISTRIX-Toolbox bietet Ihnen jede Menge analytische Möglichkeiten. Dank der Datenaufzeichnungen, die bis zum Beginn des Jahres 2008 zurückreichen, können beachtenswerte Entwicklungen erkannt und evaluiert werden.

Beobachtung von Rankingtrends

Die Beobachtung von interessanten Veränderungen in den Google-Rankings in sehr genauem Maße, sogar bis zu den allerletzten Schlüsselbegriffen, sind Teil der Datenbasis. Die SISTRIX-Toolbox beinhaltet die Daten zahlreicher SEO- und SEM-Konzepte seit Beginn des Jahres 2008. Dadurch sind die SEO-Strategien – laut SISTRIX – transparent und einfach nachzuvollziehen, wodurch bedeutende Schlussfolgerungen ermöglicht werden.

Auswertungen und Daten für mehr als 50 Millionen Domains

Die SISTRIX-Toolbox stellt Auswertungen und Daten für mehr als 50 Millionen Domains zur Verfügung. Diese decken alle Domains und Hostnamen ab, die in den letzten Jahren bei Internetrecherchen erschienen sind. Ein Long-Tail-Index, der mehr als 10 Millionen Schlüsselwörter abdeckt, erlaubt ebenfalls die Auswertung von weniger häufig verwendeten Suchbegriffen.

Bestimmen Sie selbst Ihre Konkurrenten

Welche Konkurrenten sind in Ihrem Bereich noch aktiv? Mit der Toolbox erhalten Sie per Knopfdruck schnellen Zugriff auf diese Daten. Ermitteln Sie automatisch Ihre Konkurrenten in den substanziellen SERPs, der SEM-Umgebung und der allgemeinen Suche. Mit den selbst definierten Keyword-Sets werden die Auswertungen noch präziser und deutlicher.

Optimierungsfunktionen mit SISTRIX

Auf dem Weg zur Spitze

Das erklärte Ziel von SISTRIX ist, Sie in die Lage zu bringen, der Konkurrenz immer einen Schritt voraus zu sein. Die SISTRIX-Toolbox hilft Ihnen mit zahlreichen Features dabei. Sie unterstützt Sie dabei, Ihre Suchmaschine zu verbessern und somit mehr über die SEO-Strategien Ihrer Konkurrenten zu erfahren.

Unterstützung bei der Keyword-Suche

Finden Sie Keywords, die Sie selbst noch nicht genutzt haben, von denen Ihre Konkurrenten aber bereits profitieren. Alles was Sie dafür tun müssen, ist, ein bis drei Domains Ihrer Konkurrenten einzutragen, und die SISTRIX-

Toolbox stattet Sie mit dieser wertvollen, vollautomatisch ablaufenden Optimierungsbasis aus.

Unentdeckte Potenziale

Innerhalb der meisten Webseiten lauern interessante Keyword-Potenziale: Damit sind Keywords gemeint, die auf den Seiten präsent sind, aber für die Ihre Seite noch nicht in den Topergebnissen aufgelistet ist. Die SISTRIX-Toolbox kann Ihnen diese Potenziale zeigen und sie auf der Basis von Optimierungskosten und möglichen Besuchereinnahmen auswerten.

Linkquellen aufspüren

Vergleichen Sie die Links auf Ihrer Domain mit den Links zu Ihren Konkurrenten: Was sind Stärken und Schwächen? Welche Strategien werden von Ihrer Konkurrenz gefahren, und wie können Sie daraus einen Nutzen für sich selbst ziehen? Mit ihrer riesigen Datenbank kann die SISTRIX-Toolbox „Backlink-Modul" Ihnen diese Fragen beantworten.

Überwachung der Analysedaten

Software, die Sie täglich unterstützt

Onlinemarketing ist ein fortlaufender Prozess. Mit ihrer breiten Palette an bewährten Funktionen bietet die SISTRIX-Toolbox Ihnen dauerhafte Unterstützung bei Ihrer täglichen Arbeit. Dadurch können Sie sich auf die wirklich wichtigen Dinge konzentrieren, die Software führt Routinearbeiten selbstständig durch.

Schützen Sie Ihren wertvollen Namen

Mit der SISTRIX-Toolbox „SEM-Modul" können Sie zuverlässig überwachen, ob nicht autorisierte Werbung für Ihren Markennamen von Dritten geschaltet wird. Zu diesem Zweck überprüft SISTRIX die „ad-bookings" für Ihren Markennamen einmal stündlich in mindestens zehn verschiedenen Städten und melden Ihnen Verstöße sofort.

Ganz Europa im Blick

SISTRIX-Toolbox-Daten sind nicht nur für Deutschland verfügbar – spannende Analysemöglichkeiten und -auswertungen werden ebenfalls für England, Frankreich, Italien und Spanien angeboten. Diese Option für alle wichtigen Märkte Europas kostet Sie nichts zusätzlich: Kunden können Daten aus allen Ländern kostenlos nutzen.

Haben Sie ein Auge auf Ihre Wettbewerber

Lassen Sie sich nicht überraschen: Mit der SISTRIX-Toolbox „SEO-Modul" können Sie Ihr Wettbewerbsumfeld individuell definieren. Auf dieser Basis werden Sie einfach in der Lage sein, Ihre Wettbewerber im Auge zu behalten. Finden Sie frühzeitig heraus, wann und wo neue Wettbewerber entstehen oder bestehende ihre Strategien ändern.

Dokumentationsfunktionalität von SISTRIX

Maßgebend dokumentierte Erfolge

Dokumentieren Sie Ihre Fortschritte: Die SISTRIX-Toolbox kann für Sie regelmäßig sowohl den Status quo als auch die Entwicklung Ihrer SEO-Arbeit erfassen und Ihnen diese zu einem späteren Zeitpunkt in einer gut organisierten und übersichtlichen Weise präsentieren. PDF- und Excel-Reports sowie individuelle Auswertungen über die umfassende XML-API werden Sie dabei genau unterstützen.

Individualisierte Berichte

Sie können den umfassenden Report-Editor aus der SISTRIX-Toolbox nutzen, um individuelle Berichte zu erstellen – mit genau den Informationen, die Sie benötigen. Die Berichte werden in regelmäßigen Abständen erstellt, die Sie selbst definieren, und werden als PDF- oder Excel-Dateien generiert – wenn Sie möchten, auch mit Ihren eigenen Designs.

Benutzerdefinierte Suchbegriffe und Suchanfragen

Definieren Sie Ihre eigenen Keywords und Abfragen: Auf diese Weise können Sie Nischen-Keywords aufnehmen und die Entwicklung bei interessanten Verzeichnissen und Hostnamen verfolgen. Von Ihnen selbst eingerichtete Datasets werden täglich aktualisiert – so werden Sie auf dem neusten Stand gehalten, und Ihnen wird ermöglicht, selbst kleinste Unstimmigkeiten zu identifizieren.

Umfangreiche API (Programmierschnittstelle)

Mit der umfassenden API haben Sie Zugriff auf fast alle Daten und Merkmale der SISTRIX-Toolbox. Die leistungsstarke API bietet Ihnen ideale Voraussetzungen, um die Toolbox-Daten auf Ihrem eigenen System zu verwerten und sie mit anderen Datenquellen zu verknüpfen.

Quelle: *http://www.sistrix.com*

Nachfolgend einige Screenshots aus SISTRIX:

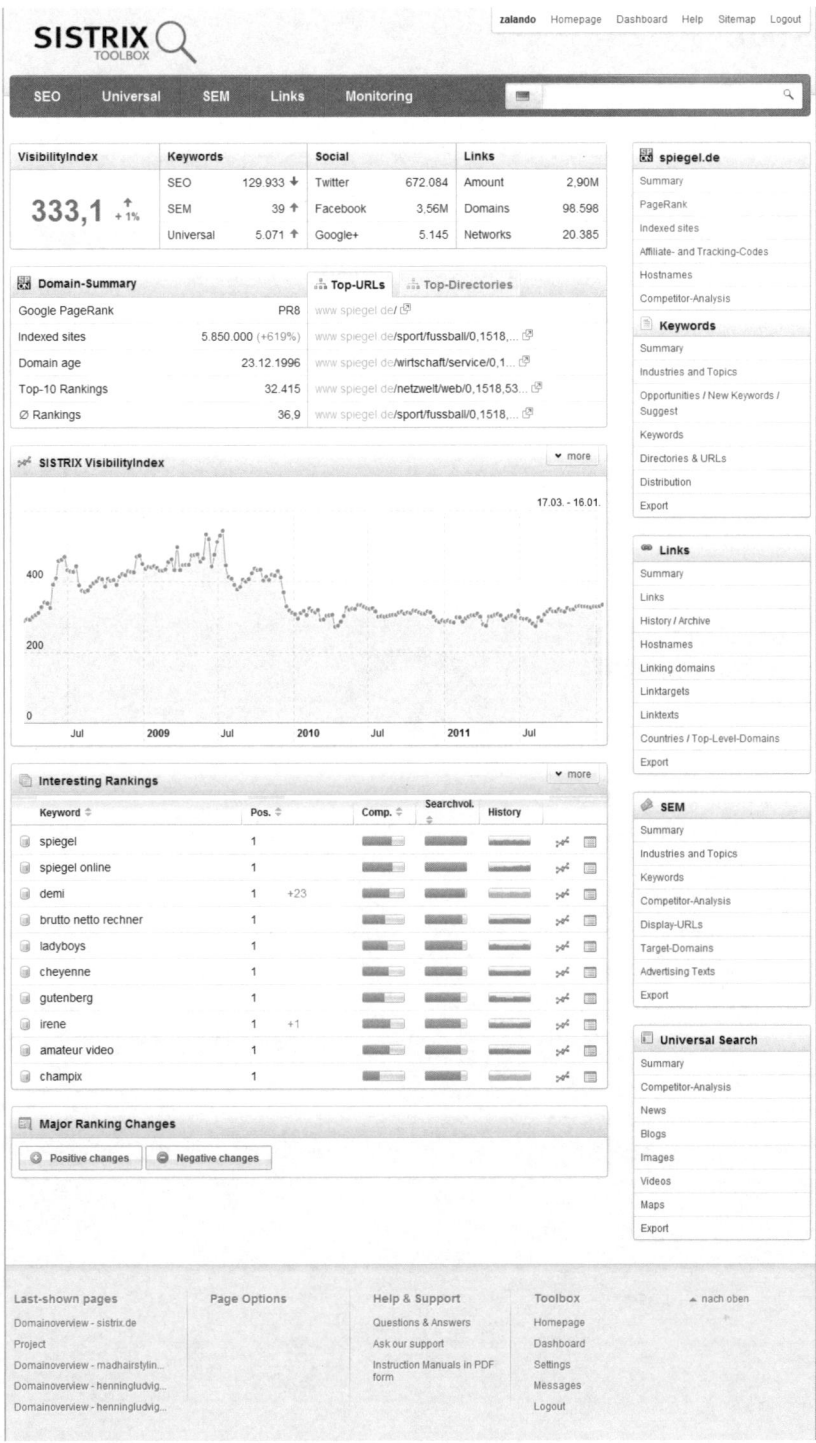

Abb. 163: Domainübersicht – spiegel.de – SISTRIX-Toolbox.

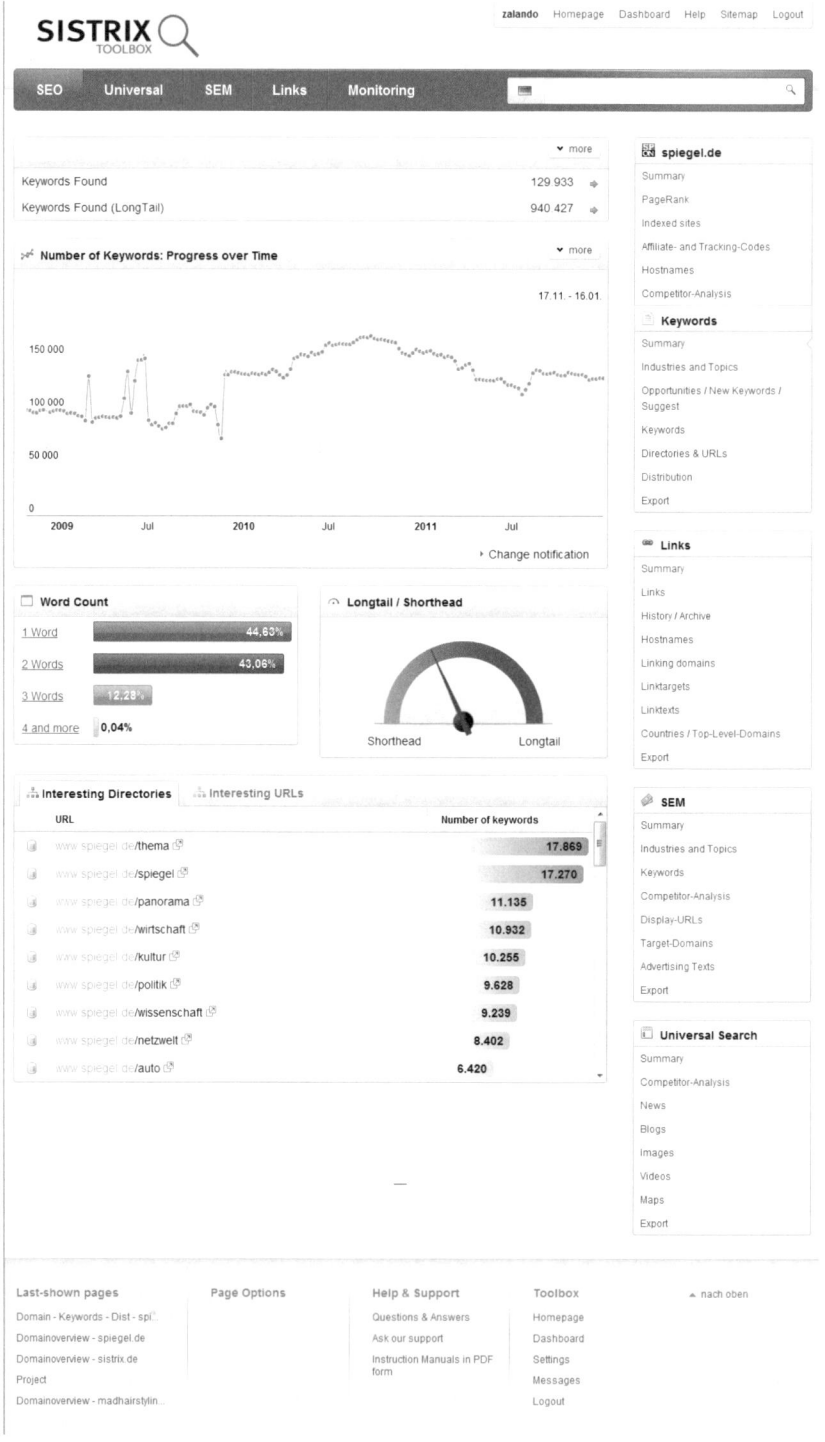

Abb. 164: Keywords – spiegel.de – SISTRIX-Toolbox.

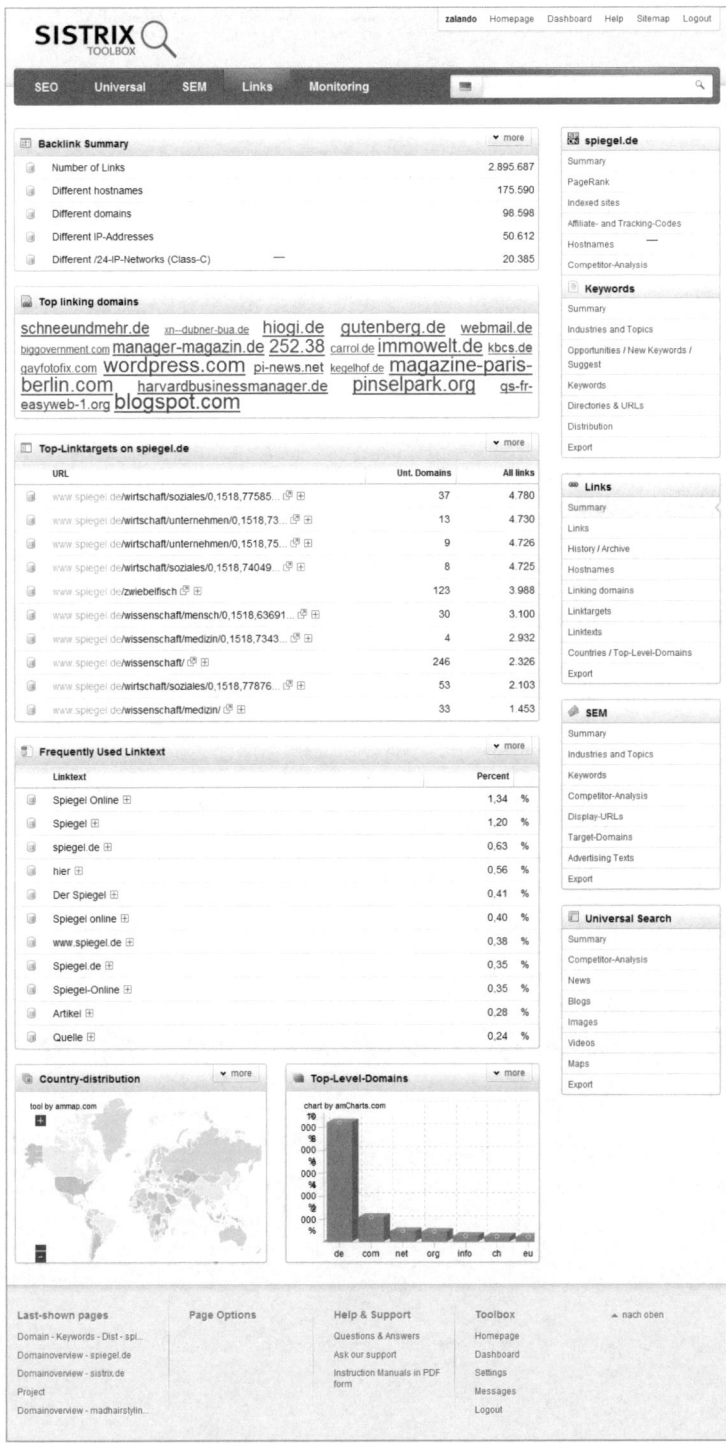

Abb. 165: Links – spiegel.de – SISTRIX-Toolbox.

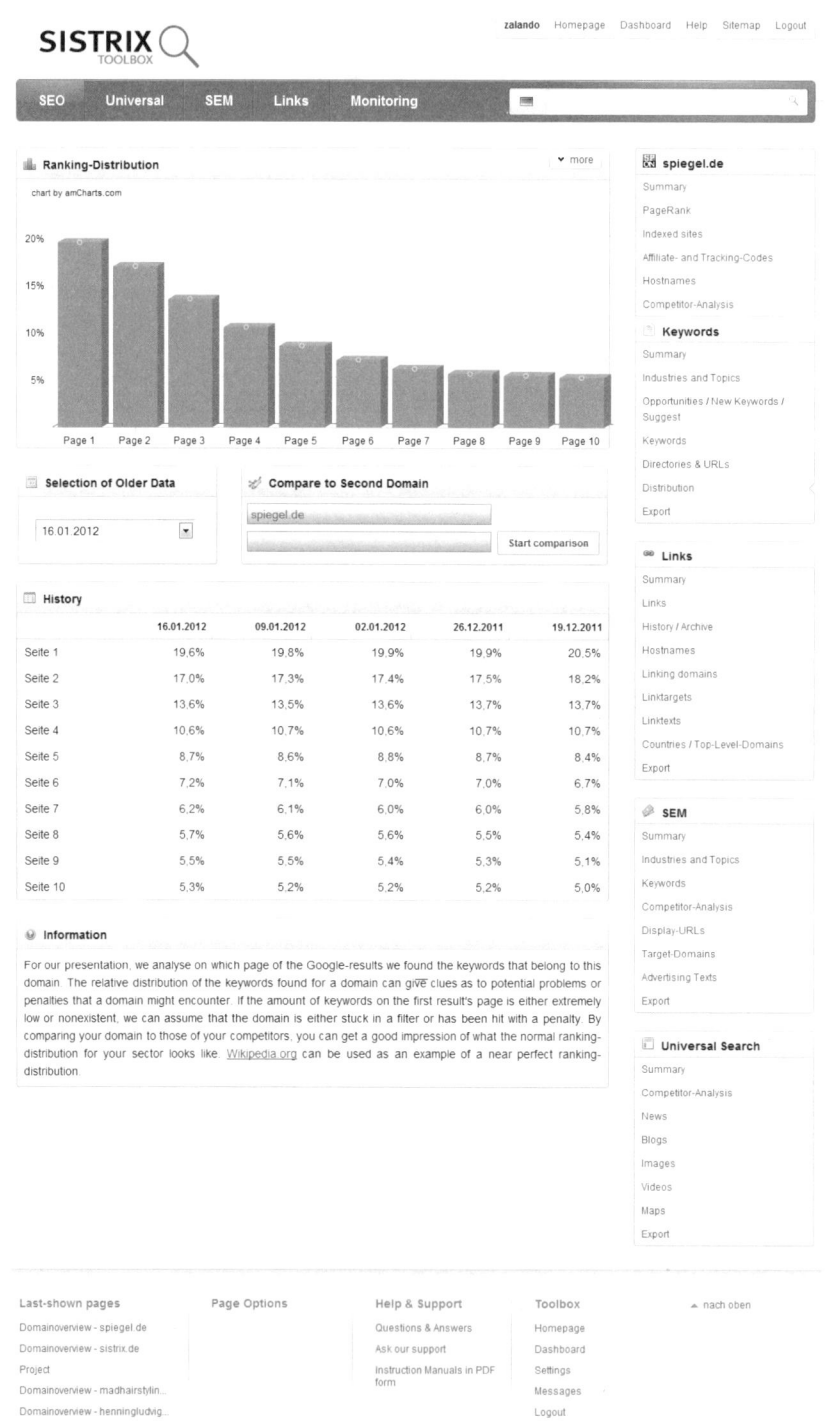

Abb. 166: Rankingverteilung – spiegel.de – SISTRIX-Toolbox.

Abb. 167: SISTRIX-Toolbox – SEO-Tools von und für Profis.

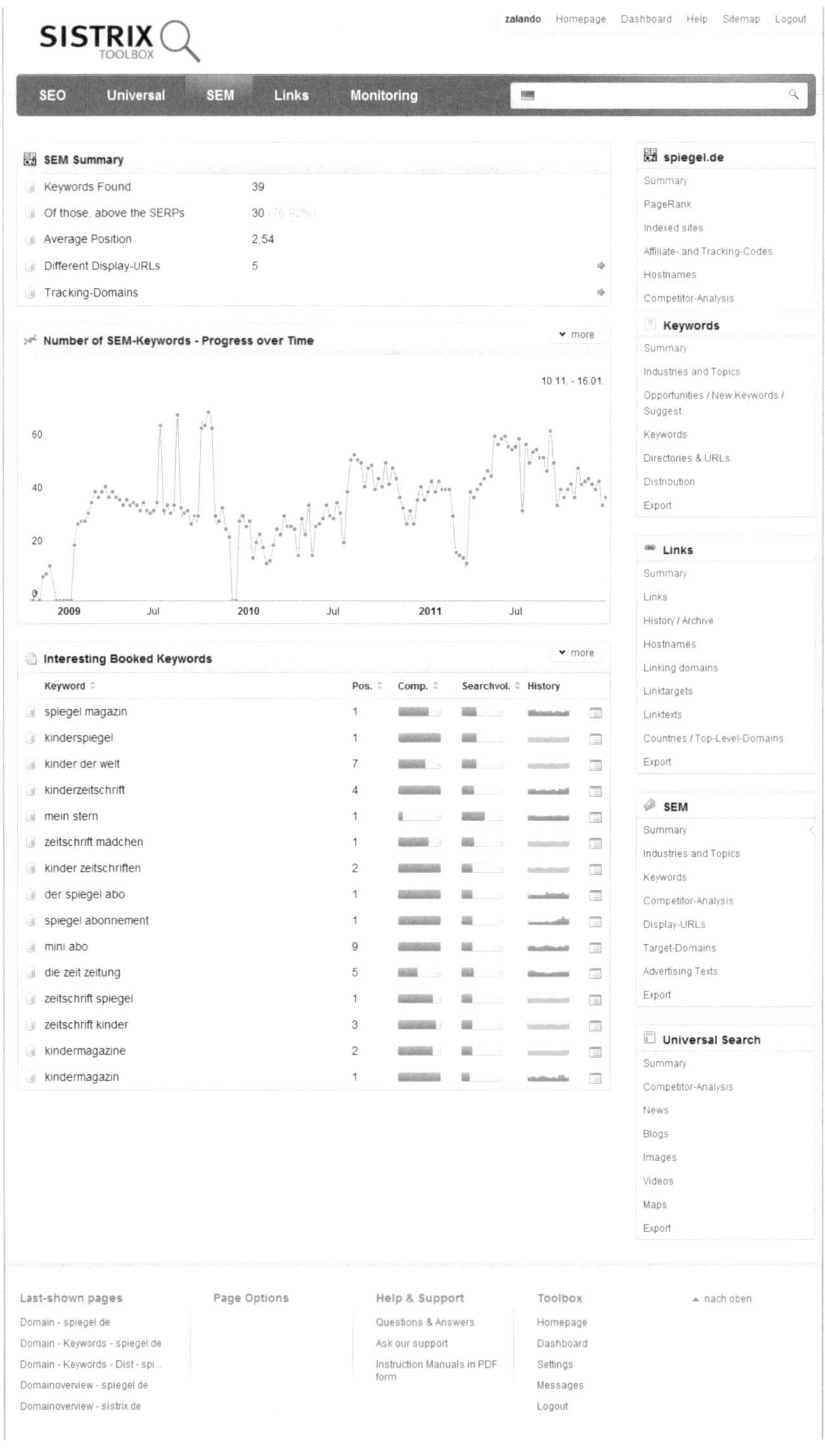

Abb. 168: spiegel.de - SEM - SISTRIX-Toolbox.

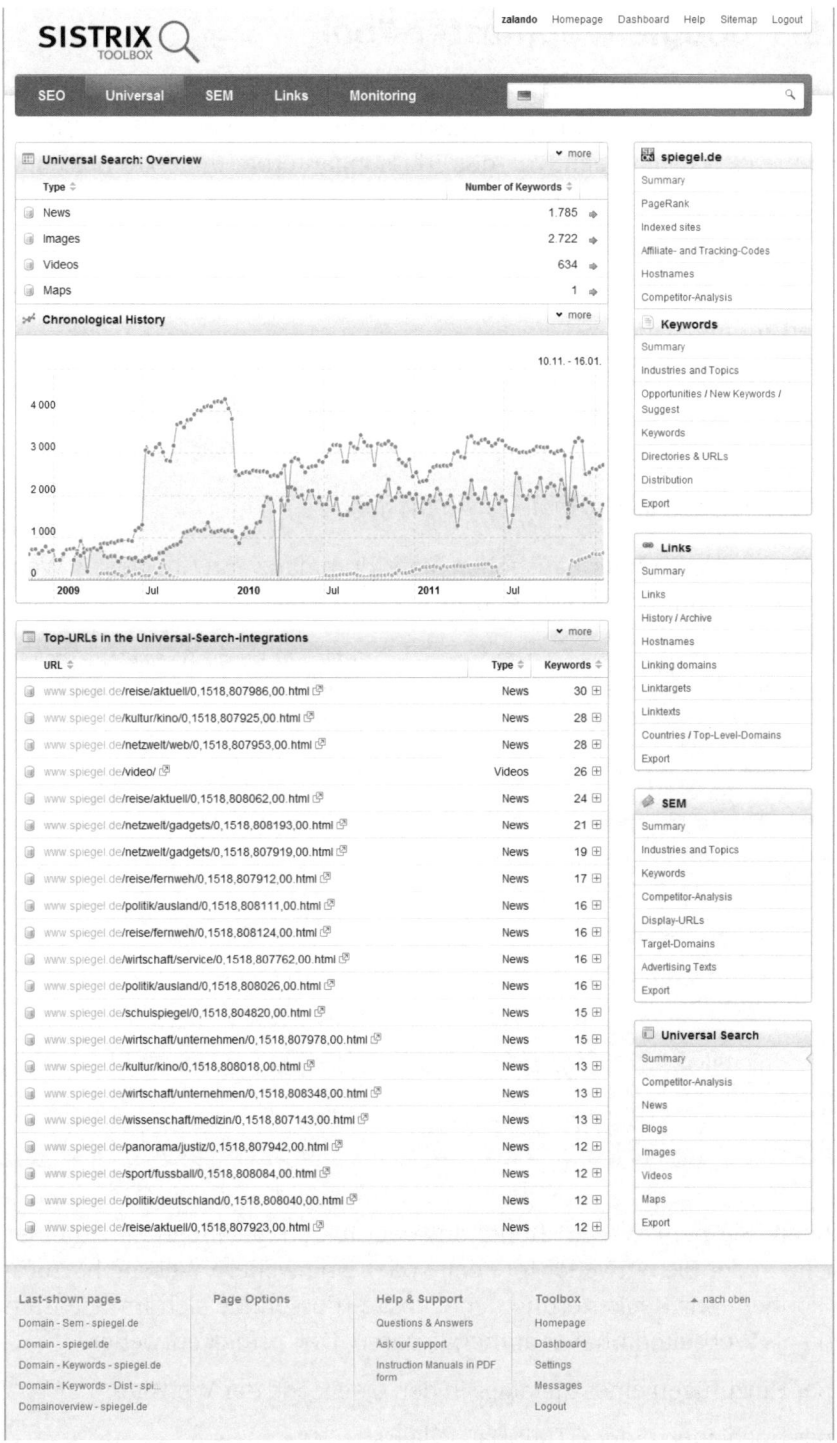

Abb. 169: Universal Search - spiegel.de - SISTRIX-Toolbox.

17.5.3 Google-Webmaster-Tool

Es stehen Ihnen viele zentrale Informationen und Tools kostenlos zur Verfügung, von denen Sie profitieren können, die wir in diesem Buch für Sie zusammengetragen haben. Von der Erfassung interner und externer Links bis hin zu Fehlern auf Ihrer Website bieten Ihnen diese Tools wertvollen Support.

Die Links zu den Tools, von denen Sie nach der Registrierung Gebrauch machen können, lauten wie folgt:

➢ Google-Webmaster-Tools (GWT)
   http://www.google.com/webmasters/tool

➢ Bing WebmasterCenter
   http://www.bing.com/toolbox/webmasters

Sie sollten, aufgrund der haushohen Marktdominanz von Google, als Website-Betreiber zumindest GWT nutzen.

Abb. 170: Google-Webmasters-Tool; Bildquelle: http://www.google.de/ webmasters.

Nachdem Sie bei GWT ein Konto angelegt haben, gelangen Sie zu einer Ansicht, in der Sie entweder Ihre erste oder eine weitere Website hinzufügen können. Zur Registrierung der Website müssen Sie sich im nächsten Schritt als Webseiteninhaber authentifizieren. Dies erfolgt entweder

➢ per Hinzufügen eines Metatags in den Quellcode der Website,

➢ per Hochladen einer HTML-Datei via FTP oder

> per Hinzufügen eines DNS-Eintrags (Änderungen in der Konfiguration des Webservers – für Profis).

2010 hat Google die Funktionsvielfalt erweitert. Sie profitieren zudem davon, dass Ihre Website für Crawler sichtbarer wird. Auch werden Suchanfragen auf dem Dashboard angezeigt, die zu Ihrer Website führen. Zusätzlich können Sie sich einen Überblick darüber verschaffen, welche Links zu Ihrer Website führen, Crawling-Fehler, Keywords und XML-Sitemaps angezeigt bekommen etc.

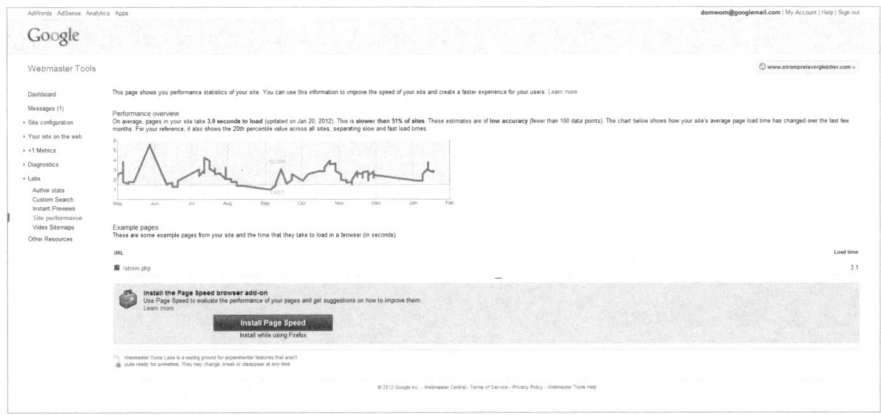

Abb. 171: Webmaster-Tools – Site-Performance; Bildquelle: http://www.google.de/webmasters.

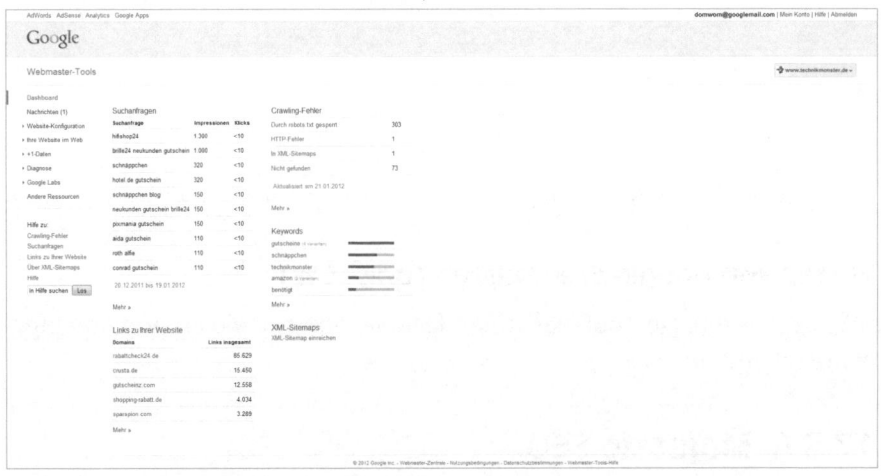

Abb. 172: Webmaster-Tools – Dashboard; Bildquelle: http://www.google.de/webmasters.

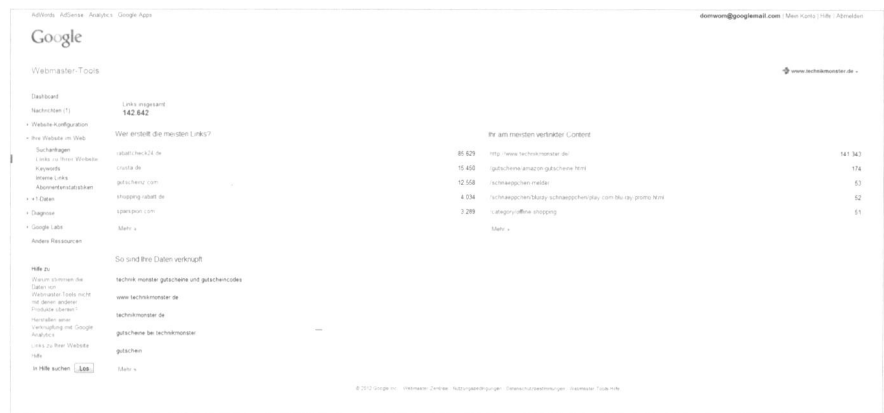

Abb. 173: Webmaster-Tools – Links zu Ihrer Website; Bildquelle: http://www.google.de/webmasters.

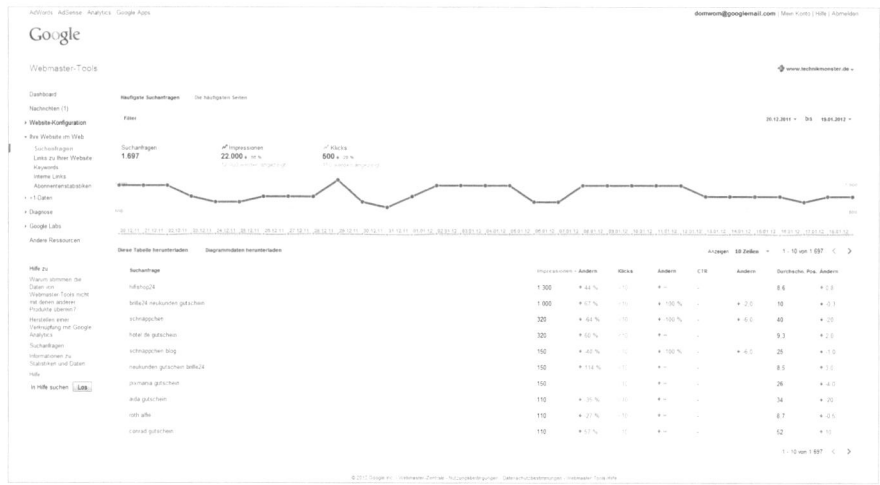

Abb. 174: Webmaster-Tools – Suchanfragen; Bildquelle: http://www.google.de/webmasters.

Vorteil von Google-Webmaster-Tools (GWT)

GWT ist das einzige Tool, das Ihnen fast alle von Google erkannten eingehenden Links anzeigt.

17.5.4 Majestic SEO

Was ist Majestic SEO

Majestic SEO ist eine Onlineapplikation der Majestic-12 Ltd. mit Sitz in Birmingham, England. Die Applikation bietet seinen Kunden die Möglichkeit, sie bei der systematischen

➢ Backlink-Verfolgung,

➢ Backlink-Erkennung und

➢ Backlink-Findung

zu unterstützen (*http://www.majesticseo.com*).

Kartografische Erfassung des Internets

Majestic SEO untersucht und erfasst das Internet kartografisch und hat inzwischen die größte kommerzielle Datenbank der Welt für Linkintelligenz geschaffen.

Die geschaffene Internetmap wird laut eigenen Angaben von

➢ SEOs,

➢ Spezialisten für neue Medien,

➢ Affiliate-Managern und

➢ Onlinemarketingexperten

verwendet.

Vielzahl von Anwendungen rund um die Webpräsenz

Sie können damit eine Vielzahl von Anwendungen rund um die Webpräsenz einschließlich

➢ Linkaufbau,

➢ Reputationsmanagement,

➢ Wettbewerbsanalyse und

➢ News-Monitoring

nutzen. So wie die Datenverlinkung ein Bestandteil des Suchmaschinenrankings ist, so kann das Verstehen des eigenen Linkprofils, wie ebenso das Verstehen der Webseite der Konkurrenz, eine sinnvolle Untersuchung der Suchmaschinenpositionierung bringen. Majestic SEO ist ständig mit der Neuanalyse von Webseiten befasst und besucht pro Tag etwa eine Milliarde URLs.

Majestic SEO hat eine internationale Kundenbasis, die durch die Transparenz in den Abläufen, durch den Ruf für Qualität und den Wert der Angebote angezogen wird.

Majestic SEO ist in verschiedenen Preiskategorien erhältlich, einschließlich einer kostenlosen Registrierung und der Möglichkeit eines Abonnements für UK £ 30 (ca. 36 Euro) pro Monat und der damit einhergehenden Erweiterung auf Enterprise-Level-Optionen. Diese höheren End-Features beinhalten

➢ die Möglichkeiten einer tieferen Analyse und

➢ eines API-Zugriffs, die den Entwicklern erlauben, Majestic-Daten mit ihren eigenen Toolsets zu integrieren.

Majestic SEO stellt jede Menge Tools hierzu zur Verfügung.

Majestic SEO – die intelligenten Linktools

Site Explorer

Der Site Explorer verschafft einen schnellen Überblick über Backlink-Daten und lässt so eine Domain/URL im Detail erkunden.

Benutzer mit Silber-, Gold- und Platinum-Abonnements erhalten vollen Zugriff auf das Tool.

Mit einer Registrierung und Anmeldung ist eine Übersichtsseite für die jeweilige Homepage einer Domain erhältlich.

Backlink History

Das Backlink-History-Tool ermöglicht SEOs, die Anzahl der Backlinks durch die von Majestic hoch entwickelten Weberoboter für bestimmte Domains, Subdomains oder URLs zu bestimmen.

Registrierte Benutzer können bis zu fünf Domains gleichzeitig vergleichen, sodass so SEOs erlaubt wird, die Wachstumsrate der Backlink-Entdeckung für konkurrierende Domains zu vergleichen.

Bulk Backlink Checker

Der Bulk Backlink Checker bringt Ihnen wertvolle Zeitersparnisse und macht weitere Vergleiche zu Wettbewerbern möglich. Hier können bis zu 150 Domains oder Subdomains eingegeben und miteinander verglichen werden, nach folgendem Schema: Ein paar Domains werden eingegeben und dafür die externen Backlink-Counts ausgegeben.

Neighbourhood Checker

Ein gut konfigurierter Server kann problemlos eine große Anzahl von Anfragen von Domains für eine einzelne IP bedienen. Das Majestic SEO Neighbourhood Checker Tool zeigt die Liste von „Nachbarn", was in technischer Terminologie bedeutet, dass das Tool die Webseiten zeigt, die auf dem gleichen IP-Stamm gehostet werden.

Clique Hunter

Der Clique Hunter kann die „Cliques" finden, die auf eine Domainliste linken. Normal registrierte Benutzer erhalten nur begrenzte Ergebnisse. Um die Informationen zu diesen Cliques vollständig zu erhalten, ist ein Abonnement notwendig.

Standard und Advanced Reports

Mit diesem Tool können registrierte Benutzer erweiterte Berichte und Standardberichte für Domains kreieren.

Comparator

Dieses Tool vergleicht die Statistiken für bis zu fünf verschiedene Domains.

Majestic Million

Majestic Million lässt den Nutzer die ersten Millionen Top-Domains – wie von Majestic SEO bewertet – im Internet entdecken, die von TLD aufgeführt und regelmäßig aktualisiert werden.

Majestic Widgets

Majestic hat eine Reihe von Widgets kreiert, spezielle Majestic-Abzeichen, die Ihre Webseite, den Browser und die Plug-ins für den Browser bereichern.

17.5.5 Link-Research-Tools

Link-Research-Tools (LRT) ist konzipiert für professionelle SEO. LRT schafft Transparenz bei der Darstellung von Kennzahlen zur Bewertung von Links. Analysedaten können als XLS oder CSV heruntergeladen werden. Zusätzlich zu den Standardangaben wie URL, Linktext, Linkstatus etc. bietet LRT weitere 40 Kennzahlen zur Filterung, Sortierung, Abschätzung und Weiterverarbeitung etc. Zudem kann man bestimmte Analyseparameter filtern und sich so einen personalisierten Report zusammenstellen.

LRT beinhaltet diverse Analysemodule, die wie folgt lauten:

> **Backlink-Profiler**: Finden Sie die Links Ihrer Wettbewerber und werten Sie diese aus.

> **Common Backlinks Tool**: Zeigt die gemeinsamen Links mit Ihren Konkurrenten oder spürt Ihre Konkurrenten auf.

➢ **Competetive Landscape Analyzer**: Zeigt die ausgehenden Links, die Sie mit Ihren Konkurrenten gemeinsam haben.

➢ **Missing Links Tool**: Finden Sie eingehende Links, die Ihre Wettbewerber haben, die Sie (noch) nicht haben.

➢ **Juice Tool**: Erhalten Sie Informationen zu den Links anderer Seiten, zur Art der Links und zur Domain.

➢ **Strongest Sub Pages Tool**: Lassen Sie sich die am besten gerankten Unterseiten und Unterordner einer Domain anzeigen.

➢ **Link Juice Recovery Tool**: Finden Sie die toten Links auf Ihrer Website, um nicht unnötig „Link-Juice" zu verlieren.

➢ **Link Alerts:** Die eingehenden Links werden überwacht, und bei neuen Backlinks wird eine Meldung verschickt.

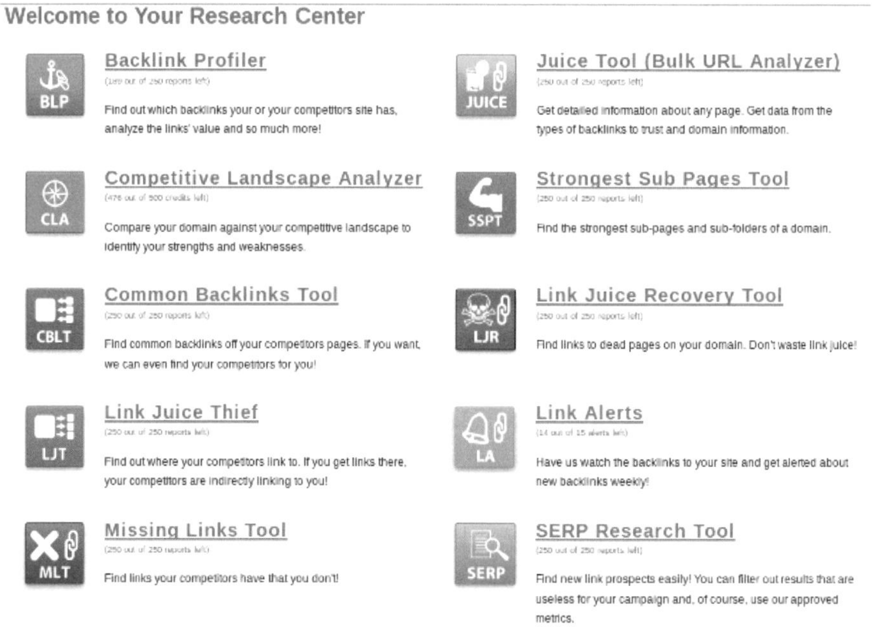

Welcome to Your Research Center

 Backlink Profiler
(1xx out of 250 reports left)
Find out which backlinks your or your competitors site has, analyze the links' value and so much more!

 Juice Tool (Bulk URL Analyzer)
(250 out of 250 reports left)
Get detailed information about any page. Get data from the types of backlinks to trust and domain information.

 Competitive Landscape Analyzer
(478 out of 500 credits left)
Compare your domain against your competitive landscape to identify your strengths and weaknesses.

 Strongest Sub Pages Tool
(250 out of 250 reports left)
Find the strongest sub-pages and sub-folders of a domain.

 Common Backlinks Tool
(250 out of 250 reports left)
Find common backlinks off your competitors pages. If you want, we can even find your competitors for you!

 Link Juice Recovery Tool
(250 out of 250 reports left)
Find links to dead pages on your domain. Don't waste link juice!

 Link Juice Thief
(250 out of 250 reports left)
Find out where your competitors link to. If you get links there, your competitors are indirectly linking to you!

 Link Alerts
(14 out of 15 alerts left)
Have us watch the backlinks to your site and get alerted about new backlinks weekly!

 Missing Links Tool
(250 out of 250 reports left)
Find links your competitors have that you don't!

 SERP Research Tool
(250 out of 250 reports left)
Find new link prospects easily! You can filter out results that are useless for your campaign and, of course, use our approved metrics.

Abb. 175: Analysemodule – Link-Research-Tools; Bildquelle: http://www.linkbuildr.com/wp-content/uploads/2011/08/link-research-tools.png.

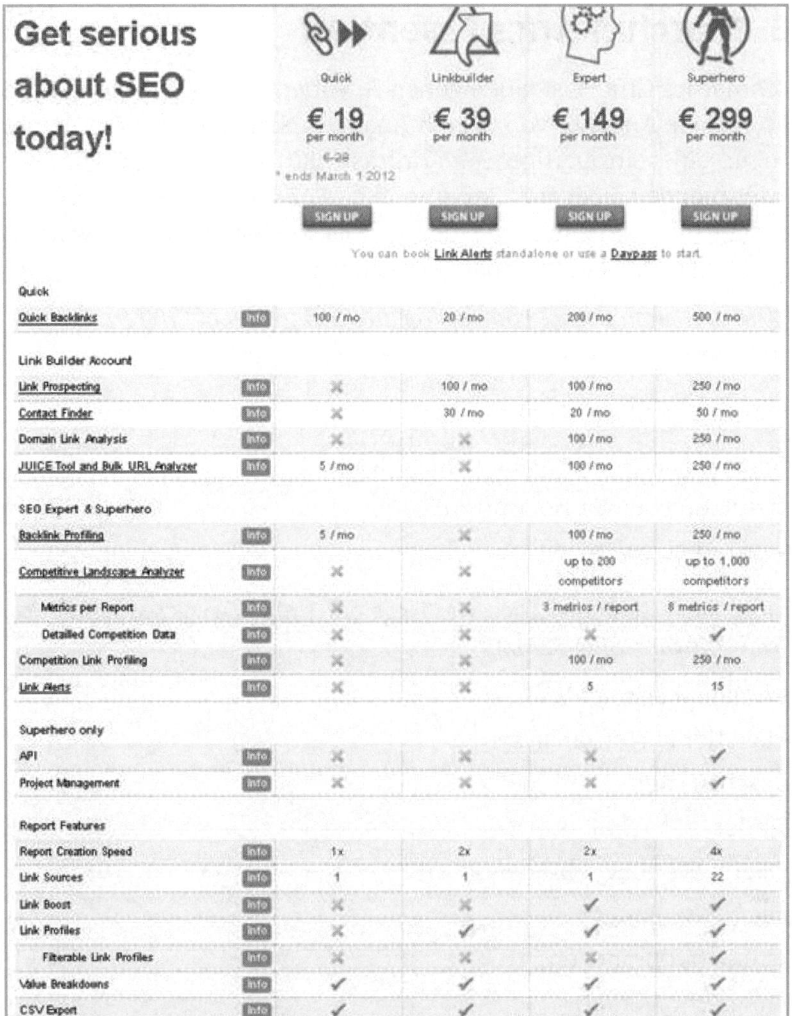

Get serious about SEO today!

		Quick	Linkbuilder	Expert	Superhero
		€ 19 per month 6-28 * ends March 1 2012	€ 39 per month	€ 149 per month	€ 299 per month
		SIGN UP	SIGN UP	SIGN UP	SIGN UP

You can book **Link Alerts** standalone or use a **Daypass** to start.

Quick		Quick	Linkbuilder	Expert	Superhero
Quick Backlinks	Info	100 / mo	20 / mo	200 / mo	500 / mo
Link Builder Account					
Link Prospecting	Info	✗	100 / mo	100 / mo	250 / mo
Contact Finder	Info	✗	30 / mo	20 / mo	50 / mo
Domain Link Analysis	Info	✗	✗	100 / mo	250 / mo
JUICE Tool and Bulk URL Analyzer	Info	5 / mo	✗	100 / mo	250 / mo
SEO Expert & Superhero					
Backlink Profiling	Info	5 / mo	✗	100 / mo	250 / mo
Competitive Landscape Analyzer	Info	✗	✗	up to 200 competitors	up to 1,000 competitors
Metrics per Report	Info	✗	✗	3 metrics / report	8 metrics / report
Detailed Competition Data	Info	✗	✗	✗	✓
Competition Link Profiling	Info	✗	✗	100 / mo	250 / mo
Link Alerts	Info	✗	✗	5	15
Superhero only					
API	Info	✗	✗	✗	✓
Project Management	Info	✗	✗	✗	✓
Report Features					
Report Creation Speed	Info	1x	2x	2x	4x
Link Sources	Info	1	1	1	22
Link Boost	Info	✗	✗	✓	✓
Link Profiles	Info	✗	✓	✓	✓
Filterable Link Profiles	Info	✗	✗	✗	✓
Value Breakdowns	Info	✓	✓	✓	✓
CSV Export	Info	✓	✓	✓	✓
XLS Export	Info	✓	✓	✓	✓
PDF Export	Info	✗	✗	✗	✓
Branding Options	Info	✗	✗	✗	✓
Social Metrics	Info	✗	✗	✗	✓
Report Retention	Info	7 days	14 days	14 days	31 days

Abb. 176: Produktpalette und Preise – Link-Research-Tools;
Bildquelle: http://www.linkresearchtools.com/plans-pricing-v9/.

17.5.6 Searchmetrics Essentials

Die Searchmetrics GmbH ist laut eigenen Angaben „der Pionier und international führende Anbieter von Search Analytics Software". Searchmetrics verfügt über eine einzigartige Serverinfrastruktur, mit der gezielt sehr große Datenmengen über das Ranking von Websites, Suchstichwörtern, Social-Media-Nutzerverhalten und der jeweils relevanten Wettbewerbergruppen aggregiert und auswertbar gemacht werden.

➢ *http://shop.searchmetrics.com/de/?gclid=CIL1z6Om6q0CFYK9zAodfGm V4g&et_rp=1*

Searchmetrics Essentials bietet

➢ schnelle Domainanalysen auf einen Blick und

➢ Unterstützung bei der Konkurrenz- und

➢ Keyword-Analyse.

Die Vorzüge stellt Searchmetrics wie folgt dar (*http://www.searchmetrics. com/de/seo-software/SEO-SEM/*):

➢ größte Datenbasis der Welt

➢ sofortige Konkurrenzanalysen

➢ historische Daten

➢ 15 Länder

➢ detaillierte Wettbewerbsanalyse

➢ detaillierte Rankings

➢ Auflistung der Branchen

➢ Gewinner und Verlierer

➢ umfangreiche Keyword-Recherche

➢ CPCs vergleichen

➢ Suchvolumen analysieren

➢ ähnliche Keywords finden

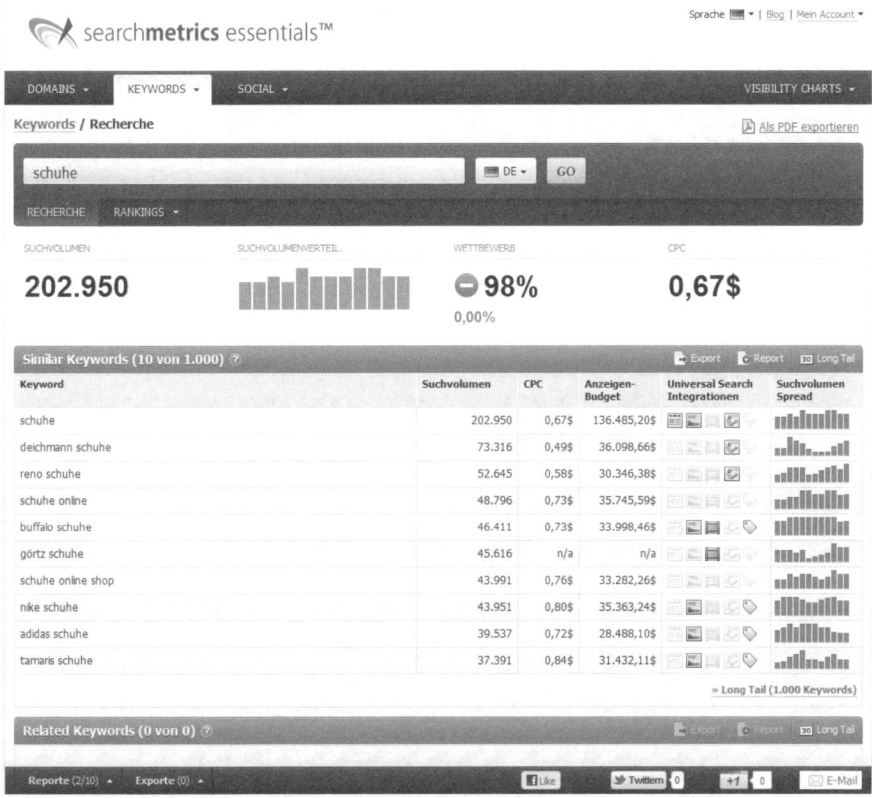

Abb. 177: Keywords-Recherche für Schuhe; Bildquelle: Searchmetrics Essentials.

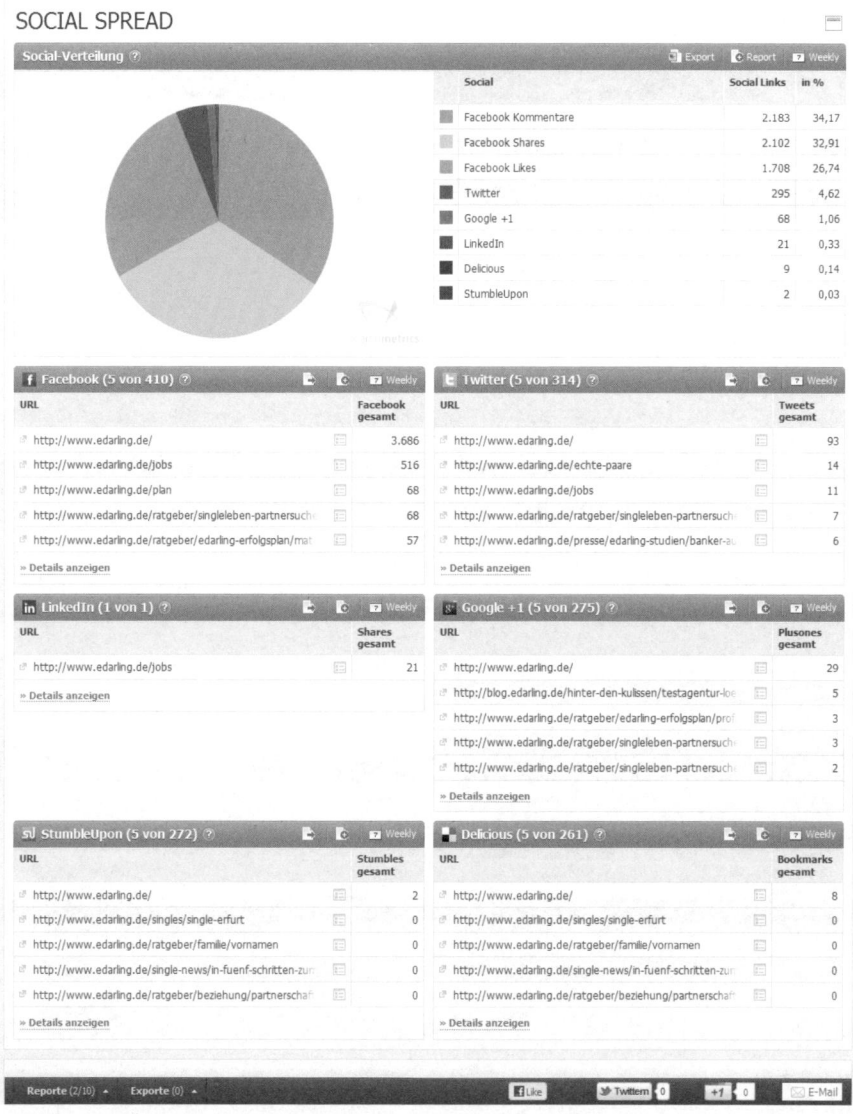

Abb. 178: Social Media für edarling.de; Bildquelle: Searchmetrics Essentials.

Abb. 179: Visibility von edarling.de; Bildquelle: Searchmetrics Essentials.

17.5.7 SEMRush

SEMRush bietet Dienstleitungen für die Recherche von Wettbewerbern und stellt Suchbegriffe für organische und bezahlte Suchmaschinenwerbung für jede Site oder Domain zur Verfügung: *http://de.semrush.com/*.

SEMRush bietet die folgende Funktionalität:

➢ Analyse von Google-Suchbegriffen.

➢ Analyse von AdWords-Suchbegriffen.

➢ Finden Sie Konkurrenten.

➢ Ermitteln Sie den geschätzten Traffic.

➢ Finden Sie versteckte Suchbegriffe.

➢ Bestellen Sie individuelle Berichte.

Nachfolgend sehen Sie die Produktpalette von SEMRush:

Abb. 180: Produktpalette von SEMRush; Bildquelle: http://de.semrush.com/de/prices.html.

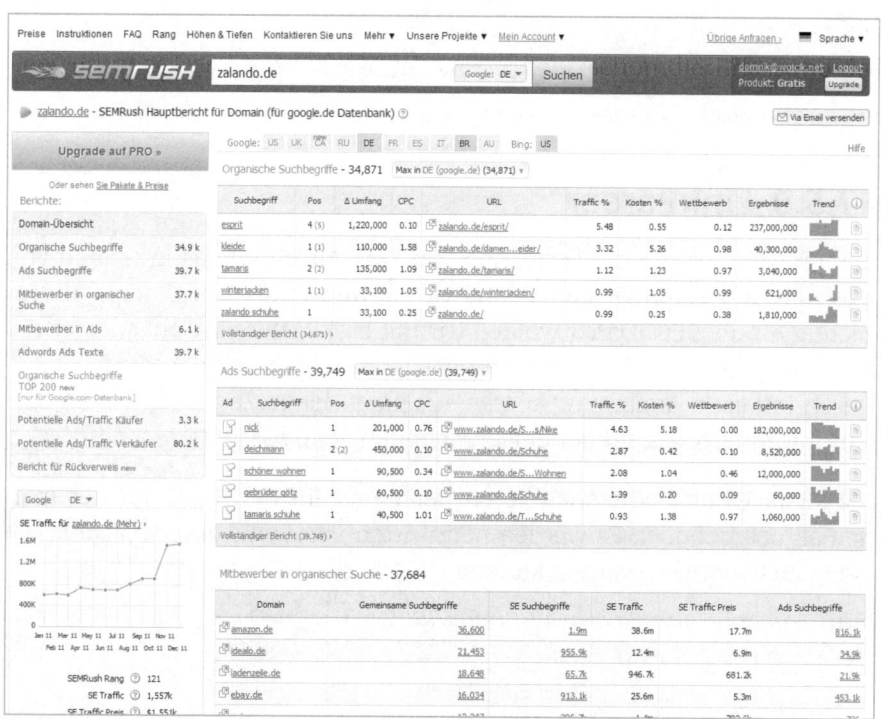

Abb. 181: SEMRush-Hauptbericht für Domains; Bildquelle: http://de.semrush.com/de/prices.html.

579

17.5.8 Seerobots

Wir (die Autoren) haben Seerobots entwickelt, weil wir dadurch eine große Zeitersparnis schaffen wollten. Jedes Mal, wenn wir Seiten auf Indizierbarkeit überprüfen wollten, mussten wir in den Quelltext gehen und suchen, wo sich das entsprechende Tag versteckt. Mit Seerobots sieht man sofort, ob eine Seite auf *noindex* gestellt ist oder sogar die ganze Seite auf *nofollow* gestellt worden ist.

Hier kann man sich Seerobots herunterladen:

> *https://addons.mozilla.org/de/firefox/addon/seerobots/*

„Seerobots stellt beim Aufruf einer Webseite die Angaben aus dem Robots-Tag im Metabereich sowie bei Bedarf durch einen Klick auch die Angaben aus dem X-Robots-Tag des HTTP-Headers in der Statusbar des Firefox dar."

Abb. 182: Seerobots in der Fußleiste vom Browser nach Installation als Browser-Plug-in.

17.5.9 LinkParser

Gerade wenn es um die Verteilung von Link-Juice und das Erkennen von internen und externen Links geht, ist die Informationsgrundlage enorm wichtig für die SEO. Daher wollten wir mit LinkParser ein Tool entwickeln, das uns sofort aufzeigt, wo externe Links auf der Seite zu finden sind. Durch farbliche Anpassung sparen wir eine Menge Zeit und sind so bestens informiert, was auf der entsprechenden Seite passiert.

„LinkParser hilft beim Analysieren der Links auf der Seite, auf der man sich aktuell befindet. Es werden neun Arten von Links unterschieden, die individuell markiert werden können."

https://addons.mozilla.org/de/firefox/addon/linkparser/

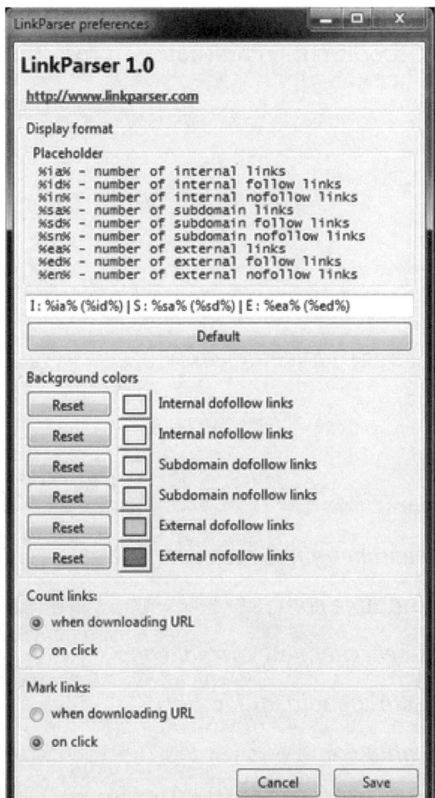

Abb. 183: LinkParser-Browser-Plug-in;
Bildquelle: https://addons.mozilla.org/
de/firefox/addon/linkparser/.

17.5.10 Search Status

Search Status ist ein Firefox-Plug-in, das Ihnen zahlreiche wichtige Features zu den von Ihnen besuchten Webseiten – direkt im Browser – anbietet:

„Display the Google PageRank, Alexa rank, Compete ranking and SEOmoz Linkscape mozRank anywhere in your browser, along with fast keyword density analyser, keyword/nofollow highlighting, backward/related links, canonical links, WHOIS, robots and more."

https://addons.mozilla.org/de/firefox/addon/searchstatus/

17.5.11 SEOquake

SEOquake ist ebenfalls ein Firefox-Plug-in, das weitere hilfreiche Features zur Verfügung stellt:

„Users can create their own parameters for SEOquake. In order to do so: open SEOquake preferences, switch to bookmark Parameters, press the button New and fill required fields."

http://www.seoquake.com/

17.6 Webtipps

Internationale SEO-Blogs

1. Search Engine Land – *http://www.searchengineland.com*
2. SEO Book – *http://www.seobook.com*
3. SEOMOZ – *http://www.SEOmoz.org*
4. Matt Cutts – *http://www.mattcutts.com/blog*
5. Search Engine Watch – *http://blog.searchenginewatch.com*
6. SE Round Table – *http://www.seroundtable.com*
7. Search Engine Journal – *http://www.searchenginejournal.com*
8. Search Engine Guide – *http://www.searchengineguide.com*
9. SEO Black Hat – *http://www.seoblackhat.com*
10. Graywolf's SE Blog – *http://www.wolf-howl.com*
11. SEO by the Sea – *http://www.seobythesea.com*
12. Jim Boykin's Blog – *http://www.webbuildpages.com/jim/*
13. David Naylor – *http://www.davidnaylor.co.uk*
14. Bruce Clay – *http://www.bruceclay.com*
15. Blue Hat SEO – *http://www.bluehatseo.com*

Deutsche SEO-Blogs

1. *http://AKM3.de/blog/*
2. *http://www.boeserseo.com*
3. *http://www.andre.fm*
4. *http://www.sistrix.de/news*
5. *http://www.eisy.eu*
6. *http://www.ranking-check.de/blog*

7. *http://www.tagseoblog.de*

8. *http://www.seo-scene.de*

9. *http://www.seokratie.de*

10. *http://www.seonauten.com*

11. *http://www.seo-handbuch.de*

12. *http://blog.tameco.de*

13. *http://www.mediadonis.net*

14. *http://www.inhouse-seo.de*

15. *http://www.seo-trainee.de*

16. *http://karlkratz.de*

17. *http://www.seo-united.de*

18. *http://www.googlewatchblog.de*

19. *http://www.seo.at*

20. *http://www.trustagents.de*

21. *http://webschorle.de*

22. *http://blog.searchmetrics.com*

23. *http://www.seo-strategie.de/blog/*

18. Targeting – je genauer die Zielgruppenansprache, desto besser!

Das Internet hat sich zu einem Massenmedium entwickelt. Immer mehr Zielgruppen tummeln sich mittlerweile im Netz, ergänzen bestehende Strukturen und wachsen. Das Gießkannenprinzip im Netz lohnt sich schon lange nicht mehr, da die Heterogenität der Zielgruppen und die Angebote zugenommen haben.

18.1 Allgemeine Analyse der Nutzergruppen im Internet

Was ist Targeting?

Um Ziele erreichen zu können, muss man den Wünschen und Vorstellungen der jeweiligen Zielgruppe gerecht werden. Davon hängt natürlich ab, wie die jeweiligen Personenkreise angesprochen werden müssen, um ein möglichst positives Ergebnis erzielen zu können. Diese Art der überlegten Vorgehensweise ist auch unter der Bezeichnung „Targeting" bekannt.

Internetuser entsprechen immer mehr dem Abbild der Gesamtbevölkerung

Die Ergebnisse der „WWW-Benutzer-Analyse W3B" (http://www.w3b.org) zeigen, dass sich die Internetuser immer mehr dem Abbild der Gesamtbevölkerung entsprechen. Die Marktstudie von Fittkau & Maaß aus Hamburg wird seit 1995 kontinuierlich weitergeführt. So betrug der Anteil der 20- bis 30-Jährigen im Jahr 1995 noch 63 %; heute sind es 23 %. Die Zuwächse stammen vor allem aus der Gruppe der 40- und 50-Jährigen. Die „First Mover" sind also bedient, und jetzt kommen die „Second and Third Mover" nach. Auch das Geschlechterverhältnis ist seit 2006 ausgeglichen: 49 % der Internetuser sind mittlerweile Frauen und 51 % Männer. In der Gruppe der Teenager und Twens beträgt der Anteil der Frauen sogar 60 %, was äußerst interessant ist. Im Alter der über 50-Jährigen sind nur ein Drittel der Nutzer weiblich. Auch der Anteil der Akademiker und Abiturienten hat relativ abgenommen:

Dennoch ist die Zielgruppe der Internetnutzer immer noch gebildeter als der Durchschnitt der Bevölkerung, nur nicht mehr so sehr wie früher. Während im Bundesdurchschnitt nur ca. jeder Fünfte Abitur hat, ist es im Internet jeder Zweite. Der kompakte Typus des klassischen Users „männlich, gebildet und jung" ist somit zu einem Teil der Geschichte geworden. Jeder Website-Betreiber sollte also den Typus seiner Zielgruppe kennen und adressieren können.

Potenzielle Nutzergruppenprofile im Netz

Drei Nutzergruppen lassen sich nach psychologischen und demografischen Analysen herauskristallisieren:

1. unterhaltungsorientierte User

2. kommunikationsorientierte User

3. shoppingorientierte User

Unterhaltungsorientierte User: soziale Vernetzung und Entertainment

Diese Gruppe setzt sich zu gleichen Teile aus Männern und Frauen zusammen. Tendenziell sind sie unter 40 Jahre alt und haben einen etwas geringeren Bildungsdurchschnitt. Sie verbringen gern Zeit mit Familie und Freunden, wobei sie überdurchschnittlich viel Zeit mit der Beschäftigung im Bereich Musik, Film, Kino, Fernsehen und Modetrends verbringen.

Kommunikationsorientierte User: jung und technikaffin

Die Nutzergruppe der Kommunikationsorientierten ist sehr jung mit etwa gleichen Anteilen an Frauen und Männern. Fast jeder zweite ist unter 30 Jahre alt. Viele befinden sich in der Ausbildung, sind technikaffin und haben ein überdurchschnittlich hohes Interesse an Musik, Freunden und Kino (siehe Abbildung 184).

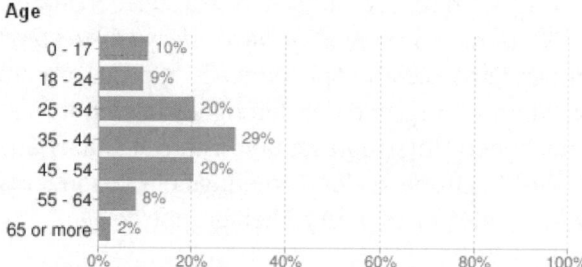

Abb. 184: Facebook-User sind älter als gedacht (September 2010); Bildquelle: http://www. adzine.de/de/site/artikel/ 1886/social-media-marketing/2010/09/ facebook-werbung-dem-nutzer-appetit-machen.

Shoppingorientierte User: mittlere Altersstufe, hohe Bildung und Kaufkraft

Diese Zielgruppe hat mit 55 % einen höheren Männeranteil. Der Altersdurchschnitt zeigt mit 60 % eine Dominanz der 30- bis 50-Jährigen. Der Anteil an Akademikern ist hoch, und 17 % verfügen über eine hohe Kaufkraft von mehr als 2.500 Euro Nettomonatseinkommen. Sie stellen mit mindestens fünf Jahren Interneterfahrung die erfahrenste Gruppe dar und nutzen das Internet zur Informationsbeschaffung und zum gezielten Einkauf.

Targeting auf Social-Media-Plattformen

Auch das soziale Netzwerk Facebook (siehe Kapitel 12.4.2) bietet die Möglichkeit, Nutzer direkt anzusprechen und auf diese Weise effizienter zu bewerben. Die freiwilligen Profilangaben der Nutzer sind hierbei sehr hilfreich. Verschiedene Filterfunktionen ermöglichen, die User zu kategorisieren und Konzepte gezielt abzustimmen und einzusetzen. Alter, Geschlecht, Beruf, Hobbys, Interessen, Musik, Beziehungsstatus, Sprachen etc. geben hierbei genügend Anhaltspunkte und sind filterbare Parameter. Werbende Unternehmen können so je nach Intensität der eingesetzten Filter schnell feststellen, wie viele potenzielle Kunden vorhanden sind und wie viele Übereinstimmungen bestehen.

Somit werden Anzeigen dort eingesetzt und erscheinen, wo sie auf das größtmögliche Interesse stoßen. Der Vorteil bei dieser Methode besteht darin, dass nicht versucht werden muss, mit einer Anzeige ein möglichst großes Spektrum als Zielgruppe zu erreichen und die Aufmerksamkeit von möglichst vielen Nutzern mit sehr vielen unterschiedlichen Interessen und Angewohnheiten zu wecken, sondern diese Anzeige förmlich maßgeschneidert für die jeweilige Zielgruppe zu konzipieren und zu präsentieren.

Zielgruppe 50plus

Da die Zielgruppe 50plus (auch Best Ager, Generation Gold, Generation 50plus, Silver Ager, Golden Ager, Third Ager, Mid Ager, Master Consumer, Mature Consumer, Senior Citizens, „over 50s" – *http://de.wikipedia.org/wiki/Best_Ager*) altersdemografisch die Gruppe darstellt, die das größte Wachstumspotenzial in sich birgt – aufgrund der demografischen Entwicklung sowie der (noch) relativ hohen Unterrepräsentation aktiver Nutzer aus diesem Alterssegment –, wird im Kontext des Targetings ein besonderes Augenmerk auf die speziellen Bedürfnisse dieser Altersgruppe gelegt:

30 Millionen Menschen zählen in Deutschland zur Zielgruppe 50plus, 10 Millionen davon sind bereits im Netz aktiv. Das ist nicht pauschal eine Seniorengruppe, die zittrig vor dem Computer sitzt, sondern eine Gruppe, die bereits PC- und Technikerfahrung hat, ein hohes Einkommen aufweisen kann und viel Zeit hat. So hat jemand, der 1952 geboren wurde und mit 60 Jahren in den Ruhestand geht, bereits in vielen Fällen den Computer und das Internet im Beruf genutzt. 1962 Geborene, heute also 50-Jährige, nutzen diese Tools ganz selbstverständlich.

Ergebnisse der ARD/ZDF-Onlinestudie zeigten bereits 2008, dass sich auch bei der älteren Generation die Wahrnehmung der Medien und ihrer spezifischen Benefits verändert hat: Waren sie noch vor wenigen Jahren der Meinung, dass Fernsehen, Hörfunk und Tageszeitung als Informationsquellen und Unterhaltungsplattformen völlig ausreichend seien, beurteilten die ab 60-Jährigen die Medien bereits 2008 wesentlich differenzierter. Zwar ist für die ältere Generation das Internet noch längst nicht das Allroundmedium für Kommunikation, Information und Unterhaltung wie für die Jüngeren, allerdings setzt sich auch bei ihnen zunehmend die Erkenntnis durch, dass bestimmte Inhalte in keinem Medium schneller, komfortabler und vor allem umfassender zu beschaffen sind als über das Internet. An erster Stelle dieser internetspezifischen Inhalte stehen Service-, Freizeit- und Produktinformationen (vor allem im Bereich Preisvergleiche) sowie die elektronische Kommunikation.

Ältere agieren deutlich zurückhaltender im Netz, sodass sich ihre meistgenutzten Anwendungen auf relativ wenige beschränken: Kommunikation, Onlinebanking, die Verwendung von Suchmaschinen sowie die gezielte Informationssuche im Netz. Noch etwas zögerlich verhält sich die Zielgruppe 50plus gerade im Vergleich mit 14- bis 19-Jährigen bei allen Anwendungen, die einen aktiveren Umgang erfordern: Das Überspielen und Herunterladen von Dateien gehört nur für jeden zehnten User ab 60 zur wöchentlichen Nutzungsroutine. Gesprächsforen und Newsgroups sind bei den 14- bis 19-Jährigen (72 %) am beliebtesten. Nutzer ab 60 beteiligen sich nur zu 4 % hieran. Mit dem Abruf von Audio- bzw. Videodateien beschäftigen sich wiederum nur 8 bzw. 3 % der älteren Onliner mindestens einmal wöchentlich – 2008. In den letzten vier Jahren hat sich dieser Wachstumstrend weiter erhärtet. Folgendes Nutzungsverhalten ist, nach Altersklassen sortiert, zu beobachten, wobei die Zielgruppe 50plus die größten Zuwächse in der Internetnutzung und bei Onlinekäufen erfahren haben (2009–2011; siehe die Abbildungen 185–187).

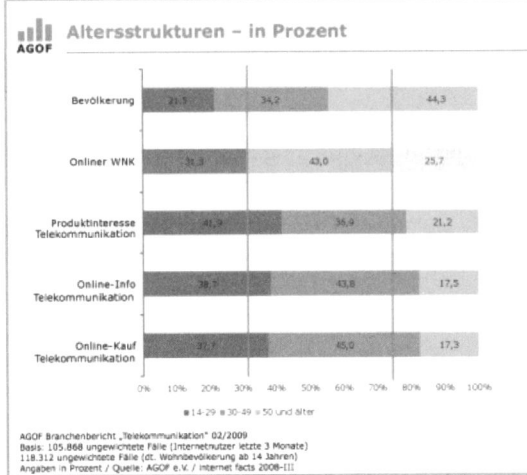

Abb. 185: Altersstruktur im Internet nach Nutzungskategorie; Bildquelle: http://www.agof.de/ index.thumb.c8faf89be038a7cfa8d 63a7ae28e4807v1_max_400x334_ b3535db83dc50e27c1bb1392364c9 5a2.png.

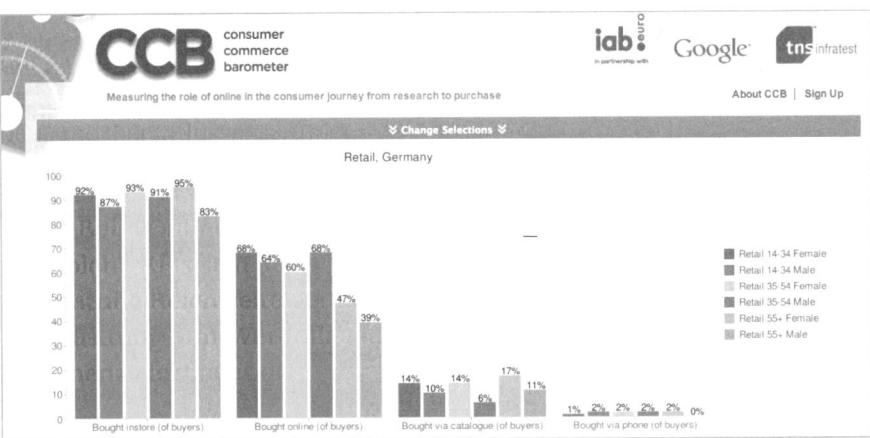

Abb. 186: Altersstruktur im Internet nach Onlineeinkäufen; Bildquelle: http://www.ranking-check.de/blog/consumer-commerce-barometer-bietet-aufschluss/.

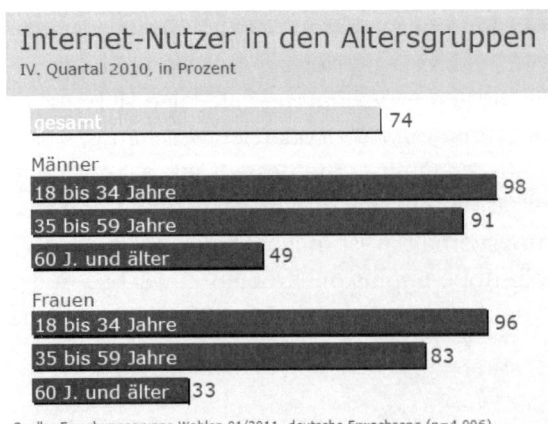

Abb. 187: Altersstruktur im Internet nach Onlineeinkäufen; Bildquelle: http://farm5.static. flickr.com/4078/4922565213_ 5f7efb21e7.jpg.

Die am häufigsten genutzten Anwendungen im Netz bleiben für die Bundesbürger weiterhin die E-Mail-Funktion und der Gebrauch von Suchmaschinen (siehe die Kapitel 5 und 13).

Im Gegensatz zu anderen Anwendungen haben sich die E-Mail-Kommunikation sowie der Einsatz von Suchmaschinen in den letzten Jahren zielgruppenübergreifend verstärkt. Hinsichtlich dieser zwei Anwendungen sind kaum noch altersspezifische Unterschiede festzumachen. Zu den Topanwendungen im Netz zählen das Surfen (45 %) ebenso wie das Homebanking (33 %).

18.2 Wer kommt auf Ihre Website? – So lernen Sie Ihre Website-Besucher kennen

Nun widmen wir uns der Frage, wie Sie mehr über Ihre Website-Besucher erfahren können. Hierbei gibt es unterschiedliche Kategorien, beispielsweise geografisch-sprachliche Kriterien, zeitlich-saisonale Faktoren sowie verhaltens- und kontextorientierte Aspekte, die wir Ihnen jetzt vorstellen möchten.

18.2.1 Geografische Herkunft

Der regionale Bezug von Onlinemarketing beinhaltet in allen Sparten viel Potenzial, insbesondere wenn ein sogenannter Unique Selling Point (Alleinstellungsmerkmal) das Unternehmen von seinen Wettbewerbern abhebt. Die Unternehmen können über die IP-Adressen oder Profilinformationen ihre potenziellen Kunden entsprechend filtern. Bei Google AdWords erfolgt dies Google-seitig über die IP-Adresse der User, bei Facebook-Ads über die Filterung der User-Daten.

18.2.2 Geo-Targeting – Onlinemarketing nach geografischen Daten

Die Filterung nach Zielgruppen kann nach regionalen Gesichtspunkten erfolgen, beispielsweise für regionstypische oder -orientierte Produkte und Dienstleistungen – auch Geo-Targeting genannt.

Indem die IP-Adresse (Internet Protocol) des Zugangsgeräts ermittelt wird, können bestimmte Länder, Regionen oder Sprachräume anvisiert werden.

Der Einsatz von Location-based-Services (LBS) im Rahmen des Geo-Targetings und die Integration in verschiedene Social-Media-Plattformen auf zentralen Website-Hubs gehörte zu den Social-Media-Trends 2011. Der marketingseitige Einsatz von Social Media sorgt, aufgrund der Vielzahl der vorhandenen Netzwerke, für zunehmende Verwirrung der Nutzer. Durch eine effektive Indexierung der Social-Media-Inhalte durch Suchmaschinen wie Google oder neuerdings Integration in Google+ wird dieser Komplexität entgegengewirkt. Zeitgemäßes, zielgruppenorientiertes Onlinemarketing ist eng verflochten mit diesen Entwicklungen.

Das Geo-Targeting stellt einen Riesenmarkt dar, da so der Faktor der regionalen Nähe mit den Vorteilen des Internetvertriebs synergetisch potenziert wird.

Geo-Targeting-Suchstrategien

Geo-Targeting ist ein neues Feature moderner Advertising-Programme und bedeutet die von der Örtlichkeit des Empfängers abhängige Einspielung von Werbebotschaften. Dies wird technologisch durch die GPS-Ortungsfunktion in den neueren Generationen der mobilen Endgeräte ermöglicht. So können lokale Anbieter beispielsweise jemandem, der sich in einem zuvor definierten Entfernungsradius von ihrem Geschäft befindet und nach dem jeweiligen Produkt sucht, auf ihr Angebot aufmerksam machen. Weitere Kriterien für das Einspielen dieser Art von Werbung sind das Land, das Bundesland oder die Stadt, in dem oder der sich der Werbeempfänger befindet. Google AdWords verbindet die lokal eingespielte Werbung sogar mit seiner Google-Maps-Funktion, sodass der Anbieter leichter gefunden werden kann.

Geo-Targeting bietet die Möglichkeit, die Einspielung unterschiedlicher Werbebotschaften in Abhängigkeit davon, wo sich der Empfänger befindet, vorzunehmen. So kann bei einem Onlineversand, der in Nordeuropa angesiedelt ist, bei Werbeeinspielungen in der unmittelbaren Nähe die kurze Versanddauer beworben werden, während bei Empfängern in Resteuropa in der Werbebotschaft auf die günstigen Versandpreise hingewiesen werden kann.

Beispiele für Geo-Targeting-Anwendungen

Nachfolgend erhalten Sie ein einfaches Beispiel für Geo-Targeting, in dem ein Anfrager aus Berlin bei Google den Suchbegriff „Pizza Service" eingibt und entsprechend Anbieter aus seiner Region aufgelistet bekommt (siehe Abbildung 188).

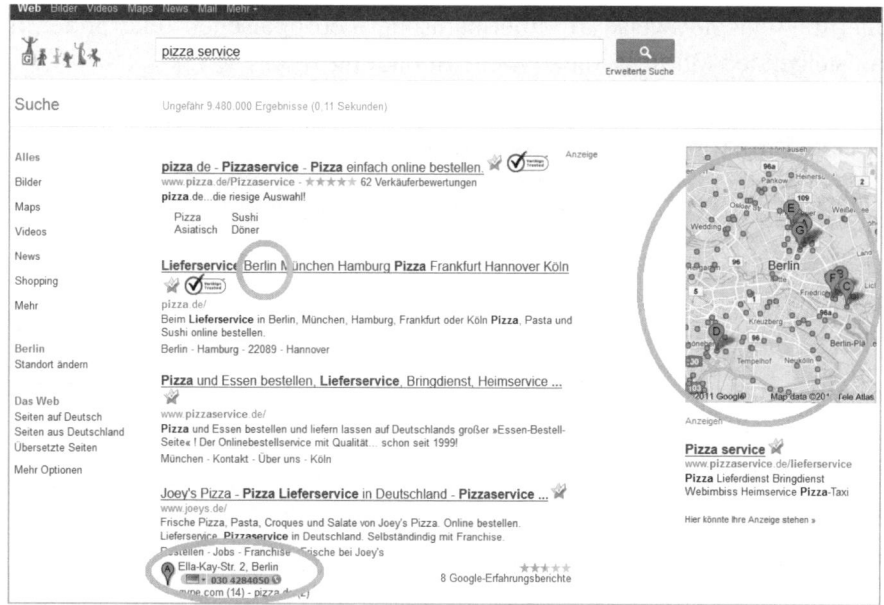

Abb. 188: Suche nach dem Begriff Pizza Service bei einer Suchanfrage in Berlin.

18.2.3 Sprache der Nutzer

Mehrsprachigkeit und Länderbezug

Neben der Information, wie der Besucher auf die Website gelangt ist, sind auch Angaben über den Besucher selbst wertvoll. Dabei lassen sich insbesondere geografisch interessante Aussagen machen. Neben der Länderzugehörigkeit lassen sich bis auf Stadtebene (das heißt Einwahlknoten) Besucher gruppieren. Dies kann hilfreich sein bei der Überprüfung, ob ein Website-Angebot geografisch bei der richtigen Zielgruppe ankommt oder ob ein regional beschränktes Angebot aufgrund der Nachfrage auf andere Regionen ausgedehnt werden sollte. Über die Geografie hinaus bieten manche Tools auch eine Zuordnung der IP-Adresse zu den als Network-Block-Owner registrierten Organisationen an. Dadurch lässt sich – wenn auch mit großen Unschärfen verbunden – erkennen, zu welchem Unternehmen ein Besucher wahrscheinlich gehörte, sofern die Netzwerkanbindung der Organisation nicht via Provider erfolgte.

Sprachliche und kulturelle Faktoren beim Geo-Targeting

So gehört hier selbstverständlich auch die Beachtung sprachlicher und kultureller Begebenheiten und Unterscheide bei einer internationalen Positionierung, beispielsweise im amerikanischen, europäischen oder anderen aufsteigenden Märkten, hinzu (siehe Abbildung 189).

Abb. 189: Geo-Targeting und Suchstrategien;
Bildquelle: http://www.elliance.com/media/36548/geo-targeting-search-strategies.gif.

18.2.4 Targeting nach zeitlichen und saisonalen Kriterien

Saisonales Targeting orientiert sich an den Bedürfnissen der Konsumenten, die sie zu bestimmten Tages-, Wochen- oder Jahreszeiten haben. Auch zählen besonders populäre Events wie Weltmeisterschaften, Contests, Feiertage etc. dazu. Dass Konsumenten unterschiedlich Urlaub zu unterschiedlichen Jahreszeiten machen und dass es Nachfragespitzen sowie Sättigungsphasen zu bestimmten Zeiten gibt, weiß jeder Unternehmer. Die Kunst ist es, seine Zielgruppe gut zu kennen und vorausschauend zu handeln. Im Kontext des E-Mail-Marketings (siehe Kapitel 5) sind wir bezüglich unterschiedlicher Versendezeiten für E-Mails bereits auf tages- und wochenzeitliche Aspekte des Targetings eingegangen, beim viralen Marketing auf jahreszeitliche/saisonale, eventorientierte Aspekte (siehe Kapitel 7).

Nachfolgend finden Sie eine Statistik zur Internetnutzung in Deutschland nach Tageszeiten – sehr schön ist auch zu sehen, wie sich zwischen 2008 und 2010 der Kurvenverlauf entwickelt hat. Das Gesamtvolumen hat sich mehr und mehr auf den Tag verteilt, die Tagesspitzen sind relativ abgeflacht.

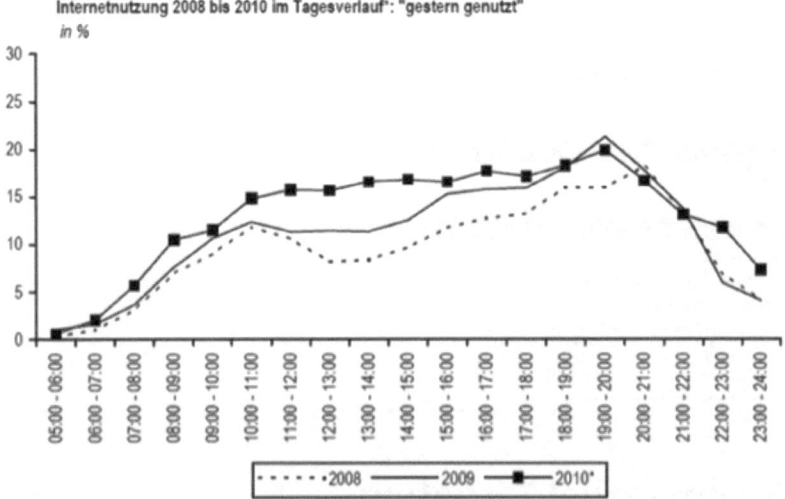

Abb. 190: Nutzungszeiten im Tagesverlauf; Bildquelle: http://farm5.static.flickr.com/ 4078/4922565213_5f7efb21e7.jpg.

18.2.5 Behavioural Targeting

Anhand des Suchverhaltens der User können Interessen und Affinitäten abgeleitet werden. Jede Aktion, die die User im Laufe ihrer Customer-Journey durchlaufen, kann begutachtet werden und potenziell dazu dienen, Rückschlüsse auf ihr Konsumverhalten zu ziehen. Jede Reisebuchung, jeder gelesene Artikel, jeder geklickte Ad, jede Essensbestellung etc. kann also prinzipiell als Grundlage dafür genutzt werden, entsprechend maßgeschneiderte Ads für bestimmte User anzufertigen. Die nachfolgende Statistik zeigt das enorme Wachstum in diesem Segment in den USA (siehe Abbildung 191).

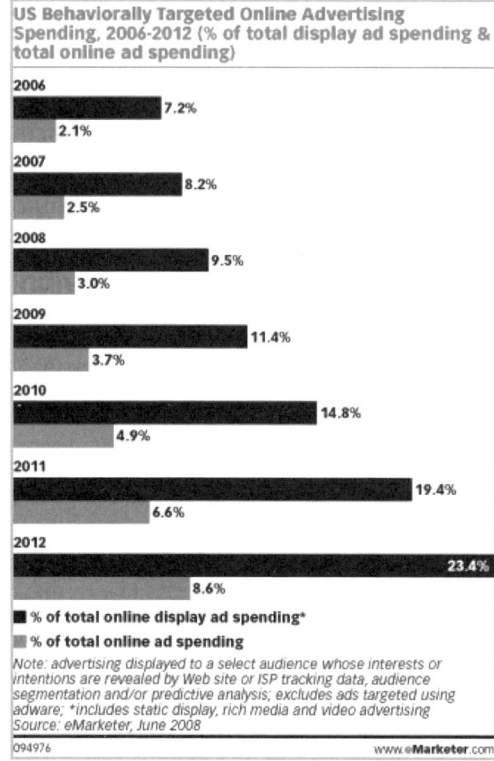

Abb. 191: Wachstumszahlen aus den USA – Behavioural Marketing; Bildquelle: http://www.web2blog.ch/wp-content/uploads/2008/06/080623-behavioral-targeting-2.jpg.

18.2.6 Contextual Targeting

Das Contextual Targeting, auch Umfeldplatzierung genannt, umfasst die Schaltung von Ads, die dem Umfeld – dem Kontext, in dem sich der Nutzer bewegt – entsprechen. Wenn der User auf einem Portal Computerbauteile bestellt, ist davon auszugehen, dass er eher zu den erfahrenen Usern gehört, sodass diesbezüglich themenbezogen beispielsweise (Computer-) Buchwerbung geschaltet werden kann.

18.3 Targeting-Methodik und Rückschlüsse aus dem Nutzerverhalten

Durch moderne Technik eröffnet sich die Möglichkeit, über das Nutzungsverhalten am PC bereits durch vorhandene Gegebenheiten, wie z. B. durch die IP-Adresse oder auch die Wahl des Internetbrowsers, die Nutzer zu klassifizieren und weiterführende Ergebnisse zu erhalten. Auch Informationen über diverse Standorte erlauben Rückschlüsse auf das Nutzerverhalten bzw. die Häufigkeit zu speziellen Nutzungsaspekten in verschiedenen Regionen, Ländern oder sogar Kontinenten. Von großem Interesse ist natürlich auch, zu welchen Zeiten wer auf welcher Seite aktiv ist. Welche Relevanz eine Seite für den Anwender hat, lässt sich ebenfalls leicht feststellen über die Häufigkeit einer aufgerufenen Seite und seine Motive.

18.3.1 Motive in Nutzung und Zielorientierung

90 % der Internetnutzer sind tägliche User des Internets. Circa 88 % stellen die Onlinekommunikation und aktuelle Informationsbeschaffung in den Vordergrund. 81 % geben Produktinformationen und Onlineeinkauf als Motiv an. Neugier und Unterhaltung sind für 71 % wichtig. Während sich Neulinge und junge Menschen oft unterhalten lassen wollen, lassen sich die Erfahrenen eher sehr zielgerichtet über Produkte informieren, kaufen ein und kommunizieren. Ein Drittel der Nutzer spielen Spiele im Netz.

Wichtig ist, dass fast alle nach einem guten und übersichtlichen Webdesign Ausschau halten, in dem Information und Entertainment gut aufbereitet und vereint sind.

Fast ein Drittel der User besucht regelmäßig Weblogs, wobei aber nur 4 % mindestens einmal in der Woche Weblogs verfasst. Tatsächlich sind es oft nur etwa 4 bis 8 % aktive Personen, die Beiträge einstellen. Die große Masse der Menschen möchte teilhaben und das Internet in erster Linie als Konsument nutzen.

18.3.2 Ansprache des Nutzers nach spezifischen Interessen

SMM als große Chance zur personalisierten Ansprache

Das Konzept des Social Media Marketing (SMM, siehe Kapitel 12) entwickelte sich im Bereich des Onlinemarketings zu einer wichtigen Schnittstelle. Ein gezielter Einsatz der Onlinepräsenz an Stellen im WWW, an denen sich die zu erreichenden Zielgruppen am häufigsten aufhalten, ermöglicht Unternehmen, ihre Kundenkreise weltweit zu maximieren. Die dadurch erzielte Feedback-Komponente bietet zusätzlich die Chance, Strategien gezielter einzusetzen.

Betrachten Sie den User auf SMM-Plattformen genau

Im Social Media Marketing (SMM) kann im Unterschied zum „alten" Web der angemeldete Benutzer bzw. Konsument sehr genau betrachtet werden, da dieser bei der Registrierung und Nutzung zahlreiche Informationen über sich preisgibt, die meist auf den Servern der Social-Network-Betreiber abgespeichert werden und dem Konsumenten genau zugeordnet werden können. Es existieren nicht nur Aussagen darüber, was den Benutzer interessiert, sondern auch über ihn selbst. Über Folgendes liegen z. B. Informationen vor:

➢ Alter

➢ Geschlecht

➢ Einkommen

➢ Wohnort

➢ aktueller Aufenthaltsort

➢ Hobbys

➢ Lieblingsmusik, -kunst, -filme, -bücher, -spiele, -essen, -stars, -produkte etc.

➢ soziale Kontakte

Da der Werbeprovider meist mit dem Anwendungsanbieter identisch ist, können alle diese Informationen bei der Auswahl und Personalisierung der angezeigten Werbung verwendet werden.

Die individuellen Zielsetzungen unterscheiden sich freilich und müssen im Rahmen der Social-Media-Strategie unter Berücksichtigung der üblichen Faktoren, wie beispielsweise der Definition einer Zielgruppe oder der Kalkulation eines zur Verfügung stehenden Budgets, erfolgen.

18.3.3 Soziodemografische Daten

Charaktermerkmale der Silver-Surfer

Internetsenioren sind aktiver als der bundesdeutsche Durchschnittsbürger:

84,7 % der Befragten beschäftigen sich mit Computer und Internet. 60,4 % gaben als Hobby Lesen an, 56,4 % treiben Sport, und 51 % sind an Kultur interessiert.

Für die Mehrheit der Silver-Surfer ist das Internet die wichtigste Informationsquelle bei Neuanschaffungen sowie bei Informationen rund ums Reisen.

Onlineshopping ist bei bestimmten Produktkategorien für mehr als ein Viertel selbstverständlich. Gut ein Viertel hat schon Hotels, Flug- und Bahntickets sowie Bücher online gekauft.

Silver-Surfer sind aufgeschlossener gegenüber Werbung im Internet als der Durchschnittssurfer.

Menschen über 50 fühlen sich beispielsweise grundsätzlich deutlich jünger und halten sich auch für moderner.

84,2 % der Befragten sagen (siehe Kapitel 18.1), dass sie jünger aussehen, als sie sind. 43,7 % von ihnen meinen, dass sie bis zu fünf Jahre jünger aussehen, 40,5 % bis zu 10 Jahre. 48,4 % der Befragten fühlen sich zehn Jahre jünger, als sie sind. 16,9 % fühlen sich fünf Jahre jünger, fast ebenso viele, 16,1 %, sogar 15 bis 20 Jahre.

Jeder zehnte Senior fühlt sich von Werbung mit jungen Models angesprochen:

80 % sehen eine auf Jugend setzende Werbung als nicht ansprechend an. 52,6 %, also mehr als die Hälfte der Befragten, gab an, sie empfänden die Werbung mit jungen Models als „Jugendwahn – arrogant, ignorant und realitätsfern". 20,8 % finden, dass derartige Werbung die über 50-Jährigen ausgrenzt.

Diverse Zielgruppen unter den Silver-Surfern

Auch bei den Älteren ist das Community-Building sehr wichtig. Die Community, der sich der Einzelne angeschlossen hat, ist oft zielführend.

Der Semiometrie-Ansatz von Infratest unterteilt die Zielgruppe in

1. erlebnisorientierte Aktivisten (30 %),
2. kulturell Aktive (33 %) und
3. passive Ältere (37 %).

Hierbei ist es möglich, unterschiedliche Zielgruppen zu erreichen. *http://www.Feierabend.de* spricht zum Beispiel Zielgruppen an, in denen das Durchschnittsalter bei 60 Jahren liegt.

Regeln für Marketing mit Silver-Surfern

Für das Marketing im Bereich Best Ager sollten daher folgende Regeln bedacht werden:

1. Bei der Werbung mit älteren Menschen ist wichtig, dass diese auf Vertrauen, Fakten und persönliche Ansprache setzen.
2. Die Wahl der Identifikationspersonen und Sympathieträger ist wichtig.

3. Best Ager sind Meinungsbildner und können ihre Botschaft glaubwürdig streuen.

4. Wichtig sind klare Formulierungen und die Vermeidung von Anglizismen!

5. Barrierefreie Gestaltung, also Augen- und Lesefreundlichkeit, sind Pflicht.

6. Kundenbindung ist sehr wichtig.

7. Die Wünsche der Zielgruppe haben Gemeinsamkeiten und Unterschiede, die es zu differenzieren gilt.

8. Serviceorientierung „is king".

9. Schnäppchenjäger sind die Best Ager gern.

10. Alt sind immer die, die zehn Jahre älter sind als man selbst.

18.3.4 One-to-one-Ansatz – personalisierte Ansprache

Personalisierte, zielgruppengerechte Werbung (engl. Targeting)

Bei personalisierter, zielgruppengerechter Werbung bekommt der Benutzer nur Werbung eingeblendet, die mit seinen Interessen oder persönlichen Daten (Alter, Wohnort, Herkunft etc.) Übereinstimmungen hat. Mit hierauf abzielender Werbung kann der Werbeerfolg enorm an Fahrt gewinnen. Auf sozialen Netzwerken bestehen sehr gute Bedingungen, um über die Profilangaben der Nutzer und deren freiwillig preisgegebene Informationen etc. Indizien für Filterungsstrategien abzuleiten. Zielgruppengerechtes Werben reduziert Streuverluste auf ein Minimum und erspart Werbetreibenden Kosten. Natürlich birgt die personalisierte Werbung einige Risiken, beispielsweise dass man schnell Verärgerung hervorrufen kann, wenn der Nutzer das Gefühl bekommt, verfolgt zu werden. Hier ist natürlich viel Fingerspitzengefühl und Erfahrung gefragt.

Targeting durch Keyword Targeting bzw. Contextual Targeting

Beim Thema „Targeting" ist eine ständige Entwicklung zu beobachten. Wo anfangs noch die Leistung des Internets ausschlaggebend für die Ausführung von Targeting im Onlinemarketing war, verbesserte diese sich unter dem Namen „Keyword Targeting" zu einem Programm, das über Suchmaschinen Erkenntnisse übertragen und adaptieren kann. Die neuste Entwicklung in Sachen „Targeting" nennt sich „Behavioural Targeting" (siehe Kapitel 18.2.5). User, die sich wiederholt auf bestimmten Seiten mit bestimmten Produkten aufgehalten haben, werden zu einem späteren Zeitpunkt durch AdServer mit Werbung (in Form von Werbebannern) konfrontiert.

Wählen Sie den richtigen Zeitpunkt fürs Targeting

Wichtig dabei ist der Zeitpunkt für das Targeting. Der potenzielle Käufer muss rechtzeitig mit den Angeboten konfrontiert werden, um das Produkt letzten Endes kaufen zu können.

Semantisches Targeting

Eine noch effektivere Form des Targetings ist das sogenannte semantische Targeting, das Themen und Kategorien zum Nutzer analysiert. Das Besondere daran ist, dass somit Sinnzusammenhänge entstehen und der Nutzer hinreichend und zielgerecht mit Onlinekampagnen konfrontiert wird.

Bedenken gegenüber dem Datenschutzaspekt beim Targeting

Über die Hälfte der Bedenken beziehen sich auf den Datenschutz, die Nutzer fühlen sich beobachtet oder sogar verfolgt. Ältere Nutzer sind hier noch empfindlicher als jüngere. Das heißt, personalisierte Werbung stellt immer eine Gratwanderung zwischen der Nutzerakzeptanz und der sogenannten Reaktanz dar.

Integration des Kunden in die Werbekampagne und Interaktion mit dem Kunden

Man kann zwischen dem Integrations- und dem Interaktionsgrad des Kunden unterscheiden. Eine geringe Interaktion liegt beim Massen- bzw. Transaktionsmarketing und beim B2B-Marketing vor. Eine geringe Integration liegt beim Massen- bzw. Transaktionsmarketing vor sowie auch beim B2B- bzw. Benefit-Marketing. Damit ist dem Massen- bzw. Transaktionsmarketing durch eine geringe Integration und Interaktion wenig bzw. gar kein Erfolg beschieden. Das One-to-One-Marketing stellt hingegen als die Marketingform mit der höchsten Interaktion und Integration ein bewährtes Modell dar.

eCRM, tCRM und mCRM (Customer-Relationship-Management) befassen sich mit topaktuellen, CRM-seitigen Aspekten und werden im Kontext des CRM näher vorgestellt (siehe Kapitel 23).

18.3.5 Nischenmarketing – Fixierung auf Themen und Produkte

(Hoch) Spezialisierte Märkte

Beim Nischenmarketing handelt es sich grundsätzlich um die Teilnahme an einem spezialisierten Markt oder die Schaffung desselbigen, indem beschränkte Produktbereiche an (hoch) spezifische Kundengruppen vertrieben werden. Der wichtigste Aspekt ist, die richtige Nische zu finden und darin die benötigten Qualifikationen aufzubauen. Kunden schätzen es, bei einem Spezialisten Waren und Dienstleistungen zu erwerben, da sie diesem eher zutrauen, schneller die sinnvollste Lösung anbieten zu können, als einem Generalist. Das heißt, die Qualifikation im Bereich des Spezialgebiets und die professionelle Kommunikation dessen sind äußerst wichtig beim Nischenmarketing.

Vertriebskosten und Gewinnspanne

Die Vertriebskosten sind beim Nischenmarketing tendenziell gering, weil auf aufwendige und teure Breitenwerbung verzichtet werden kann. Spezialisten können für gute Qualität auch höhere Preise erzielen, diese beiden Punkte ergeben zusammen genommen eine potenziell hohe Gewinnspanne.

Anerkennung als Spezialist in Nischen

Sobald eine Anerkennung als Spezialist in einem bestimmten Bereich erworben wurde und Produkte und Dienstleistungen aufgrund von positiven Erfahrungen weiterempfohlen werden, ist es für Mitbewerber sehr schwer, diese Nische einzunehmen. Daher sind gute Netzwerkfähigkeiten auch sehr wichtig im Nischenmarketing. Folglich ist es eine gute Idee, sich auf einen klar abgegrenzten Bereich, der einen interessiert, zu fokussieren, in dem man gut ist und an dem man Spaß hat. Auf lange Sicht bringt diese Strategie ein Unternehmen eher weiter als der Versuch, für jedes Problem in einem weiten Feld eine Lösung anzubieten und sich dabei in Bezug auf Qualifikationen und Kontakte zu Kunden und Zulieferern zu „vergaloppieren".

18.3.6 Nutzen Sie Retargeting!

Was ist Retargeting?

Unter Retargeting wird die Möglichkeit verstanden, den Nutzer nach dem Aufruf eines Angebots zu einem späteren Zeitpunkt wiederholt und zielgerichtet mittels Onlinewerbung abzuholen.

Retargeting funktioniert folgendermaßen:

1. Ihr Urlaubsangebotsanbieter integriert auf seinen Servern z. B. das Cookie des Retargeting-Anbieters, der dann Nutzungsdaten über den Benutzer im Cookie speichert.

2. Die Nachrichtenseite, die Sie danach besuchen, interagiert mit dem Cookie im Browser. Über das sogenannte Retargeting-Network und deren Ad-Server wird jetzt die passende Werbung ausgesteuert und auf der Nachrichtenseite platziert.

Abb. 192: zalando-Banner auf Bild.de; Bildquelle: Bild.de.

Zur Opt-out-Thematik sind im Hinblick auf solche Netzwerke neue Richtlinien (EU-Cookie-Richtlinien) veröffentlicht worden, die unter folgender URL nachgelesen werden können: *http://www.ico.gov.uk/news/latest_news/ 2011/must-try-harder-on-cookies-compliance-says-ico-13122011.aspx.*

Zeigen Nutzer Interesse am Kauf eines Produkts im Internet und packen die Ware beispielsweise in den Warenkorb, bekommen sie durch Retargeting wiederholt Angebote aus der Themenwelt ihrer Artikel präsentiert. Studien zufolge, z. B. der comScore-Studie 2011, gibt es keine wirkungsvollere Werbeform, um mögliche nachfassende Sales zu generieren.

In Abbildung 192 sieht man einen klassischen Retargeting-Banner mit dem Sneaker, den wir vorher aufgerufen hatten.

18.3.7 Informationsgesteuertes Targeting

Cookies und Session-ID-Targeting – Kontrolle über die Webseitensitzungen der Nutzer

Was ist ein Cookie?

Ein Cookie ist eine Informationsdatei, die von einem Webserver an einen Webbrowser übergegeben wird. Der Browser speichert die Informationen in einer Textdatei.

In dieser Textdatei gibt es Variablen mit entsprechenden Werten. Auf die Variablen kann dann die Webentwicklung zugreifen und diese auslesen, neu setzen, überschreiben oder löschen.

Der Hauptzweck von Cookies ist es, Nutzer zu identifizieren und gegebenenfalls benutzerspezifisch angepasste Webseiten für sie zu schaffen. Wenn Sie eine Webseite betreten, die Cookies verwendet, werden Sie aufgefordert, ein Formular auszufüllen, das Informationen, wie Name und Interessen, abspeichert. Diese Informationen werden in ein Cookie verpackt und an Ihren Webbrowser geschickt, der es für spätere Verwendungen speichert. Das nächste Mal, wenn Sie auf der gleichen Website sind, wird der Webserver das Cookie auslesen. Der Server kann diese Informationen nutzen, um Ihnen spezifische Webseiten zu präsentieren. So werden Sie zum Beispiel anstelle einer generischen Startseite möglicherweise eine persönliche Willkommensseite mit Ihrem Namen vorfinden.

Der Name „Cookie" stammt übrigens von UNIX-Objekten, „Magic-Cookies" genannt. Das sind Zeichen, die an einen Benutzer oder an ein Programm angehängt sind und sich je nach vom Benutzer oder dem Programm veranlassten Input ändern.

Persistent Cookie

Persistent Cookies sind auch bekannt als permanent Cookies oder gespeicherte Cookies.

Das persistente Cookie wird auf der Festplatte des Benutzers gespeichert und besitzt ein festgelegtes Ablaufdatum. Es bleibt so lange auf der Festplatte gespeichert, bis es abgelaufen ist oder bis der Benutzer das Cookie gelöscht hat. Permanente Cookies werden verwendet, um persönliche Informationen über den Benutzer zu sammeln. Zu den erzielten Informationen gehören z. B. Web- oder Surfverhalten sowie Benutzereinstellungen für bestimmte Webseiten.

Evercookies – ein fast unlöschbares Cookie

Samy Kamkar hat eine JavaScript-API herausgebracht, mit der sehr schwer löschbare Cookies in Browsern platziert werden können – Evercookies.

Das heißt, der User bleibt weiterhin identifizierbar, auch wenn er seine Cookies entfernt.

Evercookies basieren auf diversen Techniken, beispielsweise wie herkömmliche HTTP-Cookies und Flash-Cookies (Local Shared Objects), und auch auf einzelnen HTML5-Techniken, wie z. B. Session Storage, Local Storage, Global Storage und Database Storage via SQL.

So können zudem in den RGB-Werten einer PNG-Datei Nutzerdaten codiert und vom Browser gecacht werden. Das HTML5-Canvas-Tag dechiffriert die Pixeldaten, und die Cookiedaten werden upgedatet. Das heißt, das Cookie wird nach Löschung aus anderen Methoden rekonstruiert.

Lesen Sie hierzu mehr unter *http://www.golem.de/1009/78185.html*.

Flash-Cookies

Local Shared Objects (LSO), auch Flash-Cookies genannt, da sie HTTP-Cookies ähneln, sind Dateien, die der Adobe Flash Player und ab Version 6 auch der Macromedia Flash Player im Browser setzt (*http://de.wikipedia. org/wiki/Flash-Cookie*).

Session-Cookie

Session-Cookies werden auch vergängliche Cookies genannt und stellen Cookies dar, die gelöscht werden, wenn der Benutzer den Webbrowser schließt. Die Session-Cookies werden nur zwischengespeichert und nicht aufbewahrt (im Gegensatz zu den dauerhaften oder persistenten Cookies), nachdem der Browser geschlossen wurde. So erlischt ihre Gültigkeit automatisch mit dem Beenden der Sitzung. Session-Cookies sammeln auch keine personenbezogenen Daten und Informationen aus dem Computer des Benutzers. Sie bewahren die Informationen in der typischen Form einer Sitzungsidentifikation, die den Benutzer nicht persönlich identifiziert. Bis zum Neustart des Browsers bleibt die Session aktiv.

Session-ID-Tracking

Sobald ein Nutzer eine Merchant-Webseite betritt und eine Sitzung (engl. Session) eröffnet, wird eine sogenannte Session-ID angelegt. Programmiertechnisch wird die Session-ID über die GET-Methode per URL oder per POST-Methode mithilfe von versteckten Formularfeldern (Hidden Fields) übermittelt. Mithilfe des Session-ID-Tracking ist es möglich, Transaktionen des Benutzers, Benutzerhandlungen oder aber den Affiliate so eindeutig zuzuordnen. Auf dieser Basis kann schließlich die Vergütung erfolgen. Der Nachteil des Session-ID-Trackings liegt darin, dass nur Transaktionen und Benutzerhandlungen innerhalb dieser Session getrackt werden können, der Vorteil liegt darin, dass diese Methode auch dann funktioniert, wenn Cookies im Browser ausgeschaltet sind.

18.4 Praxiswissen kompakt, To-do-Checklisten und Webtipps

Nun folgt ein Interview mit Robert Lang – Head of Central Europe von Criteo – zum Thema „Retargeting" und darauf die obligatorische Checkliste zu diesem Kapitel.

18.4.1 Interview mit Robert Lang, Head of Central Europe von Criteo, zum Retargeting

Robert Lang verantwortet als Head of Central Europe die Geschäfte von Criteo im deutschsprachigen Raum sowie in den Niederlanden und Osteuropa. Bereits seit Anfang 2009 hat er den Markteintritt von Criteo im Rahmen einer freiberuflichen Zusammenarbeit intensiv betreut. Seit 2010 ist er Geschäftsführer der deutschen Niederlassung. Vor seiner Tätigkeit bei Criteo war Robert Lang CEO von Result – einer internationalen Partnergruppe, die weltweit erfolgreiche Geschäftsmodelle auswählt und beim Wachstum unterstützt. Auf diesem Weg begann auch die Zusammenarbeit mit Criteo. Im Laufe seiner Karriere hat Robert Lang mehrere erfolgreiche Firmen aus dem Bereich Internet und Telekommunikation in Deutschland und Europa aufgebaut und geleitet. Dabei agierte er als Gründer und CEO, aber auch im Rahmen einer Internationalisierung von bereits bestehenden Geschäftsideen. Nach seinem Studium der Wirtschaftswissenschaften in Koblenz, Paris und Stockholm begann er seine Karriere bei der internationalen Unternehmensberatung LEK Consulting.

Abb. 193: Robert Lang –
Head of Central Europe von Criteo.

Alpar: Was genau ist denn Retargeting?

Lang: Durchschnittlich 95 % der Internetnutzer, die E-Commerce-Seiten besuchen, verlassen diese wieder, ohne einen Kauf getätigt zu haben. Beim Retargeting sprechen wir diese Nutzer gezielt wieder an, führen sie zurück auf die Seite und bringen dem E-Commerce-Händler so zahlreiche Nutzer und Verkäufe, die er sonst wahrscheinlich nicht gehabt hätte.

Alpar: Das Thema ist also eher für transaktionsbasierte Webseiten interessant als für solche, die mehr über Reichweite nachdenken?

Lang: Retargeting heißt zunächst einmal nichts anderes, als Nutzer wieder anzusprechen, die bereits auf der Webseite gewesen sind. Das kann aus den verschiedensten Gründen sinnvoll sein. Da es sich um eine sehr große Gruppe an Nutzern handelt, kann Reichweite generiert oder die eigene Marke penetriert werden. Viele unserer mittelgroßen Kunden setzen Retargeting ein, um Nutzer einfach nochmals anzusprechen, die sie sich zuvor mühsam aus dem Webtraffic herausgefiltert haben. Aber auch für große Onlinehändler ist es sehr sinnvoll. Sie können sicherstellen, dass die Nutzer letzten Endes wirklich bei ihm einkaufen und nicht bei einem Wettbewerber.

Alpar: Man kann also einen neuen Kunden/Nutzer, der über Onlinemarketingkanäle wie SEM, SEO und Affiliate kommt, ebenso retargeten wie die klassische Stammkundschaft, die beispielsweise durch Eingabe der Firmen-URL ohnehin direkt zu einem kommt?

Lang: Genau. Man kann prinzipiell alle Nutzer nochmals ansprechen. Kaufprozesse werden aus den unterschiedlichsten Gründen unterbrochen, und Händler haben ein starkes Interesse, den Prozess zum Abschluss zu bringen. Die Gründe dafür können ganz banal sein, beispielsweise: Kreditkarte nicht dabeigehabt, die Tagesschau fängt an, der Chef kommt rein, oder das Telefon klingelt. Den Nutzer später mit diesen Produkten und weiteren aus dem Markenumfeld des Händlers daran zu erinnern, dass er kurz davor stand, einen Warenkorb abzuschließen, ist sehr hilfreich und funktioniert extrem gut.

Alpar: Aber würde man nur Kunden bzw. Nutzer ansprechen, die einen Kauf nicht abgeschlossen haben? Denn man könnte ja auch die 5 % retargeten, die den Kauf abgeschlossen haben. Grundsätzlich sind das ja Kunden bzw. Nutzer, die man beispielsweise mit neuen Produkten im Shop ansprechen kann.

Lang: Unbedingt. Wir generieren über die Hälfte der Produkte und Produktempfehlungen, die wir in unseren Werbemitteln darstellen, so, wie man es von Amazon her kennt: Nutzer, die sich ein bestimmtes Produkt angeschaut haben, interessieren sich auch für die folgenden. Im Fall eines bereits gekauften Produkts empfehlen wir Komplementärprodukte. Über die Hälfte der Produkte, die wir den Nutzern empfehlen und die anschließend auch gekauft werden, hatte der Nutzer vorher auf der Händlerseite noch nicht gesehen.

Alpar: Teilweise sind dies also Produkte, die der Nutzer bereits gesehen, aber vielleicht den Kauf nicht abgeschlossen hatte. Teilweise sind es aber auch neue Empfehlungen, falls er den Kauf bereits getätigt hatte.

Lang: Genau. Der Einsatz von Retargeting hängt von der Zielsetzung des Onlinehändlers oder der Webseite ab. Manche Unternehmen wollen Neukunden gewinnen, andere hingegen Bestandskunden aktivieren und wieder andere innerhalb ihres Produktportfolios ein neues Produkt pushen. Für alle diese Zwecke können Unternehmen Retargeting einsetzen – und die entsprechenden Nutzer so ansprechen, dass die gewünschten Ziele erreicht werden. Wir stellen letztendlich die Plattform dafür zur Verfügung, die die verschiedenen Zielsetzungen abbilden kann.

Alpar: Das heißt, man kann die verschiedenen Nutzergruppen, die man da im Auge hat, schon differenzieren. Könnte man dann auch Retargeting nur bei den Kunden bzw. Nutzern einsetzen, bei denen man relativ niedrige Kundenakquisitionskosten hat, weil diese über zwei ganz bestimmte Onlinemarketingkanäle kommen?

Lang: Das funktioniert genau so wie im Search. Man kann festlegen, ob man sich an generische Nutzer wenden möchte oder eben an solche, die meine Marke gesucht haben, um sie gesondert zu behandeln. Die Einstellung lässt sich dabei so granular vornehmen, wie man möchte. Man sollte nur im Hinterkopf behalten, dass ein Kanal auch insgesamt immer noch ein großes Volumen liefern sollte. Werden die Einstellungen zu spitz gewählt, ist der Aufwand hinterher höher als der Ertrag daraus. Grundsätzlich ist es aber möglich, individuelle Nutzer oder ganz kleine Nutzercluster besonders anzusprechen.

Ein kommerziell sinnvolles Beispiel aus der Praxis dazu: Ein Onlinehändler hat in verschiedenen Produktkategorien sehr unterschiedliche Margen. Er wird also einen Nutzer, der sich im Bereich Consumer Electronics etwas angeschaut hat, mit einem anderen Wert bemessen als einen Nutzer, der gerade eine ganze Möbelgarnitur bestellen möchte. Im Bereich dazwischen liegen Schuhe, Kleidung und andere Artikel. Und genau das ermöglichen wir – jeder Händler kann entscheiden, wie detailliert er die Segmente „aufdröseln" möchte.

Alpar: Bei der Segmentierung liegt die Unterscheidung also nicht zwischen Kunden bzw. Nutzer, die ich anspreche, und solchen, die ich nicht anspreche. Vielmehr signalisiere ich unterschiedliche Zahlungsbereitschaften für die unterschiedlichen Kundensegmente bzw. Nutzersegmente, die ich identifizieren kann?

Lang: Ja, genau wie man das auch aus dem Suchwort-Marketing kennt. Man kann verschiedene Produktkategorien verschieden stark aussteuern.

Das ist die eine Dimension. Die andere ist, verschiedene Nutzergruppen anzusprechen. Hier können wir errechnen, wie weit entfernt sich ein Nutzer von der „Ziellinie" befindet, und ihn dementsprechend intensiv, weniger intensiv oder gar nicht ansprechen. Die Frage ist auch hier: Möchte ich Neukunden gewinnen? Dann investiere ich am Anfang des sogenannten Sales-Funnels. Oder möchte ich lieber den Abverkauf fördern? Dann investiere ich kurz vor der Ziellinie.

Alpar: Der Bereich ist gefühlt ja in den letzten zwei Jahren empor hochgeschossen. Woher kommt dieses rasante Wachstum?

Lang: Das liegt daran, dass es neben Search der einzige Kanal ist, der für die Onlinehändler Post-Click-profitabel ist. Es gibt neben Search also noch eine Möglichkeit, die Budgets bei gleicher Performance weiter zu hebeln. In der Regel haben die meisten Onlinehändler ihre Search-Budgets ausgereizt. Mit technischen Lösungen schafft es dieser Kanal, die gleichen Ergebnisse im Display-Marketing zu erzielen. Das heißt, es gibt zusätzliche Budgets oder manchmal auch Teile des Search-Budgets, die in Richtung Retargeting abwandern.

Alpar: Liegt es teilweise vielleicht auch daran, dass viele Kunden Retargeting dem Bereich Neukundenakquise zurechnen, obwohl es eigentlich ja gar keine ist? Vielleicht denken die Händler ja: „Ich musste ja schon mal Geld ausgeben, um den Nutzer über Display, Search oder Affiliate Marketing überhaupt erst einmal auf meine Seite zu locken. Und nun muss ich nochmals zahlen, um ihn via Retargeting auf meine Seite zu bekommen?"

Lang: Vorab: Für die meisten Kunden lohnt es sich, die mühsam auf die eigene Seite gelotsten Nutzer noch einmal mit individuellen Produktempfehlungen anzusprechen, da hier die besten Conversion-Rates zu erzielen sind. Wie genau die Plattform eingesetzt wird, kommt auf die Betrachtungsweise des Kunden an. In der Regel hat jedes Unternehmen seine eigenen Ziele und seine einzelnen Zielkorridore. Unsere Aufgabe ist es, unseren Kunden eine Plattform anzubieten, über die sie ihre verschiedenen Zielsetzungen erfüllen können. Und das haben wir sehr gut gelöst. Ganz gleich, ob er in erster Linie Bestandskunden ansprechen oder Neukunden gewinnen will.

Alpar: Die kann der Retargeting-Dienstleister also gar nicht selbst sehen? Ihr stellt also das Werkzeug zur Verfügung, und es ist letztendlich Sache des Onlinehändlers, wie er es einsetzt?

Lang: Genau. Ohne die Zusammenarbeit mit den Kunden können wir das nur erahnen. Das Spannende ist aber der Erkenntnisprozess dahinter. Die Messung und Zurechnung zu den einzelnen Kanälen ist eines der größten Themen, die momentan den Onlinemarketingmarkt umtreiben. Also welchem Wert ordne ich welchem Kanal zu? Wie messe ich das? Welchen Key-Perfomance-Indicator hänge ich dann dahinter? Wir versuchen natürlich, die Plattform immer so zur Verfügung zu stellen, dass wir die Ziele jedes einzelnen Werbetreibenden erfüllen. Das ist nicht immer möglich, aber in den meisten Fällen schon – insbesondere wenn die Kunden auch etwas Einblick darin gewähren, was sie denn mit der Technologie erreichen wollen.

Alpar: Ich stelle fest, dass es in dem Bereich Retargeting relativ wenige Unternehmen gibt. Gefühlt sind es so eine Art Intermediäre. Auf der einen Seite befinden sich viele Werbetreibende, auf der anderen Seite viele Werbeflächen. Es ist so eine Art volkswirtschaftliches Setup, bei dem es einfach effizienter ist, dass der Markt Intermediäre hervorbringt. Trifft diese Feststellung zu?

Lang: Das ist sicherlich richtig – der Markt tendiert dazu, wenige Intermediäre mit vielen Kunden und Publishern zu favorisieren. Retargeting an sich ist aber eine relativ alte Technologie. Die Funktionalität ist meines Wissens schon seit über zehn Jahren in den AdServern vorhanden. Insofern gibt es das schon sehr lange. Der Programmieraufwand hinter einer soliden Plattform ist jedoch riesig und der Grund dafür, dass es heute nur einige wenige Unternehmen mit sehr großen Marktanteilen gibt. Dazu kommen eine riesige Menge an Daten, gewaltige Mengen an Anfragen, Einbuchung und Erstellung von Werbemitteln – und das alles in Echtzeit. Das ist hochkomplex – die Bewältigung der Gesamtaufgabe und dabei für die Kunden nachhaltig Post-Click-rentabel zu sein, das haben nur sehr wenige Firmen geschafft.

Alpar: Ich hätte gedacht, es rührt eher daher, dass der „Retargeting-Intermediär" oder -Dienstleister relativ viel Display-Flächen einkaufen muss, um die Werbemittel auszuspielen. Und dass dieser Einkaufsvorteil dann dazu führt, dass es eben nicht so viele verschiedene Anbieter gibt?

Lang: Retargeting ist ein relativ kleiner Ausschnitt aus dem Display-Markt und eignet sich nur bedingt für Mengenrabatte und Bündelung von Einkaufsmacht. Der Grund, warum das einige besser machen als andere, ist die große Faszination für das Detail innerhalb eines technologisch hochkomplexen Prozesses. Die Summe aller Details ist es schließlich, die letzten Endes eine deutlich bessere Performance ausmacht. Die vermeintlich einfache Aufgabe lautet: dem richtigen Nutzer zum richtigen Zeitpunkt das richtige Werbemittel anzuzeigen, um möglichst viel Interaktion mit den Kunden zu generieren. Wem das besser gelingt als allen anderen, der kann auch im Einkauf deutlich höhere Preise zahlen.

Eine wichtige Komponente im Retargeting ist der Zugang zum Nutzer, den es letztendlich wieder zu erreichen gilt. Möchte ich den Nutzer retargeten, kann ihn aber nicht finden, kann ich ihm auch keine Produktempfehlungen einspielen. Insofern sind das Netzwerk und die Reichweite sehr wichtig. Es ist aber ein Trugschluss, anzunehmen, dass es eine Einkaufsveranstaltung auf Mengenrabatt wäre, wie das traditionell im Display der Fall ist.

Alpar: Aber man bekommt schon viele Informationen von den Anbietern, und man hat auch viele Informationen. Es ist schon zum Teil ein Marktplatz.

Lang: Genau, es ist zum Teil ein Marktplatz – aber eben nur zum Teil, sprich, wenn zwei oder mehr Kunden denselben Nutzer zum selben Zeitpunkt gern ansprechen würden, treten sie in den Wettbewerb miteinander. Ansonsten ist es eher eine Plattform, die mit wachsender Größe für alle Beteiligten interessanter wird. Dank unserer Technologie und unseren Algorithmen können wir jedem einzelnen Nutzer zu jedem einzelnen Zeitpunkt das jeweils beste und relevanteste Werbemittel ausspielen. Diese Möglichkeit steigt mit der Größe der Plattform: Je mehr Kunden bei uns mitmachen, desto sicherer können wir einem einzelnen Nutzer in genau diesem Moment, in dem man ihn wiederfindet, das optimale Werbemittel servieren. So können wir den Publishern auch insgesamt mehr und höherpreisiges Inventar abnehmen. Wir steigern damit wiederum die Reichweite für alle Kunden und können ihre Nutzer mit höherer Wahrscheinlichkeit wiederfinden. Es dreht sich also weniger um den optimalen Preis wie auf einem Marktplatz, sondern es ist eher eine Frage der Reichweite.

Alpar: Vielen Dank für das Interview!

Lang: Danke für die Zeit.

18.4.2 To-do- und Checklisten

Nachfolgend wird – wie bei jeder Checkliste am Ende des Kapitels – von drei Arbeitsphasen ausgegangen, die jeweils eine Vertiefung der Maßnahmen verkörpern:

➢ Phase 1: Vergegenwärtigung

➢ Phase 2: Reflexion

➢ Phase 3: Potenzialerkennung und Umsetzung

Targeting-Checkliste	1. Phase	2. Phase	3. Phase
Allgemeine Analyse der Nutzergruppen im Internet			
Wer kommt auf Ihre Website? Lernen Sie Ihre Website-Besucher kennen!			
Targeting-Methodik und Rückschlüsse aus dem Nutzerverhalten			

19. Usability: Setzen Sie auf Benutzerfreundlichkeit Ihrer Website

Nun stellen wir Ihnen das Konzept der Usability (Benutzerfreundlichkeit) als kritischen Erfolgsfaktor bei Onlinemarketingkampagnen vor. Wir leiten den Begriff der „Usability" her und gehen auf zentrale designseitige Aspekte der Usability, die wichtigsten ISO-Standards, die sogenannte Barrierefreiheit, die optimale Navigation, Usability-Modelle und -Methoden, Testverfahren und Metriken im Kontext der Usability ein.

19.1 Usability als kritischer Erfolgsfaktor bei Onlinemarketingkampagnen

Usability – die Zentrierung auf den Benutzer

Die gesamte Internetwelt weiß mittlerweile, dass der Besucher im Mittelpunkt steht. Doch das reicht noch lange nicht aus, wichtiger ist der nächste Schritt. Die Fragen lauten hier nämlich, wer genau die Besucher sind, was sie im Allgemeinen und gerade in diesem Moment erwarten und was sie als einfach handzuhaben empfinden.

Der Fokus sollte auf folgende Bereiche gelegt werden:

➢ bestimmte Nutzer,
➢ ein bestimmter Nutzungskontext und
➢ bestimmte Ziele

müssen effektiv, effizient und zufriedenstellend anvisiert und herausgearbeitet werden.

Menschen reagieren mechanistisch auf Reize und Eindrücke

Wir sind alle Opfer unserer Prägungen, und es ist klar, dass vor allem die Zusammensetzung verschiedener Hormone unser Handeln und unsere Entscheidungen bestimmen.

Unser Gehirn verbraucht rund ein Fünftel unseres gesamten Energiebedarfs. Da es gern effizient arbeitet, wendet es sich in der Regel intuitiv Dingen zu, bei denen es möglichst wenig Arbeit hat.

Im Fachjournal „Behaviour & Information Technology" berichten Forscher davon, dass Menschen sich bereits in 50 Millisekunden ein erstes Bild über eine Webseite machen. Dieses Bild ist eindeutig, wenn man die Ergebnisse der Probanden vergleicht, die diese Webseiten für einen kurzen Augenblick zu sehen bekommen haben.

Faustregel zur Usability ist zunächst: Schreiben Sie klar, kurz und deutlich, um was es auf der Website geht. Eine überfüllte Webseite, auf der Navigation, Banner, Texte etc. wild gemischt erscheinen, will keiner sehen. Eine ruhige, aufgelockerte Optik mit wenig Text ist viel anregender.

19.2 Was bedeutet Usability bzw. Benutzerfreundlichkeit?

Usability ist ein Qualitätsmerkmal, das bewertet, wie einfach Benutzeroberflächen in der Bedienung sind. Das Wort „Usability" bezieht sich ebenfalls auf die Methoden zur Verbesserung der Benutzerfreundlichkeit während des Entwurfsprozesses.

Welche Usability-Merkmale gibt es?

> Erlernbarkeit: Wie einfach ist es für Nutzer, grundlegende Aufgaben bei der ersten Begegnung mit dem Design durchzuführen?

> Effizienz: Wie schnell können Nutzer die Aufgaben bewältigen, nachdem sie das Design erlernt haben?

> Einprägsamkeit: Wenn die Nutzer nach längerer Inaktivität wieder zum Design zurückkehren, wie schnell können sie sich wieder zurechtfinden?

> Fehler: Wie viele Fehler können die Nutzer machen, wie schwerwiegend sind diese Fehler, und wie leicht ist es, diese Fehler zu beheben?

> Zufriedenheit: Wie angenehm ist es, das Design zu nutzen?

> Nützlichkeit: Wie ist es um die Nützlichkeit der Applikation/Webpage im Hinblick auf die Funktionalität des Designs bestellt?

Dazu gibt es noch weitere wichtige Qualitätsmerkmale. Die zentrale Frage dabei lautet, ob das System das tut, was die Nutzer benötigen. Usability und Utility (Nützlichkeit) gehen Hand in Hand und sind ähnlich wichtig.

Denn es ist irrelevant, ob etwas leicht ist oder nicht, wenn man es nicht braucht. Es ist auch nicht besonders hilfreich, wenn das System theoretisch alles kann, aber man es nicht anwenden kann, da es zu schwerfällig in der Bedienung ist.

Warum ist Usability wichtig?

Im Internet ist Usability eine notwendige Bedingung für das Überleben.

Wenn die Nutzer mit den Webseiten nichts anfangen können, das heißt, wenn die Webseite schwer verständlich ist und der Nutzer nicht weiß, wie er sich dort zurechtfinden soll, verlässt er sie einfach, da es genügend Webseiten im Internet gibt, auf die er alternativ zugreifen kann, sobald er unzufrieden mit der Bedienung der Seite ist.

Eine eiserne Regel im E-Commerce ist, dass, wenn der Nutzer sein Produkt nicht auf Anhieb findet, er dieses auch nicht kauft.

Ausgangsfragen der Usability

Ganz banal erscheinende Fragen müssen klar und deutlich beantwortet werden:

1. Was ist die Zielsetzung der Website?
2. Wann benutzt der User die Website, um was zu machen?

Der User muss also schon sehr früh erkennen können, worum es auf der Website überhaupt geht. Das heißt, er muss sich auf Anhieb zurechtfinden. Er darf nicht verwirrt werden, Zugangsbarrieren müssen überwunden werden, die Optik muss entsprechend angepasst werden etc. Der Besucher muss es auf Ihrer Website im Vergleich zu den Mitbewerbern am komfortabelsten haben.

Sagen Sie es so einfach wie möglich

Die Regel, dass man Bildung am besten dadurch beweisen kann, dass man die komplexesten Dinge so einfach wie möglich erklären kann, gilt immer. Wird Usability umgesetzt und berücksichtigt, muss man auch auf das Timing achten. Das Verhalten der User ist situations- und tagesformabhängig. Sitzt der User im Office? Ist es Samstag oder Montag früh? Oft haben die Benutzer keine Lust, sich einzuarbeiten oder viel Zeit an Stellen zu verbringen, die sie nicht unterhalten oder ihnen einen anderen Dienst erweisen. Dazu kommt, dass die Konkurrenz sehr groß und über einen kurzen Klick erreichbar ist. Warum sollte der User sich also mit einem schlechten Angebot abgeben, wenn ein besseres winkt?

Nutzungskontexte zu erkennen, ist wichtig für die Usability

Seitenanbieter müssen sich auch darüber im Klaren sein, ob der User Zeit hat und wie oft er am Tag oder in der Woche die Website besucht. Eine schöne und aufwendig gemachte Flash-Animation, die sich immer wiederholt und wiederkehrende Besucher nicht erkennt, ist oft eher hinderlich. Nutzungskontexte zu erkennen und vorzubereiten, ist also ein ganz wichtiger Faktor bei der Usability-Checkliste.

19.3 Zentrale Designaspekte der Usability

Wie man sich Usability erarbeiten kann

Die Usability spielt in jeder Phase des Designprozesses eine Rolle:

1. Vor der Ausarbeitung eines neuen Designs einer Webseite sollte das alte Design getestet werden, um gute Teile herauszufinden, die Sie beibehalten oder gar hervorheben sollten, um schlechte Teile des Designs zu erkennen, die Nutzern Schwierigkeiten bereiten.

2. Führen Sie eine Feldforschung durch, um zu sehen, wie sich Nutzer in ihrer natürlichen Umgebung verhalten.

3. Machen Sie Prototypen von einem oder mehreren Ihrer neuen Designideen und testen Sie diese. Je weniger Zeit Sie in diese Designideen investieren, desto besser, da Sie sich idealerweise an den Testergebnissen orientieren sollten.

4. Verfeinern Sie die Designideen, am besten durch mehrere Wiederholungstests.

5. Prüfen Sie alle technischen Qualitätsstufen auf Ihrer Webseite, von der mittleren Grafik- und Soundqualität bis hin zur High-Fidelity-Darstellung.

6. Überprüfen Sie die Konstruktion in Bezug auf etablierte Usability-Richtlinien und ebenfalls in Bezug auf Ihre früheren Forschungsergebnisse.

7. Wenn Sie sich entscheiden, das Design endgültig umzusetzen, testen Sie es erneut. Kleine Usability-Probleme schleichen sich bei der Umsetzung immer ein.

Zögern Sie die Nutzertests nicht so lange hinaus, bis Sie ein vollständig umgesetztes Design haben. Wenn Sie das tun, wird es unmöglich sein, die meisten kritischen Usability-Probleme, die die Tests belegen, auszubessern.

Die einzige Möglichkeit, eine qualitativ hochwertige Nutzererfahrung zu bekommen, ist, so früh wie möglich mit dem Testen zu beginnen und die Nutzer bei jedem Schritt zu begleiten.

Hinsichtlich der Nutzererfahrung kann man zwischen verschiedenen Usability-Bereichen unterscheiden (siehe Abbildung 194).

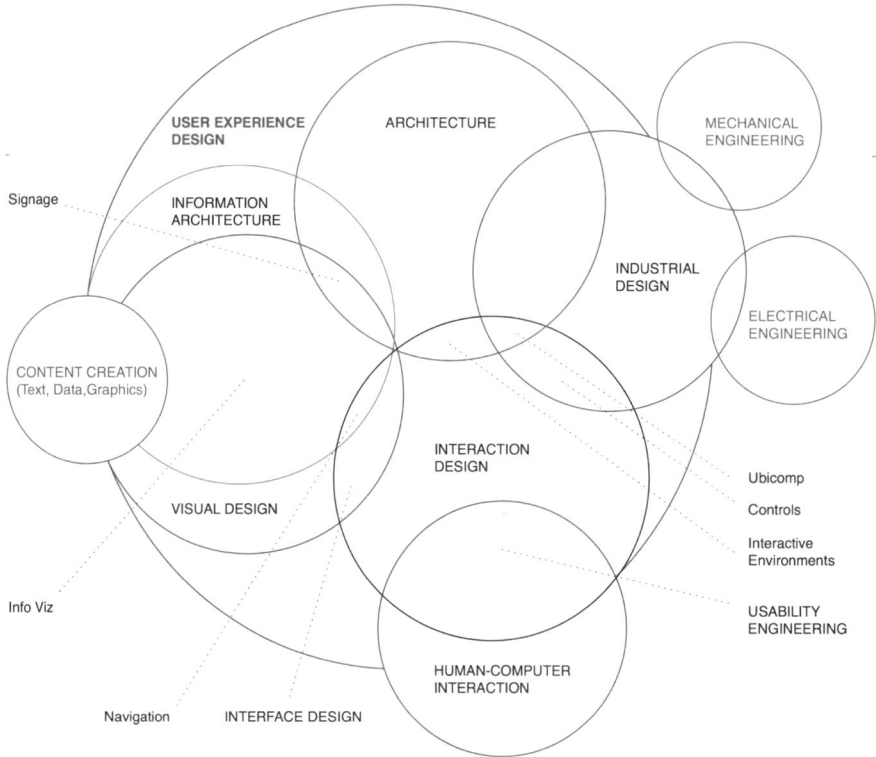

Abb. 194: Usability-Areas; Bildquelle: http://1.bp.blogspot.com/_E3cpC5H-HRE/TOVT8Mpp0GI/AAAAAAAAA0o/gOFkZ-OtNN8/s1600/ux.jpg.

Eine klar beschriebene Zielgruppe zur Erhöhung der Usability

Je genauer Sie die Zielgruppe kennen (siehe auch Kapitel 18), umso besser können Sie sich positionieren und die Interessen Ihrer Besucher beantworten. Denn entscheidend sind Faktoren wie Altersklassen, Erfahrungen mit dem Internet, Uhrzeit des Besuchs etc. Alle Faktoren, die im realen Leben eine Rolle spielen, sind auch im Internet relevant. Es geht darum, den Transfer zwischen realer Welt und Netzwelt am besten herzustellen. Googles Mantra lautet: „Focus on the user and all else will follow." Tatsächlich stimmt der Spruch, denn konzentriert man sich auf die Bedürfnisse des Besuchers und versucht, diese zu bedienen, ist man auf der Siegerstrecke. Sie müssen also das Ziel sehen und kennen, um es erreichen zu können.

Effektivität der Website für den User

Für den Benutzer ist es wichtig, zu wissen, ob er mit dieser Website sein Ziel erreichen kann. Dieses Ziel kann Entertainment, berufliches Interesse oder die Lust am Onlineshopping sein. Es gilt, den User in seiner Zielsetzung und Ausrichtung bestmöglich zu erkennen und zu unterstützen. Wenn man einen Onlineshop betreibt, ist die Option eines Servicetelefons, das erreichbar ist, ein klarer Garant für wiederkehrende Besucher. Suchund Sortiermaschinen können Ihre Seite aufwerten, indem sie echten Mehrwert bieten.

Zufriedenheit mit dem Angebot

Der Besucher muss sich einfach auch optisch auf der Website wohlfühlen. Sie muss seinen Vorstellungen von Bedienbarkeit und optischer Ästhetik entsprechen. Bei aller Mühe, die man sich macht, ist es von größter Bedeutung, dass man die Website nicht überlädt. In der Webentwicklung wird das auch „Feature Creep" genannt. Gute Verständlichkeit hat immer Vorsprung. Es gilt der Spruch „keep it simple".

Design oder Funktion

Designkonventionen sind deswegen erfolgreich, weil sie einfach sind. Viele werden zu einer Designkonvention, weil sie einfache Bedienelemente aufweisen. Menschen folgen lieber einfachen Wegen und mögen es, einfache Erfahrungen als Erfolg wahrzunehmen. Die Meisterdisziplin bei der Umsetzung eines Konzepts ist es also, Konventionen mit neuen und kreativen Ansätzen zu verbinden. Stabilität und Variabilität sind so zu präsentieren, dass es den Menschen und ihren Sinnen dienlich ist. Wir haben oft keine Zeit, keine Lust oder keinen Sinn dafür, uns durch unbekanntes und dichtes Terrain zu bewegen – auch oder gerade dann nicht, wenn es in Form einer Website vor uns auftaucht.

Bottom-up-Methode

Eine gute Methode hierbei ist die „Bottom-up-Methode". Es geht also – ausgehend von der Wurzel – darum, vom User aus an den Aufbau heranzugehen.

Sie können zum Beispiel Usability-Tests für sich, Ihre Mitarbeiter oder Zielgruppen durchführen (siehe Kapitel 22.2). Zum Beispiel gibt es die Methode des Card-Sortings (Karteikarten). Hierbei wird jedes Thema auf eine Karte geschrieben. Danach werden diese sortiert und Überbegriffen zugeordnet.

Wireframes oder Mockups

Auch sogenannte Wireframes oder Mockups verdeutlichen die Struktur einer Website und stellen beliebte Mittel der Kommunikation zwischen Usern, Layoutern, Entwicklern etc. dar. Darunter versteht man die grafische Andeutung der Website-Struktur die man anstrebt. Mehrere aufeinanderfolgende Wireframes ergeben ein Gefühl für Folgeseiten und den dortigen Aufbau.

Erkenntnisse aus den Kognitionswissenschaften zur Usability

Zu beachten sind ebenso kognitive Regeln, wie zum Beispiel eine bestimmte Anzahl von Dingen, die ein Mensch auffassen kann. Nach dem Psychologen George A. Miller kann der Mensch maximal sieben (plus/minus zwei) Informationen gleichzeitig aufnehmen. Dies wird auch als Millersche Zahl bezeichnet. Man sollte also dem Nutzer nicht viel mehr als sieben Punkte in der Navigationsstruktur zumuten. So verhindert man eine Überforderung der Menschen.

19.4 Visuelle Designaspekte der Usability

Beim visuellen Design ist es das Ziel, Gestaltungsgesetze auf die gegebenen Website-Typen anzuwenden.

19.4.1 Webdesign hat verschiedene Gestaltungsgesetze

Aussagekräftige Symbolik

Eine Designkonvention, die mittlerweile einen hohen Bekanntheitsgrad hat, ist der *I like*-Button, der in letzter Zeit vor allem mit dem Facebook-Icon in Verbindung gebracht wird und ein gutes Beispiel für ein intuitiv bedienbares Element darstellt. Das Briefsymbol für eine E-Mail-Funktion wird von den meisten Menschen verstanden und akzeptiert. Aber auch diese Verhaltensweisen müssen erlernt werden und bedürfen bei Innovationen einer Heranführung des Users.

Das Gesetz der Nähe

Das Gesetz der Nähe ist wichtig: Gruppieren Sie Dinge, die zusammenge-hören, auch optisch zusammen. Je näher diese sich beieinander befinden, desto leichter fällt es dem Betrachter, die Zusammenhänge auf einen Blick zu erfassen und sie zu ordnen.

Symmetrie

Symmetrie erscheint dem Menschen positiv, symmetrische Gestaltungs-elemente sind als anscheinend bedeutend. Der allseits bekannte „Goldene Schnitt" wirkt für einige auf den ersten Blick nicht symmetrisch, folgt aber immer einer gleichen Aufteilungsformel. Abstände, die der sogenannten Fibonacci-Folge entsprechen, werden als besonders harmonisch wahrge-nommen. Das Prinzip der Fibonacci-Folge ist einfach: Die erste und die zweite Zahl einer Zahlenreihe werden addiert, die Summe ergibt die dritte Zahl. Verwenden Sie dieses Modell zum Beispiel für Pixelabstände. Statt willkürlich die Abstände von Formularfeldern oder Textblöcken und Bil-dern zu setzen, ist es empfehlenswerter, einen passenden Wert aus einer Fibonacci-Folge zu verwenden.

Vergessen Sie nicht: Jede Unausgewogenheit, Unübersichtlichkeit und jeder fehlerhafte Link kann einen potenziellen Neukunden davon abhalten, zu einem Kunden zu werden, Sie können sich an solchen kritischen Stellen dieser Techniken bedienen.

Achten Sie auf nützliche Details bzw. harte Fakten

Details können viel bewirken. So kann eine Änderung der Linkbezeich-nung von *mehr* auf *weiterlesen* eine enorme Steigerung bei der durch-schnittlichen Seitenzahl pro Besuch, also bei den Pageimpressions bzw. Visits, bewirken.

Übersichtlicher Aufbau von Bedienelementen

Pull-down-Felder sollten übersichtlich sein, und ist man sich nicht sicher, sollte man sie gnadenlos entfernen.

Von großer Bedeutung sind schlanke Formulare auf der Kontaktseite, aber erst nach einer postalischen Adresse mit Telefonnummer und anklickbarer E-Mail-Adresse.

Formulieren Sie prägnant: In der Kürze liegt die Würze!

Schreiben und formulieren Sie unbedingt knapp und auf den Punkt. Verschwenden Sie nicht die kostbare Zeit Ihres Besuchers und auch nicht Ihre. Sie müssen nicht alles schreiben oder darstellen. Versetzen Sie sich stattdessen wieder auf die andere Seite des Bildschirms, und schon haben Sie Ihre Besucher für sich gewonnen.

Bilder im Web

Bilder im Web sind für Menschen ein sehr wichtiges Element, gerade beim „berührungslosen" Einkaufen. Arbeiten Sie mit vergrößerbaren Bildern, schönen Farben und passenden Motiven.

Interpretationsmoment bei der Bildbetrachtung und der erste Eindruck

Ein Bild ist eindeutig. Wenn man die Ergebnisse von Probanden vergleicht, die Webseiten für einen kurzen Augenblick zu sehen bekommen haben, bleibt schon ein Eindruck. Im Newsletter der Lufthansa wird dieses Prinzip konsequent umgesetzt, man sieht Menschen statt Landschaften oder Gebäude. Das sind nämlich die direktesten und sympathischsten Reize für den Betrachter.

Faustregel noch mal: Schreiben Sie klar, kurz und deutlich, um was es auf der Website geht.

19.5 Weitere Designaspekte der Usability

Überladene Websites

Nicht nur visuell betrachtet, auch vom Designaspekt her – also die Nutzungslogik betreffend – gilt, dass eine überdimensionierte Website, auf der Navigation, Banner, Text etc. wild durcheinandergemischt wurden, niemand sehen will. Eine ruhige, aufgelockerte Optik mit wenig Text ist der Weg zur Aufmerksamkeit.

Fehlerquellen vermeiden und Standards beachten beim Website-Design

Was auf der Website auf jeden Fall nicht fehlen darf, sind Kontaktdaten und das Impressum (siehe hierzu auch Kapitel 15.2.1). Kontaktdaten sollten gut sichtbar sein, weil sie Vertrauen geben und auch rechtlich notwendig sind. Denken Sie einfach an die Möglichkeit realer Geschäfte und stellen Sie Kontaktdaten zur Verfügung, die auch tatsächlich von einem Serviceteam wahrgenommen werden.

Störende Elemente auf der Website minimieren

Alles sollte auf der Website darauf ausgerichtet sein, die Konzentration des Users aufrechtzuerhalten und zu kanalisieren. Störende und unnötige Elemente sind zu vermeiden. Sogenannte Pop-ups, Werbeelemente, die ins Bild hüpfen, werden oft als störend empfunden. Viele benutzen Pop-up-Blocker, um diese zu vermeiden. Helfen Sie Ihrem User, indem Sie ihn von Störungen fernhalten.

19.6 Die wichtigsten ISO-Standards

Der Standard ISO/TR (Technical Report) 16982:2002 stellt Usability-Methoden zur Verfügung, die die Ergonomie der Mensch-System-Interaktion im Kontext des Human-centered Design unterstützen. Dieser Standard bietet einen fachübergreifenden Leitfaden zur Verwendung von einzelnen Usability-Methoden.

Das Haupteinsatzgebiet der ISO/TR 16982:2002 ist das Projektmanagement. Dabei geht es um die Konstellation und Konfiguration von menschlichen und technischen Ergonomiefaktoren, wobei Fragen hierzu – in verständlicher und komprimierter Form – dem restlichen Management zur Verfügung gestellt werden.

Die angesetzten Usability-Methoden sollten prozessoptimiert in den Life-Cycle-Prozess eines laufenden Informationssystems (z. B. Onlineshops) zyklisch eingebunden werden, um testbasiert die Usability fortlaufend zu verbessern. Ein Life-Cycle im Kontext der Usability sieht wie folgt aus:

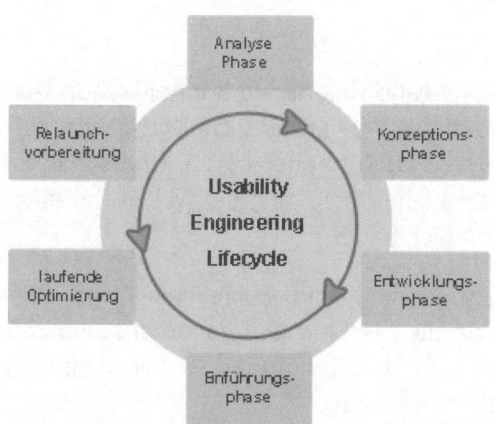

Abb. 195: Usability Engineering Lifecycle; Bildquelle: http://www. handbuch-usability.de/usability-engineering.html.

19.7 Ohne geht heute nichts mehr: Barrierefreiheit

Es bestehen unterschiedliche Ansätze zur Begriffsdefinition der Barrierefreiheit, nachfolgend zwei davon:

Gemäß dem Behindertengleichstellungsgesetz § 4 (Deutschland) gilt:

„Barrierefrei sind bauliche und sonstige Anlagen, Verkehrsmittel, technische Gebrauchsgegenstände, Systeme der Informationsverarbeitung, akustische und visuelle Informationsquellen und Kommunikationseinrichtungen sowie andere gestaltete Lebensbereiche, wenn sie für behinderte Menschen in der allgemein üblichen Weise, ohne besondere Erschwernis und grundsätzlich ohne fremde Hilfe zugänglich und nutzbar sind."

Gemäß dem DIN-Fachbericht 124, Pkt. 2.3 wird Barrierefreiheit wie folgt definiert:

„Eigenschaft eines Produkts, das von möglichst allen Menschen in jedem Alter mit unterschiedlichen Fähigkeiten weitgehend gleichberechtigt und ohne Assistenz bestimmungsgemäß benutzt werden kann. (Barrierefrei ist nicht allein mit hindernisfrei im physikalischen Sinne gleichzusetzen (siehe auch DIN 33942), sondern bedeutet auch zugänglich, erreichbar und nutzbar.)"

Weitere Informationen zur Thematik der Barrierefreiheit erhalten Sie beim W3C unter dieser URL *http://www.w3.org/WAI/intro/usable* oder unter *http://www.w3.org/standards/webdesign/accessibility*

19.8 Die optimale Navigation

Navigationselemente

Mangelnde Suchfunktionen und Navigationselemente können schon mal abschrecken. Eine vernünftige und allgemein verständliche Navigation aufzustellen, ist Pflicht – lesen Sie hierzu auch Kapitel 15.2.2. Überschätzen Sie den Entdeckerdrang Ihrer Erstbesucher nicht, denn er will es – ähnlich wie die Crawler – so einfach wie möglich haben.

Vergessen Sie nicht: Jede Unausgewogenheit, Unübersichtlichkeit und jeder fehlerhafte Link kann einen potenziellen Neukunden davon abhalten, zu einem Kunden zu werden. Mangelnde Suchfunktionen und Navigationselemente können ebenfalls schnell überfordern.

Der am zweithäufigsten angeklickte Button im Browser ist der Zurück-Button

Einige Forscher, wie der Usability-Experte Jakob Nielsen, weisen darauf hin, dass der am zweithäufigsten angeklickte Button vom User die *Zurück-*Taste ist. Denn so kann der User wieder sehr schnell auf seine Ausgangsplattform zurückkehren, die immer häufiger Google heißt. Die User warten nicht lange. Wenn Sie eine benutzerunfreundliche Seite online stellen, verärgern Sie User und schaden Ihrem Image.

Einfachheit des Website-Namens erhöht die Usability

Benutzer probieren aber nicht alles aus, sondern sie bleiben auch gern bei der Site, die ihnen am besten gefällt. Andere User haben es sich zur Angewohnheit gemacht, die URL gleich auszuschreiben. Haben Sie schon über die Einfachheit Ihres Website-Namens oder die leichte Merkbarkeit und Buchstabierbarkeit Ihrer Mailadresse nachgedacht? Lesen Sie hierzu auch die Kapitel 16.4 und 17.1.3. Für den User ist es aber nicht wirklich wichtig, wie er zu einer Website kommt, sondern ihm ist wichtig, dass er zu einer Website seines Interesses kommt. Wichtiger, als von A nach B zu fahren, ist es natürlich, in B anzukommen.

Effizienz in der Zielerreichung

Effizienz bedeutet die einfache Erreichung des Ziels. Schafft man es, die Dreiklickregel zu realisieren, dann ist man dem User einen idealen Schritt entgegengekommen. Der Benutzer sollte maximal dreimal klicken, um das zu finden, wonach er sucht. Eine Faustregel besagt, dass ansonsten der „Drop-out" des Users droht. Er wechselt einfach das Angebot. Technisch würde das bedeuten, dass Websites eine flache Struktur aufweisen müssten. Flache Strukturen bestehen daraus, dass an einem einzelnen Ausgangspunkt viele Auswahlmöglichkeiten bestehen. Der User soll nicht denken müssen, sondern es muss bereits alles für den User vorgedacht worden sein.

Konventionen erkennen

Es ist wichtig, zu wissen, dass Gruppen von Benutzern unterschiedliche Ansprüche haben, die sie an eine Website stellen. Dazu bringen sie diverse Grundvoraussetzungen mit. Auch der Aspekt der „Barrierefreiheit" ist hierbei zu bedenken. Es gibt Millionen von Menschen mit altersabhängiger Aufnahmekapazität, körperlich behinderte Menschen etc., die auch Webuser sind und entsprechend bedient werden möchten.

Konsistenz bei der Gestaltung von Navigationselementen

Navigationselemente sollten auf allen Seiten gleich dargestellt sein, damit der User sich wohlfühlt und die Sicherheit hat, zu wissen, wo er ist und wohin er gehen kann. Die Designkonvention besagt, dass dieses Navigationselement im oberen Seitenbereich und/oder vertikal an den Seitenrändern positioniert ist. Ein Konventionsbruch sollte in diesem Fall nur bewusst und in klarer Erwartungshaltung für die daraus entstehenden Resultate stattfinden. Auch werden Suchelemente immer im Bereich der Navigation prominent erwartet. Die Größe der Kästchen und die Auswahl der Typografie spielt ebenso eine große Rolle wie die Beachtung von Farbkompositionsregeln.

Kategorisierung der Website in Rubriken

Es geht darum, die Website, vielmehr deren Inhalt, in verschiedene Rubriken zu kategorisieren und diesen verschiedene „Label" bzw. Bezeichnungen zu geben. Mit einer guten und übersichtlichen Informationsstruktur helfen Sie sich selbst und vor allem dem User (siehe auch Kapitel 15.2).

19.9 Usability-Modelle und -Methoden

Es gibt, wissenschaftlich gesehen, unterschiedliche interdisziplinäre Ansätze in der Usability, die wir hier kurz erwähnen möchten.

Diese stellen den User in den Mittelpunkt, wie z. B. das **Model of the Human Processor** (siehe auch: Human-Processor-Modell; *http://en.wikipedia.org/wiki/Usability*) oder die **Usability-Kriterien nach Lund** (siehe: Usability-Maximen nach Lund; *http://www.upassoc.org/upa_publications/jus/2011may/images/redish_figure1.jpg*).

http://www.stcsig.org/usability/topics/measurement.html

Die empirische Erfassung der Usability und verschiedene Evaluationsmethoden werden in den Kapiteln 19.10 und 22 vorgestellt.

19.10 Testverfahren und Metriken

Usability-Tests: Wie man die Usability verbessern kann

Es gibt zahlreiche Methoden zur Optimierung von Usability-Aspekten, aber die wichtigste und brauchbarste Methode ist das Testen an selbst (siehe auch Kapitel 22). Doch zunächst soll im Usability-Kontext der Testbezug hergestellt werden. Testabläufe in der Usability bestehen generell aus drei Arbeitsphasen:

1. Finden Sie repräsentative Anwender bzw. potenzielle Kunden für Ihre E-Commerce-Website und/oder Mitarbeiter für das Intranet.

2. Bitten Sie die Nutzer, typische Aufgaben mit dem Design auszuführen.

3. Beobachten Sie, was die Nutzer tun, wo sie Erfolg haben und wo sie Schwierigkeiten haben mit dem Design. Sagen Sie nichts und lassen Sie die Nutzer selbst sprechen.

Nachfolgend werden beispielhaft Usability-Testmethoden aufgezeigt (siehe Abbildung 196).

Einsatz der Methoden zur Messung der Usability

Usability-Test-Methode	Analyse	Entwicklung	Umsetzung	Betrieb
Aufgabenanalyse	✓		✓	✓
Kontextanalyse	✓	✓	✓	✓
Fokusgruppen	✓			
Nutzertagebücher	✓			✓
Onsite-Befragung	✓			
Panelbefragung	✓			✓
Personas	✓			
Asynchroner Remote Usability Test	✓	✓	✓	✓
Synchroner Remote Usability Test		✓	✓	✓
Expertenbasierte Evaluation		✓	✓	✓
Card-Sorting		✓		
Usability-Test im Labor	✓	✓	✓	✓
Rapid Prototyping		✓		
Eye-Tracking		✓	✓	✓
Web-Controlling	✓			✓
Multivariate Tests	—	✓		✓

© Onlinemarketing-Praxis – www.onlinemarketing-praxis.de

Abb. 196: Usability-Testmethoden; Bildquelle: http://www.onlinemarketing-praxis.de/uploads/ schaubilder/usability-test-methoden.jpg.

Usage Patterns

Interessant ist eine Weiterentwicklung und die Entstehung einer Eigendynamik in Sachen erlernte Gruppenverhaltensweisen, die dann zu einem Maßstab werden. Man spricht hierbei von sogenannten Konventionen oder „Usage Patterns".

Rapid Prototyping

Ein weiterer wichtiger Begriff im Kontext von Usability-Testverfahren ist der des „Rapid Prototyping" (siehe auch Kapitel 22.3). Darunter versteht man die schnelle Erstellung eines Website-Modells, das den unterschiedlichen Stakeholdern (z. B. Benutzer, Entwickler, Designer etc.) zur Abstimmung vorgelegt wird.

Individuell ausgerichtete Tests

Es ist wichtig, die Nutzer individuell testen und bestehende Probleme selbst lösen zu lassen. Wenn man den Nutzern behilflich wird, verfälscht man natürlich die tatsächlichen Testergebnisse.

Nutzertests

Nutzertests unterscheiden sich von sogenannten Fokusgruppen, die eine suboptimale Art und Weise einer Auswertung der Design-Usability darstellen. Fokusgruppen haben einen Platz in der Marktforschung. Um die Wechselwirkung zu bewerten, muss man diese genau beobachten und verfolgen, wie die einzelnen Nutzer verschiedene Aufgaben mit dem Design ausführen.

Ferner muss man hören, was die Menschen sagen, sich aber gleichzeitig nicht in die Irre führen lassen. Es ist genau darauf zu achten, was Sie tatsächlich im Laufe der Navigation tun.

Wo kann man testen?

Wenn Sie mindestens eine Benutzerkontostudie pro Woche laufen lassen, lohnt sich der Aufbau einer engagierten Usability-Testumgebung.

Für die meisten Unternehmen ist es jedoch in Ordnung, Tests in einem Konferenzraum oder in einem Büro zu führen, solange man die Türen schließen kann und Sie sich nicht ablenken lassen können. Es kommt darauf an, dass Sie die Nutzer beobachten, wenn Sie mit ihnen zusammensitzen, während sie das Design verwenden. Ein Notizbuch ist hierbei im Prinzip die einzige Ausrüstung, die Sie benötigen.

Beachten Sie die Tagesform bzw. den Biorhythmus der Probanden

Menschen reagieren mechanisch auf Reize und Eindrücke. Wir sind alle „Opfer" unserer Prägungen, und es ist klar, dass vor allem die Zusammensetzung verschiedener Hormone unser Handeln und unsere Entscheidungen bestimmen. Unser Gehirn arbeitet effizient und wendet sich in der Regel intuitiv Dingen zu, bei denen es möglichst wenig Arbeit hat.

Budgets für Usability-Tests

10 % des Budgets für ein Design werden für die Benutzerfreundlichkeit bzw. Usability ausgegeben. Für das Webseitendesign empfiehlt es sich, aufgrund der Relevanz der Usability das Budget zu verdoppeln.

19.11 Praxiswissen kompakt, To-do-Checklisten und Webtipps

Nun folgt wieder ein Interview zur Usability mit Andre Morys und darauf die Checkliste zum Überprüfen der möglichen Maßnahmen zur Optimierung der Usability Ihrer Website.

19.11.1 Interview mit Andre Morys – Autor und Gründer von konversions-kraft.de und der Web Arts AG

André Morys, Jahrgang 1974, ist Autor des 2011 erschienenen Fachbuchs „Conversion Optimierung" (Verlag entwickler.press) und Herausgeber des Blogs *www.konversionsKRAFT.de*. Er ist Gründer und Vorstand der Web Arts AG, die mit über 30 Mitarbeitern zu den führenden Anbietern für Conversion-Optimierung in Deutschland zählt. Seit 2004 ist er Dozent für User Centered Design an der Technischen Hochschule Mittelhessen. 2010 wurde André Morys von Lothar Späth als einer der innovativsten Unternehmer Deutschlands ausgezeichnet.

Abb. 197: Andre Morys – Autor und Gründer von konversions-kraft.de und der Web Arts AG.

Alpar: Hallo Andre. Für wen kommt denn Conversion-Optimierung in-frage?

Morys: Conversion-Optimierung kommt prinzipiell für jeden infrage, der online etwas verkauft oder irgendeine andere Form der Wertschöpfung hat. Jeder, der Geld für SEA oder SEO ausgibt, will seine Ausgaben optimal gewinnbringend einsetzen. Mit „Conversion" ist die Umwandlung der Besucher in die gewünschte Aktion gemeint. Viele generieren über ihre Website Leads, die einen bestimmten Wert haben, andere verkaufen direkt Waren oder Dienstleistungen. Im Endeffekt geht es darum, aus der gleichen Menge Besucher mehr Aktionen zu generieren und so den Deckungsbeitrag zu erhöhen.

Alpar: Das heißt, man hat mehr Aufwand, um Conversion-Optimierung zu betreiben, dafür lohnt sich aber am Ende der investierte Marketing-Euro mehr.

Morys: Richtig, Conversion-Optimierung ist eine Investition mit großem ROI-Hebel. Ich vergleiche das mit einem riesigen Stau auf einer fünfspurigen Autobahn. Eine gigantische Menge Traffic kommt über die verschiedenen Spuren angerauscht. An der wichtigsten Stelle, da, wo die Conversion passiert – die Umwandlung von Besucher zu Kunde –, ist ein riesiger Stau. Bildlich gesprochen, heißt das: Nur wenige Prozent der teuer gewonnenen Besucher kommen durch das Formular oder den Check-out wirklich durch. Auf Onlineshops sind es in Deutschland im Durchschnitt rund 3 %. Das heißt, drei von 100 Besuchern auf einer Website kaufen nur etwas. Die Aufgabe lautet also: Statt noch mehr teuren Traffic zu besorgen, gilt es, den Stau aufzulösen und aus den existierenden Besuchern mehr Aktionen herauszuholen. Eine doppelt so hohe Conversion-Rate bedeutet schließlich doppelter Umsatz bei gleichen Kosten – die Folge ist ein vielfach höherer Deckungsbeitrag.

Alpar: Welche Gründe haben denn die 97 %, die nicht kaufen? Die kommen doch mit der gleiche Intention und über die gleichen Wege wie die, die kaufen.

Morys: Warum kaufen 97 % nicht? Das ist vermutlich die Schlüsselfrage der Conversion-Optimierung. Es gibt garantiert so viele mögliche Faktoren, dass die Liste ein eigenes Buch füllen würde. Grundsätzlich ist es wie in einer echten Verkaufssituation: Erst wenn der Verkäufer den Grund für den Abbruch kennt, kann er seine Gesprächstaktik ändern.

Alpar: Was sind die häufigsten Gründe? Wenn ich mir einen Supermarkt vorstelle, kauft schließlich auch jeder ein, der hingeht. Im Modeladen ist das nicht zwangsläufig so, denn man findet nicht immer das Richtige für seinen Geschmack. Aber es wird doch nicht so sein, dass nur 3 % der Leute einkaufen!?

Morys: Richtig – wenn 100 Leute in einen realen Laden reingehen und 97 kaufen nicht, wäre das undenkbar. Online ist das anders, denn die Motivation, den Anbieter „mit einem Klick" zu wechseln, ist im Web eine ganz andere. In der Onlinesituation ist die Kaufmotivation also viel unverbindlicher, viele Besucher suchen eventuell zunächst nur Informationen und möchten noch gar nicht kaufen. Die erste Aufgabe besteht daher darin, die Motivation der Besucher zu verstehen. Das Verstehen der Besucher ist die Grundlage zur Optimierung – denn am Ende heißt Conversion-Optimierung, den Besucher zur Handlung zu motivieren, ihn zu überzeugen, begeistern, vom „Weiterklicken" abzuhalten. Das gelingt nur, wenn man als Website- oder Shopbetreiber weiß, wer der Besucher ist und was er erwartet.

Ein häufiger Abbruchgrund ist daher das „Nicht-Verstehen" oder „Nicht-Abholen" der Besucher. Oft wird Traffic über konkrete Suchbegriffe generiert, die eine Nutzermotivation oder -erwartung sehr präzise implizieren – und dennoch wird der Besucher auf eine irrelevante und unpassende Seite geleitet – oftmals die Startseite. Viele Besucher sind verunsichert, weil sie nicht wissen, ob es das gesuchte Produkt überhaupt gibt. Die Kaufmotivation der Besucher ist so gering, dass sie nicht erneut über die Shopsuche suchen oder klicken – ein Abbruch ist die Folge.

Alpar: Meinst du, dass eine Ursache des Ganzen sein kann, dass auf die falsche Art und Weise die Kunden auf die Webseite geholt werden? Meinst du, die Onlinemarketingbemühungen passieren mit den falschen Keywords?

Was ist in so einer Situation falsch – die Website, die Keywords oder beides?

Morys: Die Kombination ist falsch. Für das entsprechende Keyword wird nicht die richtige Landing-Page angeboten. Oder überhaupt keine Landing-Page. Eine der größten Herausforderungen im Onlinemarketing ist es, bei einer fünf- bis siebenstelligen Anzahl Keywords überhaupt bewerkstelligen zu können, dass jeder Begriff auf der richtigen Seite landet. Das kann jeder selbst nachvollziehen, der bei Google „Jeans schwarz Größe 36" eingibt – ich wette, dass mehr als die Hälfte der Onlineshops keine Anstrengungen unternimmt, um ein passendes Suchergebnis als Landing-Page zu zeigen, bei dem Farbe und Größe berücksichtigt werden. Da wird viel Geld verbrannt.

Alpar: Also letztendlich ist Conversion-Optimierung nicht ein Weg, diese Ursache zu beheben, sondern es mildert ein bisschen die Wirkung ab. Eigentlich müsste man ja beide Ziele verfolgen: sowohl die Marketingkampagne selbst geschickter zu machen als auch die Conversion-Optimierung zu betreiben.

Heißt das, beim Thema Conversion-Optimierung müssen sich die Aufgaben Webmarketing und Shopmanagement besser verständigen?

Morys: Es wird klar, dass sich alles miteinander verzahnen muss. Nur wer versteht, woher der Traffic überhaupt kommt, was das für Besucher sind und mit welchen Erwartungen sie kommen, kann man eine Seite auf diese Erwartungen hin optimieren. Das ist immer eine der ersten Aufgaben der Conversion-Optimierung.

Alpar: Was sind denn die häufigsten Abbruchgründe für Besucher? Häufige Antworten?

Morys: Den ersten Grund habe ich bereits verraten: Die Besucher finden nicht das, was sie eigentlich suchen. Das Stichwort dazu lautet „Relevanz". Die zweithäufigste Ursache ist fehlendes Vertrauen in den Anbieter – auch dieses Problem kann man in Form einer hohen Bounce-Rate im Web-Analyse-System messen. Fehlende Relevanz und fehlendes Vertrauen sind Faktoren, die bereits in den ersten Sekunden des Besuchs auftreten. Es gibt sehr präzise Forschungsergebnisse, die besagen, dass bereits nach 50 bis 200 Millisekunden im Kopf des Besuchers das Gefühl von Vertrauen entsteht. Das Gleiche gilt für das Gefühl von Relevanz – auch hier merken Besucher intuitiv nach wenigen Sekunden, ob sie sich auf einer Seite „richtig fühlen". Messen können das die Shopbetreiber wie gesagt in Form der Bounce-Rate. Avinash Kaushik bezeichnet die Bounce-Rate aus der Besucherperspektive mit den Worten: „I came, I puked, I left.", übersetzt so viel wie: Ich kam, es hat mich angekotzt, und ich bin sofort wieder gegangen. Und im Prinzip sind das schon mal die am häufigsten vorkommenden zwei Gründe: fehlende Relevanz, fehlendes Vertrauen.

Alpar: Wie lässt sich das gefühlte Vertrauen des Besucher denn beeinflussen? Geht es dabei rein um Gestaltung, oder spielt die Bekanntheit des Anbieter nicht ebenfalls eine enorme Rolle?

Morys: Beide Faktoren spielen eine sehr große Rolle – wobei die Gestaltung mit weniger Aufwand veränderbar ist als die Bekanntheit. Hier hilft der Vergleich mit der realen Welt – man stelle sich vor, man sucht nach einem Restaurant in einer fremden Stadt. Das heißt, man kennt die Anbieter nicht. In einer solchen Situation können wir als Menschen problemlos aufgrund äußerer Faktoren entscheiden, ob wir in ein Restaurant hineingehen – oder auch nicht.

Menschen haben ihre Fühler und Instinkte, um blitzschnell einen Anbieter bewerten zu können. Natürlich spielt dabei das äußere Erscheinungsbild eine riesige Rolle – ebenso wie die Bekanntheit. Bei einem Restaurant zählt, wie gepflegt es aussieht, ob es hübsch und liebevoll hergerichtet ist, wie viele Gäste zu sehen sind, ob an der Fassade Bewertungen und Gütesiegel sichtbar sind. All das erhöht das Gefühl des Vertrauens und erhöht die Wahrscheinlichkeit, das Gäste hineingehen.

Es geht also tatsächlich um Äußerlichkeiten und um die Frage, ob es sich ein Anbieter überhaupt leisten kann, gut auszusehen. Dieser Eindruck lässt potenzielle Besucher direkt darauf schließen, wie gut es dem Betreiber geht und ob es überhaupt eine gute Wahl ist. Bei einem Onlineshop oder einer Website ist es zu 100 % genauso. Eine bekannte Marke kann einen schlechten Ersteindruck in Teilen kompensieren – optimal ist es jedoch. wenn alle Faktoren optimal sind.

Alpar: Gibt es eigentlich Mindesteintrittsschwellen, bei denen man sagen würde: „Dass bräuchte man eigentlich, um vernünftig Conversion-Optimierung zu betreiben." Gibt es irgendwelche Anforderungen finanzieller Art? Oder was Können und Wissen im Unternehmen angeht? Oder wie kann man sich da an das Thema heranwagen? Was sind die Anforderungen, um sich mit dem Thema Conversion-Optimierung ernsthaft auseinandersetzen zu können?

Morys: Jeder kann schnell mit dem Thema beginnen, wirkliche Eintrittsbarrieren gibt es nicht.

Mein Tipp: Jeder Shop- oder Webseitenbetreiber kann mit einem kleinen Test beginnen, der nur wenige Minuten dauert. Dafür braucht er weder ein Tool noch irgendwelche bestimmten Fähigkeiten. In maximal einer halben Stunde liefert der Test eine Vielzahl an Informationen über mögliche Schwachstellen und Hypothesen für Verbesserungen.

Der Test geht so: Zeige die Website oder den Shop jemandem, der nicht weiß, worum es auf dieser Seite geht – für etwa fünf Sekunden. Am einfachsten geht das mit einem ausgedruckten Screenshot oder in Power-Point. Nach Ablauf der fünf Sekunden werden nun drei Fragen gestellt:

1. Worum ging es auf dieser Seite?
2. Was ist in Erinnerung geblieben, und wie hat es gewirkt?
3. Würdest du/würden Sie hier kaufen?

Die Antworten der Testteilnehmer zeigen, dass Menschen nicht automatisch erkennen, was eine Website überhaupt verkaufen will. Viele interpretieren in das, was sie sehen, sehr viel hinein, ganz genau wie der erste Eindruck eines Menschen und eines echten Ladens viel über den Betreiber und sein Sortiment aussagt. Dieser erste Eindruck, das erste Gefühl, bleibt am stärksten haften. Dieses Gefühl ist jedoch die Grundlage für die Entscheidung des Besuchers, tiefer einzusteigen. Daher ist es so wichtig, dass eine Website oder ein Shop die richtigen Botschaften überträgt.

Alpar: Das klingt so banal und so einfach. Warum braucht man dann eigentlich ein anderes Paar Augen, um das zu machen?

Morys: In der Kommunikationstheorie gibt es dazu viele Modelle und Theorien. Ein sehr gut verständliches Modell dazu ist das sogenannte Johari-Fenster. Vereinfacht ausgedrückt, sagt dieses Modell: „Es gibt Dinge über mich, die nur ich weiß (Geheimnisse), und es gibt Dinge, die nur andere über mich wissen, aber die ich nicht kenne (Blinder Fleck)." Es geht dabei um das Selbstbild-Fremdbild-Problem. Ich kann also mit meinem Wissen und meinen eigenen Erfahrungen meine eigene Webseite nicht so sehen, wie sie ein typischer Besucher ohne dieses Wissen und die Erfahrungen sieht. Deswegen bin ich auf das Feedback der anderen angewiesen. Deswegen muss ich im oben genannten Selbsttest die Schwiegermutter oder einen anderen Unwissenden um sein Feedback bitten.

Alpar: Woher kommt dieser Bedarf? Leitet sich dieser von der schieren Größe ab? Ist es hilfreich, wenn mehrere Betrachter testen? Was kommt nach diesem einfachen Einstieg? Lässt sich das Prinzip für professionelle Conversion-Optimierung einfach skalieren?

Morys: Im Prinzip ja. Auch wenn man Conversion-Optimierung im größeren Stil durchführt, ist das der Kern der Sache:

1. Nutzer verstehen und Schwachstellen identifizieren.
2. Hypothesen ableiten und Optimierungen konzipieren.
3. Effekt der Hypothesen testen.
4. Aus den Resultaten lernen.

Bei 1. wieder beginnen.

Ein etabliertes Modell, das diesen Prozess noch viel präziser beschreibt, finden wir bei der Qualitätsmanagementlehre von Six-Sigma im sogenannten DMAIC-Prozess. Conversion-Optimierung ist in letzter Konsequenz Optimierung in Form eines kontinuierlichen Prozesses. Dazu werden nach einer bestimmten Zeit auch leistungsfähigere Tools benötigt – die wichtigste Aufgabe ist jedoch immer wieder, zu verstehen, wo überhaupt die Ursache für fehlende Conversion ist. Das ist eine Aufgabe der qualitativen Marktforschung, z. B. mithilfe von Nutzertests, Befragungen, Analysetools. Am Ende wird der Effekt einer Optimierung mittels A/B-Testing überprüft – das ist wiederum ist eine quantitative Methodik.

Im fortgeschrittenen Modus werden für effiziente CRO-Prozesse ausgereifte Tools, Technologien, Marketingwissen, Marktforschungswissen und Webanalysewissen benötigt. Die unterschiedlichen Themen müssen ineinandergreifen, in größeren Unternehmen müssen Teams interdisziplinär zusammenarbeiten, um wirklich effiziente Optimierungszyklen leisten zu können.

Alpar: Gibt es eine gesunde Relation, die besagt, für wie viel ausgegebene Marketing-Euro man Geld in Conversion-Optimierung stecken sollte? Hast du da eine Faustregel?

Morys: Zunächst gibt es eine US-Studie, die das Ungleichgewicht von Traffic-Generierung zu Conversion aufzeigt. Laut Tealeaf geben US-Unternehmen pro 92 Dollar für Traffic nur einen Dollar für die Konvertierung dieses Traffic aus. Wenn wir das eingangs geschilderte Autobahnbild mit dem Stau und den 3 % noch im Kopf haben, kann das kein gutes Verhältnis sein.

Ich glaube, dass Unternehmen bei dem Thema Conversion-Optimierung einen sehr großen Nachholbedarf haben, weil sie das organische Wachstum des Internets der vergangenen 15 Jahre ihrem Businessplan zugrunde legen. Weil es jedoch in Zukunft immer schwieriger werden wird, mehr Traffic zur Skalierung des Geschäfts zu gewinnen, werden Shop- und Webseitenbetreiber bald deutlich mehr ausgeben müssen. Conversion-Optimierung wird immer wichtiger, um langfristig wirklich profitabel das Unternehmen skalieren zu können.

Alpar: Super. Vielen Dank für das Interview.

Morys: Sehr gern.

19.11.2 To-do- und Checklisten

Nachfolgend wird – wie bei jeder Checkliste am Ende des Kapitels – von drei Arbeitsphasen ausgegangen, die jeweils eine Vertiefung der Maßnahmen verkörpern:

- ➢ Phase 1: Vergegenwärtigung
- ➢ Phase 2: Reflexion
- ➢ Phase 3: Potenzialerkennung und Umsetzung

Usability-Checkliste	1. Phase	2. Phase	3. Phase
Usability als kritischer Erfolgsfaktor bei Onlinemarketingkampagnen			
Zentrale Designaspekte der Usability			
Visuelle Designaspekte der Usability			
Weitere Designaspekte der Usability			
ISO-Standards Barrierefreiheit Optimale Navigation Testverfahren und Metriken			

20. Web-Analytics-Erfolgsmessung: Wie erfolgreich ist die Online-marketingkampagne? – Wie entwickelt sie sich? Wo ist Potenzial?

Web-Analytics-Methoden und -Werkzeuge ermöglichen es Ihnen, ein auf Sie und Ihre Geschäftsziele maßgeschneidertes System zur Erfolgsmessung aufzubauen. Hierzu gehen wir im Folgenden auf Ziele, Methoden, Metriken, Instrumente und Verfahren der Datensammlung sowie Web-Analytics-Tools etc. ein.

20.1 Basiswissen zur Erfolgsmessung mit Web Analytics

Definition des Begriffs Web Analytics

Kurz formuliert, ist Web Analytics allgemein die Messung, Sammlung, Analyse und Auswertung von Internetdaten zwecks Verständnis und Optimierung der Webnutzung.

Unterstützung des Webmanagers mit Website-Statistiken

Die analysierten Informationen sollen dem Webmaster helfen, die Effektivität von Webauftritt und Onlineinitiativen zu verstehen und die Website im Hinblick auf eine Zielerreichung zu optimieren. Das kann bedeuten,

➤ dass die Häufigkeit von Besuchen gesteigert werden soll,

➤ die Vermehrung von Seitenaufrufen anvisiert wird oder

➤ mehr Bestellungen bzw. Newsletter-Abonnements eingehen sollen.

Web Analytics ist keine exakte Wissenschaft, sondern ein Analyseinstrument, das durch technische und inhaltliche Erweiterungen sowie eigenständige Denk- und Handelsmodelle immer weiter optimiert und präzisiert werden muss, da es sich in einem schnellen Wandel befindet.

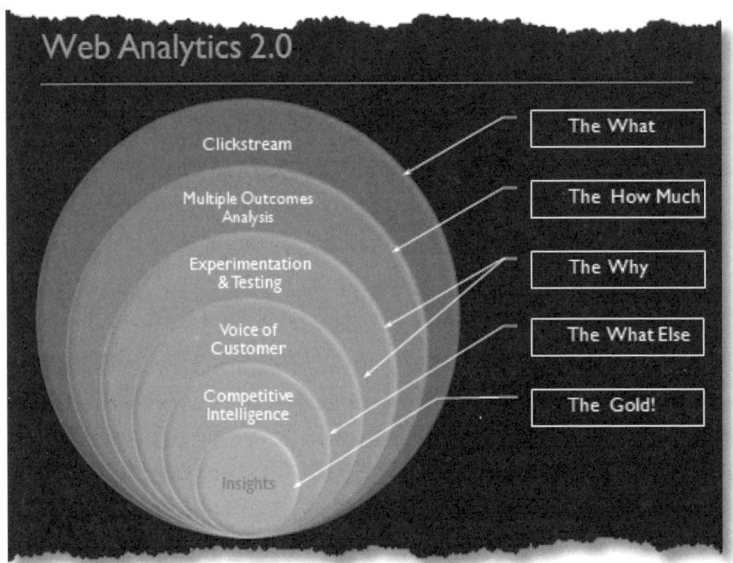

Abb. 198: Web Analytics 2.0 – Demystified; Bildquelle: http://www.kaushik.net/avinash/best-web-analytics-tools-quantitative-qualitative/.

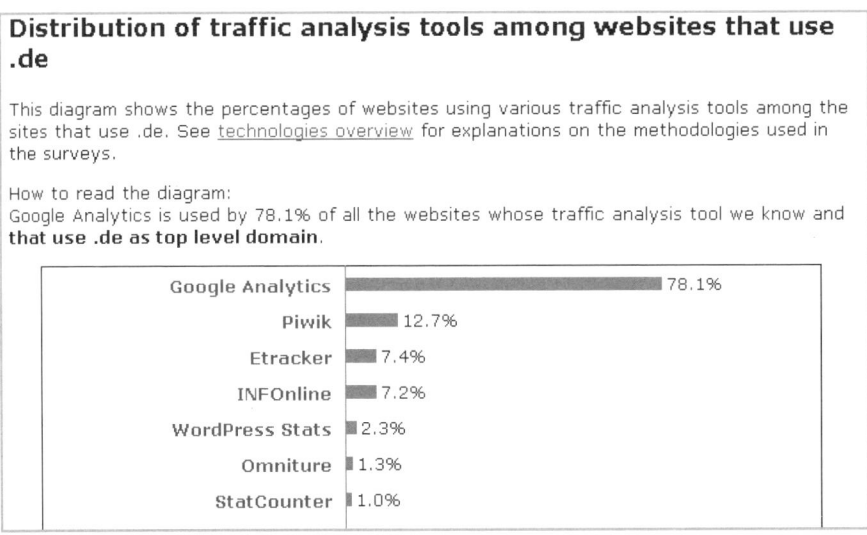

Abb. 199: Web-Analytics-Tools – Marktanteile von de-Domains; Bildquelle: http://piwik.org/blog/2011/09/announcing-piwik-meetup-in-munich-germany-on-oct-22nd-register-now-free/.

Die Abbildung oben stammt aus dem Open-Source-Web-Analytics-Tool Piwik (siehe Kapitel 20.8 bzw. *http://de.piwik.org/*) und ist, was die Genauigkeit angeht, eher kritisch zu betrachten. Aber die Tendenz ist erkennbar.

Bei der Auswahl des Web-Analytics-Werkzeugs ist es auch wichtig, darauf zu achten, wie verbreitet es ist, damit gewährleistet ist, dass Sie bei Bedienungsfragen in zahlreichen Diskussionsforen, FAQs und How-tos im Internet eine Antwort finden. In der Abbildung oben sehen Sie die Marktanteile der meistgenutzten Web-Analytic-Tools (Stand 2011).

20.2 Ziele von Web Analytics bzw. Erfolgsmessung

Seiten und Inhaltsgruppen

Natürlich zählt die Anzahl der Aufrufe einer bestimmten Seite oder die Liste der Topseiten einer Website zum Standardrepertoire eines Analytics-Tools. Der reine Vergleich von Seitenaufrufen ist aber wenig aussagekräftig: Die Startseite hat üblicherweise mehr Seitenaufrufe als eine Subseite, und je weiter unten in einem Navigationsbaum eine Seite aufgehängt ist, desto seltener kommen typischerweise auch Besucher auf die Seite.

Auswertungen zur Qualität einer Seite

Eine informativere Aussage über die Qualität einer Seite erlauben daher Auswertungen darüber, wie oft eine Seite eine Einstiegs- oder eine Ausstiegsseite war. Ebenfalls aussagekräftig sind sogenannte Single Access Pages oder Bounce-Rates, das heißt Einstiegsseiten, die den Besucher veranlasst haben, die Site direkt wieder zu verlassen.

Veränderungen der Page-View-Zahlen im zeitlichen Verlauf

Aussagekräftiger als reine Page-View-Zahlen sind deren Veränderungen im Vergleich zwischen zwei Zeitabschnitten. Eine gesunkene Nutzung der gleichen Seite im Vergleich zu einer Vorperiode (zum Beispiel gleicher Monat im Vorjahr) lässt die Interpretation zu, dass beispielsweise der Inhalt nicht mehr so aktuell ist und eine Überarbeitung notwendig wäre.

Die steigende Nutzung einer Inhaltsseite lässt Trends in den Bedürfnissen der Besucher erkennen. Dadurch kann vielleicht das Angebot der Website frühzeitig diesem Trend entgegenkommen oder angepasst werden.

Übergreifende Betrachtung der ganzen Website

Während die Analyse auf Seitenebene für sehr spezifische Fragestellungen nützlich ist, bedarf es für die übergreifende Betrachtung einer ganzen Website einer zusätzlichen Abstraktionsebene. Dabei werden verschiedene Seiten zu Gruppen zusammengefasst, und anschließend wird die Performance der Gruppen miteinander verglichen. Es gibt also zahlreiche Möglichkeiten, um den Gegenstand zu begreifen und für sich zu nutzen.

Traffic? – Ja, aber wozu und wie?

Die größte Gefahr, die im Alltag droht, ist die Konzentration auf untergeordnete und irrelevante Ziele. Wohl jeder Website-Manager würde zustimmen, wenn man ihn danach fragen würde, ob er mehr Traffic auf seiner Seite haben möchte. Doch diesen Ansatz sollte man sich gründlich überlegen. Denn wichtig ist die Frage, ob Traffic überhaupt sinnvoll ist und in welchem Maße. Traffic ergibt nur dann Sinn, wenn man ihn auch zielführend nutzen kann. Viel sinnloser und freiführender Traffic kostet eigentlich nur Infrastruktur und Bandbreite.

Frameworks für Web-Analytics-Systeme

Frameworks für Web-Analytics-Systeme erlauben es, die systematische Nutzung diverser Messmethoden und -werkzeuge systematisch zu unterstützen. Zur Weiterführung dieser Thematik können Sie die folgende Quelle heranziehen: *http://www.bruceclay.com/web_analytics.htm*.

20.3 Methoden und Mittel, die bei Web Analytics genutzt werden

Page Tagging

Page Tagging ist die Methode, die am meisten genutzt wird. Beim Page Tagging wird auf jeder Seite einer Website ein Tag oder Code eingepflanzt, der die Seitenaufrufe und das Verhalten misst.

Logfile-Analyse

Die Logfile-Analyse ist der Vorgänger des Page Tagging. Jeder Webserver protokolliert bzw. „loggt" alles, was im Laufe des Tages passiert. Diese Daten können dann ausgewertet werden.

A/B- und multivariates Testing

Mit A/B-Tests oder multivariaten Testsystemen können zwei oder mehr Varianten verglichen werden, um zu testen, ob Seiten, Slogans oder Banner gut ankommen.

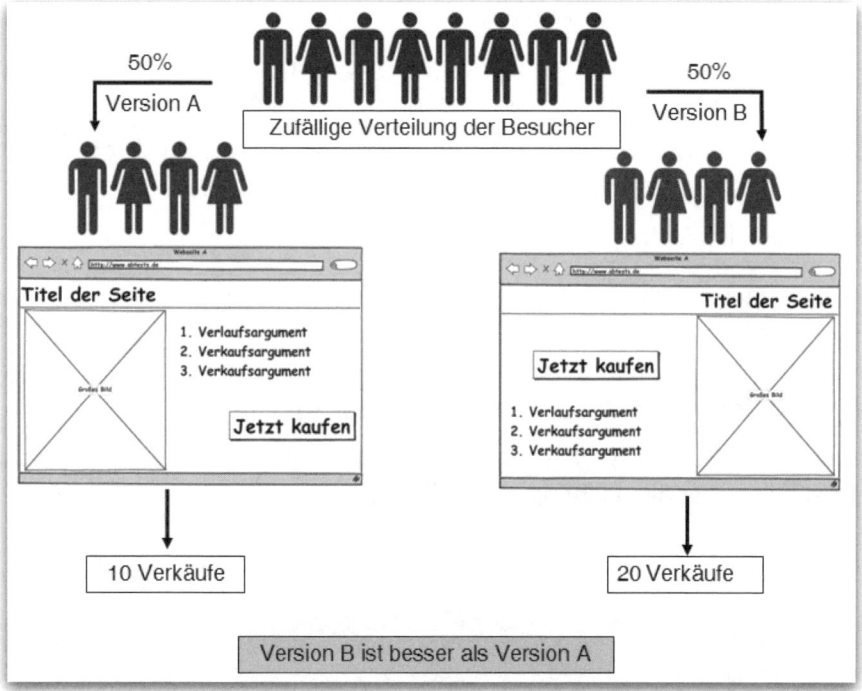

Abb. 200: A/B-Tests; Bildquelle: http://www.bruceclay.com/web_analytics.htm.

Onlineumfragen/Surveys

Es hilft enorm, ausgewählte Nutzer auf Basis von Onlineumfragen besser zu verstehen.

Persönliche Interviews und Benutzerbeobachtungen

Die nächste Stufe der Datensammlung umfasst die persönliche Ansprache und Befragung von Personen. Damit können viele qualitative Daten erfragt werden.

Verschaffen Sie sich ein Gesamtbild

Erst wenn alle Elemente gemeinsam greifen, kann man sich ein gutes Bild von den Dingen mithilfe der Web Analytics machen.

Generell muss man dabei folgende Grundlagen schaffen:

1. Basispunkte schaffen und Nutzung der Website messen.
2. Grundlagen von Web Analytics verstehen, Analytics-Methoden anwenden und Daten sammeln.

3. Metriken analysieren und interpretieren.

4. Die wöchentliche Interpretation der gesammelten Daten vornehmen und die Website optimieren, um Erfolge zu steigern.

5. Durch die monatliche Optimierung der Erkenntnisse für einen schnelleren Ertrag sorgen.

6. Wissen im Redesign einbauen.

Jährlich oder spätestens alle zwei Jahre sollte alles Wissen in das Design der Site fließen.

Web Analytics und Kontaktgenerierung

In welchem Kontext Web Analytics und die Kontaktgenerierung zueinander stehen, zeigt die nachfolgende Abbildung.

Abb. 201: Globale Ziele und Messgrößen; Bildquelle: http://www.web-analytics-nutzen.de/.a/6a00e5505822238833010536ed47ad970c-pi.

20.4 Metriken zur Erfolgsmessung

Web-Analytics-Metriken

Aufbauend auf dem Verständnis für die Web-Analytics-Metriken, lassen sich Website-Optimierungen durchführen. Hierbei gilt es, im Rahmen eines initialisierenden und fortlaufenden Prozesses eine Basis zu schaffen und die Website-Nutzung zu messen. In einem anderen, übergelagerten

Prozess erfolgen wöchentlich Analysen und Interpretationen zur Optimierung und Erfolgssteigerung im Monatszyklus. Im langfristigen Rahmen gilt es, das unternehmensweit gewonnene Wissen im Redesign zu verankern, z. B. im Halb- oder Ganzjahresrhythmus.

Messeinheit des Traffics – Page-View

Die fast immer gültige erste Fragestellung, die Analysetools bereits seit den Anfängen des Internets beantworten, ist die nach dem Traffic auf einer Website. Als häufigste Messeinheit dient dabei der Page-View – die Anzahl der Aufrufe von dynamisch oder statischen Seiten. Über größere Zeiträume betrachtet, lässt sich dadurch erkennen, wie intensiv die Inhalte einer Website aufgerufen werden. Wenngleich die Aussagekraft relativ beschränkt ist, benutzen viele Website-Betreiber dennoch die Anzahl der Page-Views als Erfolgsindikator für eine Website.

Wartungsarbeiten am Server auf Basis von Traffic-Statistiken

Sinnvoll sind Page-View-Informationen jedoch, um beispielsweise zu entscheiden, zu welcher Tageszeit Wartungsarbeiten am Webserver durchzuführen sind, damit möglichst wenige Besucher davon betroffen sind. In der Regel werden die Arbeiten jedoch zwischen 3 und 5 Uhr morgens getätigt.

Betrachtung der Visitors und Visits

Noch interessanter als die reine Page-View-Betrachtung ist jene nach Besuchern (Visitors) und Besuchen (Visits) sowie deren Beziehung zu den Page-Views. Durch Cookies (siehe Kapitel 18.3.7) können Analysetools Besucher auch über einen Website-Besuch hinaus erkennen. So wird ersichtlich, ob es sich bei einem Besucher um einen neuen Besucher oder um einen wiederkehrenden Besucher der Website handelt und wie viel Zeit zwischen den einzelnen Besuchen eines Besuchers vergeht.

Neubesucher

Viele Neubesucher lassen auf erfolgreiche Werbung oder Verlinkung schließen, während eine hohe Anzahl wiederkehrender Besucher für die Qualität des Website-Inhalts spricht. Ebenso für die Qualität einer Website spricht eine hohe Anzahl von Page-Views pro Besuch: Nur ein Besucher, der sich vom Website-Angebot angesprochen fühlt, wird auch mehr als nur eine Seite besuchen.

Anzahl der Besuche eines Besuchers

Aussagekräftiger als die Anzahl betrachteter Seiten je Besuch sind die Anzahl der Besuche eines Besuchers: Nur wenn das Angebot stimmt, wird ein Besucher zum mehrfachen Wiederbesucher. Auch die Messung der sogenannten Besucherloyalität (Besucherfrequenz und Verweildauer) gehört in diesem Zusammenhang bei den Analytics-Tools zum Standardumfang.

Zeitabstände zwischen den Besuchen eines Besuchers

Die Zeitabstände zwischen den einzelnen Besuchen eines Besuchers bemisst die sogenannte Frequency. Die Interpretation dieses Werts ist wiederum von Site zu Site anders: Während bei Newsportalen ein kleiner Frequency-Wert erstrebenswert ist (d. h., der Besucher soll möglichst täglich wiederkommen), sind bei anderen Websites auch große Zeitabstände zwischen Wiederbesuchen eine Qualitätsaussage (wenn z. B. der Shopbesucher erst wieder bei seiner nächsten Bestellung einige Wochen später auf die Shoppingseite kommt).

Woher kommen die Besucher?

Website-Besucherzahlen können gesteigert werden, wenn man weiß, wie die Besucher zum aktuellen Zeitpunkt auf die Website gelangen. So lässt sich ableiten, welche Quellen weiter zu fördern oder welche Lücken in der Besucherakquisition zu füllen sind. Analytics-Tools listen hierfür die verlinkende Seite wie auch Seiten auf, die einen angeklickten Link zur eigenen Website enthalten (Referrers).

Detailanalysen der Suchmaschinen

Da häufig viel Traffic über Suchmaschinen generiert wird, ist eine Detailanalyse hinsichtlich Suchmaschinen besonders nützlich.

Als zentraler Indikator dafür, wie die eigene Website in Suchmaschinen gefunden wird, dient die Auswertung von Suchmaschinen-Keywords. Mittels Analysetools lässt sich so herausfinden, welchen Suchbegriff ein Benutzer in einer Suchmaschine eingegeben hat, bevor er auf einen Treffer geklickt und damit die eigene Website aufgerufen hat. Mit dieser Information lässt sich eine Teilaussage über die Suchmaschinenauffindbarkeit der Website machen: Es lässt sich erkennen, über welche Begriffe man in Suchmaschinen gefunden wird. Allerdings lässt sich mittels Web Analytics nicht herausfinden, bei welchen Suchbegriffen man nicht gefunden wird. Insbesondere bei der Erfolgsüberprüfung von Search-Engine-Optimizition-(SEO-)Maßnahmen (siehe die Kapitel 15 bis 17) ist diese Teilaussage jedoch ausreichend: So lässt sich leicht klären, ob die Optimierung auf einen Such-begriff erfolgreich ist oder nicht.

Benutzte Browser und Endgeräte

Neue Browser- und Betriebssystemversionen werden von vielen Benutzern eingesetzt, und die vom Benutzer eingesetzte Bildschirmauflösung wird auch ständig größer. Um die Fähigkeiten der Website mit den Begeben-heiten beim Besucher im Laufe der Zeit abzugleichen, ist eine fortlaufende Analyse notwendig.

20.5 Erfolgsmessungen bei Werbe-einblendungen

Anforderungen an neue Messverfahren

Neue Messverfahren gehen über bisherige Zählungen der AdImpressions hinaus. Sie sind näher am tatsächlichen Sichtkontakt des Users mit On-linewerbung. Das Messverfahren lässt sich, wie schon die Erfassung der AdImpressions, ohne weiteren technischen Aufwand von Agentur- und Vermarkterseite in die bestehenden Arbeitsabläufe integrieren.

Das neue Verfahren misst, ob ein Banner erfolgreich im Browser darge-stellt worden ist. Der AdServer erhält die Banneranfrage vom Browser des Users, protokolliert diese wie beim klassischen Messverfahren als Ad-Impression und schickt eine Antwort an den Browser des Users zurück. Erst danach fordert dieser das Image an. Diesen Abruf zählt der AdServer erneut und protokolliert die Imageanforderung als View. Der Austausch zwischen Browser und AdServer läuft in Millisekunden ab. Der User merkt davon nichts, und dennoch ist dieses System viel genauer und somit an-forderungsgerechter.

Somit gewinnt die Onlinebranche neue, qualitativ hochwertige Zahlen. Die Erfassung der Views sagt jetzt aus, dass von einer Million beim AdServer angefragter Werbemittel 980.000 Banner wirklich auf dem Bildschirm des Users angekommen sind. Die Trefferwahrscheinlichkeit und die tatsäch-lich ausgelieferte Werbung sind somit um ein Vielfaches genauer.

Messung tatsächlich ausgelieferter Werbung

Mit der Zunahme der Internetpenetration und der Werbung werden Mess-methoden und Abrechnungsmodelle, die die tatsächlich ausgelieferte

Werbung berücksichtigen, immer interessanter für Agenturen und Werbekunden. Ein sehr großer Vorteil ist, dass die Messergebnisse in einem hervorragenden Preis-Leistungs-Verhältnis stehen und ohne technischen Aufwand aufseiten der Werbetreibenden zu erreichen ist. Tageszeitungen, Fernsehsender oder Außenwerbung werden ihre Nettoreichweite kaum in dieser Qualität bestimmen können.

So lassen sich auch bisher bestehende Zähldifferenzen zwischen Agenturen und Vermarktern besser analysieren und Resultate besser benennen. Vermarkter gewinnen durch den Vergleich zwischen AdImpressions und Views weitere wichtige Informationen über die Werbung auf den spezifischen Webseiten. Sieht man, dass der Unterschied zwischen beiden Messgrößen zu groß wird, ist das ein guter Anlass, um nach der Funktionstüchtigkeit der eingebuchten Werbemittel und Redirects zu schauen.

Die Buchung und Verwaltung von Onlinewerbung wird auch weiterhin mit der klassischen AdImpression arbeiten, denn sie ist eine wichtige Vergleichsgröße zu den Views. Erst im direkten Abgleich der beiden Messwerte lässt sich die Funktionsfähigkeit und Genauigkeit von Werbemitteln testen.

Sichtkontakt statt AdImpressions bewerten

Neue Messverfahren setzen auf die Zählung der vom Browser geladenen Banner (Views). So verstehen Adserving-Anbieter und Vermarkter die tatsächlichen Sichtkontakte der User besser. Somit gewinnt die Onlinebranche neben der AdImpression eine zusätzliche Messgröße für die Nettoreichweitenmessung von Werbung. Diverse Vermarkter, wie zum Beispiel netpoint media (*http://www.netpoint-media.de/*), setzen neu entwickelte Messverfahren mit großem Erfolg ein.

Sichtkontakte werden durch Pop-ups verhindert

Vor allem Pop-ups und Pop-up-Blocker haben eine Diskussion über die etablierten Mess- und Zählverfahren im Onlinemarketing entfacht. Die immens schnelle Verbreitung der Pop-up-Blocker und Daten, die beweisen, dass über 50 % der Pop-ups verhindert werden, zeigten die Schwachstellen bisheriger Messmethoden und Abrechnungsmodelle auf.

Das System funktioniert so, dass beim Aufbau einer Website der Browser Quellcodes abarbeitet, in dem Banneraufrufe eingebaut sind. Ist der Browser bei so einem Banneraufruf angelangt, kontaktiert er den AdServer und ruft das zu liefernde Banner ab. Der AdServer protokolliert diese Banneranfrage als sogenannte AdImpression. Doch damit endet auch das klassische Zählverfahren. Es erfasst nicht, ob das Banner tatsächlich auf dem Bildschirm des Users erscheint. Es gibt viele Ursachen dafür, warum der User das Banner nicht sieht. So mag er sich zum Beispiel schon auf die nächste Website weitergeklickt haben. Deshalb verlangen Vermarkter und Agenturen für ihre Erfolgskontrolle neben der AdImpression weitere Messgrößen. Diese sollen ermitteln, ob die Werbung wirklich im Browser des Users ankommt.

Klassisch wird bei Pop-up-Ads erst ab einer Einblendezeit von mindestens drei Sekunden von einem View gesprochen.

20.6 Instrumente der Erfolgsmessung – Web-Analytics-Tools

Web-Analytics-Tools geben nicht nur Auskunft über den aktuellen Stand, sondern lassen auch Trends wie zum Beispiel die Entwicklung bei der Bildschirmauflösung erkennen.

Auch im Hinblick auf mobile Endgeräte lassen sich detaillierte Statistiken generieren.

Die Bereiche, die von einzelnen Web-Analytics-Produkten abgedeckt werden, variieren stark, und kaum ein Produkt deckt sämtliche Sektoren vollständig ab. Eine Evaluation, die die benötigten Eigenschaften mit den Fähigkeiten der Produkte gegenüberstellt, schafft meist Klarheit über das für ein Unternehmen richtige Produkt. Grundsätzlich gilt, dass man folgende Daten genauer in Augenschein nehmen muss:

> Traffic und
> Besucher.

Auswahl eines Web-Analytics-System

Zu Beginn ist es ausreichend und notwendig, sich mit einem kostengünstigen System wie Google Analytics (siehe Kapitel 17.5.1) bekannt zu machen und dieses in die eigenen Systeme zu integrieren. Damit kann man Daten tracken und nutzen. Danach zeigen sich die Bedürfnisse, und man kann sich um ein High-End-, Mid-Range- oder Low-End-Tool kümmern. Hier nun zusammengefasst die wichtigsten Fakten zu Web-Analytics-Tools:

Basisdimensionen eines Web-Analytics-Systems

➢ Art und Weise der Datensammlung; clientseitiges (Page-Tagging-) oder serverseitiges (Logfile-)Verfahren.

➢ Betriebslösung intern oder als SaaS (siehe Kapitel 3.3).

➢ Berücksichtigung von Datenschutzregeln, z. B. durch Unterstützung von First-Party-Cookies, keine Abspeicherung der IP-Adressen oder Unterstützung europäischer Datenschutznormen.

Funktionale Dimensionen eines Web-Analytics-Systems

➢ Einrichtung von Kampagnen ohne IT-Eingriffe.

➢ Linkidentifikationen im Browser-Overlay.

➢ Suchfunktionen innerhalb des Web-Analytics-Systems.

➢ Erstellungsmöglichkeiten für Gruppen von Inhalten.

➢ Segmentierungsmöglichkeiten und Umfänge.

➢ Zielorientierte Messgrößen, Abbildungsmöglichkeiten und Implementierungsaufwand.

➢ Abbildungsmöglichkeiten von Conversions auf Seitenbasis und bei dynamischen Ereignissen.

➢ Abbildungsmöglichkeiten von Conversion-Kosten und -Werten.

➢ Abbildungsmöglichkeiten und Implementierungsaufwand von individuell definierten Key Performance Indicators.

➢ Auswertung von Formularfeldabbrüchen.

Schnittstellen bei der Nutzung von Daten in Web-Analytics-Systemen

Für Schnittstellen bei der Nutzung von Daten in Web-Analytics-Systemen sollten

➢ Exportmöglichkeiten von Daten über eine API (**A**pplication **P**rogramming **I**nterface),

➢ Google-AdWords-Daten und

➢ Kampagnendaten

miteinander kombiniert werden können.

20.7 Verfahren zur Datensammlung

Die technische Sicht auf die Web Analytics

Aus technischer Sicht hilft es, zwei Arten von Analytics zu unterscheiden.

Das eine ist die serverseitige, das andere die clientseitige Sammlung der Daten.

20.7.1 Die serverseitige Logdateianalyse

Serverseitiges Tracking

Serverseitiges Tracking bringt für technische Bedürfnisse einige Vorteile mit sich. Für eine Analyseauswertung, die auf den wirtschaftlichen Erfolg einer Website abzielt, überwiegen die Vorteile des clientseitigen Trackings klar.

Serverseitige Logfile-Analyse

Bei der serverseitigen Logfile-Analyse überwacht ein Server alle Zugriffe und Anfragen auf seine Dateien und zeichnet diese in einem Logfile auf. Bei einem Webserver heißt dies, dass sämtliche Zugriffe auf HTML-Seiten, Bilder, JavaScripts etc. in einer Textdatei protokolliert werden. So werden folgende Daten protokolliert:

➢ Zeitpunkt und Name der aufgerufenen Datei,

➢ Informationen über den Aufrufer der Datei, zum Beispiel IP-Adresse,

➢ Referrer-URL,

➢ Art des Protokolls,

➢ Browsertyp etc.

Diese Daten allein sind rein deskriptiver Art und sagen sehr wenig über die Nutzung einer Website aus. Aus diesem Grund müssen sie von einer Statistiksoftware aufbereitet werden.

20.7.2 Die clientseitige Datenanalyse der Tags und Pixel

Beim clientseitigen Tracking erfolgt die Sammlung von Nutzungsdaten nicht wie bei der Logfile-Analyse auf dem Webserver selbst, sondern auf einem Drittsystem. Der Client, das heißt der Browser jedes Besuchers, übermittelt Daten an das Drittsystem. Damit dies passiert, werden in jede zu trackende Seite einer Website ein kleines, unsichtbares Bild und ein JavaScript-Code eingebettet. Dank dieses Verfahrens lassen sich weit mehr Informationen sammeln und auswerten, als dies rein serverseitig möglich wäre.

So werden auch Auswertungen möglich, mit denen man das Verhalten des Besuchers – auch aus betriebswirtschaftlicher Sicht – näher untersuchen kann.

20.8 Web-Analytics-Tools kennenlernen

Bekannte Hersteller von Web-Analytics-Produkten

Einige der bekannteren Hersteller von Web-Analytics-Produkten sind:

- ➢ *http://www.google.com/analytics*
- ➢ *http://www.coremetrics.com*
- ➢ *http://www.etracker.de*
- ➢ *http://www.fireclick.com*
- ➢ *http://www.google.com/urchin*
- ➢ *http://www.nedstat.de*
- ➢ *http://www.omniture.com*
- ➢ *http://www.sas.com*
- ➢ *http://www.unica.com*
- ➢ *http://www.webtrends.com*
- ➢ *http://www.webtrekk.com*
- ➢ *http://www.web.analytics.yahoo.com*

20.9 Praxiswissen kompakt, To-do-Checklisten und Webtipps

Als Nächstes folgen ein Interview mit Timo Aden – Geschäftsführer der Trakken Web Services GmbH – zum Thema Web Analytics sowie die gewohnte Checkliste.

20.9.1 Interview mit Timo Aden – Geschäftsführer der Trakken Web Services GmbH

Timo Aden ist Gründer und Geschäftsführer des auf Webanalyse und Conversion-Optimierung spezialisierten Unternehmens Trakken Web Services GmbH, eines der führenden Unternehmen auf diesen Gebieten. Er ist anerkannter Webanalyse- und Conversion-Optimierung-Experte, der auf sämtlichen relevanten Konferenzen und Veranstaltungen als Sprecher auftritt. Zudem betreibt Timo Aden unter *www.timoaden.de* das größte deutschsprachige Blog zu Web Analytics. Des Weiteren veröffentlichte er das erste deutschsprachige Google-Analytics-Buch, das mittlerweile in der zweiten Auflage erschienen ist und als Standardwerk in diesem Bereich gilt. Vor der Gründung von Trakken war Timo Aden bei Google verantwortlich für Google Analytics in Deutschland, Österreich, der Schweiz und in Skandinavien.

Abb. 202: Timo Aden – Geschäftsführer der Trakken Web Services GmbH.

Alpar: Hallo Timo. Was ist denn das Erste, worauf man schauen sollte, wenn man über Web Analytics nachdenkt?

Aden: Das ist gar nicht so einfach zu beantworten. Erst mal sollte man, ehe über irgendein Tool nachgedacht wird, über die eigenen Website-Ziele nachdenken. Sprich, was möchte man mit einer Website erreichen, was sind die Hauptziele? Im Fall eines E-Commerce-Shops geht es beispielsweise zunächst darum, mehr Umsatz zu machen oder mehr Produkte zu verkaufen oder auch mehr Anmeldungen zu generieren. Und gibt es neben den sogenannten Makro-Conversions oder globalen Conversions, wie Verkäufe, Umsatz und Anmeldungen, noch weitere Ziele? Welche sind die hinführende Ziele? Das können zum Beispiel sein: Kontaktformular ausfüllen, PDFs downloaden, Videos angucken oder eine bestimmte Seite sehen, auf der Informationen dargestellt werden, oder natürlich auch etwas in den Warenkorb legen. Je nach Business können dies alles Mikro-Conversions sein. Diese sind sozusagen hinführend zur Makro-Conversion, wie beispielsweise mehr Umsatz zu generieren.

Alpar: Kann man das vielleicht einmal an einem Beispiel durchspielen? Zum Beispiel an einem Onlineshop?

Aden: Bei einem Onlineshop ist es in der Regel das Ziel, mehr Produkte zu verkaufen – das ist naheliegend.

Alpar: Ja.

Aden: Zusätzlich gibt es aber bei jedem Onlineshop diverse Mikro-Conversions, die erhoben und analysiert werden sollten, da sie den Umsatz indirekt beeinflussen. Dies sind Aktivitäten von Usern, beispielsweise: Produktkategorie aufrufen, Produktdetailseite aufrufen, Produkt in den Warenkorb legen, PDF oder Produktspezifikation downloaden oder Kontaktformular ausfüllen. Hier gibt es je nach Website viele unterschiedliche Mikro-Conversions.

Alpar: Aber das ist ja quasi alles.

Aden: Ja, aber es gibt auch mehr als eine Conversion. Übertragen wir das Ganze mal in die Offlinewelt. Angenommen, ich habe ein tolles Produkt, aber einen hässlichen Laden am Ortsrand, den keiner findet und in dem man das tolle Produkt nicht finden kann, da es sich irgendwo in der hintersten Ecke befindet. Je mehr ich dann zunächst andere Dinge betrachte und optimiere, wie zum Beispiel die Lage, das Erscheinungsbild, das Marketing, freundlicheres Personal und so weiter, desto wahrscheinlicher ist es, dass ich irgendwann auch mehr von meinen tollen Produkten verkaufe. Naheliegend, oder? Genauso verhält es sich online. Wenn ich auch die Mikro-Conversions permanent beobachte und optimiere, komme ich am Ende nicht drum herum und mache fast zwangsläufig mehr Umsatz. Damit beeinflusse ich meine Makro-Conversion – und mache mehr Umsatz.

Alpar: Ist es denn so, dass man sich immer eine Makro-Conversion setzt, die sich aus Mikro-Conversions zusammensetzt. Oder sind die Mikro-Conversions eher die Schritte zur Makro-Conversion?

Aden: Das sind eigentlich die Schritte zur Makro-Conversion bzw. die, die für die Makro-Conversion unterstützend sind. Wenn du zum Beispiel die Rate der User, die ein Produkt in den Warenkorb legen, steigerst, ist die Chance sehr groß, dass du am Ende auch mehr Umsatz machst. Das heißt, wenn du deine Seite oder bestimmte Kampagnen optimieren möchtest, solltest du dir immer kleine Schrauben suchen, an denen du drehen kannst, und für diese Schrauben entsprechende Ziele setzen. Die große Schraube zu drehen, ist eben viel schwieriger. Wenn du dir aber kleine Schrauben suchst und diese optimierst, beeinflusst du automatisch die große Schraube. Es ist einfacher, 1.000 Dinge um 1 % zu verbessern als eine Sache um 1000 %.

Alpar: Ich bin mir nun meiner kleinen und großen Schrauben bewusst. Was heißt das dann für meine Web-Analytics-Bemühungen?

Aden: Für deine Web-Analytics-Bemühungen heißt das, dass, wenn du deine Makro- und deine Mikroziele kennst, du diese in einem Webanalysetool abbildbar machen solltest. Im Anschluss daran kannst du dort sehen, wie die ganzen kleinen Schrauben die großen Schrauben beeinflussen. Dies funktioniert natürlich nur dann, wenn auch Änderungen auf der Website bzw. auf Kampagnenseite vorgenommen werden. Im Anschluss wird ersichtlich, welche Aktionen welchen Einfluss auf die Daten innerhalb des Webanalysetools haben. Mehr testen und ausprobieren heißt gleichzeitig mehr lernen! Und mehr Wissen schadet nie. Wichtig ist zudem noch, dass Daten miteinander verknüpft werden können. Zum Beispiel: Durch welche Kampagne, durch welche Keywords, durch welchen Kanal generierst du eigentlich am meisten die User, die etwas in den Warenkorb legen, aber es dann doch nicht kaufen?

Alpar: Das heißt, Web Analytics macht zum einen meine kleinen und großen Conversions messbar, das muss sichergestellt sein. Und das zweite ist die Verknüpfung zu meinen Marketingbemühungen?

Aden: Genau. Das ist die Basis, um überhaupt mit der Webanalyse beginnen zu können. Idealerweise möchtest du in deinem Web-Analytics-Tool eine Art 360-Grad-Blick haben. Alle Traffic-Kanäle (zumindest die meisten) sollten abgebildet sein, um sich ein umfassendes Bild machen zu können. Nur dann kann man „wissen" und beurteilen, wie sie jeweils funktionieren und welche am besten funktionieren. Im Anschluss können die jeweiligen Kanäle dann optimiert werden. Hierfür benötigst du einen Rundumblick und solltest in der Lage sein, Daten miteinander verknüpfen zu können. Und, ganz wichtig, um segmentieren zu können, um immer tiefer und weiter in die Daten einzusteigen. Das heißt, wenn du jetzt beispielsweise weißt, dass der Kanal Google AdWords super funktioniert, wie funktionieren dann eigentlich die verschiedenen AdGroups, die verschiedenen Keywords – und diese jeweils bezogen auf Ziele, die du vorher schon definiert hast?

Alpar: Was heißt das jetzt genau in meinen Tools? Man könnte ja auch zu viele und zu kleine Sachen messen. Am Ende sieht man dann den Wald vor lauter Bäumen nicht.

Aden: Die Gefahr besteht durchaus. Deswegen auch der Punkt, dass man sich unbedingt vorab überlegen sollte, was für einen die wichtigsten User-Aktionen, KPIs, also **K**ey-**P**erformance-**I**ndikatoren, und die wichtigsten Kennziffern sind. Ein Webanalysetool, egal welches, spuckt schon per Default so unglaublich viele Zahlen aus, dass man sich da leicht drin verlieren kann. Der Punkt ist einfach: Was sind die richtigen Zahlen? Da sollte ich mir vorab wirklich sehr genau überlegen, durch welche Metriken und durch welche KPIs ich eigentlich mein Geschäftsmodell am besten abbilden und beeinflussen kann. Hier ist es sinnvoll, sich zu reduzieren und sich auf die wirklich wichtigen zu fokussieren!

Alpar: Beim Onlineshop kann man sich immer relativ einfach vorstellen, was solche KPIs sein könnten. Wie ist das eigentlich bei einer Seite, die in Richtung Reichweite geht, das heißt eine, die hauptsächlich über die Vermarktung von Werbeflächen verdient. Welche KPIs oder auch die Zwischenziele gibt es denn da?

Aden: Genau. Nehmen wir zum Beispiel ein Nachrichtenportal. Hier werden die Umsätze in der Regel durch das Anzeigen von Werbung generiert. Insofern ist hier oftmals das Ziel: Wie kann ich es schaffen, dass sich User möglichst lange auf meinen Webseiten aufhalten, möglichst viele Seitenaufrufe generieren und möglichst oft wiederkommen? Wenn ich das schaffe, verdiene ich auch automatisch mehr Geld. Denn dann können dem User mehr Werbemittel und Kampagnen angezeigt werden – dies lohnt sich insbesondere dann, wenn die Kampagnen auf TKP-Basis verkauft wurden. Bei Sites, die ausschließlich Performance-Kampagnen auf ihren Seiten platziert haben, sieht das Ganze natürlich schon wieder etwas anders aus. Insofern sollte man als Nachrichtenseitenbetreiber daran interessiert sein, dass sich der User mit den Inhalten der Website auseinandersetzt. Dies ist messbar mit KPIs, also Anzahl der Besucher, die einen Artikel kommentiert haben, im Vergleich zu allen Besuchen, oder natürlich auch mit Standardmetriken wie Verweildauer, Seitenaufrufe pro Besuch etc. Es gibt fast unendlich viele spannende Kennziffern, die in Abhängigkeit vom jeweiligen Business gebildet werden können.

Alpar: Ist denn Web Analytics etwas, worüber man sich vor einer Werbekampagne oder vor jeglichen Werbekampagnen Gedanken machen muss? Also ist es quasi das Erste, von wo aus man das Pferd aufzäumt?

Aden: Also eigentlich ist es ein permanenter Prozess. Webanalyse ist niemals etwas Einmaliges. Es ist etwas, das ich permanent mache, um permanent auf dem Laufenden zu sein. Nur durch stetige Analysen und fortlaufende Optimierung kann man immer besser und damit erfolgreicher werden. Jede geplante Maßnahme sollte mit entsprechenden Zielen und Kennziffern belegt werden. Es gibt einen Unterschied zwischen taktischen und strategischen KPIs. Strategische sind welche, die eher langfristig sind. Ich möchte zum Beispiel langfristig meinen Anteil an SEO-Traffic um x % erhöhen. Taktische KPIs sind eher welche, die kurzfristiger sind, wie beispielsweise: „Ich fange mit Social Media an und investiere Geld in eine erste Kampagne bei Facebook." Was möchte ich aus dem investierten Geld eigentlich wieder rauskriegen? Was sind die Ziele dieser Investition? Insofern kann ich jede Kampagne, die ich platziere, vorher schon mit Kennziffern und mit Zielen belegen, um zu definieren, wo man eigentlich hin will. Um im Nachhinein bewerten zu können, wie erfolgreich die durchgeführten Maßnahmen waren. Noch mal kurz zu den vorhin schon diskutierten Nachrichtenseiten: Da gibt es ganz viele Dinge, die man auch als Mikro-Conversions zählen kann, beispielsweise Bewertungen oder Kommentare. Wenn ich es schaffe, einen User zu einem Kommentar zu bewegen, muss sich dieser zunächst ein paar Gedanken gemacht haben, was er überhaupt kommentiert. Er muss sich mit dem Text befasst haben, er muss ihn sich durchgelesen haben, er muss sich überlegt haben: „Wie ist der Inhalt meines Kommentar?" (Zugegeben, bei einigen Kommentaren hat man den Eindruck, als hätte der User nicht vorher nachgedacht ...) Er engagiert sich als stark innerhalb der Webseite. Die Chance, dass er dann wiederkommt, um zu schauen, was die anderen User auf seinen Kommentar geantwortet haben, ist schon relativ groß. Dadurch, dass er dann wiederkommt, generiert er wieder neue Seitenaufrufe, schreibt vielleicht wieder einen Kommentar oder liest noch andere Artikel. Dadurch schaffe ich es, den User mehr in meine Seite zu integrieren und ihn zum Wiederkommen zu bewegen – folglich generiere ich so mehr Seitenaufrufe und verdiene mehr Geld.

Alpar: Gibt's eigentlich einen Richtwert, der empfiehlt, wie man, abhängig vom Marketingbudget, seine Web-Analytics-Bemühungen mit

Budget ausstatten sollte? Wie viel sollte ich für Web Analytics bereithalten, wenn ich zum Beispiel für 100.000 Euro im Jahr Onlinewerbung machen?

Aden: Das ist schwer zu sagen. Ich würde sagen, es hängt eher von den jährlichen Umsätzen ab, die online generiert werden. Wichtig ist, dass ich mein Budget, das ich für die Webanalyse nutzen will, nicht komplett in ein Webanalysetool stecke, sondern mehr in die Menschen, die mit dem Tool arbeiten. Oder eben in entsprechende Dienstleister, die einen dabei unterstützen. Avinash Kaushik hat hier mal die 10/90-Regel aufgestellt. Diese besagt: Wenn ich 100 Euro Budget für die Webanalyse habe, sollte ich davon maximal 10 Euro ins Tool stecken. 90 Euro hingegen sollten in die Menschen, die mit diesem Tool arbeiten, investiert werden. Weil das Tool allein mir keinen Mehrwert bringt. Mehrwert bekomme ich erst dann, wenn ich mit diesem Tool arbeite und die entsprechenden Aktionen daraus ableite.

Alpar: Wenn man sich jetzt die Menschen, die mit dem Analytics-Tool arbeiten, in einem Unternehmen, das relativ viel Onlinewerbung macht, anschaut: Was sind deren Aufgaben und zu welchem Anteil? Sind das meistens Techniker? Oder sind es Leute aus der Business-Intelligence, die sich überlegen, wo Pixel eingebaut werden oder was die Ziele sein sollten? Womit verbringen diese Web-Analytics-Leute ihre Zeit?

Aden: Idealerweise verbringen die Webanalysten ihre Zeit mit Analysen. Organisatorisch positioniert sollte die Webanalyse eher im Marketing sein. Die IT-Abteilung ist eigentlich nur am Rande involviert, sie ist dafür verantwortlich, die entsprechenden Pixel einzubauen und dafür zu sorgen, dass das Tool vernünftig implementiert ist und die Systeme laufen. Ab diesem Moment ist die IT-Abteilung nur noch am Rande mit der Webanalyse beschäftigt – beispielsweise dann, wenn die bestehende Implementierung optimiert werden muss. Idealerweise liegt die operative Durchführung der Webanalyse in der Nähe des Marketings oder in einer eigenen Webanalyseabteilung. Ein Webanalyst sollte dann seine Zeit damit verbringen, Daten zu analysieren – klingt logisch, wird aber dennoch selten gemacht. Denn es gibt entscheidende Unterschiede zwischen Reporting und Webanalyse. Auch da gibt es wieder eine 10/90-Regel: Ein Webanalyst sollte maximal zu 10 % seiner Zeit mit Reporting, also dem reinen Aufbereiten und Rumschicken von Zahlen, beschäftigt sein – aber zu mindestens 90 % mit dem Analysieren von Zahlen und dem Herausarbeiten konkreter Handlungsempfehlungen.

Alpar: Die Fragestellungen, über die wir jetzt gesprochen haben, klingen eigentlich nach grundsätzlichen strategischen Onlinemarketingfragen. Ist Web Analytics damit die strategische Komponente am Onlinemarketing? Oder ist das nur ein falscher Eindruck?

Aden: Nein, das ist schon richtig. Ein Webanalyst ist ein Alleskönner. Wie eben schon gesagt, ist er zwar im Onlinemarketing angesiedelt, hier aber eher in der Funktion des Webcontrollings oder des Marketingcontrollings. Über durchgeführte Maßnahmen und Aktionen des Unternehmens sollte der Webanalyst immer informiert sein, da er diese am Ende kontrolliert und dafür sorgt, dass alles in die richtige Richtung geht. Entsprechend steht der Webanalyst, sozusagen auch als Stabsstelle, beratend zur Verfügung und gibt Feedback und Empfehlungen dazu, welche Änderungen durchgeführt werden sollten. Ob Optimierungen von Kampagnen oder Verbesserungen auf der Website, der Webanalyst ist immer involviert. Die operative Umsetzung unterliegt dann den entsprechenden Fachabteilungen.

Alpar: Jetzt einmal ganz ehrlich gesprochen: Diese Webanalysten, von denen du sprichst, die sind in Deutschland ja vielleicht an zwei Händen abzuzählen. Was machen denn dann die ganzen anderen Unternehmen?

Aden: Viele Unternehmen machen nicht immer alles richtig. Es gibt in der Tat nicht so viele Unternehmen, die sich strategisch der Webanalyse verschrieben und entsprechend aufgestellt haben – auch wenn es in den letzten Jahren deutlich mehr geworden sind. Viele Webanalysten sind oftmals fast ausschließlich damit beschäftigt, Reports zu erstellen. Reporting ist wichtig und wie schon gesagt eine Teilaufgabe des Webanalysten, aus meiner Sicht bringt reines Reporting aber nur einen verhältnismäßig geringen Mehrwert. Erst die Analysen, die Handlungsempfehlungen und die konkreten Vorschläge für Änderungen und Aktionen bringen Mehrwert. Und da sind viele Unternehmen einfach noch nicht so weit, sich etwas von den gewohnten umfangreichen Reportings zu lösen und eher tiefer in die Zahlen einzusteigen, noch feiner zu segmentieren, mehr Informationen herauszukitzeln und mehr Fragen zu stellen – Erkenntnisse zählen mehr als Excel-Reports. Wichtig ist dann, dass das Unternehmen in der Lage ist, Veränderungen verhältnismäßig schnell umzusetzen – auch hieran scheitern Unternehmen mitunter.

Alpar: Jetzt hast du gesagt, dass dem Tool finanziell relativ wenig Aufmerksamkeit geschenkt werden sollte. Dennoch scheint diese Fragestellung bei den Unternehmen eine der relevantesten zu sein. Da gibt es

ja die kostenlose Standardalternative in Form von Google Analytics, die, glaube ich, sehr, sehr breit genutzt wird. Vielleicht gibt es noch ein, zwei kostenlose andere Möglichkeiten, die du noch nennen könntest. Und es gibt die Bezahltools. Vielleicht könntest du mal zu diesen Gruppen ein paar Worte verlieren. Und ein bisschen Hilfestellung geben, in welche Richtung man gehen soll.

Aden: Es gibt keine Daumenregel, welches Tool für wen am besten geeignet ist. Denn die Auswahl des geeigneten Tools hängt extrem vom jeweiligen Business ab. Jedes Business, jedes Unternehmen ist individuell – unterschiedliche Organisationen, unterschiedliche Prozesse, Fragestellungen, KPIs, Anforderungen und unterschiedliche Websites und Zielsetzungen sorgen für unterschiedliche Webanalysetool-Anforderungen. Mit Google Analytics in der kostenlosen Variante oder mit Yahoo! Web Analytics kann man bereits unglaublich viel machen – wenn man es richtig macht. Ich glaube, gerade Google Analytics ist zwar weitverbreitet, aber dennoch ein unterschätztes Tool. Dadurch, dass es kostenlos ist, wird sich bei der Implementierung häufig weniger Mühe gegeben als bei Bezahltools – dies hat eine oftmals nicht perfekte Implementierung zur Konsequenz, was dann wiederum dazu führt, dass die Möglichkeiten des Tools nicht ausgereizt werden. Es ist hier sinnvoll, auch eine Google-Analytics- oder eine Yahoo!-Web-Analytics-Implementierung als richtiges Projekt aufzufassen. Zumindest mein Buch sollte man gekauft haben ;-) Im Ernst: Es lohnt sich, ein paar Tausend Euro in die Hand zu nehmen, um das Tool richtig aufzusetzen, um dann in der Lage zu sein, es vernünftig zu nutzen und den Mehrwert zu erkennen. Letztendlich hängt die Auswahl des richtigen Tools immer von den jeweiligen Anforderungen ab. Klar, jedes Tool hat seine Spezifikation, und Bezahltools haben in einigen Dingen auch einen Vorteil. Zu gefühlten 70 % sind die meisten Webanalysetools jedoch recht ähnlich. Standard-Basismetriken spucken alle Tools aus. Die Frage ist, ob es bestimmte Anforderungen gibt, die nur durch bestimmte Tools abgebildet werden können. Es gibt Unternehmen, die viel Geld für ein Bezahltool ausgeben – am Ende gilt es aber immer, die Frage zu stellen, ob sich diese Investition lohnt und ob die Summe der Erkenntnisse und die daraus abgeleiteten Änderungen und Optimierungen diese Investition übersteigen. Es kommt darauf an, was ich davon nutze oder nutzen will. Lohnt es sich, für vielleicht 20 % mehr Features, Daten oder Möglichkeiten viel Geld zu investieren? Oder verzichte ich darauf, nutze das Geld aber dafür, um mit den Daten zu arbeiten?

Alpar: Wie werden solche Bezahltools meistens abgerechnet? Pro aufgerufenes Pixel, oder sind das Pauschalpreise? Wie muss man sich die Preisgestaltung von Bezahltools für Web Analytics vorstellen?

Aden: Bei den meisten Tools ist die Ermittlung des Endpreises verhältnismäßig intransparent. Als Abrechnungsbasis dienen bei fast allen Tools die Server-Calls, also die Anzahl der aufgerufenen Pixel – letztendlich also die Menge der Daten, die an das Webanalysetool übergeben werden. Zudem hängt der finale Preis oftmals auch ganz einfach vom Verhandlungsgeschick des Einkäufers ab. Es gibt auch Tools, wie etwa die Premium-Variante von Google Analytics, die eine Flat-Fee anbietet. Das heißt, es wird immer der gleiche Preis bezahlt, unabhängig davon, wie viele Server-Calls generiert werden. Dieses Preismodell gibt es aber eher selten. Die meisten Bezahltools basieren auf Server-Call-Abrechnung.

Alpar: Hat man eigentlich, wenn man große Unternehmen anschaut, einen Überblick darüber, wie viele auf kostenfreie und wie viele auf kostenpflichtige Tools setzen? Oder ist es so, dass große Unternehmen eigentlich immer auf kostenpflichtige Tools setzen?

Aden: Nein, das ist nicht immer so. Die kostenlose Variante von Google Analytics hat den Markt natürlich ganz ordentlich aufgewirbelt und für mehr Wettbewerb gesorgt. Dies hat am Ende der gesamten Webanalysebranche gutgetan – Wettbewerb belebt das Geschäft. Es gibt sehr viele sehr große Firmen, die kostenlose Webanalysetools nutzen. Die Verteilung der Tools ist verhältnismäßig heterogen. Klarer Marktführer ist mit sehr großem Abstand Google Analytics. Auf den Plätzen folgen dann Omniture (Adobe) Site Catalyst, Webtrekk, AT Internet, Webtrends und weitere Anbieter wie auch beispielsweise eTracker. Die Größe des Unternehmens ist nicht entscheidend, ob ein kostenloses oder ein kostenpflichtiges Tool eingesetzt wird. Vor allem seitdem die Datenschutzdebatte über die Webanalysetools, und hier insbesondere hinsichtlich Google Analytics, verstummt ist, ist der Wettbewerb untereinander noch mal härter geworden – die jeweiligen Anbieter versuchen, ihre Nischen zu finden, indem sie beispielsweise Integrationen anderer (Online-)Marketingtools anbieten. Es gibt unterschiedliche Differenzierungsmerkmale. Am Ende gründet sich der Erfolg der Webanalyse aber immer auf der Arbeit mit dem Tool, niemals auf dem Webanalysetool selbst.

Alpar: Vielen Dank für das Interview.

Aden: Sehr gern.

20.9.2 Praxisbeispiele

Einen Eindruck vom meistverbreiteten Webanalysetool Google Analytics haben Sie bereits bekommen (siehe Kapitel 17.5.1). Als weiteres Tool kann Piwik genannt werden: *http://de.piwik.org/*.

20.9.3 To-do- und Checklisten

Nachfolgend wird – wie bei jeder Checkliste am Ende des Kapitels – von drei Arbeitsphasen ausgegangen, die jeweils eine Vertiefung der Maßnahmen verkörpern:

➢ Phase 1: Vergegenwärtigung

➢ Phase 2: Reflexion

➢ Phase 3: Potenzialerkennung und Umsetzung

Web-Analytics-Checkliste	1. Phase	2. Phase	3. Phase
Ziele der Web Analytics			
Methoden und Mittel der Web Analytics			
Metriken zur Erfolgsmessung (EM)			
Erfolgsmessung bei Werbeeinblendungen			
Instrumente der EM in Web-Analytics-Tools Verfahren zur Datensammlung Welche Tools? Verknüpfungen mit SEA Traffic-Analyse (woher kommen z. B. die Benutzer)			

21. Conversion-Rate-Optimierung: Leiten Sie Ihre Website-Besucher aktiv und profitieren Sie!

Die Conversion-Rate-Optimierung (CRO – Konversionsratenoptimierung/ KRO) dient dazu, aktiv den Besucher auf der Website zu leiten oder zu lenken. Im Folgenden gehen wir näher auf die Ziele der Conversion-Rate-Optimierung ein, stellen Ihnen Möglichkeiten der Strategiefindung in der CRO, ein Zielsystem für Webseiten im Kontext der CRO und zur Datenerhebung sowie Kennzahlen in der CRO vor. Ebenso erläutern wir auf die Konzeption und Realisierung der Conversion-Rate-Optimierung während einer Kampagne, die Nachbearbeitung zur Kampagne, geben weitere Tipps zur CRO und stellen wichtige Regeln in der CRO vor. Zudem bekommen Sie Einblick in Fallbeispiele des Web-Analytics-Dienstleisters Trakken, und wir führen wieder ein Interview zum Thema mit einem Experten.

21.1 Ziele der Conversion-Rate-Optimierung

Was ist Conversion?

Conversion bedeutet Umwandlung. Es geht um die Umwandlung des Besuchers in eine Person, die sich so verhält, wie der Website-Betreiber es gern hätte. Conversion tritt also dann auf, wenn der Besucher eine Aktion durchführt, die im Sinne des Website-Betreibers als zielgerichtet definiert werden kann.

Im E-Commerce-Sektor, aus dem der Begriff stammt, bedeutet dieser konkret die Bestellung eines Besuchers, gemeint ist also der aktive Kaufprozess. Nur 2 bis 4 % der Website-Besucher konvertieren im Regelfall, 96 bis 98 % aber machen etwas anderes. Was machen sie? Das ist brachliegendes Potenzial, das es zu analysieren und zu nutzen gilt.

21.1.1 Akteure und Produkte in der Conversion-Optimierung

Akteure haben im Grundsatz zwei Bezugsebenen zur Website, den

➢ direkten Bezug zum Produkt und den
➢ indirekten Bezug zum Produkt.

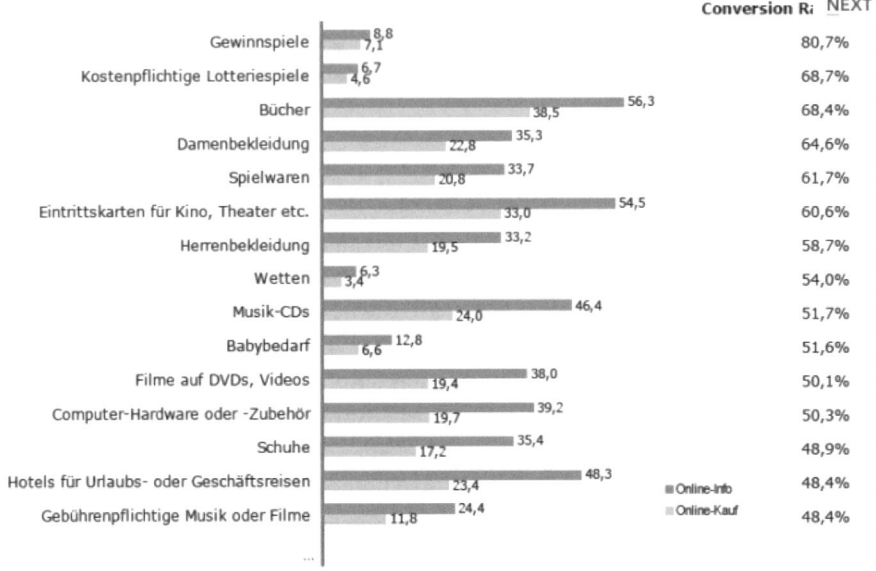

Basis: 103.370 ungewichtete Fälle (Internetnutzer letzte 3 Monate) / „Zu welchen der nachfolgenden Produkte haben Sie schon einmal Informationen im Internet gesucht?" / „Haben Sie in den letzten 12 Monaten folgende Produkte über das Internet gekauft?" / Angaben in Prozent / Darstellung der Top 15 von insgesamt 59 Produkten Quelle: AGOF e.V. / internet facts 2009-II

Abb. 203: Top-15-Conversion-Rates; Bildquelle: http://www.conversiondoktor.de/conversion-optimierung/conversion-rates-von-produkten/.

Aufgaben des Budgetentscheiders

So kann ein Budgetentscheider, der einen indirekten Bezug zum Produkt hat, einen Produktmanager, der den direkten Bezug zum Produkt hat, unterstützen oder beschneiden. Wichtig ist, dass die Akteure an einem Strang ziehen.

Nachfolgend ein Beispiel zum Customer-Journey (siehe Abbildung 204), also zum kompletten Weg des Kunden bis zum Punkt der Conversion und zu den Möglichkeiten des Budgeteinsatzes seitens der Kampagnenplaner (siehe Abbildung 205).

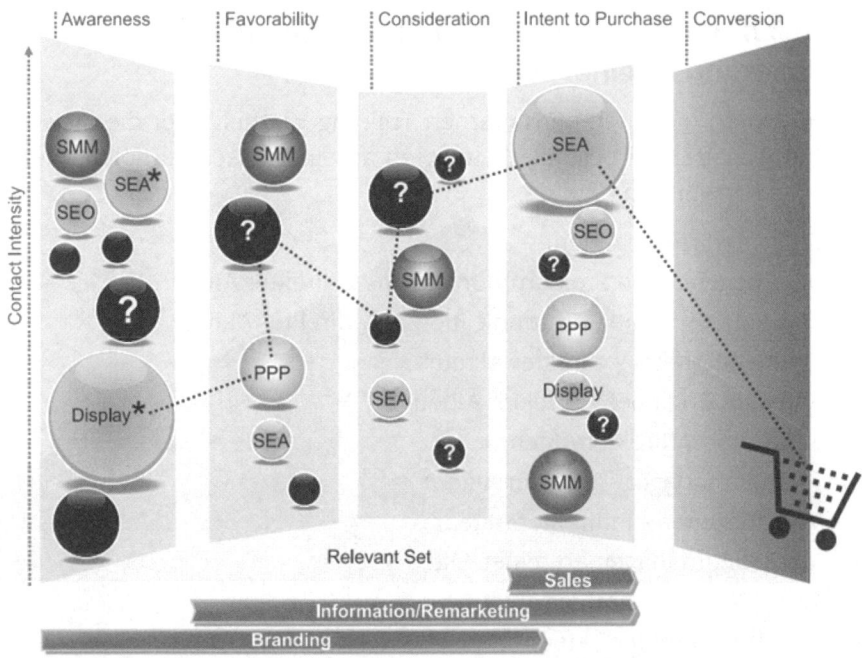

Abb. 204: Top-15-Customer-Journey; Bildquelle: http://www.actionallocator.de/customer-journey.html.

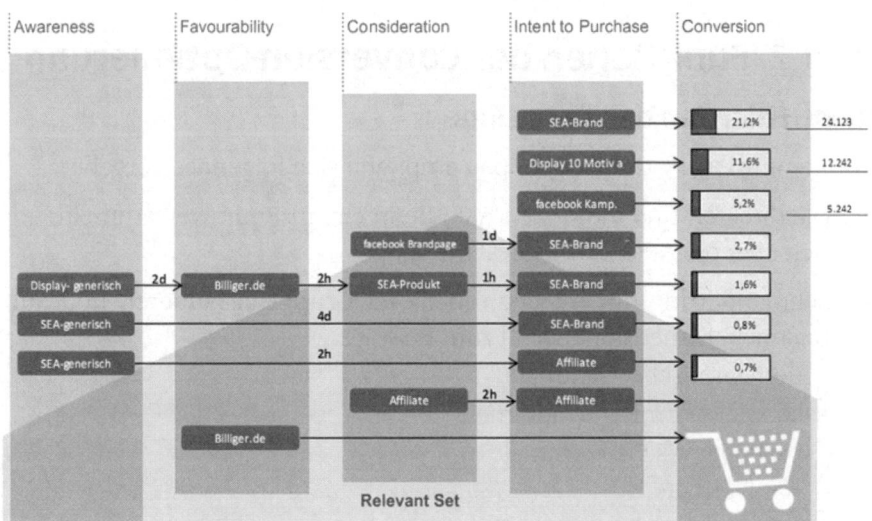

Abb. 205: Optimaler Budgeteinsatz; Bildquelle: http://www.actionallocator.de/customer-journey.html.

Übersicht über die Beteiligten bei der Conversion-Optimierung zu einer Website

Um in einem unternehmensinternen Training Klarheit über die Ziele der CRO zu schaffen, gilt es, alle Beteiligten an einen Tisch zu holen, hierzu zählen die folgenden Akteure:

➢ CEO – indirekter Akteur

➢ Mitarbeiter Corporate Communications – direkter Akteur

➢ Head of Corporate Communications – indirekter Akteur

➢ Online-Marketer – direkter Akteur

➢ Software-Engineer – direkter Akteur

➢ Leiter IT – indirekter Akteur

➢ Produktmanager – direkter Akteur

➢ Verkaufsleiter – indirekter Akteur

➢ Marketingmanager – direkter Akteur

➢ Webdesigner – direkter Akteur

➢ Hosting – direkter Akteur

➢ Konsument

➢ etc.

21.1.2 Funktionen der Conversion-Optimierung

Identifizierung der Zielgruppe

Zur Identifizierung der Zielgruppen empfiehlt sich folgendes Vorgehen:

➢ Die direkten und indirekten Akteure in einem Raum versammeln, um sich über die Ausmaße klar zu werden.

➢ Segmentierungsdimensionen in dieser Gruppe diskutieren und aufzeichnen, Dimensionen sind zum Beispiel:
  – demografische Merkmale
  – sozialökonomische Merkmale
  – psychografische Merkmale
  – Kaufverhalten

➢ Unternehmenskunden lassen sich wiederum nach Zielgruppen wie folgt segmentieren:
  – organisatorische Merkmale
  – ökonomische Merkmale
  – Kaufverhalten
  – Charaktereigenschaften der Entscheider

Es bietet sich an, alle Punkte so detailliert wie möglich mit Schlagwörtern und Umschreibungen zu notieren, dann zu ordnen und zusammenfassend zu benennen, um danach Aufgaben zu bestimmen und diese intern zu verteilen.

Spezifizierung der Kampagnenziele

Globale und Unterziele definieren zu können, ist bereits ein sehr bestimmender und wichtiger Fortschritt. Wenn das Unternehmen mehrere Personen mitbringt, muss in einem gemischten Ansatz aus Top-down- und Bottom-up-Prinzipien gearbeitet werden. Nur so lassen sich unbrauchbare und zeit- oder kostenaufwendige Verzerrungen der Arbeits- und Unternehmensziele vermeiden.

21.2 Strategiefindung in der Conversion-Optimierung

Zur Strategiefindung im Rahmen der Conversion-Optimierung bieten sich Workshops zur Definition der Ziele, zur Beantwortung zentraler Fragen sowie zum Bearbeiten von Ansätzen mittels Effektivitäts- und Effizienzprioritäten an.

21.2.1 Workshop zur Definition der Ziele

Ein Workshop zur Definition der Ziele sollte folgende Aspekte berücksichtigen:

Checkliste für einen Workshop zur Conversion-Optimierung

➢ Titel- und Zielbestimmung

➢ Agenda aufstellen (Zeit und Punkte)
- ca. 20 Minuten Einführung in die Zielsetzung der Website und des Meetings
- ca. 20 Minuten Brainstorming zum Sinn und Zweck der Website
- ca. 1 Stunde Sammlung und Gruppierung der Website-Ziele
- ca. 1 Stunde Sammlung und Gruppierung von Unterzielen
- Open End: Zusammenfassung, Ausblick und Diskussion

Bereitstellung des notwendigen Materials

Wichtig ist auch die Bereitstellung des notwendigen Materials:

> Präsentationscomputer mit Software
> Beamer und Leinwand
> Flipchart mit viel Papier und Stiften in Farbe
> ca. 50 Workshop-Karten pro Teilnehmer im DIN-A6-Format
> fetter Filzstift für jeden Teilnehmer
> mindestens sieben farbige Klebepunkte
> Pinnwand und Nadeln, Klebeband oder Magnete, je nach Unterlage
> Fotoapparat zur Dokumentation der Schritte und Ereignisse

21.2.2 Welche Fragen sollten Sie stellen und um welche Ziele geht's?

Legen Sie die Zielprioritäten fest

Achten Sie darauf, dass die Zeiten eingehalten werden, wobei Sie die Priorität in der Ordnung der Punkte sehen sollten. Hieraus entsteht der entscheidende Punkt der Zielpriorisierung:

Es gibt dazu zwei Vorgehensweisen:

> Konsensvariante mittels Punkteverteilung der Teilnehmer.
> Strategischer Ansatz mittels Effizienz- und Effektivitätspriorisierung.

21.2.3 Strategischer Ansatz mittels Effizienz- und Effektivitätspriorisierung

Bei der strategischen Variante sollte man einen Graphen mit einer x- und einer y-Achse zeichnen. Die x-Achse beschreibt dabei die Effektivität des Ziels hinsichtlich des Geschäftserfolgs, zum Beispiel wird der Umsatz weit oben positioniert. Die y-Achse beschreibt die Effizienz des Onlinekanals, zum Beispiel in der Erfüllung der Umsatzziele. Die wichtigen Karten und Stichwörter hierzu sind:

1. Onlineumsatz
2. Medienkommunikation
3. Support für Kunden
4. Brand-Vermittlung und Wert

5. Rekrutierung von Mitarbeitern oder Kunden

6. Administrationsprozesse

7. Generierung von Kontakten

8. Printprodukte als Ersatz

Die Platzierung der Karten, die in der Gruppe diskutiert werden, entscheidet über die Gewichtung der Strategie.

Der nächste Schritt ist es, definierten globalen Zielen Erfolgsfaktoren zuzuteilen.

Beispielsweise bei den globalen Zielen

1. Onlineumsatz,

2. Kontaktgenerierung und

3. Kundensupport

sind die Unterpunkte zur Erfolgserreichung diese:

Onlineumsatz
➢ Usability des Order-Prozesses
➢ anziehende Produktpräsentation
➢ hoher Warenkorbwert
➢ Sales-Promotion-Aktivitäten
➢ Cross-Sales
➢ Kontaktgenerierung

Kontaktgenerierung
➢ Vertrauen schaffen und erweitern
➢ Vermittlung von Professionalität
➢ herzliche Ansprache

Kundensupport
➢ Klärung von Fragen
➢ Auffinden von Produktinformationen
➢ Nutzerforen
➢ Kontakt über diverse Kanäle

Diese Punkte kann man dann erneut zur Bewertung und Priorisierung aufstellen.

21.3 Zielsystem von Webseiten im Kontext der Conversion-Optimierung

Eine Website sollte viele verschiedene Ziele haben und diese in allen Bereichen ausfüllen. Die Zwischenprozesse und Unterglieder werden sich dann unterstützen und eine Einheit gründen, die zielführend ist.

Conversions sollten also entsprechend den Global- und Subzielen in Global- und Sub-Conversions aufgeteilt werden.

21.3.1 Globale Ziele der Conversion-Optimierung

Globale Ziele sind zum Beispiel Onlineumsatz, Kontaktgenerierung oder Kundensupport. Sub-Conversions im Bereich Onlineumsatz treten zum Beispiel dann ein, wenn ein Produkt in den Warenkorb gelegt wird, eine Produktvisualisierung mindestens 30 Sekunden betrachtet wird oder ein Factsheet-Download stattfindet.

Für das globale Ziel Kontaktgenerierung wären Sub-Conversions zum Beispiel der Aufruf einer Reference-List, der Download einer Fallstudie oder der Besuch von mindestens zwei Kunden-Testimonial-Seiten.

Das globale Ziel Onlineumsatz

Ist das globale Ziel der Onlineumsatz, lauten Subziele wie folgt:

➢ Cross-Selling
➢ großer Warenwertkorb
➢ Usability während des Bestellprozesses
➢ attraktive Produktpräsentationen
➢ verkaufsorientierte Promotion

Die Aktivitäten hingegen sind:

➢ Produkte in den Warenkorb ablegen
➢ Bestellprozesse durchschreiten
➢ Bestellung finalisieren
➢ eventuell AdWords-Kampagnen
➢ Teaser mit aktuellen und künftigen Aktionen
➢ Aufruf von Produktinformationen
➢ Aufruf ergänzender Produkte

Global-Conversion-Ziel: Abgeschlossene Bestellungen

Setzt man diese Ziele und Aktivitäten gleich mit Conversions, würde das Global-Conversion-Ziel „Abgeschlossene Bestellungen" lauten. Die analogen Sub-Conversions wären dann wie folgt:

➢ Produkt in den Warenkorb gelegt

➢ Factsheet-Download

➢ Produktdetailseiten besucht

➢ Newsletter-Anmeldung

Sub-Conversion-Ziele

Sub-Conversion-Ziele für das globale Kundensupportziel könnte zum Beispiel der Aufruf einer FAQ-Seite und der dazu passenden Antwort sein oder die Nutzung der Suchfunktion und der Besuch von mindestens einer Trefferseite.

Conversion-Optimierung als Wunderwaffe

Wenn man Conversions so betrachtet, sind sie eine Wunderwaffe, um Webseiten, egal ob Onlineshops, Portale, Corporate Sites oder andere, zielorientiert zu optimieren. Im Vergleich zu anderen Metriken, wie Besuchstiefe, Absprungrate oder Verweildauer, sind Conversions relativ leicht zu verstehen, da sie stets mit konkreten Aktivitäten auf der Website zu tun haben. Conversions sind das ideale Instrument in der Website-Optimierung und müssen geschickt genutzt werden.

Conversions richtig nutzen

Conversions muss man explizit definieren und in das Web-Analytics-System einbringen. Denn jedes Conversion-Ereignis ist, im Gegensatz zu Standardmetriken, individuell und muss implementiert werden.

Global-Conversions

Globale Ziele werden auch als Global-Conversions betrachtet. Die abgeschlossene Bestellung ist und wird als Global-Conversion bezeichnet, alle anderen Punkte zur Zielerreichung wie „Produkt in den Warenkorb legen" etc. sind also Subziele bzw. Sub-Conversions.

21.4 Datenerhebung in der Conversion-Optimierung

Die Datenerhebung in der Conversion-Optimierung erfolgt durch die kombinierte Nutzung von Web-Analytics-Systemen und Conversion-Metriken.

21.4.1 Conversions mit Web-Analytics-Systemen bestimmen

Bei vielen Systemen kann man Conversions nur dann messen, wenn eine bestimmte Zielseite erreicht wird. In Google Analytics (siehe Kapitel 17.5.1) richtet man eine Zielseite ein, indem man die URL dieser Seite erfasst und den Schritt, der dahin führt, aufzeigt. Eine mögliche Zielseite ist zum Beispiel die Dankeschönseite nach einer Bestellung. Die Anzahl der definierbaren Ziele ist bei Google Analytics bedauerlicherweise auf vier je Profil begrenzt. Dies schränkt die Möglichkeiten einer umfassenden Messung leider ein. Oft ist das ausreichend für globale Ziele wie den Kauf eines Produkts, wenn es aber darum geht, die Marke zu stärken und zu messen, wie lange der Betrachter beispielsweise 3-D-Visualisierungen konsumiert hat, ist das System nicht mehr ausreichend. Für derartige Ziele ist es dann notwendig, JavaScript-Ereignisse zu programmieren. Das angepasste JavaScript würde, wenn eine Videoseite mindestens 30 Sekunden im Browser geladen wird, dieses Ereignis bzw. diese Conversion an das Web-Analytics-System melden. Solche Implementierungen sind aber immer lohnenswert, wenn man eine Seite und deren Performance wirklich messen und verbessern will.

21.4.2 Conversion-Metriken

Conversion-Metriken werden in Form von Verhältnissen gemessen. Die Ermittlung einer Rate basiert auf der Formel

```
Rate = Zielereignis / Basisergnis * 100%
```

Ist das Zielereignis zum Beispiel eine abgeschlossene Bestellung, ist das Basisereignis der Besuch der Site. Die Conversion-Rate misst sich somit am Anteil der Besuche, die mit einem Kauf abgeschlossen werden.

Arten von Conversion-Rates

Dies sind zum Beispiel einige Conversion-Rates, sortiert nach Überpunkten wie Quelle, Besucher, Inhalte und Verhalten:

Datenquelle

➢ Conversion-Rate je verweisende Website

➢ Conversion-Rate je einzelnes Suchmaschinen-Keyword

Besucher

➢ Conversion-Rate neue Besucher

➢ Conversion-Rate wiederkehrende Besucher

➢ Conversion-Rate je Sprache

➢ Conversion-Rate je System

Inhalte

➢ Conversion-Beitrag ab Homepage

➢ Conversion-Rate ab Landing-Page

➢ Conversion-Beitrag ab einzelner Seite

Verhalten

➢ Conversion-Rate bei Re-Visit der Seite x

➢ Conversion-Rate nach Suchnutzung

➢ Conversion-Beitrag nach Klick

Die oben genannten Punkte sind Conversion-Rates nach Untersuchungs-bereichen einer Webpage. Anhand dieser Punkte lassen sich Analysen be-stimmen und ausführen.

Conversion-Costs

Die Conversion-Rate zeigt, dass Aktivitätserweiterungen im Hinblick auf detaillierte Maßnahmen große Bedeutung hinsichtlich der Zielerreichung haben. Die Conversion-Rate berücksichtigt jedoch nicht die Effizienz, mit der Ziele erreicht werden.

Zum Beispiel kann man folgendes Praxismodell betrachten. Die Lancie-rung eines Produkts wird über verschiedene Kanäle gesteuert: Google AdWords, Banner-Ads, Newsletter und Direct Mailing an 10.000 Adressen. Ein Web-Analytics-System zeigt die Conversion-Rate jedes einzelnen Kanals. Folgende Daten werden gemessen:

➢ Google AdWords: 4 % (400 Conversions)

➢ Newsletter: 2,5 % (250 Conversions)

➢ Bannerwerbung: 0,3 % (30 Conversions)

➢ Direct Mailing: 9 % (900 Conversions)

➢ SEO: 3 % (300 Conversions)

Aus dieser Betrachtung kann man folgern, dass der Kampagnenkanal Direct Mailing der effektivste Bereich ist. Bezieht man jedoch die Kosten ein, ergibt sich ein anderes Bild:

➢ Google AdWords: 1.200 Euro (3 Euro/Conversion)

➢ Newsletter: 500 Euro (2,50 Euro/Conversion)

➢ Banner-Ad: 900 Euro (30 Euro/Conversion)

➢ Direct Mailing: 13.500 Euro (15 Euro/Conversion)

Newsletter und AdWords stellen die effizientesten Kommunikationskanäle dar

Während Direct Mailing und Banner-Ads eine hohe Kostenstruktur aufweisen, stellen Newsletter und Google AdWords die effizientesten Kanäle der Conversion dar. Sobald Kosten anfallen, reicht die reine Betrachtung der Conversion-Rates nicht mehr aus. Man muss nun die Verhältnisse der Kennzahlen (siehe Kapitel 21.5) untereinander entsprechend berechnen.

Hierbei gilt, dass CRM (siehe Kapitel 23) und Google AdWords (siehe Kapitel 14.3) die reichweitenstärksten Kanäle sind, während SEO (siehe Kapitel 15 bis 17) und Affiliate Marketing (siehe Kapitel 6) die effizientesten Kanäle sind.

21.5 Kennzahlen in der Conversion-Optimierung

Kennzahlen in der Conversion-Optimierung betrachten die Kosten im Kontext des ROI, der Key Performance Indicators, der Best Practices und der KPI-Reports.

21.5.1 Betrachtung der Kosten im Kontext des ROI (Return-on-Investment)

Die Betrachtung der Kosten einer Kampagne je Conversion hilft zwar dabei, eine Effizienzreihenfolge aufzustellen, aber vermittelt noch keine klare Erfolgsaussage. Um sehen zu können, was eine Conversion wirklich bringt, muss man nicht nur deren Kosten, sondern auch deren Wert erkennen.

Der ROI misst den Gewinnanteil je Kapitaleinsatz und sagt damit aus, ob sich eine Investition lohnt oder nicht.

ROI-Werte, die größer als 1 sind, sind sinnvoll und empfehlenswert. Alles darunter ist in erster Linie ein Verlustgeschäft. Will man ROI-Betrachtungen in einem Web-Analytics-System durchführen, muss man neben Investitionskosten auch den Wert einer Conversion hinterlegen. Nicht immer lassen sich Daten vor allem im E-Commerce-Bereich zu 100 % eindeutig bestimmen, doch es lohnt sich, hier Warren Buffet zu zitieren: „It's better to be approximately right than precisely wrong." Ungefähr richtig zu liegen, ist besser, als exakt falsch.

21.5.2 Key Performance Indicators – KPI

Key Performance Indicators (KPI) werden in der Betriebswirtschaftslehre als Kennzahlen verwendet, die den Fortschritt und den Erfüllungsgrad einer vorher bestimmten Zielsetzung messen und bezeichnen.

KPIs werden häufig mit dem Akronym SMART bestimmt:

➤ **S**pecific (spezifisch)

➤ **M**easurable (messbar)

➤ **A**chievable (erreichbar)

➤ **R**esult-orientated (ergebnisorientiert)

➤ **T**ime-bound (zeitgebunden)

Performance Indicators und Key Performance Indicators

Man muss ganz klar zwischen Performance Indicators und Key Performance Indicators unterscheiden. Das „Key" steht für „Schlüssel". Um Schlüsselindikatoren kann es sich nur handeln, wenn sie den Schlüssel zum Erfolg darstellen. Es gibt darüber hinaus keine branchentypischen oder immer gültigen KPIs. Diese müssen jedem Seitentyp und jedem Seitenziel entsprechend angepasst werden.

21.5.3 Best-Practice-Ansätze für KPIs

Doch KPIs können auch verwässern und falsch angesetzt werden. Best-Practice-Ansätze sind:

➤ Setzen von Budgetgrenzen für die Implementierung von KPIs.

➤ Priorisierung von KPIs.

➤ Schätzung der Kosten für KPI-Implementierungen.

➤ Verwendung der ersten Hälfte des Budgets, um KPIs nach entsprechender Priorisierung zu implementieren.

➢ Zweite Hälfte des Budgets nutzen, um die restlichen, sekundär wichtigen KPIs zu bestimmen.

➢ Schießen Sie nicht über das gesetzte Budget hinaus, sondern warten Sie lieber bis zur nächsten Runde für weitere KPI-Implementierungen.

Implementierung und individuelle Berechnung spezifischer Kennzahlen

Für die Implementierung und individuelle Berechnung spezifischer Kennzahlen eignet sich beispielsweise Microsoft Excel. Man kann also manuell Zahlen aus dem Web-Analytics-System in Excel einpflegen und dort flexibel berechnen. Die Vorteile hierbei sind flexible Anpassung, Gruppierung und Erweiterbarkeit. Durch CSV- oder XLS-Datei-Importe kann dies unterstützt werden.

Die Untersuchungsbereiche der Website sind nach KPIs, Quellen, Besuchern, Besucherverhalten, Inhalten und Zielen zu unterscheiden.

21.5.4 KPI-Report nach Untersuchungsthemen

Ein KPI-Report nach Untersuchungsthemen lässt sich also wie folgt gruppieren:

Datenquellen
➢ Top 3 der verweisenden URLs
➢ Suchmaschinen-Traffic der drei Hauptsuchmaschinen
➢ Top 10 der organischen Keywords
➢ Top 10 der bezahlten Keywords
➢ verweisender Traffic je Kampagne

Besucher
➢ Anteil neuer Besucher
➢ Anteil interessierter Besucher
➢ treue Besucher
➢ Häufigkeit der Besuche

Inhalte
➢ Anzahl der Seitenzugriffe
➢ Top-5-Inhalte
➢ Top-5-Einstiegsseiten
➢ Verfügbarkeit

Verhalten

➢ Anzahl der Besuche

➢ Anteil interessierter Besucher

➢ Absprungraten

➢ Besuche mit klarer Zielorientierung

➢ Inhaltsgruppen und deren Nachfrage

➢ Suchnutzungsanteil

Ziele

➢ Conversion-Rate je Kampagne

➢ Conversion-Rate Top 5 der organischen Keywords

➢ Conversion-Rate Top 5 der bezahlten Keywords

21.5.5 KPI-Report nach Website-Zielen

Die Struktur eines KPI-Reports nach Website-Zielen lässt sich wie folgt aufbauen:

Onlineumsatz

➢ Umsatz pro Tag

➢ Umsatz je wiederkehrender Besucher

➢ Abbruchrate während des Bestellprozesses

➢ durchschnittlicher Warenkorbwert

➢ Prozentanteil der Seitenzugriffe auf Produktinformationen je Besucher

Kundensupport

➢ Prozentanteil der positiv bewerteten FAQs je FAQ-Besuch

➢ Anzahl der Supportanfragen

➢ Anzahl der Seitenzugriffe im Segment Kundensupport

Kontaktgenerierung

➢ Quantität der Kontaktanfragen

➢ Abbruchrate des Kontaktprozesses

➢ Download von Produktbroschüren pro Besucher

➢ Reference-Case-Downloads pro Besucher

Image/Branding

➢ Prozentanteil der Direktzugriffe

➢ Anzahl der Besucher

➢ Dauer des Besuchs

> Anzahl der Videoaufrufe
> Besuchstiefe ab einem Newsletter

Rekrutierung
> Prozentanteil der Besucher im HR-Bereich
> Anzahl der Kontaktanfragen
> Abbruchrate während des Bewerbungsprozesses
> Seitenzugriffe auf Stellenprofile

Top 5 der Stellenprofile
Vorteile dieser Art von Berichtstypen liegen in der klaren Zielfokussierung. Nachteilig kann sein, dass einzelne KPIs mehrfach vorkommen.

21.5.6 KPI-Report nach Buying-Cycles

Vor allem für E-Commerce- bzw. Shoppingseiten ist es sinnvoll, die KPI-Reports nach Kundenkaufprozessen auszurichten.

Der Buying-Cyle-Bericht sollte einen spezifischen „Customer-Buying-Circle" aufweisen: Reichweite und Reputation > Akquisition > Conversion > Bindung > Reichweite und Reputation ...

Reichweite und Reputation
> Anzahl neuer Besucher
> Anzahl der Seitenzugriffe
> Top 5 der Einstiegsseiten
> Herkunftsregionen der Besucher
> Impressions der Kampagne
> interessierte Besucher in %

Akquise
> durchschnittliche Anzahl der Besuche je Besucher
> Anteil nicht interessierter Besucher
> Kosten pro Akquisition
> Kosten pro Kampagnenklick
> Top 10 der verweisenden URLs
> Top 10 der verweisenden Suchmaschinen-Keywords

Conversion
> Conversion-Rate für die gesamte Site
> Abbruchrate
> Kampagnen-Conversion-Rate

> ➢ Kampagnen-ROI

> ➢ durchschnittlicher Bestellwert

> ➢ Conversion-Rate-Neubesucher

Bindung

> ➢ Anteil wiederkehrender Besucher

> ➢ Besuchsfrequenz

> ➢ Besuchstiefe der wiederkehrenden Besucher

> ➢ Conversion-Rate bestehender Kunden

21.5.7 Vorschläge für die Erstellung und Nutzung von KPI-Reports

KPI-Berichte sollten mit zunehmendem Umsatz der Website häufiger durchgeführt werden. Unternehmen, die mehr als 20 % ihres Umsatzes über Online-Sales generieren, sollten wöchentliche Reportings einplanen. Für eine durchschnittliche Unternehmenssite sind zwei- bis vierwöchige Berichte ausreichend.

Es ist wichtig, dass die Berichte immer übersichtlich und gut strukturiert sind. Die Zahlen der Vorperiode sollten den aktuellen Zahlen gegenübergestellt werden.

Grafiken können viel bewirken. Überhaupt sollten die Berichte nach dem 2/20/200-Sekunden-Prinzip aufgebaut sein. In zwei Sekunden sollte man erkennen, ob die Gesamtsituation gut ist. In 20 Sekunden sollte man wissen, worauf die Lage der Gesamtsituation zurückzuführen ist, und in 200 Sekunden sollten hieraus Gründe abgeleitet werden können.

Website-Optimierungsprozesse

Das Vorgehen zum Optimieren von Websites sollte folgende Schritte beinhalten:

> ➢ Selektion zu optimierender Seiten

> ➢ Aufstellung von Hypothesen

> ➢ Ableitung von Testfällen und Gestaltung von Varianten

> ➢ Bestimmung von Zielen bzw. relevanter Conversions

> ➢ technische Präparation von Seitenbereichen und Conversions

> ➢ Durchführung von Testläufen

> ➢ Auswertung und Implementierung von Gewinnvarianten

21.6 Konzeption und Realisierung der Conversion-Rate-Optimierung

Die User-Centered-Design-Methodik

Der Mensch und seine Kapazitäten sowie Motivationen stehen immer im Vordergrund, wenn es um erfolgreiche Projekte geht.

Drei generische Benutzerziele, die es zu betrachten und anzubieten lohnt, sind:

➢ einfache und effiziente Bedienbarkeit

➢ ergreifende und erfreuliche Erlebnisse

➢ fehlerfreie Funktionsweisen

In einem zweiten Schritt bzw. Workshop sollten die diskutierten zwei Elemente um zwei weitere – auf vier – erweitert werden:

1) Globales Ziel

2) Subziele

3) Aktivitäten

4) Messgrößen

Der schwierige Teil ist die Definition der Messgrößen. Es ist also wichtig, ganz klar herauszustellen, was gemessen werden soll und mit welchem Ziel.

Bei der Aktivität „Produktvisualisierung" kann zum Beispiel die durchschnittliche Verweildauer eine messbare Größe sein. Messgrößen sind konkret und nah an Web-Analytics-Auswertungen.

Eine vollständige Zielpyramide würde also folgende Aufreihung und Unterteilung haben:

1. globales Ziel

   – Onlineumsatz

2. Subziele

   – Cross-Selling

   – großer Warenwertkorb

   – Usability während des Bestellprozesses

   – attraktive Produktpräsentationen

3. Aktivitäten
   - Produkte in den Warenkorb legen
   - Bestellprozesse durchschreiten
   - Bestellung finalisieren
   - 3-D-Produktvisualisierung
   - AdWords-Kampagnen
   - Teaser mit aktuellen und künftigen Aktionen
   - Aufruf von Produktinformationen
   - Aufruf ergänzender Produkte

4. Messgrößen
   - Onlineumsatz
   - Klickraten auf Bestellen-Buttons
   - abgeschlossene Bestellungen
   - durchschnittlicher Wert des Warenkorbs
   - angefangene und abgeschlossene Bestellprozesse
   - Verweildauer auf 3-D-Visualisierung
   - Kosten pro Besucher
   - Klickrate auf Teaser
   - Produktinfo-Downloads in %
   - ergänzende Waren im Warenkorb in %
   - Zugriff auf Produktinformation je Besuch in %

21.7 Nachbearbeitung zur Kampagne

Ungenutztes Potenzial zur Steigerung des Umsatzes im Onlinevertrieb

Im Onlinevertrieb besteht ein immenses ungenutztes Potenzial zur Steigerung des Umsatzes, indem die Conversion-Rate der Webseite gesteigert wird. Unabhängig von den angebotenen Produkten, der Ausrichtung der Website und der jeweiligen Zielgruppe, werden Conversion-Potenziale mit einer Steigerung der Conversion verbunden. Auch eine darüber hinausgehende Steigerung des Gewinns ist möglich, indem man die Conversion-Verbesserungen insbesondere auf Produkte mit einer höheren Gewinnmarge ausrichtet.

Kunden besser kennenlernen

Neben diesem direkten finanziellen Nutzen, den ein Conversion-Boosting durch den erhöhten Umsatz nach sich zieht, besteht ein weiterer Vorteil der in diesem Zusammenhang eingeführten Kontrollmaßnahmen darin, dass man die eigenen Kunden besser kennenlernen kann. Das Conversion-Boosting kann man in die folgenden fünf Unterprozesse einteilen, die zwecks Verfeinerung der Testvarianten beliebig oft wiederholbar sind, allerdings stets in der Reihenfolge der Nummerierung durchgeführt werden sollten:

1. Ist-Analyse der Seiten
2. Soll-Konzept für die Optimierung
3. Design des technischen Konzepts
4. Implementierung des technischen Konzepts
5. Integration des technischen Konzepts
6. Technische Realisierung der zu testenden Elemente
7. Durchführung der Testdurchgänge
8. Fortwährende Umsetzung der Erkenntnisse und Nachverfolgung

Zyklische Wiederholung der Conversion-Boosting-Prozesse

Bei der zyklischen Wiederholung der Conversion-Boosting-Prozesse sollte jedoch ebenso wie bei der Festlegung von Zielgrößen bei der Steigerung der Conversion-Rate der Pareto-Effekt bedacht werden. Dieser besagt, dass 80 % der Ergebnisse in 20 % der Gesamtzeit eines Projekts erreicht werden. Inwiefern sich der erhebliche Zusatzaufwand zur Erreichung der übrigen 20 % des Ziels finanziell lohnt, muss im Einzelfall entschieden werden.

Testing der Conversion-Optimierung

Bei dieser Entscheidung kann insbesondere das Testing weiterhelfen. Beim Testing geht es darum, das im Rahmen der Planungsphase entwickelte Testszenario mit verschiedenen Webseitenvarianten auf den Erfolg beim Kunden hin zu prüfen, um so letztlich die Veränderungen zu implementieren, die den größten Conversion-Erfolg versprechen. Es geht also darum, die quantitativen Daten zu erhalten, die geschäftsrelevante Optimierungsschritte versprechen. Daher müssen wirklich alle Features, Klickmöglichkeiten, Grafikanzeigen etc. getestet werden.

Beim ersten Schritt ist es das Ziel, eine maximal objektive Sicht auf die zu optimierenden Komponenten zu gewinnen:

Performance-, Design- und Usability-Analyse

Zu diesem Zweck haben sich folgende fünf Methoden als besonders aussichtsreich erwiesen: zum ersten die Performance-, Design- und Usability-Analyse, da Geschwindigkeit, Convenience und gute Gestaltung zentrale Einflussfaktoren für die Kundenzufriedenheit bei Onlinebestellungen darstellen (siehe auch Kapitel 19). In der Benutzerführung unstrukturierte Formulare, unübersichtliche Seitengestaltung oder lange Ladezeiten durch Ladeprozesse auf fremden Servern stellen häufige Hürden für den optimalen Conversion-Erfolg dar.

Inhaltsanalyse einer Landing-Page mittels des LIFT-Modells

Ferner ist die Methode der Inhaltsanalyse einer Landing-Page mittels des L.I.F.T.-Modells (L.I.F.T – Landing Page Influence Function for Tests) zu nennen ...

http://www.widerfunnel.com/conversion-rate-optimization/the-six-landing-page-conversion-rate-factors

... wobei der Blick des Webseitenbesuchers simuliert wird. Dabei wird beispielsweise das Wertversprechen oder die Relevanz der gebotenen Inhalte geprüft.

Die Aufmerksamkeitsanalyse

Eine weitere Methode ist die Aufmerksamkeitsanalyse, die beispielsweise technisch mittels Eyetracking-Studien umgesetzt werden kann (siehe Kapitel 22.6). Aber auch deren virtuelle Variante stellt eine im Vergleich schnellere und kostengünstigere Möglichkeit dar. Dabei werden Eyetracking-Ergebnisse mittels mathematischer Modelle prognostiziert.

Funktionalitätenanalyse

Mit der Funktionalitätenanalyse steht eine weitere Methode zur Auswahl. Dabei wird überprüft, inwiefern alle Funktionen der Webseite auch wirklich auf allen Browsern und Endgeräten ablaufen. Dazu ist zumeist die Durchführung einer umfangreichen Cross-Browser-Analyse vonnöten. Diese Untersuchungen kann man spezifisch auf die eigene Zielgruppe hin einengen oder umfassender durchführen, je nach Ausweitung der hier zu beantwortenden Grundfrage: Wer sieht wie viel von der eigenen Seite?

Das Conversion-Assessment

Auch das Conversion-Assessment verhilft zum Vergleich der eigenen Website mit anderen und bietet so eine Möglichkeit, die Wettbewerberanalyse der eigenen Optimierungsstrategie voranzustellen. Conversion-Assessments sind standardisierte Fragebogen oder Checklisten, die bei einer empirischen Bewertungs- oder Befragungsstudie für Webseiten eingesetzt werden. Dies erfordert zwar viel Aufwand, ermöglicht aber dann die Bewertung und den Vergleich einer Vielzahl von konkurrierenden Seiten, sodass umfassende Branchenkenntnisse gewonnen werden können.

21.8 Weitere Tipps zur Conversion-Optimierung

Optimierung der Benutzerführung und der Konvertierungspfade

In erster Linie geht es natürlich darum, die Benutzerführung zu optimieren, um definitive Ziele der Website zu erreichen. Konvertierungspfade, die zur globalen Conversion führen, sollen also effektiv und zielführend gestaltet werden. Sie müssen auf ihren Erfolg hin durchdacht, implementiert und ausgewertet werden. Es geht darum, viele Besucher mit ähnlicher Motivation durch den Pfad hindurchzuschleusen. Bei Mobilfunkanbietern würde der Pfad wie folgt aussehen: Landing-Page > Aufruf von Produktseiten > Auswahl der Preisliste > Bestellanforderung. Dem idealen Pfad nähert man sich durch vergleichende Trial-and-Error-Prozesse.

Allgemeine Ansätze zur Inhaltsoptimierung

Allgemeine Ansätze zur Inhaltsoptimierung bewegen sich im Bereich der Optimierung von

1. Texten und Inhalten,
2. grafischen Gestaltungen,
3. Navigationselementen,
4. Darstellungen von Produkten und
5. technischen Details.

Keep it simple and nice

Es gilt die Devise: „Keep it simple and nice!" Alle diese Prozesse sollten grundsätzlich Aufmerksamkeit und Interesse schaffen, das Verlangen wecken, zur Handlung führen und letztendlich Befriedigung erreichen. Dies kann man dann erzielen, wenn man den Menschen, seine Ambitionen und sein Nutzerverhalten als Basis für alle Schritte ansetzt.

Kompetenzen bei der Website-Konzeption

Anders formuliert, geht es in der Website-Konzeption um folgende Fähigkeiten, die der Unternehmer mitbringen und optimieren muss:

> das Verständnis für den User
> das Verständnis für die Inhalte
> die richtige und leichte Benutzerführung
> die Korrektur von Usability-Hürden
> das Wissen um die Geschäftsziele

Tipps zur Conversion-Optimierung bei Google-AdWords-Kampagnen

> Der Anzeigentext muss in Relevanz zum Suchwort stehen.
> Der Suchbegriff sollte in der Überschrift und im Text der Anzeige vorkommen.
> Die Überschrift sollte Neugier wecken und knackig formuliert sein.
> Die letzten Zeilen sollten als „Call to Action" formuliert sein

Optimierung mithilfe von Funnel-Analysen

Das wohl wichtigste Element bei der Optimierung von Konvertierungspfaden sind „Funnel-Analysen". Wie der Name Funnel (Trichter) bereits aussagt, basiert die Analyse darauf, dass eine größere Besucheranzahl einen Prozess anfängt und nur eine kleinere Menge Besucher – dem Bild eines Trichters entsprechend – den Prozess abschließen. Derartige Prozessanalysen zeigen übersichtlich auf, bei welchen Formularschritten Besucher den Prozess abbrechen. Ein relativ großer Drop-off zu Beginn des Funnel-Prozesses ist dabei typisch. Abrupte Drop-off-Fälle bei einem bestimmten Prozessschritt oder hohe Ausstiegsraten kurz vor Prozessende weisen auf größere Hindernisse in einzelnen Formularschritten hin.

Eine nähere Analyse solcher Abbruchschritte erlaubt es, zu erkennen, wohin sich Besucher nach dem Abbruch hinbegeben haben – zumindest wenn es sich um interne Seiten handelt. Erfolgt ein Ausstieg häufig nach der Konsultierung einer AGB-Seite, lässt dies den Rückschluss zu, dass der Besteller mit den AGB nicht einverstanden war.

Step by Step zum Erfolg einer Kampagne

Um einen Kampagnenerfolg vorzuweisen, lohnt sich die Durchführung in fünf Schritten:

1) Kampagnenziele definieren.
2) Konvertierungspfade optimieren.
3) Landing-Page optimieren.
4) Klickrate der Anzeige steigern.
5) Kampagnenvolumen erhöhen.

Methoden und Faktoren zur Erfolgssteigerung von Anzeigen sind relevante und originelle Inhalte.

21.9 Wichtige Regeln in der Conversion-Optimierung

Der Begriff, der sich hinter der Bezeichnung „Conversion" verbirgt, sollte für jedes Unternehmen, das die Conversion-Optimierung einsetzen möchte, individuell klar definiert werden, um messbare und nachvollziehbare Ergebnisse zu erhalten.

Die Conversion-Optimierung besteht aus einem Sammelsurium aus wichtigen Regeln, die die Effizienz einer Website garantieren sollen.

Testverfahren in der Conversion-Optimierung

Wichtig ist, durch Tests herauszufinden, welche Variante verwendet werden sollte, um einen möglichst hohen Nutzen zu erzielen. Split-Traffic-Tests ermöglichen aussagekräftige Ergebnisse, gemessen anhand des Verlaufs einer Anwendung durch den Nutzer vom Aufruf der Website bis hin zum erwünschten Ziel. Ein Ziel kann ein Kauf, eine Registrierung oder eine Teilnahme etc. darstellen.

Wirkung unterschiedlicher Designs in der Conversion-Optimierung

Auch die Wirkung unterschiedlicher Designs muss über Tests ermittelt werden. Hierbei spielen diverse Farben, die Anordnung sowie die Text-Bild-Beziehung eine erhebliche Rolle.

Es ist außerdem von höchster Relevanz, bei Seiten anzusetzen, die eine hohe Besucherrate haben, um Tests effektiv und mit hoher Aussagekraft durchführen zu können.

Multivariate Tests

Sogenannte multivariate Tests ermöglichen, aus einer Vielzahl an Elementen die möglichst passendste und effizienteste Kombination zu ermitteln, die die höchsten Zielvoraussetzungen erfüllt. Eine häufig auftretende metaphorische Sackgasse stellen leider immer wieder allgemeine Richtlinien und Tipps dar, die zwar oberflächlich betrachtet hilfreich sein können, jedoch nicht auf die individuellen Ziele und Eigenschaften einer Website spezialisiert sind.

Testphasen lang genug planen

Zu kurz angesetzte Testphasen sorgen für verfälschte Ergebnisse und können somit unerwünschte Konsequenzen haben. Fehlerhafte Statistiken können zu erheblichen Fehlern in der Planung führen und stellen einen drastischen Kostenfaktor dar. Deshalb ist es sehr wichtig, Tests über einen längeren Zeitraum anzusetzen, um Abweichungen des Nutzungsverhaltens zu allen erdenklichen Zeiten zu protokollieren.

21.10 Fallbeispiele des Web-Analytics-Dienstleisters Trakken

Im Folgenden schauen wir uns Fallbeispiele des Web-Analytics-Anbieters Trakken an und führen darauf ein Interview mit Karl Kratz, einem Online-Marketer und Autor zur Conversion-Optimierung.

21.10.1 Web-Analytics-Fallbeispiel: MeinAuto GmbH

Landing-Pages der MeinAuto GmbH

Der Web-Analytics-Dienstleister Trakken hat für die MeinAuto GmbH drei neue Landing-Pages für die Automodellseiten konzeptioniert. Die MeinAuto GmbH wurde im Jahr 2007 von Alexander Bugge und Carsten Seel in Köln gegründet. Mit über einer Million monatlichen Besuchern auf ihrer Webseite MeinAuto.de ist die Firma einer der Marktführer bei der internetbasierten Vermittlung von Neuwagen. Die Kunden können online nahezu jedes neuwertige und in Deutschland lieferbare Automobil mit den jeweils gewünschten Komponenten eigenhändig zusammenstellen und sich direkt den zugehörigen Endpreis anzeigen lassen. Für die Partnerhändler übernimmt die MeinAuto GmbH die Organisation des effizienten Internetvertriebs und kann im Gegenzug günstige Preiskonditionen für die Autokunden verhandeln.

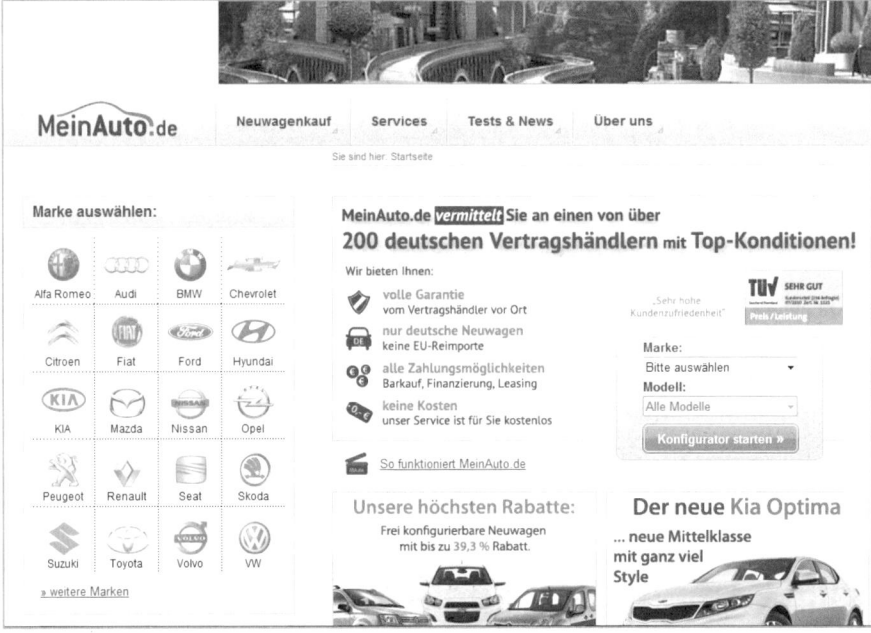

Abb. 206: MeinAuto GmbH; Bildquelle: MeinAuto.de.

Gestaltung einer effizienten Modellseite

Die Aufgabe von MeinAuto GmbH bestand zunächst darin eine effiziente Modellseite zu erstellen, sodass möglichst viele Interessenten den Konfigurator zur Auswahl des Automodells samt Ausstattung starten und anschließend eine unverbindliche Anfrage an den Anbieter senden. Dies wurde zuvor als Conversion definiert, und die Steigerung der Conversion-Rate wurde als Ziel gesetzt. Dazu wurde die bestehende Modellseite zunächst analysiert. Hier wurde befunden, dass das Etappenziel, den Konfigurator zu starten, nicht eindeutig genug formuliert wurde und die Seite zu viele Inhalte und wegführende Klickmöglichkeiten bereithielt, die von der Conversion ablenkten. Zudem sollte der Zusammenhang zwischen dieser Landing-Page und der End-Conversion festgestellt werden.

Je mehr User zur Auswahlseite klicken, desto höher ist die gesamte Conversion-Rate

Zunächst einmal wurde davon ausgegangen, dass die gesamte Conversion-Rate umso höher ausfallen würde, je mehr User zur folgenden Auswahlseite klicken. Um das Ziel einer möglichst hohen Anzahl an Conversions zu erreichen, wurden folgende Änderungen durchgeführt: Mit dem RTL-Formel-1-Experten Kai Ebel wurde eine thematisch naheliegende Celebrity-Persönlichkeit mit Sympathiefaktor für die Werbung auf der Seite herangezogen. Weiterhin wurden die Inhalte auf das Automodell und seine Ausstattung fokussiert, weitere Inhalte und Navigationsmöglichkeiten wurden weggelassen. Mit einer eindeutigen Überschrift wurde inhaltliche Klarheit erreicht und mit der eindeutigen Klickaufforderung ein Call-to-Action formuliert. Das Ergebnis waren mehr Conversions bei den drei neuen Landing-Pages. Im Einzelnen waren 35 % mehr Konfigurationen aufgetreten, 20 % mehr User gab es beim Preisvergleich, und es erfolgte eine 22%ige Steigerung der Preisanfragen.

21.10.2 Conversion-Rate-Steigerung durch Trakken bei der gamigo AG

Für die gamigo AG sollte von Trakken die Conversion-Rate gesteigert werden, die hier durch die Anzahl von registrierten Spielern definiert wurde.

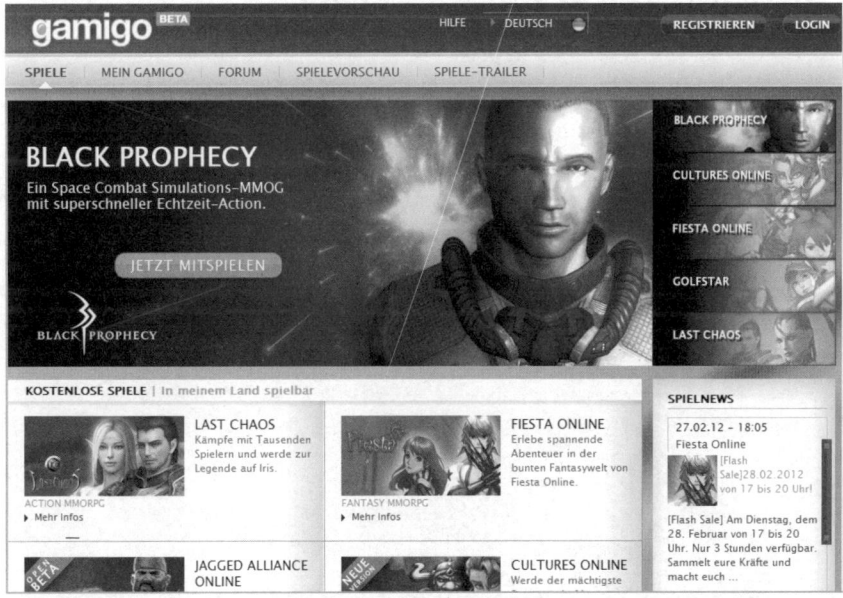

Abb. 207: gamigo AG – Homepage; Bildquelle: gamigo.de.

Die gamigo AG ist ein 2001 gegründetes Tochterunternehmen der Axel Springer AG mit Firmensitz in Hamburg und einer der größten Anbieter von Gratis-Online-Games. Hauptsächlich ist die gamigo AG in verschiedenen Genres der **M**assively **M**ultiplayer **O**nline **G**ames (MMOGs) vertreten. Konkret sollte die Startseite des MMOG „War-Of-Angels" so verbessert werden, dass sich mehr User als Spieler registrieren. Bei der Ausgangsanalyse wurde festgestellt, dass zu viele Inhalte, konkurrierende Elemente und von der Seite wegführende Klickmöglichkeiten bestanden und eine klare – zur Registrierung animierende – Heranführung der User fehlte.

Nachbearbeitung der Kampagne

In der folgenden Bearbeitung wurden die Seiteninhalte auf das Wesentliche reduziert, eine deutliche Ansprache wurde eingebaut, Formularposition und -aufbau wurden optimiert und hochauflösende Grafiken sowie blickführende Kompositionen integriert. Daraufhin konnten 70 % mehr Spielerregistrierungen festgestellt werden sowie 61 % mehr zahlende User. Dies ging mit Kosteneinsparungen von 49 % pro User einher. Als besonders effektiv wurden die Reduzierung der Inhalte auf das Wesentliche und die ansprechende Grafikgestaltung mit auf die Registrierung weisende Blickführung wahrgenommen. Ein gelungenes Beispiel für die Conversion-Optimierung.

21.10.3 Interview mit Karl Kratz – Online-Marketer und Autor

Karl Kratz ist leidenschaftlicher Online-Marketer seit 1998 und Autor verschiedener Onlinemarketingpublikationen („Haifischbecken Internet Marketing" (BoD), E-Book „Landingpage SEO" u. v. m.).

Abb. 208: Karl Kratz – Online-Marketer und Autor.

Alpar: Hallo Karl. Was ist denn Landing-Page-Optimierung?

Kratz: **L**anding-**P**age-**O**ptimierung (LPO) ist eine Teildisziplin der **C**onversion-**R**ate-**O**ptimierung (CRO) und umfasst die inhaltliche, textuelle, gestalterische und prozessuale Verbesserung von Landing-Pages. Bei der Landing-Page-Optimierung werden Schwachstellen von Landing-Pages analysiert, Hypothesen aufgestellt und Maßnahmen zur Erfüllung dieser Hypothesen abgeleitet. Diese Maßnahmen werden auf eine neue, weitere Landing-Page-Variante angewandt. Bei der Verwendung eines A/B-Tests wird die neue Variante der Landing-Page als „B-Variante" bezeichnet.

Ein einfaches Beispiel: Das Formular einer Landing-Page wird als Schwachstelle im Conversion-Prozess identifiziert. Die Hypothese lautet: „Wenn das Pflichtfeld ‚Geburtstag' aus dem Formular entfernt wird, wird die Conversion-Rate um 20 % steigen." Als Maßnahme wird das Feld Geburtstag entfernt und die nachgelagerte Anwendungslogik angepasst. Die neu erstellte Landing-Page wird im Rahmen eines A/B-Tests gegen die bisherige Variante getestet. Sobald die gesammelten Conversion-Daten das definierte Konfidenzniveau erreicht haben, kann eine Aussage getroffen werden, ob die Landing-Page-Optimierung erfolgreich war.

Alpar: Man baut ja seine Webseite erst mal aus dem Bauchgefühl heraus. Wie würde man denn überhaupt auf die Idee kommen, nach neuen Hypothesen zu stöbern? Was könnte man da machen?

Kratz: Eine Landing-Page „nach Bauchgefühl" zu erstellen, ist aus betriebswirtschaftlicher Sicht oft wenig effizient, dafür gibt es bewährte Vorgehensweisen. Auch nach neuen Hypothesen muss nicht „gestöbert" werden: Conversion-Rate-Optimierung sollte immer integraler Bestandteil jedes Onlinemarketingkonzepts sein und gehört damit auch zur Landing-Page- bzw. Website-Erstellung.

Wenn bereits eine Landing-Page vorhanden ist, können Schwachstellen oft durch ein gutes Tracking identifiziert werden. Diese Schwachstellen äußern sich zum Beispiel in hohen Absprungraten im Conversion-Pfad. Zu jeder Schwachstelle wird eine Hypothese entwickelt, und diese wird anschließend beispielsweise über das Aufwand-Potenzial-Verhältnis priorisiert. Anschließend werden von diesen Hypothesen Maßnahmen abgeleitet, Landing-Page-Varianten erstellt, Conversion-Rates etc. analysiert und weiter optimiert.

Es geht also weniger um „Ideenfindung und Hypothesenstöbern" als um eine analytische Beobachtung, Interpretation, die gezielte Umsetzung und die richtige Kontrolle.

Alpar: Wenn ich meine Webseite noch nicht gestaltet habe und die Chance habe, alles rund um Testing von Anfang an einzubauen: Ist es dann mehr ein technisches Ding? Oder was ist es genau, was man schon vor dem Livestellen der Website für die Landing-Page-Optimierung vorbereiten sollte?

Kratz: Nein, es ist nicht nur ein „technisches Ding". Die Technik nimmt sogar nur einen sehr kleinen Teil des Gesamtaufwands ein. Idealerweise wird mit einem einfachen A/B-Test begonnen. Dabei sollten sich die beiden ersten Landing-Page-Varianten möglichst stark unterscheiden: auf der inhaltlichen, textuellen, gestalterischen und wenn möglich sogar auf der prozessualen Ebene.

In der Praxis hat sich für mich folgende Vorgehensweise bewährt: Wenn ich die Möglichkeit habe, gleich zu Beginn eines Landing-Page-Projekts einen A/B-Test zu implementieren, arbeite ich mit zwei unterschiedlichen Textern und zwei unterschiedlichen Designern zusammen. Ein Designer, der zuerst eine A-Version und danach eine B-Version erstellt, ist gewissermaßen befangen. Ein Texter, der zuerst eine A-Version und danach eine B-Version erstellt, ist ebenfalls befangen. Beauftrage ich komplett unterschiedliche Menschen, bekomme ich sehr unterschiedliche Landing-Page-Varianten. Das ist für den Start oft eine gute Vorgehensweise.

Alpar: Das heißt, mein Ideengenerierung für unterschiedliche Thesen, die ich testen kann, bekomme ich im Prinzip dadurch, dass ich mit unterschiedlichen Leuten einfach darüber spreche und mir von unterschiedlichen Leuten Input geben lasse?

Kratz: Genau.

Alpar: Und die Wettbewerber? Sind die auch ein Ansatzpunkt, den ich wählen kann?

Kratz: Über Mitbewerber sollte bereits während der Analysephase nachgedacht werden.

Alpar: Was sind die Fragen, die wir uns wettbewerberbezogen stellen sollten?

Kratz: Durch diese Frage entfernen wir uns ein wenig vom Thema „Landing-Page-Optimierung". Allerdings nur etwas: Wenn wir im Rahmen der Mitbewerberanalyse eine Suchbegriffsanalyse durchführen, kommt das Thema „User-Case-Centered-Design" ins Spiel:

Dabei wird auf Suchbegriffsebene analysiert, in welchem Umfang inhaltliche, textuelle, grafische und prozessuale Elemente auf Landing-Pages von Mitbewerbern für den jeweiligen Suchbegriff angepasst sind. Diese Vorgehensweise liefert wertvolle Informationen über die Erstellung von Landing-Pages und die Vermeidung häufiger Fehler der Mitbewerber.

Alpar: Ich dachte eher daran, sich Landing-Pages von Wettbewerbern anzuschauen, um Ideen für eigene Landing-Pages zu generieren – oder ist das zu einfach?

Kratz: Das kann man machen. Bei dieser Vorgehensweise erhält man allerdings bestenfalls Resultate, die auch die Mitbewerber erhalten. Letztendlich bewegt man sich ab diesem Moment im textuellen, gestalterischen und prozessualen Kontext seiner Mitbewerber. Das ist keine gute Voraussetzung für eine positive Differenzierung.

Wer dagegen Landing-Pages beispielsweise auf Basis der vorherrschenden Emotionsfelder seiner Bedarfsgruppe konzeptioniert, entwickelt andere Texte, andere Designs und andere Conversion-Prozesse. Diese Methode erzeugt oft vollständig unterschiedliche Landing-Pages im Vergleich zu den Landing-Pages der Mitbewerber. Das kann einen echten Wettbewerbsvorteil erzeugen.

Alpar: Was sind denn solche „Aha-Momente", die Leute im Hinblick auf die Landing-Page-Optimierung haben? Ich habe schon Beispiele gesehen, bei denen man tippen darf, welche der beiden unterschiedlichen Landing-Pages besser konvertiert. Wie kommt es, dass man erstaunlicherweise solche Aha-Momente hat?

Kratz: Ein häufiger systematischer Trugschluss ist (ich nehme mich da selbst nicht aus), dass man zu viel von sich selbst ausgeht. Man selbst denkt: „Da klickt garantiert niemand darauf. Ich selbst würde auch nicht darauf klicken." Und während der Test läuft, klicken auf einmal Tausende von Website-Besuchern genau auf dieses Element. Das sind solche Aha-Effekte.

Alpar: Im Prinzip das Bewusstsein dafür, dass kleine oder auch große Änderungen sehr große Effekte haben können?

Kratz: Genau, richtig.

Alpar: Und die zweite Sache ist, dass man nicht zu sehr von sich selbst ausgehen sollte. Denn die Kunden sind vielleicht anders als der Händler oder der Verkäufer oder der Hersteller.

Kratz: Genau. Man darf nie von sich selbst ausgehen. Am besten lässt man Landing-Pages von einer (externen) Person erzeugen, die keine Kenntnis von internen Gegebenheiten, Prozessen, firmenpolitischen Verhältnissen und internen Terminologien hat.

Alpar: Ist es vielleicht auch ein Ansatz, Kunden anzusprechen, um Ideen für Landing-Pages zu bekommen? Man kann sich in deren Sprache bewusster einfühlen und wie sie über die Produkte denken.

Kratz: Auf jeden Fall. Man sollte sogar noch einen Schritt weiter gehen und sich mit den Aufgaben und Tätigkeiten seiner Bedarfsgruppe auseinandersetzen.

Eine der Hauptfragen im Rahmen der Analyse lautet: „Welchen Wert stellt mein Angebot für diejenige Person dar, für die es das wichtigste Werkzeug in dessen Wertschöpfungsprozess ist?" Es ist immer besser, Nutzen statt Attribute eines Angebots zu präsentieren. Noch besser ist es, Wert oder Steigerung der Wertschöpfung eines Angebots zu präsentieren.

Alpar: Ist eigentlich eine Landing-Page für jeden ein Thema? Gibt es da irgendwelche Anforderungen? Zum Beispiel Mindestmarketingbudgets, über die man sich unterhalten sollte, oder eine gewisse Überregionalität? Gibt es Eingrenzungen dazu, wer sich mit dem Thema auseinandersetzen sollte und wer nicht?

Kratz: Das Thema „Landing-Pages" wird für jeden relevant, der sein Angebot online vermarkten möchte. Derjenige sollte sich beispielsweise Gedanken über seine Positionierung, die Präsentation, die Resonanz mit der Bedarfsgruppe und natürlich über die kontinuierliche Optimierung machen.

Alpar: Auch der Wurstwarenhändler um die Ecke? Ist das für den auch relevant? Er hat ja wahrscheinlich eine geschäftliche Homepage, in der er sein Warenangebot präsentiert. Er macht vielleicht ein bisschen Search Engine Marketing, weil man das relativ einfach und spitz machen kann, hat aber keine Spezialkenntnisse. Ist das dann auch etwas, worüber man sich Gedanken machen muss?

Kratz: Wenn die Landing-Page für den Geschäftsbetrieb des Wurstwarenhändlers relevant ist, dann ist die Optimierung auf jeden Fall ein wichtiges Thema. Landing-Page-Optimierung ist nicht erforderlich, wenn Website-Besucher auf der jeweiligen Landing-Page keine Aktion ausführen können. In diesem Fall gibt es nichts, woran die Conversion gemessen werden könnte.

Wann immer Conversions messbar sind, ist Landing-Page-Optimierung wichtig. Wobei die Landing-Page-Optimierung als operative Tätigkeit zu kurz gegriffen ist. Es geht immer um die ganzheitliche Conversion-Rate-Optimierung im Rahmen der Onlinemarketingstrategie.

Alpar: Du hattest ja vorhin die Texter und Designer angesprochen, und wir hatten die Technik angeschnitten. Wahrscheinlich ist hier ein übergreifendes strategisches Arbeiten notwendig. Wie ist denn eigentlich die Aufwandsaufteilung, wenn ich Landing-Page-Optimierung betreibe? Und auf welche Anteile verteilen sich die Kostenfaktoren? Irgendwelche Richtwerte oder Schätzwerte, die man den Leuten an die Hand geben kann?

Kratz: Ich vermeide jetzt den Satz: „Es kommt drauf an!" Es ist einfach: Bei einer Landing-Page-Optimierung mit einem einfachen A/B-Test verdoppeln sich die Kosten für die erstmalige Erstellung der textuellen Elemente und der Designproduktion. Falls die Designs vollständig voneinander abweichen, verdoppeln sich eventuell auch die Kosten für den Entwickler, der beide Designs in HTML/CSS/JavaScript umsetzt. Dazu kommt noch der Aufwand für die Integration der Teststeuerung und des Testtrackings, wobei diese Kosten oft vernachlässigbar sind. Überschlägig verdoppeln sich die Kosten für die Bereitstellung einer einzelnen Landing-Page. Bei einer großen Anzahl von Landing-Pages setzen regelmäßig positive Skalierungseffekte ein.

Viel wichtiger als die Kosten ist die Frage: Was gewinne ich durch Landing-Page-Optimierung? In der Praxis durfte ich viele Erfahrungen sammeln und stellte fest, dass man regelrecht „demütig" werden kann. Beispielsweise wenn Testauswertungen klar verdeutlichen, dass im Betrachtungszeitraum mit der bisherigen Landing-Page-Variante sechs- oder siebenstellige Umsätze eben nicht verdient wurden.

Landing-Page-Optimierung ist eine kontinuierliche operative Tätigkeit und erzeugt kontinuierlich Kosten. Diese Kosten sollten immer in Relation zu den erwarteten Gewinnen betrachtet werden. A/B-Tests sind einfach, günstig und ideal, um „Diamanten" zu finden. A/B-Tests sollten immer durch multivariate Tests verfeinert werden – analog zum Schliff eines Diamanten. Die Kosten für multivariate Tests, deren Analyse und Interpretation sind höher als die für A/B-Tests, sie können jedoch in großen Umsatzverbesserungen resultieren.

Alpar: Vielen Dank für das Interview.

Kratz: Gern.

21.11 Praxiswissen kompakt, To-do-Checklisten und Webtipps

Nun folgen zum Kapitelabschluss ein Interview und die Ihnen bekannte Checkliste.

21.11.1 Interview mit Lennart Paulsen – Mitgründer der Trakken Web Services

Lennart Paulsen ist seit vielen Jahren in der Onlinebranche tätig und hat zunächst bei Google Deutschland angefangen. Hier hat er große Unternehmen aus der Media- und Entertainment-Branche bei der Erstellung von AdWords-Marketingkampagnen beraten. 2008 hat er zusammen mit Timo Aden das Unternehmen Trakken Web Services gegründet und fokussiert sich hier auf Webanalyse und Conversion-Optimierung. Lennart Paulsen ist in den letzten Jahren einer der führenden deutschen Experten für Conversion-Optimierung geworden und hat bereits viele namhafte Unternehmen beraten. Durch über 3.000 durchgeführte Tests zur Conversion-Optimierung hat er umfangreiche Erfahrungen gesammelt und die Conversion-Rates von vielen Landing-Pages und Onlineshops verbessert.

Abb. 209: Lennart Paulsen – Mitgründer der Trakken Web Services GmbH.

Alpar: Hallo Lennart. Was hat es denn mit Conversion-Rate-Optimierung auf sich?

Paulsen: Hallo Andre. Conversion-Optimierung meint den Prozess, seine Webseite fortlaufend zu optimieren. Das heißt, sich nicht damit zufriedenzugeben, dass man einmal ein Produkt, also eine Webseite, erstellt hat, sondern ständig alles zu hinterfragen und die Prozesse auf der Seite fortlaufend zu optimieren, sodass eigentlich jeder Nutzer findet, was er möchte, und die Conversion-Rate bzw. die Umsätze maximiert werden.

Alpar: Das war jetzt voller Fachbegriffe und klang ganz klar nach Orientierung auf transaktionsbasierte Geschäftsmodelle. Ist das denn eher ein Thema für große, stark Onlinemarketing-treibende Unternehmen? Und insbesondere transaktionsbasierte Geschäftsmodelle? Oder ist das auch ein breiteres Thema?

Paulsen: Nein, das hat nicht nur mit transaktionsbasierten Geschäftsmodellen zu tun, da zum Beispiel auch eine Registrierung optimiert werden kann, und es wird hier oft unterschätzt, wie wichtig eine gute Struktur bei einem Registrierungsformular ist. Wenn ich zum Beispiel einen Log-in-Bereich habe und die Nutzerdaten gewinnen möchte, kann ich allein durch Conversion-Optimierung bei einem Formular die Zahl der Registrierungen leicht verdoppeln. Jede Webseite hat eigentlich ein oder mehrere Ziele, sei es die Verweildauer zu optimieren, die Zahl der Registrierungen zu maximieren oder auch den Umsatz zu steigern. Auf dieses vorher definierte Ziel hin kann Conversion-Optimierung betrieben werden.

Alpar: Ist das auf den ersten Moment, in dem ein User auf die Seite trifft, beschränkt? Wie groß ist die Reichweite dieses Themas? Durch Conversion-Optimierung wird der Nutzer ja nicht auf die Seite geholt, es fängt den Nutzer ja erst ab dem Zeitpunkt, ab dem er auf der Seite landet.

Paulsen: Genau. Grundsätzlich kann man natürlich auch die Marketingmaßnahmen optimieren, aber das, worüber wir sprechen, ist eher eine Optimierung des Produkts. Das kann ich natürlich erst machen, wenn ein User tatsächlich zum ersten Mal mit meinem Produkt in Kontakt kommt, sprich auf meiner Webseite oder einer vorgelagerten Landing-Page ist.

Alpar: Gibt es unterschiedliche Disziplinen, die man innerhalb der Conversion-Rate-Optimierung unterscheidet?

Paulsen: Grundsätzlich unterscheiden wir immer zwischen zwei Bereichen: der qualitativen und der quantitativen Optimierung. Qualitativ bedeutet eher, dass ich mir Gedanken darüber mache, was der Nutzer will, was stark in Richtung Psychologie geht.

Quantitative Optimierung ist tatsächlich die Erstellung verschiedener Varianten von Seiten oder auch nur Elementen der Seite. Diese liefert man mit einer entsprechenden Technologie aus und lässt den User per Klick entscheiden, welche Variante am besten ist. Für die quantitative Optimierung braucht man natürlich viele Besucher auf der Webseite und auch viele Conversions, um signifikante Ergebnisse zu bekommen.

Alpar: Wie tastet man sich denn an das Thema heran? Gibt es kostenlose Tools? Ist das ein relativ zugängliches Thema, oder was braucht man, um es selbst anzugehen?

Paulsen: Eigentlich jeder, der eine Webseite erstellt, macht das selbst. Bevor man eine Webseite umsetzt und programmieren lässt, macht sich jeder viele Gedanken. Ich schaue ein bisschen, was meine Wettbewerber machen, was Best Practices sind, und habe schnell Ideen, wie ich meine Seite gestalten könnte. Wenn die Seite erst einmal fertig erstellt ist, habe ich meistens sehr viele Ideen dazu im Hinterkopf, was man noch alles besser machen könnte, sodass man fortlaufend versucht, durch neue Funktionen, Bilder oder neues Wording auf der Seite die Conversion-Rate zu optimieren. Wenn man in den Prozess einsteigt, ist natürlich der Google Website Optimizer das beste Tool, da es kostenlos und dazu auch sehr gut dokumentiert ist. Praktisch gesehen, ist es nichts, was man einfach mal kurz nebenbei machen kann, wie etwa eine Google-AdWords-Kampagne schalten. Es müssen immer noch Webseiten programmiert, Bilder herausgesucht, Grafiken erstellt werden und vieles mehr. Wer mit Conversion-Optimierung starten will, sollte es als einen ganzheitlichen Prozess sehen.

Alpar: Ist es etwas Projektartiges, oder ist es etwas, das man eine Zeit lang machen kann und danach stoppt? Oder muss man eher durchgehend Ressourcen dafür einplanen?

Paulsen: Macht beides Sinn. Als Projekt kann man es aufsetzen, wenn man tatsächlich ein konkretes Ziel hat, wie zum Beispiel die Optimierung des Kaufprozesses in dem eigenen Shop. Man kann das Projekt für einen Zeitraum von drei bis sechs Monaten aufsetzen und während dieser Laufzeit versuchen, durch A/B-Tests die Conversion-Optimierung fortlaufend zu verbessern. Die richtig guten, großen Unternehmen, wie zum Beispiel Amazon, Google oder Facebook, optimieren natürlich fortlaufend. Für das ständige Testen müssen zum Teil sehr umfangreiche Ressourcen aufgebaut werden, die auch hohe Kosten mit sich bringen.

Alpar:Wie ist das, wenn ich ein Conversion-Rate-Projekt aufsetze? Wie muss ich mir die Kosten und den Aufwand vorstellen? Wie verteilt dieser sich auf unterschiedliche Bereiche? Ein Bereich ist bestimmt die Zeit der Mitarbeiter, aber ist das auch der Bereich, der die meisten Kosten

verursacht? Oder sind es doch eher kostenpflichtige Tools? Oder muss ich dann anders in die Kundenakquise gehen?

Paulsen: Die Technologie ist meistens der kleinste Kostenfaktor. Für eine Optimierung braucht man eigentlich ein ganzes Team. Man braucht erst mal jemanden, der das Projektmanagement durchführt, dabei Ideen entwickelt und die konzeptionelle Arbeit macht. Dann braucht man Grafiker, die die verschiedenen Varianten entwickeln, und natürlich auch Programmierer, die das Ganze programmieren und die Tests aufsetzen. In der Regel sollte man mit mindestens drei Personen, die an dem Prozess beteiligt sind, rechnen. Da die verschiedenen Aufgaben nur von Spezialisten umgesetzt werden können, lässt sich die Arbeit auch nicht in einer Person zusammenfassen. Wenn man sich das mal ausrechnet – drei Personen, drei Gehälter –, kann man ungefähr die Kosten einschätzen.

Alpar: Muss man anders an Kundenakquise herangehen, wenn man Conversion-Rate-Optimierung machen möchte? Sollte man irgendwas an seinem Onlinemarketing verändern, um es besser machen zu können?

Paulsen: Als Dienstleister?

Alpar: Nein. Ich meine z. B. als Webshop. Nutzt man nur gewisse Onlinemarketingkanäle zur Conversion-Optimierung, oder macht man das mit allen Onlinemarketingkanälen?

Paulsen: Das ist schwierig. Am besten ist es tatsächlich, die quantitative Optimierung für Google-AdWords-Traffic zu machen, weil es ein sehr homogener Traffic ist. Wenn jemand bei Google nach einem Produkt sucht, interessiert er sich für das Produkt, und die meisten User, die nach dem Produkt suchen, haben die gleichen Absichten. Schwierig ist es zum Beispiel mit Display-Traffic, weil hier viele Leute einfach auf die Werbebanner klicken, dadurch auf meine Webseite kommen, aber gar nicht die direkte Kaufabsicht haben und eher stöbern wollen. Das ist ein sehr heterogener Traffic, und es ist sehr schwierig, hier quantitative Conversion-Optimierung zu machen. In diesem Fall kommt es oft vor, dass die Tests sehr lange laufen und trotzdem am Ende kein klares Ergebnis herauskommt, da die Usergruppen zu unterschiedlich sind.

Alpar: Das heißt, man würde entweder nur für den einen Onlinemarketingkanal, also nur mit dem SEM-Traffic, Conversion-Rate-Optimierung betreiben? Oder würde man für alle relevanten und großen Kanäle getrennt Conversion-Rate-Optimierung machen?

Paulsen: Man kann es einmal komplett für alle Kanäle machen und unterscheidet in der Auswertung nach verschiedenen Segmenten. Das heißt, ich kann sagen, dass alle Besucher, die auf meine Seite kommen, in einen Test hineinlaufen, und ich segmentiere nachher so, dass ich mir die Ergebnisse pro Kanal oder Segment anschauen kann. Wenn ich jetzt sehe, dass sich der SEM-Kanal komplett anders verhält als der Display-Kanal, kann ich die beiden Bereiche trennen und separate Tests aufsetzen. Separate Tests würde ich normalerweise nicht gerade empfehlen, da es den Aufwand extrem erhöht und der Nutzen nicht ganz so hoch ist.

Alpar: Das heißt im Prinzip: Die Leute, die über Display kommen, sind im Entscheidungsprozess noch nicht so weit. Deswegen verhalten sie sich auch anders, und man versucht, sich eine Kundengruppe oder eine Besuchergruppe herauszusuchen, die relativ ähnliche Intentionen hat, um dann daraus klare Schlüsse ziehen zu können?

Paulsen: Ganz genau. User, die über Display-Kampagnen kommen, wollen oft im Shop nur stöbern und haben keine genaue Kaufabsicht. Hier kann man versuchen, den Usern durch sehr umfangreiche Landing-Pages Vielfalt zu präsentieren, um sie auf der Seite zu binden. Wenn jemand auf der anderen Seite gezielt ein Produkt bei Google sucht und durch eine AdWords-Anzeige auf meine Webseite kommt, geht er viel schneller durch den Kaufprozess. Bei Display muss man aber auch ein bisschen unterscheiden zwischen normalen Medienkampagnen und Retargeting-Kampagnen, bei denen die Produkte teilweise schon in den Werbebannern angezeigt werden.

Alpar: Gibt es eigentlich eine Gefahr, wenn ich auf dem sehr gerichteten und fokussierten Suchmaschinen-Traffic Conversion-Rate-Optimierung betreibe? Wenn nämlich die Schlüsse, die ich daraus ziehe, die Effektivität meiner Display-Kampagnen mindert?

Paulsen: Nein, das kommt eigentlich selten vor. Oft ist es auch so, dass man tatsächlich für SEM gezielt Landing-Pages aufbaut, sodass dieser Kanal eigene Seiten hat. Am besten ist es, zunächst alle Besucher auf die gleichen Landing-Pages zu schicken und durch das Einrichten von Segmenten zu prüfen, ob sie unterschiedlich auf verschiedene Varianten reagieren. Ein Ergebnis kann hier sein, dass es sinnvoll ist, die SEM-Landing-Pages von den Display-Landing-Pages zu trennen.

Alpar: Es gibt ja neben dem Google Website Optimizer auch kostenpflichtige Tools. Was sind die Unterschiede zwischen den kostenpflich-

tigen und den kostenfreien Tools? Und ab wann würde man vielleicht eher über kostenpflichtige Tools nachdenken?

Paulsen: Kostenpflichtige Tools haben noch bedeutend mehr Funktionen, wie zum Beispiel das Einrichten von Segmenten. Dazu gibt es viel mehr technische Möglichkeiten, die Tests einzurichten, zum Beispiel über dynamische Angebote oder die Einrichtung eines IP-Targeting. Der Google Website Optimizer empfiehlt sich eher für Einsteiger. Wer langfristig einen Prozess für die Conversion-Optimierung und ein professionelles Team aufbauen möchte, sollte definitiv über ein kostenpflichtiges Tool nachdenken.

Alpar: Vielen Dank für das Interview.

Paulsen: Ja, sehr gern.

21.11.2 To-do- und Checklisten

Nachfolgend wird – wie bei jeder Checkliste am Ende des Kapitels – von drei Arbeitsphasen ausgegangen, die jeweils eine Vertiefung der Maßnahmen verkörpern:

- ➢ Phase 1: Vergegenwärtigung
- ➢ Phase 2: Reflexion
- ➢ Phase 3: Potenzialerkennung und Umsetzung

Conversion-Optimierung-Checkliste	1. Phase	2. Phase	3. Phase
Ziele der Conversion-Optimierung (CO)			
Strategiefindung in der CO			
Zielsystem von Webseiten im Kontext der CO			
Datenerhebung in der CO			
Kennzahlen in der CO Konzeption und Realisierung der CO Nachbearbeitung der CO-Kampagne Weitere Tipps zur CO Wichtige Regeln in der CO			

22. Die verschiedenen Testmethoden optimal einsetzen

Als Nächstes stellen wir Ihnen unterschiedliche Testansätze, wie Usability-Tests, Prototyping, Expertentests, User-Tests, Eyetracking, Mouse- und Klicktracking, A/B-Tests und multivariate Tests vor. Die diversen Testansätze mit unterschiedlichen Schwerpunkten unterstützen dabei, den Entwicklungs- und Aufbauprozess der Kampagnenziele und -effekte in den einzelnen Onlinemarketingkanälen (SEO, SEM, E-Mail-Marketing, Affiliate Marketing etc.) in einer systematischen Umgebung methodischen Tests zu unterziehen und iterativ zu optimieren.

22.1 Unterschiedliche Testansätze

Das Waterfall-Modell als klassisches Werkzeug der Softwareentwicklung

Im Webdevelopment herrschte bis vor Kurzem das Waterfall-Modell zur Strukturierung des Arbeitsablaufs in Softwareentwicklungsprojekten im Allgemeinen vor. Dieses Modell sieht einen sehr rigiden Ablauf der Arbeitsschritte von der Planung über die Programmierung bis zum Launch vor, der wenig Spielraum für nachträgliche Änderungen lässt. So können Verbesserungen an der Layoutgestaltung oder Nutzerführung meist nur sehr kurzfristig eingebracht werden, wodurch das Endprodukt an einer suboptimalen Gestaltung leidet. Zudem werden so viele Probleme mit der Usability erst nach dem Release offenbar und sind dann nur mit großem Kostenaufwand nachträglich optimierbar. Heutzutage werden zunehmend sogenannte agile Prinzipien mit kurzen iterativen Zyklen auf Prototypbasis entwickelt.

22.2 Usability-Tests

Definition von Usability-Tests

Usability-Tests sind wichtige Instrumente, um den Aufbau und die Effizienz verschiedener Kategorien zu testen. Eine wichtige Rolle spielen sie auch im Bereich „Website-Testing".

Hierbei bestehen mehrere unterschiedliche Testverfahren. Die Tests können sich direkt auf einer Website abspielen, aber auch in Usability-Labors (siehe hierzu auch Kapitel 19).

Hierzu werden Probanden eingeladen, die sich mit den unterschiedlichen Anwendungsgebieten einer Website auseinandersetzen müssen. Es werden unterschiedliche Aufgaben an die Probanden gestellt, die durchgeführt bzw. gelöst werden sollen.

Protokolle des lauten Denkens

Unterstützt werden die Analysen durch Protokolle des sogenannten lauten Denkens, die hilfreich für die Auswertung der einzelnen Bereiche sind. Die Probanden äußern hierbei laut ihre Vorgehensweisen, Schwierigkeiten und mögliche Problemfelder. Mithilfe von Eyetracking-Methoden (siehe Kapitel 22.6) lässt sich durch eine Kamera der Blickverlauf der Probanden nachverfolgen. Durch dieses aufschlussreiche Verfahren gelangen Mängel und Schwierigkeiten ans Licht, die die gewünschte Effizienz einer Website drastisch senken.

Usability-Tests

Die Entwicklung eines Prototyps kann aber auch unter Ausschluss von Nutzern geschehen. Erst deren Hinzuziehen im Rahmen eines kleinen, übersehbaren Usability-Tests hilft, festzustellen, wie Nutzer letztlich ein Produkt (hier: Website, Onlineshop, Landing-Page etc.) nutzen, und hilft entsprechend bei der Identifikation von Problembereichen, die abgeändert und von unnötigen Features entledigt werden sollten.

Ziele des Usability-Testing

Das Usability-Testing hat drei Hauptziele. Erstens soll ein bestimmter Aspekt oder eine Anzahl von Aspekten der Nutzung gemessen und evaluiert werden. Zweitens sollen neue, unvorhergesehene Probleme oder Anforderungen entdeckt werden. Drittens sollen Projektressourcen und -risiken minimiert werden. Usability-Tests sollten vor der eigentlichen Entwicklungsphase durchgeführt werden und strikt vom User-Acceptance-Testing und System-Testing getrennt bleiben. Zudem ist darauf zu achten, dass nicht die Probanden das Untersuchungsobjekt sind, sondern das Produkt. Dies bedeutet, dass im Verlauf der Tests auftretende Probleme oder Fehler unbedingt notiert werden sollten, anstatt sie beispielsweise mit dem Unwissen des Nutzers zu verharmlosen.

Wovon hängt der Erfolg des Usability-Testing ab?

Die Effektivität eines Usability-Tests hängt von der Parteilichkeit der Nutzer, der Tiefe und der Häufigkeit der Testdurchläufe sowie der Analyse und Verwendung der Testergebnisse ab. Zunächst sollten die Ziele eines Tests von vornherein klar definiert werden. Dies kann der Navigations-Flow oder das Bemerken eines einzelnen Features durch den Nutzer sein. Als nächster Schritt folgt das Szenario. Dieses umfasst neben den Zielen vorbereitende Informationen über die Rolle der Probanden und weitere relevante Informationen wie Erwartungen oder Task-Descriptions. Dann folgt der Use-Case, der den geplanten Ablauf der Aktionen eines Nutzers inklusive aller Alternativhandlungen beinhaltet und damit beschreibt, welche Aufgabe bewältigt werden sollte.

Erfassen von Kommentaren der Testpersonen

Auch sollten die Probanden abseits der festgelegten Fragen und Aufgaben dazu ermutigt werden, in offener Form Kommentare zum Testdurchlauf zu geben. Weiterhin kann das Testen der Usability vor und nach der Durchführung von Änderungen an einer Webseite dabei helfen, festzustellen, ob die Änderungen wirklich einen Unterschied machen.

Anzahl der Probanden und ihre Zusammensetzung

Auch die Anzahl der Probanden sowie deren Zusammensetzung muss gut überdacht werden. Für die meisten Tests in der Frühphase reichen zwei bis fünf Probanden, sollen jedoch aussagekräftige Ergebnisse erbracht werden, sollte zwischen dem Ressourcenaufwand und den Mindestanforderungen an die statistische Validität abgewogen werden. Zwar identifizieren Usability-Experten beim Testing mehr Probleme und Fehler als unerfahrene Tester, der Erfahrung nach bringen sie jedoch gleichzeitig mehr Scheinfehler ans Licht, deren „Verbesserung" wertvolle Ressourcen verschwenden würde.

22.3 Prototyping

Prototyping und Usability-Tests als State-of-the-Art-Erweiterung bei der testgetriebenen Webentwicklung

Zwei prädestinierte Methoden, um diesen Nachteilen des Waterfall-Modells abzuhelfen, sind das Prototyping und das Usability-Testing. Beide dienen dazu, Kunden und Nutzer von Webseiten stärker in deren Entwicklung

einzubinden und so die Notwendigkeit nachträglicher Optimierungsmaßnahmen zu vermeiden.

Was sind Prototypen?

Prototypen sind ein schneller und kostengünstiger Weg, um Kunden ein
vorläufiges Ergebnis zu präsentieren. Prototypen simulieren das Endprodukt, sind schnell programmierbar und notfalls abänderbar und erlauben es allen Beteiligten, sich mit Inhalten, Strukturen und der Präsentation
zu befassen. So können sowohl Programmierer als auch Nutzer aus der
anvisierten Zielgruppe bereits vor der eigentlichen Entwicklungsphase ihre
Zustimmung zu einem Entwurf geben. Schließlich erlauben Prototypen
auch das Usability-Testing in einer sehr frühen Stufe der Entwicklung. Dies
kann eine reine Anforderungsspezifikation nicht leisten.

Wahl der richtigen Methode beim Prototyping

Beim Usability-Testing sollte auf die Wahl der richtigen Methode geachtet
werden. Insbesondere sollten repräsentative Probanden an einem reprä-
sentativen Szenario arbeiten, quantitative Daten zu Erfolg, Schnelligkeit
und Zufriedenheit der Nutzer sowie qualitative Beobachtungen erhoben
und den Entwicklern in einem formal zufriedenstellenden Testreport vorgelegt werden. Sogenannte Inspection-Evaluations mittels heuristischer
Methoden oder Experteninterviews sind hingegen oft nicht geeignet, da sie
häufig auf Scheinprobleme aufmerksam machen, die im Grunde eben
keine sind.

Iteratives Untersuchungsdesign

Des Weiteren sollte ein iteratives Untersuchungsdesign gewählt werden.
Nur durch die Überarbeitung einer Seitenvorlage aufgrund von Tests und
dem wiederholten Testdurchlauf können sukzessive die Mängel eines Ent-
wurfs identifiziert und substanzielle Verbesserungen implementiert werden. Etliche Studien weisen darauf hin, dass ohne die Wiederholung von
Testdurchläufen eine Vielzahl von Designfehlern und Navigationsproble-
men unentdeckt bleiben und so der Erfolg einer Website suboptimal aus-
fällt.

Was ist Paper-Prototyping?

Paper-Prototyping stellt eine kostengünstige und schnell umsetzbare Form
des Prototyping im Rahmen des nutzerzentrierten Entwicklungsprozesses
dar. Dazu werden neben den Testpersonen lediglich Stifte, Papier, Helfer

sowie Beobachter bzw. eine Kamera benötigt. Auf einem oder mehreren Blättern wird zunächst grob das User Interface (UI) skizziert, das anschließend ins Webformat übertragen werden soll.

Einsatz von Paper-Prototypes

Ein solcher Test erfordert zudem einen Prototyp. Dieser kann als Paper-Prototype mit minimalem Detaillierungsgrad vorliegen oder aber als Web- bzw. Screen-Prototype. Welche der beiden Varianten gewählt wird, hängt vom Budget, der konkreten Aufgabe und dem Stand der Vorarbeiten ab. In beiden Fällen muss der Prototyp visuell konsistent sein und der Nutzererfahrung beim Real-World-Einsatz inklusive Browserfunktionalitäten möglichst nahekommen.

Aufgabenstellung an die Probanden beim Paper-Prototyping

Den Testpersonen wird eine Aufgabe gestellt, die mittels des UI bewältigt werden soll, wie beispielsweise „Kaufe ein Buch". Anschließend wird der Nutzer von Beobachtern oder einer Kamera dabei beobachtet, wie er vorgeht und inwiefern bei der Durchführung der Aufgabe Probleme auftreten.

Die Helfer spielen dabei die Rolle des Computers und reichen dem Probanden andere weiterführende UI-Blätter, je nachdem, für welche Entscheidungspfade sich dieser entscheidet. Die Ergebnisse der Beobachtungen werden im weiteren Entwicklungsprozess für Veränderungen und Verbesserungen des UI herangezogen.

Relevante Kernfragen im Paper-Prototyping

Für die Lösung der UI-relevanten Kernfragen, die mittels des Paper-Prototyping beantwortet werden können, lauten: Handeln die Endnutzer so, wie es die Entwickler von ihnen erwarten, oder gehen sie anders vor? Wurden alle möglichen bzw. begehbaren Pfade bedacht? Sind die Nutzer verwirrt? Werden bestimmte Pfade bevorzugt bzw. andere nie begangen? Werden manche Pfade auf eine Art und Weise genutzt, wie es eigentlich nicht vorgesehen war?

Wann eignet sich Paper-Prototyping am besten?

Insbesondere wenn die Zeit für die Codierung fehlt und man mit wenig Aufwand ein UI auf seine Nutzereignung hin prüfen möchte, eignet sich das Paper-Prototyping als Mittel der Wahl.

Langfristiges Einsparen von Kosten durch Prototyping und Usability-Testing

Während diese beiden Methoden das Gesamtbudget bei der Entwicklung von Webseiten zwar etwas ansteigen lassen, können sie andererseits von unschätzbarem Vorteil dabei sein, Kosten beim nachträglichen Reengineering in späteren Entwicklungsphasen, oder wenn eine Website gescheitert ist, einzusparen. Daher sollten diese beiden Methoden nicht als kostspieliger Luxus abgelehnt, sondern als Kostenvermeidungsstrategie genutzt werden.

22.4 Expertentests

Expertentests werden im Rahmen der Heuristic Evaluation durchgeführt

Dabei testen einige ausgewiesene Spezialisten ein User Interface auf Probleme und die Erfüllung von generellen Standards für ein gutes Interface-Design. Diese Standards kann man im großen Umfang von 203 Fragen in Form des Keevil-Usability-Index anlegen oder aber mittels der zehn Usability-Heuristics von Jakob Nielsen. Der Keevil-Usability-Index fragt beispielsweise nach dem Auffinden, Präsentieren und dem nutzerseitigen Verstehen der angebotenen Informationen, der Unterstützung der Nutzertasks oder aber auch der Evaluation der technischen Akkuratheit. Zu den zehn Usability-Heuristics von Nielsen zählt die Sichtbarkeit des Systemstatus, die Freiheit und Kontrolle seitens des Besuchers, die Konsistenz und das Vorhandensein von Standards sowie die Fehlervermeidung. Weitere Punkte betreffen die Flexibilität und Effizienz der Nutzung, die Ästhetik und das minimalistische Design der Webseite sowie die vorhandenen Hilfsangebote an den Nutzer.

http://www3.sympatico.ca/bkeevil/sigdoc98/

Hauptkategorien Beobachtung, Befragungstechniken sowie Apparate-Techniken

Generell können User-Tests den drei Hauptkategorien Beobachtung, Befragungstechniken sowie den Apparate-Techniken zugeordnet werden. Zur Beobachtung werden das Video-Monitoring und die Logfile-Analyse gezählt. Befragungstechniken umfassen Face-to-Face-Interviews, Onlinebefragungen, Fokusgruppen, Thinking-Aloud- und Critical-Incident-Techniques. Mousetracking und Eyetracking sind Vertreter der Apparate-Techniken.

Beim Video-Monitoring steht das direkt sichtbare Verhalten im Vordergrund

Dabei kann sowohl die Mimik des Probanden wie auch seine Fehlerquote oder die benötigte Zeit, um eine Aufgabe zu lösen, von Interesse sein. Auch bei der Logfile-Analyse kann man Fehler der Webseitenbesucher untersuchen. Darüber hinaus kann man mittels Logfile-Analysen Informationen zur Aufenthaltsdauer eines Nutzers der Webseite sowie zu seiner Entry- und Exit-Page erhalten.

22.5 User-Tests

Ermitteln Sie Hinweise zum Nutzerverhalten, zur Usability des User Interface etc.

User-Tests geben wertvolle Hinweise auf das Nutzerverhalten, die Usability des Interface und das Zusammenpassen zwischen Nutzererwartungen und der Funktionalität der Webanwendung. Werden sie im Rahmen des Prototyping durchgeführt, erlauben sie zudem die frühzeitige Entfernung von Problembereichen und redundanten Features, eine Optimierung der Nutzererfahrung und die Beseitigung von eventuellen Frustrationsquellen. Genauso können User-Tests aber auch zum Einsatz kommen, wenn eine App bereits online gegangen ist. Wenn man über genügend finanzielle Ressourcen verfügt, können solche Tests an einen externen Dienstleister ausgelagert werden. Sie können aber ebenso in kleinen und mittleren Unternehmen ohne große Investitionen im Haus durchgeführt werden. Dabei sollte man allerdings auf eine gründliche Planung im Vorfeld und eine systematische Durchführung achten. Zuerst müssen die geeigneten Probanden ausgesucht werden, denen eine konkrete Aufgabe zur Durchführung vorgelegt werden soll. Dann müssen die Aufgaben geplant, Sessions moderiert und anschließend die Ergebnisse ausgewertet werden. Der Vorteil dieser Vorgehensweise ist, dass man qualitatives Feedback von den Nutzern erhält, was ansonsten womöglich beim Dienstleister verloren gegangen wäre.

Definieren Sie einen Zeitrahmen von 45 Minuten pro Proband pro Test

Pro Test sollten jedem Nutzer maximal fünf Aufgaben à 45 Minuten vorgelegt werden, und zwischen einzelnen Tests sollte bis zu eine halbe Stunde für die Teambesprechungen der letzten Ergebnisse veranschlagt werden. Die Anzahl der Testteilnehmer hängt von der Website und den Testfragen ab, fünf Probanden gelten jedoch allgemein als eine gute Testgröße. Getestet werden sollten vor allem die am häufigsten verwendeten oder die problematischsten Anwendungen auf einer Webseite.

Für die Auswahl sollten repräsentative, typische Nutzer – möglichst über alle Zielgruppen verteilt – gewählt werden. Neben dem qualitativen Feedback der Nutzer empfiehlt es sich zudem, quantitative Messgrößen, wie die Ausführungsdauer und die Fehleranzahl, sowie Zufriedenheitsskalen zu erheben.

22.6 Eyetracking

Was ist Eyetracking?

Das Eyetracking bzw. die Blickbewegungserfassung geht auf eine lange Geschichte zurück, deren Frühformen die Analyse des Sehens durch den ägyptischen Arzt Ibn al Haytham im 11. Jahrhundert und die wissenschaftliche Beobachtung der Augenbewegungen beim Lesen im 19. Jahrhundert durch Louis Émile Javal waren. Letzterer prägte zwei der Grundbegriffe des Eyetracking:

➢ Fixationen und
➢ Sakkaden.

Fixationen stehen für Punkte, die genau betrachtet werden, Sakkaden bezeichnen schnelle Augenbewegungen.

Technische Apparaturen zum Eyetracking

Technische Apparaturen zum Eyetracking können, nach einer Studie der Uni Würzburg (*http://www.i4.psychologie.uni-wuerzburg.de/fileadmin/ 06020400/user_upload/Rey/E-Learning/5_Eyetracking.pdf*), grob in zwei verschiedene Typen unterteilt werden.

Zum einen gibt es die Head-mounted-Systeme oder Überkopfsysteme, die aus einem auf den Kopf montierbaren Helm oder einem Gurt bestehen, in den eine Augenkamera und eine Blickfeldkamera zwecks Aufnahmefunktion integriert sind. Der Vorteil dieser Variante liegt in ihrer Mobilität. Der Proband ist nicht an ein Labor oder die technische Vorrichtung in einem konkreten Notebook gebunden, und es können auch Feldstudien „draußen" durchgeführt werden.

Die zweite Variante sind ferngesteuerte Remote-Eyetracking-Systeme, die ohne mechanische Komponenten auskommen. Hierbei werden die sich in einem fest montierten Bildschirm oder Notebook befindlichen Aufzeichnungsgeräte zunächst an die Augenbewegungen des Probanden kalibriert, bevor die eigentliche Messung an dem nunmehr auf den Probanden eingestellten Gerät kabellos durchgeführt werden kann. Der Vorteil hierbei liegt in der weitgehenden Bewegungsfreiheit des Kopfs, der nicht durch einen Helm eingeschränkt wird.

Technologien zur Aufzeichnung der Blickbewegungen

Gemäß der Studie der Universität Würzburg gibt es unterschiedliche Technologien zur Aufzeichnung der Blickbewegungen:

Nutzung von starken Lichtreizen

Starke Lichtreize werden genutzt, um aus der Position der sich ergebenden Nachbilder auf der Retina auf die Augenbewegung zu schließen.

Nutzung von Elektrookulogrammen

Bei Elektrookulogrammen wird zum gleichen Zweck die elektrische Spannung zwischen Netzhaut (negativer Pol) und Hornhaut (positiver Pol) gemessen.

Die Kontaktlinsenmethode

Ferner gibt es die Kontaktlinsenmethode, bei der die Reflexion verspiegelter Kontaktlinsen von einer Kamera aufgezeichnet wird.

Die Kontaktlinsenmethode und der sogenannte Search-Coil

Eine weitere Methode ergänzt die dritte um einen Search-Coil. Dabei werden in die Kontaktlinsen Spulen integriert und einem Magnetfeld ausgesetzt. Aus der induzierten Spannung kann dann die Augenbewegung berechnet werden.

Cornea-Reflex-Methode

Weiterhin ist die Cornea-Reflex-Methode, bei der ein schwacher Infrarotstrahl auf das Auge gerichtet wird und nach der Kalibrierung eine Aufzeichnung der Augen bzw. der Pupillen erfolgt, zu nennen. Der namensgebende Cornea-Reflex bezieht sich auf den Reflexpunkt des infraroten Lichts auf der Hornhaut, der bei der Aufnahme Rückschlüsse auf die Blickrichtung erlaubt

Daten bei einer Eyetracker-Untersuchung

Die Daten, die bei einer Eyetracker-Untersuchung anfallen, können – gemäß der Studie der Universität Würzburg, in drei Ebenen unterteilt werden:

> ➢ Rohdaten
> ➢ aggregierte Werte
> ➢ deren grafische Aufbereitung in Form von
>> – Gaze-Spots (Hotspots oder Heatmap)
>> – Gaze-Plots (Gaze-Traces)
>> – Gaze-Replays

Anwendungsgebiete des Eyetracking

Die Anwendungsgebiete gliedern sich, gemäß derselben Studie, hauptsächlich in wirtschaftliche und wissenschaftliche Bereiche, wobei es sicherlich auch zu Überschneidungen kommen kann. In der Wirtschaft sind die drei Unterbereiche Usability-Studien, Marketing und Hilfssysteme für körperlich benachteiligte Menschen exemplarisch.

Typische wissenschaftliche Disziplinen, in denen das Eyetracking eine wichtige Rolle spielt, sind die Psychologie und dort insbesondere das E-Learning, die Neurowissenschaften und die Linguistik.

Vorteile des Eyetracking

Die Vorteile des Eyetracking als Methode bestehen in den vielfältigen Anwendungsgebieten, der direkten Messung des Blickverlaufs, aus der Rückschlüsse auf Aufmerksamkeitsprozesse des Probanden gezogen werden können, sowie den guten Möglichkeiten der Visualisierung der Ergebnisse. Die Nachteile sind hohe Kosten, ein hoher Aufwand, der zudem eine hohe Expertise der Studienbeteiligten notwendig macht, sowie das nicht eindeutige Verhältnis zwischen den Blickfokussierungen und der kognitiven Verarbeitung beim Probanden.

Dank der Weiterentwicklung der Hard- und Software in den letzten Jahren ist der Einsatz jedoch komfortabler geworden. Weiterhin stellen die Nicht-Registrierbarkeit der Gründe für eine (Nicht-)Fixierung, die Möglichkeit der Beeinflussung des Verhaltens und Erlebens sowie nutzerbedingte Einschränkungen weitere Hindernisse für eindeutige Folgerungen aus dem Eyetracking dar.

22.7 Mousetracking und Klicktracking

Verfolgen von Bewegungen sowie Aktionen der Maus

Beim Usability-Testing gibt es in einigen Unterbereichen Softwareangebote, die eine einfache und kostengünstige Durchführung eigener Untersuchungen ermöglichen. Zu diesen Angeboten zählen Lösungen zum Klick- und Mousetracking, also dem Verfolgen von Bewegungen sowie Aktionen der Maus bei Nutzung der eigenen Webseiten.

Unter diesen proprietären Softwarelösungen sind sogar einige online verfügbar, die in den jeweiligen Basisversionen kostenfrei sind und bei denen nur bei Nutzung des vollen Programmumfangs ein Lizenz- bzw. Kaufpreis anfällt. Diese Lösungen eignen sich vor allem dazu, konkrete Fragen, die sich aus Tests einer Seite ergeben haben, zu beantworten oder Trends und statistische Ausreißer besser zu verstehen. Sie sind allerdings weniger dafür geeignet, eigenständige, allgemeine Teststudien zu Webseiten durchzuführen.

Untersuchen Sie unterschiedliche Bereiche der eigenen Webseite

Um mittels Klick- und Mousetracking zuverlässige Ergebnisse zum Surfverhalten der Webseitenbesucher zu erhalten, sollte

➢ erstens genau überlegt werden, welchen Bereich der eigenen Webseite man auf diese Weise untersuchen lässt. Zudem sollten

➢ zweitens nicht nur einzelne Nutzer untersucht werden, stattdessen sollten die gesammelten Daten zu
  – Mausbewegungen,
  – Scrollverhalten oder
  – den erfolgten Klicks

vieler Nutzer in Form von Heapmaps aufbereitet werden.

Hilfstools für Mouse- und Klicktracking

http://www.m-pathy.com

Obwohl Klick- und Mousetracking miteinander verwandt sind, gibt es Softwareangebote, die jeweils nur eine dieser Methoden unterstützen, andere bieten beides in einem kombinierten Paket an. Im Folgenden werden einige der Softwarelösungen vorgestellt. Als besonders umfangreich hinsichtlich seines Funktionsumfangs gilt M-Pathy (*http://m-pathy.com/*). Diese Komplexität und die damit verbundene Vielzahl an Einsatzmöglichkeiten erfordert allerdings auch eine professionelle Auswertung generierbarer Daten, wenn man umfassende Analysen durchführen möchte. Dabei ermöglicht M-Pathy eine sehr detaillierte Auswertung von Formularen auch in Form von aggregierten Durchschnittswerten, die Aufzeichnung und das Abspielen von einzelnen Sessions und die Anzeige von Clickmaps und Movementmaps. M-Pathy ist in einer abgespeckten Testversion gratis online erhältlich und kostet mit voller Auswertungsfunktionalität 300 Euro pro Monat (Stand Dezember 2011).

http://www.crazyegg.com

Eine reine Klicktracking-Lösung mit wesentlich geringerem Funktionsumfang stellt Crazyegg dar (*http://crazyegg.com/*). Die angebotenen Auswertungen sind im Browser anzeigbar, weiterhin können Rohdaten exportiert und nach eigenen Filterkriterien, wie Keywords oder Referrer, segmentiert werden. Der Abonnementpreis beginnt bei 9 Dollar für zehn Webseiten (Stand Dezember 2011), das Abo kann monatlich jederzeit gekündigt werden.

http://www.userfly.com

Noch weniger Funktionen bietet Userfly, das dafür bei einer Auswertung von bis zu zehn Sessions kostenlos ist (*http://userfly.com/*). Bei höherer Nutzungsintensität geht der Preis bei 10 Dollar im Monat (Stand Dezember 2011) für 100 Sessions los. Dafür können allerdings nur Einzelsessions aufgenommen und deren Mausbewegungen sowie Klicks abgespielt werden. Eine Konsolidierung der Auswertungen ist nicht vorgesehen.

http://www.clickdensity.com

Die Ansicht einzelner Sessions ist wiederum bei Clickdensity nicht vorgesehen, dafür Heapmaps, Klickmaps, Hovermaps sowie ein kostenloser Account für eine einzelne Seite (*http://www.clickdensity.com/*). Neben den Grundfunktionen im kostenlosen Account kann man das Angebot ab 4 Dollar (Stand Dezember 2011) um zusätzlichen Nutzungsumfang erweitern, sodass beispielsweise A/B-Tests durchgeführt werden können.

http://www.vistrac.com

Für bis zu zehn getrackte Webseiten bzw. 500 Nutzer ist auch Vistrac kostenlos (*http://vistrac.com/*). Dieses Tool stellt jedoch einen Hybriden zwischen Aktions- und Analytics-Tracking dar, mit dem man neben der konsolidierten Analyse des Klick- und Scrollverhaltens von Besuchern auch typische Analytics-Metriken erheben und auswerten kann.

http//www.mouseflow.com

Mouseflow.com bietet eine hohe Maustracking-Funktionalität zu erschwinglichen Konditionen.

So wird der Verlauf der Aktivitäten eines Users bei Nutzung einer Website mitgeschnitten.

Die Auswahl von Drop-down-Menüs und Auswahlfeldern etc. wird ebenfalls aufgezeichnet. Auch jeder Klick und jede Mauszeigerbewegung wird dabei erfasst (siehe die folgenden Links):

http://www.webmastertools.eu/195/mouseflow-echtzeit-maustracking/

http://mouseflow.com/

Mousetracking als Alternative zum Eyetracking

Mousetracking hat sich in den letzten Jahren zu einer kostengünstigen und plausiblen Alternative zum Eyetracking entwickelt, da bei Studien unter Einsatz dieser beiden Technologien eine 84- bis 88%ige Übereinstimmung in den Ergebnissen festgestellt werden konnte.

Da demnach mittels Mousetracking die Augenbewegungen auf Webseiten gut simuliert werden können, liefern beide Methoden vergleichbare und wertvolle Informationen darüber, wie ein Nutzer mit einer konkreten Internetseite interagiert.

Vorteile des Mousetracking

Im direkten Vergleich sind die Vorteile des Mousetracking – niedrige Kosten, das Testen in der natürlichen Umgebung der Nutzer ohne die bewusste externe Beobachtung und mit einer Vielzahl von Ursprungsländern, Betriebssystemen, Browsern etc. – enorm. Nachteilig können sich diese Vorteile auf die Planbarkeit und Veränderbarkeit der Studienbedingungen auswirken.

So können erstens keine bestimmten Punkte definiert werden, die getestet werden sollen, zweitens können die Umweltbedingungen nicht kontrolliert oder abgeändert werden, und drittens erhält man kein Feedback von den Nutzern. So kann man an diese beispielsweise keine Fragen von Interesse stellen und so auch keine Zusatzinformationen von den Nutzern erhalten, was aber auch teilweise für andere Testverfahren gilt.

22.8 A/B-Test

Was ist A/B-Testing?

A/B-Testing ist eine Vorgehensweise zum Testen zweier unterschiedlicher Produktvarianten, die ebenso zum Vergleich der Performance von zwei (oder mehr) verschiedenen Webseitenversionen eingesetzt werden kann. Hierbei handelt es sich um ein Testverfahren, das wir in der Arbeitspraxis gern einsetzen. Es kann eine abgeschottete Testumgebung für den Vergleich zum Tragen kommen, es kann aber ebenso die „Live-Site" in mehreren Varianten online gestellt werden, und man schaut, welche der Alternativen die meisten „Click-Throughs" bekommt. Letzteres hat den Vorteil, dass man statistisch valide und damit aussagekräftige Resultate von einer hohen Zahl an Nutzern erhält.

Die zwei Versionen A und B von einem Element

Das grundlegende Prinzip beim A/B-Testing ist folgendes: Man hat zwei Versionen von einem Element (z. B. einem Produkt oder einer Verpackung), die man mit den Symbolen A und B versieht, und eine Metrik, die beider Erfolg festlegt. Dann werden beide Versionen in einer experimentellen Anordnung gleichzeitig zum Ausprobieren freigegeben.

Freigabe für den Real-World-Use

Anschließend stellt man fest, welche die erfolgreichere der beiden Versionen war, und gibt diese für den „Real-World-Use" frei. Im Web arbeitet man in leichter Abwandlung mit verschiedenen Webdesigns, die miteinander verglichen werden. Zumeist handelt es sich dabei um das bisherige Webdesign (A), das mit einem neuen Webdesign (B) hinsichtlich der Performance, beispielsweise Conversion-Rate oder Verkäufe, verglichen wird. Dies geschieht, indem der Website-Traffic zwischen den beiden Versionen aufgeteilt wird und anschließend deren Ergebnisse in Bezug auf die gewünschte Kenngröße verglichen werden.

Beteiligung einer Mindestzahl von Testpersonen

Um die Vergleichbarkeit der Daten zu gewährleisten, muss jedoch eine Mindestanzahl an Testpersonen an der Testphase beteiligt sein, und zudem sollten die unterschiedlichen Versionen unbedingt gleichzeitig und nicht nacheinander erprobt werden. Daher sollte man Tests nicht vorzeitig aus Kostengründen abbrechen. Insgesamt kann eine Vielzahl von Seitenelementen auf diese Weise optimiert werden.

Testfeatures der Website

Die Überschrift, die Produktbeschreibung, das Wording und Design des Call-to-Action, das Layout und der Stil der Webseite, aber auch das Pricing sind nur einige Beispiele für übliche Testfeatures.

Werkzeuge für A/B-Tests

Für die Umsetzung eines A/B-Tests gibt es bereits eine Auswahl an Software zur Unterstützung, wobei der Google Website Optimizer ein Gratisangebot darstellt, bei dem man allerdings JavaScript- und HTML-Kenntnisse mitbringen muss. Der Visual Website Optimizer setzt zwar keine Programmierkenntnisse voraus und verfügt über wesentlich mehr Features, er stellt aber eine proprietäre Softwarelösung dar, die maximal 30 Tage in einer Trialversion ausprobiert werden kann.

22.9 Multivariate Tests

Tests, die direkt an der Website durchgeführt werden, die sogenannten „multivariaten Tests", sind im Vergleich zu den Tests im Labor kostengünstiger und erreichen eine höhere Anzahl von Testpersonen. Besonders nützlich sind diese Art von Tests, wenn zwischen zwei oder mehreren Websites Vergleiche aufgestellt werden sollen oder gar eine Entscheidung zwischen ihnen gefällt werden soll. Durch die Unterteilung in mehrere Module lassen sich bestimmte Teile einer Website besonders unter die Lupe nehmen und erlauben detailreiche Vergleichsmöglichkeiten. Besonders das Zusammenspiel der einzelnen Module, wie zum Beispiel die Text-Bild-Beziehung, lässt sich so gut auswerten. Gewisse Abläufe in der Navigation, die auf eine gut oder eher weniger gut ausgeprägte Zusammengehörigkeit der einzelnen Elemente einer Website schließen lassen, sind mithilfe dieser Testmethode sehr gut ersichtlich. Lediglich ein JavaScript-Programm, das im Hintergrund abläuft, dient der Erfassung dieser Testergebnisse. Leider können multivariate Tests lange auf das gewünschte Ergebnis warten lassen, gerade in Fällen, in denen die jeweiligen Websites weniger häufig besucht werden.

Multivariate Testverfahren und Usability-Tests spielen eine große Rolle beim Aufbau einer Website, da auf diese Weise ein Leitsystem geschaffen werden kann, das eine problemfreie und anwenderfreundliche Nutzung garantiert.

22.10 Praxiswissen kompakt, To-do-Checklisten und Webtipps

Nun zeigen wir ein konkretes Beispiel für den Einsatz von Eyetracking-Systemen, führen ein Interview mit Dr. Amit Gosh, Geschäftsführer der INWT Statistics GmbH, und anschließend folgt erneut eine zusammenfassende Checkliste zu diesem Kapitel.

22.10.1 Konkretes Beispiel für den Einsatz von Eyetracking

Ein konkretes Beispiel für den Einsatz von Eyetracking bietet eine Studie (*http://www.journalismusforschung.de/text/dok/Haller_Feuss_ipj_eyetrack. pdf*) zur Usability von journalistischen Printerzeugnissen. Die Untersuchung bezog sich auf den Donaukurier und ging von der Hypothese aus, dass das Design der Zeitung die Seitenerschließung für den Leser vorgibt. Ein videobasiertes, kopfgestütztes Messgerät sowie Augen- und Szenenkameras wurden verwendet. Die Ergebnisse wurden als sogenanntes Gaze-Replay digitalisiert.

Leseverhalten und der Usability-Grad

Das Leseverhalten und der Usability-Grad wurden über die Indikatoren Dauer, Häufigkeit, Attraktivität und Rang valide ermittelt.

Die Vorteile des Eyetracking gegenüber dem Readerscan

Die Vorteile des Eyetracking gegenüber dem Readerscan sind vielfältig. Zum einen werden objektive Daten über die „vorbewusste" Seitenerschließung ermittelt, wobei die Störvariable der sozialen Erwünschtheit entfällt. Zum anderen ist das Eyetracking kostengünstiger und erlaubt kleinere Panelgrößen.

Rückschlüsse von der Blattstruktur bei Zeitungen auf Onlinezeitungen

Folgende Ergebnisse konnten für den Bereich der Blattstruktur bei Zeitungen ermittelt werden mit dem Ziel, diese für das Online-Zeitungsleseverhalten hin zu verwerten. Es gibt ein gelerntes Zeitungsformat, das sich an den üblichen Seitenumbrüchen, Tabloids und Ressorts orientiert. Hinsichtlich der Größenordnung werden spezielle Printformate als Zeitung wahrgenommen, andere wiederum als Magazine. Bei acht Seiten Umfang der einzelnen Ressorts konnte die beste Ausbeute hinsichtlich der Verweildauer erzielt werden. Die Ressorts benötigen General-Interest-Elemente, die möglichst jeden angehen sollten. Auch die Themenabfolge der Ressorts sollte entweder logisch oder nach Bündeln (wie z. B. erst allgemeine, dann lokale Wirtschaft, Sport etc.) gegliedert sein.

Einsatz von Bildern beim Seitenaufbau

Der Einsatz von Bildern muss beim Seitenaufbau fein austariert werden. Bei der Bild-Text-Relation dürfen Bilder nicht überproportional groß sein, sollten spätestens innerhalb von drei Sekunden inklusive Bildunterschrift entschlüsselbar sein und Nähe, Personalisierung sowie einen klaren Fokus vermitteln.

Erkenntnisse des Donaukuriers dank Eyetracking

Wichtige Erkenntnisse für die Weitergestaltung ihrer Onlinepräsenz konnten dem Donaukurier dank Eyetracking auch zur Aufmerksamkeitsverteilung auf einer beliebigen Zeitungswebseite geliefert werden. Nach den empirischen Ergebnissen können Bereiche, in denen früh interessante Einstiegspunkte über den Titel oder ein Bild gefunden wurden, generell eine höhere Aufmerksamkeit auf sich lenken. Allerdings kann ein besonderes Interesse seitens des Lesers die späte Wahrnehmung eines Bereichs ausgleichen. Besondere Aufmerksamkeit genießen zudem Kurzmeldungen und Lokalnachrichten.

Ergebnisse der Donaukurier-Eyetracking-Studie

Als Ergebnis der Studie konnten geschäftskritische Empfehlungen hinsichtlich des Inhouse-Trainings gegeben werden: Die funktionale Typografie bei der Gestaltung der Titelseite der Zeitung sollte dabei von den Redaktionsmitarbeitern ebenso gelernt werden wie das Platzieren von den Blick lenkenden Hinguckern im Seitenkeller, dem gesamten unteren Bereich einer Zeitungsseite, der prinzipiell die geringste Aufmerksamkeit genießt.

Zudem sollten spezifisch Titelkomplexe samt zugehöriger Bebilderung ebenso gelernt werden wie subjektive Stilformen in den Bereichen Lokales, Wirtschaft oder Sport. Dieses Beispiel der Handlungsrelevanz von Eyetracking-Studienergebnissen illustriert deutlich das praktische Verwertungspotenzial dieser Methode.

22.10.2 Interview mit Dr. Amit Ghosh – Geschäftsführer der INWT Statistics GmbH

Nach seinem Studium der Betriebswirtschaftslehre arbeitete Amit Ghosh als Freiberufler für mittelständische Unternehmen und im Auftrag der Pace GmbH für einen großen deutschen Pharmakonzern. 2008 folgte die Promotion zum Thema „Robuste Statistik". Im selben Jahr übernahm er den Aufbau und die Leitung der Statistischen Beratungseinheit (fu:stat) an der Freien Universität Berlin. Seit März 2011 leitet er zusätzlich als Geschäftsführer die INWT Statistics GmbH.

Abb. 210: Dr. Amit Ghosh – Geschäftsführer der INWT Statistics GmbH.

Alpar: Hallo Amit. Was sind denn Fragestellungen, bei denen mir als Inhaber einer Website Web Analytics weiterhelfen kann?

Ghosh: Grundsätzlich kann man als Inhaber einer Webseite mithilfe von Web Analytics eine ganze Reihe von Kennzahlen im Auge behalten, die einem zum Beispiel verraten, wie viele Besucher man hat, woher diese kommen, ob sie wiederkehren, wie lange sie auf der Seite verweilen und wie sie auf der Seite navigieren. Das kann einem helfen, das Verhalten der Besucher zu verstehen, die Webseite hinsichtlich der Usability zu optimieren oder auch den Erfolg von Werbemaßnahmen zu überprüfen. Wichtig ist, die zahlreichen Kennzahlen nicht einfach nur in ihrer zeitlichen Entwicklung zu beobachten, sondern Web Analytics immer als ein Controlling-Instrument im Rahmen vorher definierter Ziele zu betrachten. Die Ziele geben vor, welche Kennzahlen im Einzelfall besonders relevant sind und welche weniger. Mit Web Analytics hat man dann ein kontinuierliches Monitoring-Tool, mit dessen Hilfe man verschiedene Metriken beobachtet und alarmiert wird, sobald sich irgendetwas unerwartet ändert. Im Idealfall werden Abweichungen zwischen Soll und Ist schnell erkannt und hinterfragt, sodass dann – bei Bedarf – umgehend reagiert werden kann.

Alpar: Welche Fragen, denen man mit Web Analytics nachgeht, sind die wichtigsten? Oder kann man da überhaupt einen gemeinsamen Nenner finden?

Ghosh: Ich denke, das hängt tatsächlich ganz stark von den Zielen ab, die jeweils verfolgt werden und die sich in Abhängigkeit von der Ausrichtung der Webseite stark unterscheiden können. Bei einem Onlineshop liegt der Fokus vielleicht eher auf dem Bereich Onlinemarketing, der Optimierung der Auffindbarkeit von Produktseiten, der Optimierung des Bestellprozesses oder der Effektivität eines Empfehlungssystems. Bei einem Informationsportal oder dem Betreiber eines Datingportals können zum Teil ganz andere Fragen relevant sein. Welche das sind, hängt oft eng mit dem jeweiligen Geschäftsmodell zusammen. Im Endeffekt gibt es natürlich einige ganz grundlegende Metriken, wie zum Beispiel Impressions, gegebenenfalls Conversions (wie auch immer diese im Einzelfall definiert sind), die Verweildauer auf der Seite oder die Frage nach der Herkunft der Besucher, die fast immer relevant sind.

Alpar: Was ist relevant, wenn man insbesondere aktiv Werbung betreibt? Was sind dann die Metriken, auf die man ein Auge hat?

Ghosh: Sofern es nicht ganz allgemein um die Steigerung der Bekanntheit der eigenen Marke geht, kauft man Kontakte (Leads) und versucht, diese zum Beispiel bei einem Webshop in Conversions zu verwandeln, also zu Käufern zu machen. Man vergleicht dann ganz konkret die Kosten für die Gewinnung der Kontakte mit den erzielten Erlösen. Die Betrachtung kann auf Ebene einzelner Marketingkanäle erfolgen, aber bei großen Budgets auch auf Ebene einzelner Kampagnen oder noch darunter. Relevant sind dann Metriken wie Cost-per-Lead, Cost-per-Conversion oder die Wahrscheinlichkeit, dass aus einem Kontakt eine Conversion resultiert. Der dem Unternehmen entstehende Gegenwert kann über Deckungsbeiträge oder besser den Customer-Lifetime-Value gemessen werden.

Alpar: Kann so etwas ein fertiges Tool leisten, oder muss man sich die unterschiedlichen Kennzahlen selbst zusammensuchen?

Ghosh: Ich denke, dass es insbesondere für kleinere und mittelständische Unternehmen, die keine riesigen Budgets und keine zu speziellen Ansprüche haben, Tools gibt, die eine gute Plattform darstellen. Google Analytics erfasst zum Beispiel die dazu relevanten Metriken und ermöglicht es, den bekannten monetären Wert einer Conversion anzugeben oder auch individuelle Ziele zu definieren. Das ist vergleichsweise einfach, über eine API in bestehende Anwendungen integrierbar und deckt so durchaus viele der üblichen Fragestellungen ab. Größere Unternehmen haben natürlich speziellere Fragestellungen und Anforderungen, die dann oft den Einsatz kostenpflichtiger Tools erforderlich machen. Hier werden nicht selten mehrere Tools eingesetzt, die zusätzlich noch auf den konkreten Fall angepasst werden und dann auch eine nahtlose Integration mit anderen Anwendungen, zum Beispiel in den Bereichen Rechnungswesen, CRM oder Reporting, ermöglichen.

Alpar: An welchen Stellen treten im Bereich Web Analytics oft Missverständnisse seitens der Unternehmen auf, wenn Daten analysiert werden?

Ghosh: Da gibt es einen ganz wichtigen Punkt: Hinter den meisten Zeitreihen steht ein recht komplexer Ursache-Wirkung-Zusammenhang, der natürlich von einer Standardsoftware nicht oder nur rudimentär modelliert wird. Wenn ich zum Beispiel eine Maßnahme umsetze und danach einen Anstieg der Impressions beobachte, muss das nicht (nur) auf diese Maßnahme zurückzuführen sein. Viele Zeitreihen werden durch starke saisonale Muster überlagert. Auch externe Ereignisse, zum Beispiel eine Fußball-WM, können sich in bestimmten Metriken niederschlagen. Hier bedarf es entweder eines guten Modells, das solche Effekte berücksichtigt, oder viel Erfahrung und Gespür bei der Analyse der Metriken. Wichtig ist der langfristige Trend in den Zeitreihen. Auch ein Vergleich mit der Konkurrenz kann sehr nützlich sein, wenn es darum geht, die Entwicklung in einer Zeitreihe einzuschätzen.

Alpar: Habt ihr öfter die Thematik, dass dabei der Unterschied zwischen Kausalität und Korrelation nicht verstanden wird?

Ghosh: Ja, zum Beispiel beim Thema „Customer Journey" scheint mir das oft der Fall zu sein. Häufig wird hier untersucht, wie oft bestimmte Kontaktketten auftreten, bevor es zu einer Conversion kommt. Die Frage, welchen Beitrag ein bestimmter Kontakt, zum Beispiel der Klick auf ein Banner, hat, wird dann über die Häufigkeit der Display-Kontakte in diesen Ketten beantwortet. Es sind aber durchaus Situationen denkbar, in denen diese Klicks keineswegs kaufentscheidend sind. Man müsste also eigentlich untersuchen, welchen Einfluss eine Veränderung des Budgets für Display-Werbung auf die erzielten Conversions hat. Die Statistik stellt hierfür Modelle und Testverfahren zur Verfügung, die es erlauben, solche Fragen zu beantworten.

Alpar: Das heißt, das ist etwas, das man eigentlich mit den vorhandenen Daten machen kann. Man muss diese Daten nur einfach mit anderen Methoden auswerten. Ist das richtig?

Ghosh: Ja. Zwar gibt es auch einige komplizierte Fälle, in denen tatsächlich ein aufwendiges Experiment oder die Erhebung weiterer Daten notwendig ist. In den meisten Fällen wird aber das Potenzial der vorhandenen Daten nicht mal ansatzweise ausgeschöpft. Genau hier stößt man an die Grenze vieler Analytics-Lösungen, die in der Regel auf Standardauswertungen beschränkt sind. Viele bieten natürlich Zusatzfunktionalität, aber auch da bleibt man üblicherweise im Bereich des „Deskriptiven", beschreibt die Daten also lediglich. Die Statistik bietet aber noch eine viel speziellere Methodik, um wirklich auch hinter die Daten schauen zu können und nach Gesetzmäßigkeiten zu suchen. Das ist aber auch weniger etwas, das man mit dem Standard-Reporting abdecken würde, sondern eher eine spezifische Aufgabenstellung, die im Rahmen eines kleineren Projekts bearbeitet würde.

Alpar: Das heißt, das ist etwas, das man sich auch nicht notwendigerweise jeden Tag anschauen muss, sondern das sind eher Vermutungen, die man dann entweder zu bestätigen oder zu widerlegen versucht.

Ghosh: Ganz genau! Bei solchen Fragen, zum Beispiel nach dem Beitrag bestimmter Kontakte zu einer Conversion oder der unterschiedlichen Effektivität zweier Werbemittel, geht es im Wesentlichen um die Aufdeckung von Gesetzmäßigkeiten. Und „Gesetzmäßigkeit" impliziert an der Stelle auch schon eine gewisse zeitliche Persistenz. So eine Analyse macht man in der Regel einmal und prüft dann regelmäßig, ob sich hinsichtlich der Voraussetzungen substanzielle Veränderungen ergeben haben, die eine Anpassung des Modells erforderlich machen.

Alpar: Kannst du vielleicht noch einmal dem geneigten Leser den Unterschied in der Herangehensweise zwischen Datamining und statistischen Methoden erläutern?

Ghosh: Datamining ist vom Fokus stark datenorientiert und im Vergleich zu anderen Methoden eher theoriefrei. Das heißt, ich habe meine Daten, also zum Beispiel verschiedene Metriken, die im Rahmen des Trackings erfasst werden, und möchte damit eine Zielgröße vorhersagen, zum Beispiel das Auftreten einer Conversion. Ein Datamining-Ansatz versucht nun – ohne weitere Informationen –, die beobachteten Conversions über die vorhandenen Metriken zu erklären, und ist nach dieser Lernphase mehr oder weniger gut in der Lage, Conversions zu prognostizieren. Ein statistischer Ansatz hierfür ist dagegen modellgebunden, d. h., man würde im ersten Schritt hinterfragen, was kausal entscheidend für das Auftreten einer Conversion sein kann. Das könnte dann unter anderem das Involvement des Kunden sein, sodass man sich im nächsten Schritt überlegen würde, über welche Metriken sich Involvement messen lässt. Auf diese Weise wird schrittweise ein Modell konstruiert, in das vorhandenes Know-how einfließt. Der modellbasierte Ansatz ist dabei häufig weniger rechenaufwendig, weil von Beginn an nur relevante Daten verwendet werden. Ein weiterer Vorteil liegt darin, dass der Prozess der Modellierung zum Verständnis des Problems beiträgt, während der Datamining-Ansatz eine Blackbox darstellt.

Alpar: Genau, demnach ist es also im Wesentlichen so, dass die meisten Leute, die Web-Analytics-Software nutzen, eigentlich eher den Datamining-Pfad entlanggehen. Die statistischen Methoden können dann durchaus noch einmal mehr Sicherheit und eine größere Vielfalt hinsichtlich der Fragestellungen bringen.

Ghosh: Absolut! Man erhält auf diesem Weg nicht nur ein Modell, das die Realität beschreibt, sondern stößt immer auch einen Lernprozess an, der dazu beiträgt, dass alle Beteiligten mehr über die Mechanismen des betrachteten Problems lernen. Das wiederum ist strategisches Wissen, das sich oft an anderer Stelle sinnvoll einbringen lässt.

Alpar: Prima. Dann vielen Dank für das Interview.

Ghosh: Sehr gern.

22.10.3 To-do- und Checklisten

Nachfolgend wird – wie bei jeder Checkliste am Ende des Kapitels – von drei Arbeitsphasen ausgegangen, die jeweils eine Vertiefung der Maßnahmen verkörpern:

➢ Phase 1: Vergegenwärtigung

➢ Phase 2: Reflexion

➢ Phase 3: Potenzialerkennung und Umsetzung

Testmethoden-Checkliste	1. Phase	2. Phase	3. Phase
Usability-Tests			
Prototyping			
Expertentests			
User-Tests			
Eyetracking Mousetracking und Klicktracking A/B-Tests Multivariate Tests Weiteres			

23. Customer-Relationship-Management (CRM): Pflegen Sie Ihre Kundendaten und -beziehungen systematisch

Customer-Relationship-Management (CRM) zielt auf die systematische Pflege und Generierung von Kundendaten und -beziehungen ab mit dem Ziel, einen Mehrwert und nützliche Inhalte für die Kunden zu schaffen. Hierzu gehen wir in diesem Kapitel auf die Formulierung der Optimierungsziele und Geschäftsbedingungen im Kontext des CRM ein und stellen Ihnen effektive Instrumente der Kundenbindung vor, wie z. B. sCRM, Blogs, Foren, Social Media, Newsletter & Co. Auch gehen wir im CRM-Kontext auf Webmining, die strategische Integration von Daten ins CRM, die Segmentierung als überschaubares Clustering, die Formulierung des Ziels durch das Expertenteam, das After-Sales-Management im CRM, die Kollaboration mit dem Kunden und last, but not least auf das Datenmanagement im CRM ein.

23.1 So schaffen Sie Mehrwert und nützliche Inhalte für Ihre Kunden

Bild des alten Geschäftsmanns

Ein schönes Bild, um die Komplexität, aber auch die Einfachheit der Anforderung an das CRM darzustellen, ist das Bild des alten Geschäftsmanns, der einen Krämerladen als Familienunternehmen führt. Er kennt Generationen von Stammkunden sowie

➢ deren Freud und Leid,

➢ persönlichen Interessen,

➢ Kaufhistorie und

➢ nicht zuletzt deren finanzielle Spielräume.

Die Hauptfrage lautet, wie es möglich ist, das Gedächtnis und die Effektivität dieses alten Krämerladenbesitzers auf den Vertriebskanal Internet zu übertragen, das heißt, die Mentalität des lokalen Geschäftsmanns auf Millionen potenzieller Kunden zu übertragen und eine überschaubare Dienstleistung in der Produkt- und Informationsflut mit relevanten Arbeitsprozessen zu generieren mit dem Ziel, ein Kundenbeziehungsmanagement (CRM) aufzubauen.

Ziele des Kundenbeziehungsmanagement (CRM)

Erklärtes Ziel von Investitionen in das Kundenbeziehungsmanagement ist die Abkehr von der rein transaktionsorientierten Belieferung eines Massenmarkts mit standardisierten Produkten hin zur individuellen Ansprache des Kunden zur Etablierung einer langfristigen Geschäftsbeziehung.

Im Gegensatz zum Einkauf über traditionelle Vertriebswege (zum Beispiel Filiale, Telefon oder Versicherungsvertreter) ist der Besuch einer Website weitgehend frei von direkten Kontakten von Mensch zu Mensch.

Besonderheiten des virtuellen Raums

Zu beachten ist: Der virtuelle Raum weist höchst interessante Besonderheiten auf, zum Beispiel die mögliche Personalisierung von Inhalten oder auch die denkbare direkte, ereignisgesteuerte Interaktion mit Besuchern.

Arten der Website-Targets im Kontext des CRM

Onlinebusinessmodelle im Onlinemarketing lassen sich nach folgenden Zielen kategorisieren:

Online-Sales

Online-Sales-Unternehmen können als Zielgeneratoren des Internets betrachtet werden. Hier ist das Ziel Product-Sales und hoher Umsatz. Beispiele in diesem Segment sind: zalando, Amazon, Expedia, Otto etc.

Generierung von Leads

Anfragen (z. B. in Form von Leads) sind darauf bedacht, spätere Produktverkäufe oder die Inanspruchnahme eines Diensts zu erzielen. Nimmt man das Beispiel eines Restaurants, so ist es eine Dienstleistung, die nur in der realen Welt dargestellt und ausgeführt werden kann. Dienstleister oder Produktanbieter, die ihre Leistung nicht online verkaufen, nutzen die Website primär zur Promotion ihres Angebots und Untermauerung ihrer Core-Kapazitäten. Hier kann man online mit Kontaktaufnahmen, Newslettern, Coupons und weiteren Strategien fortfahren.

Branding

Beim Branding geht es immer sehr stark um das Markenimage. Es geht darum, den Konsumenten zur Markenwahrnehmung und zum Markengenuss zu bringen. Vor allem bei Endkonsumentenprodukten, wie Süßwaren oder Autos, die eher offline verkauft werden, ist das Branding-Ziel im Netz von großer Bedeutung.

Web Analytics und CRM kombinieren

Sobald Web-Analytics-Tools in Verbindung mit einem CRM-System oder einer personalisierten Anwendung eingesetzt wird, ist es theoretisch möglich, benutzerspezifische Daten den Tracking-Daten zuzuordnen. Wird eine solche Kombination eingesetzt und werden die Daten der Systeme verbunden, fällt dies gegebenenfalls unter den Anwendungsbereich des Datenschutzgesetzes. Eine entsprechend explizite Information oder Erlaubnis durch den Besucher wird in dem Fall notwendig. Will man als Unternehmen eine solche Kombination von Web Analytics und CRM einsetzen, sollte man sich daher über die rechtlichen Rahmenbedingungen im Klaren sein (siehe hierzu auch Kapitel 20).

Kommunikation

Neben Zielen wie Verkauf, Lead-Generierung oder Branding ist auch die transparente Unternehmensstrategie in der Kommunikation ein wichtiges Prioritäts-Target. Zielgruppen der Ansprache können Medien, Investoren, Konsumenten und/oder Stammkunden sein.

So klagte in einer 2010 von der Relevancy Group durchgeführten Umfrage ein Viertel aller Marketer über den Mangel an integrierten Kundendaten, weitere 29 % über den Mangel an vorhandener Inhouse-Expertise für Optimierungsbemühungen. Lediglich ein Viertel aller Marketer weist ein integriertes CRM/Werbesystem auf (*http://relevancygroup.com/research. htm*)[1].

23.2 Formulierung der Optimierungsziele und Geschäftsbedingungen im Kontext des CRM

Analytische Geschäftsstrategien im CRM

Analytische Geschäftsstrategien machen erst den langfristigen Erfolg eines Unternehmens aus. Kein anderer Ansatz vermag einen Betrieb wirklich

---

[1] The Relevancy Group Executive Survey (2010): The Relevancy Group Executive Survey, 674 Marketers in the US and UK, 4/2010.

lange Jahre erfolgreich am Markt zu erhalten und ein Wachstum zu schaffen. Thomas H. Davenport postulierte diesen Ansatz in seinem Artikel „Aus Daten Geld machen", der im Harvard Businessmanager 4/2006 publiziert wurde. Geschäftsstrategien mit Bezug zum Internet können durch den Einsatz von Webmining erfolgreicher und langfristiger verwirklicht werden. Mittlerweile ist das Internet ein so breit gefächertes Medium, dass auch ältere Menschen im Web Fahrkarten buchen, Überweisungen tätigen oder Renteninformationen anfordern. Das Internet hat sich in nahezu allen Geschäftsbereichen zu einem unverzichtbaren Informations- und Vertriebskanal entwickelt.

Mehrwerte für Ihre Kunden durch Innovationen

Innovative und auf dem Internet basierende Geschäftsmodelle bieten durch Information, Gemeinschaftsgefühl oder Unterhaltung echte Mehrwerte für die Kunden. Neben jungen Start-ups und Internetpionieren versuchen auch traditionelle Unternehmen, den Sprung in das Internet erfolgreich zu schaffen. Die Gemeinsamkeit aller Player im Internet ist immer dieselbe: Die Investition in das Internet dient der Verwirklichung eigener Ziele. Es geht um die Erhöhung von Reputation, Sichtbarkeit, Gewinnen, Kundenstämmen und/oder um die Minimierung von Kosten und Ressourcen.

Umsetzung geeigneter Webmining-Maßnahmen im CRM

Natürlich braucht es für diese Unternehmung eine konsequente Umsetzung geeigneter Maßnahmen. Wir wissen, dass es darum geht, die Relevanz der Webinhalte zu optimieren, nur produktaffine Zielgruppen anzusprechen, Benutzeroberflächen intuitiv zu gestalten, Bestandskunden aktiv zu nutzen etc.

Relevanz generieren im virtuellen Raum

Wichtig ist aber auch, dass Betreiber von Websites im virtuellen Raum Relevanz generieren, Produktaffinitäten zu bestimmen lernen, die Gebrauchstauglichkeit erhöhen und eben Interessen ermitteln.

Administrationsreduktion im CRM

Wenn das Ziel die Reduktion von Verwaltungsaufwand und Kundenpflege ist, sind oft Self-Service-Portale von großer Bedeutung. So können Unternehmen mit einem großen Kundenstamm oder standardisierten Administrationsprozessen Supportkosten minimieren. Formularanträge oder Verarbeitungen über Callcenter können somit vereinfacht oder verhindert werden. Telekom-Unternehmen, Stromwerke oder Verwaltungsbetriebe verfolgen das Ziel der Administrationsreduktion.

Rekrutierung für das CRM

Die Rekrutierung neuer Mitarbeiter oder Netzwerker spielt eine immer wichtigere Rolle bei der Bewältigung der Aufgaben beim Website-Betrieb. Das Internet als dominantes Informationsmedium der Zukunft und der Gegenwart kann hierbei eine global und lokal tragende Rolle übernehmen.

Hohe Nutzungsintensität der Website als Faktor im CRM

Ist das Ziel einer Website der Verkauf von Werbeeinblendungen oder Seitenaufrufen, dann ist die hohe Nutzungsintensität ein klares Ziel dieser Unternehmen. Viele Informationsportale und Medienseiten verfolgen dieses Ziel.

Diese Unterteilungen dienen der klaren Abgrenzung. Nicht zu vergessen ist, dass die Übergänge fließend sind und auch diverse Ziele nebeneinander bedeutend sein können. Ziele, die man vielleicht sogar gleichzeitig oder gestaffelt angehen muss. So kann ein Medienunternehmen die Ziele haben, Branding, Lead-Generierung und Kommunikationsziele zu verfolgen. Man muss sich hierbei auf Unternehmensziele und Geschäftsmodelle konzentrieren, deren Essenz man ins Internet in Form eines benutzerfreundlichen Website-Modells überträgt.

Die Basisziele der Kunden/Konsumenten

Die Basisziele, die der Benutzer haben kann, lassen sich, ganz vereinfacht, in zwei Punkten zusammenfassen:

Erlebnisziele

Menschen wollen sich unterhalten lassen, Spaß haben, sich wohlfühlen. Dieses Ziel kann auch eine Website erfüllen. Je mehr sie es tut, umso erfolgreicher wird sie sein.

Endziele

Der Abschluss bestimmter Aufgaben ist ein wichtiger Bestandteil unserer Zeit. Die Aufgaben sind oft komplexer, schwer zu erreichen, zeitaufwendig, expertenspezifisch etc. Webseiten, die Benutzer bei der schnellen und befriedigenden Lösung von Aufgaben unterstützen, sind immer gefragt und führend bei der Ideenbildung.

Website-Manager und Ziele im Kontext des CRM

Eine Website, die groß ist und von verschiedenen Verantwortungsträgern zusammengesetzt wird, muss Spannungsverhältnisse aushalten und minimieren. Redakteure, Webmaster, Produktmanager, Designer und Techniker haben teilweise Ziele, die die Arbeitsprozesse der anderen behindern oder verkomplizieren können.

Diese gilt es zu lösen oder zu vereinfachen. Typische und teilweise gegensätzliche Ziele im Sinne eines gut laufenden CRM sind:

➢ Simple Pflege und Aktualisierung von Inhalten.

➢ Reduktion von Schritten und Stufen bei der Inhaltserfassung.

➢ Redundante oder sich gleichende Inhalte.

➢ Promotion von Produkten oder Dienstleistungen.

➢ Einhaltung von „Corporate Identity Guidelines".

➢ Einheitliches Gestaltungsbild in Inhalt und Gestaltung.

➢ Technisch einwandfreie Funktionalität der Website.

➢ Technisch wartungsarme Website etc.

Zehn Zwischenschritte zur richtigen Zielfindung im CRM

➢ Interne Anspruchsinhalte an die Website identifizieren.

➢ Zielgruppen der Website definieren.

➢ Konkurrenz analysieren.

➢ Globale Ziele sammeln und mit Geschäftszielen vergleichen.

➢ Unterziele formulieren und zuordnen.

➢ Benutzerziele definieren.

➢ Benutzerzufriedenheit optimieren.

➢ Klare Website-Aktivitäten definieren.

➢ Messgrößen ableiten und analysieren.

➢ Unmittelbare und mittelbare Akteure ansprechen.

➢ Maßnahmen weiterer Onlinekanäle und Methoden überdenken, Techniken und Werkzeuge prüfen und einsetzen.

23.3 Effektive Instrumente der Kundenbindung

eCRM, tCRM und mCRM (Customer-Relationship-Management)

Die Bereiche

> sCRM (**S**ocial **C**ustomer-**R**elationship-**M**anagement)

> eCRM (**E**lectronic **C**ustomer-**R**elationship-**M**anagement)

> mCRM (**M**obile **C**ustomer-**R**elationship-**M**anagement)

> tCRM (**T**otal **C**ustomer-**R**elationship-**M**anagement)

Social CRM (sCRM)

Als eine Weiterentwicklung des klassischen CRM wurde in den letzten Jahren das Konzept des **S**ocial **CRM** (sCRM) – in Anlehnung an das Web 2.0 auch CRM 2.0 – propagiert. Obwohl es bislang keine einheitlichen Abgrenzungskriterien gibt, kann man folgende Definitionskriterien für sCRM angeben:

Es geht erstens darum, dass beim sCRM der Kunde im Rahmen der sozialen Netzwerke im Web zunehmend die Konversation und damit das Umfeld eines Unternehmens mitbestimmen kann, jedoch nicht das Unternehmen selbst.

Die sozialen Medien haben etwa seit dem Jahr 2004 ebenso wie die mobilen Smartphones und Tablet-PCs zwar das Kommunikationsverhalten auf der ganzen Welt grundlegend verändert, die Unternehmen selbst haben jedoch nach wie vor die Macht in ihren eigenen Händen, das Ausmaß des Kundeneinflusses auf ihre internen Abläufe festzulegen. Daher ist sCRM als eine Erweiterung des CRM zu verstehen, nicht als Ersatz.

CRM-Werkzeuge sowie Social-Media- und Community-Building-Tools

Einige der aktuell angebotenen CRM-Tools bieten immerhin verschiedene Social-Media- und Community-Building-Subtools an, um beispielsweise Firmenangestellte besser miteinander vernetzen und mit den nötigen Informationen versorgen zu können, damit diese über ein solides Informationsfundament für die Interaktion mit dem Kunden verfügen.

eCRM

Das „e" bezieht sich auf **E**-Commerce. eCRM kommt im Netzwerkkontext zum Einsatz und findet somit im Internet, Intranet oder Extranet Anwendung. Dabei geht es um die Aufrechterhaltung der CRM-Prozesse unter Einsatz der Informationstechnologie.

mCRM

Mobile **CRM** (mCRM) kann als ein Geschäftsmodell aufgefasst werden, das unter Einsatz von Mobile Marketing (siehe Kapitel 10) sowie Vertriebs- und Kundenservicestrategien die Realisierung von CRM-Prozessen unterstützt und teilweise ablöst. Das mCRM bietet Vorzüge im Vergleich zu den klassischen Kanälen wie Offline-CRM und auch zur stationären Nutzung des Internets, insbesondere was die Interaktionsgeschwindigkeit zwischen Kunden und Unternehmen angeht.

tCRM

Total Customer-Relationship-Management ist ein selten genutzter Begriff aus der Branche der Finanzdienstleister, der hier der Vollständigkeit halber noch kurz erwähnt werden soll. Der Begriff „Total" impliziert – im uneinheitlichen Gebrauch – die Bündelung aller Formen des CRM, also formal xCRM.

http://www.acronymfinder.com/Total-Customer-Relationship-Management-%28customer-service%29-%28TCRM%29.html

23.4 Webmining für optimales CRM

Fallbeispiel: Webmining im CRM – SAS for Customer Experience Analytics

In der Lösung SAS for Customer Experience Analytics wird mit der Speed-Trap Dynamic Data Collection ein neuartiges clientseitiges Verfahren zur Echtzeitprotokollierung von Ereignissen im Browser der Besucher eingesetzt. Im Kern dieses First-Party-Verfahrens liegt die einmalige Einbettung desselben parameterlosen Skripts in sämtliche ausgelieferte Webseiten.

Nach dem Laden einer Seite überträgt dieses Skript verschlüsselt und asynchron die relevanten Ereignisse an den Protokollserver. So werden Wartezeiten vermieden. Die Kommunikation erfolgt aus dem gesicherten „Pool" der jeweiligen Seite aus dem Browser heraus.

Detaillierungsgrad der übermittelten Ereignisse

Der Detaillierungsgrad der übermittelten Ereignisse wird je Website, Seitenbereich oder Seite zentralisiert konfiguriert. Im Gegensatz zu Page-Tags wird die Geschäftslogik nicht mittels JavaScript-Parametern in Webseiten codiert.

Visuelle Sitzungsrekonstruktion

Außerhalb der regulären Page-Tag-Informationen können zum Beispiel Klicks, Ladevorgänge, Metadaten, Tastatureingaben, verdeckte Formularfelder oder auch Mouseover-Ereignisse zur visuellen Sitzungsrekonstruktion aufgezeichnet werden.

Dieses Verfahren ist als wartungsarm einzuschätzen und ermöglicht neben datengestützten Usability-Studien insbesondere den Aufbau einer stets aktuellen, fehlerfreien und konsistenten Datenbasis für das Webmining im CRM-Kontext. Dazu werden auch AJAX-Applikationen, Flash-Inhalte und mobile Endgeräte abgedeckt.

Online- und Offlinedaten verwenden

Onlineprotokolldaten hoher Qualität sind eine wichtige Basis für das Webmining im CRM und sollten immer durch Offlinedaten ergänzt werden.

Nur so kann ein vollständiger Blick auf Besucher und Kunden erfolgen. Der Vertriebskanal Internet kann nur durch die Anreicherung dieser online erfassten Informationen in Kombination mit Offlinedaten genutzt werden.

Beispielsweise können URL-Parameter wie die Seitennummer in der Datenbank des Content-Management-Systems mit ergänzenden Informationen wie Seitentitel, Autor oder Inhaltskategorie angereichert werden. Warenwirtschaftssysteme verfügen zudem über vielfältige Zusatzinformationen. So können Artikelnummern in Warenkorbdaten angereichert werden, und alles kann mit einer umfassenden Kundenhistoriendatenbank verknüpft werden.

23.5 Strategische Integration von Daten ins CRM

Der rein analytische Fokus auf Onlineprotokolldaten ist nicht ausreichend. Die strategische Integration von Daten der Offline- und Onlinewelt in analytische Basistabellen für das Webmining schafft den bedeutenden analytischen Mehrwert.

Das CRM wird durch den gezielten Einsatz von Webmining effektiver. So wird mit den richtigen Zielgruppen kommuniziert. Gleichzeitig steigert es die Effizienz – allein schon durch die Senkung der Kommunikationskosten und Streuverluste.

Intelligente Verfahren für Datenanalysen schaffen die Basis für die Generierung nachhaltiger Wettbewerbsvorteile im ultradynamischen CRM-Kontext.

Die Diskussionen der Webmining-Community drehen sich immer wieder um Erweiterungen der Tools. So sind es zurzeit Themen zur Konvergenz der Online- und Offlinewelt, die Anwendung analytischer Modelle in Echtzeit und Aspekte des Datenschutzes.

Webmining aus der Kundensicht

Betrachtet man Webmining eher aus Kundensicht, bietet sich erst einmal eine vereinfachte Unterscheidung in explorative und prädiktive Einsatzgebiete an.

Explorative Methoden

Explorative Verfahren des Webmining sind

➢ Clustering-Algorithmen,
➢ Pfadanalysen,
➢ die Bestimmung von Assoziationsregeln und
➢ die Analyse sozialer Netzwerke.

Eingesetzt werden diese, um in der verfügbaren Datenbasis interessante und wirtschaftlich verwertbare Muster zu identifizieren und darüber hinausgehend zu interpretieren sowie deren Veränderung im Zeitablauf zu verfolgen.

Erstes und wichtigstes Ziel ist die Gewinnung von neuen, nützlichen und nachvollziehbaren Einsichten in das Verhalten von Besuchern und Kunden. So kann in einem nächsten Schritt das kundenzentrierte Data-Warehouse mit neuen Erkenntnissen angereichert und strategisch punktsicher genutzt werden.

Prädiktive Methoden

Ein Meisterwerk der Schaffenskraft, das sich immer wieder beweisen muss, ist das prädiktive Verfahren des Webmining. Diese Methode konzentriert sich auf die Erstellung möglichst zuverlässiger Vorhersagen. Methoden hierfür sind zum Beispiel

➢ Anwendungen von Regressionsverfahren,

➢ Entscheidungsbäume und

➢ neuronale Netze.

Aus der Perspektive des Onlinemarketings gibt es eine Vielzahl interessanter Eigenschaften von Usern und Kunden, die sich herausfiltern lassen.

23.6 Segmentierung als überschaubares Clustering

Die Marktforschung arbeitet mit der Segmentierung von Besuchern mittels Clustering-Algorithmen. So sollen beispielsweise Gruppen herausgefiltert werden, die ein homogenes Klick-, Kauf- oder Kommunikationsverhalten aufweisen. Es gibt Segmente, deren Werte und Verhalten sich so stark voneinander unterscheiden, dass sie sich klar voneinander abgrenzen lassen können. Nicht zu vergessen ist aber auch, dass es fließende Übergänge und Grauzonen gibt, die auch von der schieren Masse her so entscheidend sein können, dass sie nicht außer Acht gelassen werden sollten.

Es lassen sich also Gruppen wie „sport- und gesundheitsinteressierte Großstädter mit Reiseplänen" bestimmen, in explorativen Analysen herausfiltern und in einer klaren Übersicht erfassen. Im Rahmen eines Behavioural Targeting (siehe Kapitel 18.2.5) können diese bei der Definition von Werbebotschaften genutzt oder im Rahmen von produktorientierten Newsletter-Kampagnen verwendet werden.

„Next-Best-Offer-Systeme" zur Empfehlung von relevanten Produkten oder Inhalten basieren häufig auf explorativen Verfahren. So kann man das Verhalten ähnlicher Kundengruppen oder Verbundkaufeffekten effektiv auszunutzen.

Kanalpräferenzen vor einer Kundenansprache

Die Kanalpräferenzen vor einer Kundenansprache erfolgreich zu modellieren, die Bonität neuer Kunden vorherzusagen oder die Produktaffinitäten zu ermitteln, dienen sämtlich der Senkung von Kommunikationskosten. Sie reduzieren das Zahlungsausfallrisiko und erhöhen Umsätze durch relevante Cross-Selling-Angebote.

Textmining-Methoden

Auch lassen sich durch den Einsatz von Textmining-Methoden eingehende Kunden-E-Mails hinsichtlich ihres Inhalts klassifizieren. In einem nächsten Schritt können sie schließlich automatisiert an die richtige Abteilung weitergeleitet werden.

Vorhersagemodellierung bzw. Scoring im CRM

Die Vorhersagemodellierung, auch Scoring genannt, nutzt vergangenheitsbezogene Daten mit bekannter Ausprägung der Zielvariablen und potenziell erklärende Variablen. Es geht darum, ein Modell zu trainieren, zu optimieren und auf Allgemeingültigkeit und Anwendbarkeit zu testen.

Je nach Anforderung an die Aktualität eines Modells beträgt die Zeitspanne, die für Training und Test relevant ist, ein Jahr, zwei Monate oder nur die letzten dreißig Minuten.

Nach der Modellierung wird das beste Vorhersagemodell exportiert und auf neue, aber strukturgleiche Datensätze angewendet, um zum Beispiel die Eintrittswahrscheinlichkeit der relevanten Ausprägung einer entsprechend kategorisierten Zielvariablen zu ermitteln.

Nach einem Scoring der Bonität von neu angemeldeten Kunden kann das Shopsystem zum Beispiel eine Zahlung auf Rechnung verweigern, sollte die Ausfallwahrscheinlichkeit bei über 80 % liegen.

Einmaliger Einsatz oder Institutionalisierung der Scoring-Methode

Das Unternehmen muss für sich klären, ob Webmining-Ansätze als einmaliges Projekt geplant sind oder Training und Anwendung von Vorhersagemodellen in Geschäftsprozesse eingebettet werden. Um das besser entscheiden zu können, sollten zunächst wirtschaftlich relevante Ziele aus dem Onlinemarketing formuliert und entsprechende Erfolgskriterien festgelegt werden.

Zum Beispiel könnte ein Ziel die Steigerung der Click-Through-Rate (CRT) interner Verweise sein. Das Erfolgskriterium könnte eine Erhöhung des Umsatzes um 2 auf 5 % bedeuten. Aus Projektmanagementperspektive geht es dabei um die Festlegung von Zielen, Erfolgskriterien, Budget und Zeitplanung im CRM.

23.7 Formulierung des Ziels durch das Expertenteam

Die nächste Arbeitsschrittfolge ist

➢ die Formulierung des CRM-Ziels durch das Expertenteam an die Datenbasis,

➢ die Übersetzung des Marketingziels in eine Webmining-Fragestellung und

➢ die Planung der Einbettung der Ergebnisse in operative Systeme.

Die Datenbasis zur Anwendung von Webmining-Methoden muss nun

➢ definiert,

➢ aus den Quelldatensystemen extrahiert und

➢ in einer Tabelle zusammengeführt

werden.

So entsteht eine analytische Basistabelle mit den CRM-Kerndaten, die eine oder mehrere Zielvariablen enthalten. Variablengruppen sind zum Beispiel

➢ demografische Informationen,

➢ Reaktionen auf Onlinemarketingkampagnen,

➢ besuchte Seiten oder

➢ gekaufte Produkte.

Die typischen Schritte des Webmining bei der Integration der gewonnenen Daten ins CRM

Der typische Webmining-Realisierungsprozess im CRM-Kontext besteht aus den folgenden Schritten:

➢ Stichprobenziehung

➢ Exploration der Daten

➢ Modifikation der Daten

➢ Modellierung der Fragestellung

➢ Auswertung der Ergebnisse

Im analytischen Onlinemarketing werden die jeweiligen Fragestellungen in einem grafischen Prozessflussdiagramm modelliert. In diesem Diagramm repräsentieren Pfeile den Fluss von Daten und Metadaten, während grafische Symbole die jeweils auszuführenden parametrisierten Prozessschritte repräsentieren.

Scoring-Methoden in Stapelverarbeitung oder Echtzeit

Scoring-Methoden in Stapelverarbeitung oder Echtzeit werden durch den Export der besten Scorewerte in spezielle Datenbanken ermöglicht. Das ist ein Weg, um beispielsweise Produktaffinitäten oder die Zugehörigkeit zu Kundensegmenten direkt in der Datenbank des Shopsystems speichern zu können. Struktur, Syntax und Semantik der bei Anwendung eines Modells zu verarbeitenden Daten müssen den Trainingsdaten des Modells entsprechen, um bei der Dynamik der Kundenpräferenzen mithalten zu können.

Vorhersagemodelle und Ergebnisse einiger explorativer Verfahren lassen sich auch als ausführbare Programme (zum Beispiel als Base-SAS-Code, in C oder Java) sowie in der Syntax der Predictive Modeling Markup Language in Datenbewirtschaftungsprozesse oder operative Systeme exportieren, um direkt angewendet werden zu können.

Überwachung der Modellgüte

Bedeutend ist auch die Modellanwendung zur Überwachung der Modellgüte operativ genutzter Segmente oder Vorhersagemodelle, um sie immer wieder up to date zu halten. Zum Beispiel ist die Klassifikation von Segmenten auch immer als organischer und fortschreitender Prozess zu sehen. Menschen verändern ihre Interessen, Wohnorte und Lebenssituationen.

Die Basis für Aktivitäten: Onlineprotokolldaten

Onlineprotokolldaten, die qualitativ hochwertig sind, bilden die Basis für Aktivitäten im Webmining als Prozess im CRM. Für deren Erfassung können Logdateien die Grundlage sein, in denen die ausgelieferten Dateien mit Zeitstempel, IP-Adresse des anfordernden Rechners und weiteren Informationen aufgezeichnet werden. Diese rein serverseitige Datenerfassung ist aber eigentlich keine vollständige und fehlerfreie Protokollierung, da insbesondere die auf unterschiedlichen Ebenen eingesetzten Zwischenspeicher und Proxyserver sowie die dynamische Zuweisung verschiedener IP-Adressen innerhalb einer Sitzung die Daten stark verfälschen können.

Nachteile dieser Art führten zur Entwicklung von clientseitigen Protokollierungsverfahren, die mittels statischer Zählpixel oder JavaScript-basierter Page-Tags Informationen über Browser und betrachtete Webseiten an einen Protokollserver übermitteln.

Allerdings können die Vorteile der clientseitigen Verfahren meist nur mit

➢ einem großen Wartungsaufwand zur zeitnahen, konsistenten Aktualisierung der Page-Tag-Parameter,

➢ einer Ladezeiterhöhung durch die Abhängigkeit von Protokollservern und

➢ einer aus Datenschutzgründen kritischen Kommunikation mit Third-Party-Servern

erkauft werden.

23.8 After-Sales-Management im CRM

Ein zentraler Bestandteil des Kundenbeziehungsmanagements bzw. Customer-Relationship-Managements (CRM) ist das After-Sales-Management.

23.8.1 After-Sales-Management im CRM

Denn insbesondere in der Phase nach der Durchführung eines ersten Kaufs gilt es, bestehende Kundenbeziehungen zu pflegen, um eine langfristige Kundenbindung zu erreichen. Letztlich soll hiermit der individuelle Kundenwert des Kunden durch die wiederholte Durchführung gemeinsamer geschäftlicher Transaktionen gesteigert werden. Da das CRM demnach zyklisch angelegt ist, umfasst es somit auch die Phasen des Pre-Sales und des Kaufvorgangs selbst.

23.8.2 Zentral und dezentral organisiertes After-Sales-Management

Das After-Sales-Management kann entweder zentral oder dezentral organisiert werden.

Zentral organisiertes After-Sales-Management

Zentral bedeutet, dass es genau eine Organisationseinheit gibt, die im Unternehmen die Zuständigkeit für alle Bereiche und Prozesse der After-Sales-

Services übernimmt. Dies geht mit einer hohen Autonomie dieser Einheit und meist auch einer hohen Effizienz aufgrund der Konzentration auf zentrale Aufgaben einher. Dafür muss mehr Zeit von der zentralen Organisationseinheit für die Verarbeitung abteilungsspezifischen Produktwissens aufgewendet werden.

Dezentral organisiertes After-Sales-Management

Bei der dezentralen Alternative sind die Zuständigkeiten für die unterschiedlichen After-Sales-Services den einzelnen Fachabteilungen wie Beschaffung oder Vertrieb zugeordnet. Die Vor- und Nachteile verhalten sich hier genau umgekehrt. Während die Nutzung von Fachwissen positive Effekte nach sich ziehen kann, stellt das After-Sales-Management dennoch nicht die Kernaufgabe der verschiedenen Fachabteilungen dar und wird möglicherweise nicht professionell genug betrieben.

Häufig sind zudem die zeitlichen Ressourcen in den Abteilungen zu knapp bemessen, um für zusätzliche Aufgaben viel Aufwand betreiben zu können. Auch kann die Kommunikation der Abteilungen untereinander über einheitliche Vorgehensweisen aufgrund der verteilten Kompetenzen erschwert werden.

Die hohe geschäftliche Bedeutung der After-Sales-Services hat in den letzten Jahren zu einer Tendenz hin zum zentralen Modell geführt. Dabei wird ein Kundendienstbereich geschaffen, der das Customer-Care-Management übernimmt.

23.9 Kollaboration mit dem Kunden

Bei der Kollaboration mit dem Kunden können Sie insbesondere mit Vertrauen und Innovativität punkten.

23.9.1 Bauen Sie zuerst Vertrauen auf

Kundenzufriedenheit durch Transparenz und authentisch gelebte Unternehmenswerte

Um diese Kundenzufriedenheit aber zu erreichen, müssen Transparenz und Authentizität gelebte Unternehmenswerte werden, was eine ehrliche Beziehung mit den Kunden ermöglicht. Dazu müssen bewusste Entscheidungen zur Änderung der Unternehmenskultur getroffen werden, denn traditionell werden viele geschäftliche Informationen aus Angst vor der Konkurrenz eher gegenüber der Öffentlichkeit zurückgehalten.

Der Mechanismus des Peer-Trust

Eine entscheidende Änderung seit 2004 betrifft auch die Frage, wem die Konsumenten hinsichtlich Produktinformationen oder Unternehmen am ehesten vertrauen: jemandem, der wie man selbst ist, und nicht Firmen, Parteien oder anderen Institutionen. Über diesen Mechanismus des „Peer-Trust" können demnach bis heute Meinungen und Botschaften am effektivsten verbreitet werden. Dies bedeutet aber für das sCRM, dass an die Stelle des operationalen CRM eher kollaborative Formen treten, die den Kunden in den CRM-Prozess besser involvieren müssen.

Zusätzlich zur Transaktion muss also die Interaktion mit dem Kunden treten und die Ziele und Absichten des Unternehmens mit denjenigen der Kunden abgeglichen werden. Denn nur wenn die Bedürfnisse der Kunden richtig erkannt und bestmöglich befriedigt werden können, werden die Kunden ihre positiven Erfahrungen mit ihren sozialen Netzwerken teilen und so für eine Erweiterung des Kundenstamms sorgen.

Optimierung der Kundenbindung und -ansprache (CRM)

Neben dem Targeting und der Usability verhelfen Techniken und Praktiken des CRM dazu, den Benutzer bzw. den potenziellen Kunden noch besser unter die Lupe zu nehmen.

23.9.2 Open-Innovation

Leben Sie Offenheit

Offenheit schafft Möglichkeiten zur Kollaboration mit dem Kunden – in den letzten Jahren auch mit dem Stichwort der Open-Innovation bezeichnet. Dabei muss es nicht unbedingt nur um die gemeinsame Entwicklung von neuen Produkten gehen. Auch Kundenanregungen zur Verbesserung von Geschäftsprozessen oder zur Hilfe bei typischen Kundenproblemen fallen hierunter.

Co-Kreation seitens des Kunden im Enterprise 2.0

Diese Co-Kreation zusammen mit dem Kunden macht den Kern des Nutzens von sCRM aus. Dabei können auch die zusätzlich vorhandenen Informationen über Kunden, die durch das Konzept des Enterprise 2.0 realisiert werden, hinzukommen, um die Effektivität der Angestellten-Kunden-Interaktionen zu steigern. Wichtig bleibt, nicht lediglich Daten anzuhäufen, sondern diese nach der Nützlichkeit für den Kundenkontakt zu selektieren und aufzubereiten.

Customer-Lifetime-Value

Dies kann auch das Konzept des Kundenwerts verändern. Anstatt den Wert eines Kunden wie im Customer-Lifetime-Value (CLV) rein monetär über seine gesamten finanziellen Transaktionen mit dem Unternehmen zu bestimmen, kann man dieses Konzept um den Wert der Meinung einflussreicher Kunden ergänzen.

Customer-Referral-Value

So könnte man den sogenannten Customer-Referral-Value (CRV) über tatsächlich erfolgte Kommunikationen eines Kunden über die verschiedenen Social-Media-Kanäle messen.

Aufgaben des Marketings im CRM

Zu den vorrangigen Aufgaben des Marketings zählen die Bekanntheitssteigerung eines Unternehmens und die Generierung von qualifizierten Geschäftsmöglichkeiten. Damit umfasst Marketing also nicht nur den Vertriebsbereich, sondern hat auch in der Pre-Sales-Phase der Geschäftsanbahnung seinen Platz. Die Relevanz der Bindung von bereits in Aktion getretenen Kunden wird nicht zuletzt durch die Tatsache betont, dass demgegenüber die Gewinnung von Neukunden bis zu fünfmal so teuer ausfallen kann.

23.10 Datenmanagement im CRM

CRM-Daten und CRM-Tools

Immer mehr Unternehmen speichern alle Kundendaten sowie mit diesen durchgeführte Transaktionen mittels CRM-Tools in Datenbanken. Diese Daten können des Weiteren aggregiert und aufbereitet an vielen Stellen des Unternehmens genutzt werden. Weiterhin können zu den Daten in den CRM-Tools auch zusätzliche Informationen zu Umsätzen, Margen und Wettbewerbern verarbeitet werden.

Die CRM-Tools der Marktführer

Die CRM-Tools der Marktführer verfügen darüber hinaus über weitere Funktionen wie Module zur Abstimmung der Vertriebs- und Marketingaktivitäten sowie eine konsequent zu pflegende Kontaktdatenbank mit Informationen zu den Kontakten der Kunden. Diese können als potenzielle Zielgruppe mittels vorher selektierter Kommunikationskanäle angesprochen werden. Je nach Anwendung eines Negativ- oder Positivverfahrens werden Kontakte nach einem zuvor definierten Zeitrahmen aus der Kontaktdatenbank entfernt oder nach zuvor definierten Kriterien in die Gruppe der anzusprechenden Kunden bzw. in die Adressdatenbank der Marketingkampagne aufgenommen.

Marketing von Dienstleistungen

Für das Marketing von Dienstleistungen gelten, im Vergleich zu klassischen Produktgütern, besondere Bedingungen. So gilt für den Kunden bei einem Service Folgendes:

1. Er kauft ein immaterielles Gut, kein physisches Produkt.

2. Der Leistungsvergleich bei verschiedenen Anbietern ist schwerer.

3. Bei einer Dienstleistung fallen deren Produktion und Konsum oftmals zusammen.

4. Die Dienstleistung kann auf dem Ruf eines einzelnen Mitarbeiters beruhen.

5. Eine Dienstleistung kann nicht zurückgegeben werden.

6. Eine Dienstleistung ist nicht lager- oder transportfähig.

Daher ist es notwendig, dass ein Service in der Marketingkampagne für die potenzielle Zielgruppe leicht verständlich ist, ohne dabei jedoch Zweifel an der Kompetenz des Anbieters aufzuwerfen.

Qualifizierte Geschäftsmöglichkeiten

Die Schwierigkeit, bei unspezifizierten Anfragen zu einem Geschäftsabschluss zu kommen, zeigt die diesbezügliche statistische Erfolgsquote von 3 %. Daher ist es im Interesse des Vertriebs, dass ihm nur qualifizierte Geschäftsmöglichkeiten zur weiteren Geschäftsanbahnung vorgelegt werden. Die Kriterien dafür sollten allerdings Marketing- und Vertriebsabteilung gemeinsam abklären.

23.11 Praxiswissen kompakt, To-do-Checklisten und Webtipps

Nun stellen wir Ihnen ein weiteres Fallbeispiel zum Thema CRM des Unternehmens FUJITSU vor. Im Anschluss dazu finden Sie die gewohnte Checkliste zu diesem Kapitel.

23.11.1 CRM-Fallbeispiel FUJITSU

FUJITSU hat durch die Nutzung eines Kriterienkatalogs im Kontext des CRM die Realisierung des Lead-Übergangs vom Marketing zum Vertrieb erfolgreich realisiert.

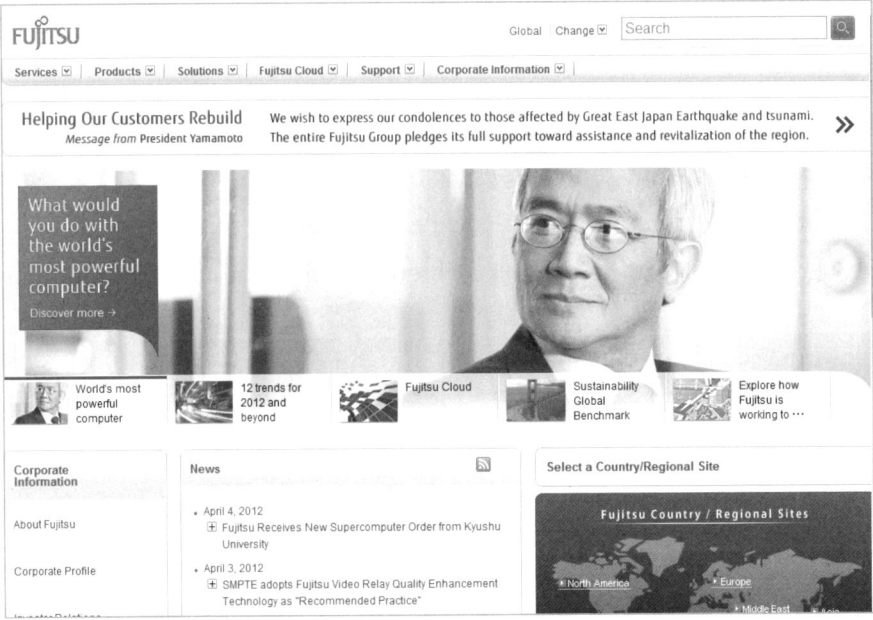

Abb. 211: FUJITSU-Homepage; Bildquelle: www.Fujitsu.com.

Nutzung von Kriterienkatalogen

FUJITSU wendet beispielsweise einen siebenteiligen Kriterienkatalog an, der sich aus den Buchstabenkürzeln C-MAN-OUT zusammensetzt

C-MAN-OUT

1. „C" steht für **C**ontact known und beschreibt, inwiefern alle nötigen Informationen zum Kunden vorhanden sind, um diesen zu kontaktieren. Dazu gehören der Name des Kontakts, seine Position im Unterneh-

men, Telefonnummer und E-Mail-Adresse, außerdem der Name der Firma mitsamt Adresse sowie die jeweils dazugehörige Branche.

2. Das „M" steht für Has **M**oney – also ob genügend finanzielle Ressourcen für ernsthafte Geschäftsabsichten vorhanden sind.

3. Der nächste Buchstabe, das „A", steht für Has **A**uthority und damit für die Frage nach der nötigen Befugnis des Kunden, um das Geschäft im Namen seiner Firma abzuschließen.

4. „N" steht für **N**eed und bezieht sich auf den konkreten Bedarf des Kunden, also seine Nachfrageabsicht.

5. „O wie **O**ffer zielt auf das Vorhandensein eines entsprechenden Angebots auf der eigenen Seite ab.

6. Das „U" steht für **U**ser oder „cons**U**mer.

7. „T" steht schließlich für **T**imeframe und damit für die Frage, ob das Geschäft innerhalb des erforderlichen Zeitrahmens realisierbar ist.

Realisierung des Lead-Übergangs vom Marketing zum Vertrieb

Erst wenn diese sechs Kriterien positiv beantwortet werden konnten, wird bei FUJITSU der Geschäftskontakt an den Vertrieb übergeben und von diesem bearbeitet. Der Erfolg der Ansprache und damit auch dieses Lead-Übergangs vom Marketing zum Vertrieb wird im Rahmen des internen CRM-Tools weiterverfolgt. Bei Neukunden gilt das Anbieten der Standardservices als Türöffner, der Vertriebsmitarbeiter muss darüber hinaus jedoch mit ausreichend Informationen versorgt werden. Dazu gehören die Hintergründe

➢ des Angebots,

➢ der Zielgruppenauswahl sowie

➢ die Inhalte der laufenden relevanten Marketingkampagnen.

23.11.2 To-do- und Checklisten

Nachfolgend wird – wie bei jeder Checkliste am Ende des Kapitels – von drei Arbeitsphasen ausgegangen, die jeweils eine Vertiefung der Maßnahmen verkörpern:

➢ Phase 1: Vergegenwärtigung

➢ Phase 2: Reflexion

➢ Phase 3: Potenzialerkennung und Umsetzung

CRM-Checkliste	1. Phase	2. Phase	3. Phase
Einen Mehrwert durch nützliche Inhalte schaffen			
Optimierungsziele und Geschäftsbedingungen im Kontext des CRM formulieren			
Effektive Instrumente der Kundenbindung: sRM, Blogs, Foren etc.			
Webmining fürs CRM			
Strategische Integration von Daten ins CRM Segmentierung als überschaubares Clustering After-Sales-Management im CRM Kollaboration mit dem Kunden Datenmanagement im CRM			

24. Anhang: Quellennachweis, Literaturverzeichnis und weiterführende Weblinks

Academic.ru (2010): Clusteranalyse.
http://de.academic.ru/dic.nsf/dewiki/270752

Affiliate Watcher.com (2011): Affiliate Marketing & SEO Forums.
http://www.affiliatewatcher.com/affiliate-marketing-seo-forum-reviews/

Alby, T. (2008): Web 2.0: Konzepte, Anwendungen, Technologien. 3. Aufl.
Carl Hanser Verlag. München.

Alexa Site Info (2011):
http://www.alexa.com/siteinfo

Altoft, P. (2011): Link Analysis Tool: The ultimate open source SEO Tool.
http://www.blogstorm.co.uk/link-analysis-tool/

Amerland, D. (2010): SEO Help: 20 Steps to Get Your Website to Google's
#1 Page. Cool Publications.

Arriola, B. (2011): Three 2010 SEO Trends to Look Out For: Social Media,
Onpage SEO & Link Diversity.
http://www.internetmarketinginc.com/blog/2010-seo-trends-social-media-onpage-seo-real-time-search/

A/B Testing.
http://www.bbc.co.uk/blogs/webdeveloper/2010/01/ab-testing.shtml

Bakshi, K., Karger, D. R. (2008): Semantic Web Applications. MIT Computer
Science and Artificial Intelligence Laboratory. Cambridge.
http://people.csail.mit.edu/kbakshi/EndUserInteraction-final.pdf

Baxter, R. (2011): The Future of SEO – Structured Markup.
http://seogadget.co.uk/the-future-of-seo-structured-markup/

Berners-Lee, T., Hall, W., Hendler, J., Shadbolt, N., & Weitzner, D. (2006):
Creating a science of the web. Science, 313(5788), S. 769–771.

Bing (2011): Microsoft Search Engine.
http://www.bing.com

Blankson, S. (2008): Search Engine Optimization (SEO) How to Optimize Your Website for In-ternet Search Engines. Blankson Enterprises Ltd. London.

Buerke, G. (2009):
http://www.amazon.de/Managed-Services--Sourcing-n%C3%A4chsten-Generation/dp/3834910724/ref=sr_1_1?s=books&ie=UTF8&qid=1322741281&sr=1-1

Burdon, M. (2007): The Battle Between Search Engine Optimization and Conversion: Who Wins?
http://www.grokdotcom.com/2007/03/13/the-battle-between-search-engine-optimization-and-conversion-who-wins/

Charlesworth, A. (2009): Internet Marketing: A practical approach. Oxford, UK. Butterworth-Heinemann.

Chen, J., Zäýane, O. R., Goebel, R. (2008): An Unsupervised Approach to Cluster Web Search Results based on Word Sense Communities.
http://webdocs.cs.ualberta.ca/~zaiane/postscript/WI08.pdf

Chopra, P. (2010):
http://www.amazon.de/Managed-Services--Sourcing-n%C3%A4chsten-Generation/dp/3834910724/ref=sr_1_1?s=books&ie=UTF8&qid=1322741281&sr=1-1

Clay, B. (2011): Will Personal Search Turn SEO On Its Ear?
http://www.webpronews.com/topnews/2008/11/17/seo-about-to-get-turned-on-its-ear

ClickTale (2010):
http://www.amazon.de/Managed-Services--Sourcing-n%C3%A4chsten-Generation/dp/3834910724/ref=sr_1_1?s=books&ie=UTF8&qid=1322741281&sr=1-1

Colocationamerica (2010):
http://www.amazon.de/Managed-Services--Sourcing-n%C3%A4chsten-Generation/dp/3834910724/ref=sr_1_1?s=books&ie=UTF8&qid=1322741281&sr=1-1
http://www.colocationamerica.com/dedicated_servers/advantages-and-disadvantages-of-cloud-computing.htm
Stand: 19.12.2011

Computerworld (2011): Mission Education. Crossmedia.
http://www.computerworld.com/s/article/9030669/Mission_Education?taxonomyId=18&pageNumber=2

Context (2010): Context-Mine.
http://www.context.com/solutions/contextmine

Couzin, G., Grappone, J. (2008): Search Engine Optimization: An Hour a Day. John Wiley & Sons.
http://de.wikipedia.org/wiki/Sitz_%28juristische_Person%29.

Couzin, G., Grappone, J. (2011): Search Engine Optimization: An Hour a Day. John Wiley & Sons.
http://de.wikipedia.org/wiki/Sitz_%28juristische_Person%29Hoboken.

Crandall, T. (2007): University of Phoenix – Online Brand Protection and Search engine Marketing Evaluation.
http://www.semreportcard.com/university-of-phoenix-online-brand-protection-search-engine-marketing-evaluation/

DanZarella, D. (2011): Viral Marketing Campaign Checklist.
http://danzarrella.com/viral-marketing-campaign-checklist.html#

Datamation (2011): Cloud-Marketing-Plattform.
http://www.datamation.com/

Dawkins, C. (2010): The SEO Process.
http://www.evancarmichael.com/SEO/1372/The-SEO-Process.html

Dean, S. (2009): 3 Free, Useful SEO/Analytics Tools You May Not Use.
http://webworkerdaily.com/2009/02/09/3-free-useful-seoanalytics-tools-you-may-not-use/

Del.icio.us (2011):
http://www.Del.icio.us

Digg (2011):
http://www.digg.com

DigitalPoint Forums (2011): DigitalPoint Forums.
http://forums.digitalpoint.com/

DMNews (2011): Direct Marketing News.
http://www.dmnews.com

DMOZ (2011): Open Directory Project – Largest, most comprehensive human-edited di-rectory of the Web.
http://www.dmoz.org/

Donald, R. (2009): Expert SEO: How to get Massive Exposure fast. Self published.

Düweke, Esther und Rabsch, Stefan (2011): Erfolgreiche Websites: SEO, SEM, Online-Marketing, Usability. Bonn. S. 530–549.

Enge, E, Spencer, S., Fishkin, R., Stricchiola, J. C. (2009):
The Art of SEO. O'Reilly Media. Sebastopol, USA.

E-Commerce-Live (2010): Suchmaschinen.
http://www.e-commerce-live.com/onlinemarketing/suchmaschinen optimierung/suchmaschinen.html

Evans, M. P. (2007): Analyzing Google rankings through search engine optimization data. Internet Research, 17(1), S. 21–37.

Experian Hitwise (2010): Google share of search at 71 percent for April 2010.
http://www.hitwise.com/us/press-center/press-releases/google-searches-apr-10/.

Eye Tracking vs. Mouse Tracking.
http://blog.clicktale.com/2010/10/14/eye-tracking-vs-mouse-tracking/

Facebook (2011):
http://www.facebook.com

Fast Directory Submitter (2011):
http://www.fastdirectorysubmitter.com/

FastIBL (2011): FastIBL – free directory submitter.
http://www.fastibl.com/

FAST Search Best Practices (2006): Search Query Processing.
http://www.google.de/url?sa=t&source=web&cd=2&ved=0CCIQFjAB &url=http%3A%2F%2Fdownload.microsoft.com%2Fdownload%2F0%2F7 %2F3%2F073431A7-3B32-436A-8DBF-DF5DD2FF0EB6%2FSearch_Query_ Processing.pdf&ei=SuNQTMTUNduhOIrFpd0I&usg=AFQjCNH9o7yoZIZIC y11LEnIQQM9vQh1Rw&sig2=m1IItwIJJ5sWPyYM01V4Pw

Federal Emergency Management Agency (2011):
http://www.fema.gov/news/recentnews.fema#4

Fensel, D., Lausen, H., Polleres, A., de Bruijn, J., Stollberg, M., Roman, D., Domingue, J. (2007): Enabling Semantic Web Services – The Web Service Modelling Ontology. Springer. Berlin/Heidelberg.

Firefox (2011): Seo for Firefox.
http://tools.seobook.com/firefox/seo-for-firefox.html

Fischer, M. (2008): Website Boosting 2.0. Suchmaschinen-Optimierung, Usability, Webseiten-Marketing. 1. Aufl. mitp. Frechen.

Fischer, M. (2009): Website Boosting 2.0. mitp. Frechen.

Fischer, Mario (2008): Usability und Stickyness, in: Schwarz, Torsten, Leitfaden Online-Marketing. Waghäusel.

Fleischner, M. H. (2009): SEO Made Simple: Strategies for Dominating the World's Largest Search Engine. Self published.

Foxy SEO Tool (2011):
http://www.foxyseotool.com/

Freytag, D. (2008): Kommt Onlinewerbung an?, S. 825–826, in: Schwarz, Torsten, Leitfaden Online-Marketing. Waghäusel.

Frydenberg, M., Miko, J. S. (2011): Taking it to the Top: A Lesson in Search Engine Optimization. Information Systems Education Journal (ISEDJ), Vol. 9, No. 1. S. 34–40.
http://www.isedj.org/2011-9/N1/ISEDJv9n1p24.pdf

Frydenberg, M., Press, L. (2010): From computer literacy to Web 2.0 literacy: Teaching and learning information technology concepts using Web 2.0. Information Systems Education Journal, 8(10).

George, D. (2005): The ABC of Seo. Lulu Press. Raleigh.

Gollmann, Simon & Hoffmann, Michael (2008): E-Mail-Adressen gewinnen, S. 430–434, in: Schwarz, Torsten, Leitfaden Online-Marketing. Waghäusel.

Google AdWords (2011):
http://adwords.google.de/

Google-AdWords-Keywords Tool: (2011): AdWords: Keyword Tool.
https://adwords.google.de/o/Targeting/Explorer?__u=1000000000&__c= 1000000000&stylePrefOverride=2&ideaRequestType=KEYWORD_IDEAS #search.none

Google-Analytics (2011):
http://www.google.com/analytics/

Google (2010): Webmaster guideline.
http://www.google.com/support/webmasters/bin/answer.py?answer= 35769

Google-GWT (2011): Google-Webmaster-Tools.
*https://www.google.com/accounts/ServiceLogin?service=sitemaps
&passive=true&nui=1&continue=https://www.google.com/webmasters/
tools/&followup=https://www.google.com/webmasters/tools/&hl=de*

Google-PigeonRank (2011):
http://www.google.com/technology/pigeonrank.html

Google-SEO (2011): Search Engine Optimization (SEO).
*http://www.google.com/support/webmasters/bin/answer.py?hl=en
&answer=35291*

Google-Toolbar (2011):
http://toolbar.google.com
Stand: 01.07.2011

Google-WCB (2011): Google-Webmaster-Blog.
http://googlewebmastercentral.blogspot.com

Google-WMZ (2011): Google-Webmaster Zentrale.
http://www.google.com/support/webmasters/bin/topic.py?topic=8464

Graf, J. (2011): Was kommt nach Web 2.0? – Web 3.0.
http://www.100partnerprogramme.de/newsletter/newsletter173.html

Greenberg, A. (2007): Condemned To Google Hell.
*http://www.forbes.com/2007/04/29/sanar-google-skyfacet-tech-cx_ag_
0430googhell.html?partner=rss*

Greenberg, P. (2009): Time to Put a Stake in the Ground on Social CRM.
*http://the56group.typepad.com/pgreenblog/2009/07/time-to-put-a-stake-
in-the-ground-on-social-crm.html/*

Guui (2002):
The Bottom-line of Prototyping and Usability Testing.
http://www.guuui.com/issues/02_02.php

GWG (Google Webmaster Guideline) (2010):
*http://www.google.com/support/webmasters/bin/answer.py?answer=
35769*

Haller, M., Feuß, S. (2010): Aus der Eyetrack-Forschung des IPJ – Wie sich
Leser lokale Medienangebote erschließen – und wie diese attraktiver
werden können. Multimediaforschung mittels Eyetracking.
*http://www.journalismusforschung.de/text/dok/Haller_Feuss_ipj_
eyetrack.pdf*

Hampson, M. (2010):
http://www.amazon.de/Managed-Services--Sourcing-n%C3%A4chsten-Generation/dp/3834910724/ref=sr_1_1?s=books&ie=UTF8&qid=1322741281&sr=1-1

Hanson, C., Thackeray, R., Barnes, M., Neiger, B. & McIntyre, E. (2008): Integrating Web 2.0 in health education preparation and practice. American Journal of Health Education, 39 (3) S. 157.

Hassler, M. (2010): Web-Analytics; Website – Ziele definieren und optimieren; 2. Aufl. Heidelberg.

Helm, A.: (2008): Domain-Marketing – was eine gute Adresse bewirkt, S. 777–778, in: Schwarz, Torsten, Leitfaden Online-Marketing. Waghäusel.

Hendler, J., Golbeck, J. (2008): Metcalfe's Law, Web 2.0, and the Semantic Web. Rennselaer Polytechnic Institute. University of Maryland. College Park.
http://www.cs.umd.edu/~golbeck/downloads/Web20-SW-JWS-webVersion.pdf

Hendler, J., Shadbolt, N., Hall, W., Berners-Lee, T. & Weitzner, D. (2008): Web science: an interdisciplinary approach to understanding the web. Communications of the ACM, 51 (7), S. 60–69.
http://doi.acm.org/10.1145/1364782.1364798.

Hepp, M. (2007): Ontologies: State of the Art, Business Potential, and Grand Challenges. Ontology Management: Semantic Web, Semantic Web Services, and Business Applications. Springer. Berlin. S. 3–22.

Hoyer, C. (2011): Getting Started with the SEO Toolkit.
http://learn.iis.net/page.aspx/791/getting-started-with-the-seo-toolkit/

Huynh, H. (2011): A few answers about SEO.
http://huberthuynh.com/joomla1-5/news-articles/37-electronic-business/53-a-few-answers-about-seo

IABSCHWEIZ (2010): Vertreter der Digitalen Branche in der Schweiz.
http://www.iabschweiz.ch/

Inc.Com (2010): How to Use Multimedia for Business Marketing.
http://www.inc.com/guides/multimedia-for-business-marketing.html

Jackson, M. (2010): SEO vs. SEF.
http://www.clickz.com/3640587

Jerkovic, J. I. (2009): SEO Warrior. O'Reilly Media. Sebastopol, USA.

Jones, K. B. (2008): Search Engine Optimization. Indianapolis, IN: Wiley Publishing.

Joost (2011): Online-Peer-to-Peer-TV-/Video-Plattform.
http://www.joost.com/

Keuper, F., Wagner, B., Wysuwa, H.-D. (2009): Managed Services: IT-Sourcing der nächsten Generation. Gabler Verlag. Wiesbaden.

Kleinrock, L. (2008): History of the Internet and Its Flexible Future. IEEE Wireless Communications. Februar.

Krüger, Jörg-Dennis (2011): Conversion Boosting: mit Website-Testing. mitp. Frechen.

Langville, A. N., Meyer, C. D. (2006): Google's Pagerank and Beyond: The Science of Search Engine Rankings. University Presses of California.

LearnSEOQuick.com (2011): Search Engine Optimization Forums.
http://learnseoquick.com/forums/

Lewandowski, D. (2005): Web Information Retrieval. Technologien zur Informationssuche im Internet. Reihe Informationswissenschaft der DGI, Band 7.
http://www.durchdenken.de/lewandowski/web-ir/download/Web-IR-Buch.pdf

Link-Assistant (2011): SEO Spy Glass.
http://www.link-assistant.com/seo-spyglass/

LinkedIn (2011):
http://LinkedIn.com

Magazin „E Strategy" (09/2011), SEO für Onlinevideos, verfügbar unter:
http://www.estrategy-magazin.de

Malaga, R. A. (2007): The value of search engine optimization: An action research project at a new e-commerce site. Journal of Electronic Commerce in Organizations, 5(3), 68–82.

Malaga, R. A. (2010): Search engine optimization – black and white hat approaches. Advances in Computers, 78. S. 2–41.

Marketleap (2007): Search Engine Optimization 101: Content, Content, Content.
http://www.marketleap.com/help/seo101/content.htm

Marketleap (2007): Search Engine Optimization 101: Titles and META Tags.
http://www.marketleap.com/help/seo101/titlestags.htm

Marketleap (2007): Search Engine Optimization 101: Keyword Market Analysis.
http://www.marketleap.com/help/seo101/keywordmarket.htm

Marketleap (2007): Everything You Need to Know About Link Popularity.
http://www.marketleap.com/help/seo101/linkpopularity.htm

Marketleap (2007): Search Engine Optimization 101: Link Architecture.
http://www.marketleap.com/help/seo101/linkarchitecture.htm

Marketleap (2007): Search Engine Optimization 101: Dynamic Sites and URL's.
http://www.marketleap.com/help/seo101/dynamicsites.htm

Martens, T. (2006): Crossmediales Marketing. Darf's ein bisschen mehr sein?
http://www.hk24.de/share/hw_online/hw2006/artikel/21_extra-journal/06_09_44_crossmedial.html

McCown, F. (2011): Teaching web information retrieval to undergraduates.

Michael, A., Salter, B. (2007): Marketing Through Search Optimization. How People Search and How to Be Found on the Web. Butterworth Heinemann. Oxford.

Microsoft (2011): Kostenloses SEO Toolkit.
http://www.microsoft.com/web/seo/

Middleton, D. (2011): Landing a job of the future takes a two track mind. Wall Street Journal.
http://online.wsj.com/article/SB10001424052748703278604574624392641425278.html.

Morochove, R. (2008): Search engine optimization: Advertising 101. PC World, 26(7), S. 47.

Mr-Wong (2011):
http://www.Mr-wong.de

MSDN-Bing-Blog (2011): Bing-Community-Blog.
http://blogs.msdn.com/livesearch/

Muldoon, N. (2011):
http://www.amazon.de/Managed-Services--Sourcing-n%C3%A4chsten-Generation/dp/3834910724/ref=sr_1_1?s=books&ie=UTF8&qid=1322741281&sr=1-1

Mulpeter, D. (2009): The genesis and emergence of Web 3.0: a study in the integration of artificial intelligence and the semantic web in knowledge creation. Dissertation. Dublin Institute of Technology. Dublin, July, 2009.

Noack, C. (2010): Mag. Kommunikation. Crossmedia Marketing – Suchmaschinen als Brücke zwischen Offline- und Online-Kommunikation.

O'Reilly, T. (2007): Economist Confused About the Semantic Web? O'Reilly Radar.
http://radar.oreilly.com/archives/2007/09/economist-confused-about-the-s.html

Oesterer, Martin, Winkler, Karsten (2008): Web-Mining, S. 578–584 in: Schwarz, Torsten, Leitfaden Online-Marketing. Waghäusel.

Onetoone (2011):
http://www.onetoone.de/businessguide/pdf/194_1_Whitepaper-Conversion-Optimierung.pdf

OntoWiki (2011): Tool providing support for agile, distributed knowledge engineering scenarios.
http://ontowiki.net/Projects/OntoWiki

Ostrofsky, M. (2011): Get rich click. The Ultimate Guide to Making Money on the Internet. Razor Media Group.

Padget, W. (2009):
http://www.amazon.de/Managed-Services--Sourcing-n%C3%A4chsten-Generation/dp/3834910724/ref=sr_1_1?s=books&ie=UTF8&qid=1322741281&sr=1-1

Piwik (2011): Piwik-Web-Analytics-Tool.
http://www.piwic.com

Potts, K. (2007): Web Design and Marketing Solutions for Business Websites. Springer-Verlag. New York.

Proceedings from The 41st ACM technical symposium on computer science education.
http://doi.acm.org/10.1145/1734263.1734294.

Protégé (2011): Free, open source ontology editor and knowledge-base framework.
http://protege.stanford.edu/

Question Pro Blog (2009): Cross Media Marketing is a Great Way to Get Customer Information.
http://blog.questionpro.com/2009/10/23/707/

R&R-Web-Design (2010): Web design, Search engine optimization and website maintenance.
http://r-rwebdesign.com/blogimages/GlobalSE5-2010.jpg

Retuya, A.J. (2010): SEO Web-Design.
http://1.bp.blogspot.com/_vxIG3ZqOjGQ/Suy7huXYyuI/AAAAAAAAAZM/5a64qwKdHZM/s1600-h/Does+PageRank+Count.gif

Rieger, V., Tempich, C. (2008): Web 3.0: Information als Geschäftsmodell. Artikel in: IT-Daily. IT-Verlag.
http://www.it-daily.net/content/view/1414/30/

Riseinteractive (2009): Blog.
http://www.riseinteractive.com/blog/2009/07/30/the-yahoo-search-and-bing-partnership-risesperspective

Röring, S. (2011): Websites optimieren für Google & Co. Entwickler Press. Frankfurt.

Sandvig, J. (2007): Selection of server-side technologies for an e-business curriculum. Journal of Information Systems Education, 18(2), S. 215.

Schoemaker, J. (2008): SEO has no future.
http://www.shoemoney.com/2008/05/07/seo-has-no-future/

Schwartz, M. (2010): Google to open SEO agency called Google SEO.
http://www.verticalmeasures.com/search-optimization/google-seo-agency-google-seo-2010/

Searchengineland (2011):
http://www.searchengineland.com

Search Engine Watch (2011): Submitting To Directories: Yahoo & The Open Directory.
http://searchenginewatch.com/2167881

SearchEngineWatch Forums (2011): SearchEngineWatch Forums.
http://forums.searchenginewatch.com/

Searchtools (2010):
http://www.searchtools.com/slides/SES01-sitesearch/index-search.gif

Selbach, J. (2008): Proven Methods for Successful Search Engine Marketing (SEO). Lulu Press. Raleigh.

Sendall, P., Ceccucci, W., & Peslak, A. (2008): Web 2.0 matters: An analysis of implementing Web 2.0 in the classroom. Information Systems Education Journal, 6(64), S. 3–14.

SEO.com (2011): SEO Forums: Search Engine Optimization and Marketing Forums.
http://forums.seo.com/index.php?s=e42bf6056dc99c33b6729f31421f3594

SeoAdministrator (2011): Seo Administration Tool.
http://www.seoadministrator.com/

Seo-ardent (2011): Obstacles to SEO.
http://www.seo-ardent.co.uk/optimisation/obstacles.asp

Seocertification (2010): Study Guide 2010 – Training and Preparation for the Search Engine Optimization Certification Exam.
http://i.st-firmy.net/c/207/2073831/files/seocertificationcourse.pdf

SEO Consultant (2010): Affiliate Email Marketing: Online Business – Internet Affiliate Marketing.
http://www.seoprofessor.us/category/affiliate-email-marketing/

SEO Consultant (2010): Search Engine Optimization: About Search Engine Optimization.
http://www.seoprofessor.us/category/search-engine-optimization/

SEODiscover.com (2011): SEODiscover.com.
http://www.seodiscover.com/

SEO-Guy-Forums (2011): Search Engine Optimization Forum: SEO Guy
http://www.seoguy.com/forum/

Seo-Informationen (2010): Google Mayday.
http://www.seo-informationen.de/google-mayday/#more-294

SEOjr (2010): Top 200 Free Web Directories.
http://seojr.com/top-free-web-directories/

SEOJurist (2010): 16 Dinge- an die ein SEO in Sachen Recht denken sollte.
http://www.seojurist.de/seo-recht/16-dinge-an-die-ein-seo-in-sachen-recht-denken-sollte/

Seomoz (2011): seomoz.org.
http://www.seomoz.org

SEO-UNITED.DE (2010): Suchmaschinenoptimierung & Online-Marketing.
http://www.seo-united.de/blog/shortcuts/top-25-rankingfaktoren-2010.htm

SEO-United (2010): Onpage.Optimierung – Seitenaufbau und Menü.
http://www.seo-united.de/onpage-optimierung/sitemap.html

SEO-United (2010): Google – Aufnahme in den Index.
http://www.seo-united.de/google/

SEO-United (2010): Google – PageRank Vor- und Nachteile.
http://www.seo-united.de/google/pagerank-vorteile-nachteile.html

SEO-United (2010): Häufige Fehler – Überoptimierung.
http://www.seo-united.de/haeufige-fehler/

SEO-United (2010): Häufige Fehler – Flashseiten.
http://www.seo-united.de/haeufige-fehler/flashseiten.html

SEO-United (2010): Häufige Fehler – Frameseiten.
http://www.seo-united.de/haeufige-fehler/frameseiten.html

SEO Watch (2011): SEO Watch friendly web hosting.
http://www.seo-watch.com/hosting/service.php

Seowebdirectory (2011): Free SEO Directory Search Engine Optimization Companies Web Direc-tory and SEO Resources.
http://www.seowebdirectory.com/

Silobreaker (2006): Network Visualization Tool.
http://www.silobreaker.com/FlashNetwork.aspx?q

SimplyClicks (2010): Google-Optimization.
http://www.simplyclicks.com/Google-Optimisation.html

Sindice (2011): Semantic Web Index.
http://sindice.com

Sisson, D. (2006): Google SEO Secrets How to Get a Top Ranking. With Search Engine Op-timization. Blue Moose Webworks, Inc.

Smarty, A. (2011): Domain Age: How Important Is It for SEO?
http://www.searchenginejournal.com/domain-age-how-important-is-it-for-seo/7296/

Sonet Digital (2005): The Future of SEO (part 4).
http://www.searchandgo.com/articles/search-engine-marketing-4.php

Sortrakul, T., Eksathit, C. (2009): Search Engine Optimization (SEO) with Google™. Special Issue of the International Journal of the Computer, the Internet and Management, Vol. 17. No. SP3, December, 2009. The Sixth International Conference on eLearning for Knowledge-Based Society, 17–18 December 2009, Thailand.
http://www.ijcim.th.org/v17nSP3/24_Full_Chinapat%20Eksathit_Online.pdf

Sourceforge (2011): Search Engine Optimizers.
http://seo.sourceforge.net/

Spradling, C., Strauch, J., und Warner, C. (2008): An interdisciplinary major emphasizing multimedia. Proceedings of the 39th SIGCSE Technical Symposium on Computer Science Education (SIGCSE '08). ACM, New York, NY, S. 388–391.
http://doi.acm.org/10.1145/1352135.1352270.

Statista (2011): Aktuelle Statistiken und Informationen zu Facebook.
http://de.statista.com/themen/138/facebook/

Swoogle (2011): Semantic Web Search Engine.
http://swoogle.umbc.edu/

SWSE (2011): Semantic Web Search Engine.
http://swse.deri.org/

Technocrati (2011):
http://www.technocrati.com

The Drum (2011): Five successfull viral marketing campaigns.
http://www.thedrum.co.uk/news/2011/07/01/five-successful-viral-marketing-campaigns-dark-knight-rises-smartwater-burger-king

Thurow, S. (2011): SEO and Affiliate Marketing.
http://www.clickz.com/clickz/column/1693004/seo-affiliate-marketing

Torontosearchengineoptimization (2009): Inbound Links, Link Building and Search Engines.
http://www.torontosearchengineoptimization.com/inbound-links-link-building-and-search-engines.htm

Trakken (2011a): Case Study: MeinAuto.de.

Trakken (2011b): Case Study: gamigo AG.

The ultimate guide to A/B Testing.
http://www.smashingmagazine.com/2010/06/24/the-ultimate-guide-to-a-b-testing/

Uni-Wuerzburg (2011): Multimediaforschung mittels Eyetracking.
http://www.i4.psychologie.uni-wuerzburg.de/fileadmin/06020400/user_upload/Rey/E-Learning/5_Eyetracking.pdf

University of Oxford (2009): Search Engine Optimization (SEO).
http://www.ox.ac.uk/web/guides/seo.html

Usability-Blog (2008):
http://www.usabilityblog.de/2008/06/test-im-usability-labor-vs-multivariate-tests-ein-methodenvergleich/

Usability Engineering.
http://www.bw.fh-jena.de/www/cms.nsf/5a419d474f3279b3c1256c090 02f3b2a/7b950bdf7428b3d7c125719c002b95e7/$FILE/Usability%20 Engineering%20kurz.pdf

Usabilityfirst (2011): ROI-Case-Studies.
http://www.usabilityfirst.com/about-usability/usability-roi/case-studies/
http://www.usabilityfirst.com/documents/U1st_BCO_CaseStudy.pdf

Usability-Testing (2011):
http://www.amazon.de/Managed-Services--Sourcing-n%C3%A4chsten-Generation/dp/3834910724/ref=sr_1_1?s=books&ie=UTF8&qid= 1322741281&sr=1-1

Usability testing with paper prototyping.
http://blogs.atlassian.com/2011/11/usability-testing-with-paper-prototyping/

Usability testing with web prototypes: an overview.
http://www.mikepadgett.com/technology/information-design/usability-testing-web-prototypes-overview/

Usability testing with web prototypes: an overview.
http://www.usability.gov/pdfs/chapter18.pdf

V7N Forums (2011): V7 Network Web Development Forums
http://www.v7n.com/forums/

W3C-Konsortium (2011):
http://www.w3.org

W3C (2010): What is Linked Data?
http://www.w3.org/standards/semanticweb/data

Wall, A. (2006): WebDirectories ... are They Relevant to SEO?
http://www.seobook.com/archives/001583.shtml

Webdistortion (2008): 10+ SEO keyword tools you cant live without.
http://blog.webdistortion.com/2008/04/05/10-seo-keyword-tools-you-cant-live-without/

Weisgreber, C. (2008): Keyword-Advertising im Mobilfunkmarkt, S. 793–794, in: Schwarz, Torsten, Leitfaden Online-Marketing, Waghäusel.

Webmaster Salon (2011): Keyword Dichte Analyzer, Gratis Online SEO Tool.
http://www.webmastersalon.com/tools/keyword-dichte.html

WebmasterWorld (2010): WebmasterWorld.
http://www.webmasterworld.com/

Webposition (2011):
http://www.webposition.com/

Weburbanist (2007):
http://weburbanist.com/2007/06/06/15-coolest-craziest-and-most-innovative-guerilla-marketing-campaigns/

Whalen, J. (2004): The future of SEO.
http://www.searchengineguide.com/jill-whalen/the-future-of-seo.php

Wikipedia-GWT (2010): Google Webmaster Tools.
http://en.wikipedia.org/wiki/Google_Webmaster_Tools

Wordsfinder (2010): Open Source SEO tools for everyone.
http://www.wordsfinder.com/blog/page.php?title=Open_Source_SEO_tools_for_everyone

Wordtracker (2011):
http://www.wordtracker.com/

Wortgefecht (2009): Suchmaschinenoptimierung.
http://wiki.wortgefecht.net/?page=Suchmaschinenoptimierung

Xing (2011):
http://www.xing.com

Xing, B. & Zhangxi, L. (2006): The impact of search engine optimization on online advertising marketing. Proceedings from The 8th International Conference on Electronic Com-merce. ACM, New York, NY. S. 519–529. *http://doi.acm.org/10.1145/1151454.1151531.*

Yahoo (2011):
http://www.yahoo.com

Yigg (2011):
http://www.yigg.de

YSB-Yahoo Search Blog (2011): Yahoo Search Blog
http://ysearchblog.com/

Stichwortverzeichnis

W